普通高等学校教材

生态与环境保护概论

SHENGTAI YU HUANJING
BAOHU GAILUN

王 艳　万金泉 主编

化学工业出版社
·北京·

内 容 简 介

本教材以环境与生态污染修复为主线，从环境与生态问题开始，论述了近年来水、大气、固体废物和土壤污染现状及其修复策略，并重点介绍了环境新污染物及其生态环境效应。同时，从城市化进程的角度探讨了城市化的生态环境效应和问题，提到了生态城市规划、设计和实践；从环境与生态的角度探讨了碳达峰和碳中和这一全球面临的共同挑战以及人类的应对；在生态系统的干扰和修复、生物多样性、生态系统管理和可持续发展方面提出实践与策略，以推动人与自然和谐共生，建设美丽中国。

本教材聚焦了21世纪以来在生态环境保护过程中的热点问题，总结了环境污染控制的新技术、新思路、新策略，旨在为有志于环境和生态事业的读者提供环境与生态学科的基础学习内容，使他们更好地了解和掌握相关概念及污染状况、污染修复技术发展现状等，可作为高等学校环境科学与工程、生态工程及相关专业本科生、研究生教材，也可作为生态与环境保护领域的科研人员和管理人员的参考材料。

图书在版编目（CIP）数据

生态与环境保护概论/王艳，万金泉主编．—北京：化学工业出版社，2024.2

ISBN 978-7-122-44317-5

Ⅰ.①生…　Ⅱ.①王…②万…　Ⅲ.①生态环境保护　Ⅳ.①X171.4

中国国家版本馆CIP数据核字（2023）第197571号

责任编辑：刘兴春　卢萌萌　　文字编辑：丁海蓉
责任校对：宋　玮　　装帧设计：王晓宇

出版发行：化学工业出版社（北京市东城区青年湖南街13号　邮政编码100011）
印　　装：北京天宇星印刷厂
787mm×1092mm　1/16　印张21¾　字数532千字　2024年4月北京第1版第1次印刷

购书咨询：010-64518888　　售后服务：010-64518899
网　　址：http://www.cip.com.cn
凡购买本书，如有缺损质量问题，本社销售中心负责调换。

定　　价：78.00元

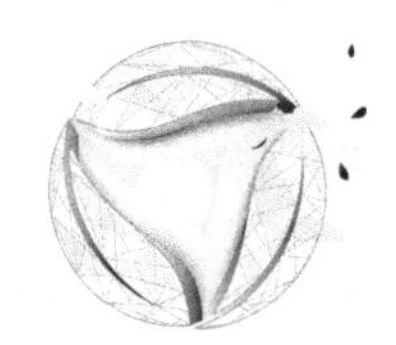

前言

随着农业、工业和服务业的快速发展，环境中污染物的种类和数量在不断增加，给环境与生态造成了极大的危害。污染是人类社会面临的主要环境与生态问题，但其同时也是人类社会活动的必然产物。自然资源过度损耗、耕地减少、土地退化、全球气候恶化、地球臭氧层破裂、生物多样性锐减、大量新污染物出现和排放等已成为全球性环境问题，其中环境污染问题已成为危害人类健康、制约经济发展和社会稳定的重要因素。党的二十大报告指出，要深入推进环境污染防治。未来我国将用更高的标准深入打好污染防治攻坚战，统筹减污降碳协同增效等。深入推进环境污染防治，持续深入打好蓝天、碧水、净土保卫战，需要我们不断深入认识环境与生态，加强对生态环境的保护。环境污染和生态危机问题的解决，有赖于环境和生态学理论与技术的支持。

“生态与环境保护概论”是高等学校环境科学与环境工程专业的一门重要专业基础课程。本书旨在阐述最新的环境与生态环境的重点问题，从环境与生态概念开始，分析了环境新污染物及其生态环境效应；汇总并论述了近年来最新的水污染、大气污染、固体废物污染和土壤污染现状及其修复策略；从城市化进程的角度探讨了城市化的生态环境效应和问题，提到了生态城市规划、设计和实践；从环境与生态的角度探讨了碳达峰和碳中和这一全球面临的共同挑战以及人类的策略；在生态系统的干扰和修复、生物多样性、生态系统管理和可持续发展方面提出实践和策略，以推动人与自然和谐共生，建设美丽中国。本书内容翔实，不仅对常见的污染状况进行了分析，更对近几年环境污染热点问题进行了详细介绍。本书也将近几年来出现的如近海污染等纳入环境问题，并更着重从生态修复策略角度对环境污染问题进行控制；探讨了城市化进程中的生态效应和环境问题，以环境与生态的视角探讨了碳达峰和碳中和这一人类社会面临的挑战，在思想上具有鲜明的特色和创新。本教材不仅从环境与生态的全局角度论述新污染物的效应及其污染修复技术，对未来相关技术开发和应用起到推动作用，更是从生态城市、生态干扰、生态管理等方面提出了可持续发展的资料和方法。

本教材由王艳、万金泉主编。其中，王艳负责第 2 章～第 6 章、第 8 章、第 10 章的编写；万金泉负责第 1 章、第 7 章、第 11 章和第 12 章的编写。全书最后由王艳统稿并定稿。在本书编写过程中左诗雨博士和林逸宁、苏毅、林晓妮、谢佳蒙、王雪健等硕士参与了部分资料收集与整理的工作。另外，本教材的编写和出版得到了众多学者的支持与鼓励，并受到华南理工大学优秀精品教材建设项目资助。本教材内容在叙述上尽力做到概念正确，能反映本学科最新的进展和新的水平，因此也参考和借鉴了相关专家、教研人员的部分研究成果，在此编者对其表示诚挚的感谢！

限于编者水平及编写时间，书中关于生态环境治理与修复的研究难免存在疏漏和不足之处，诚望广大读者批评指正！

编者

2023 年 5 月

目录

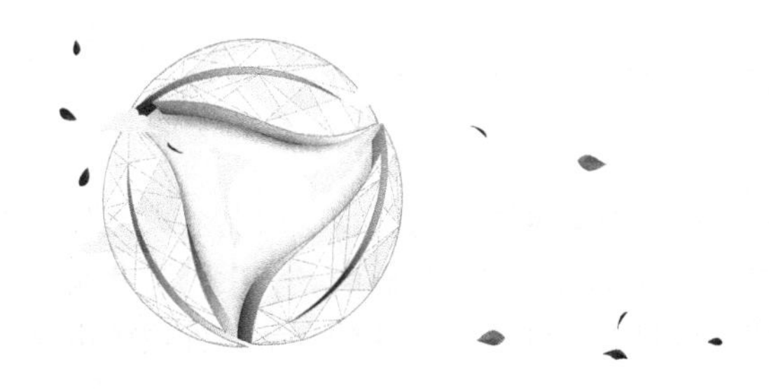

第1章 生态与环境问题

1.1 环境及其环境问题

1.1.1 环境的概念

环境是指主体或研究对象以外的、围绕主体、占据一定空间、构成主体生存条件的各种物质或社会因素的总和。环境总是针对某一特定主题或中心而言的，是一个相对的概念，离开了这个主题或中心也就没有所谓的环境了。因此，环境只具有相对的意义。不同学科的学者对环境的理解有所不同，现代生态学家所理解的环境是：既包括自然环境（未被破坏的天然环境），也包括人类作用于自然界后发生了变化的环境（半自然环境），以及社会环境（如聚落环境、生产环境、交通环境、文化环境）。对于动植物而言，整个地球就是它们赖以生存和发展的环境。

在环境科学研究的领域中，通常以人类作为主体，如此一来，环境就是指围绕着人群的空间以及其中可以直接或间接影响人类生活和发展的各种因素的总体。此外，在世界各国的一些环境保护相关法规中，通常会把环境中应当保护的要素或对象界定为环境。例如，我国《环境保护法》中就明确指出，本法所指环境是“大气、水、土地、矿藏、森林、草原、野生动物、野生植物、名胜古迹、风景游览区、温泉、疗养区、自然保护区、生活居住区等”。需要指出的是，随着人类社会的发展，环境的范畴也会相应地改变。例如，月球是距地球最近的星体，对地球上的海水潮汐等有影响，但对人类生存和发展的影响还比较小，现阶段很少将月球视为人类的生存环境，但随着人类航天技术的不断进步以及对月球探索的不断发展，月球将会成为人类生存环境的重要组成部分。所以，人们要用发展的眼光来认识环境、界定环境的范畴。

由于环境是对应于特定主体而言的，特定主体有内容和大小之分，因此环境也有大小之别，大到整个宇宙，小到基本粒子。例如，对于太阳系中的地球而言，整个太阳系就是地球生存和运动的环境；对于栖息于地球表面的动植物而言，整个地球表面就是它们生存和发展的环境；对于某个具体生物群落来说，环境则是指所在地域内影响该群落生存与发展的全部无机因素（光、热、水、土壤、大气、地形地貌等）和有机因素（动植物、微生物和人类）的总和。

1.1.2 环境问题

环境问题起源于人类与环境的相互关系中，一方面自然条件在一定程度上限制着人类的生产和生活，另一方面人类的生产和生活不可避免地会对周围环境产生影响。其中，有些是积极的，对环境起着改善作用；有些是消极的，对环境起着破坏作用。这种自然条件或人类环境对环境的消极影响就构成了环境问题。从这一点上来说，可以将环境问题分为两大类：第一类环境问题，它主要是指由火山活动、地震、台风、洪涝、干旱和山体滑坡等自然灾害引起的原生环境问题；第二类环境问题，是由人类生产和生活所引起的次生环境问题。

因此，环境问题就是人类在利用和改造自然的过程中，对自然环境产生的污染和破坏带来的危害人类生存的各种负反馈效应，包括环境污染和生态环境破坏。环境污染是指人类排放的污染物对环境和人体健康造成了危害，如 SO_2 污染、农药污染、重金属污染等。生态环境破坏是指因不合理开发和利用自然资源而引起的环境破坏，如森林破坏、水土流失、土地荒漠化等。

环境问题产生于人类对环境的破坏，也可以说，正是因为人与自然环境之间存在着对立统一关系才会有环境问题的出现。随着人类社会的发展，环境问题也在发生变化，如图 1-1 所示。在原始社会，人类以采集和猎获天然动、植物为生，生产力低下，因此原始社会的人类对环境的破坏和危害基本可以通过生态系统的自我调节能力进行修复。当到了奴隶社会和封建社会，生产工具得到改进，生产力水平提高，人类对自然的改造能力增强，对环境的破坏性也随之增大，如西汉末年和东汉时期对黄河流域的大规模开垦，虽然促进了当时的农业发展，但长期的乱砍滥伐导致该区域水土流失严重，造成了其沟壑纵横、土地贫瘠的状况。

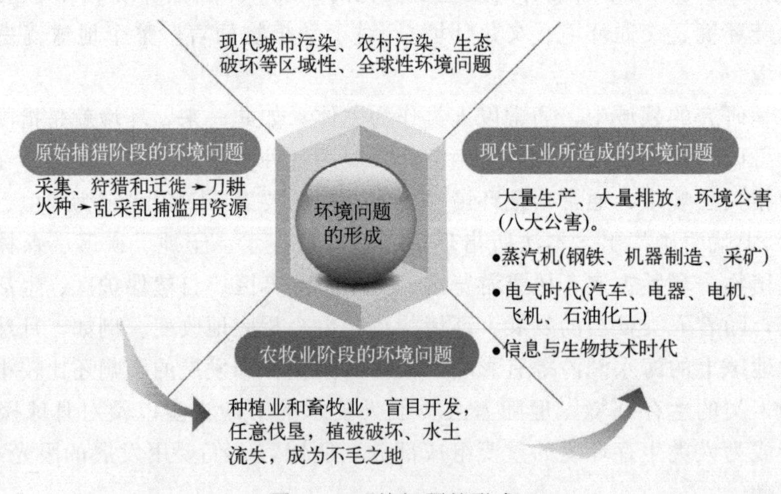

图 1-1　环境问题的形成

随着 18 世纪工业革命的到来，尤其是蒸汽机的发明和使用，使得人类改造自然的能力显著增强，工业迅速崛起，各类工业企业聚集的工业区和城市大量涌现，其排出的废弃物都对环境造成了不同程度的污染。例如，1873～1892 年间，伦敦就发生多起烟雾污染事件。这一时期的环境问题是由工业原材料的开发和工业生产的污染所引起的环境破坏，但受限于社会和经济发展的地区差异，这些环境问题还是区域性的。

到了 19 世纪，人类进入电气化时代以后，社会生产力突飞猛进。能源、原材料的消耗急剧增加，导致对自然资源的开发与污染物排放达到了空前的规模，尤其是工业发达国家普遍发生严重的环境污染问题，如大气 SO_2、粉尘、农药、噪声、核辐射、工业废水和城市生活污水污染。除了工业发展引起的污染外，人口大幅度增长、森林过度砍伐导致的水土流失加重、土地荒漠化面积增大等问题也对人类的生存和发展提出了严峻挑战。人类首次感觉到这些全球性大范围的环境污染和生态环境破坏问题已经严重威胁着人类的生存与发展。20世纪60～70年代开始，联合国开始就环境问题召开全球性的会议，如1992年联合国在巴西的里约热内卢召开“环境与发展”大会，这次大会的召开也标志着人类对环境与发展的观念上升到了一个新的阶段。2021年《生物多样性公约》缔约方大会第十五次会议（简称COP15）在中国昆明举行，大会以“生态文明：共建地球生命共同体”为主题，旨在倡导推进全球生态文明建设。这些重大会议的召开表明了环境问题已经是当代人类面临的一种重大的社会、经济、技术问题，随着人类社会的发展，环境污染的形态将会更多样，生态破坏的规模和范围会进一步扩大，已经从局部区域向全球范围扩展，并上升为严肃的国际政治和经济问题。

1.2 生态系统的结构与功能

1.2.1 生态系统的概念

生态（Eco-）一词起源于希腊文“oikios”，原是住所、房子、家庭的意思，“Ecology”即是研究关于居住环境的科学。生态系统（ecosystem）一词最早是由英国植物群落学家A. G. Tansley于1935年提出的，即生态系统是生物群落（biotic community）和非生物环境成分（abiotic environment）（如阳光、温度、湿度、土壤等）所组成的一个相互作用、相互依存的机能性系统。这里的生物群落是指一定区域内的植物、动物、微生物等生物所组成的相互联系、相互依存的统一体。其构成单元是种群（population），即同种生物个体的组合。

生态系统的范围可大可小，相互交错，小至动物体内消化道中的微生物系统，大至各大洲的森林、荒漠等生物群落系统，而其中最大的生态系统是生物圈，最为复杂的生态系统是热带雨林系统，人类主要生活在以城市和农田为主的人工生态系统中。生态系统是开放的系统，为了维持系统自身的稳定，需要不断地进行物质和能量的输入、输出与循环，否则就有崩溃的危险。生态系统是生态学领域的一个主要结构和功能单位，属于生态学研究的最高层次。

生态系统的组成成分，不论是陆地还是水域，或大或小，都可以概括为非生物和生物两大部分，或分为非生物环境、生产者、消费者和分解者四种基本组成部分（见图1-2）。

1.2.1.1 非生物环境

非生物环境是生态系统的生命支持系统，是生物生活的场所，具备生物生存所必需的物质条件和能量源泉。其主要包括驱动整个生态系统运转的能源和热量等气候因子、生物生长的基质和介质、生物生长代谢的原料三大方面，包括参加物质循环的无机元素和化合物（如C、N、CO_2、O_2、K、Ca、Na、Mg）、联系生物成分和非生物成分的有机物质（如蛋白质、糖类、脂类、核酸和腐殖质等）、气候因子（如光、温度、水、大气等）。

1.2.1.2 生产者

生产者是指能使用简单无机物来制造有机物的自养型生物，包括所有的绿色植物和一些化能合成细菌。这些生物利用无机物合成有机物，并把环境中的能量以生物化学能的形式第一次固定到生物有机体中。生产者的这种固定过程又称为初级生产，因此生产者又称为初级

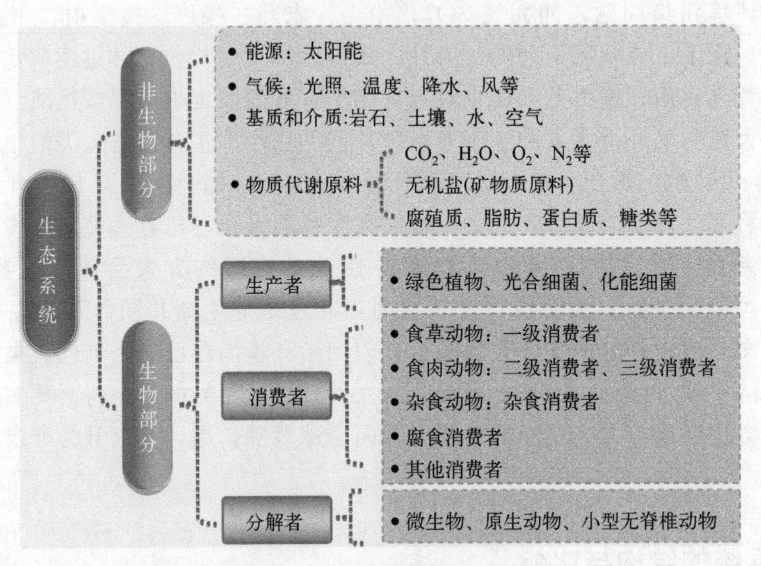

图 1-2　生态系统的组成成分

生产者。生产者制造的有机物是地球上包括人类在内的其他一切异养生物的食物来源，在生态系统的能量流动和物质循环中居首要地位，是生态系统中最基础的成分。在陆地上的各种植物、水生植物、藻类、一些光能细菌和化能细菌均属于生产者（图 1-3）。

(a) 植物

(b) 单细胞原生动物　　(c) 蓝藻类

图 1-3　生态系统中的生产者

所有自我维持的生态系统都必须能从事物质生产，各种藻类是水生生态系统的生产者，各种树木、草本和苔藓等则是陆地生态系统的生产者，它们对生态系统的生产有着各自不同的贡献。

1.2.1.3　消费者

消费者是针对生产者而言的，它们不能直接利用无机物质制造维持自身生命活动所需的有机物质，而必须依靠自养生物或以其他生物为食获得能量。消费者包括的范围很广，主要是各类动物。根据取食地位和食性的不同，消费者又可分为草食动物、肉食动物和杂食动物等（图 1-4）。

(a) 草食动物　(b) 杂食动物

(c) 肉食动物

图 1-4　生态系统中的消费者

（1）草食动物

草食动物指以植物为食的动物，也称为植食动物，是初级消费者，如昆虫、啮齿类动物、马、牛、羊等。

（2）肉食动物

肉食动物指以草食动物或其他肉食动物为食的动物。肉食动物可分为：一级肉食动物，是指以草食动物为食的捕食性动物，如池塘中以浮游动物为食的鱼类；二级肉食动物，是指以一级肉食动物为食的动物，如池塘中的黑鱼或鳜鱼；三级肉食动物，是指以二级肉食动物为食的动物，也称为顶级肉食动物，如狮子和老虎等。

（3）杂食动物

杂食动物也称兼食动物，是介于草食动物和肉食动物之间的既以植物为食也以动物为食的动物。例如，人就是典型的杂食性动物。

此外，生态系统中还存在着两类特殊的消费者：一类是腐食消费者，它们以动植物尸体为食，如白蚁、蚯蚓、秃鹰等；另一类是寄生动物，它们寄生于活着的动植物体表或体内，靠吸取宿主的养分为生，如虱子、蛔虫、线虫等。

消费者在生态系统中起着重要作用，它不仅对初级生产者起着加工、再生产的作用，而且对其他生物的生存、繁衍起着积极作用。

1.2.1.4　分解者

分解者属于异养生物，也称为小型消费者，主要包括细菌、真菌、放线菌、原生动物和一些小型无脊椎动物。其作用是把动植物残体中的复杂有机物分解为生产者能重新利用的简单化合物，将其归还到环境中，再被生产者利用，并释放出能量。因此，这些异养生物也称为还原者。分解者在生态系统中的作用是极为重要的，如果没有它们，地球上动植物尸体将会堆积成灾，物质循环难以进行，生态系统将毁灭。分解作用不是一类生物所能完成的，往往有一系列复杂过程，各个阶段由不同的生物来完成（图 1-5）。

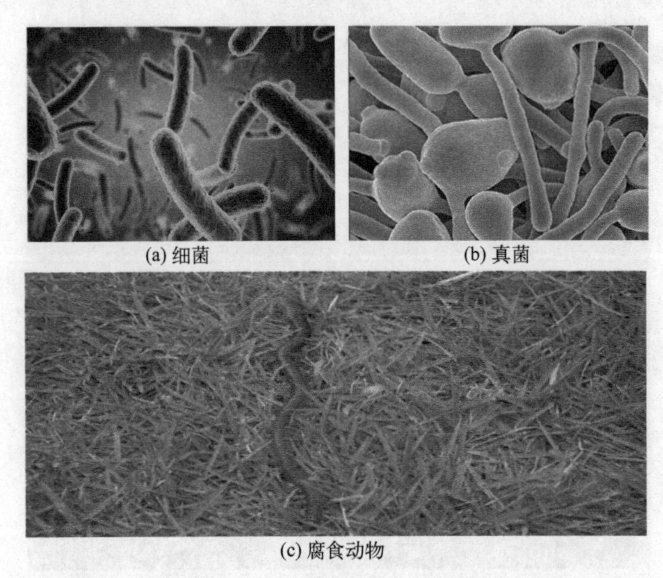

(a) 细菌　(b) 真菌

(c) 腐食动物

图 1-5　生态系统中的分解者

1.2.2　生态系统的结构

生态系统是由生物和非生物相互作用结合而成的结构有序的系统。生态系统的结构主要指构成生态的诸要素及其量比关系，各组分在时间、空间上的分布，以及各组分间能量、物质、信息流的途径与传递关系。生态系统的结构包括物种结构、营养结构、时间结构和空间结构。

1.2.2.1　生态系统的物种结构

生态系统中，不同物种对系统结构和功能的稳定性的影响力不同。在生物群落中，存在着所谓的优势种、关键种、伴生种及偶见种。我们主要关注生态系统中的优势种和关键种。

（1）优势种

优势种是指群落中占优势的种类，它包括群落每层中在数量上最多、体积上最大、对生态环境影响最大的种类。各层的优势种可能不止一个种，即共优种。例如，在我国热带森林里，乔木层的优势种往往都是由多种植物组成的共优种。此外，群落主要的优势种称为建群种，建群种在数量上并不一定占绝对优势，但它决定着群落内部的结构和特殊的环境条件。如果在主要层中存在两个以上的种共占优势，则把它们称为共建种。

（2）关键种

关键种是指若它消失或削弱能够引起整个群落和生态系统发生根本性变化的物种。它的存在与否影响到整个生物群落的结构和功能，关键种的个体数量可能稀少，但也可能很多，其功能可能是专一的，也可能是多样的。

1.2.2.2　生态系统的营养结构

由于生态系统是一个功能单位，强调的是系统中的物质循环和能量流动，因而营养结构是系统结构研究的主要方面。生态系统的营养结构是指生态系统中的无机环境与生物群落之间，生产者、消费者与分解者之间，通过营养或食物传递形成的一种组织形式，它是生态系统最本质的结构特征。生态系统各种组分之间的营养关系是通过食物链和食物网来实现的。

（1）食物链

食物链是指生态系统中不同生物之间在营养关系中形成的一环套一环似是链条状的关系。简单来说，食物链是生物（包括动物、植物和微生物）之间因食和被食而连接起来的链状营养关系。生态系统中各组分之间最本质的联系就是通过食物链来实现的，即通过食物链把生物与非生物、生产者与消费者、消费者与消费者连成一个整体，如图 1-6 所示。食物链在自然生态系统中主要有捕食食物链和碎屑食物链两大类型，而这两大类型在生态系统中往往是同时存在的。例如，森林中的树叶、草和塘中的藻类，当其活体被取食时它们是捕食食物链的起点；当树叶、草枯死落在地上，藻类死亡沉入池底，被微生物所分解形成碎屑时，又成为了碎屑食物链的起点。

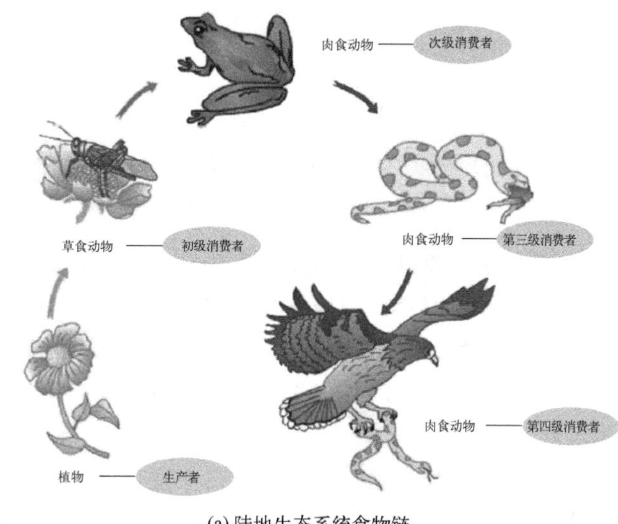

(a) 陆地生态系统食物链

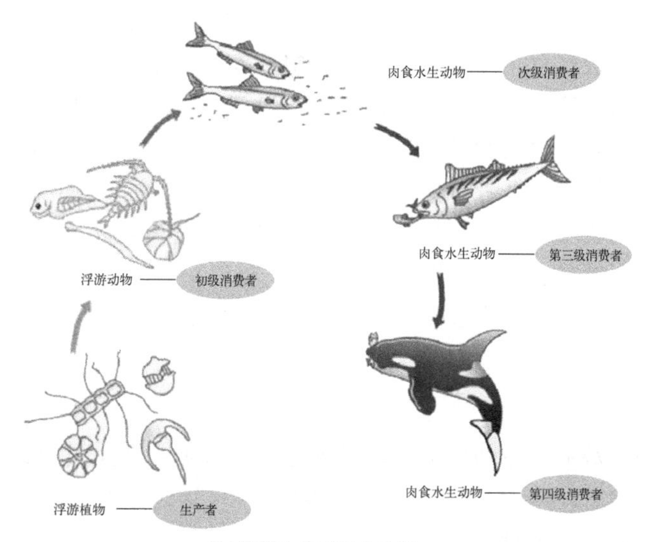

(b) 海洋生态系统食物链

图 1-6　陆地和海洋生态系统食物链

（2）食物网

在生态系统中，一种生物不可能只固定在一条食物链上，它往往同属于数条食物链。因此生态系统中的不同食物链存在相互交叉，进而形成复杂的网格式结构，即食物网（图1-7）。食物网形象地反映出生态系统内部生物有机体之间的营养位置和相互关系。

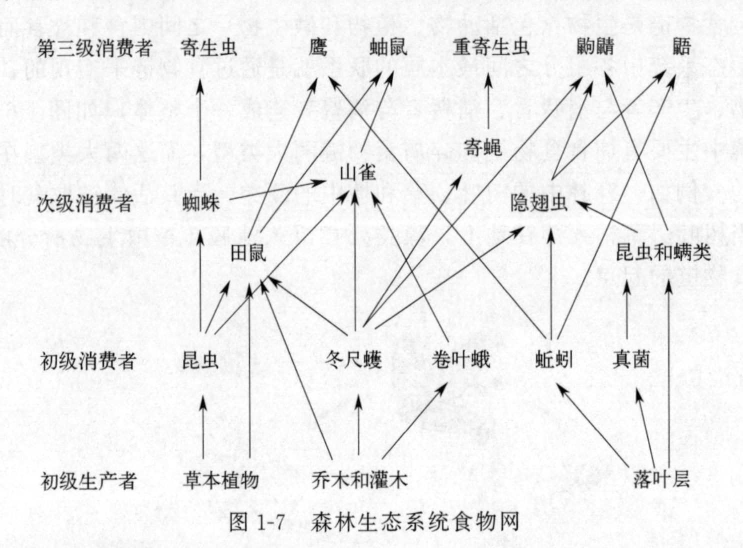

图 1-7 森林生态系统食物网

在生态系统中各生物成分正是通过食物网发生直接和间接的联系，保持着生态系统结构和功能的相对稳定性。生态系统内部营养结构不是一成不变的，而是在不断发生变化的。生态系统通过食物营养，把生物与生物、生物与非生物环境有机地结合成一个整体。如果食物网中某一条食物链发生了障碍，可以通过其他食物链来进行必要的调整和补偿。

（3）营养级位

如上所述，食物链、网是按物种和物种之间排列的能量传递关系形成的，这种关系由于物种繁多而错综复杂。为了便于进行定量的生态系统中的能量流动研究，生态学家提出了营养级位（trophic level）的概念，并根据各物种能量和营养的主要来源，将其归纳到某一营养级位中去。所谓营养级位就是指物种在食物网中所处的位置，处于哪一营养级由从初级生产者开始到该营养级为止所进行的能量转换的次数决定。生产者利用太阳光能维持生活，属于第一营养级位。消费者中食植者是第二营养级位（第一消费者级位），吃植食动物的肉食动物是第三营养级位（第二消费者级位），甚至还存在第四营养级位（第三消费者级位）和第五营养级位（第四消费者级位）等高级消费者。但越到高级消费者种群数量越少，自然界中最多到达第四至第五消费者级位（图1-8）。

显然，每一营养级位包括几个甚至几百个物种，这使得生态系统中的能量关系变得大为简化和明了。

1.2.2.3 生态系统的主要功能

生态系统是一个开放的动态功能系统，总处于不断发展和变化之中，通过功能类群之间的营养联系实现“自我维持”。其基本功能主要有五个，分别是物质生产、能量流动、物质循环、信息传递以及自我调节功能。

（1）物质生产

生态系统中的能量源泉是太阳能，但只有生产者能将太阳光能转变为有机物质（化学

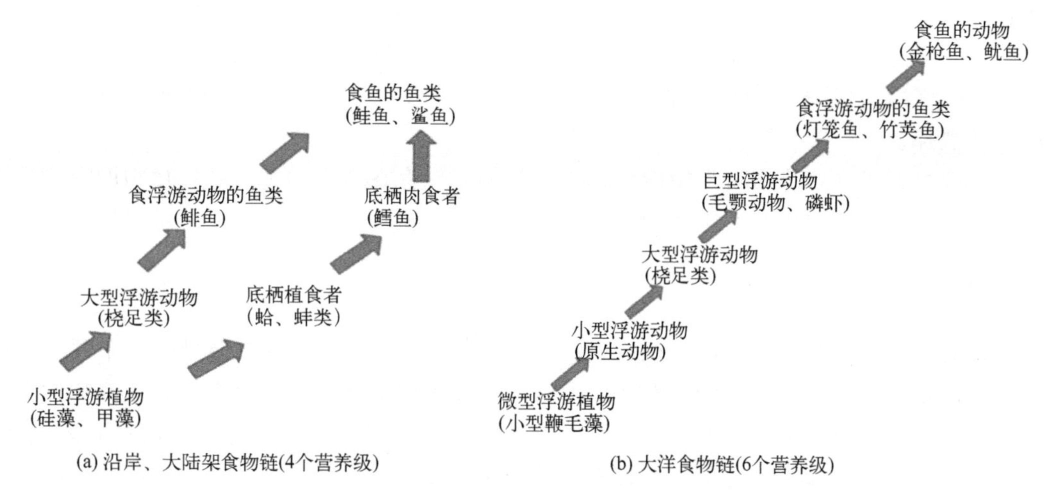

图 1-8　生态系统的营养级

能）后才能被其他生物加以利用。生态系统中自养生物固定能量的过程叫初级生产。生产者通过光合作用而固定的光能的总量称为总初级生产力，减去因生产者为维持生存的呼吸作用消费的能量，则称为净初级生产力。净初级生产力是生物群落中除生产者之外的其他所有生物（消费者和分解者）的能量源泉。三者的能量关系为：

$$P_g = P_n + R$$

式中　P_g——总初级生产量，$J/(m^2 \cdot a)$；

P_n——净初级生产量，$J/(m^2 \cdot a)$；

R——生物呼吸作用消耗量，$J/(m^2 \cdot a)$。

净初级生产量是可供生态系统中其他生物（主要是各种动物和人）利用的能量。生产量通常用每年每平方米所生产的有机物质干重 $[g/(m^2 \cdot a)]$ 或每年每平方米所固定的能量 $[J/(m^2 \cdot a)]$ 来表示。所以初级生产量也可称为初级生产力，它们的计量单位是完全一样的，但在强调“率”的概念时，应当使用生产力。生产量和生物量是两个不同的概念，生产量含有速率的概念，是指单位时间单位面积上的有机物质生产量，而生物量是指某一定时刻调查时单位面积上积存的有机物质，单位为 g/m^2 或 J/m^2。

一般而言，影响陆地生态系统初级生产力的主要因素是温度和降雨量。例如因气温高而且雨量丰富，热带雨林的初级生产力高。相反，初级生产力低的生态系统通常是雨量极少、气温极低。除温度和降雨量外，土壤肥力也是影响陆地生态系统初级生产力的重要因素。

与陆地生态系统不同，影响水生生态系统初级生产力的主要因素是营养元素的含量。但在湖泊生态系统和海洋生态系统中影响初级生产力的主要营养元素是不一样的。另外，海洋中净初级生产力的地理分布表明了养分浓度对初级生产力高低的影响。海洋中最高的初级生产力一般出现在养分浓度高的区域，即大陆周边的大陆架上和上涌流区域。许多研究结果证实，影响海洋生态系统初级生产力的主要养分元素为氮。

（2）能量流动

地球是一个开放系统，存在着能量的输入和输出。能量输入的根本来源是太阳能，生态系统全部生命所需的能量也来源于太阳能，食物是光合作用新近固定和储存的太阳能，化石燃料则是过去地质年代固定和储存的太阳能。能量在生态系统中的流动是按照热力学定律进行的：

① 能量会从一种形式转化为另一种形式，转换过程中不会消失，也不会增加；

② 能量在流动过程中总的传递方向为从集中到分散、从高到低，传递过程中会有一部分能量耗散掉。

绿色植物通过光合作用将太阳能转化为化学能，储存在有机物中，通过食物网提供给消费者。光合作用是植物固定太阳能的唯一有效途径，其全过程非常复杂，但可以用一个总反应式概括：

$$6CO_2 + 6H_2O \longrightarrow C_6H_{12}O_6 + 6O_2$$

生产者通过光合作用制造的有机物可达 2×10^{11} t，成为整个生物圈能量的总来源。生产者储存的能量通过食物链传递给消费者，而动植物死后的遗体又被分解者分解成简单的无机物返回环境。生产者、消费者和分解者在进行能量传递的过程中，自身又要进行新陈代谢，消耗一部分化学能并以热能的形式散发到环境中去（图 1-9）。

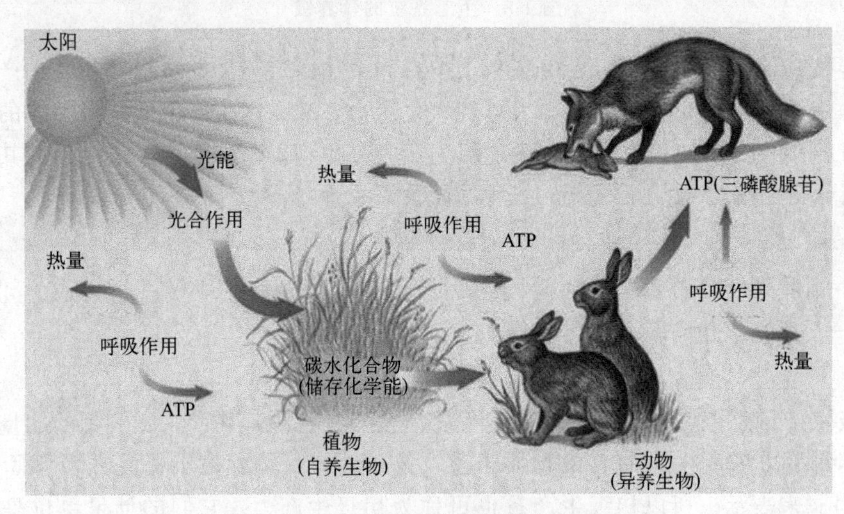

图 1-9　生态系统的能量流动

如果把生态系统看作是一个庞大的各种能量转换器的集合，那么不可避免地存在转化效率的问题。这种效率称为生态效率，通常以百分数表示。生态效率可分为两大类：一类是营养级位内的；另一类是营养级位间的。前者度量一个物种利用食物的效率及同化能量的有效程度；后者则是度量营养级位之间的转化效率和能流通道的大小。

1）营养级位内的生态效率

包括同化效率和生长效率。

① 同化效率是度量生物利用能量（光能或食物中的化学能）的效率。肉食动物的同化效率比植食动物高，因为肉食动物的食物在化学组成上更接近它本身的有机成分。

$$同化效率(生产者)=\frac{被植物光合作用固定的能量}{吸收的光能}$$

② 生长效率包括组织生长效率和生态生长效率，前者和后者分别度量生物将同化和摄取的能量用于自身生长的效率。

$$组织生长效率=\frac{营养级位\ n\ 的净生产量}{营养级位\ n\ 的同化量}$$

$$生态生长效率=\frac{营养级位\ n\ 的净生产量}{营养级位\ n\ 的摄取量}$$

可以看出营养级越高，生长效率越低，因而植物的生长效率通常高于动物的生长效率。植物通过光合作用固定的能量约 60%用于自身生长，约 40%用于呼吸作用；而肉食动物则将其同化能量的 65%用于呼吸，35%用于生长。一般大型动物的生长效率低于小型动物，老年动物低于幼年动物，恒温动物低于变温动物。

2）营养级位之间的生态效率

包括林德曼效率、生产效率和消费效率。

① 林德曼效率是指某营养级对其吸收上一营养级的能量的利用效率，由美国生态学家林德曼于 1942 年提出，根据林德曼对水生生态系统的测定结果显示，该值一般为 10%，故而也称为 1/10 定律。其公式表达如下：

$$林德曼效率=\frac{营养级位\ n\ 的同化量}{营养级位(n-1)的同化量}$$

② 生产效率是指某一营养级的净生产量占上一营养级净生产量的百分比，用于度量不同营养级之间净生产量的转化效率，不同营养级位的生产效率并不相同，其公式表达如下：

$$生产效率=\frac{营养级位\ n\ 的净生产量}{营养级位(n-1)的净生产量}$$

③ 消费效率用于度量一个营养级位对前一营养级位的相对压力。消费效率通常为 20%～35%，其公式表达为：

$$消费效率=\frac{营养级位\ n\ 的摄取量}{营养级位(n-1)的净生产量}$$

绿色植物所吸收的能量部分用于维持生存（呼吸消耗），部分用于生长（形成生物量）。绿色植物的生物量还有枯枝落叶，不能为植食动物利用，植食动物所摄取的部分也不可能全部消化，消化吸收的化学能也只有一部分被用于生长（形成生物量），这是热力学第二定律所规定的。因此，各个营养级位以种群数量、生物量、能量等表达，由于从一个营养级到另一个营养级的能量转换过程中产生大量的能量损失，在生态系统中随着营养级位的提高，能量会急剧减少，形成所谓生态金字塔（ecological pyramid）。图 1-10 是以生物量表达的日本诹访湖中的生态金字塔。

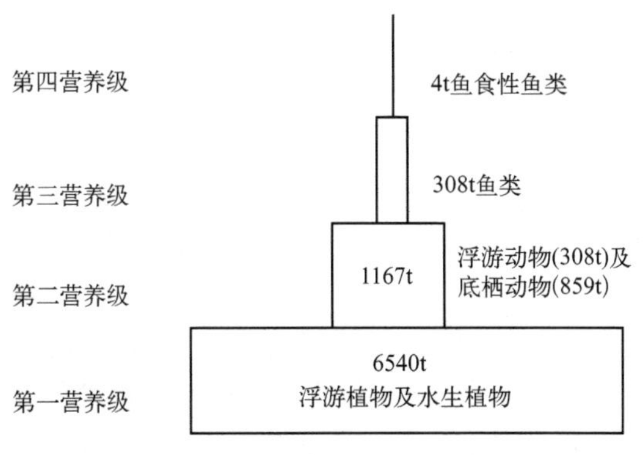

图 1-10　日本诹访湖的营养级位及其生物量

在一个生态系统中往往可以看到，处于低位营养级的生物生长、繁殖快，数量庞大；而高位营养级的生物数量少，生长、繁殖也较慢。因此，要想保持高位营养级的生物数量，就必须保持低位营养级生物的数量，否则将会导致高位营养级生物的急剧减少甚至灭绝。

必须指出的是，生物种群数量有时存在例外。例如一棵大树上可以生长很多昆虫。寄生和腐生食物链也是如此，这时形成所谓倒金字塔。生物量有时也出现倒金字塔的现象。但依据热力学第二定律，以能量表现的金字塔不可能出现倒的。因此，能量金字塔在比较生态系统的结构和种群的相对重要性时是一个很好的手段。生态系统在能量转换过程中的损失限制了营养级位的数量。自然界中一般最多只能达到 4～5 个营养级，很少有超过 6 个营养级的。

（3）物质循环

生态系统中各生命成分的生存和繁衍，除了需要能量外，还需要从环境中得到各种营养物质，缺少外界物质的输入，生命活动将会停止，生态系统也将面临崩溃；同时，物质也是能量的载体，没有物质，能量就会自由散失，也就不可能沿着食物链传递。

物质循环在 3 个不同层次上进行：

① 生物个体，在这个层次上生物个体吸取营养物质建造自身，经过代谢活动又把物质排出体外，经过分解者的作用归还于环境；

② 生态系统层次，在初代生产者代谢的基础上，通过各级消费者和分解者将营养物质归还到环境中，也称为生物小循环或营养物质循环；

③ 生物圈层次，物质在整个生物圈各圈层之间的循环，称为生物地球化学循环。

生物小循环是在一个具体范围内进行的，其特点是物质流速快、周期短。生物地球化学循环简称生物地质大循环，其范围涉及整个生物圈，并具有范围大、周期长和影响面广等特点。生物小循环侧重研究生态系统中营养物质的输入、输出及其在各营养级之间的交换过程。生物地质大循环则主要研究与人类生存密切相关的各种元素的全球性循环。两种循环是相互联系的，生物小循环不是封闭的，它受生物地质大循环的制约，是在生物地质大循环的基础上进行的。

生物地球化学循环可分为三大类型，即水循环、气体型循环和沉积型循环。

① 水循环是物质循环的核心。生态系统中所有的物质循环都是在水循环的推动下完成的。

② 在气体型循环中，物质的主要储存库是大气和海洋，循环与大气和海洋密切相关，具有明显的全球性，循环性能量最为完善。凡属于气体型循环的物质，其分子或某些化合物常以气体的形式参与循环过程，如 O_2、CO_2、N_2、NH_3、Cl_2 等。

③ 沉积型循环的主要蓄库与岩石、土壤和水相联系，如磷、硫循环等。沉积型循环速度比较慢，参与沉积型循环的物质，其分子或化合物主要通过岩石的风化和沉积物的溶解转变为可被生物利用的营养物质，而海底沉积物转化为岩石圈成分则是一个相当缓慢、单向的物质转移过程。总体来讲，沉积型循环属于缓慢的、非全球性的、不显著类型的循环。

生态系统中的物质循环，在自然状态下一般处于稳定的平衡状态。也就是说，对于某一种物质，在各主要库中的输入量和输出量基本相等。大多数气体型循环物质如碳、氧和氮的循环，由于有较大的大气蓄库，对短暂的变化能够进行迅速的自我调节。例如，由于燃烧化石类燃料，当地空气中 CO_2 浓度增加，可通过空气的运动和绿色植物的光合作用增加 CO_2 吸收量，使其浓度迅速降低到原来水平，重新达到平衡。硫、磷等元素的沉积物循环则易受人为活动的影响，这是因为与大气相比，地壳中的硫、磷库比较稳定和迟钝，不易被调节，故在循环过程中，一旦这类物质流入蓄库中将成为生物在长时间内不可利用的物质。气体型循环和沉积型循环虽各有特点，但均受能流的驱动，并依赖于水循环。

1）水循环

水是一切生命机体的组成物质，也是生命代谢活动所必需的物质，又是人类进行生产活动的重要资源。地球上的水分布在海洋、湖泊、沼泽、河流、冰川、雪山以及大气、生物体、土壤和地层等中。水循环把水圈中的所有水体都联系在一起，它直接涉及自然界中一系列物理的、化学的和生物的过程。

水循环是指地球上的水在太阳辐射和地球重力作用下，不断地进行转化、输送、交换的连续运动过程。水通过蒸发、凝结、降水、径流的转移和交替，沿着复杂的循环路径不断运动和变化，来完成水的循环过程。由于水汽来源不同，降水归宿有别，根据水循环发生的领域，一般分为海洋与陆地之间的海陆间循环、陆地与陆地上空之间的内陆循环、海洋与海洋上空之间的海上内循环。水循环是自然界中最重要的物质循环，对地理环境和人类社会产生巨大影响，其意义非常重大。

① 水循环使大气圈、水圈、岩石圈、生物圈之间相互联系起来，以水作为纽带，在各圈层之间进行能量交换，它不但改造了各个圈层，促进各圈层的发展，同时也促进了整个自然界的发展。

② 水循环把三种形态的水和不同类型的水体联系起来，形成一个运动系统，水在这个系统中挟带、溶解其他物质，使其进行迁移。

③ 水循环使大气降水、地表水、地下水、土壤水之间相互转化，使水资源形成一个不断更新的统一系统。据研究，全球河水平均每 16 天更新一次，大气中的水每 8 天更新一次。

④ 水循环调节着海陆之间、地区之间水分和能量分布的不均，使它们之间的干湿差异、冷热差异大大减小。就全球而论，海上蒸发量大于降水量，而陆地上的降水量大于蒸发量，通过水循环把海洋上空大气中多余的水汽输送到陆地上，形成降水，实现了全球的水量平衡。

2）碳循环

碳是所有有机分子的骨架，约占生物体干重的 15%。CO_2 和 CH_4 是大气中碳的主要存在形式，由于对来自太阳的短波辐射具有高度的透过性，而对地球反射出来的长波辐射有高度的吸收性，这就导致大气层底处的对流层变暖，即温室效应。大气碳与气候之间的关联已促使所有国家关心碳循环。

碳的主要循环方式是从大气库中 CO_2 经过生产者的光合作用固定为有机物质开始的。碳被固定后始终与能量流动结合在一起，因为能量储存在有机物之中。有机物质经初级生产者本身、消费者和分解者利用，通过呼吸作用以 CO_2 的形式返回到大气库中。因此生物和大气之间碳的流动是经过两个相反的生物过程进行的，即光合作用和呼吸作用。这样，在大气圈和地圈之间，每年有 6.13×10^{10} t 的碳被地圈吸收，有 6.0×10^{10} t 被排放，结果有 1.3×10^{9} t 的碳被固定为有机物质。

在水生生态系统中，CO_2 必须首先溶解在水中才能被藻类等初级生产者所利用。溶解在水中后，CO_2 即与 HCO_3^- 和 CO_3^{2-} 形成化学平衡。海洋生物一部分通过呼吸作用放出 CO_2，一部分以残骸和排泄物、分解物等形式向海洋中、深层释放碳。CO_3^{2-} 可以 $CaCO_3$ 的形式沉积到底泥中。海洋中过剩的碳又最终以 CO_2 的形式挥发到大气中。其结果是，每年海洋表面吸收碳 9.2×10^{10} t，排放 9.0×10^{10} t，海洋净吸收 2.0×10^{9} t。其中海洋生物吸收的为 5.0×10^{10} t，向大气排放的为 4.0×10^{10} t。由此可知，海洋光合作用在海洋碳循环中起着非常重要的作用。

因此，地圈和水圈都是大气圈中碳的吸收者，每年总的净吸收估计有 3.3×10^9 t。另外，由于化石燃料的燃烧和森林砍伐等人类活动，每年向大气圈排放碳 6.6×10^9 t。结果，每年约有 3.3×10^9 t 碳被累积到大气中，使得大气中 CO_2 的浓度每年增加（1.5～1.8）$\times10^{-6}$，成为全球气候变暖的主要原因。

3）氮循环

氮是氨基酸、蛋白质、DNA（脱氧核糖核酸）、叶绿素等重要有机分子的构成部分。氮的供应影响着海洋和陆地环境中的初级生产力。氮在自然界中的循环转化过程是生物圈内基本的物质循环之一。和碳循环类似，氮循环也包括大气库，在大气库中以 N_2 的形式存在，这是地球上氮的主要储存库，但是只有少量的生物可以直接利用大气库中的氮分子。这些固氮生物包括：a. 淡水、海洋和土壤中的蓝藻；b. 土壤中自由生活的固氮菌；c. 与豆科植物共生的根瘤菌；d. 与桤木及其他几种木本植物的根共生的放线菌。

在自然界，另外的固氮反应是闪电和火山爆发时的高能固氮，这些过程产生的高能高压使 N_2 转化成 NH_4^+ 或 NO_3^-，并随降雨到达地球表面。生态学家提出自然生态系统循环的所有氮素最终都来自生物固氮、大气固氮或岩浆固氮。总体来说，生物圈中氮的数量相对较大，而固氮作用这一进入口很小。

固氮作用一旦将 N_2 固定为 NH_4^+ 或 NO_3^- 后，生态系统中的其他生物就可以利用了。土壤中的无机氮（铵态氮和硝态氮）被植物吸收利用，并在植物体内通过复杂的代谢过程转化为氨基酸和蛋白质。动物以植物为食，直接摄取植物的蛋白质。动植物的残骸及排泄物经真菌和细菌又分解为 NH_4^+，NH_4^+ 又可被硝化细菌氧化为 NO_3^-。NO_3^- 和 NH_4^+ 都可以再次被植物利用，并开始新的循环。但氮可通过反硝化作用离开海洋和陆地生态系统并回到大气库。进入大气库中的 N_2 只有通过固氮作用才能再次进入生物体。生态学家估计生物圈中固定的氮的平均滞留时间为 625 年。

在无明显人类干扰的几百万年来的地球历史中，生物固氮曾是大气库中的氮气进入生物圈、土壤岩石层和水圈的主要途径，大气固氮和岩浆固氮均为次要的。随着人类开始了集约化农业生产特别是开发了工业固氮，来自人类活动的固氮已经超过了其他所有来源的固氮。自然和人类固定的氮除了一部分经反硝化作用生成游离氮又返回到大气中之外，其余都分布在土壤和水环境中，这就导致了全世界范围内的土壤和水体出现富营养化现象，并由此给生态系统和生物多样性造成了严重损害。

4）磷循环

磷几乎不以气态存在，因而磷的循环属于典型的非闭合性趁机循环。随着水的流动，磷可以由陆地转移到海洋中，但再由海洋转移到陆地则十分困难，因此磷的循环并非完全的循环。

磷的主要储存库和供给源是岩石与海底沉积物。含磷丰富的沉积岩被开采并用作肥料施用于农田。绝大部分土壤和岩石中的磷是以难溶性的磷酸盐的形式存在，不能被植物直接利用，只有在经风化、侵蚀、淋洗后以易溶态的形式释放到土壤和水环境中才能供各种生物所利用。磷首先被植物和藻类等初级生产者吸收，然后跟其他营养物质一样通过食物链在生态系统中循环，并最后通过残骸和排泄物返回到土壤与水环境中。含磷有机物通过细菌的分解作用可转化为无机磷酸后又可被生产者利用从而开始新的循环。

陆地生态系统中磷的相当一部分主要通过水土流失过程被迁移到河流和湖泊并最终到达海洋沉积到海底。水体中的无机磷可为浮游植物所利用，同样在食物链中传递。浅海中的磷可以通过海鸟的鸟粪和海鱼的捕捞回到陆地，但这仅占总磷的很小一部分。此外，通过地质隆起和海陆变迁形成新陆地，也可以让进入海洋的磷回到陆地，但这个过程相当缓慢（图 1-11）。

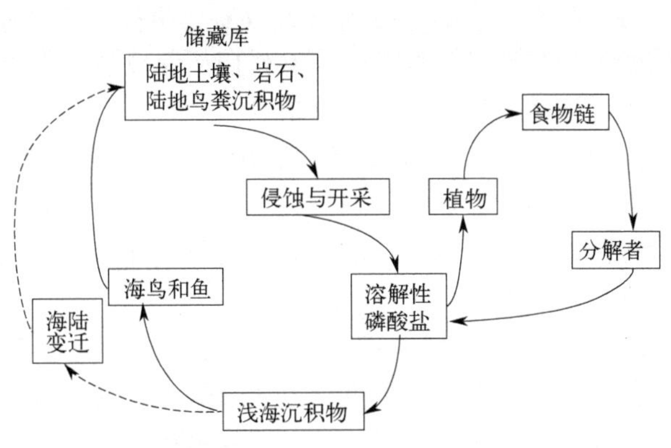

图 1-11　生态系统中的磷循环

磷对生物体来说是极为重要的必需元素，但其在生物圈中的含量并不丰富。由于磷的循环不是完全循环，因此陆地生态系统中的磷损失越多，现存量越少，早晚会成为生物和人类生存发展的限制因素。

（4）信息传递

生态系统的功能整体性除了体现在生物生产过程、能量流动和物质循环等方面外，还表现在系统中各生命成分之间存在着信息传递。信息传递是生态系统的基本功能之一，在传递过程中常伴随着一定的物质和能量的消耗。但是信息传递不像物质流那样是循环的，也不像能流那样是单向的，而往往是双向的，有从输入到输出的信息传递，也有从输出向输入的信息反馈。按照控制论的观点，正是由于这种信息流才使得生态系统产生自动调节机制。

信息源于通信工程科学术语，通常是指包含在情报、信号、消息、指令、数据、图像等传播形式中新的知识内容。信息传递一般包括 3 个基本环节：信源（信息来源）；信道（信息传输途径）；信宿（信息接收者）。多个信息过程相连就使系统形成信息网，当信息在信息网中不断被转换和传递时就形成了信息流。在克劳德香农的信息论中，信息这个概念具有信源对信宿（信息接受者）的不确定性的含义，不确定程度越大，则信息一旦被接受后，信宿从中获得的信息量就越大。信息只有通过传递才能体现其价值，发挥其作用。

生态系统中的信息大致可分为物理信息、化学信息、行为信息和营养信息四大类。

1）物理信息

生态系统中的光、声、湿度、温度及磁力等，通过物理过程传递的信息，称为物理信息。物理信息的来源可以是无机环境也可以是生物，分以下几种。

① 声信息。在生态系统中，声信息的作用更大一些，尤其是对动物而言。动物更多是靠声信息来确定食物的位置或发现敌害的存在的。我们最为熟悉的以声信息进行通信的当属鸟类，鸟类的叫声婉转多变，除了能够发出报警鸣叫外，还有许多其他叫声。植物同样可以接收声信息，例如当含羞草在强烈的声音刺激下就会有小叶合拢、叶柄下垂等反应。

声信息的特点有：a. 多方位性，接受者不一定要面向信源，声音可以绕过障碍物；b. 同步性，发出声音信号时，动物的四肢躯干亦可发出信息；c. 瞬时性，声信息可在一瞬间发出，也可在一瞬间停止；d. 多变量，声音有许多变量，包括强度、频率、音质等，每个变量都可以提供信息，因此声信息的容量很大。

② 电信息。在自然界中存在许多生物发电现象，因此许多生物可以利用电信息在生态系统中活动。有300多种鱼类能产生0.2～2V的微弱电压，可以放出少量的电能，并且鱼类的皮肤有很强的导电力，在组织内部的电感器灵敏度也很高。鱼群在洄游过程中的定位，就是利用鱼群本身的生物电场与地球磁场间的相互作用而完成的。由于植物中的组织与细胞之间存在着放电现象，因此植物同样可以感受电信息。

③ 磁信息。地球是一个大磁场，生物生活在其中，必然要受到磁力的影响。候鸟的长途迁徙、信鸽的千里传书，这些行为都是依赖自己身上的电磁场与地球磁场的作用，从而确定方向和方位。植物对磁信息也有一定的反应，若在磁场异常的地方播种，产量就会降低。不同生物对磁信息的感受力是不同的。

④ 光信息。生态系统的维持和发展离不开光的参与，同样，光信息在生态系统中占有重要的地位。在光信息传递的过程中，信源可以是初级信源，也可以是次级信源。例如，夏夜中雌雄萤火虫的相互识别，雄虫就是初级信源；而老鹰在高空中通过视觉发现地面上的兔子，由于兔子本身不会发光，它是反射太阳的光，所以它是次级信源。太阳是生态系统中光信息的主要初级信源。

2）化学信息

生物在生命活动过程中，还产生一些可以传递信息的化学物质，诸如植物的生物碱、有机酸等代谢产物以及动物的性外激素等，就是化学信息。化学信息主要是生命活动的代谢产物以及性外激素等，有种内信息素（外激素）和种间信息素（异种外激素）之分。种间信息素主要是次生代谢物（如生物碱、萜类、黄酮类）以及各种苷类、芳香族化合物等。在生态系统中，化学信息有着举足轻重的作用。

① 植物间的化学信息。在植物群落中，可以通过化学信息来完成种间的竞争，也可以通过化学信息来调节种群的内部结构。有时，在同一植物种群内也会发生自毒现象。在这些植物的早期生长过程中，毒素可能会降低幼小个体的成活率。然而，当这种毒素在土壤中积累时，它们就能使植物自身死亡，减小生态系统中的植物拥挤程度。

② 动物间的化学信息。在动物群落中，可以利用化学信息进行种间、个体间的识别，还可以刺激性成熟和调节出生率。例如，猎豹和猫科动物有着高度特化的尿标志信息，它们总是仔细观察前兽留下的痕迹，并由此传达时间信息，避免与栖居在此的对手遭遇。动物还可以利用化学信息来标记领域。群居动物能够通过化学信息来警告种内其他个体。岫遇到危险时，由肛门排出有强烈臭味的气体，它既是报警信息素又有防御功能。当蚜虫被捕食时，被捕食的蚜虫立即释放报警信息素，通知同类其他个体逃避。许多动物分泌的性信息素在种内两性之间起信息交流的作用。在自然界中，凡是雌雄异体又能运动的生物都有可能产生性信息素。显著的例子是，雄鼠的气味可使幼鼠的性成熟大大提前。

③ 动植物之间的化学信息。植物的气味是由化合物构成的。不同动物对气味有不同的反应，蜜蜂取食和传粉，除与植物花的香味、花粉和花蜜的营养价值密切相关外，还与许多花蕊中含有昆虫的性信息素成分有关。植物的香精油成分类似于昆虫的信息素。可见植物吸引昆虫的化学性质，正是昆虫应用的化学信号。事实上，除一些昆虫外，差不多所有哺乳动物，可能还有鸟类和爬行类，都能鉴别滋味和识别气味。植物体内含有的某些激素是抵御害虫的有力武器，某些裸子植物具有昆虫的蜕皮激素及其类似物。如有些金丝桃属植物，能分泌一种引起光敏性和刺激皮肤的化合物——海棠素，使误食的动物致盲或致死，故多数动物

避开这种植物，但叶甲却利用这种海棠素作为引诱剂以找到食物之所在。

3）行为信息

行为信息是指某些动物通过特殊的行为方式向同种的其他个体或其他生物发出的信息。在这些信息中，有的表示威胁、挑战，有的向对方炫耀自己的优势，有的表示从属，有的则为了配对，还有的则是欺骗，等等。例如，蜜蜂发现蜜源时，就用舞蹈动作来告诉其他蜜蜂花源的方向、距离。蜜蜂中主要的舞蹈有两种：一种是圆圈舞，圆圈舞是采集了花蜜的蜜蜂向同伴传达在蜂箱近距离内采蜜的信号；另一种是摆尾舞，摆尾舞是招呼同伴到百米以外去采蜜的信号，其摆尾速度与蜜源距离有关。地行鸟是草原中的一种鸟，当发现敌情时雄鸟就会急速起飞，扇动两翼，向在孵卵的雌鸟发出逃避的信息。有些鸟通过飞行姿势和跳舞动作来传递求偶信息。豪猪遭遇敌害时，将其体刺竖直，形成可怕的姿态，从而赶跑敌人。

4）营养信息

营养状况和环境中食物的改变会引起生物在生理、生化和行为上的变化，这种变化所产生的信息称为营养信息。如被捕食者的体重、肥瘦、数量等是捕食者的取食依据。

在生态系统中，沿食物链各级生物要求有一定的比例，即所谓的“生态金字塔”规律。根据这个规律，生态系统中的食物链就构成了一个相互依存、相互制约的整体。对于畜牧业、饲养业而言，营养信息规律有很大的作用。若要饲养动物，起始饲养的数量要根据饲料的多少而定；若要在草原放牧，起始放牧的家畜数量更要与牧草的生长量、总量相匹配。动物和植物不能直接对营养信息进行反应，通常需要借助其他的信号手段。例如，当生产者的数量减少时，动物就会离开原生活地去其他食物充足的地方生活，以此减轻同种群的食物竞争压力。

另外，通过对生物信息传递的研究，还可以获得其他生态信息。例如，狼也是用尿标记活动路线的动物，它们常将树桩、树木等作为“气味站”，在开阔地带，任何突起物都可以被狼选择为标记对象。有时一群狼依次排尿于同一标记处。在冬季，这种标记站常形成相当大的冰坨，人们可通过对冰坨的分析获得狼群大小和数量的信息。

（5）自我调节

生态系统是一种开放系统，但各生态系统的开放程度却有很大不同，例如一个溪流系统开放的程度就比一个池塘系统大得多，因为在溪流系统中水携带着各种物质不停地流入和流出。自然界生态系统一个很重要的特点就是它常常趋向于达到一种稳态或平衡状态，使系统内的所有成分相互协调。这种平衡状态是靠一种自我调节过程来实现的。

生态系统的自我调节能力主要表现在 3 个方面：a. 同种生物的种群密度的调控，这是在有限的空间内比较普遍存在的种群变化规律；b. 异种生物种群之间的数量调控，多出现于植物与动物或动物与动物之间，常有食物链关系；c. 生物与环境之间的相互调控。借助于这种自我调节过程，各个成分都能使自己适应于物质和能量输入与输出的任何变化。例如，某一生境中的动物数量取决于这个生境中的食物数量，最终这两种成分（动物数量和食物数量）将会达到一种平衡。如果因为某种原因（如雨量减少），食物产量下降，因而只能维持比较少的动物生存，那么这两种成分之间的平衡就被打破了，这时，动物种群就不得不借助于饥饿和迁移加以调整，以便使自身适应于食物数量下降的状况，直到调整到使两者达到新的平衡为止。

生态系统的另一个普遍特性是存在着反馈现象。反馈又称回馈，是控制论的基本概念，指将系统的输出返回到输入端并以某种方式改变输入，进而影响系统功能的过程。反馈可分为负反馈和正反馈。前者使输出起到与输入相反的作用，使系统输出与系统目标的误差减小，系统趋于稳定；后者使输出起到与输入相似的作用，使系统偏差不断增大，使系统震荡，放大控制作用。将反馈的概念应用到生态学上，即当生态系统中某一成分发生变化时，它必然会引起其他成分出现一系列的相应变化，这些变化最终又反过来影响最初发生变化的那种成分的过程。同样也可分为负反馈和正反馈两个类型（图 1-12）。

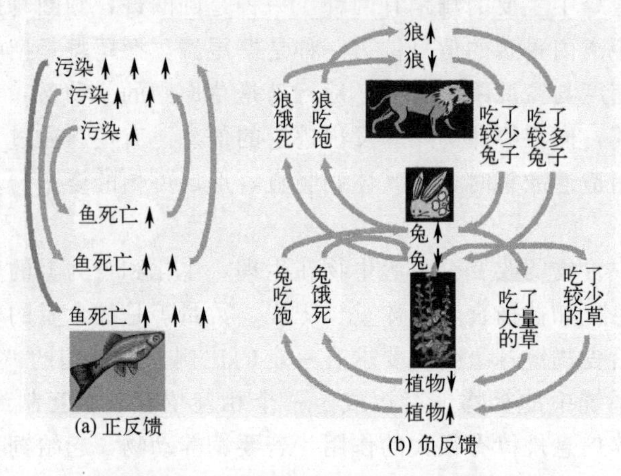

图 1-12　生态系统的正反馈和负反馈

负反馈较为常见，是生态系统自我调节的基础，它是生态系统中普遍存在的一种抑制性调节机制，能够使生态系统达到和保持平衡或稳态，反馈的结果是抑制和减弱最初发生变化的那种成分所发生的变化。例如，如果草原上的食草动物因为迁入而增加，植物就会因为受到过度啃食而减少，植物数量减少以后，反过来就会抑制动物数量。

与负反馈作用相反的是正反馈，它是指生态系统中某一成分的变化所引起的其他一系列变化，反过来不是抑制而是加速最初发生变化的成分所发生的变化，因此正反馈的作用常常使生态系统远离平衡状态或稳态。正反馈比较少见，在自然生态系统中正反馈的实例也不多，比如说，若一个湖泊受到了污染，鱼类的数量就会因为死亡而减少，鱼体死亡腐烂后又会进一步加重污染并引起更多鱼类死亡。因此，由于正反馈的作用，污染会越来越重，鱼类的死亡速度也会越来越快。正反馈往往具有极大的破坏作用，使生态系统远离平衡状态或稳态，但是它常常是爆发性的，所经历的时间也很短。从长远看，生态系统仍可通过负反馈和自我调节作用保持自身的生态平衡。

生态平衡是指生态系统通过发育和调节所达到的一种稳定状况，它包括结构上的稳定、功能上的稳定和能量输入输出上的稳定。生态平衡是一种动态平衡，因为能量流动和物质循环总在不间断地进行，生物个体也在不断地进行更新。正如前面我们所提到的，生态系统是由生产者、消费者和分解者三大功能类群以及非生物成分所组成的一个功能系统，一方面生产者通过光合作用不断地把太阳辐射能和无机物质转化为有机物质，另一方面消费者又通过摄食、消化和呼吸把一部分有机物质消耗掉，而分解者则把动植物死后的残体分解和转化为无机物质归还给环境，供生产者重新利用。可见能量和物质每时每刻都在生产者、消费者与分解者之间进行移动及转化。在自然条件下，生态系统总是朝着种类多样化、结构复杂化和功能完善化的方向发展，直到使生态系统达到成熟的最稳定状态为止。

当生态系统达到动态平衡的最稳定状态时，它能够自我调节和维持自己的正常功能，并能在很大程度上克服和消除外来的干扰，保持自身的稳定性。有人把生态系统比喻为弹簧，它能忍受一定的外来压力，压力一旦解除就又恢复原来的稳定状态，这实质上就是生态系统的反馈调节。但是，生态系统的这种自我调节功能是有一定限度的，当外来干扰因素如火山爆发、地震、泥石流、雷击火烧、人类修建大型工程、排放有毒物质、喷洒大量农药、人为引入或消灭某些生物等超过一定限度的时候，生态系统的自我调节功能就会受到损害，从而引起生态失调，甚至导致发生生态危机。生态平衡失调的初期往往不容易被人们察觉，如果一旦发展到出现生态危机就很难在短期内恢复平衡。

为了正确处理人和自然的关系，我们必须认识到整个人类赖以生存的自然界和生物圈是一个高度复杂的具有自我调节功能的生态系统，保持这个生态系统结构和功能的稳定是人类生存与发展的基础。因此，人类的活动除了要讲求经济效益和社会效益外，还必须特别注意生态效益和生态后果，以便在改造自然的同时能基本保持生物圈的稳定与平衡。

1.3 全球生态系统服务演化

1.3.1 生态系统服务

人类生存和发展所需要的资源，归根结底都来源于自然生态系统。自然生态系统不仅可以为我们的生存直接提供各种原材料或产品（食物、水、氧气、木材、纤维等），而且在大尺度上具有调节气候、净化污染、涵养水源、保持水土、防风固沙、减轻自然灾害和保护生物多样性的作用，进而为人类的生存和发展提供良好的生态环境。对人类生存与生活质量有所贡献和帮助的所有生态系统产品及服务称为生态系统服务。

生态系统的功能是为人类提供各种产品和服务的基础，生态系统服务可以由一种或多种功能共同产生，而一种生态系统功能也可以提供两种或多种服务。产品是指可在市场上用货币表现的商品，而服务不能在市场上买卖，但具有重要的价值。

已有研究和实践表明，自然生态系统的具体功能虽然可以人工替代（如污水净化、土壤修复等），但是在生物圈规模尺度上的自然生态系统功能，至少到目前为止，仍然没有办法可以实现人工替代。从这个角度上来看，自然生态系统对于人类的生存和发展来说，依然具有不可替代性。自然生态系统服务的质量和数量是决定人类生存与发展质量、前景所必备的自然条件。维护和建设良性循环的自然生态系统就是维护人类生存与发展的基础。

生态系统服务功能的定义如下：生态系统服务功能是自然生态系统及其物种维持和满足人类生存，维持生物多样性和生产生态系统产品（如海产品、牧草、木材、生物燃料、纤维、药材、工业产品及其原料）的条件及过程。联合国千年生态系统评估（2007）认为：生态系统服务功能是指人们从生态系统中获取的效益。生态系统服务功能的来源既包括自然生态系统，也包括人类改造的生态系统。生态系统服务功能包含了生态系统为人类提供的直接的和间接的、有形的和无形的效益。

综上所述，生态系统服务功能是指人类直接或间接从生态系统（包括生境、生物、系统性质和过程）中获得的利益。生态系统服务功能的内涵包括有机质的合成与生产、生物多样性的产生与维持、气候调节、营养物质储存与循环、土壤肥力的更新与维持、环境净化与有害有毒物质的降解、植物花粉的传播与种子的扩散、有害生物的控制、自然灾害的减轻等许多方面。

对生态系统服务功能概念的理解，需要注意生态系统功能与生态系统服务的区别和联系。生态系统功能是在人类出现以前就已存在的，是生态系统所固有的属性，是不以人的意志为转移的，而生态系统服务是建立在生态系统功能基础之上的，是人类能够从中获益的生态系统功能，是人类出现之后产生的，二者不可等同，但又密切相关。人类对生态系统服务的利用可导致生态系统结构和功能的变化，如果生态系统功能消失，生态系统服务将无从谈起。

1.3.2 全球生态系统服务的发展变化

生态系统服务根据功能可划分为供给服务、调节服务、文化服务和支持服务四大类型。其中，供给服务是指人类从生态系统获取的各种产品，包括食物、纤维、基因和淡水等；调节服务是指人类从生态系统过程的调节作用当中获取的各种惠益，包括调节空气质量、调节气候、调节水资源、调节侵蚀、调控害虫和调控疾病等；文化服务是指人们通过精神满足、认知发展、思考、消遣和美学体验从生态系统中获得的非物质惠益，包括文化多元性、精神与宗教价值等；支持服务是生态系统提供供给服务、调节服务和文化服务所必需的基础性服务，包括光合作用、初级生产、土壤形成以及养分循环等。这里也将从这四个方面叙述全球生态系统服务的发展变化。

生态系统服务可以通过生态系统评估来看。千年生态系统评估（The Millennium Ecosystem Assessment，MA），是联合国于 2001 年 6 月 5 日世界环境日之际由世界卫生组织、联合国环境规划署和世界银行等机构、组织开展的国际合作项目，是首次对全球生态系统进行的多层次综合评估。旨在为推动生态系统的保护和可持续利用、促进生态系统对满足人类需求所做的贡献而采取后续行动奠定科学基础。目的是评估世界生态系统、植物和动物面临的威胁。这一活动估计耗资 2100 万美元，大约有 1500 名科学家、专家和非政府组织的代表参加这一活动。

生态系统服务状况与变化趋势是生态系统评估的核心内容之一，因此本节将以千年生态系统评估状况与趋势工作组的报告《生态系统与人类福祉：现状与趋势》中的第二部分，即“对生态系统服务的评估”为基础，对全球生态系统服务的发展变化做介绍。

1.3.2.1 供给服务

在 MA 中，评估的供给服务包括食物、纤维、基因资源、淡水资源，以及生物化学物质、天然药品与药剂。其中，食物分为作物、牲畜、捕捞渔业、水产养殖，以及野生动植物食物资源共 5 个服务项；纤维分为木材、薪柴，以及棉花、大麻和丝绸共 3 个服务项；而基因资源、淡水资源，以及生物化学物质、天然药品和药剂则没有进一步细分服务项。关于供给服务的变化趋势，“上升”是指通过扩大提供服务的土地面积（比如农业扩展），或是提高单位面积的服务产量，从而导致服务的总产量得到提高；“下降”是指人类对服务的利用程度超出了可持续利用的水平。

（1）食物

1961～2003 年间，全球食物产量增幅超过了 1.6 倍。在作物生产方面，1961～2003 年期间，世界谷类作物的产量增长了近 2.5 倍。其中，单产的提高是谷类作物产量增长的主要来源。1961～1999 年期间，就所有的发展中国家来讲，作物面积扩展对产量增长的贡献占 29%，而单产提高的贡献占 71%。但是，有些地区，特别是非洲撒哈拉沙漠南部地区和拉丁美洲的部分地区，土地的生产力持续较低，作物的产量仍然主要依赖于种植面积的扩展。

如非洲撒哈拉沙漠南部地区，作物单产的提高对产量增长的贡献仅占 34%，而 66%的产量增长却是来自面积的扩展。此外，在 20 世纪的后 10 年，全球谷类作物产量的增长速度已经有所下降，但是对其下降的原因目前尚未能确定。

在牲畜产出方面，1961～2003 年期间，全球牛肉和羊肉的产量增长 40%，猪肉的产量增长 60%，而家禽肉的产量增长了 1 倍。在此期间，尽管部分地区用于牲畜生产的土地面积已经显著增加，但是牲畜供给服务的提高主要还是源于更加集约化的鸡、猪和牛的圈养生产。

在捕捞渔业和水产养殖方面，20 世纪 80 年代后期之前，海洋渔业的渔获量呈持续增长趋势，但是之后就一直处于下降趋势。当前，约有 25%的海洋渔业资源已被过度开发或者出现严重衰竭，人类对捕捞渔业的利用模式已经不可持续，有些渔场的渔业资源已经濒临崩溃。如位于加拿大纽芬兰岛东海岸的纽芬兰渔场，20 世纪 80 年代后期和 90 年代初期，鳕鱼资源跌至了极低的水平，于是 1992 年 7 月被迫宣布暂停所有的商业捕鱼活动，但是此后仍未出现恢复的迹象，因此 2003 年宣布无限期关闭。此外，由于栖息地改变、过度捕捞，以及水资源利用等原因，多数贫困人群所依赖的淡水渔捞业也出现了下降趋势。在全世界范围内，自 1970 年以来，淡水养殖在以 9.2%的复合年均增长率增长，至 2000 年，水产养殖业提供的鱼类产品大约占到了全球总量的 27%。

（2）纤维

在木材生产方面，自 1960 年以来，全球的木材采伐量增长了 60%。其中，人工林的圆木采伐量不断增长，2000 年占到了全球木材总采伐量的 35%。但是，全球的木材供给服务具有显著的地区差异，有些地区在工业化时代大约丧失了 40%的森林，而且目前的森林仍在继续减少，因而这些地区的木材供应服务出现了下降。但是，近几十年来温带地区一些国家的森林不断得到恢复，因而这些地区的木材供应服务出现了回升。

在薪柴消费方面，薪柴是大约 26 亿人口取暖和煮饭的主要能源，其消费量占到了全球木材总消费量的 55%。但是，全球的薪柴消费在 20 世纪 90 年代似乎达到了最高点，此后由于开发更加高效的生物质能技术以及其他替代燃料，薪柴的消费量目前正在缓慢下降。

（3）基因资源

随着新的生物技术的发展，人类开始采用现代化的耕作方式和作物品种，这在一定程度上导致了传统栽培作物品种的丧失。此外，再加上自然界物种的加速灭绝，因此基因资源方面的供给服务出现了下降。

（4）淡水资源

在过去的几十年里，水资源匮乏已经成为全球的显著特征。1960～2000 年期间，根据度量水资源匮乏程度的一项关键性的指标（相对于可利用供给量的水资源利用量），其增长速率在全球尺度是每 10 年接近 20%，而各大洲的情况不尽一致，有的洲是每 10 年增长 15%，而有的洲则每 10 年增长 30%以上。人类当前的水资源利用量大约占全球陆地径流量的 10%，相当于全球多数人口全年可以利用的陆地径流的 40%～50%。人类的水资源利用模式已经不可持续，全球 5%～25%的淡水利用量已经超过了可以长期利用的供应量，因而需要工程调水或者透支地下水进行补充。在北美洲和中东地区，不可持续的水资源利用量大约占到了总利用量的 1/3。此外，估计全球 15%～35%的灌溉用水都处在不可持续的利用状态。

1.3.2.2 调节服务

在MA中，评估的调节服务包括调节空气质量、调节气候、调节水资源、调节侵蚀、净化水质和处理废弃物、调控疾病、调控害虫、调控自然灾害。其中，调节气候进一步分为调节全球气候和调节区域与局地气候共2个服务项；而其余的调节服务都没有进一步细分服务项。关于调节服务的变化趋势，“上升”是指人类从服务中获得的惠益增多；而“下降”是指人类从服务中获得的惠益减少，减少的原因可能是服务自身的变化，也可能是人类对服务的使用超出了它们的承受极限。

（1）调节空气质量

自工业化时代以来，大气对污染物的自净化能力已经有所下降，下降幅度可能不超过10%，但是，目前尚不清楚生态系统对这种变化的净贡献有多大。此外，虽然生态系统也是吸收对流层臭氧、氨、氧化氮、二氧化硫、尘埃颗粒和甲烷的汇，但是目前还没有对这些汇的变化进行过评估。

（2）调节气候

在对全球气候调节这方面，自1750年以来，主要由于毁林、施用化肥和农业耕作等原因，生态系统变化已经导致全球辐射强迫发生了巨大的历史变化，其中，10%～30%的CO_2辐射强迫，以及大部分的CH_4和N_2O辐射强迫，都是由生态系统的变化造成的。在19世纪与20世纪早期，陆地生态系统是释放CO_2的净源，以后北美、欧洲、中国及其他地区开展了大规模的营林和森林恢复，因而20世纪中期陆地生态系统已成为吸收CO_2的净汇，但仍是释放CH_4和N_2O的净源。主要由于开垦耕地和施用氮肥，当前44%的人为CH_4排放量，以及大约70%的人为氧化氮气体排放量，都是由农业活动造成的。在全球尺度上，自1750年以来的土地覆被变化已经增强了地表对太阳辐射的反照率，在一定程度上抵消了碳释放导致的温室效应，因而起到了一定的致冷作用。

在对区域与局地气候的调节方面，生态系统变化对区域气候造成的影响是随地理位置和季节而变化的。如对于被季节性降雪覆盖的地区来讲，毁林在雪季会提高地表的反照率，产生致冷效应，但是在夏季则会降低地表的蒸散，产生致暖效应；大范围（几百平方公里）的热带毁林，通过降低地表的蒸散会减少区域降水；同样，热带和亚热带地区的荒漠化，通过降低地表的蒸散和提高地表反照率，也会导致区域降水减少（确定性程度高）。总之，土地覆被变化对区域和局地气候产生的影响，既有有利的一面，也有不利的一面，但是不利影响占了多数。

（3）调节水资源

生态系统变化对径流、洪水和蓄水层水源补给的时间与规模的影响，取决于所在的生态系统以及对生态系统所做的具体改造，各地生态系统的情况不尽一致，有些地区有所提高，而有些地区则有所下降。

（4）调节侵蚀

目前，土地利用与作物（土壤）管理方式已经加剧了土壤的退化和侵蚀，不过北美洲和拉丁美洲地区的农民正在逐步采用可以减少土壤侵蚀的适当的土壤保护措施（例如最小限度的耕作方式）。但是总的来讲，全球生态系统在调节侵蚀方面的调节服务是下降的。

（5）净化水质和处理废弃物

目前，从全球角度来看，水质正在不断下降，可是在过去的20年里，大多数工业化国家中地表水的病原体和有机污染已经显著减少。但是，在过去的 30 年里，水体中的硝酸盐浓度已经迅速增加。在发展中国家，90％～95％的污水未经处理就直接排入了地表水体，许多地区的废弃物负荷已经超出了生态系统的净化与吸收能力。生态系统净化废弃物的能力非常有限，这一点在有关内陆水系污染的大多数报告中已经得到了证实。通常来讲，水体生态系统可以净化 80％的全球氮负荷，但是不同生态系统的自净化能力差别较大，而且具有一定的限度。此外，湿地的丧失更进一步降低了生态系统过滤和降解废弃物的能力。由于高强度的利用和高强度的污染等原因，目前垦殖系统、城镇系统和旱区系统的淡水水质已经严重退化。

（6）调控疾病

在发展过程中，人类对生态系统的改造通常导致当地传染性疾病的发病率上升，例如毁林为传播疟疾的蚊子提供了适宜的栖息环境，因而导致疟疾在非洲和南美洲传播的风险增加。但是，栖息地的变化既可能增长也可能降低爆发特定传染性疾病的风险。

（7）调控害虫

在许多农业地区，自然天敌对害虫的控制作用已经被杀虫剂的使用所替代。目前，杀虫剂的使用已经降低了农业生态系统对害虫的调控能力。在其他一些系统中，通过实施综合的害虫防治策略，利用天敌控制害虫正在得到应用和加强。此外，培育具有抗虫基因的作物品种也可以减少对有毒合成杀虫剂的使用需求。

（8）调控自然灾害

人类不断占用容易遭受极端事件影响的区域和地理位置，如美国大约 17％的城市是位于百年一遇的洪水区，日本大约 50％的人口是居住在洪水泛滥的平原，这些行为已经加剧了人类应对自然灾害（例如 2004 年的印度洋海啸）的脆弱性。现有数据表明，自然灾害对世界上许多地区的影响正在不断增加，在我国，由于森林资源大幅减少，森林生态系统结构遭到严重破坏，导致自然灾害发生得越来越频繁。黄河中游流域森林覆盖率目前已下降到 10.9％，洪涝和干旱经常发生，我国水土流失面积已占国有总面积的 1/6，每年荒漠化造成的直接经济损失高达 540 亿元。同时，全国每年排放污水 3.65×10^{10} t，已有 82％的江河湖泊受到了不同程度的污染。

1.3.2.3 文化服务

在 MA 中，评估的文化服务包括精神与宗教价值、美学价值，以及消遣与生态旅游。需要说明的是，虽然 MA 也提出了文化多元性、知识体系、教育价值、灵感、社会关系、地方感和文化遗产价值等方面的文化服务，但是由于没有掌握足够的信息和数据，目前 MA 尚无法对这些服务的现状与趋势进行评估。关于文化服务的变化趋势，“上升”是指人类从服务中所获得的惠益增多；“下降”是指生态系统的变化导致其提供的文化惠益减少。

（1）精神与宗教价值

世界上的圣林，以及此类受保护的其他地区的数目已经减少。个别生态系统属性（与宗教有关的物种或森林）的丧失，再加上社会和经济方面的变化，可能会导致人类从生态系统中获得的精神惠益下降。另外，在有些情况下，例如，生态系统属性对人类造成显著威胁的地方，某些生态系统属性的丧失可能会提高保留下来的那些属性的精神价值。但是总的来讲，生态系统的精神与宗教价值处于下降趋势。

（2）美学价值

随着城市化的不断发展，人类对美感宜人的自然景观的需求也不断增加。但是，可以满足这种需求的地区在数量和质量上都已经呈现下降趋势。供城市居民使用和接近的自然环境的减少，可能会对公众健康和经济发展产生严重的不利影响。

(3) 消遣与生态旅游

由于人口的不断增长，富裕人群的休闲时间增多，以及支撑消遣与旅游活动的基础设施不断完善，为消遣与旅游活动开发的生态系统越来越多。目前，许多发展中国家已把旅游业作为主要的经济发展战略。但是，许多用作消遣资源的自然景观（如珊瑚礁）已经出现了退化现象。因此，在消遣与生态旅游方面，生态系统提供的文化服务既有上升，也有下降。

1.3.2.4 支持服务

MA 中的支持服务主要是初级生产和养分循环。生态系统提供的支持服务通常并不为人类直接利用，它们一般是通过影响供给服务、调节服务和文化服务从而间接地作用于人类福祉。如果把支持服务的间接作用也计算在内的话，那么将会导致有关的成本与效益被重复计算。因此，在统计各项服务的变化趋势时，MA 没有把支持服务包括在内。

(1) 初级生产

1981～2000 年期间，旱区、森林和垦殖等系统的净初级生产（NPP）出现了增长趋势。但是，在全球尺度上，以上增长趋势包含与气候变异有关的较大的季节性变化和年际变化。

(2) 养分循环

近几十年，主要由于化肥、牲畜排泄物、人类排泄物和生物质燃烧输入的多余养分，全球的养分循环已经发生了大规模的变化。同时，由于抑制养分迁移的生物缓冲带遭到严重破坏，养分不断由陆地向水生系统迁移，导致内陆水域和海滨系统受到的富营养化影响日益严重。如由于陆地生态系统转化为大范围而且生物多样性较低的农业景观，对于施用的化肥养分，或者是由大气中氮和硫的沉降过程输入的养分，它们的吸收与保持能力都遭到了破坏。因此，过剩的养分不断渗入地下水、河流和湖泊当中，进而又被输送到海滨地区。此外，城市地区排放的经过处理和未经过处理的污水也增加了生态系统的养分负荷。但是，世界上仍然存在大面积的地区（主要是在非洲和拉丁美洲），由于只对土地进行索取而不进行养分补充，从而导致土壤肥力枯竭，并给人类营养和环境造成严重影响。

1.4 全球性生态环境问题

全球性环境问题的产生是多种因素共同作用的结果。长期以来，人类对自然环境过度地开发和利用，已经导致了各种严重的环境问题。随着人口的持续增加、科技的飞速发展和生产力的进步，其影响范围也从区域拓展至全球，并给人类生存与发展带来了极大的威胁和挑战。2018 年联合国环境规划署发布的主要全球环境问题包括全球气候变化、塑料污染、生物多样性减少、空气污染及土地退化和荒漠化等。

1.4.1 全球气候变化

人类生产活动产生的大量 CO_2、CH_4、N_2O 等微量气体，使得全球气候逐渐变暖，产生所谓的温室效应。温室效应又称“花房效应”，是指大气能使太阳短波辐射到达地面，但地面受热后向外放出大量的长波热辐射线却被大气吸收，从而使地表与低层大气温度升高的现象。全球气候的变化对全球生态系统带来了威胁和严峻的考验。例如：全球升温使极地冰川融化，从而引起海平面上升；全球气候变化使得全球降雨和大气环流发生变化，导致气候反常，易造成洪涝灾害，对人类生活产生一系列重大影响。

为应对全球气候变化，1992年，工业化国家在巴西里约热内卢发表声明，要使造成温室效应的废气排放稳定下来，但多数国家并没有做到这一点。1997年12月，联合国气候变化框架公约参加国通过三次会议制定了《京都议定书》，其目标是“将大气中的温室气体含量稳定在一个适当的水平，进而防止剧烈的气候变化对人类造成伤害”，议定书要求将二氧化碳的排放量控制在比1990年排放量低5%的水平。到2005年9月，一共有156个国家通过了该议定书，缔约方排放量占全球排放量的61%左右。2018年全球碳排放开始下降，2018年11月欧盟通过了《欧盟2050战略性长期愿景》，要求欧盟从能源、建筑、交通、土地利用、农业、工业、循环经济等多方面入手，推动欧盟全面降低碳化发展。2020年全球疫情影响下，碳排放量减少5.9%，碳排放量为3.2079×10^{10}t。2020年中国发布“30·60”双碳目标之后，日本、英国、加拿大、韩国等发达国家相继提出到2050年前实现碳中和目标的政治承诺。日本承诺，将此前2050年目标从排放量减少80%改为实现碳中和。英国提出，在2045年实现净零排放，2050年实现碳中和。加拿大政府也明确提出，要在2050年实现碳中和。世界主要经济体相继做出减少碳排放的承诺，碳减排迎来拐点。随着全球经济的复苏，各国解除封锁，2021年飙涨的天然气价格让燃煤发电强势复苏，全球能源需求大幅回弹，叠加恶劣天气、能源市场震荡等，这些因素都推高了碳排放量。2021年碳排放量为3.3884×10^{10}t，同比上涨5.6%。

1.4.2 塑料污染

塑料因其便宜、材质轻、易于制造等优点而受到青睐，在过去的一个世纪里塑料产业蓬勃发展，并且这一趋势还将继续下去，全球塑料的生产量在未来的十年内仍会迅猛增长。联合国环境规划署2018年的报告指出，自20世纪50年代以来，塑料的生产规模远超其他材料。生产的大部分塑料在使用一次后就被丢弃。因此，塑料包装污染约占全球塑料垃圾的一半。这些垃圾大部分产生于亚洲，同时美国、日本和欧盟各国是世界人均塑料包装垃圾生产量最多的国家。全球9.0×10^{9}t塑料垃圾中只有9%被回收利用，它们大多数最终堆积在垃圾填埋场或流入环境中。如果以目前的消费模式和废物管理做法继续下去，那到了2050年，垃圾填埋场和环境中将有大约1.20×10^{10}t塑料垃圾。到目前为止，如果塑料生产的增长水平保持当前速率，那么塑料产业可能占全球石油消费总量的20%。

大多数塑料不会被生物降解。相反，它们会慢慢分解为细小碎片，成为塑料微粒。当塑料分解后，想从海洋中将它们移除就变得非常困难。研究表明，由发泡聚苯乙烯制成的塑料袋和容器（通常称为“泡沫塑料”）可能需要几千年才能分解，会污染土壤和水。塑料微粒如果被鱼类吸收，会进入食物链。现在，人们已经在食盐中发现了塑料微粒。同时，还有研究表明，90%的瓶装水和83%的自来水中含有塑料微粒。

当塑料垃圾泄漏到环境中时会造成大量问题。塑料袋会阻塞水道并加剧自然灾害，还会通过堵塞下水道为蚊子和害虫提供繁殖地，从而加剧媒介传染病肆虐的风险，如疟疾。如今，已经在数百种动物的气道和胃中发现大量塑料袋及其他塑料材料。海龟和海豚经常将塑料袋当作食物误食。有证据表明，塑料生产过程中添加的有毒化学物质会转移到动物组织中，最终进入人类食物链。泡沫塑料产品中包含苯乙烯和苯等致癌化学物质，一旦被人体摄入会严重损害神经系统、肺和生殖器官。泡沫塑料容器中的毒素会渗入食物和饮料中。在贫穷国家，通常会通过焚烧塑料垃圾取暖或烹饪，使人们暴露在有毒气体中。通过在露天矿坑中燃烧来处理塑料垃圾会释放呋喃和二噁英等有害气体。

塑料垃圾会造成极大的经济损失。仅亚太地区，塑料垃圾就导致旅游业、渔业和航运业每年损失13亿美元。在欧洲，清理海岸和海滩塑料垃圾每年消耗6.3亿欧元。研究表明，塑料对全球海洋生态系统造成的经济损失每年至少达到130亿美元。

1.4.3 生物多样性减少

生物多样性包括物种内部、物种之间和生态系统的多样性。在漫长的生物进化过程中，总会有新物种的产生，随着生态环境的变化，也会存在旧物种的消亡。近年来，人口的急剧增加和人类对自然资源的不合理开发，使得地球上的各种生物及生态系统受到了极大冲击，生物多样性也受到了很大的损害。

据估计，世界上每年至少有50000种生物物种灭绝，平均每天灭绝的物种高达140个。在我国，由于人口的增长和经济发展的压力，人们对生物资源存在着不合理利用和破坏，生物多样性遭受了前所未有的损失：大约有200个物种灭绝；估计有5000种植物处于濒危状态，约占我国高等植物总数的20%；大约还有398种脊椎动物也处于濒危状态，约占我国脊椎动物总数的7.7%。因此，保护生物多样性，也是摆在我们面前的重大问题。

生物多样性丧失的变革性行动主要发生在保护区以外的人口稠密且以生产为导向的陆地和海洋景观中。这就要求制定新的土地和资源使用规则与目标，这些规则与目标对生物多样性有利、中立或至少危害要小得多，同时允许使人类受益的用途。有效管理陆地和海洋资源及其生物多样性需要因势利导的组合：土地使用权及责任的安全和明确；对资源所有者和监护人的财政与非财政激励；以及监管和执行它们的法规与机构，在生态系统范围内开展工作，并在涉及的各个机构和管辖范围内协调行动。承认土著人民和当地社区的监护传统与知识，以及采用参与式资源管理办法是成功的关键因素。多维土地使用包括促进维持生物多样性和支持当地生计的畜牧、种植及林业实践，同时避免土地退化，包括对退化土地和生态系统进行战略性和广泛修复。

1.4.4 空气污染

空气污染，又称为大气污染，按照国际标准化组织（ISO）的定义，空气污染通常是指：由于人类活动或自然过程引起某些物质进入大气中，呈现出足够的浓度，达到足够的时间，并因此危害了人类的舒适、健康和福利或环境的现象。换言之，只要是某一种物质，其存在的量、性质及时间足够对人类或其他生物、财物产生影响，我们就可以称其为空气污染物，而其存在造成的现象就是空气污染。

2012年，世界卫生组织（World Health Organization，WHO）估计，恶劣的空气质量每年导致700万～800万人过早死亡。这使得空气污染成为导致过早死亡的主要环境原因。暴露于室内和室外空气污染与中风和心脏病等心血管疾病以及癌症和呼吸系统疾病的发病率增加密切相关。每年估计有700万～800万人因空气污染过早死亡，污染的主要来源是在明火上用固体燃料（木材和其他生物质燃料）做饭和取暖。虽然在193个国家中，有97个国家将家庭使用清洁燃料的比例提高到85%以上，但世界上50%以上的人口生活在清洁燃料获取率较低的国家。因此，超过30亿人在使用固体燃料和明火做饭、取暖。露天焚烧垃圾废弃物也是空气污染物的一大来源。在联合国环境规划署的报告中所统计的193个国家里，有 166 个（86%）露天焚烧农业/城市垃圾废弃物。

1.4.5 土地退化和荒漠化

土地退化和荒漠化是指由于人为因素或一系列自然原因的共同作用，土地质量下降并逐步荒漠化的过程。

人类活动，尤其是农业活动，是造成土地退化的主要原因。在北美，这类活动影响了不少于 52%的退化干旱地区，墨西哥北部以及美国和加拿大的大平原、大草原地区受到的影响最为严重。农业活动还在不同程度上造成了发展中国家不同形式的土地退化。许多农村开发项目的目标都是增加农作物产量和缩短耕地休闲期，这就容易导致土壤营养的净流失，大大降低了土壤的肥力，这就会使得化肥、农药的用量加大，又会对土地造成严重污染，形成恶性循环。

导致土地退化的另一个原因则是对森林的过度砍伐。毁林导致的土地退化情况最为严重的区域是亚洲，其次是拉丁美洲。从绝对数量上看，毁林的危害仅次于过度放牧。如果植被部分甚至全部受损或消失，地球表面的反射率、地表温度和蒸发量都将发生改变。土壤的脆弱度和生态系统的复原力都会随着土地的使用强度而发生变化，从而导致土地退化。

参考文献

[1] 何博文，关群．环境生态与未来全球气候变化的关联性分析与预测［J］．合肥工业大学学报（自然科学版），2022，45（6）：818-824.

[2] Kolomiiets Valentyna，Rakowska Patrycja，Rymaszewska Anna. New problems of environmental ecology：Ticks and tick-borne pathogens in city parks of Ukraine［J］．Environmental Microbiology Reports，2022，14（4）：591-594.

[3] 孔海南，吴德意．环境生态工程［M］．上海：上海交通大学出版社，2015.

[4] 谢作明．环境生态学［M］．武汉：中国地质大学出版社，2015.

[5] 曲向荣．环境生态学［M］．北京：清华大学出版社，2015.

[6] 李振基．生态学［M］．北京：科学出版社，2014.

[7] 万金泉，王艳，马邕文．环境与生态［M］．广州：华南理工大学出版社，2013.

[8] Xie Zuoming，et al. Arsenic resistance and bioaccumulation of an indigenous bacterium isolated from aquifer sediments of datong basin，northern China［J］．Geomicrobiology Journal，2013，30（6）：549-556.

[9] Xie Zuoming，et al. Influence of arsenate on lipid peroxidation levels and antioxidant enzyme activities in bacillus cereus strain XZM002 isolated from high arsenic aquifer sediments［J］．Geomicrobiology Journal，2013，30（7）：645-652.

[10] 胡荣桂．环境生态学［M］．武汉：华中科技大学出版社，2012.

[11] 张永民，赵士洞．全球生态系统服务的状况与趋势［J］．地球科学进展，2007（5）：515-520.

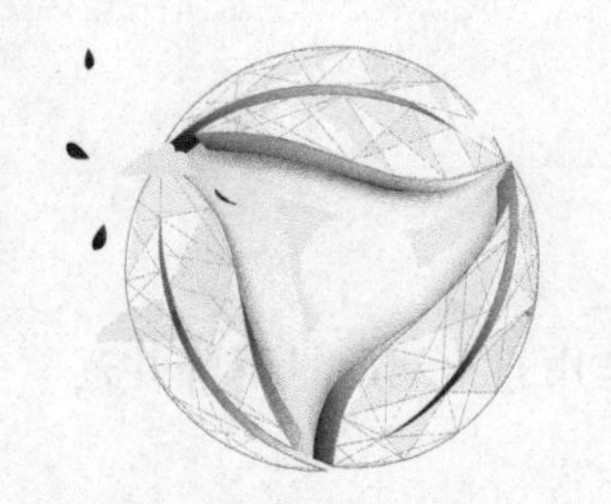

第2章 污染物及其生态环境效应

2.1 新污染物类别和特征

新污染物是指在环境中新发现的，或者虽然早前已经认识但是新近引起关注，且对人体健康及生态环境具有风险的污染物，包括持久性有机污染物（persistent organic pollutants，POPs）、环境内分泌干扰物（endocrine disrupting chemicals，EDCs）、微塑料和抗生素等，大多数新污染物未受法规规范。环境中新污染物不断出现给有机污染化学的发展带来新的机遇和强劲的推动力，例如全氟辛烷磺酸（perfluorooctane sulphonate，PFOS）、多溴联苯醚（poly brominated diphenyl ethers，PBDEs）等非氯取代的新 POPs 被增列入《斯德哥尔摩公约》（全称为《有关持久性有机污染物的斯德哥尔摩公约》），为 POPs 研究和污染控制带来了新的挑战。EDCs 和 PPCPs（聚丙烯共聚物）等新污染物成为新的国际研究热点。

2.1.1 环境内分泌干扰物

2.1.1.1 环境内分泌干扰物的概述

内分泌干扰物（EDCs），或称环境雌激素（environmental estrogen disrupting，EED），是指经由摄入和生物体内富集作用，介入人类或动物体内荷尔蒙的合成、分泌、输送、结合、反应和代谢过程，以类似雌激素的方式干扰内分泌系统，给生物体带来异常影响的一种外源性化学物质，故也被称为环境激素。这类物质会使人类或动物的生殖能力下降，危害发育或健康的行为方式。其具有低剂量性，即使是 ng/L 级的含量，也能使生物体的内分泌失衡，从而产生异常影响甚至导致癌症的发生。

2.1.1.2 水体中典型内分泌干扰物的来源

（1）外源污染

水体中 EDCs 的来源广泛，进入水体的途径众多，工业废水和生活污水直接或间接地排入水体是 EDCs 进入水体的主要外源途径。表 2-1 概括了典型 EDCs，如邻苯二甲酸盐（phthalate esters，PAEs）、双酚 A（bisphenol A，BPA）和烷基酚（alkylphenols，APs）在日常生产生活中的使用情况。Bergé 等的研究发现，PAEs 和 APs 高度浓缩于工业废水中，在生活污水中也检测到 PAEs 和 APs，其浓度高于预期值。常规城镇污水处理厂仅设计为处理氮、磷常规污染物的，并没有专门针对持久性有机物的处理工艺，城市生活污水和工业废水进入污水处理厂以后，并不能完全消除 EDCs。除了污水的排入外，垃圾填埋场的渗滤液、大气干湿沉降和农药的使用，也是水体中 EDCs 污染物的来源。

表 2-1 典型 EDCs 在日常生产生活中的使用情况

EDCs	来源
PAEs	黏合剂、涂料、油墨、橡胶和用于金属制品的表面处理，聚氯乙烯(PVC)和其他聚合物树脂的合成
BPA	聚碳酸酯塑料和环氧树脂，罐装的涂料，热敏纸中的添加剂，以及塑料中的抗氧化剂
APs	洗涤剂添加剂和烷基酚乙氧基酯的生产，化妆品、个人护理产品、清洁剂、涂料、增溶剂和电缆工业等领域

(2) 内源污染

水体中 EDCs 污染物除了来自污水等外源途径外，内源污染物的释放也会导致水体中 EDCs 类物质含量的增加。EDCs 类污染物大多属于疏水有机物，其具有较高的辛醇-水分配系数（K_{ow}），容易被天然沉积物吸附，但这些吸附是可逆的。Wang 等的研究发现，水体和沉积物中的酚类 EDCs 浓度不仅受水体浓度、输入源距离、城市区域分布等人为因素的影响，还受水动力变化，如水流状况、暴雨、吸附/解吸等因素的影响。其研究表明，雨季的变化可能导致沉积物中的酚类 EDCs 释放进入水体，且有研究报告指出有氧条件比厌氧条件更容易促进酚类 EDCs 的生物转化，EDCs 吸附在沉积物表面，难以转化降解，一旦在雨季或其他因素的影响下便会释放进入水体。持久性有机污染物（POPs）大都为复杂的有机化合物，其在水体中会逐渐迁移转化，还有可能会降解为 EDCs 污染物。研究发现，烷基酚主要来源于长链乙氧基酯（APnEOs）的生物降解，导致其在环境介质中的持续扩散。很多持久性有机污染物的分解产物比母体化合物毒性更强、稳定性更高。

2.1.1.3 土壤/沉积物中内分泌干扰物的来源

EDCs 主要通过污水处理厂系统、畜牧养殖、农业化学药品、施肥、人类排放物、化学实验室等直接来源，以及其他间接来源（如港口船舶活动、降雨径流和农业灌溉等）等方式，渗透入地表水及地下水系统，然后被土壤/沉积物吸附和积累，甚至生物放大，进而对环境有很大的潜在威胁。

研究发现，大多数 EDCs 均具有脂溶性、疏水性和化学稳定性，易被吸附在土壤/沉积物中。同时，其具有较长半衰期和低剂量效应，呈现出难降解和难去除的特点。欧美发达国家土壤/沉积物中 EDCs 主要来源于农业灌溉和污水排放，而以我国为代表的发展中国家，人类及动物排放物和污水排放是土壤/沉积物中 EDCs 的主要贡献源。另外，EDCs 在土壤/沉积物中的分布受土壤自身特性及人类活动的影响，一般近海地区沉积物中 EDCs 浓度水平与河流底泥及土壤相比较低；而在高度工业化、城市化地区，土壤/沉积物中的 EDCs 浓度则较高。

2.1.2 持久性有机污染物

2.1.2.1 持久性有机污染物的定义及性质

持久性有机污染物（POPs）是指持久存在于环境中，在自然环境中具有较长的半衰期，能通过食物链积聚，并对人类健康及环境造成不利影响的有机化学物质。持久性、生物富集性、长距离迁移性和生态毒性被认为是 POPs 普遍具有的 4 个特征。狭义上的 POPs 是指《斯德哥尔摩公约》规定受控的 31 种禁止使用和限制使用（含正在审核）的 POPs（截至 2019 年 12 月）；而广义上的 POPs 包括所有具备持久性有机污染物特性的化学物质。其特性如下：

(1) 持久性

POPs 最显著的特性就是持久性。POPs 的化学性质稳定，在无人为干涉的条件下一般很难发生如生物代谢、光降解和化学分解等生物化学作用。一旦排放到环境中，则能够在水、沉积物及土壤等环境介质中长时间留存，其滞留时间长达数年、数十年甚至更长的时间。

（2）生物富集性

高亲脂性使得POPs能够通过饮食、呼吸和表皮接触等方式进入生物体，且难以被生物体自身代谢，易在脂肪组织内发生生物累积，并可通过食物链生物放大。

（3）长距离迁移性

POPs可以从土壤、植物和水体等介质中挥发至大气中，随大气运动迁移至远离使用和排放该物质的地区（甚至到达极地地区）。

（4）生态毒性

通常POPs首先被植物、微生物和昆虫吸收，通过食物链传递逐级放大，最终污染鱼类等水产动物、哺乳动物及其乳制品等，对人类健康造成潜在风险。另外，环境中的POPs可以经过饮食摄入、呼吸摄入和皮肤接触等途径进入人体，其中饮食摄入是人体暴露于POPs环境中的最主要途径。

2.1.2.2 持久性有机污染物的产生

（1）化学工业合成

人类通过化工合成途径，刻意生产以满足特定需求。主要包括农药类POPs，如有机氯农药（organochlorine pesticides，OCPs）；工业用途的POPs，如历史上用于变压器绝缘油的多氯联苯（polychlorinated biphenyls，PCBs）、产品加工和燃烧等过程产生的多环芳烃（polycyclic aromatic hydrocarbons，PAHs）、用于阻燃剂的多溴联苯醚（PBDEs）、用于防泼水涂层和不沾容器表面处理的全氟化合物（perfluorinated compounds，PFCs）等。由于工业产能巨大，化学工业合成的这些化合物是环境中POPs的主要来源。

（2）“非故意产生”

“非故意产生”的POPs类化合物指伴随人类生产活动或生活，作为副产物而产生的POPs类化合物。例如，钢铁生产、铝合金热加工、垃圾焚烧等过程中，均可产生大量具有POPs属性的卤代有机物，尤其是毒性较大的二噁英类POPs。

（3）化学前体物在环境/机体中的二次转化

一些化学前体物，在环境中可以通过一系列的生物或非生物作用，发生化学转化，形成POPs类的化合物。例如，日化品中常用的杀生剂三氯生，在水环境中可发生光化学反应，形成具有POPs性状的2,4-二氯酚(2,4-DCH)。

（4）自然成因

一些POPs类化合物是自然过程的产物，如野火燃烧可生成二噁英/呋喃类POPs物质，以及海洋生物中有关前体物可以通过海洋化学机制生成羟基多溴二苯醚（OH-PBDEs）、甲氧基多溴二苯醚（MeO-PBDEs）等两类多溴二苯醚化合物。

2.1.3 微塑料

人们自20世纪70年代开始对塑料污染进行研究，但微塑料的概念一直到2004年才被英国Thompson等首次提出，是指在环境中经过紫外线辐射、长期风化、热氧化、碰撞磨损和生物腐蚀等过程反复作用而形成的直径＜5mm的各类微小塑料，其形式主要包括塑料碎片、发泡、纤维、颗粒和薄膜等。国际自然保护联盟（International Union for Conservation of Nature and Natural Resources，IUCN）在 2014 年将直径<5mm 的微小塑料称为微塑料，直径<100nm 的称为纳米塑料。微塑料来自工业、农业、制造业及人们的日常生产和生活中的各个方面。电子设备、日化产品、纺织品、印染行业以及各类人工合成的塑料制品破碎后所产生的大量微塑料都是微塑料的主要来源。有研究表明，现在人们穿的衣物大多含有 60%化纤成分，而每洗一件这样的合成衣物就会有超过 1900 个超细塑料纤维脱落，这些超细塑料纤维会随废水一起进入环境中。另外，个人用品比如洗护用品、清洁用品和化妆品等中也会添加微塑料，这些含有微塑料的物质会随着废水进入环境中。

我国沿海表层水体微塑料平均密度约为 0.08 个/m^3，基本与地中海西北部、濑户内外海等处于同一水平，海滩上的微塑料密度介于 245～504 个/m^2。我国淡水水体中微塑料污染问题十分严重，长江口海域中微塑料的最高丰度是加拿大温哥华西海岸海域的 2.3 倍。三峡水库和太湖表层水中检测到的微塑料丰度分别高达 1.36×10^7 个/km^2 和 6.8×10^6 个/km^2。在青藏高原的河流、湖泊中也检测到微塑料的存在，其主要来源于商品的塑料泡沫包装材料。

2.1.4　抗生素

抗生素（antibiotics）是指由细菌、霉菌或其他微生物产生的，能够杀灭或抑制其他微生物并用于治疗敏感微生物（常为细菌或真菌）所致感染的一类物质及其衍生物，其广泛用于人类医疗和畜禽水产养殖。我国是世界上最大的抗生素生产国和使用国，2013 年，我国抗生素使用量为 1.62×10^5 t，约占全球抗生素使用量的 50%。由抗生素诱导产生的抗性基因对生态安全具有严重的威胁，特别是在我国经济发达、人口密集的区域。在我国河流中，不同程度地检出了磺胺类（sulfonamides，SAs）、喹诺酮类（quinolones，QNs）、大环内酯类（macrolides，MLs）和四环素类（tetracyclines，TCs）抗生素，其中海河、辽河和珠江流域的抗生素平均质量浓度均达到 100ng/L 以上，尤其是在海河流域，SAs 和 MLs 在水体中的平均质量浓度高达 6997ng/L 和 10144ng/L。长江流域的抗生素平均质量浓度属于中等程度，黄河和松花江流域的抗生素平均质量浓度较低，基本上在 100ng/L 以下。我国土壤中 TCs 和 QNs 的检出频率与检出浓度都较高，这两类抗生素在畜牧养殖业中被广泛用作添加剂来预防动物生病和促进动物生长。

2.2　污染物的生物效应

2.2.1　生物富集

污染物在环境中生物体内的富集是指污染物在生物个体内经生物捕食与被捕食行为沿着食物链和食物网从低营养级传递到高营养级生物体内，从而不断累积的过程（图 2-1）。

按照污染物在生物体内累积量的不同，可分为生物浓缩、生物累积和生物放大。

① 生物浓缩，又称生物学富集，是指生物机体或在食物链上处于同一营养级的生物种群，从环境中蓄积某种污染物，出现生物体中浓度超过环境中浓度的现象。

生物浓缩程度可用生物浓缩系数或富集因子（bioconcentration factor，BCF）表示：

$$\mathrm{BCF}=\frac{\text{生物体内污染物的浓度}(\times10^{-6})}{\text{环境中该污染物的浓度}(\times10^{-6})}$$

② 生物累积是指生物个体在生长发育的不同阶段通过吸收、吸附、吞食等各种过程，从环境中蓄积某种污染物，从而随着生长发育，浓缩系数不断增大的现象，也称为生物学积

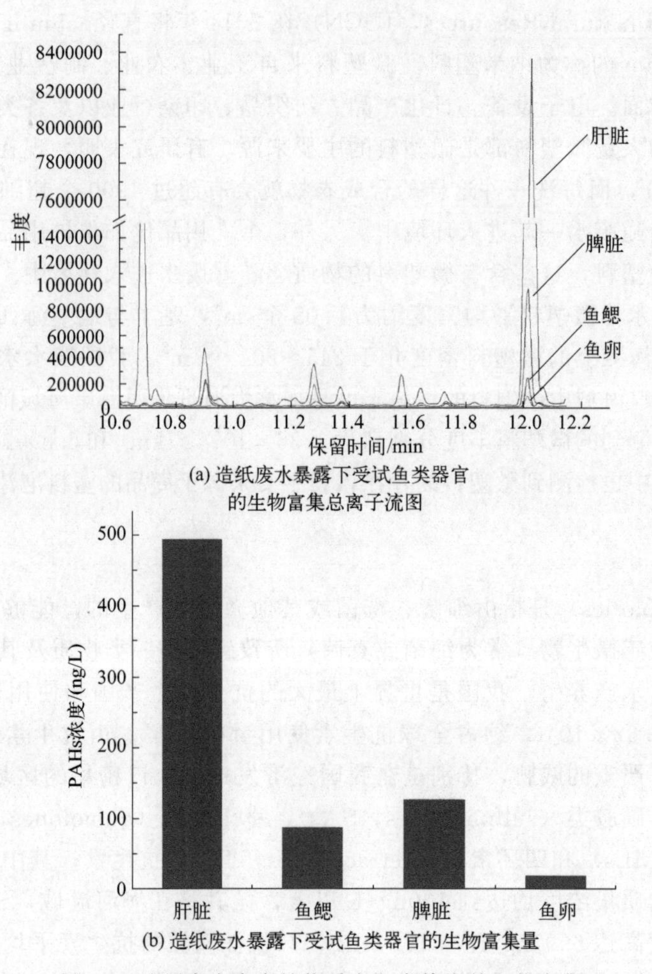

(a) 造纸废水暴露下受试鱼类器官的生物富集总离子流图

(b) 造纸废水暴露下受试鱼类器官的生物富集量

图 2-1　造纸废水中毒性物质在鱼类体内的生物富集

累。生物累积程度是利用生物累积系数（bioaccumulation factor，BAF）来表示的：

$$\mathrm{BAF}=\frac{\text{生物个体生长发育较后阶段体内蓄积污染物的浓度}(\times 10^{-6})}{\text{该生物生长发育较前阶段体内蓄积污染物的浓度}(\times 10^{-6})}$$

需要指出的是，生物累积污染物水平取决于生物对污染物的摄取和消除速度之比，当摄取速度大于消除速度时，则发生生物累积。

③ 生物放大是指在生态系统中，污染物在生物体内随着食物链上营养级的升高而逐步增加的现象。生物放大的程度用生物放大系数（biomagnification factor，BMF）来表示：

$$\mathrm{BMF}=\frac{\text{较高营养级生物体内污染物浓度}(\times 10^{-6})}{\text{较低营养级生物体内该污染物的浓度}(\times 10^{-6})}$$

生物放大的结果是食物链上高营养级生物机体中污染物的浓度显著地超过环境浓度，如图 2-2 所示。

影响污染物在生物体内富集的因素很多，主要有生物物种的特性、污染物的性质、污染物的浓度，以及污染物对生物的作用时间、环境特点等。不同种类的生物、处在不同发育期的生物以及生物的不同器官对污染物的富集规律不同。例如，鲢鱼的不同器官对重金属铅的富集量从大到小的顺序为鳃＞鳞＞内脏＞骨骼＞头＞肌肉；水稻各部位对铅的富集量也存在很大差异，富集能力由大到小依次为根＞叶＞茎＞谷壳＞米；水稻的根在不同生长期对铅的

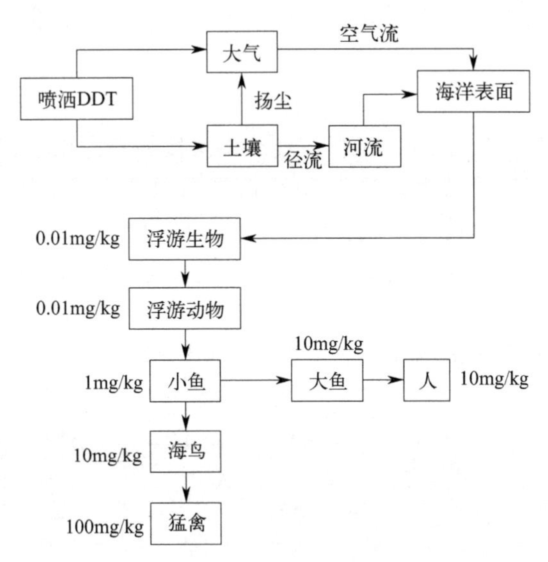

图 2-2 农药 DDT（滴滴涕）在环境中的生物放大作用

富集量也有很大的差异，依次为拔节期＞苗期＞抽穗期＞结实期。

2.2.2 生物毒害

人类活动所产生的环境污染物可分为物理性污染物、化学性污染物和生物性污染物三大类。化学性污染物有无机物（汞、镉、砷、铬、铅、氰化物、氟化物等）、有机物（有机磷、有机氯、多环芳烃等）；物理性污染物主要有噪声、振动、放射性、非电离电磁波、热污染等；生物性污染物主要有细菌、病毒、原虫等病原微生物。其中化学性污染物是最主要的、大量的，化学性污染物对生物体的影响主要表现为毒害作用。

环境污染物对生物体的毒害评价一般采用体内实验方法，它根据受试生物染毒时间的长短或次数分为急性、亚急性、慢性，以及长期和终生毒性试验。通过毒性试验可以比较环境污染物的毒性，掌握毒性作用的特征与性质，分析中毒机理及其影响因素等。在毒害评价的常规工作中，需要根据特定受检物的要求来确定其内容。

2.2.2.1 毒性试验

（1）急性毒性

急性毒性（acute loxicity）指外源化学物质大剂量一次或在 24h 内多次接触机体后，在短时间内对机体引起的毒性作用。急性毒性试验指测定高浓度污染物大剂量一次染毒或 24h 内多次染毒对受试生物所引起的毒性作用的试验。一般以试验中受试生物的半数致死浓度或剂量表示受试化学物质的急性毒性大小。试验结果可以阐明外源化学物质的相对毒性及毒作用的特点和方式，确定毒作用剂量-反应（效应）关系，为进一步进行其他毒理试验的设计提供有价值的直接参考依据。

（2）慢性毒性

慢性毒性（chronic toxicity）指机体在生命周期的大部分时间内或整个生命周期内持续接触外源化学物质所引起的毒性效应。慢性毒性试验又称长期毒性试验，指在受试生物生命的大部分时间或终生时间内，连续长期接触低剂量的受试化学物质的毒性试验。慢性毒性试验一般持续染毒 6 个月至 2 年，甚至终生染毒。通过慢性毒性试验可以确定受试化学物质的慢性阈剂量（浓度）和最大无作用剂量，为制定受试化学物质在环境中的最大容许限量和每日容许摄入量提供依据。

（3）亚急性毒性

亚急性毒性（subacute loxicity）指机体连续多次接触外源化学物质所引起的毒性效应。亚急性毒性试验指在相当于受试生物约 1/10 生命周期内少量反复接触受试化学物质所引起的损害作用的毒性试验。亚急性毒性试验中一般是连续染毒 1～3 个月。通过亚急性毒性试验可以进一步确定受试化学物质的主要毒性作用、最大无作用剂量和中毒阈剂量，可以为慢性毒性试验的试验设计提供参考。图 2-3 显示了研究人员利用小鼠作为试验动物，通过控制染毒剂量，观察不同毒性对小鼠不同器官组织细胞的影响。

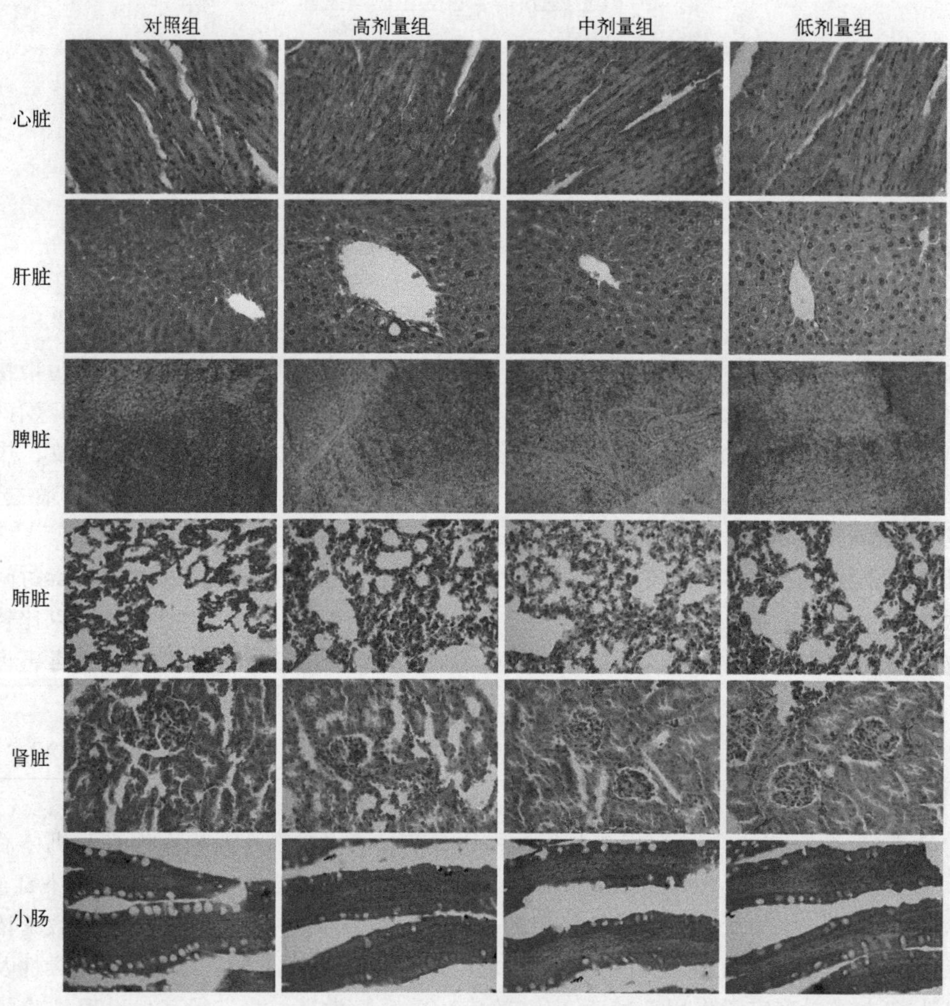

图 2-3　小鼠组织病理学观察结果（400 倍）

2.2.2.2　蓄积毒性评价

蓄积作用是指外源化学物质进入机体的速度（或总量）超过机体代谢转化和排泄的速度（或总量），进而造成外源化学物质在机体内不断积累的现象。蓄积作用是发生慢性中毒的基础。化学物质的蓄积包括两个内涵，即物质蓄积和功能蓄积（亦称损伤蓄积）。当机体多次接触较小剂量外源化学物质时，该化学物质的数量在体内不断蓄积，这种量的积累过程称为物质蓄积。当机体反复接触外源化学物质后，机体的结构和功能发生改变，并逐渐加深导致中毒表现称为功能蓄积。物质蓄积和功能蓄积同时存在、互为基础，因为在存在物质蓄积的情况下，肯定存在机体一定结构和功能的改变，而功能改变的积累也必须以物质积累为基础。

具有蓄积作用的外源化学物质，如果较小剂量与机体接触，并不引起急性中毒，但如果机体与此种小剂量的外源化学物质反复多次接触，一定时间后可出现明显中毒现象，称为蓄积性毒性。

蓄积毒性试验有蓄积系数法和生物半衰期法两种。蓄积系数法的具体试验方案有两种，即固定剂量法和递增剂量法。蓄积毒性试验的目的是求出外源化学物质的蓄积系数，了解蓄积毒性的强弱，并为慢性毒性试验及其他有关毒性试验的剂量选择提供参考。

蓄积系数（accumulation coefficient）表示外源化学物质的功能蓄积程度，指多次染毒使半数动物出现某种毒性效应的总有效剂量［$ED_{50}(n)$］与一次染毒时所得相同效应的剂量［$ED_{50}(1)$］的比值，用 k 表示。k 值越小，表示受试化学物质的蓄积毒性越大。

生物半衰期是指外源化学物质进入机体后，由机体代谢转化和排泄而消除一半所需的时间。通常采用化学分析或同位素示踪技术测定化学物质在受试动物血液中的生物半衰期，即间接测定化学物质在血液中的浓度降低 50% 所需的时间。一般情况下，代谢快、排泄快的化学物质，其生物半衰期就短，而代谢慢、排泄慢的化学物质的生物半衰期就较长。外源化学物质在机体内的蓄积与其生物半衰期有关，生物半衰期短的毒物，则蓄积能力可能小；反之，其蓄积能力可能大。

2.2.2.3　细胞毒性评价

随着现代细胞生物学和分子生物学技术的进步，细胞毒性评价已成为生物毒性评价的常规检测项目。与体内试验方法相比，细胞毒性评价具有简便、快捷、重复性好、干扰少、可避免伦理问题等优点。

在生物材料的细胞毒性试验中，材料与细胞的接触方式有浸提液方式、直接接触方式以及间接接触方式。浸提液方式的特点是浸提液易获取、能与培养细胞广泛接触、可分析材料中各组成成分及其浓度对细胞毒性的影响，但浸提液方式可能与某些生物材料的实际应用存在一定的差距。直接接触方式基本模拟了生物材料的实际应用情况，但容易产生细胞的机械性损伤，从而影响评价的准确性。间接接触方式主要有琼脂扩散试验与滤膜扩散试验，在一定程度上模拟了某些生物材料的应用状况，但需制成标准试件，对有些产品可能不适合。生物材料细胞毒性评价指标包括细胞形态学、细胞膜效应、细胞生长能力、细胞代谢特征、细胞周期与细胞凋亡。

（1）细胞形态学评价方法

生物材料本身或其浸提液导致的细胞损伤和细胞破坏，可通过倒置显微镜直接观察皱缩、变圆、溶解或崩解的细胞所占的百分比来评价细胞毒性。这是一种较直观的定性检测方法，结果相对粗浅，并存在一定的主观性，故常作为辅助或补充的评价方法。随着荧光显微镜、共聚焦显微镜、电子扫描显微镜（SEM）等技术在细胞生物学方面的应用，显微技术逐渐发展为一种定性和定量检测方法相结合的技术。

（2）细胞膜效应评价方法

当细胞损伤或破坏时，细胞膜通透性发生改变，检测外源物质是否被活细胞摄取或者细胞内相关物质的释放，可评价细胞损伤的程度。检测外源物质是否被活细胞摄取的方法有中性红染色法、胰岛素蓝染色法、荧光素染色法及^{51}Cr释放法等；检测细胞内相关物质释放的方法有乳酸脱氢酶（LDH）释放法等。各类评价方法的原理及特点见表2-2。

表2-2 细胞膜效应评价方法的原理及特点

评价方法	原理	优点	缺点
中性红染色法	中性红被活细胞吸收，液泡呈樱桃红色；死细胞由于原生质的变性和凝固而不变色	快速，成本低，操作简单	应在黑暗中操作，染色液应避光放置
胰岛素蓝染色法	正常的活细胞有完整的细胞膜结构，可以排除胰岛素蓝。由于活性的丧失或膜的不完善，细胞膜的通透性增加从而被胰岛素蓝染色	染色仅需3～5min，成本低，操作简单	细胞计数的时间不能太长，凋亡体不能被染色，有潜在的致癌风险
荧光素染色法	荧光素被活细胞吸收并重新还原，产生荧光和颜色变化	灵敏度高，重复性好，精度高，可用于高通量检测	需要高特异性
^{51}Cr释放法	$Na_2{}^{51}CrO_4$进入增殖的细胞，与细胞质蛋白结合。通过检测从受损或死亡的标记细胞中释放的^{51}Cr来表征细胞活力	追踪灵敏、客观、可自动化，并且不受目标细胞破坏性活动的影响	它具有放射性，标记率低，各批次试剂之间差异大，需要特殊设备，操作复杂；^{51}Cr的半衰期长
LDH释放法	细胞受伤或死亡时，LDH被释放到细胞外，细胞死亡通过测量LDH的释放来描述	用LDH试剂盒测量，操作简单快速，自发释放率低，灵敏度高	实际操作并不容易控制，因为有许多影响因素，如介质、pH值、着色时间和终止剂

（3）细胞生长能力评价方法

生物材料本身或其浸提液接触细胞后，在细胞水平上测定细胞生长速度的改变可以定量评价细胞的正常生长能力，包括集落形成试验（colony-forming assay）与细胞增殖度测定试验（cell proliferation rate test）。在分子水平上评价细胞生长能力的方法包括DNA合成率检测（DNA synthesis rate test）与增殖相关抗原检测（proliferation associated antigen test）等。集落形成试验用于检测细胞克隆形成能力，实验周期一般为一周，结果与体内实验较接近，也可预测生物材料在体内的长期作用。细胞增殖度法是通过材料的浸提液与培养的细胞接触来评价材料成分及其浓度对细胞的毒性作用。桑晶等采用细胞增殖度法评价了四种包装材料浸提液的细胞毒性，与MTT（噻唑蓝）法的检测结果具有很好的相关性（$R=0.966$，$P<0.05$），DNA合成率与增殖相关抗原检测的原理及特点如表2-3所列。

表2-3 分子水平细胞生长能力评价方法的原理及特点

评价方法		原理	优点	缺点
DNA合成率检测	^{3}H-TdR纳入法	胸腺嘧啶脱氧核苷(TdR)是DNA合成的一个前体。^{3}H-TdR被处于S期的细胞吸收以合成放射性标记的DNA，这反映了细胞的DNA合成和有丝分裂情况	灵敏度高，特异性强，稳定性好	应在黑暗中操作，染色液应避光放置
	BrdU法	正常的活细胞有完整的细胞膜结构，可以排除胰岛素蓝。由于活性的丧失或膜的不完善，细胞膜的通透性增加从而被胰岛素蓝染色	与^{3}H-TdR嵌合法相比，它所需的时间很短，染色结果易于在显微镜下观察	细胞计数的时间不能太长，凋亡体不能被染色，有潜在的致癌风险
	EdU制造法	5-溴-2-脱氧尿苷(BrdU)是一种胸腺嘧啶核苷酸类似物，并被嵌入细胞核DNA中。它通过BrdU单克隆抗体的免疫化学检测来识别新增殖的细胞	无放射性，快速检测，效率高，灵敏度高，操作简单，不需要抗体和DNA变性	观察和分析需要荧光显微拷贝或流式细胞仪。标记物的最佳组合受细胞种类和来源的影响
增殖相关抗原检测	Ki-67试验方法	核抗原(Ki-67)在细胞增殖期表达，在非增殖期不表达。细胞增殖可以通过使用针对Ki-67蛋白的单克隆抗体来测量	具有强大的增殖能力，应用范围广泛	它不能进行高通量分析

(4) 细胞代谢特性评价方法

通过检测细胞生物代谢活性或生物合成功能的改变可以定量评价细胞损伤程度，包括线粒体活性检测与细胞蛋白量检测等。细胞代谢特性评价方法的原理及特点见表 2-4。

表 2-4 细胞代谢特性评价方法的原理及特点

评价方法		原理	优点	缺点
线粒体活性检测	MTT 方法	MTT 在活细胞的线粒体中被琥珀酸脱氢酶还原成非水溶性的甲臜。溶解后测量的甲臜的吸光度值间接反映了活细胞的数量。但如果没有琥珀酸脱氢酶，MTT 在死细胞中不能被还原	灵敏度高，重复性好，快速而简单，不需要特殊设备就可以大量检测	甲臜的形成受时间作用的影响。甲臜的溶解会增加工作量。它不适合测试悬浮细胞的活性
	XTT 方法	与电子耦合剂相结合，XTT{2,3-双(2-甲氧基-4-硝基-5-磺酸苯基)-5-[(苯基氨基)羰基]-2H-四唑水合物}被活细胞的线粒体脱氢酶还原成水溶性的福马赞。吸收值与活细胞的数量呈正相关	检测迅速，灵敏度高，重复性好，操作简便	XTT 水溶液不稳定，需要在低温下保存或在使用前立即配制
	MTS 方法	与电子耦合剂相结合，MTS[3-(4,5-二甲基噻唑-2-基)-5-(3-羧基甲氧基苯基)-2-(4-磺酸苯基)-2H-四氮唑]被活细胞的线粒体脱氢酶还原成水溶性三苯基甲脂。吸收值与活细胞的数量呈正相关	该甲臜具有良好的水溶性和高稳定性，着色时间短	试剂价格昂贵
	CKK-8 方法	$Na_2{}^{51}CrO_4$ 进入增殖的细胞，与细胞质蛋白结合。通过检测从受损或死亡的标记细胞中释放的 ^{51}Cr 来表征细胞活力	追踪灵敏、客观、可自动化，并且不受目标细胞破坏性活动的影响	它具有放射性，标记率低，各批次试剂之间差异大，需要特殊设备，操作复杂；^{51}Cr 的半衰期长
	ATP 浓度检测	细胞功能受细胞内三磷酸腺苷(ATP)水平变化的影响。细胞裂解物或提取物中的 ATP 浓度与细胞数量呈线性关系，可通过荧光素酶检测	操作由 ATP 试剂盒简化，适合高通量筛选	试剂价格昂贵
细胞蛋白量检测	SRB 方法	磺酰罗丹明 B(SRB)在酸性条件下与细胞内蛋白质特异性结合，在 540nm 处产生吸收峰，吸光度值与细胞数量之间存在线性正相关	细胞可以在固定不动的情况下放置一段时间。测试时间对操作的影响很小，适用于高通量筛选	操作复杂，需要很多步骤

(5) 细胞周期与细胞凋亡分析方法

细胞周期与细胞凋亡是在流式细胞仪（flow cytometer，FCM）的基础上进行分析，细胞周期分析常采用碘化丙啶（PI）染色，检测细胞凋亡的方法一般有 Annexin V-PI 双染、DAPI(4,6-联脒-2-苯基吲哚）染色与 TUNEL（TdT-meditaed dUTP Nick-End Labeling）染色（表 2-5）。

表 2-5 细胞周期与细胞凋亡分析方法的原理及特点

评价方法	原理	优点	缺点
PI 染色	PI 是一种核酸染料，不能穿透完整的细胞膜，但可以通过穿透受损的细胞膜将细胞核染成红色	中、晚期凋亡细胞和死亡细胞均可被标记。该方法简单直观，能够定量检测	如果没有碱基特异性，必须用核酸酶 A(RNase A)处理细胞以消除干扰
DAPI 染色	DAPI 是一种 DNA 特异性荧光染料，主要与 DNA 的 A-T 碱区结合	稳定性好，细胞损失少，不需要处理 RNase，操作比 PI 染色简单	配有紫外激光源的流式细胞仪价格昂贵，没有标准的实验程序

续表

评价方法	原理	优点	缺点
TUNEL染色	细胞凋亡时，会激活一些DNA酶来切断DNA。暴露的3'-OH可以在末端脱氧核苷酸转移酶(TdT)的催化下与FITC(异硫氰酸荧光素)标记的dUTP结合，用于检测凋亡	单个完整的凋亡细胞核或凋亡体可在原位染色，准确反映凋亡的生化和形态特征，灵敏度高	操作不当很容易导致假阳性或假阴性的结果，因为DNA片段受很多因素影响。人工检测中会有很多主观因素，有时会出现非特异性染色、背景染色或整个细胞着色的情况，所以不能区分凋亡细胞和死亡细胞
Annexin V-PI双染	Annexin V能在早期凋亡阶段与细胞膜外的磷脂酰丝氨酸特异性结合。FITC标记的Annexin V可以检测细胞凋亡，并能区分早期和晚期的凋亡细胞或与PI染色相结合的死亡细胞	它可以区分早期、中期和晚期的凋亡细胞以及死亡的细胞。它具有省时、高灵敏度和特异性的特点。无需固定细胞，结果更可靠	试剂相对昂贵，它需要设置许多对照组，并在黑暗中操作。试验应在反应后一小时内尽快完成

2.3 污染物的生态效应

2.3.1 个体效应

污染物在生物个体层次上的影响主要表现为改变个体行为和形态结构、降低繁殖力、抑制生长和发育、降低生物产量，严重时甚至导致死亡。大多数非静止性的水生动物需依靠游动来保持平衡、摄食、逃避伤害及产卵等。化学污染物可使水生生物的行为改变，如游动能力下降、异常游动，轻则引起鱼类种群的迅速回避，重则减少鱼类的栖息密度及切断洄游路线，严重影响渔业生产。例如，水体中一定浓度的DDT导致鲑鱼对低温敏感，被迫改变产卵区，把卵产在温度偏高的区域，使鱼苗无法存活。水体中化学污染物对水生生物产生致畸的最敏感期是在胚胎发育阶段，如Cd、Cu和六六六（六氯环己烷）污染水体，均可使草鱼胚胎发生畸形，包括心脏发育受阻而成管状心脏、鱼苗发生弯体等；防腐漆添加剂三丁基锡可使软体动物发生畸形；蚕豆种子的萌芽率随种子中镉含量的增加而显著下降；受氯丹污染的湖泊中鳟鱼的肝脏出现退化；γ-六六六使阔尾鳟鱼卵母细胞萎缩，抑制卵黄形成，抑制黄体生成素对排卵的诱导作用，使卵中胚胎发育受阻等。

2.3.2 种群效应

种群具有3个基本特征，即空间特征、数量特征和遗传特征。环境中污染物在种群层次上的影响，主要表现为改变种群的密度、繁殖、数量动态、种间关系、种群进化等。污染物对生物个体的行为、繁殖力和生长发育等的影响，可导致个体数量减少和种群密度下降，甚至导致种群灭绝。然而，有些污染物可能会导致种群数量的增加和种群密度上升。例如，N、P含量的增加使水体出现富营养化现象，从而导致水体中藻类种群密度上升；农药的滥用造成天敌减少，从而引起害虫种群数量的暴发。

污染物可以通过降低种群出生率和存活率、增加种群死亡率，从而改变种群年龄结构，并降低种群增长率。当污染物浓度较高、毒害作用较强时，在短时间内种群数量急剧减少甚至趋于灭绝。而长期暴露在浓度较低污染物下，生物种群可能对污染物产生抗性，这种污染环境的选择可导致具抗性基因型个体的增加，从而使污染物对种群的增长率影响较弱。当污染物浓度较高，但仍低于致死剂量时，部分对污染物抵抗力较弱的个体死亡，导致种群密度下降，种群中的幸存者能够获得较多的物质资源和生存空间，使种群的增长率增加，种群密度逐渐恢复，从而避免灭绝。

环境污染也可以通过改变种群的生活史进程从而影响种群的动态。生物个体在不同的发育时期对环境污染的敏感性不同，机体对污染物的抵抗力随着生物的发育而逐渐增强。在胚胎发育阶段，污染物可以直接导致胚胎死亡或者发生畸形；在种群生育期，污染物可能对种群动态产生重大影响，如延缓或加速生物体的生长或发育过程，还能通过改变生物的生长模式和性成熟期等改变种群的生活史进程。

污染物还可以通过改变种间关系来影响种群增长率。种间关系包括捕食、竞争、寄生和共生等。污染物能够降低被捕食者的活动能力，而加大其被捕食的风险；也可提高猎物的活动性，降低捕食者的捕食能力和捕捉效率，从而减弱捕食者和猎物之间的捕食关系，提高猎物种群的增长率，降低捕食者种群的增长率。污染物也可以改变种间竞争关系，使环境中优势种和伴生种的地位发生互换。污染物还可以通过影响寄生物和寄主来破坏寄生关系，影响共生体生物的生活习性从而改变共生关系。

2.3.3　生态系统效应

环境中污染物对生物个体和种群的作用必然影响到生态系统的结构与功能，这一影响首先是从生物群落的层面开始的。群落结构由各物种组分决定，物种组分的变化导致群落结构的改变。而污染物影响物种的种群密度和种间关系，也就影响了群落的物种组成。当污染物对环境中的生物具有长期且强烈的毒性作用时，对该污染物越敏感的物种所受的毒性作用越强，最严重的情况会导致物种的消失；而对污染物抗性强的物种则不会受太大影响，甚至可能称为群落中的优势种，从而改变群落的物种组成和结构，进而影响生态系统的稳定性和生物多样性。

污染物除了直接的毒性作用外，也可以通过改变种间关系来影响生态系统的结构。例如：在水生生态系统中，重金属污染改变水体中浮游植物的种类组成，浮游植物种类的变化可能影响植食性动物的种类组成，甚至改变其食性，从而影响种间关系；在农业生态系统中，农药不仅可以杀灭害虫，还会伤害有益生物，影响土壤微生物和无脊椎动物，使生物种类由复杂变简单。

环境污染也可以通过影响食物链结构来改变生态系统。在自然界中，各营养级的物种由于长期的自然选择建立了相对稳定的食物链结构，这对维持生态系统的正常功能具有重要作用。然而，由于环境中污染物的增加，改变了物种的种间关系，使抗性较弱的物种减少甚至消失。弱抗性物种在食物链（网）上所处营养级所受的影响，可能会导致：前一个营养级物种因天敌减少或消失，其种群大小上升，随后出现其他天敌；后一个营养级物种因缺少食物，其种群生物个体减少，为了保证物种延续而被迫以其他生物为食。这种因污染物的影响而改变的食物链导致群落结构受到破坏，进而改变生态系统的结构和功能。

如前文所述，生态系统的功能包括能量流动、物质循环和信息传递。因此，污染物除了通过作用于生态系统的组成和结构，间接影响生态系统的功能外，还会直接作用于生态系统，使其功能发生变化。例如环境污染可能通过减少营养元素的可利用性、降低光合效率、增强呼吸作用、增加病虫害胁迫等方式来降低初级生产量。污染物也可能通过影响分解者的种群大小、生物活性等从而降低环境中有机质的分解和矿化作用，使物质循环受阻（图 2-4）。

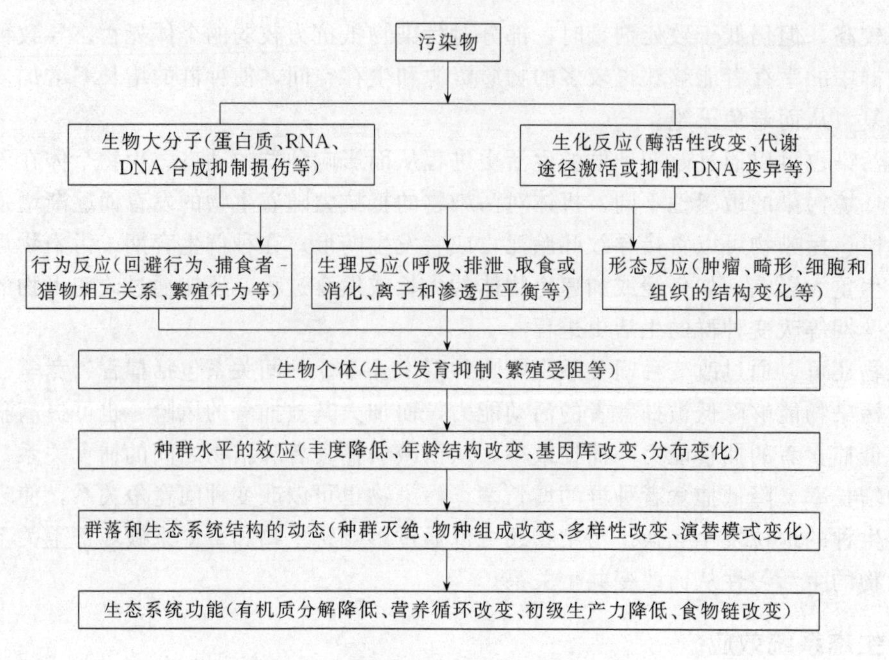

图 2-4 污染物的生态系统效应示意

2.4 新污染物对人类及生态系统的影响

2.4.1 内分泌干扰物的影响

2.4.1.1 内分泌干扰物对动植物的影响

虽然 EDCs 在环境中的浓度极小，但 EDCs 为亲脂性化合物，其在生物体内会产生生物累积效应，一旦进入生物体，便可以与特定的受体细胞结合，从而干扰生物正常的生存与繁衍，且化学污染物，无论是具有相似还是不同的作用模式，都可能和其他化合物产生协同或拮抗等交互作用。已有研究表明，EDCs 不仅会影响动物的内分泌系统，还会影响植物的正常生长。

自然界中很多植物本身就含有“植物雌激素”，这些物质是一类生物活性弱的雌激素，属于 EDCs，但其和哺乳动物体内受体结合的能力弱，因此对人体影响小。植物体内本来就含有“植物雌激素”，但外来 EDCs 仍可以影响其正常生长。Ali 等研究表明，一定浓度的 BPA 可显著抑制水稻的株高，但对其根部生长影响不大。Nie 和 Dogan 等研究发现，BPA 对大豆和两种小麦的根系生长产生了影响。Li 等进一步研究发现，BPA 对大豆的影响与其浓度和作用时间息息相关，BPA 对叶片的影响大于茎叶，地上器官的生物性状指标均随着 BPA 浓度的增加而受到抑制。现有的研究表明，这些影响主要是通过影响植物的内源激素导致的，这些改变主要是抑制或促进植物根、茎、叶的生长，而不会改变植物叶片的形状指数（叶片形状指数=叶长/叶宽）。

EDCs 对动物的影响主要体现在生殖繁衍方面。以水生动物为例，研究表明，多齿围沙蚕（perinereis nuntia）的生物放大因子（BMF）非常低，发现其不是生物放大，而是从饮食中转移。Zou 和 Ramos 等的研究表明，BPA 和 4-辛基酚（4-TPB）可导致淡水螺与海螺出现超雌性化现象。底栖无脊椎动物处于食物链中较低的位置，是许多底栖鱼类的食物来源，且其生活在水相和沉积相的交界处，既可从沉积物中积累EDCs，也可积累水体中的EDCs，因此，底栖无脊椎动物是研究环境中污染物的生物放大和转移的关键。沉积物中EDCs污染对水生无脊椎动物的影响相对于其他水生动物而言是最大的。

水生脊椎动物在食物链中的营养级较高，可以通过食物链富集EDCs，对其生存繁衍产生严重的影响。研究表明，生活在自然水体中的蟾蜍从幼年时期开始便比在城市水体和农田中的蝌蚪体型更大，在变态之后体形也更大。典型的两栖动物繁殖和栖息的小型水体与私人池塘中含有各种EDCs，且含量随着农业发展和城市化的影响的增加，显现出明显的污染梯度。大多数两栖动物皮肤裸露，长期直接接触水体中EDCs，易受到EDCs的影响。鱼类作为生存繁衍都停留在水体中的有脊椎卵生生物，水体中的EDCs污染对鱼类的生存繁衍有明显的影响，EDCs在从进入鱼体到代谢排出体外的过程中都会危害相关的器官，特别是对鱼类直接接触外界的器官及肝和肾等解毒器官的损伤明显。徐怀洲等的研究发现，骆峰湖内优势鱼种草鱼体内的PAEs为水体中平均含量的29倍，生物富集系数（BCF）为29。

2.4.1.2 内分泌干扰物对人类的影响

目前，大部分自来水厂的污水处理工艺并不能完全去除水体中的EDCs，残留在水体中的EDCs通过饮用水和食物链进入人体，从而影响人类的健康。研究表明，人类癌症肿瘤的频繁发生、肥胖和生殖功能受损与饮用受污染的水而接触EDCs有关。近期的研究发现，EDCs特别是BPA会导致人类的生殖和代谢畸变，诱导多囊卵巢综合征。甾体激素受体是配体依赖性转录因子，EDCs的结合会影响配体-受体相互作用，从而干扰甾体激素受体的作用。据报道，EDCs可以通过改变调节酶的表达和活性，从而改变激素受体的作用来干扰卵泡生长和卵巢类固醇激素的分泌。此外，还会导致青春期提前、低丘脑-垂体-卵巢轴改变、排卵紊乱和生育力改变。邻苯二甲酸二异辛酯（DEHP）可抑制细胞内微环境P-蛋白糖的流出，从而使细胞容易受到外来有害分子的影响。总体上，水环境中EDCs对人类的影响主要表现为对生殖的影响、对儿童发育的影响、导致肥胖和“三致”（致畸、致癌、致突变）作用。

2.4.2 持久性有机污染物的影响

持久性有机污染物（POPs）可对生物体生殖能力造成影响、损伤DNA以及引起神经系统紊乱等。例如有机氯杀虫剂特别是DDE（DDT的一种代谢产物）可影响食肉鸟类蛋壳的厚度。有科研团队研究了POPs对加拿大安大略湖等地区的鸬鹚的影响发现：1995年鸬鹚蛋壳的平均厚度为0.423～0.440mm，比DDT污染发生前降低了2.3%；对16群鸬鹚进行调查，发现有21%的鸬鹚的嘴发生了畸变。POPs还可能使卵的孵化率下降，从而影响子代的生存甚至使某些动物灭绝。此外，据报道狄氏剂、多氯联苯、毒杀酚等还具有雌激素的作用，能干扰内分泌系统，甚至会使雄性动物雌性化。有人在多氯联苯（PCBs）对海马神经系统影响的实验研究中发现：随着PCBs量的增加，海马神经元显微结构发生明显变化，表现为细胞核明显浓缩，胞浆有空泡产生，神经元细胞结构排列紊乱。持久性有机污染物也会损坏免疫系统，诱导机体发生癌变等。

POPs对人体的危害还包括“三致”作用。最为典型的是发生在日本的“米糠油事件”。日本“米糠油事件”是世界八大环境公害事件之一，在当时造成了严重的生命和财产损失，以及较大的社会恐慌。事件的具体经过为：1968年3月，日本的九州、四国等地区的几十万只鸡突然死亡。经调查，发现原因是饲料中毒，但当时没有弄清毒物的来源，也就没有对此进行追究。然而当年6月至10月，又有4家人因患原因不明的皮肤病到九州大学附属医院就诊，患者初期症状为痤疮样皮疹，指甲发黑，皮肤色素沉着，眼结膜充血等。此后3个月内，又确诊了112个家庭325名患者，之后在日本全国各地仍不断出现。至1977年，因此病死亡人数达数万余人，1978年，确诊患者累计达1684人。有人研究德国一家生产杀虫剂和除草剂工厂中女工接触多氯代二噁英（PCDD）和多氯代苯并呋喃（PCDF，特别是2,3,7,8-TCDD）及其乳腺癌死亡率之间的关系，结果发现，接触越多，其乳腺癌的死亡率越高。国际癌症组织已于1997年将2,3,7,8-TCDD定为一级致癌物，将PCBs、PCDF定为三级致癌物。POPs还可能影响人的智力发育水平。研究人员发现：母亲怀孕期间食用了含有机氯的鱼，出生的孩子大部分都表现出一定的智力障碍。此外，有研究人员对59个长期接触DDT的人进行调查，发现他们的神经系统也受到不同程度的损害。

2.4.3 微塑料的影响

微塑料对生态环境的影响，一方面是来自其本身，微塑料大多是以树脂为原料合成的高分子物质，可以在环境中存在上百年时间，性质稳定，不易降解。同时，在其生产过程中还会人为添加各种塑化剂、表面活性剂及阻燃剂等以提高塑料的可塑性和实用性。这些添加剂会随着塑料的降解从而释放到环境中，对环境生态产生危害。另一方面是因为微塑料容易与环境中的Hg、Zn、Cr、Cd等重金属以及芘、氯丹、多氯联苯等其他污染物发生相互吸附作用，形成能对生态系统产生协同毒性效应的集各种污染物于一体的多组分、高浓度、难降解的微塑料-污染物复合体。

在水环境中，微塑料会直接影响浮游植物的各项生命活动（如酶的活性、基因表达及光合作用等），进而影响水环境生态系统中的能量传递和物质循环。微塑料被浮游动物、鱼类等误食，进入体内后，在肠道中可能形成机械性损伤，引发炎症、应激反应和功能损伤甚至死亡。研究表明，粒径为0.5～5mm的微塑料和颜色为黑色的微塑料容易被鱼类摄入。例如，有研究者用微塑料对斑马鱼暴露7d后，发现粒径为20μm的微塑料只在斑马鱼的鳃和肠道中出现，而直径为5μm的微塑料则还可以进入斑马鱼的肝脏中，导致肝脏发生氧化应激、炎症反应、脂质积累，同时还会干扰脂质和能量的代谢。

微塑料还可产生生殖与发育毒性。Lee等的研究发现，微塑料会影响日本虎斑猛水蚤的摄食量，使其食欲下降，繁殖能力下降，生长迟缓甚至出现死亡。此外，在淡水中39.4nm的聚苯乙烯可以穿过青鳉的血脑屏障，并最终进入脑部组织，影响其脑部发育和功能。另外一个值得我们关注的问题是微塑料-污染物复合体的协同毒性。微塑料-污染物复合体进入人体后，由于人体体温较高且酸碱度较低，其更容易将表面吸附的各种污染物释放出来，因而会对人体生命安全产生更大危害。

2.4.4 抗生素的影响

抗生素使用量的大幅增加导致抗生素残留在环境中，广泛存在。环境中的抗生素残留可能引发生态风险、耐药性风险和健康风险。

抗生素在水环境中的毒性效应研究表明抗生素可以通过影响蛋白质和细胞壁合成，改变水生态中藻类种群结构，进而影响水生态系统中食物链的代谢循环。抗生素对鱼类也有明显的毒性效应。青霉素类、四环素类和诺酮类抗生素对鱼的肝脏、肾脏及生殖能力等具有明显的毒性效应。

抗生素在土壤中的累积会对植物、土壤动物和微生物带来毒理效应。此外，更值得关注的是抗生素导致的耐药菌、耐药菌基因以及抗生素耐药性的出现，使某些致病生物对抗生素产生耐药性，因此会大大降低抗生素对人类和动物病原体的治疗潜力。

抗生素耐药性在 2015 年被 WHO 视为全球性公共卫生危机。研究发现，猪和鸡等动物的耐药性逐年增加；某些细菌也出现了对多种抗生素呈现耐药性的特点，即多重耐药菌。越南的某养殖水体中，发现多种细菌对磺胺甲噁唑、甲氧苄氨嘧啶和诺氟沙星同时表现出耐药性。目前，食品性动物是抗生素的主要使用者之一，其体内蓄积的抗生素通过食物链富集后，最终会被摄入人体内，从而导致人类的耐药风险大大增加。另外，研究显示某些抗生素会抑制人体肠道内有益菌群的生长，进而对人体健康产生危害。还有研究者认为抗生素的使用与罹患乳腺癌之间可能存在某些潜在关系。

参考文献

[1] 王斌，邓述波，黄俊，等．我国新兴污染物环境风险评价与控制研究进展 [J]. 环境化学，2013，32 (7)：1129-1136.

[2] 曹巧玲，张俊明，高志贤，等．环境内分泌干扰物研究的进展 [J]. 中华预防医学杂志，2007，41 (3)：224-226.

[3] 杨清伟，梅晓杏，孙姣霞，等．典型环境内分泌干扰物的来源、环境分布和主要环境过程 [J]. 生态毒理学报，2018，13 (3)：42-55.

[4] 向福亮，李江，杨钊，等．水环境中典型内分泌干扰物研究进展 [J]. 应用化工，2020，49 (6)：1557-1561，1567.

[5] 黄伟杰，刘学智，唐红亮，等．水环境中持久性有机污染物污染现状及处理技术简析 [J]. 广东化工，2021，48 (20)：181-183.

[6] Qin Qilin，et al. Air pollution and body burden of persistent organic pollutants at an electronic waste recycling area of China [J]. Environmental Geochemistry and Health，2018，41 (1)：93-123.

[7] 叶萌．空气和土壤中持久性有机污染物监测分析 [J]. 化工管理，2021 (12)：134-135.

[8] 徐明，阚海东，桑楠，等．持久性有毒污染物环境健康研究的现状与思考 [J]. 中国科学院院刊，2020，35 (11)：1337-1343.

[9] 高娜娜．持久性有毒污染物的环境化学行为与毒理效应探究 [J]. 环境与发展，2019，31 (4)：121-122.

[10] 梁艺萱，李素梅，陈莎，等．金属有机骨架材料吸附与荧光检测水中持久性有毒有机污染物的研究与应用 [J]. 环境化学，2022，41 (4)：1261-1277.

[11] 任南琪，刘丽艳，齐虹，等．我国持久性有毒物质 (PTSs) 污染状况 [C]. 2011 中国环境科学学会学术年会论文集 (第四卷)，2011：813-817.

[12] 罗哲．湖泊中典型持久性有毒污染物分布与来源及生态风险评价 [D]. 长沙：湖南大学，2021.

[13] 白杨．挥发性有机物污染防治政策及监测技术综述 [J]. 农业与技术，2019，39 (13)：66-67，70.

[14] 张佰丰．挥发性有机物 (VOCs) 的排放及治理技术综述 [J]. 科技展望，2016，26 (21)：169.

[15] 程亚楠，丁腾达，钱毅光，等．药品与个人护理品生物降解研究进展 [J]. 生物工程学报，2019，35 (11)：2151-2164.

[16] 陈丹莉，栾天罡，罗丽娟．高铁酸盐对生活污水中药品和个人护理品 (PPCPs) 的降解研究进展 [J]. 环境化学，2022，41 (10)：3365-3377.

[17] 俞海睿，陈启晴，施华宏．水生环境中微塑料自身及负载有机污染物的生物富集效应 [J]. 科学通报，2021，66 (20)：2504-2515.

[18] 朱晓桐．微塑料在潮滩湿地的分布沉降及生物富集研究 [D]. 上海：华东师范大学，2018.

[19] 万红友，王俊凯，张伟．土壤微塑料与重金属、持久性有机污染物和抗生素作用影响因素综述 [J]. 农业资源与环境学报，2022，39 (4)：643-650.

[20] 孙军亚，金星龙，杨瑞强，等．森林土壤中持久性有机污染物环境行为及其影响研究进展 [J]. 环境化学，2019，

38 (6)：1223-1231.

［21］ 陈庆，张荣，牛玉杰．持久性有机污染物对人类生殖健康的危害［C］．第七届环境与发展论坛论文集，2011：522-524.

［22］ Katarina Aleksa，et al. Detection of polybrominated biphenyl ethers（PBDEs） in pediatric hair as a tool for determining in utero exposure［J］. Forensic Science International，2012，218（1-3）：37-43.

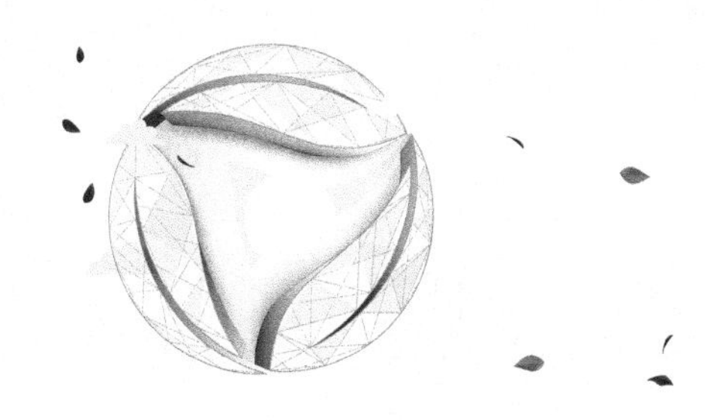

第3章 水环境污染与水生态系统修复

水是生命的源泉，它滋润了万物，哺育了生命。地球有“水的星球”之称，水在推动地球及地球生物的演化、形成与发展过程中起着极为重要的作用。我们赖以生存的地球有70%是被水覆盖着的，但其中97%为难以利用的海水，与我们生活关系最为密切的淡水只有3%。因此，我们能利用的淡水资源是十分有限的，并且随着人类社会的发展受到污染的威胁越来越大。调控人与水的关系及水与发展的关系，达到人和水的和谐，是实现人类社会、经济、环境可持续发展的重要内容。本章将对人为干扰下我国当前水环境面临的问题以及如何解决这些问题展开讨论。

3.1 水循环及水量平衡

3.1.1 水循环

在自然界中，水体并非静止不动，而是处在不断的循环、交替与更新过程中。地球上的水以液态、固态和气态的形式分布于海洋、陆地、大气和生物机体中，这些水体构成了地球的水圈。通过形态的变化，水在地球上起到输送热量和调节气候的作用，对于地球环境的形成、演化和人类生存都有着重大的作用与影响。水循环包括自然水循环和社会经济水循环，传统意义上的水循环即水的自然循环。水循环指的是在太阳辐射和地球重力的作用下，地球上各种形态的水不断地从水面、陆地和植物表面蒸发、蒸腾，化为水汽升到高空后被气流带走，在适当的条件下凝结，又以降水的形式降落到地表，在重力作用下形成地表径流和地下径流，两种径流最终注入海洋的过程。即水的这种不断蒸发、水汽输送、植物蒸腾、凝结降水、下渗及径流的周而复始的循环过程被称为水循环，又称水文循环或水分循环。水循环中不同环节间相互联系又相互影响、相互独立又交叉并存，并在不同环境下，呈现不同组合，形成不同规模与类型的水循环，如图3-1和图3-2所示。水循环是地球上最主要的物质循环之一。通过水循环，海洋不断向陆地输送淡水，维持地球上水的动态平衡，补充和更新陆地上的淡水资源，从而使水成为可再生的资源，为人类和生物的生存提供基本的物质基础。

随着人类社会经济的不断发展，人类活动对水资源的影响日益强烈。人类活动这一扰动因素逐渐加强了对水循环的影响，从而使水资源在受气候因素变化所导致的变化之外，也受到人类活动影响导致的时空分布变化。图3-2中，由于人类经济社会的发展，用水量不断增

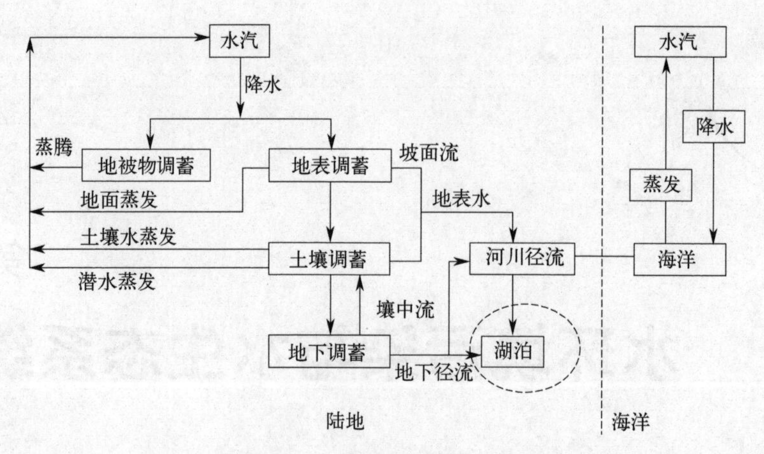

图 3-1　自然界水循环过程

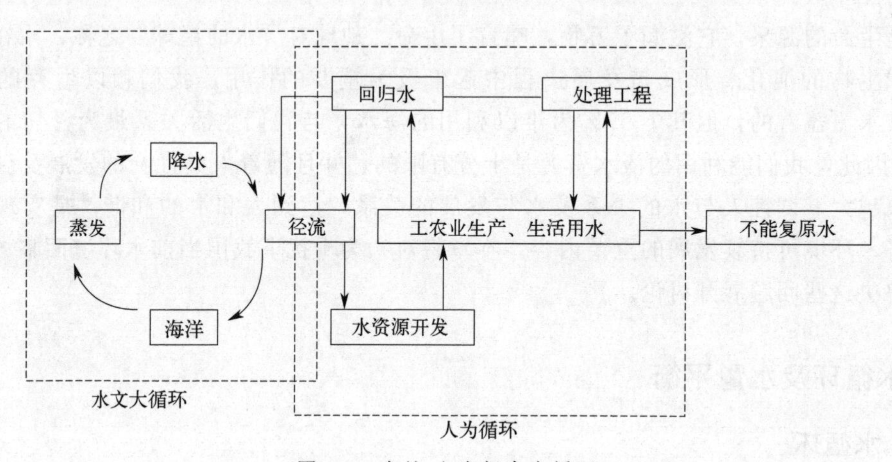

图 3-2　自然-人为复合水循环

加，地表和地下水体经过使用后一部分蒸发并返回大气，另一部分则以废水形式回归于地表或地下水体。由此形成的特殊的水循环，称为水供需侧支循环或社会经济系统中的水循环。人类对水循环的干扰打破了原有天然水循环系统的规律和平衡，使原有的水循环系统由单一的受自然主导的循环过程转变成受自然和人工共同影响、共同作用的新的水循环系统，这种水循环系统也称为天然-人工“二元”水循环系统。

3.1.1.1　水循环机理

(1) 水循环服从质量守恒定律

水循环服从质量守恒定律，全球总水量不变，此为水量平衡模型的理论基础。水循环实质上是物质与能量的传输、储存和转化过程，且存在于每一环节中。蒸发与降水就是地面向大气输送热量的过程。在蒸发环节中，液态水转化为气态水消耗热能，而凝结降水释放潜热。由降水转化为地面与地下径流的过程则是势能转化为动能的过程。这些动能成为水流的动力，消耗于沿途的冲刷、搬运和堆积，直到注入海洋才消耗殆尽。这一过程中，水无论变成气态、液态还是固态，其总量不变。

(2) 太阳辐射和地球重力为水循环基本动力

太阳辐射和地球重力为水循环基本动力。此动力不消失，水循环将永恒存在。水的物理性质，在常温常压条件下液态、气态、固态三相变化的特性是水循环的前提条件；外部环境包括地理纬度、海陆分布、地貌形态等则制约了水循环的路径、规模与强度。

(3) 全球水循环是闭合系统，局部水循环是开放系统

因为地球与宇宙空间之间虽亦存在水分交换，但每年交换的水量还不到地球上总贮水量的 $1/(15\times10^8)$，所以可将全球水循环系统近似地视为既无输入，也无输出的一个封闭系统，但对地球内部各大圈层，对海洋、陆地或陆地上某一特定地区，某个水体而言，既有水分输入，又有水分输出，因而是开放系统。

(4) 水循环广及整个水圈，并深入大气圈、岩石圈及生物圈

水循环路径并非是单一的，而是通过无数条路线实现循环和相变的，所以水循环系统是由无数不同尺度、不同规模的局部水循环所组合而成的复杂系统。

3.1.1.2 水循环类型

水循环无始无终，大致沿着海洋（或陆地）→大气→陆地（或海洋）→海洋（或地面）的路径进行。地球水循环根据其强度、规模和路径，可分为大循环（又称外循环）和小循环（又称内循环）。大循环中水分交换广及全球，故又称全球性水循环，指的是全球海洋和陆地之间的水分通过一系列过程所进行的相互转换运动。海洋上蒸发的水汽一部分被气流带到大陆上空后遇冷凝结形成降水落到地面，其中一部分重新蒸发直接返回空中，其余部分经地面和地下径流最终注入海洋。大循环在循环过程中，水分通过蒸发和降水在空中与海洋、空中与陆地之间进行垂向交换，同时又以水汽输送和径流的形式进行横向交换。小循环又分为海洋小循环（即海上内循环）和陆地水循环（即陆上内循环）。海洋小循环即从海洋表面蒸发的水汽，在海洋上空成云致雨（雪），然后再降落到海洋表面上的循环过程。这种循环虽然只在海洋领域内进行，但从参与水循环的量来说却是主要部分。陆地水循环大多发生在大陆腹地的内陆区域，即从陆地表面蒸发的水汽或从海洋输送向内陆的少量水汽，在内陆上空成云致雨（雪），然后再降落到大陆表面上，在陆地内消耗，不返回海洋。

3.1.2 水量平衡

在一定的时域空间内，水循环、转化过程中水的数量变化遵循质量守恒定律。在水循环过程中，对任一区域的一定时段内，进入的水量与输出的水量之差等于该区域内蓄水量的变化量，这就是水量平衡原理。水量平衡原理作为研究所有水资源转化关系和水文现象的基础性原理，以水量平衡基本方程为核心，已经延伸发展出全球水量平衡方程、流域水量平衡方程、区域水量平衡方程等重要方程，是解决一系列水资源问题的重要方法和工具，也是水资源学的奠基性理论之一。

3.1.2.1 流域水量平衡

任一时段闭合流域水量平衡方程为：

$$P=E+R\pm\Delta S \tag{3-1}$$

式中　P——时段降雨量；

E——时段蒸发量；

R——时段径流量；

ΔS——时段流域蓄水变量绝对值。

若取多年平均的情况，流域水量平衡方程为：

$$\bar{P}=\bar{E}+\bar{R}(\overline{\Delta S}=0) \tag{3-2}$$

式中 $\bar{P}$——流域多年平均降雨量，mm；

$\bar{E}$——流域多年平均蒸发量，mm；

$\bar{R}$——流域多年平均径流量，mm。

3.1.2.2 全球水量平衡

将全球的陆地作为一个整体，其多年平均的水量平衡方程可由式(3-2)得出：

$$\bar{P}=\bar{E}+\overline{R}_t \tag{3-3}$$

式中 $\bar{P}$——全球陆地多年平均降雨量，mm；

$\bar{E}$——全球陆地多年平均蒸发量，mm；

$\overline{R}_t$——全球陆地入海径流量，mm。

将全球的海洋作为一个整体，其多年平均的水量平衡方程可由式(3-2)得：

$$\bar{P}=\bar{E}-\overline{R}_t \tag{3-4}$$

式中 $\bar{P}$——全球海洋多年平均降雨量，mm；

$\bar{E}$——全球海洋多年平均蒸发量，mm；

$\overline{R}_t$——全球海洋入海径流量，mm。

将全球的海洋与陆地作为一个整体，其多年平均的水量平衡方程为：

$$\bar{P}=\bar{E} \tag{3-5}$$

式中 $\bar{P}$——全球多年平均降雨量，mm；

$\bar{E}$——全球多年平均蒸发量，mm。

这表明全球的多年平均降水量与其多年平均蒸发量相等。地球上的水量平衡表如表3-1所列。

表3-1 地球上的水量平衡

水情		海洋	陆地
面积/10^3km^2		361000	149000
降水量	km^3/a	458000	119000
	mm/a	1270	800
蒸发量	km^3/a	505000	72000
	mm/a	1400	485
地面径流量	km^3/a		44700
	mm/a		300
地下水流量	km^3/a		2200
	mm/a		15
总径流量	km^3/a		46900
	mm/a		315

3.2 水资源利用现状

水是人类及一切生物赖以生存的不可缺少的重要物质，也是工农业生产、经济发展和环境改善不可替代的极为宝贵的自然资源。“水资源”（water resources）一词随着时代的进步，其内涵也在不断地丰富和发展。在《不列颠百科全书》中对水资源的解释为“全部自然界任何形态的水，包括气态水、液态水和固态水的总量”。1963 年，英国通过了《水资源法》，把水资源定义为“（地球上）具有足够数量的可用水”，即自然界中水的特定部分。1988 年，联合国教科文组织（UNESCO）和世界气象组织（WMO）共同制定的《水资源评价活动——国家评价手册》中，定义水资源为：“可以利用或有可能被利用的水源，具有足够数量和可用的质量，并能在某一地点为满足某种用途而可被利用。”这一定义强调了水资源应有足够的数量和质量。2012 年，该组织又将具备一定质量和数量的、可以利用和可能被利用的、可以长期满足某地利用需求的水源定义为水资源。

相对国外，“水资源”这个名词在中国出现只是近几十年的事情。在中国，对“水资源”一词的理解也各有不同。1988 年施行的《中华人民共和国水法》将水资源认定为“地表水和地下水”。1994 年《环境科学词典》定义水资源为“特定时空下可利用的水，是可再利用资源，不论其质与量，水的可利用性是有限制条件的”。2021 年的《中国大百科全书》中不同卷对水资源的定义作出了不同解释。在“地理”卷中对水资源的定义是“地球表层所有可供人类生存、生活和生产活动利用的（气态、液态和固态）天然水”；“生态”卷中对水资源的定义是“人类生产、生活及生命生存不可替代的自然资源和环境资源，是在一定的经济技术条件下能够为社会直接利用或待利用，参与自然界水分循环，并可更新的淡水”。对水资源定义的不断演化过程表明人类在水资源方面的知识和理解是一个不断深化的过程。

综上所述，水资源可以理解为人类长期生存、生活和生产活动中所需要的各种水，既包括数量和质量含义，又包括其使用价值和经济价值。一般认为，水资源概念有广义和狭义之分。广义的水资源包括地球上的一切水体及水的其他存在形式，包括海洋、河川、湖泊、地下水、大气中的水等。也可以说能够直接和间接使用的水和水中物质，在社会生活和生产中具有使用价值与经济价值的水都可以称为水资源。狭义的水资源是指人类在一定的经济技术条件下能够被人类直接或间接开发利用的，可以逐年得到恢复更新的动态水体。广义上的水资源一般不考虑水资源的时间、空间、数量和质量的差别；狭义上的水资源则考虑了水资源的时间、空间、数量和质量的限制，强调在现有经济和技术条件下能被人类利用并对人类有价值的水，是人类能够直接使用的淡水。因此，水资源通常是指一定技术经济条件下可以被人类利用的水量、水质。

3.2.1 水资源的特性

水是自然界的重要组成物质，是环境中最活跃的要素之一，积极参与自然环境中一系列物理的、化学的和生物的作用过程。

水资源与其他自然资源相比具有以下特性。

3.2.1.1 水资源的动态性

水资源的动态性：一是指水资源的循环性；二是指其数量和质量的动态性；三是指其内涵随人类社会需求与价值标准的不同而变化。水资源与其他固体资源的本质区别在于其所具有的流动性，它是在循环中形成的一种动态资源，具有循环性。水循环系统是一个庞大的天然水资源系统，处在不断地开采、补给和消耗、恢复的循环之中，可以不断地供给人类利用和满足生态平衡的需要。

3.2.1.2 循环上的再生性和储量的有限性

自然界水体的水能不断地被开发使用。水质不断地被污染恶化，水量不断地被消耗，但水资源能不断地得到更替再生，这表明水资源具有可恢复性。地球上各种形态的水一般都可通过水的自然循环实现动态平衡。水循环过程意味着各项水体的更替和再生，包括自身净化。

全球水储量约 $138.6\times10^{16}\,m^3$，但其中参与全球水循环，逐年可以得到恢复和更新的不到全球总水量的万分之一。这部分淡水与人类关系最密切，具有可以被直接使用的价值，在较长时期内它可以保持平衡。然而在一定的时间和空间范围里，它的数量是有限的。一般来说，当年的水资源的耗用和流失又可为来年的降水所补给，形成资源消耗和补给之间的循环性。但是随着经济的发展，人类对水资源的需求越来越大，而可供人类利用的水资源量基本不会增加，水资源的超量开发消耗，必然造成超量部分难以恢复甚至不可恢复，从而破坏自然生态平衡。同时，人类的污染等因素使水质变差，也导致水质性水资源量减少。因此，水资源在一定限度内的量是有限的，并非取之不尽，用之不竭。人类对森林的乱砍滥伐、破坏植被、盲目围湖造田等活动引起水土流失、水体缩小、气候变化，导致水资源枯竭，不合理的污水排放导致水质恶化，严重污染的水体也减少了水资源的利用价值，这些都加重了水资源的有限性。

3.2.1.3 时空分布的不均匀性

水资源在自然界中具有一定的时空分布。时空分布的不均匀性是水资源的又一特性。年径流量指一年内通过河流某一过水断面的水量，不仅包括降水时产生的地表水，还包括地下水的补给，所以世界各国通常采用多年平均径流量来表示水资源量。从各大洲水资源的分布来看，大洋洲（包括澳大利亚）的年径流量最多，其次是南美洲，因为这些地区大部分位于赤道气候区内，水循环十分活跃；欧洲、亚洲、北美洲的降水和径流与世界平均水平相接近；而非洲降水多、蒸发也多；南极洲降水不多，但全部降水以冰川形态储存。从人均径流量的角度看，全世界河流径流总量按人平均，每人约合 $1000m^3$。在各大洲中，大洋洲人均径流量最多，其次为南美洲、北美洲、非洲、欧洲、亚洲，全球水资源的分布表现为极不均匀性。

3.2.1.4 利用的多样性和不可替代性

水资源具有水量、水质和水能三方面资源的含义，三者可兼容开发。例如水可用来发电，作为城市与工业企业供水水源，进行农业灌溉。从水资源的利用方式看，分为耗用水量和借用水体两种。城市用水、农业灌溉、工业生产用水等都属于消耗性用水，其中一部分回归水体，但数量已减少，水质已发生变化。还有一种使用形态是非消耗性用水，主要利用水体提供的环境而很少消耗水量，如养鱼、航运、水力发电等。不同的利用方式对水资源的质量要求也有很大差异，因此，水资源开发应贯彻“综合利用、一水多用”的原则，使水资源发挥最大的资源效益。水资源的综合效益是其他任何自然资源都无法替代的。

3.2.1.5 利、害的两重性

水资源与其他固体矿产资源相比，最大的区别是水资源具有既可造福于人类又可危害人类生存的两重性。水资源质量适宜、分布均匀，并合理开发利用，有利于区域经济发展、自然生态的良性循环。然而水也会给人类带来洪涝、干旱等自然灾害，给人类的生命财产安全带来一定的威胁。

3.2.2 当今世界水资源存在的问题

在人类社会的发展过程中，人类滥用并无节制地消耗自然资源，从而逐渐破坏了生态环境，水资源问题日益突出。1977 年，联合国召开世界水会议，把水资源问题提到全球的战略高度考虑。在这次会议上通过的《马德普拉塔行动计划》(Mardel Plata Action Plan)，其中指出："实现对水资源的加速开发并井井有条管理这样的目标，已成为努力改善人类经济和社会条件的关键因素，特别对于发展中国家更是如此。"随着工农业的发展和人民生活的改善，水的供需矛盾越来越突出。一些地方出现了水资源危机，水资源甚至成了重要的政治问题。1988 年，世界环境与发展委员会（WCED）提出的一份报告中指出："水资源正在取代石油，成为在全世界引起危机的主要问题。"在中东地区充满火药味的不安定因素中水资源的气息越来越浓，以致在中东地区和谈中水资源问题被列为重要的谈判内容之一。1992 年，在里约热内卢举行的联合国环境和发展大会上通过的《21 世纪议程》提到："淡水是一种有限资源，不仅为维持地球上一切生命所必需，且对一切社会经济部门都具有生死攸关的重要意义。"联合国在 2015 年可持续发展峰会上制定了水资源可持续发展的两个目标，即确保所有人均能获得可持续的水和卫生管理（SDG6）以及减少整个生命周期过程中的资源消耗、环境退化和污染，确保可持续的生产和消费模式(SDG12)；并在 2016 年通过了"水促进可持续发展"十年（2018～2028 年）国际行动的决议。目前全球水资源面临的问题如下。

3.2.2.1 水量短缺严重，供需矛盾尖锐

联合国在对世界范围内的水资源状况进行分析研究后发出警报"世界缺水将严重制约下个世纪经济的发展，可能导致国家间冲突"。同时指出，目前全球已有 20 亿人面临着严重水资源短缺的压力，有 1/4 的人口面临着因争夺足够的饮用水、灌溉用水和工业用水而展开争斗的局面。预计到 2025 年，世界上将会有 30 亿人面临缺水，40 个国家和地区淡水严重不足。中东和北非是地球上水资源压力最大的地区。17 个极度缺水的国家和地区中有 12 个在中东与北非，其中卡塔尔最为严重，以色列和黎巴嫩分列其后；在非洲，利比亚和厄立特里亚用水压力最大；在亚洲，印度面临的形势严峻，位列第十三名。印度许多地区面临长期的用水压力，而地下水资源主要用于灌溉，已被严重透支，考虑到印度人口数量是其他 16 个国家和地区人口数量的 3 倍，形势更为严峻。即使在总体水资源压力较小的国家，也存在一些极端缺水的地区。例如，南非的西开普省，以及美国的新墨西哥州都面临极度缺水的压力。

3.2.2.2 水资源污染严重，"水质型缺水"突出

随着经济社会的发展，排放到环境中的污水量日益增多。水源污染造成的"水质型缺水"，加剧了水资源短缺的矛盾，居民生活用水的紧张和不安全性日渐显著。"水质型缺水"是指大量排放的废（污）水造成淡水资源受污染而短缺的现象，其往往发生在丰水区，是沿海经济发达地区共同面临的难题。世界上许多人口大国如中国、印度、巴基斯坦、墨西哥、中东和北非地区的一些国家都不同程度地存在着水质型缺水的问题。据联合国统计，全球约有 80％的废水未经处理就排入生态系统或未得到循环利用，不仅造成资源浪费，更使得原有干净的水资源受到污染，增加水处理成本并加剧用水安全问题。

3.2.3 中国水资源特点及存在问题

目前我国同样面临着较大的水资源压力，时空分配不均、水资源利用效率低、水生态功

能退化、水旱灾害频繁等问题交织，对水资源可持续利用形成了巨大挑战，致使其成为了制约经济社会可持续发展的主要问题之一。我国水资源特点及目前存在的问题如下。

3.2.3.1 总量大但人均占有量低，水资源供需矛盾加剧

2021 年我国水利部发布的《中国水资源公报》显示，全国水资源总量约为 $2.96\times10^{12}\,m^3$，仅次于巴西、俄罗斯、加拿大、美国和印尼，居世界第六位。我国水资源总量仅为全球水资源总量的 6%，但总人口却占据世界人口的 19%。由于人口众多，耕地面积较大，水资源人均占有量大大低于全世界的平均水平，仅为世界人均占有量的 1/4。我国近 2/3 的城市面临着不同程度的缺水问题，已被联合国列为 13 个贫水国家之一。我国水资源供需状况不容乐观，长期以来，我国社会经济发展一直受缺水的困扰，水资源成为制约国民经济发展的瓶颈，缺水量越来越多，缺水地区由点到面，几乎成为全国性问题，但是全国用水量却逐渐增加。2021 年全国用水总量 $5.9202\times10^{11}\,m^3$，各项用水都略有增加，农业用水依然占据绝大部分。截至 2021 年我国各项用水量如图 3-3 所示。

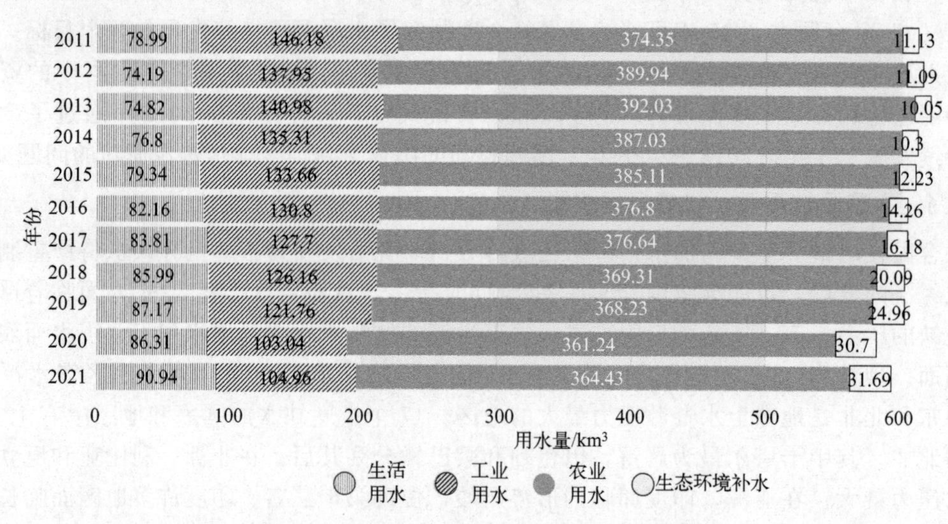

图 3-3 中国 2011～2021 年各项用水量情况

3.2.3.2 时空分布极不平衡

我国疆域辽阔，不同地区间存在较大的环境差异，致使各地的水资源条件大不相同，与土地资源和生产力布局不匹配。由于我国水资源具有年际变化大、分布不均的特点，南北方地区均出现了不同程度的缺水现象，总体上表现为东南多、西北少，沿海多、内陆少，山区多、平原少；在时间分布上表现为季节性较强的特点。北方大多数地区呈献出资源性缺水状况，而南方的半湿润地区则以季节性缺水为主。长江流域及其以南的珠江流域、浙闽台诸河、西南诸河等流域，国土面积、耕地和人口分布占全国的 36.5%、36% 和 54.7%，但水资源总量却占全国的 81%，人均水量为全国平均水平的 1.6 倍，亩均占有量是全国平均值的 2.3 倍，而北方国土面积为全国的 63.5%，水资源总量只占全国的 19%，但耕地却占全国的 58.3%，人口占全国的 43.2%。南方的人均水量为北方的 4.4 倍，南方的亩均水量为北方的 9.1 倍。我国北方在相当长的时期内在开源节流、合理开发利用水资源及协调城市工农业用水等方面面临着巨大压力。

水资源在时间上分布也极不均匀。在同一地区中，不同时间分布差异很大，一般夏多冬

少。降水量和河川径流量的60%～80%集中在汛期，南方地区最大和最小年降水量一般相差2～3倍，北方地区一般相差3～6倍，河川径流量最大和最小年份可相差10倍以上，且往往出现连续丰水年或连续枯水年的情况，水资源开发利用难度大，供需矛盾突出。不仅造成频繁的大面积水旱灾害，而且对水资源的开发利用十分不利，在干旱年份还加剧了缺水地区城市、工业与农业用水的困境。

3.2.3.3 我国水资源开发利用问题

（1）水资源开发利用不平衡

我国城市生活用水与企业生产用水呈现逐年递增的趋势，加上南北方水资源开发利用不均衡，致使水资源总量不断减少。其中，北方地区由于降水量少，水资源相对匮乏，主要以开发地表水为主，一些平原地区因长期开发浅层地下水，存在过度开采及其他不合理现象。北方地区除松花江区域外，水资源开发利用程度在40%～100%，其中海河流域周边当地水源供水量已超过多年平均水资源量。总体来看，北方大多数河流水资源开发利用潜力已十分有限，部分地区目前开发利用水平已接近或超过其最大可利用的极限，但周边部分河流，如松花江、辽河流域周边界河以及西北诸河流域中的跨界河流目前可利用量的开发程度仅为23%、7%和39%，尚有一定的潜力。相反，南方地区虽然水资源相对丰富，但是长期受到水资源开发利用程度低的困扰。南方地区目前水资源可利用量的开发率仅为33%，远低于北方地区，水资源开发利用的潜力较大。

（2）水资源利用率低，污染现象严重

水资源利用率低的问题已成为我国经济发展中的首要挑战。我国水资源浪费现象十分严重，尤其是农业、工业生产用水以及居民用水急剧增加。水资源产权管理体制混乱，水价设置不合理，水资源无法实现优化配置，居民用水不考虑经济成本，加之大多数群众缺乏节水意识，导致水资源浪费现象较为普遍，降低了水资源利用率。在农业生产中，虽然已有部分地区开始采用滴灌、喷灌等高效节水灌溉设备，但是一些偏远或落后地区依旧使用传统的灌溉方式，同样导致水资源严重浪费。而在工业生产中，虽然采用定额方式对工业用水进行管理，但工业水资源的浪费还是十分严重，利用率也较低，更加剧了水资源短缺的问题。

在国家经济快速发展的同时，水资源污染的问题也愈发严重。水资源污染是我国长期以来面临的主要问题，直接影响水资源的质量以及周边居民的日常生活。工业和农业生产忽视了对水资源的保护，导致没有经处理的废水、污水直接排放到天然的水体中，使水资源遭受到严重污染。虽然自然水体具有一定的自净能力，但是若污染排放量远远超出了水体的耐受范围，正常水体生态循环系统便会受到严重的破坏，丧失原有自净能力。当前，工业污染排放及农业生产和日常生活的污水排放量逐步递增，如果不重视加强污水、废水处理，那么必然会致使水资源污染更加严重。

（3）生态环境遭受破坏

为了满足21世纪水资源需求，我国必将加大水资源开采力度。近年来随着城镇化建设步伐的加快，越来越多的自然生态区被开发为居民用地或商业区、工业区，水资源被过度开发、水资源污染和浪费现象严重，无疑会导致生态环境的进一步恶化。长期以来，由于人口增长过快，生产方式相对粗放，在经济建设中不够重视保护生态环境，对水土林草等自然资源过度利用和消耗，大量的绿地及森林植被受到破坏，植被覆盖率逐年降低，使得水资源总量减少和水土流失问题更加严峻，由此造成的河流泥沙沉积严重阻碍了水资源的正常开发与利用。水资源的肆意浪费使我国部分河流水体出现了干涸，而河流干涸必然会导致原本的区域生态系统遭受到严重影响，河流周围的动植物生存面临着巨大的危机，动物在缺乏水源的情况下，必然会迁徙到其他地方，这就会使得整个区域内的生态系统失衡。在干涸的情况下，河床由于长时间受到阳光暴晒，使生态环境日趋恶化。水资源浪费导致水资源短缺问题出现，而水资源污染则导致健康的水体不再健康，这必然会威胁人们的用水安全，同时也给社会带来极大的经济损失。全国各流域水生生物多样性降低趋势尚未得到有效遏制，长江上游受威胁鱼类种类较多，白鳍豚已功能性灭绝，江豚面临极危态势；黄河流域水生生物资源量减少，北方铜鱼、黄河雅罗鱼等常见经济鱼类分布范围急剧缩小，甚至成为濒危物种。水旱灾害严重影响了我国农业经济、城市发展的进程。一方面，洪涝旱灾会对农业经济造成直接的冲击，在破坏农田的同时，还会进一步引发山洪、山体崩塌等严重的自然灾害。另一方面，我国每年的缺水总量较多，为了满足社会发展的需求，很多地区超负荷利用地下水，挤占生态水资源问题现象比较严重，导致水资源的安全问题得不到有效保障。同时我国特殊的地理环境，导致水旱灾害分布的区域有较大的差别，同一时间点有的地区发生旱灾，而有的地区却深受洪涝灾害困扰。

通常认为当径流量利用率超过20%时，就会对水环境产生较大影响；超过50%时，则会产生严重影响。目前，我国水资源开发利用率已达20%，接近世界平均水平的3倍，个别地区更高。全国地下水超采区过多造成地面沉降、塌陷、地裂缝，海水和咸水入侵，地下水水质恶化等环境地质问题。据预测，到2050年全国地表水资源利用率为27%，除西南诸河利用率较低为12%外，其他各流域均超过20%，特别是海滦河、淮河、黄河地表水资源利用率均超过50%。地下水的开发利用也将达到相当程度。据预测，2050年全国地下水利用率平均为64%，除内陆河较低为27%外，其他流域（不含西南诸河）地下水利用率均大于56%，特别是海滦河、淮河、黄河地下水利用率将分别高达100%、74%、93%。

上述水资源调查评价的结果进一步证明了我国“水多、水少、水脏、水混”四大水问题的存在，表明了我国水资源具有的总量丰富、时空分配不均、污染严重等自然特征。同时，如果考虑社会的因素，还具有人均水资源量少、人类活动影响巨大、利用效率和效益低下、水资源分布与生产力布局不匹配等特性。我国作为一个人口大国，水资源本身就面临着较为严重的短缺问题，同时，随着工业化发展的不断推进，水资源的污染和浪费现象逐渐凸显，这对我们国家的发展来说产生了一定的阻碍作用。因此，为了提高水资源的利用率，必须采取相应的措施对水环境进行保护，以实现水资源价值的最大化及可持续化。

3.2.4 水资源可持续性的评估

水资源持续利用是可持续发展概念的具体运用。可持续发展强调资源利用、经济增长、环境保护和社会发展必须协调一致，既满足当代人的需要，又不损害后代人满足需要的能力。这就要求社会、经济和环境资源能够永续地发展下去，保证世世代代的社会进步。水资源可持续发展的内涵包括两个方面：第一，经济发展与环境保护并重。可持续发展首先强调的是经济发展，以追求富有生产成果的生活权利。但是经济增长不能以牺牲环境为代价，不应该是凭借人们手中的技术和投资采取耗竭资源、破坏生态环境的方式来追求这种发展权利的实现，而应该在发展经济的同时重视环境保护，实现经济效益和环境效益同步增长，以保障人类净福利的增长和生活质量的提高。第二，代内公平与代际公平并重。发展的目标是改善所有人的生活质量，部分人生活质量的改善、社会两极分化的发展，不是真正的发展，在发展的机会和社会财富消费上，全人类包括当代人之间和当代人与后代人之间必须公平享有。在强调当代人在创造与追求今世发展和消费的时候，应承认并努力做到使自己的发展机会与后代人的发展机会相等，而不允许当代人一味地、片面地、自私地为了追求今世的发展和消费，毫不留情地剥夺后代人本应合理享有的同等的发展和消费的权利。

水资源的可持续利用与生态环境、人类社会密切相关，是经济社会可持续发展的前提条件。但全球水资源时空分配不均，水源供应能力有限，加之受人口增长、经济发展以及气候变化等因素的影响，全球范围内水资源可持续利用水平面临挑战。水资源的可持续需要考虑生态环境系统，同时也应该满足社会经济需求的需要。水作为一种重要的战略资源，与经济社会发展密切相关。社会发展水平和生活水平越高，水资源开采力度越强。人口与经济快速发展导致用水危机及水环境恶化现象在大部分发展中国家尤为严重。中国部分地区已经面临着水资源短缺和水生态环境恶化等影响水资源可持续利用的问题，如我国北方平原和黄土高原都面临着水资源匮乏及水环境恶化的挑战。同时，社会经济发展与水资源的不匹配也导致中国大陆的可持续性不断下降。因此，对水资源可持续性的评估对于区域可持续发展战略至关重要。评价水资源可持续利用的过程一般为根据地域的相关要求（水资源开发利用的区域特点、管理规划和水环境保护等要求），从水资源、社会、经济和环境4个方面挑选带有地域特征的指标，构建评价指标体系后选择相应的评价方法。

构建水资源可持续利用评价指标体系是为满足特定时间段在特定区域内的可持续发展要求，根据该区域水资源开发利用过程中存在的问题，结合水资源可持续发展理念，建立有代表性的评价指标体系，为区域水资源利用情况进行评价及后续开发利用提供合理建议。目前，评价指标体系构建的方法尚不统一，其理论基础多从可持续发展指标体系演变而来。归纳国内外学者关于指标体系构建的研究，主要是从社会、经济、环境和水资源4个层面筛选能够代表区域特点的指标。而目前水资源可持续性方法包括层次分析法、模糊综合评价法、灰水足迹法、生态足迹法等。层次分析法首先根据从属关系构建指标体系如目标层、准则层和指标层，利用德尔菲法（专家咨询法）和判断矩阵从定性、定量两个方面计算各层次与各指标层之间的权重，并据此进行评价。指标体系中目标层为水资源可持续利用情况，准则层指从社会、经济、环境和水资源4个方面筛选代表区域宏观指标进而表征水资源可持续利用状态，指标层为准则层的具体指标。该评价方法简单明了，能够更加全面地代表某地区的地域特征，但筛选指标时，不可避免地带有较强的主观性。Hoekstra等学者在2008年提出了“灰水足迹”的概念，即以水环境质量标准为基准，将污染负荷稀释至特定水质标准之上所需淡水的体积。灰水足迹为评价区域真实水污染状况的研究提供方法，能较好地定量分析水资源量与水污染研究之间的关系，已被用于评估全球人类经济活动对水资源利用的影响，为水资源的可持续研究提供了新的方法。

以下为在水强度和效率方面对我国城市水资源可持续性（WRS）的评估，其过程见图3-4。首先确定与水可持续性相关的组成部分，通过识别、计算、归一化、加权和聚合等手段评估与每个组件相关的指标。从广义的角度来看，可持续性涉及两个关键方面，即资源分配和资源利用。从分布维度上看，由于降水和蒸发等气候条件随地理位置变化较大，水资源分布在区域尺度上呈现出明显差异。因此选择水资源量（WRQ）作为组成部分，选择人均水资源作为指标。在资源利用率维度选择水强度（WI）和用水效率（WE）作为指标。WI为总取水量与区域水资源的比率，用于评估人类社会开发和利用的水资源的状况；WE为耗水量与取水量的比率，是水资源有效利用的重要指标，该值反映了用水过程中的低效消耗和损失。确定指标后便可构建指标体系，收集指标数据并建立数据库，计算指标值并将指标分级，本书中将每个指标根据价值幅度分为极低、低、中、高、极高5个级别。最后，通过 K 均值聚类方法将WRQ、WI和WE等级的各种组合执行分区分类。

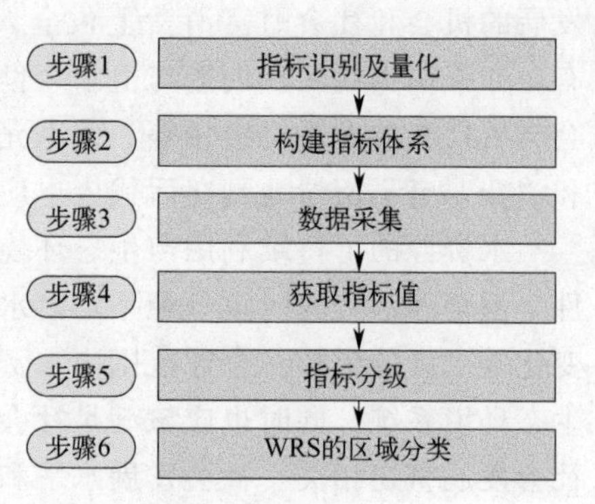

图3-4　指标系统法评估WRS步骤

经过评估，我国34%的地区具有“中”至“高”的WI指标值，58%的区域具有“低”至“极低”的WE指标值。该法最终将我国划分为四个区域，Ⅰ区、Ⅱ区、Ⅲ区和Ⅳ区分别占我国陆地国土面积的8.8%、32.1%、27.3%和31.8%。我国西部以农业为主，传统的洪水灌溉方法导致这些地区的WE较低。在WI方面，我国北方的用水量呈高度发展趋势，这与水资源匮乏的空间分布特征形成鲜明对比。华北平原作为粮食主要产地和大都市区，水供需挑战前所未有，人口高度集中，经济高度发达。

Ⅰ区位于华北平原，包括北京、天津、山西、河北、山东和内蒙古部分地区。在这些地区存在绝对缺水问题，年平均降水量约为500mm，人均水资源<500m^3。北京作为我国的首都和特大城市，随着人口的增长和经济的发展，用水需求正在急剧增加。因此北京大量地开发水资源以保证居民用水，甚至造成了地下水过度开采的局面。Ⅱ区主要分布在黄土高原、内蒙古高原、淮河平原、辽河平原以及华北地区。除江苏外，该区其他省份的经济正处于发展阶段。黄土高原和蒙古高原位于年平均降水量<400mm的地区，有些地区的年平均降水量甚至不足200mm。此区淡水资源极其有限，导致对水的开采率接近甚至超过了100%。在淮河平原和辽河平原，影响水资源可持续性更多的是人类对水资源的浪费。辽河平原和淮北平原年平均降水量虽然>800mm，但人均水资源<1000m^3，不到全国平均水平的1/5。Ⅲ区地区占我国陆地的27.3%，主要位于长江流域、珠江流域及东北的部分城市。这些地区的水资源丰富，具有中高等级的WE和低WI。东南地区经济处于快速发展阶段，近年来对水资源的需求不断增加。这一趋势要求有效的水资源管理，以保持或改善水资源的可持续性。Ⅳ区地区大多位于我国西部，包括西藏、青海和新疆部分地区。这些地区水资源丰富但经济不发达。由于人类活动对该地区水资源的影响相对较小，该区用水的强度和效率都非常低。从地貌学上看，Ⅳ区多为海拔为3000～5000m的山区和高地，降水的主要来源是融雪和地下水，年平均降水量<50mm，且蒸发量远远大于降水量，想要利用水资源相当困难。在新疆地区，虽然人类活动的影响小于其他地区，但气候条件恶劣造成的缺水仍然不容忽视。从水结构来看，我国农业用水占比最大，其次是工业用水，生活用水占比最小。Ⅰ区工业用水比例最大，农业用水比例最小。Ⅳ区的农业用水率远高于其他地区，而工业和生活用水需求小于其他地区。WI的指标值排序为区域Ⅰ>区域Ⅱ>区域Ⅲ>区域Ⅳ，而WRS的排序为区域Ⅰ<区域Ⅱ<区域Ⅲ<区域Ⅳ。

更有效和可持续的水资源管理应侧重于WRS等级明显较低的地区，尤其需要关注WRQ等级远低于WI和WE的区域Ⅰ与区域Ⅱ。位于Ⅰ区的京津冀和长江三角洲地区的大型城市群水资源有限，过度的人类活动导致水资源的可持续性非常低，应在这些领域制定新的战略和发展技术以高效利用现有水资源。Ⅲ区和Ⅳ区的水资源丰富，但效率需要提高，特别是在农业方面。

总的来说，大型城市水资源可持续利用程度较高，城市发展有助于水资源利用效率的提高，经济欠发达城市无法为水资源供给与保护提供足够的资金保障，其依赖水资源生存的压力远高于水资源可持续利用的重要性，随着经济发展带来的投入增加会在一定限度内促进水资源利用效率的提升，但过度增加投入提高水资源利用效率易造成水资源边际递减。城市经济与人口规模快速发展促使水资源开发率随之提高以应对不断上升的用水需求，但当经济与人口规模发展到一定程度时，城市用水易超出区域水资源与水环境的承载力，一味提高水资源开发率不仅不能缓和水资源供需矛盾，还会对水体环境造成明显的污染压力，导致城市用水不可持续。以我国上海市为例，尽管其具有长江水资源供给禀赋，同时通过大量投资建设新水库与完善水资源供给系统来提高水资源开发率，以增加本地可用水资源量，但未来仍面临水资源短缺的威胁。2016年，上海市人口与GDP（国内生产总值）规模均为全国地级市前列，但上海市水资源可持续利用程度指数仅为0.67，低于全国地级及以上城市整体平均水平，这类人口经济规模大与水资源可持续利用程度低并存的现象普遍出现于当年其他超大和特大城市，如深圳与青岛等市。相关研究提出，提高城市污水“量”和“质”的处理能力为突破此类城市水资源可持续利用瓶颈的有效途径，其不仅能提供更多低污可用的中水用于常规水资源补充，减轻常规水资源开发力度，同时也能减少更多污染物排河，减轻水体污染稀释压力，进而促进城市水资源利用“良性循环”。另外，随着近些年来全球温度不断升高，水资源也受到了影响。全球气温变暖将通过影响降雨、蒸发、径流和土壤湿度等改变全球水文循环的现状，改变水资源的时空分布格局，引起可利用水资源的改变，加剧某些地区的洪涝和干旱灾害。在全球气候变暖背景下，水资源匮乏、水污染、水旱灾害等水系统安全风险加剧，成为世界许多城市化地区可持续发展的瓶颈因素。我国水资源空间不均，水污染问题使得本来就已紧张的水资源供需矛盾更加突出，加之气候变化引起的干湿变化和极端天气，使得我国水资源系统的脆弱性更加凸显。

3.3　水环境污染状况

水污染是指水体因某种物质的介入，其化学、物理、生物或者放射性等方面特性的改变，超出了水体本身自净作用所能承受的范围，从而影响水的有效利用，危害人体健康或者破坏生态环境，造成水质恶化的现象。造成水体污染的因素是多方面的，如向水体排放未经妥善处理的城市污水和工业废水；施用化肥、农药及城市地面的污染物被水冲刷而进入水体；随大气扩散的有毒物质通过重力沉降或降水过程而进入水体等。按照污染源的成因进行分类，可以分成自然污染源和人为污染源两类。自然污染源是由自然因素引起的污染源，如某些特殊地质条件（特殊矿藏、地热等）、火山爆发等。人为污染源是指由于人类活动所形成的污染源，包括工业、农业和生活等所产生的污染源。人为污染源是可以控制的，但是不加控制的人为污染源对水体的污染远比自然污染源所引起的水体污染程度严重。人为污染源产生的污染频率高、数量大、种类多、危害深，是造成水环境污染的主要因素。按污染源的存在形态进行分类，可以分为点源污染和面源污染。点源污染是以点状形式排放从而使水体造成污染，如工业生产水和城市生活污水。而面源污染则是以面积形式分布和排放污染物从而造成水体污染，如城市地面、农田、林田等。面源污染的排放是以扩散方式进行的，时断时续，并与气象因素有联系，其排放量不易调查清楚。

3.3.1 地表水污染

地表水指分布于地球表面的多类型水体，通常指陆地上可进行人为控制、水量调度分配以及管理的水资源，主要包括海洋、江河、湖泊、沼泽、冰川以及积雪等种类。地表水是水资源的重要组成部分，是人类生活、生产的主要水源，其水质直接影响人们的生活、工业的发展和人类社会的进步。

3.3.1.1 地表水现状

我国国土面积辽阔，地表水的分布具有明显的不均匀性。我国河流多分布在秦岭-淮河以南，冰川多分布在西北部地区。而沼泽分布于全国各地，但多分布在地势平坦的丰水地区，如东北三江平原、黄河上游以及其他沿海区域，对推动我国农业发展具有积极作用。随着我国城市化、工业化进程的加快和经济发展水平的提高，城市生活污水和工业废水的排放量逐年增加，导致全国大部分城市河段均不同程度地受到了污染。人类对水资源毫无节制的开发和利用，导致地表水体及水环境出现了越来越多的问题，如水资源匮乏、水体污染等。近年来，国家积极开展水污染防治攻坚战，加大水污染防治力度，使得地表水水质明显改善。从 2012～2020 年全国 839 个可比断面（点位）水质类别比例年际变化情况可知（图 3-5），Ⅰ～Ⅲ类水质断面比例稳步上升，由 2012 年的 62.6%升至 2020 年的 79.0%，上升 16.4 个百分点；劣Ⅴ类水质断面比例持续下降，由 2012 年的 10.4%降至 2020 年的 0.7%，下降 9.7 个百分点。可以看出水污染防治工作特别是“十三五”以来，“水十条”的实施有效促进了地表水环境质量的改善。

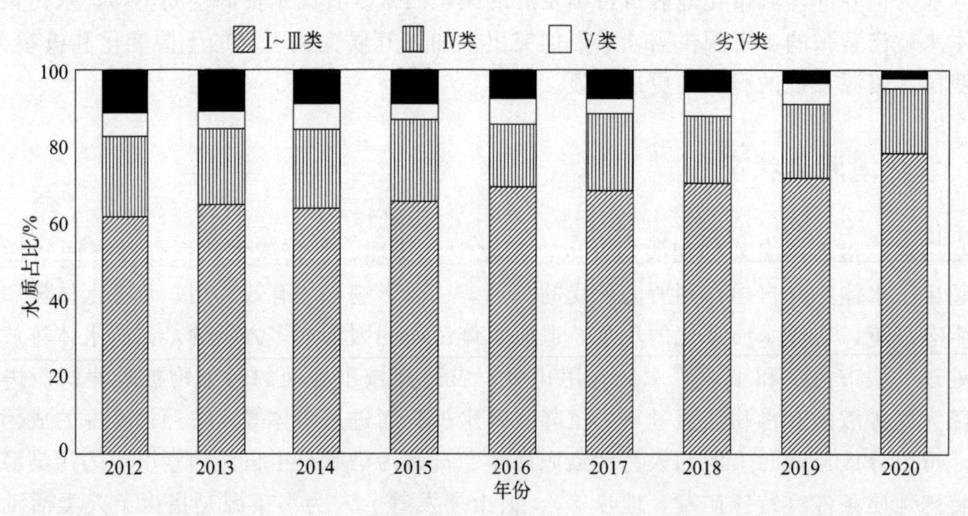

图 3-5 2012～2020 年全国地表水可比断面（点位）水质类别比例年际变化

3.3.1.2 主要污染物

地表水中的主要污染物包括营养物质、抗生素、重金属、石油类污染等。氮、磷等营养物质会引起水体富营养化。富营养化是指氮、磷等营养物质和有机物不断输入水体中，造成藻类大量繁殖、溶解氧耗竭、水质恶化的现象，主要出现在湖泊、水库以及城市运河中。富营养水体发绿发黑，水质浑浊，并伴有一定的恶臭气味。我国诸多静水水体均存在程度不一的富营养化现象。从表 3-2 所列的 2012～2020 年全国地表水可比断面（点位）主要污染指标年均值变化情况可知，氨氮、总磷和高锰酸盐指数的年均值均呈逐年下降趋势，2020年全国地表水中氨氮、总磷和高锰酸盐指数的年均值分别为0.20mg/L、0.072mg/L和3.3mg/L，比2012年分别下降75.9%、48.2%和17.5%。

表3-2 2012～2020年全国地表水可比断面（点位）主要污染指标年均值

单位：mg/L

项目	2012年	2013年	2014年	2015年	2016年	2017年	2018年	2019年	2020年
氨氮	0.83	0.8	0.73	0.68	0.59	0.49	0.44	0.31	0.2
总磷	0.139	0.127	0.126	0.124	0.118	0.11	0.098	0.082	0.072
高锰酸盐指数	4	4	3.9	3.8	3.7	3.5	3.4	3.4	3.3

从以上数据可以看出，我国水环境质量与往年相比存在一定程度的改善，但不平衡、不协调的水污染防治工作问题仍十分突出。在一些地区，水环境污染问题依然严峻，今后水环境治理工作仍然十分艰巨。目前我国城市生活污水和工业废水的处理率已相对较高，但以农村生活污水形成的分散式点源污染和降雨或灌溉形成的农田地表径流为主的面源污染仍较为严重，且尚无经济、有效的方法技术对其进行处理和控制。我国工业废水排放量呈略微下降的趋势，但生活污水排放量占比呈逐年缓慢上升的趋势，COD_{Cr}及氨氮基本稳定或稍有下降。当前，我国经济增长与发展方式仍较为粗放，工业源与农业源污染尚未得到有效控制，城镇污水收集和处理设施短板明显，以劣Ⅴ类水体、城市黑臭水体、水源污染等为代表的突出水环境问题整治依然面临严峻挑战。

3.3.2 地下水污染

地下水是指赋存于地面以下岩石空隙中的水。地下水的质和量，都是在不断地变化之中。影响其变化的因素有天然的和人为的两种。天然因素的变化往往是缓慢的、长期的，而人为因素对地下水质和量的影响越来越突出。凡是在人类活动的影响下，地下水水质变化朝着水质恶化方向发展的现象，统称为地下水污染。

3.3.2.1 地下水污染来源及途径

引起地下水污染的各种物质来源称为地下水污染源。自然污染主要是海水、咸水、含盐量高及水质差的其他含水层中地下水进入开采层，人为污染则包括城市生活污水、工业废水、地表径流、城市固体废物、农业活动等。工业污染源是地下水的主要污染来源，特别是其中未经处理的污水和固体废物的淋滤液，直接渗入地下水中，会对地下水造成严重污染。而工业污染源中数量最大、危害最严重的是废水、废气和废渣；其次是储存装置和输运管道的渗漏；再次是事故类污染如储罐爆炸造成危险品突发性大量泄漏等。农业污染源包括牲畜和禽类的粪便、农药、化肥及农业灌溉引来的污水等随着下渗水流污染地下水。随着人口的增长和生活水平的提高，居民排放的生活污水量逐渐增多，其中污染物来自人体的排泄物和肥皂、洗涤剂、腐烂的食物等。除此之外，科研、文教单位排出的废水成分复杂，常含有多种有毒物质。医疗卫生部门的污水中则含有大量细菌和病毒，是流行病和传染病的重要来源之一。

地下水污染途径是指污染物从污染源进入地下水中所经过的路径。按照水力学特点可将地下水污染途径大致分为四类，即间歇入渗型、连续入渗型、越流型和径流型，如图3-6所示。

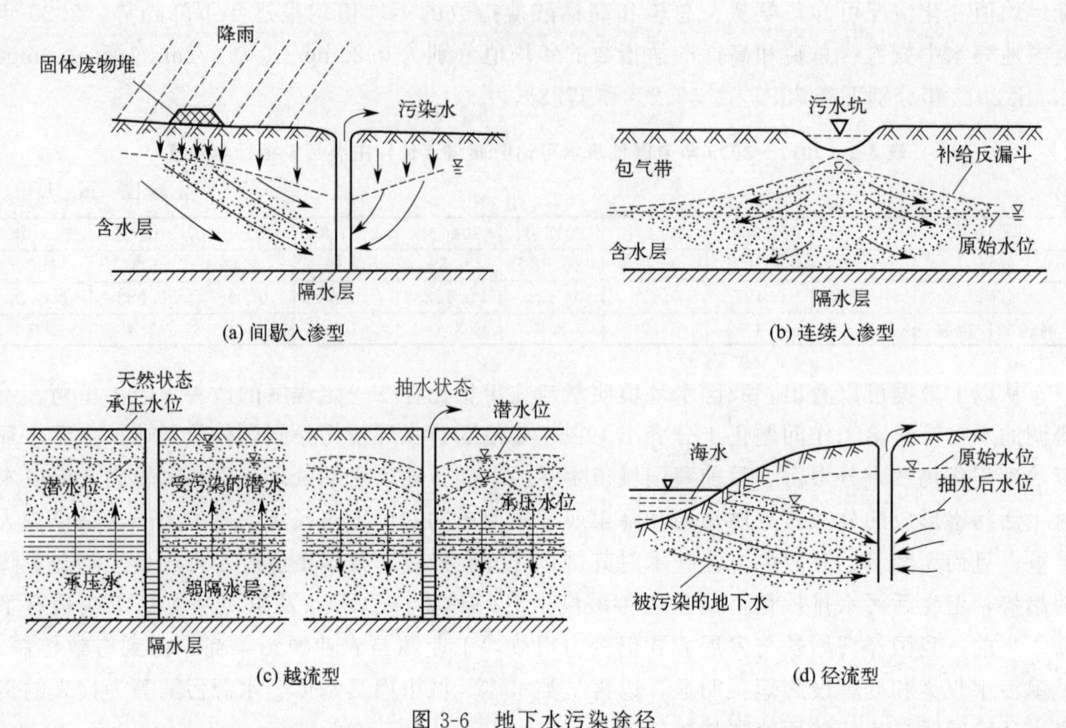

图 3-6　地下水污染途径

3.3.2.2　主要污染物

地下水污染物种类繁多，主要可分为化学污染物、生物污染物及放射性污染物。最常见的无机污染物包括硝酸盐、亚硝酸盐、氟化物、氰化物、氯化物、重金属、硫酸盐和总溶解性固体等。其中，总溶解性固体、氯化物、硫酸盐、硝酸盐等无直接毒害作用，这些组分达到一定浓度后有利用价值，但也会对环境甚至人体健康造成不同程度的影响。目前地下水中已发现 180 多种有机污染物，主要包括芳香烃类、卤代烃类、有机农药类、多环芳烃类与邻苯二甲酸酯类等，且数量和种类仍在迅速增加，甚至还发现了一些没有注册使用的农药。这些有机污染物虽然含量甚微，一般在 ng/t 级，但其对人类身体健康却造成了严重的威胁。地下水中生物污染物可分为细菌、病毒和寄生虫。未经消毒的污水中含有大量的细菌和病毒，它们有可能进入含水层污染地下水。而污染的可能性与细菌和病毒存活时间、地下水流速、地层结构、pH 值等多种因素有关。

3.3.3　饮用水污染

饮用水是指可以不经处理直接供给人体饮用的水，日常生活中包括天然泉水、井水、河水、地下水，以及经过处理的矿泉水、纯净水等。水源地选择：一是要求水质良好、水量充沛可靠；二是在保证安全取水的前提下，尽可能靠近主要用水地区，就近取水。但是随着我国城市化进程的加快，许多城市饮用水水源地逐渐由原先比较偏僻的地带演变成人群集中、商业发展的都市区。城市化进程对水源地的胁迫日益突出。

目前我国仍有 1/3 的水源水质低于地表水Ⅲ类水质标准，只有 7 个省份未发生饮用水水质超标事件；在 1333 处饮用水水源地中，有 16 处存在全年连续超标问题。目前我国饮用水环境正受到城市、工农、矿业活动等多种来源污染物的威胁，环境污染将导致饮用水中蓄积各种有毒有害物质。有毒有害污水和废水的直接排放，导致我国很多地区饮用水水源受到不同程度的污染，且因许多地区农村饮用水净化、消毒工艺不合理或设施不完备，以及自来水输送管网老化严重等问题，居民生活饮用水水质受到了严重影响。因此，水源保护具有极其重要的意义，其也直接关系到我国农村地区的生存和发展。在现有净水工艺条件下，为保证向用户供给满足要求的水质，优质的水源是重要前提。河流、湖泊是我国重要的饮用水水源地，同时也是城市的主要排水通道，水源地常受到城市排水口、排污口干扰，影响供水水质。长期以来，我国工矿企业粗放式发展，用水量大，单位产值污水排放量大。而且我国的废水处理率一直很低，每年约有 1/3 的工业废水和 90%以上的生活污水未经处理就排入水域。水源地周围面临房地产开发、旅游开发甚至发展产业的压力。由于作为水源地的江河、湖泊、水库一般环境优美，开发的冲动与水源地保护的矛盾有时难以协调，最终只好迁移水源地。以江河为水源地的城市，港口码头建设、船舶航行与水源地保护区可能有冲突。各种资源、物资包括危险品货物储备在江河沿岸，一旦管理不善，有安全事故发生，对水质有一定威胁；船舶运输过程中生活污水和垃圾均排放到水中，给水源带来污染。人们的活动对水源地保护的压力，如随着江河湖泊景观休闲工程的实施，人们到江边活动的次数增多，游泳、垂钓等影响到水质。农业面源污染源主要包括农药、化肥、无序排放的人畜粪便等。这些污染源直接随着地表径流进入水体，造成地表水污染，湖泊、池塘、河流和浅海水域生态系统营养化，水体微量有毒污染物增加，造成水源地水质的严重破坏。此外，我国是世界上水土流失最严重的国家之一，大量的化肥、农药随表层土流入江河湖库，加剧了水源地的面源污染。我国生活饮用水来源主要是地下水与河流，但已有 97%的地下水受到不同程度的污染，其中 40%地下水的污染仍在不断加剧。尽管饮用水消毒技术已经普遍应用，但在饮用水中仍发现氯化消毒副产物达 300 余种，其中二氯乙酸、三氯乙酸等氯化副产物在动物实验中已证明具有致突变性和致癌性。随着污染的加剧，水环境中有机、无机和重金属污染物等持续存在，这将严重威胁人类的健康。

3.3.4 远洋污染

海洋是地球生命的摇篮，与人类的生存与发展有着密切联系。自古以来，人类就把海洋当作一个可以排放垃圾的场所。但是近几十年来，随着科学技术的发展，人类改造自然的能力越来越大，使得海洋的生态环境受到重创，这已经超过海洋的承受范围。海洋污染是指人类直接或间接地把物质或能量引入海洋环境（包括河口湾），造成或可能造成海洋生物资源损害、危害人类健康、妨碍捕鱼和海洋的其他正当用途在内的各种海洋活动，降低海水使用质量，减损环境美观，海洋生物死亡后产生的毒素通过食物链危害人体等。

目前，海洋的污染源头主要分为陆源污染和海源污染。陆源污染主要是在我国沿岸地区，大量污水排放入海造成的。海源污染主要是大量航经我国的船舶排放的大量含油污水，船舶搁浅、触礁、碰撞以及石油井喷和石油管道泄漏引发的海上事故破坏海洋环境，以及海洋工程建设破坏了海洋的生态平衡和海岸景观。海洋污染突出表现为石油污染、重金属以及放射性污染、赤潮和海洋垃圾等几个方面。

3.3.4.1 石油污染

我国石油污染极为严重。石油污染主要源于工业生产和突发性的海上油井管道泄漏事故。石油排放入水之后，将会给海洋生物带来灭顶之灾。由于水面被油膜覆盖，海水无法给海洋生物正常提供氧气，使其大量因缺氧而死亡。石油对幼鱼和鱼卵的伤害更为致命，它们碰到油膜几乎都会死亡，死里逃生的鱼卵长大后也只能成为奄奄一息的鱼。油污还能使鱼类、贝类等人类捕捞食用的海产品产生恶臭味，以及通过富集效应携带的毒素，进入市场被人类食用后将危及人类自身安全。石油污染还导致了海鸟丧生，这是因为含油污水会增加鸟的重量，鸟在被污染的水中先潜游再上浮，厚重污水粘在鸟的羽毛上，迫使海鸟下潜，不断沉浮。有的海鸟也因为误食石油而死亡。因此，石油污染使得我国失去了一些珍禽。

3.3.4.2 重金属以及放射性污染

随着工农业的发展，通过排放污水进入海洋的重金属逐年增加，例如汞、铜、锌等重金属。放射性物质来源于核武器、核泄漏、核动力船舶的排污等，由于各类海洋生物对重金属和放射性物质都有极大的富集能力，它们将污染物集于体内影响自身，一旦人类食用它们后，将会中毒。世界上著名的骨痛病和水俣病是其中的铬与汞中毒造成的，这应该引发世人警醒。

3.3.4.3 赤潮

赤潮对水体有很大的危害，起因是水中的微生物或浮游植物大量暴发，一旦发生赤潮，海水里的鱼虾全部死亡，海水变得黏黏的，散发出腥臭的味道，这对周围的渔业产生致命的打击，渔民们损失严重。引发赤潮的原因是水体的富营养化，当含有许多有机物的工农业污水排放进海水中时，再加之外界环境适宜微生物或浮游植物的生长这个条件，这时就会产生赤潮。

3.3.4.4 海洋垃圾

海洋垃圾的来源是暴风雨将陆地上的垃圾吹入大海，人为倾倒不能处理的垃圾，以及海洋事故。海洋垃圾不仅会导致视觉污染，还会造成水体污染，从而危及海洋生物的生命安全。一些生物被塑料圈、尼龙绳网住，无法动弹，导致死亡。最残忍的是当绳圈套住动物幼崽的脖子时，随着幼崽不断长大，绳圈会越勒越紧，深深地嵌入肉里，慢慢将它勒死。海洋垃圾被生物误食后，往往被噎死，或者残留在肠胃中无法消化和分解，最终引起死亡。美国发生了一件世界闻名的奥斯本轮胎暗礁事件。原因是美国将200万个破废轮胎扔入海洋，40年后，这些轮胎在海水的浸泡下，分解出很多有毒物质。这片海域已经不存在任何海洋生物了，慢慢被人们所抛弃，祖祖辈辈生活在这里的渔民们，现在也背井离乡，这片海洋最终成为死海。海洋垃圾的问题日益被人们所重视，如果再放任这个问题不管，将会超过海洋承受负荷，而人类的生存也将迎来困境。

3.3.5 近海污染

近海作为生物圈、大气圈和水圈交汇频繁、活动最剧烈的区域，与人类的生存和发展密不可分。近海与大陆、岛屿、群岛等海岸相毗连，一般是指近岸外部界限平行向外20海里（1海里＝1.852km）的海域。我国近海广义上可涵盖自海岸线向外延伸的渤海、黄海、东海、南海全部海域。中国拥有大陆海岸线约1.8×10^4km，聚集了我国40%以上的人口。近海作为海陆之间的过渡区域，拥有丰富的海洋资源与良好的资源开发环境，是海水养殖、能源开发、旅游业发展以及港口物流运输的重要区域。近海孕育了多种多样的生态系统，包括河口、海湾、滨海湿地、红树林、海草（藻）床、珊瑚礁等，但其同时也是脆弱的生态敏感区，在人类活动与全球变化的影响下承受巨大的压力。近海海洋是人类宝贵的空间资源，也是人类赖以生存的生态系统的重要组成部分，对海洋污染与生态环境的破坏都将导致生物多样性的减少以及生态失衡，最终导致其生态系统的功能受到抑制，无法发挥全部作用。

3.3.5.1 污染现状及问题

目前学术界还未对近海污染做出标准的定义。有学者认为“海洋污染根据空间划分为近海污染与大洋污染，近海污染主要是指临近陆地的海域所发生的海洋污染”；也有部分学者认为近海污染是指“在海洋近海区域被陆源污染物污染的情况”。因此近海污染可以认为是海洋被划分为海岸海洋（也称近海）与大洋海洋两个部分，在临近海洋的近海区域能够探测到污染物的情况。

近岸海域主要存在4大环境问题：a. 近岸局部海域污染依然严重；b. 典型海洋生态系统健康状况不佳；c. 陆源入海污染压力仍较大；d. 海洋环境风险仍然突出。由于受到人类活动的强烈干扰，近海的压力不断加大。我国的近海海洋生态状况非常严峻，污染严重的区域主要包括分布于经济发达但是水交换较差的海域，例如渤海湾、山东莱州湾、江浙沿岸、珠江口周边海域等。我国岸线人工化指数达到0.38，上海、天津、浙江、江苏和广东的沿海地区已经处于高强度开发状态，使得目前近海生态系统处于亚健康或不健康状态，成为海洋经济可持续发展的重要制约因素。随着近年来我国沿海地区工农业和海洋养殖业的迅速发展以及人口的骤增，大量人工合成的污染物不合理排放，海上石油的开发等，造成了海洋环境污染的危机，局部海域尤其是近海湾区水动力比较弱的区域，污染尤其严重。例如赤潮发生频率的增加、石油污染、农药的非点源污染加剧等，损害了海洋环境生态系统，威胁到人类的生命健康。非洲北部，北美洲的美国，南美洲的巴西、哥伦比亚、秘鲁等，亚洲的日本，欧洲的挪威、芬兰、丹麦、瑞典、德国、法国、意大利、希腊、前苏联等国家地区近海水体确认有富营养化问题，全世界1/3的海岸生态系统处于严重退化危险之下。

虽然近海污染状况堪忧，但随着国家政府的重视以及人们环保意识的提高，近年来近海生态状况逐渐向好。《中国海洋生态环境状况公报》检测结果显示，2021年我国海洋生态环境状况稳中趋好。复合第一类海水水质标准的海域面积占管辖海域面积的97.7%，近岸海域优良水质（一、二类）面积比例为81.3%。劣四类水质海域主要分布在辽东湾、渤海湾、长江口、杭州湾、浙江沿岸、珠江口等近岸海域，主要超标指标为无机氮和活性磷酸盐。但劣四类水质海域占有一定的面积，说明海水受到一定程度的污染，而且近几年污染面积有变大的趋势；典型海洋生态系统均处于健康或亚健康状态。全国入海河流水质状况总体为轻度污染。渤海、黄海、东海海域劣于四类水质的面积逐年减小，但南海劣于四类水质的面积有增加的趋势。

3.3.5.2 主要污染物

海洋污染物包括重金属、无机氮、磷酸盐、有机物、石油、海洋垃圾等。近海水体氮磷含量高、以油类污染为主，重金属和有机质的污染也在逐步扩大。近几年的监测数据显示，油类污染在各海域均存在，尤以渤海和黄海两个区域的污染最为严重。另外，苯类物质、多环芳烃、多氯联苯类和有机农药等有机污染物被不同程度地检测出来，铜、铍、锡、锑等重金属也被普遍检出，各类污水超标排放的趋势越来越严重。重金属污染主要包括铬、锰、铁、铜、锌、银、镉、锑、汞、铅等，这些重金属元素入海后储藏于海洋生物体内，危害海洋生物的生存。有机物以及无机氮、活性磷酸盐等营养盐类在近海海域的水体中含量超标会造成近海海域水体的富营养化，进而破坏海洋生态系统，损害生态价值。海水水体的富营养化会引发赤潮，破坏海洋生态平衡，威胁海洋渔业与水资源利用，甚至危害人体健康。石油类污染会导致油膜附着在海面，抑制海洋生物生长，导致海洋生物死亡。塑料垃圾是海洋垃圾的主要组成部分。海洋垃圾经过食物链的循环，最终会对人类的生命健康和安全造成威胁，也会增加整治海洋垃圾的成本和渔业捕捞的经济开支，同时危害正常航运安全。

3.3.5.3 污染来源

从污染源角度来看，近海污染的来源主要包括陆源污染、海水养殖、海洋倾废、石油勘探、海洋工程建设、大气层污染以及船舶污染等。目前污染海洋的物质80%是来自陆地，陆源污染是引起我国近岸海域污染的主要原因。陆源污染产生的根本原因是在陆域上的经济社会活动。据统计，仅渤海就接纳了我国36%的陆源排放废水和47%的固体污染物。陆源污染中主要为有机污染和重金属污染，重金属污染主要是汞、镉、铅等重金属，主要为河流携运。陆源污染物排放给近岸海域尤其是给排污口邻近海域环境造成巨大压力，长期连续大量排污使排污口邻近海域海水污染严重。高达73%的排污口邻近海域水质不能满足海洋功能区要求，1.77×10^{10} t污水排入渔业资源利用和养护区，携带了大量营养盐和有毒有害物质，使区内水体富营养化趋势加剧，生物质量降低。例如江苏王港排污区排污口，小洋口外闸入海口，都排入养殖区，使养殖区水质低于四类，生态环境质量极差。陆源入海污染物按其来源又可分为工业污染源、沿海城镇生活污染源和农业污染源三类。工业污染物排放是造成我国近海环境污染的根本原因。我国海岸线漫长，据统计滨海地区有8万多家各类工矿企业、2亿多人口。例如，2003年天津塘沽区在海岸滩涂启动了中国最大的围海造地工程，在其上又建成了乙烯、炼油、储油以及海水淡化等临海工业。临海工业的兴起，不仅占用滨海湿地，还引入多种化学污染物和放射性污染物，主要污染物是COD（化学需氧量）、油类、重金属、砷等。海水养殖业是沿海经济发展新的增长点，但是养殖自身污染问题逐渐明显，为追求增产，盲目扩大养殖面积，提高养殖密度，加大施肥强度，造成养殖环境失调，引发病害。污染源主要是养殖区残存的饵料、排泄的废物、施用的化肥，在养殖的过程中为预防疾病、消毒而大量使用的化学药品。另外，网箱养殖在一定程度上对潮流起阻碍作用，影响海水的交换和自净能力。比起城市生活污水的氮、磷排放总量，海水养殖排污影响总体较小。但是养殖密度过大，氮、磷等营养物质容易在局部海域积累并致使出现富营养化甚至引发赤潮，如乐清湾是被国家海洋局认为因养殖而污染最厉害的地方之一。我国近30年来快速城市化和海域养殖化的过程中，在经济效益的驱使下，人类不合理的开发活动不断加强。由于沿海城镇人口膨胀，土地翻番增值，于是竞相拦海围垦“与海争地”。许多不合理的围垦，破坏了原有小海湾的水动力环境和生态环境，导致岸滩游移多变和生态环境失调，还有未经科学论证而匆忙兴建的海洋工程，往往带来意想不到的环境损害，据估算，现已使中国原有的海岸线长度减少了3000km以上。现今的天然海岸线是在各种动力因素作用下经过长期演变形成的，处于一个相对动态平衡的状态，而围海造地是在短时间、小尺度范围内改变自然海岸格局，对系统产生强烈的扰动，造成新的不平衡，有时甚至会引发环境灾害，造成巨大的损失。例如深圳20年来的围海造地对海洋环境产生了很大的负面影响，主要包括：滩槽冲淤演变剧烈，纳潮量迅速减少，海水污染加重以及海岸生态环境质量下降等。围海造地占用沿海水域面积，减少海湾纳潮量，使得湾内与外海海水的交换能力下降，上游或沿海的污染物稀释能力大大降低，导致水域污染加重。目前深圳海域属严重污染水域（劣于四类海水水质标准）面积约占深圳海域总面积的51.9%，几乎全分布在围海造地集中的深圳西部海域，说明沿海水质的污染和不正当的过度的围垦存在很大的关系。大型填海工程挤占了大批保护区土地，毁掉大片红树林。红树林具有重要生态意义，是滩涂湿地最复杂的生态系统之一。红树林自身能富集陆地输入的各种污染物质，没有了红树林的过滤、拦截和净化作用，导致大量含有泥沙和污染物的径流直接入海，从而使海水水质下降。

同其他自然资源一样，海洋的开发和管理应当是同步进行的，我国海洋综合管理能力的相对滞后使得海上矛盾突出。海洋资源的高效益、有秩序的合理利用，以及避免或减少人为对海洋的破坏，维护海洋对人类的持续支持力，都促使国家通过建立并实施海洋自然资源政策，对海洋进行合理规划、监督，协调人与海洋的关系等加强对海洋的管理。只有把海洋资源开发与保护结合起来，才能达到海洋资源的永续利用。

3.4 水环境主要污染物及其危害

3.4.1 物理性污染及其危害

物理性污染指能被人类感官所觉察并引起不悦的水温、色度、臭味、悬浮物及泡沫等造成的污染，一般包括悬浮物污染、热污染、放射性污染。

3.4.1.1 悬浮物污染

悬浮物指悬浮在水中的固体物质，颗粒直径一般在几微米到几百微米之间，包括不溶于水中的无机物、有机物及泥砂、黏土、微生物等。水中悬浮物含量是衡量水污染程度的指标之一。悬浮物的污染会对水体主要造成以下危害（图 3-7）：

① 使水体变得浑浊，降低光的穿透力，从而减少水生植物的光合作用，阻碍水体自净作用；

② 有机悬浮物的分解耗氧，会降低水体中溶解氧的含量；

③ 影响水生动物的生命活动，导致鱼类窒息死亡；

④ 可作为污染物的载体，污染下游水体；

⑤ 使管道及设备堵塞、磨损，干扰废水处理及回收设备的工作。

溶解性固体能增加水中的无机盐浓度，使土壤板结。

图 3-7　我国某河流悬浮物污染

3.4.1.2 热污染

热污染指进入水体中的废水温度过高从而引起的水体污染。水温过高会导致水体溶解氧浓度降低，导致生物耗氧速度加快，水质迅速恶化，造成鱼类和水生生物因缺氧而死亡。热污染还会使得原有的生态平衡被破坏，海洋生物的生理机能遭受损害，也可能使渔场环境变化，影响渔业生产等。热污染主要来源于热电站、核电站、冶金和石油化工等工业排放的废水。一般以煤或石油为燃料的热电厂，只有 1/3 的热量转化为电能，其余的则排入大气或被冷却水带走。原子发电厂几乎全部的废热都进入冷却水中，约占总热量的 3/4。每生产 1kW・h 的电量大约排出 1200cal（1cal=4.186J）的热量。

3.4.1.3 放射性污染

放射性污染指由放射性物质所造成的污染。环境中的放射性物质可以由多种途径进入人体，发出的射线会破坏机体内的大分子结构，甚至直接破坏细胞和组织结构，给人体造成损伤，引发白血病和各种癌症，破坏人的生殖机能，严重的能在短期内致死。累积照射会引起慢性放射病，使造血器官、心血管系统、内分泌系统和神经系统等受到损害，发病过程往往延续几十年。放射性污染的来源包括原子能工业排放的放射性废物、核武器试验的沉降物以及医疗、科研排出的含有放射性物质的废水、废气、废渣等。海洋中的放射性核素，有天然放射性核素和人工放射性核素，前者存在于自然界，后者是人类活动造成的。放射性污染物种类繁多，其中较危险的有^{90}锶和^{137}铯等，这些核污染物半衰期长达 30 年左右，因此也可以利用它们来跟踪环境中放射性物质。由于大部分核试验都是在北半球进行的，因此北半球放射性物质的降落比南半球高得多。1963 年，地球表面放射性物质的降落达到最高峰，这是由于美、苏两国进行大量核试验。1986 年的切尔诺贝利事故之后，在生物个体和种群中观察到了辐射损伤现象，使得人们意识到某些生物的辐射敏感度或受到的辐射剂量高于人类，辐射对非人类物种的危害也不容忽视。核电作为一种清洁能源具有很大的开发潜力，但所带来的放射性物质对环境的潜在风险不容忽视。核电站的安全运行有利于社会、经济的发展，而一旦发生事故又会酿成危害或灾难。例如震惊世界的日本福岛核事故。2011 年 3 月 11 日，日本东北太平洋地区发生里氏 9.0 级地震，继发生海啸，该地震导致福岛第一核电站、福岛第二核电站受到严重的影响，造成泄漏事件。该事故为最高等级 7 级，其放射性污染问题引起了世界范围内的广泛关注。在此事件过后的十几年里，福岛核事故后续泄漏时有发生，且后续废物处置还需相当长的时间。2021 年 4 月，日本宣布自 2023 年夏天起将储存在福岛核电站的约 1.37×10^{6}t 核污染水排放入太平洋，此举遭到包括中国和韩国在内的国际社会的强烈反对，但日本政府充耳不闻。事实上，自核爆实验以来进入海洋中的放射性物质，迄今已达几百兆居里，而从其他核能利用排入海洋中的放射性物质，每年达几十万居里。截至 2021 年 6 月，我国投入商业运营的核电机组有 50 个，在建核电机组有 13 个，这些机组均建立在沿海地区，一旦发生核事故，大量放射性物质将扩散到环境中并最终进入海洋，给海洋核安全造成潜在的巨大压力，从而给我们提出了新的挑战。虽然目前我国大部分地区的饮用水中放射性水平均达到 WHO 和我国规定的饮用水限值要求，但海洋放射性污染仍不可小觑。

3.4.2 化学性污染及其危害

化学性污染指的是由化学物质进入环境后造成的污染，一般指农用化学物质、食品添加剂、食品包装容器和工业废弃物的污染，汞、镉、铅、氰化物、有机磷及其他有机或无机化合物等造成的污染。常见的有需氧性有机物污染、有机毒物污染、重金属污染、营养物质污染和酸碱污染等。影响水质的污染物大部分为有机污染物。

有机物污染主要来自食品、化肥、造纸、化纤等工业的废水以及城市的生活用水。海洋中有机污染物除了小部分由航行船只排入的生活污水之外，绝大部分由沿岸、江河带入海洋，污染源都在沿岸。例如环渤海沿岸有食品厂、酒厂、屠宰厂、粮食加工厂等约110家，每年排出富含营养有机物的废水达400多万吨，沿岸城镇人口每年排出生活污水有3.6×10^9t，仅上海市每个排污口排入东海的生活污水就达4.5×10^5t。此外，农业上使用的粪肥和化学肥料很容易被雨水冲刷流失进入地表水、地下水，最终也归入海洋，如每年北方沿海各县化肥使用量高达70多万吨，若有20%～40%排入海洋，则也有1×10^5～3×10^5t。污水中有机物含量很高，给水域带来大量氮、磷等营养盐。适当的营养盐将增加水域的肥沃度，给渔业资源创造有利条件，但如果营养盐过量，则水域富营养化或发生缺氧，将危害渔业。海水富营养化会造成缺氧，使鱼贝死亡；助长病毒繁殖，毒害海洋生物，并直接传染人体；影响海洋环境，造成赤潮危害等，海域一旦形成赤潮后，就会造成水体缺氧，赤潮生物死亡后，又会消耗水中溶解氧，加剧海水缺氧程度，甚至造成海水无氧状态，进一步加剧海洋生物的死亡。同时，赤潮生物体内的毒素，经微生物分解或排出体外，能毒死鱼、虾、贝等生物。赤潮还会破坏渔场结构，致使形不成鱼汛，影响渔业生产。人类如果吃了带有赤潮毒素的海产品会中毒，甚至死亡。

3.4.2.1　需氧有机物

需氧有机物没有毒性，但其反应会消耗水中氧气，使得水中氧气减少，严重影响水生生物的生存。充足的溶解氧是鱼类生存的必要条件，目前水污染造成的鱼类大量死亡事件，绝大多数是由这种类型的污染所致。需氧有机物越多，耗氧也越多，水质就越差。需氧有机物包括碳水化合物、蛋白质、油脂、氨基酸、脂肪酸、酯类等有机物质。当水体中溶解氧消失时，厌氧菌繁殖，形成厌氧分解，发生黑臭，分解出甲烷、硫化氢等有毒有害气体，更不利于水生生物生存和繁殖。

3.4.2.2　有机毒物

有机毒物，包括酚类化合物、硝基物、有机农药、增塑剂、合成洗涤剂、多环芳烃、多氯联苯等，这些物质都具有较强的毒性且难以降解。其共同的特点是能在水中长期稳定地留存，并通过食物链富集最后进入人体。例如，多氯联苯具有亲脂性，易溶解于脂肪和油中，具有致癌和致突变的作用，对人类的健康构成了极大的威胁。

3.4.2.3　重金属污染物

重金属作为有色金属在人类的生产和生活方面有着广泛应用，在环境中普遍存在。水的重金属污染主要由纺织、电镀、化工、化肥、农药、矿山等工业生产中产生的含有重金属的废水排入江河湖海造成。重金属在水体中的含量具有时空差异性。不同重金属在水体中的含量峰值期存在差异，同类重金属在水体中的含量在不同时期也存在差异。重金属具有长期性、潜在危害性、生物累积性和生物毒性等特点。重金属难以被微生物降解，但能够在微生物的作用下发生相互转化、分解和富集。重金属在水中通常呈化合物形式，也可以以离子状态存在。重金属离子带正电，在水中很容易被带负电的胶体颗粒所吸附并随水流向下游移动沉降。这些原因大大限制了重金属在水中的扩散，使重金属主要集中于排污口下游一定范围内的底泥中。沉积于底泥中的重金属是长期的次生污染源，而且难治理。很多重金属对生物有显著毒性，并且能被生物吸收后通过食物链浓缩千万倍，最终进入人体造成慢性中毒或严重疾病。水体中重金属离子浓度在0.1～10mg/L即可产生毒性效应。水生生物从水体中摄取重金属并在体内大量积蓄，经过食物链进入人体，甚至经过遗传或母乳传给婴儿；重金属进入人体后，能与体内的蛋白质及酶等发生化学反应从而使其失去活性，并可能在体内某些器官中积累，造成慢性中毒。引起水污染的重金属主要为汞、铬、镉、铅等，此外锌、铜、钴、镍、锡等重金属离子对人体也有一定的毒害作用。例如著名的日本水俣病就是由甲基汞破坏了人的神经系统引起的，骨痛病则是镉中毒造成骨骼中钙减少的结果，这两种疾病都会导致人的死亡。重金属排入海洋的情况和数量各不相同，如汞主要来自工业废水和汞制剂农药的流失以及含汞废气的沉降。铅在太平洋沿岸表层水中的浓度与30年前相比增加了10倍以上，每年排入海洋的铅约有10000t。近年来，镉对海洋的污染范围日益增大，特别在河口及海湾更为严重。近年有的国家发现在100海里之外的海域也受到镉的影响。铜的污染是通过煤的燃烧排入海洋。目前在海洋中砷的污染虽然较小，但在污染区附近污染程度十分严重，这是由于海洋生物一般对砷具有较强的富集力，砷的污染对人类的危害也较大。铬的毒性与砷相似，海洋中铬主要来自工业污染。重金属污染的危害中，汞对鱼、贝危害很大，它不仅随污染了的浮游生物一起被鱼、贝摄食，还可以吸附在鱼鳃和贝的吸水管上，甚至可以渗透鱼的表皮直到体内，使鱼的皮肤、鳃盖和神经系统受损，导致鱼游动迟缓、形态憔悴。汞能影响海洋植物的光合作用，当水中汞的浓度较高时，就会导致海洋生物死亡。汞对人体危害更大，尤其是甲基汞，一旦进入人体，肝、肾就会受损，最终导致死亡。镉一旦进入人体后很难排出，当浓度较低时，人会倦怠乏力、头痛头晕，随后会引起肺气肿、肾功能衰退及肝脏损伤。而当铅进入血液后，浓度达到80$\mu g/mL$时人就会中毒。铅是一种潜在的泌尿系统的致癌物质，危害人体健康。海洋中铜、锌的污染会造成渔场荒废，如果污染严重，就会导致鱼类呼吸困难，最终死亡。

3.4.2.4 无机非金属污染

无机非金属污染包括氮磷等植物营养物质、硫酸盐、氯化物和氰化物、砷等。污水中过量的氮磷等营养物质会导致水中藻类大量生长和繁殖，使水体产生富营养化现象。藻类的死亡和腐化又会引起水中溶解氧的大量减少，使水质恶化，鱼类等水生生物死亡，严重时会导致湖泊逐渐消亡（图3-8）。污水中的硫酸盐来自人类排泄物及一些工矿企业废水，如选矿、化工、制药、造纸等工业废水。污水中的硫酸盐用SO_4^{2-}表示，在缺氧状态下硫酸盐还原菌和反硫化菌的作用使其还原成H_2S。某些工业废水含有较高的氯化物，它对管道及设备有腐蚀作用。污水中的氰化物主要来自电镀、焦化、制革、塑料、农药等工业废水。氰化物为剧毒物质，在污水中以无机氰和有机氰两种类型存在。除此以外，城市污水中还存在一些无机有毒物质，如无机砷化物，主要以亚砷酸和砷酸盐形式存在。砷会在人体内积累，属致癌物质。

3.4.2.5 酸碱污染物

酸碱污染物主要由排入城市管网的工业废水造成。水中的酸碱度以pH值反映其含量。酸性废水的危害在于有较大的腐蚀性；碱性废水易产生泡沫，使土壤盐碱化。城市污水的酸碱性变化不大，微生物生长要求酸碱度以中性偏碱为最佳，当pH值超出6～9的范围将会对人畜造成危害。

3.4.2.6 油类污染物

油类主要分为矿物油和动植物油脂。其中前者为烷烃、多环芳烃等烃类有机混合物，后者为多组分烃基脂肪酸类有机混合物，两者长期存在于水体环境中，会对环境造成直接危害。油污染多由食品加工业、纺织业、造纸业以及工业排放的含油废水引起，集中处理比较

图 3-8　水体富营养化

困难（图 3-9）。水体含油达 0.01mg/L 即可使鱼肉带有特殊气味而不能食用。油脂形成的油膜覆盖在水面上，会导致水体严重缺氧，引发水生生物死亡，还会通过食物链进入人体，对人体健康造成严重危害。油膜还能附在鱼鳃上，使鱼呼吸困难，甚至窒息死亡。在含油废水的水域中孵化的鱼苗，多数产生畸形，生命力低弱，易于死亡。含油废水对植物也有影响，妨碍光合作用和通气作用，使水稻、蔬菜减产。含油废水进入海洋后，造成的危害也是不言而喻的。

图 3-9　油类污染排放

3.4.3　生物性污染及其危害

生物性污染指致病菌及病毒等病原微生物排入水体后，直接或间接地使人感染或传染各种疾病。病原体污染主要来源于粪便、医院污水、屠宰、制革生物制品等工厂排水、垃圾及地表径流等。霉菌毒素污染来源于制药、酿造、制革等工厂的排水。病原微生物的水污染危害历史悠久，至今仍是威胁人类健康和生命的重要水污染类型。洁净的天然水一般含细菌很少，病原微生物更少。水质监测中通常规定用细菌总数和大肠杆菌群数作为病原微生物污染的间接指标。污水和废水中含有多种微生物，大部分是无害的，但其中也含有对人体与牲畜有害的病原体。例如，制革厂废水中常含有炭疽杆菌，医院污水中有病原菌、病毒等。生活污水中含有引起肠道疾病的细菌、肝炎病毒、传染性非典型肺炎（SARS）冠状病毒和寄生虫卵等。病原微生物污染一般具有分布广、病原微生物数量大、繁殖速度快、易产生抗药性、存活时间长等特点，病毒一般在自来水中可存活 2～288 天。因此，传统的二级生化污水处理及加氯消毒后，某些病原微生物仍能大量存活。此类污染物实际上通过多种途径进入人体，并在体内生存，一旦条件适合会传播霍乱、伤寒、胃炎、痢疾等病毒污染的疾病和寄生虫病。病毒的种类很多，仅人粪尿中就有 100 多种，常见的有肠道病毒和传染性肝炎病毒，每克粪可含 10^6 个，每克生活污水可达（5～7）$\times 10^5$ 个。

3.4.4 微塑料污染及其危害

近年来微塑料（MPs）对环境的影响和破坏已经引起科研人员的关注。关于 MPs 不同地区不同时期有不同的定义。美国国家海洋和大气管理局将 MPs 定义为尺寸＜5mm、可抵抗生物降解的合成聚合物。《欧盟海洋战略框架指令》中将 1～5mm 可见部分进一步细分为大型 MPs，＜1mm 的不可见部分称为小型 MPs。MPs 粒径较小，易被水体中的无脊椎动物、鱼类和哺乳动物等生物群摄取。目前检出频率较高且最主要的聚合物类型为聚乙烯（PE）、聚丙烯（PP）、聚苯乙烯（PS）、聚对苯二甲酸乙二醇酯（PET）、尼龙（NY）、聚酯纤维（PES）。

许多研究表明，摄取 MPs 会对生物体免疫系统、神经系统产生损伤，干扰生物内分泌，影响生物繁殖，增加鱼类肠道致病菌，导致氧化应激反应产生。此外，部分微塑料最终通过食物链进入人体，危害人类健康。MPs 已广泛存在于海水和淡水等水环境中。为应对 MPs 污染所带来的危害，2018 年 G7 峰会上多个国家签署了《海洋塑料宪章》，为减少海洋塑料和 MPs 污染做出承诺。MPs 会通过水生动物摄食作用进入食物链，这意味着微塑料的毒性作用从环境转移到了生物体上，并在食物链中传递、累积，进而在人体中富集。

MPs 的危害主要可以分为以下 3 种。

3.4.4.1 直接毒性

暴露于微塑料环境下的水生动物，其生长发育会受到一定影响，如体长、体型均有所降低。MPs 的摄入还会影响生物个体的正常行为，Jambeck 等在聚苯乙烯（PS）的环境下培养鲈鱼发现，鲈鱼发育迟缓且反应迟钝。较大尺寸的微塑料会被水生动物摄入，但较小尺寸的微塑料会吸附在水生植物表面，虽然没有进入植物细胞，但对水生植物会造成永久性的物理损伤。还有研究发现，纳米级的微塑料吸附在藻类表面后，使藻类对光和 CO_2 的吸收有所降低，阻碍其光合作用，抑制藻类生长并影响生态系统。MPs 还会通过静电、氢键、疏水等作用吸附在藻类上，促进活性氧的产生，而活性氧会对细胞结构造成严重损害。

3.4.4.2 降解产物的毒性

在塑料制品制作中，会添加大量的增塑剂、热稳定剂、着色剂及发泡剂等。MPs 携带着这些添加剂进入自然环境，在风化、老化作用下，不受控制地释放和传播。在全球陆地和水域中已检测到了多种塑料添加剂。添加剂往往具有致癌性、致畸性，在人体中积累后会造成严重的健康风险。常见的添加剂有多溴二苯醚（PBDE）等溴化阻燃剂，邻苯二甲酸盐酯（PAEs）、双酚A（BPA）、壬基酚（NP）等内分泌干扰物。PBDE被证明具有抗雄性激素的作用，会引发男性睾丸发育不良综合征。PBDE和四溴双酚A（TBBPA）还会破坏甲状腺激素的稳态，影响女性的生殖能力。PAEs与聚合物基质不发生化学结合，故容易从MPs中释放出来。BPA常被用作抗氧化剂和增塑剂，可能在食品和饮料包装中浸出，人体与这类化合物直接接触，会对人体健康产生负面影响。NP也常被用作抗氧化剂和增塑剂，德国科学家估计人体每天会从食物中摄入7.5μg的NP，Loyo-Rosales等发现高密度聚乙烯（HDPE）和聚氯乙烯（PVC）塑料瓶中的饮用水分别含有180ng/L、300ng/L的NP。

3.4.4.3　联合毒性

MPs具有比表面积大、吸附位点多、疏水性强等理化特征，它在自然环境中会吸附一些持久性有机物和重金属，在环境中会产生共迁移现象并形成复合污染，增加毒性效应。阿维奥等发现吸附多环芳烃的MPs进入贻贝后，其消化道和腮中都出现了多环芳烃积累，即吸附的持久性有机物转移到生物体中。我国科学家发现吸附三氯生后的微塑料对浮游植物的毒性加大，引起了炎症效应和免疫损伤，甚至导致浮游植物死亡。一些有害生物还会附着在微塑料上，导致外来物种的入侵。

水中的MPs主要来源于人类日常生活和生产活动产生的塑料垃圾，污水厂排放、航运、渔业和水上作业产生的塑料垃圾，以及空气中含有的微塑料通过大气沉降进入水体。研究表明，在工业和农业发达的人口稠密地区，水环境中的MPs含量相对较高。根据来源不同可将微塑料分为初级微塑料和次级微塑料。其中初级微塑料主要指人造粒径＜5mm的塑料，如塑料微珠等。这些初级微塑料经常用于洗面奶、沐浴露、牙膏和化妆品中。次级微塑料主要是较大尺寸的塑料颗粒经过一系列物理、生物、化学过程形成的微小塑料碎片，如捕鱼丢弃的塑料渔网在紫外线长期照射下易氧化形成微塑料。微塑料根据形状可分为纤维状、球状、碎片状、薄膜状和泡沫状等。

3.5　水污染生态修复技术及策略

水的生态修复是指在充分发挥生态系统的自我修复功能的基础上，采取工程和非工程措施，促进水生生态系统恢复到更自然的状态，改善其生态完整性和可持续性的生态保护行动。由于我国的快速工业化、城市化和水电资源的大规模开发，水文状况、江湖地貌和水质发生了重大变化，导致我国水源严重退化。生态系统、生态恢复已成为我国重要且紧迫的战略任务。水生态恢复的目标是促进河流和湖泊生态系统恢复到更自然的状态。这是因为水生生态系统的演化是不可逆的，试图将退化的水生生态系统完全恢复到原始生态状态是不现实的，甚至不可能“重建”新的水生生态系统。现实的目标是部分恢复水生态系统的结构、功能和过程，并改善生态系统的完整性和可持续性。为了实现水生态恢复的目标，一方面必须采取适当的工程措施来指导，另一方面还必须充分利用自然界的自我修复功能来促进生态系统的演化。生态修复与重建既要对退化生态系统的非生物因子进行修复重建，又要对生物因子进行修复重建，因此修复与重建途径和手段既包括采用物理、化学工程技术，又包括采用生物、生态工程与技术。

3.5.1 水污染生态修复技术分类

3.5.1.1 物理法

物理方法可以快速有效地消除胁迫压力、改善某些生态因子，为关键生物种群的恢复重建提供有利条件。例如，对于退化水体生态系统的修复，可以通过调整水流改变水动力学条件，通过曝气改善水体溶解氧及其他物质的含量等，为鱼类等重要生物种群的恢复创造条件。

3.5.1.2 化学法

通过添加一些化学物质，改善土壤、水体等基质的性质，使其适合生物的生长，进而达到生态系统修复重建的目的。例如，向污染的水体、土壤中添加络合/螯合剂，络合/螯合有毒有害的物质，尤其对于难降解的重金属类的污染物，一般可采用络合剂，络合污染物形成稳态物质，使污染物难以对生物产生毒害作用。

3.5.1.3 生物法

生物在生长发育过程中通过物质循环等对环境有重要作用，生物群落的形成、演替过程又在更高层面上改变并形成特定的群落环境。因此，可以利用生物的生命代谢活动减小环境中有毒有害物的浓度或使其无害化，从而使环境部分或完全恢复到正常状态。植物在生态修复重建中的作用已经引起重视，植物不仅可以吸收利用污染物，还可以改变生境，为其他生物的恢复创造条件。动物在生态修复重建中的作用也不可忽视，它们在生态系统构建、食物链结构的完善和维护生态平衡方面均有十分重要的作用。微生物修复技术是指利用微生物或微生物菌群来降解环境中的有机物或有毒有害物质，使之减量化甚至无害化，从而使环境质量得到改善，生态得到恢复或修复的技术。微生物在分解污染物中的作用已经被广泛认识和应用，已经有各种各样的微生物制剂、复合菌制剂等广泛用于被污染的退化水体和土壤的生态修复。以下详细介绍微生物技术的分类。

(1) 微生物吸附技术

微生物吸附技术是利用某些微生物的化学结构特性，将自身或者其分泌物与污水中的悬浮物质结合在一起，形成一种活性生物吸附剂，再人为地进行固液分离。此技术较为新颖且价格低廉，目前多应用于大面积重金属污水的处理。

(2) 微生物絮凝技术

部分微生物在生长和代谢过程中会产生一些功能性多糖与糖蛋白等具有絮凝功能的高分子有机物，可用于污水、污泥的处理，有些微生物本身也是高效的絮凝剂。20 世纪 80 年代从红平红球菌中得到的 NOC-1 是目前效果最好的生物絮凝剂。微生物絮凝剂作为无毒环保的污水处理用剂，应用前景广阔，但是其成本相对较高，技术上也面临更高的难度，因此这种方式目前仍未实现普遍应用。

(3) 固定化酶和固定化细菌技术

固定化酶和固定化细菌技术统称为固定化微生物技术，它指的是在保持生物活性的前提下，通过将游离的微生物固定于限定的载体上来提高微生物浓度并反复利用的方法。固定方式包括包埋法、交联法、自固定化法、复合固定化法等，这种技术的优点在于微生物密度高、设备小型化、产物易分离、成本较低，目前被广泛应用于包括水污染、大气污染、土壤污染在内的环境污染问题。总体来说，固定化技术应用的限制较少，但是在一些复杂的污水处理问题中，为了保证治理效率和循环利用，微生物和载体都必须具备高度的环境适应能力，因此针对不同的水质要合理选择微生物和载体。

（4）高效降解菌技术

高效降解菌技术实际上是对以上三种技术的延伸，高效降解菌指的是利用生物工程的培养技术，对具有降解能力的细菌进行一段时间的人工培育和多代筛选，最终得到强化的菌群。相比于原始的降解菌来说，经过培育和筛选的菌群具备更强的适应能力与繁殖能力，污水处理的效率也大大增强。

3.5.1.4 综合法

生态破坏对生态系统的影响往往是多方面的，既有对生物因子的破坏，又有对非生物因子的破坏，因此，生态修复需要采取物理法、化学法和生物法等多种方法的综合措施。

3.5.2 地表水生态修复

3.5.2.1 水体富营养化修复

当前，我国水体富营养化治理以控制面源污染为重点，主要采取物理法和生物生态法相结合的形式对营养物质进行调控。物理法包括底泥疏浚、机械曝气法等。底泥疏浚是我国治理水体富营养化常用的方法，旨在清除水体中的污染底泥，即清除水体的内源污染，以减少底泥污染物向水体的释放。但如果在疏浚过程中采取的施工方案不当或疏浚处理技术不精，就容易导致疏浚底泥中的氮、磷等元素重新进入水体，导致水体环境产生二次污染。机械曝气即是在水体的适当位置进行人工曝气复氧，提高水体的溶解氧浓度，恢复水体中好氧生物的活跃度，增强水体自净能力。生物法包括水生植物吸收和转移法、微生物降解法等。植物法即利用水生植物的水质净化功能，吸收水中的氮、磷元素，逐步修复富营养化的水体环境。然而，由于不同植物对水体环境的修复作用具有特异性，因此充分利用不同水生植物的协同关系也是采用此法治理水体富营养化的关键。微生物降解法简单来说即是以特定微生物的新陈代谢为基础，降解和转化水体中的营养物质，从而达到治理水体的效果。

3.5.2.2 重金属污染修复

目前，我国主要通过联合物理法和生物法防治重金属内源污染。联合物理法去除水中的重金属主要是通过吸附材料吸附去除。但是，吸附材料在去除重金属污染物时不具备选择性，而在实际的处理中，水体重金属污染物一般不止一种，因此，防治水体重金属污染时根据重金属的种类针对性地选择吸附剂尤为重要。而利用水生动植物对重金属进行治理是近年来研究的新热点。其中，动物法中应用较多的就是低等动物，主要通过利用它们的新陈代谢作用将水体中的重金属元素摄入体内，从而改变重金属的形态，以达到转移或去除水体中重金属的效果；植物法则利用某些超积累植物对水体中重金属的吸附和富集作用，对水体中重金属进行转移或转化。生物法中，利用动植物去除水中重金属具有针对性，因此人们要根据重金属的类别，定向选择合适的动植物进行治理。

3.5.2.3 抗生素污染修复

活性污泥法是目前应用较多的抗生素去除方法，其成本低、处理方法有效，但容易诱发抗性菌株及抗性基因的产生。活性污泥法是以活性污泥为主体的废水生物处理的主要方法。这种技术将废水与活性污泥混合搅拌并曝气，使废水中的有机污染物分解，生物固体随后从已处理废水中分离，并可根据需要将部分回流到曝气池中。活性污泥法可以有效地去除四环素类和磺胺类抗生素；而膜生物反应器对磺胺类抗生素的去除效率与污泥龄成正相关，即污泥龄越长，工艺的处理效果越好，因此非常有必要在工艺处理过程中控制污泥龄的长短。目前也有通过人工湿地去除抗生素污染的例子。人工湿地的配置集合了物理法、化学法、生物法的效能，为去除抗生素提供了一种新的选择。研究发现，人工湿地能有效去除磺胺类、四环素类、大环内酯类及喹诺酮类抗生素。在我国，人工湿地可以充分利用农村地形的特点，因地制宜建设，也可以利用农村已有的池塘、涝池等进行改造，简单易行，同时具有一定的景观效果，是建设中国美丽新农村的有效手段。

3.5.2.4 油污染修复

对油污染治理方法的选取取决于油分在水体中的存在形式。通常可将油分在水体中的存在形式划分为分散油、悬浮油、乳化油与溶解油。油污染治理方法主要包括物理修复法、化学修复法与生物修复法。

物理修复法主要指通过机械方法修复受污染水体，主要有水栅刮油、抽吸机吸油等。此类方法操作简便，但是效果不佳，无法从根源上解决污染问题。化学修复法主要指将化学试剂投至受污染水体中，使药剂与污染物发生化学反应，从而达到去污效果。此类方法成本较高，且存在一定的二次污染风险。生物修复法主要指通过微生物吸收、转化和降解污染物来达到消除污染物的目的。同其他方法相比，生物修复法具有明显优势。生物修复法成本较低，对周围环境影响较小，还能彻底降解和清除污染物，不会导致污染物转移或者引发二次污染。

3.5.3 地下水生态修复

地下水污染的修复技术同地表水类似，主要包括物理处理法、化学处理法和生物修复法等。

（1）物理处理法

物理处理法主要有抽出处理法和水动力控制法。

① 抽出处理技术是通过建立一系列的井群，将受污染的地下水经过抽水井抽送到地表污水处理系统中进一步处理污染物的方法。井群系统是控制受污染地下水流动方向的关键，而抽水井群又是井群系统中的关键所在，抽水井群应位于污染羽状体中或羽状体下游。经过处理后的地下水一般多用于回灌，因其不仅能够冲洗含水层、稀释受污染水体，而且能够加快地下水循环流动、缩短地下水污染修复时间。通过井群系统抽出处理的方法对地下水有机污染物的去除和抑制反应快速、简单易行。

② 水动力控制法是加入抽注井并利用其抽注水作用，改变地下水含水层的水力梯度，有效阻止污染水体向干净水体扩散。抽注井位一般布置在地下水体的上游或下游区域，对应地形成上游分水岭法或下游分水岭法。其中上游分水岭法具体是将注水井布置在上游区域，通过向上游区域加注干净水体，随着干净水体的不断注入，慢慢地在井周围形成一个分水岭，有效阻断上游的干净水体迁移到下游遭到污染，并在污水的下游区域通过布置抽水井将污水抽到地面，然后采用常规废水方法进行处理。同理，下游分水岭法通过将注水井布置在下游区域，不断向该区域加注干净水体，同样逐步在井周围形成一个隔离带，这些污染水体被截断，从而保证下游水体不受上游污染水体影响，并且在上游安插一排抽水井，抽提出洁净水后灌注到下游区域。

（2）化学处理法

化学处理法主要通过向地下水中添加化学药剂，从而改变污染物质的性质，将其有毒有害性去除，主要有加药法、可渗透反应墙等。

① 加药法的工作原理主要是借助外界井位向水体倾注化学中和剂或者是氧化剂成分，化学中和剂平衡污染水体的酸碱性，氧化剂一方面与无机物化合形成难溶物沉淀分离，另一方面则对水体中的有机污染物质采取氧化处理措施。

② 可渗透反应墙是在地下水污染羽状体的下游方位安置与地下水流方向相垂直的低渗透阻隔层。地下水流经阻隔层时，污染物与安装在隔层中的活性反应材料接触后转化为可被环境接受的另一种形式，或直接被活性反应材料所截留。地下水中的污染物质在水力梯度作用下流经可渗透反应墙，与墙体中的介质发生一系列的反应（如沉淀、吸附、氧化还原和生物降解等），从而被截获在墙体中达到去除污染的目的。可渗透反应墙因所具有的鲜明的优点被广泛研究和使用，它不需要抽泵和回灌地下水，且能收到良好去除污染物的效果。此外，墙体内的反应介质或活性材料消耗很慢，能具有较长时间的处理能力，运行费用相对较低。

（3）生物修复法

对地下水的生物修复法一般是人工强化微生物降解污染物的过程，通过如注入空气以提高含氧浓度和投加营养剂等一系列人为措施与干预来达到促进土著微生物生长，加快污染物生物降解进程的目的。常用的生物修复技术主要包括生物注射法和生物反应器法。

① 生物注射法是通过向污染水体底部倾注高压空气，以提高该修复区域的氧气浓度，优化微生物的生长环境，从而更加有效地降解地下水体中的有机污染物质。生物注射法的优势在于能够通过增加氧气的停留时间，加强微生物的代谢作用，从而有效提高系统的修复效率，因为向含水介质中注入了大量空气，便于将溶解相污染物吸附于气相中，由于大量空气注入含水层中，气相条件更容易吸收溶解相的污染物，从而加快有机物的挥发降解。

② 生物反应器法处理技术首先将受到污染的地下水通过抽水井抽吸到地表，然后往地表生物反应器中注入氧气和营养物，使好氧降解过程能够正常进行，接着再将处理后的水通过回灌系统回注到地下，同时在回灌时注入氧气、其他营养物质以及已驯化的微生物，起到加速含水层内生物降解的作用。

3.5.4 近海生态修复

对海洋受污染环境进行治理，不仅需要考虑环境工程方案，包括控制污染物排放总量、截污减排、清淤疏浚等，还需要辅以生态修复手段使受损海洋生态系统的结构和功能得到逐步恢复，并最终向良性循环方向发展。海洋生态修复的主要方法和目标是基于生物、生态及工程技术，在停止或减少人为干扰基础上，逐步恢复受损海洋生态系统的结构和功能，最终实现海洋生态系统的可持续发展。在具体的海洋污染生态修复实践中，采用的生态修复技术包括物理、化学、生物等多个方面，其中生物技术应用较多，包括微生物、植物和动物修复技术。

3.5.4.1 植物修复技术

在具体的海洋生态修复实践中，采用的生态修复技术包括物理、化学、生物等多个方面，其中植物修复技术在治理近海污染中开始得到广泛应用。目前植物修复在海水富营养化的治理、重金属污染的清除和沿海水质恶化的防治等海洋污染领域中的技术研究较多且应用较广，主要包括红树林、藻类以及川蔓藻。植物修复技术是一种以植物忍耐、分解或超量积累某些化学元素的生理功能为基础，利用植物来吸收、转化、降解、固定、挥发和富集污染物的环境污染治理技术。植物生态修复技术具有生态和景观功能，应用于污染水体、土壤和沉积物的治理的植物修复技术已在近海污染修复方面进行了研究与应用。植物修复技术治理近海污染具有对生态环境风险小、不会形成二次污染、突出生态景观效应、维护和增加生物多样性及成本低等优点，但因为植物修复是自然过程，一般比较缓慢，时间较长。

红树林是生长于热带、亚热带海岸和河口潮间带的木本植物，它生长于陆地与海洋交界带的滩涂浅滩，是陆地向海洋过渡的特殊生态系统。红树林的突出特征为根系发达，能在海水中生长。成片的红树林具有保护生态环境、净化水体污染物等多种功能。海藻是海洋生态系统中重要的初级生产力，同时也是最常见的海生生物。除红树植物外，已发现多种大型海藻有效降解石油污染物的能力，这与其附着的石油分解细菌对石油烃的转化作用密不可分。大型海藻在生长过程中，还可通过光合作用吸收大量的营养元素如 N 和 P，同时，释放 O_2 以补充海水中的溶解氧，调节海水 pH 值，维持海洋生态系统平衡。川蔓藻是具有显著耐盐性的淡水沉水植物，其对无机氮、磷有较高的去除率。植物与其他生物的协同作用也是植物对有机物污染修复的重要方式。例如，滨海湿地的红树及其根部微生物所构成的红树微生态系统对石油、PAHs、PCBs 和农药等有机物污染有着良好的修复潜力。植物对海洋环境中无机污染（主要包括海水和沉积物中的重金属污染与富营养化等）的修复同样以吸收和富集为主。碱蓬、大米草、互花米草、芦苇和香蒲等都可以不同程度地富集和转移湿地水体与土壤中的重金属（Cu、Zn、Cd、Cr、Pb、As、Hg）及营养盐（TN、TP）。其中，碱蓬生长周期短，生物量较大，可及时收割处理，对于受 Cu、Zn、Cd 污染严重的滨海地区，可优先选择碱蓬来进行修复。碱蓬在盐度和重金属的双重胁迫下依然可以在一个月内去除超过75%的 Cu、Zn、Cd。而对于 Hg 污染严重的海滩，可选择种植大米草。大米草可以吸收有机汞，将有机汞部分转化为无机汞且较多地积累在植株的地下部分，在环境污染的植物修复方面有重要的利用价值。在 Cu、Pb、Zn 污染较严重的湿地或近岸，可以种植互米花草，通过收割富集重金属的互米花草地上部分可有效降低其生长环境中水体或沉积物中的重金属质量分数。藻类吸收、富集重金属的机理主要是将污染物吸附在细胞表面，或是与细胞内配体结合，其中羟基是起主要作用的基团。表 3-3 为目前已发现具有很好的净化海水重金属污染潜力的藻类。

表 3-3　不同种类大型海藻对重金属的吸附能力

重金属	藻类(吸附能力,mg/g)
Cu	海百合(6.65)、石莼(65.54)、江蓠(46.08)、马尾藻(74)、小球藻(46.4)
Pb	墨角藻(336)、海百合(15.17)、马尾藻(290.52)、泡叶藻(280)、褐藻(362.5)、海洋巨藻(321.16)
Cd	马尾藻(181.48)、泡叶藻(100)、小球藻(43)
Ni	石莼(21)、小球藻(48.08)、马尾藻(58.69)、泡叶藻(30)、墨角藻(40.02)

目前，已经有大量研究证实在富营养化海区和养殖海区栽培大型海藻，如表 3-4 所列，对富营养化水体具有显著的修复效果。经济价值较高的大型海藻，如江蓠属、紫菜属、海带属等海藻可充当海洋系统的修复者。大型海藻紫菜和耐盐沉水植物川蔓藻均对无机氮、磷有

较高的去除率。

表 3-4　不同种类大型海藻对氮、磷的转移能力

海藻(1t)	从水体中转移出的氮/kg	从水体中转移出的磷/kg
紫菜	6.2	0.6
海带	2.2	0.3
江蓠	2.5	0.03

显然，不同的植物物种对不同类型的污染物的清除能力不尽相同，在利用植物修复技术时需要因地制宜地筛选物种与最适条件。此外，还需要注意野外环境中许多干扰植物生长的胁迫因素，如温度波动、化学沉降、天敌取食及病害等，都会对植物修复的效果产生负面影响；野外环境中污染物分布的异质性、植物生存环境的异质性也会影响植物的修复效率并对修复结果的评估造成误差。如何应对上述挑战成为今后一段时期内植物修复研究的重要方向。

3.5.4.2　微生物修复技术

微生物修复已成功应用于土壤、地下水和河流的污染治理中，在近海海洋污染修复方面也已经取得令人瞩目的成果，包括有机污染物（如石油类、农药、挥发酚等）和重金属等污染物的治理。海洋微生物由于数量大、种类多、特异性和适应性强、分布广、世代时间短、比表面积大，在水体自净及污染物生物降解中起着决定性的作用。海洋微生物具有包括耐盐、耐高压、耐寒等的抗逆性，生物降解特性（石油等有机污染物及重金属离子的降解）和其他优良的生物特性（杀虫、杀菌）。海洋微生物与其生存的生态系统大环境之间相互依存，相互影响。海洋微生物作为海洋生态系统的基本组分，履行着主要分解者的作用，是物质循环和能量循环的关键，推动着自然界的生物化学循环过程，是大自然元素的平衡者。与此同时，环境对海洋微生物也有着不同的作用，例如在污染严重的区域，大多数海洋微生物都不能存活，也总有一些海洋微生物能继续生长甚至喜好这种环境。微生物降解即用微生物把有机物质转化成简单无机物的现象。微生物降解作用使得生命元素的循环往复成为可能，使各种复杂的有机化合物得到降解，从而保持生态系统的良性循环。

（1）重金属的去除

海洋微生物能够吸附氧化多种重金属元素，降低重金属的活性。吸附重金属的微生物主要有绿细菌和真菌。以常见的重金属 Ni、Zn、Cu、Pb、Cd 的吸附为例，表 3-5 列出了几种海洋微生物及其所能吸附的重金属种类。

表 3-5　修复重金属污染的微生物及吸附重金属的种类

微生物种类	吸附重金属种类
细菌	芽孢杆菌属(Cu、Pb)、链霉菌(Zn、Pb、Cd)、铜绿假单胞菌(Cu、Pb、Cd)、假单胞菌(Zn、Cu、Pb、Cd)、蜡状芽孢杆菌(Ni、Pb)
真菌	酿酒酵母(Zn、Cu)、毛霉菌(Ni、Zn、Pb、Cd)、根霉菌(Ni、Zn、Cu、Pb、Cd)、青霉菌(Ni、Zn、Cu、Pb、Cd)、黑曲霉(Cu、Pb)
藻类微生物	小球藻(Ni、Zn、Cu、Pb、Cd)、马尾藻(Ni、Cu、Pb、Cd)、岩衣藻(Ni、Pb、Cd)、墨角藻(Pb、Cd)、红藻角叉菜(Ni、Zn、Cu、Pb、Cd)

海洋微生物对重金属进行生物转化的主要作用机理包括海洋微生物对重金属的生物氧化和还原、甲基化与去甲基化，在这些方式的作用下，重金属毒性发生改变，从而形成海洋微生物对重金属的解毒机制。海洋微生物也可通过改变重金属的氧化还原状态，使重金属化合价发生变化，从而改变重金属的稳定性，达到降低其毒性的目的。例如，某些自养细菌如硫-

铁杆菌类能氧化As、Cu、Mo和Fe等，假单孢杆菌属能使As、Fe和Mn等发生生物氧化。通过这种作用使重金属的价态改变后，金属离子可与一些海洋微生物的分泌物发生络合作用，降低重金属毒性。微生物对重金属的吸附包括细胞外吸附、细胞表面吸附和细胞内累积等。细胞外吸附是指微生物通过分泌胞外聚合物（EPS）络合或沉淀重金属离子。细胞表面吸附则是指带正电的重金属离子通过与细胞表面特别是细胞外膜、细胞壁带负电组分（如羧基、磷酸根、羟基、巯基和氨基等）相互作用而被吸附到细胞表面。细胞内累积是指进入细胞内的重金属离子被微生物通过区域化作用将其固定于代谢不活跃的区域（如液泡），或与细胞内的热稳定蛋白（如金属硫蛋白MT）、络合素以及多肽结合转变成低毒形式并形成沉淀，从而被固定。与陆地环境不同，海洋环境的流动性迫使海洋细菌必须具备黏附结构或分泌黏性EPS（如多糖等）以保证一个相对稳定的生境，而多糖与重金属具有高亲和性，显示海洋细菌在重金属的吸附去除方面具有更为广阔的应用前景。除了单纯的吸附作用以外，一些菌群还可通过“吸附-解吸附-再吸附”的方式循环富集环境中的重金属如Zn、Cd、Hg，而且富集能力随着重金属含量的增加而提高。这些细菌的吸附作用实际上是可诱导的代谢依赖型过程，即在重金属的胁迫下，微生物启动了多条新的能量代谢反应（乳糖、α-甲基-D-甘露糖苷、葡萄糖-1-磷酸）以加快交换吸附和细胞增殖，而这两条途径正是从细菌个体和微生物群体两个层次上提高了对金属的吸附富集能力。

（2）石油类污染物的去除

微生物降解是去除石油污染的主要途径，是在生物降解基础上研究发展起来的生物修复技术，在于提高石油降解速率，最终把石油污染转化为无毒性的终产物。目前主要的方法是接种石油降解菌、使用分散剂、使用氮磷营养盐等，达到清除污染的目的。由于石油烃在所有海洋环境中是天然存在的，因此多种多样的微生物随时间演变出利用石油烃类作为碳源和能源的能力。大多数石油烃在有氧条件下是可生物降解的，即使是原油中一些复杂的化合物，例如树脂、藿烷、极性分子和沥青质，实际上也具有不易察觉的生物降解速率。虽然在实际环境中能够降解石油类污染物的微生物大量存在，但是土著微生物对石油类污染物的自然降解效率很低。因此，接种高效降解菌群是增强重油微生物降解的一个有效途径。常见海洋石油降解微生物种类有细菌、真菌、酵母菌。目前发现能够降解石油污染物的微生物有200多种，如假单胞菌属、弧菌属、不动杆菌属、黄杆菌属、气单胞菌属等。石油类污染物生物降解的程度和速率取决于许多因素，包括pH值、温度、含氧量、微生物种群及驯化程度、营养盐、化合物的化学结构、细胞运输性质等。此外，微生物的降解还与石油的种类、油类颗粒的大小以及油体的分布有关系。轻质原油还有较高比例的低分子量碳氢化合物，比重质原油更易生物降解。石油烃的微生物降解在厌氧条件下也会同时发生，但速度要慢得多。通过人为添加活性物质、营养物质以及接种高效降解菌株等手段可以促进微生物对石油的降解。添加表面活性剂扩大油类的弥散面积，可以增强细菌、真菌对石油烃的吸收和降解。微生物实际上在生长过程中自身也会产生表面活性剂如糖脂、脂肽、多糖脂和中性类脂衍生物等代谢产物，增加石油组分的可溶性，进一步增大石油降解率。例如，我国学者以石油烃降解微生物菌剂和铜绿假单胞菌株A6为对象，发现鼠李糖脂可提高菌剂细胞的表面疏水性和石油降解效果，对石油中的正二十三烷和正三十三烷的降解率分别较对照提高了21.5%和33.7%。此外，添加营养物质可以保证微生物的最大增长速率，从而取得良好的修复效果。例如，添加亲油性肥料作为微生物强化剂，已成功应用于修复受溢油污染的海岸。但针对不同类型的污染物，添加的最适营养物不尽相同。

不同类型微生物对碳源的利用目标和方式有所不同，经优化组合可选出石油降解优势菌群。由细菌、酵母菌和霉菌组成的高效菌群，不仅能有效降解超重油，而且对重质原油和轻质原油表现出更好的降解能力。但微生物降解菌剂限于其生物特性，往往存在稳定性差、菌体易流失、反应启动速度慢、优势菌种浓度低、与土著竞争处于弱势且易被原生动物捕食等问题。近年来研究发现，采用载体进行固定化是提高微生物降解菌剂有效性和稳定性的重要方向。经载体固定化后，不仅可提高接种微生物的数量和活性，也提高了微生物细胞的稳定性和降解效率。例如2010年“7·16”大连海洋溢油事件发生后的近海环境修复中，将降解石油的活性菌种负载在沸石载体上，促使其形成生物膜，加速了石油净化，10个月后的油污平均去除率达到58.14%。尽管微生物修复石油污染的研究取得了丰硕成果，但是海上溢油往往具有突发性，并且石油的组分复杂，含有多种难降解物质，其中甚至包括一些对微生物生长有害的毒性物质，限制微生物对石油的降解，因此有关微生物降解石油的时效性、稳定性和耐受性仍有待深入研究。

（3）赤潮的防治

赤潮是在一定的环境条件下，海水中某些浮游植物、原生动物或细菌在短时间内突发性增殖或高度聚集引起的一种生态异常，并造成危害的现象。随着人类活动的增加，海洋污染的加剧，沿海海域的赤潮现象日益频繁，对海洋水产和整个海洋环境产生严重的负面影响，直接或间接地影响了人类自身的生活景观、经济生产，威胁到人类的身体健康和生命安全。目前对赤潮的防治，主要是采取化学杀藻的方法。化学方法防治虽可迅速有效地控制赤潮，但所施用的化学药剂给海洋带来了新的污染。因此，越来越多的人将目光投向了生物防治技术。关于生物防治，可投放食植性海洋动物如贝类以预防或消除赤潮，但有毒赤潮的毒素会因此而富集在食物链中，对人体健康造成危害。细菌、病毒等微生物在赤潮的去除中起着重要的作用。一方面，可在赤潮衰亡的海水中分离出对赤潮藻类有特殊抑制效果的菌株；另一方面，可采用基因工程手段将细菌中产生抑藻因子的基因或质粒引入工程菌如大肠杆菌中，并进行大规模生产。细菌可以直接进入藻细胞内溶解藻细胞，如从铜绿微囊藻中分离出一种类似蛭弧菌的细菌能够进入铜绿微囊藻使其细胞溶解。某些假单胞菌、杆菌、蛭弧菌可分泌有毒物质释放到环境中，抑制某些藻类如甲藻和硅藻的生殖。利用微生物如细菌的抑藻作用及赤潮毒素的降解作用可以使海洋环境保持长期生态平衡，从而达到防治赤潮的目的。

（4）农药及持久性有机污染物（POPs）的去除

与降解石油不同，海洋土著微生物可以有效降解农药和POPs。一些海洋微生物具有特殊的代谢途径，可将农药和POPs作为代谢底物，加以利用、降解。目前已发现的具有降解农药功能的微生物种类有细菌、真菌、放线菌。例如，可以降解农药的放线菌有洛卡氏菌属和分枝杆菌属，但对烃类降解不彻底，且有中间产物积累。细菌在近海污染水体和沉积物中能够普遍检测到。细菌主要是利用假单胞菌属和枯草芽孢杆菌等通过硝基还原作用或磷酯键上酶促水解作用对硫磷、甲基对硫磷进行降解，最终产物可能生成CO_2和NO_2^-。例如蜡样芽孢杆菌能高效降解海水中的甲胺磷，在受甲胺磷污染的海水养殖区修复中起重要作用；假交替单胞菌能高效降解氯氰菊酯和溴氰菊酯，其降解效率分别可达到75.6%和90.9%，可用于海水养殖环境中拟除虫菊酯类农药残留污染的生物修复。微生物也对新型的POPs有一定的降解作用。多环芳烃（PAHs）作为一种新型的POPs污染物，同时也是原油的次要成分，因其在环境中半衰期较长和致癌、致畸、致突变的性质而受到人们的重视。微生物可以将 PAHs 转化为 CO_2 和 H_2O，这一过程通常是在有氧环境中发生。

虽然海洋微生物技术处理近海污染具有许多优点，但其在海洋污染生态修复应用中也存在诸多问题，例如：单一的微生物菌剂菌种并不能应对复杂多变的近海污染问题；低温条件下微生物繁殖效率低、代谢活性差等，降低微生物对污染物的分解效率，对于北方一些低温地区来说会增加污水处理成本；海洋微生物的不可培养性限制了其在近海污染生态修复中的作用等。同时，污染物浓度过低则不能维持目标微生物的生长，而高浓度时会对微生物具有杀灭作用，也不利于微生物降解修复。例如，微生物的生长受到自然环境中其他物质以及捕食者的抑制，也可能是微生物利用了自然环境中的其他物质而不是污染物，或微生物受到某种阻碍未能接触到污染物，从而无法起到降解作用。污染物的降解往往是多个物种共同作用下的结果，因此物种之间的交互关系研究可能是探究微生物降解污染物成功的关键。已有研究发现，不同菌种的组合使用，可以获取比单种微生物更好的效果。例如细菌、酵母菌和霉菌组成的高效菌群，对原油的降解率最高可达 82.69%，比任一单菌种的净化效果都好。微生物联合修复污染物是一种重要的生物修复方法，它通过多种微生物共存的生物群体，在其生长过程中降解污染物（图 3-10），同时依靠各种微生物之间相互共生增殖及协同代谢作用进一步降解环境中的 PAHs，并能激活其他具有净化功能的微生物，从而形成复杂且稳定的微生态修复系统。目前，大量具有有机物降解能力的海洋土著微生物已被筛选出来，这些微生物虽属不同的门类，但都具有相同的有机污染物去除能力，为利用微生物修复技术治理海洋有机物污染带来曙光。

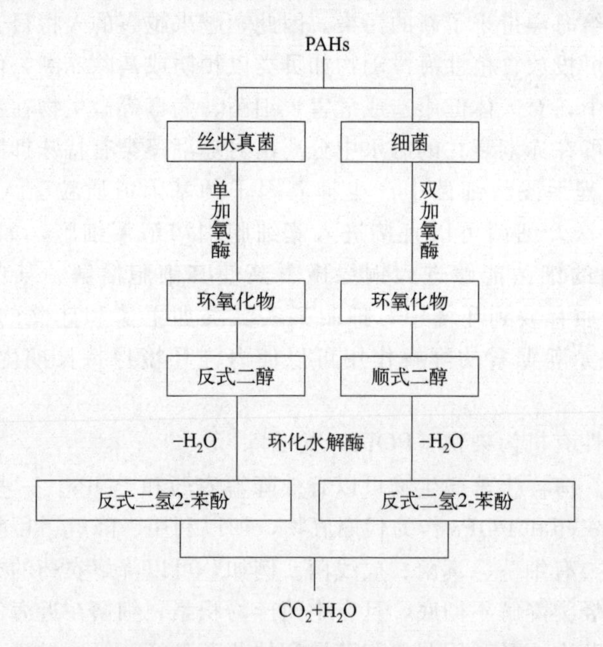

图 3-10　微生物对污染物多环芳烃（PAHs）的降解途径

3.5.4.3　动物修复技术

作为海洋生态系统中处于食物链上端的动物来说，它们在生态修复上所起的作用也越来越引起人们的重视，其中研究最多的是海洋底栖软体动物。由于这些动物底栖生活，活动范围相对固定，在污染物监测和环境评估上具有重要潜力。大量研究证实，底栖软体动物对污染水体中的低等藻类、有机碎屑、无机颗粒物具有较好的去除效果，如贻贝、河蚌、牡蛎、螺蛳等。在净水效果方面，主要是利用水生动物来净化富营养化水体，即通过放养滤食性和噬藻体的鱼类、浮游动物、底栖生物或其他生物来减少藻类等浮游植物对水体造成的危害。从群落水平上看，部分植食性浮游动物和滤食性动物能把富营养化水域的藻类生物量控制在极低的水平，从而限制浮游植物的过量增长，改良水质。以色列的科研人员通过实验室规模的研究证明，海螺能吸收水体里过量的 P、S 等营养元素，并吃掉部分腐败型微小生物，利于水质的保洁。弗吉尼亚湾的牡蛎可以每周将全湾的海水过滤一遍。贻贝能通过滤食，有效地去除上述污染物，净化水体。国内学者马允藏研究发现，紫贻贝、魁蚶、褶牡蛎、菲律宾蛤以及刺海参对 Cu、Zn、Pb 等有较强的富集能力。对于 Hg 污染严重的水域，则选择养殖紫贻贝作为净积累者，因为紫贻贝对 Hg 的富集能力较高。而对于生物监测的应用，不少欧洲国家已将贻贝作为环境指示生物，启动了“贻贝预警计划”。

目前已经开发或正在开发的海洋生态修复方法已经充分利用了微生物、植物和动物等海洋生物。例如，美国海湾牙买加生态修复工程中，至少两种海洋动物（牡蛎和罗纹贻贝）、两种海洋植物（鳗草和海白菜）以及一个微生物和植物聚集而成的藻床系统获得有效应用。我国的近海污染生态修复近年来也取得较大的进步。广州南海水产所在大亚湾构建并优化了以“鱼-藻（龙须菜）”混养、“鱼-贝（太平洋牡蛎）”间养为主的多种修复技术联合应用的生态修复模式，并取得了较好的生态效益与经济效益。除了污染去除与净化水质外，海洋生态修复还兼具生境恢复和资源养护的功能。美国在路易斯安那萨宾自然保护区和得克萨斯海岸带地区，利用“梯状湿地”技术，在浅海区域修建缓坡状湿地，湿地建好后在上面种植互花米草及其他湿地植被，缓解了得克萨斯州近岸水产养殖导致的富营养化，同时起到生态护岸作用，还可为海洋生物提供栖息地。中国科学院海洋研究院在莱州湾、荣成湾和海州湾的污染修复中，利用海草（藻）＋人工鱼礁构建技术显著提高了当地的生境水平。修复 5 年后，莱州湾渔礁区域生物量增加到非礁区的 1.45 倍，荣成湾生物资源密度平均提高 12 倍，海州湾重要经济鱼类聚集种类最高达 7 种。

3.5.5　水污染治理的其他措施

江河、湖泊、海洋生态修复治理是一项综合性系统工程，不仅涉及污染水体治理，也涉及污染源控制；不仅需要水生态修复，也需要发展经济和帮助群众提升生活质量；不仅需要行政措施，更需要采取市场手段。但是，从实际情况看，目前各地在开展水生态修复治理工作中，总体思路还不够清晰，多以落实政治任务为目的，较多采用行政性手段以运动式方式推进，存在整体战略缺乏、治理偏重基建、优良技术应用难、经费过度依赖政府、未从生态可持续发展角度调整产业结构等问题，导致水污染难以做到标本兼治，极有可能进入“治反复、反复治”的恶性循环。所以政府应该对国家重点湖泊、流域生态修复治理战略及其规划进行优化调整，要求各地按照一盘棋思路，将水生态修复治理与产业转型升级和群众提升生活质量、全面建成小康社会结合起来，按照“统筹规划、系统推进、多措并举、各方共赢”的原则，充分调动各级政府积极性，综合利用行政、经济、技术和市场手段，统筹推进生态治理、经济发展、群众致富等工作，努力实现生态环境改善、产业转型升级、企业盈利发展和群众收益的多赢目标。

3.5.5.1　合理开发利用水资源

（1）严格限制自备井的开采和使用

已被划定为深层地下水严重超采区的城市，今后除为解决农村饮水困难确需取水的，不再审批开凿新的自备井，市区供水管网覆盖范围内的自备井，限时全部关停；对于公共供水不能满足用户需求的自备井，安装监控设施，实行定额限量开采，适时关停。

（2）贯彻水资源论证制度

国民经济和社会发展规划以及城市总体规划的编制，重大建设项目的布局，应与当地水资源条件相适应，并进行科学论证。取水先期进行水资源论证，论证通过后方能由主管部门立项。调整产业结构、产品结构和空间布局，切实做到以水定产业、以水定规模、以水定发展，确保用水安全，以水资源可持续利用支撑经济可持续发展。

（3）做好水资源优化配置

鼓励使用再生水、微咸水、汛期雨水等非传统水资源，优先利用浅层地下水，控制开采深层地下水，综合采取行政和经济手段，实现水资源优化配置。

3.5.5.2 公民企业等参与

根据《中华人民共和国水法》和《中华人民共和国水污染防治法》的相关规定，我国公民有义务按照以下措施对水资源进行保护。

（1）落实建设项目节水“三同时”制度

新建、扩建、改建的建设项目，应当制订节水措施方案并配套建设节水设施；节水设施与主体工程同时设计、同时施工、同时投产；今后新、改、扩建项目，先向水务部门报送节水措施方案，经审查同意后，项目主管部门才批准建设，项目完工后，对节水设施验收合格后才能投入使用，否则供水企业不予供水。

（2）大力推广节水工艺、节水设备和节水器具

新建、改建、扩建的工业项目，项目主管部门在批准建设和水行政主管部门批准取水许可时，以生产工艺达到省规定的取水定额要求为标准；对新建居民生活用水、机关事业及商业服务业等用水强制推广使用节水型用水器具，凡不符合要求的，不得投入使用。通过多种方式促进现有非节水型器具改造，对现有居民住宅供水计量设施全部实行户表外移改造，所需资金由地方财政、供水企业和用户承担，对新建居民住宅要严格按照“供水计量设施户外设置”的要求进行建设。

（3）调整农业结构，建设节水型高效农业

推广抗旱、优质农作物品种，推广工程措施、管理措施、农艺措施和生物措施相结合的高效节水农业配套技术，农业用水逐步实行计量管理、总量控制，实行节奖超罚的制度，适时开征农业水资源费，由工程节水向制度节水转变。

（4）启动节水型社会试点建设工作

突出抓好水权分配、定额制定、结构调整、计量监测和制度建设，通过用水制度改革，建立与用水指标控制相适应的水资源管理体制，大力开展节水型社区和节水型企业创建活动。

3.5.5.3 深化水价改革，建立科学的水价体系

（1）利用价格杠杆促进节约用水、保护水资源

逐步提高城市供水价格，不仅包括供水合理成本和利润，还要包括户表改造费用、居住区供水管网改造费用等费用。

（2）合理确定非传统水源的供水价格

再生水价格以补偿成本和合理收益为原则，结合水质、用途等情况，按城市供水价格的

一定比例确定。要根据非传统水源的开发利用进展情况，及时制定合理的供水价格。

（3）积极推行“阶梯式水价（含水资源费）”

电力、钢铁、石油、纺织、造纸、啤酒、酒精七个高耗水行业，应当实施“定额用水”和“阶梯式水价（水资源费）”。水价分三级，级差为 1∶2∶10。工业用水的第一级含量，按《省用水定额》确定，第二、三级水量为超出基本水量 10（含）和 10 以上的水量。

3.6 水质质量及其污染控制标准

3.6.1 《地表水环境质量标准》(GB 3838—2002) 简介

为贯彻《中华人民共和国环境保护法》和《中华人民共和国水污染防治法》，防治水污染，保护地表水水质，保障人体健康，维护良好的生态系统，制定本标准。

本标准保持了原标准水域水质按功能分类、宏观控制的原则，更加突出了以人为本的思想，强化了集中式饮用水源地水质保护内容；结合国情，吸收了美国等国家关于基准、标准的最新研究成果；协调了与相关专业水质标准的关系；在监测方法的选择上更加灵活，体现了与国际接轨的精神。新标准突出了集中式饮用水源地特定水质项目，大量增加了卫生部 2001 年颁布的《生活饮用水卫生规范》中生活饮用水水质检验项目（常规、非常规）及饮用水源水中有害物质项目。对农药等环境干扰因素予以较大关注，由原标准的 40 项指标增加至 80 项，其中 70 项与《生活饮用水卫生规范》重合，另外 10 项指标，虽然未在《生活饮用水卫生规范》中列项，但因其广泛使用且对环境影响很大，仍然予以保留，分别是硝基苯、2,4-二硝基甲苯、2,4-二氯苯酚、联苯胺、邻苯二甲酸二丁酯、敌敌畏、敌百虫、阿特拉津、甲基汞、多氯联苯。

依据地表水水域环境功能和保护目标，按功能高低依次划分为五类：

Ⅰ类主要适用于源头水、国家自然保护区；

Ⅱ类主要适用于集中式生活饮用水地表水源地一级保护区、珍稀水生生物栖息地、鱼虾类产卵场、仔稚幼鱼的索饵场等；

Ⅲ类主要适用于集中式生活饮用水地表水源地二级保护区、鱼虾类越冬场、洄游通道、水产养殖区等渔业水域及游泳区；

Ⅳ类主要适用于一般工业用水区及人体非直接接触的娱乐用水区；

Ⅴ类主要适用于农业用水区及一般景观要求水域。

对应地表水上述五类水域功能，将地表水环境质量标准基本项目标准值分为五类，不同功能类别分别执行相应类别的标准值。水域功能类别高的标准值严于水域功能类别低的标准值。同一水域兼有多类使用功能的，执行最高功能类别对应的标准值。实现水域功能与达功能类别标准为同一含义。

3.6.2 《海水水质标准》(GB 3097—1997) 简介

在防止海洋污染和保护海洋环境的管理手段中，海洋环境质量标准的作用最为基础，应用亦最为广泛，在海洋环境监测评价、污染治理、规划及保护公众健康和保障海洋资源环境的可持续利用等方面所开展的各项环境管理工作中，随处可见《海水水质标准》（GB 3097—1997）、《海洋沉积物质量》（GB 18668—2002）和《海洋生物质量》（GB 18421—2001）等海洋环境质量标准的应用。《海水水质标准》反映了国家海洋环境政策的意志，是海洋水环境质量评价、污染物排海控制、海洋突发性污染事件应对、海洋环境规划和风险管理等海洋环境管理工作的重要依据，是海洋环境保护工作的基石。

按照海域的不同使用功能和保护目标，海水水质分为四类：

第一类适用于海洋渔业水域、海上自然保护区和珍稀濒危海洋生物保护区。

第二类适用于水产养殖区、海水浴场、人体直接接触海水的海上运动或娱乐区，以及与人类食用直接有关的工业用水区。

第三类适用于一般工业用水区、滨海风景旅游区。

第四类适用于海洋港口水域、海洋开发作业区。

3.6.3 《污水综合排放标准》(GB 8978—1996) 简介

为贯彻《中华人民共和国环境保护法》《中华人民共和国水污染防治法》和《中华人民共和国海洋环境保护法》，控制水污染，保护江河、湖泊、运河、渠道、水库和海洋等地面水以及地下水水质的良好状态，保障人体健康，维护生态平衡，促进国民经济和城乡建设的发展，特制定本标准。本标准将污染物分为两类：第一类污染物，不分行业和污水排放方式，也不分受纳水体的功能类别，一律在车间或车间处理设施排放口采样，其最高允许排放浓度必须达到本标准要求（采矿行业的尾矿坝出水口不得视为车间排放口）；第二类污染物，在排污单位排放口采样，其最高允许排放浓度必须达到本标准要求。第一类污染物指能在环境或动植物体内蓄积，对人体健康产生长远不良影响者，确定为总汞、烷基汞等 13 项，不分时间段一律在车间或车间处理设施排放口采样。第二类污染物指其长远影响小于第一类污染物者，划分为 2 个时间段，在排污单位排放口采样。

此标准控制的水污染物总计 69 项，比原标准新增污染物控制项目 40 项。根据我国有机化合物的污染特征，结合国外重点控制的有毒有机物种类，以加强对难降解有毒有机物的控制为原则，对新建单位增加控制的 23 种有毒有机污染物，包括脂肪烃和单环芳香烃类、有机磷类、卤代氯代苯类、酞酸酯类、酚类化合物等。

参考文献

[1] 张宝军．水处理工程技术 [M]．重庆：重庆大学出版社，2015.

[2] 王腊春，史运良，曾春芬，等．水资源学 [M]．南京：东南大学出版社，2014.

[3] 熊定国，徐庆，倪蔚佳，等．蓝色星球的尴尬：地球水资源危机及其应对 [M]．北京：北京理工大学出版社，2015.

[4] 郑西来．地下水污染控制 [M]．武汉：华中科技大学出版社，2009.

[5] 潘奎生，丁长春．水资源保护与管理 [M]．长春：吉林科学大学出版社，2019.

[6] 崔振才，杜守建，张维圈，等．工程水文及水资源 [M]．北京：中国水利水电出版社，2008.

[7] 侯新，张军红．水资源涵养与水生态修复技术 [M]．天津：天津大学出版社，2016.

[8] 李四林．水资源危机：政府治理模式研究 [M]．武汉：中国地质大学出版社，2012.

[9] 薛惠锋，程晓冰，乔长录，等．水资源与水环境系统工程 [M]．北京：国防工业出版社，2008.

[10] 李玉超．水污染治理及其生态修复技术研究 [M]．青岛：中国海洋大学出版社，2019.

[11] 桂劲松．水文学 [M]．武汉：华中科技大学出版社，2008.

[12] 万金泉，王艳，马邕文．环境与生态 [M]．广州：华南理工大学出版社，2013.

[13] 李雨桓，韦盼，黄蓁，等．我国地表水环境质量现状及污染修复技术研究 [J]．中国资源综合利用，2021，39 (2)：195-197.

[14] 徐志勇．地表水环境质量现状及污染修复技术分析 [J]．河南科技，2021，40 (18)：132-134.

[15] 刘红梅．地下水水质分析及水污染治理措施研究［J］．冶金管理，2021（13）：148-149.
[16] 刘敏，崔然，褚秀玲．地下水水质分析及污染治理［J］．能源与节能，2022（5）：153-155.
[17] 嵇晓燕，侯欢欢，王姗姗，等．近年全国地表水水质变化特征［J］．环境科学，2022，43（10）：4419-4429.
[18] 王雅晴，冼超凡，欧阳志云．基于灰水足迹的中国城市水资源可持续利用综合评价［J］．生态学报，2021，41（8）：2983-2995.
[19] 刘哲．水生态修复现状及问题分析［J］．山西化工，2022，42（3）：318-320.
[20] 阿丽亚·阿不都克里木．中国水资源开发利用现状及改善措施［J］．能源与节能，2022（3）：174-176.
[21] 郝吉．水生态修复技术在水环境修复中的应用现状和发展趋势［J］．城市建设理论研究，2018（36）：145.
[22] 汪欣．水生植物修复对过水性湖荡水生态环境的影响［D］．苏州：苏州科技大学，2021.
[23] 农工党北京市委会．完善固定污染源排放管理：加大环渤海污染整治力度——环渤海（京津冀区域）近海污染防控情况调研［J］．前进论坛，2022（6）：34-37.
[24] 梁甲瑞，曲升．全球海洋治理视域下的南太平洋地区海洋治理［J］．太平洋学报，2018，26（4）：48-64.
[25] 糜自栋，孙韶华，宋武昌，等．水环境中微塑料污染物研究进展［J］．工业水处理，2022，42（8）：1-7，59.
[26] 熊怡然，崔芮菲，彭菲，等．东海近海及远洋捕捞水产品中重金属污染特征及膳食风险［J］．安徽农业科学，2022，50（5）：147-151.
[27] 刘璇，孙鑫，朱宏楠，等．我国近海漂浮垃圾污染现状及应对建议［J］．环境卫生工程，2021，29（5）：23-29.
[28] 赵九洲，刘庆莉．中国近海污染史研究述评［J］．海洋史研究，2021（2）：500-511.
[29] 徐勇，李新正．大型底栖动物与近海生态系统健康评价［J］．科学，2021，73（4）：4，30-34.
[30] 王若琪，古海玲，于建民，等．舟山近海表层水微塑料污染状况调查与评估［J］．中国水运（下半月），2019，19（9）：124-126.
[31] 巩慧敏，刘永，肖雅元，等．近海海水和表层沉积物重金属污染与生态风险评价——以海南新村港为例［J］．农业现代化研究，2018，39（4）.
[32] 戴文芳，郭永豪，郁维娜，等．三门湾近海有机污染对浮游细菌群落的影响［J］．环境科学，2017，38（4）：1414-1422.
[33] 周缘，贺文麒，蒋燕虹，等．海洋污染现状及其对策［J］．科技创新与应用，2020（2）：127-128.
[34] 吕兑安，程杰，莫微，等．海水养殖污染与生态修复对策［J］．海洋开发与管理，2019，36（11）：43-48.
[35] 孙晓霞，于仁成，胡仔园．近海生态安全与未来海洋生态系统管理［J］．中国科学院院刊，2016，31（12）：1293-1301.
[36] 孙道成，杨立焜．近海污染的植物修复技术研究及案例［C］．中国环境科学学会2019年科学技术年会——环境工程技术创新与应用分论坛论文集（三），2019：300-305.
[37] 王毅，崔健，李师．近海海水及生物重金属污染评价方法研究综述［C］．中国陕西西安，2019.
[38] 张锐，孙美榕，刘羽，等．海洋微生物在近海污染修复中的研究进展［C］．中国陕西西安，2019.
[39] 孙道成，杨立焜．近海污染的植物修复技术研究及案例［C］．中国陕西西安，2019.
[40] 林怡辰．重金属在近岸海域海产品中的富集及其影响机制研究［D］．烟台：中国科学院大学（中国科学院烟台海岸带研究所），2021.
[41] 刘晓玲．钦州湾近海污染现状与治理对策研究［D］．南宁：广西大学，2019.
[42] 李菲菲．受污染近海中抗生素的分布、生态风险及优先控制策略［D］．北京：中国地质大学（北京），2020.
[43] 聂华欣．辽东湾近海污染问题与治理研究［D］．大连：大连海洋大学，2022.
[44] 王峥．基于地下水污染修复的生态风险评价与优化控制研究［D］．北京：华北电力大学（北京），2017.
[45] Xu Kui，Bin Lingling，Xu Xinyi. Assessment of water resources sustainability in China's mainland in terms of water intensity and efficiency ［J］．Environmental Management，2019，63（3）：309-321.
[46] Wang Q，Zhang Y，Wang J X，et al. Corrigendum to 'The adsorption behavior of metals in aqueous solution by microplastics effected by UV radiation'［J］．Journal of Environmental Sciences，2021，101：440.
[47] Guo Zhiqiang，Ye Hengzhen，Xiao Juan，et al. Biokinetic modeling of Cd bioaccumulation from water，diet and sediment in a marine benthic goby：A triple stable isotope tracing technique ［J］．Environmental science & technology，2018，52（15）：8429-8437.
[48] Guo Zhiqiang，Ni Zhixin，Ye Hengzhen，et al. Simultaneous uptake of Cd from sediment，water and diet in a dem-

ersal marine goby Mugilogobius chulae [J]. Journal of hazardous materials, 2019, 364: 143-150
[49] Brown G, Hausner V H. An empirical analysis of cultural ecosystem values in coastal landscapes [J]. Ocean & Coastal Management, 2017, 142: 49-60.
[50] Pascal N, Allenbach M, Brathwaite A, et al. Economic valuation of coral reef ecosystem service of coastal protection: A pragmatic approach [J]. Ecosystem Services, 2016, 21: 72-80.

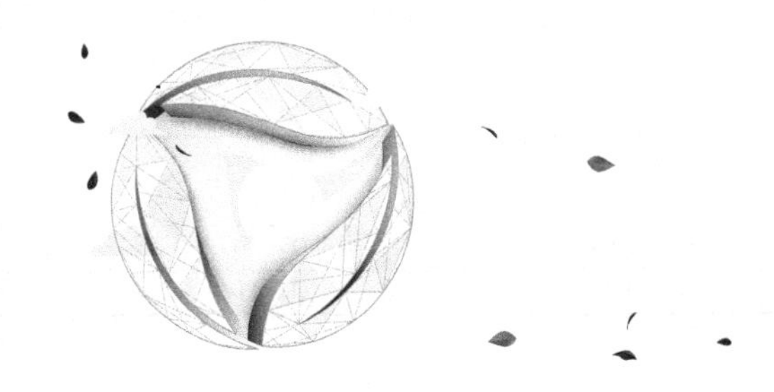

第4章 大气污染及其控制

4.1 大气与大气污染

4.1.1 大气的组成

大气主要是由干燥清洁的空气（简称干洁空气）、水蒸气和悬浮颗粒组成的混合物。通常认为干洁空气的组成几乎是不变的，包括氮气（78.08%）、氧气（20.95%）、氩气（0.934%）、二氧化碳（0.033%），以及微量的氦气（5.2×10^{-6}）、氖气（1.8×10^{-5}）、氪气（5×10^{-7}）等惰性气体和甲烷（1.2×10^{-6}）、氢气（5×10^{-7}）、二氧化氮（2×10^{-8}）等其他气体。这里的百分比为各组分在干洁空气中所占的体积分数。上述气体共计约占大气总量的99.9%以上，是大气的主体成分。

水蒸气和悬浮颗粒的含量由于受地区、季节、气象和人们生产生活的影响而有所变化。在正常状态下，水蒸气含量一般在0～4%范围内发生变化，水蒸气含量在热带地区有时高达4%，而在南北极地区则不到0.1%。大气中的悬浮颗粒含量及成分极易受到自然因素（如火山爆发）和人类活动（如工业生产、交通运输）等影响而大幅波动。

地表大气的平均压力为1.013×10^5Pa，地球总表面积约为5.10072×10^8km^2，所以大气总质量为5.2×10^{18}kg，相当于地球质量的1×10^{-6}倍。由于重力因素，大气质量在垂直方向上是不均匀分布的。大气随着高度的增加而逐渐稀薄，其质量的50%主要集中在5km以下，75%集中在10km以下，99.9%集中在50km以下的范围内，这个厚度远不及地球半径的1/100。

4.1.2 大气层结构

人们根据大气层在垂直方向上的温度、成分、电荷等物理性质以及运动情况来划分大气层。如表4-1所列，通常按照温度随海拔高度的变化情况将大气分为对流层、平流层、中间层、热层和逃逸层五部分（图4-1）。

表4-1 大气的主要层次

大气层次	海拔高度/km	温度/℃	主要成分
对流层	0～(10～18)	17～−83	N_2、O_2、CO_2、H_2O
平流层	(10～18)～(50～55)	−83～−3	N_2、O_2、O_3

续表

大气层次	海拔高度/km	温度/℃	主要成分
中间层	(50～55)～85	−3～−83	N_2、O_2、NO^-、O_2^+
热层	85～800	−83～1200	N_2、NO^+、O_2^+、O^+
逃逸层	800 以上	1200 以上	H_2、He

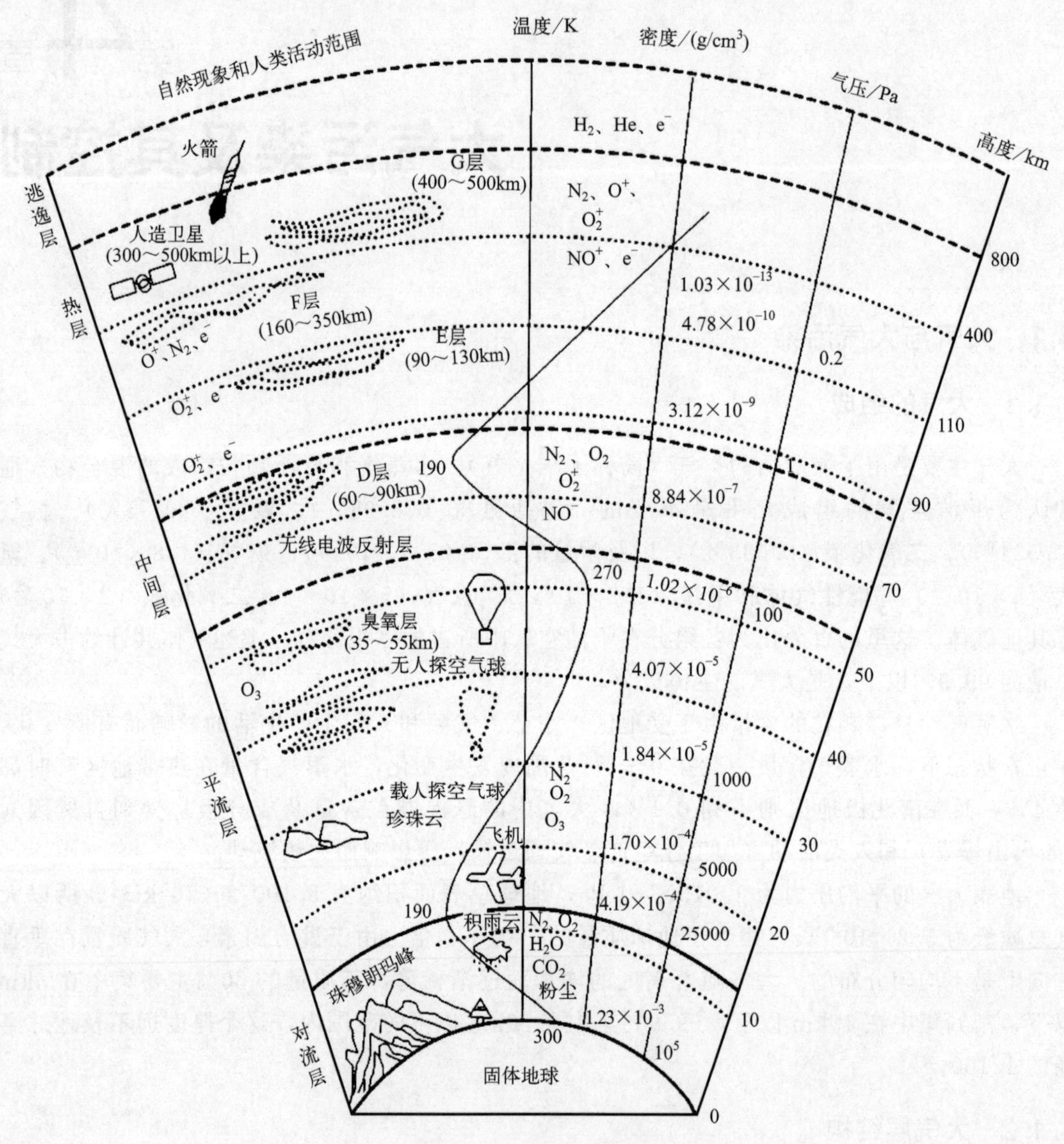

图 4-1　大气的主要层次

(1) 对流层

对流层是大气圈中最接近地面的一层，其厚度随着纬度和季节的变化而变化，平均厚度约为 12km。在赤道低纬度地区为 16～18km，两极附近的高纬度地区为 6～10km。由于热带的对流程度比寒带剧烈，故夏季较厚、冬季较薄。

这一层的特点首先是气温随着海拔高度的增加而降低，平均每升高 100m 下降 0.65℃。这是由于地球表面从太阳吸收了能量，然后以红外长波辐射的形式向大气散发热量，使得地球表面附近的空气温度升高。贴近地面的空气吸收热量后发生膨胀从而上升，上面的冷空气下降，故在垂直方向上形成强烈的对流，对流层也正因此而得名。其次，密度大，对流层空气质量约占大气质量的 3/4 并且含有一定的水蒸气，对人和动植物的生存起着重要的作用。再者，根据受地表活动的影响程度可将对流层分为摩擦层和自由大气层。摩擦层，亦称边界层，是指海拔高度低于 1～2km 的大气，这一层受地表的机械作用和热力作用的影响剧烈。污染物的迁移扩散和转化也主要发生在这一层。自由大气层，是指海拔高度在 1～2km 以上的对流层大气，受地表活动影响较小，云、雾、雨、雪和雷电等天气现象均出现在此层。

（2）平流层

对流顶层至 50～55km 高度的大气层称为平流层。在平流层下部，即 30～35km 以下范围内的气温几乎不随高度而变化，称为同温层。在同温层上部存在一厚度为 20km 的臭氧层，能够吸收大量的太阳紫外线（波长为 200～300nm）并以热量的形式释放，使得平流层的温度随着海拔高度的增加而升高。因为在平流层中的空气大多处于平流运动，不利于平流层的污染物扩散，故污染物在此层的停留时间较长。

（3）中间层

平流顶层至 85km 高度的大气层称为中间层。这一层空气变得较稀薄，同时由于臭氧层的消失，温度随着海拔高度的增加而迅速下降，且有强烈的垂直对流运动。

（4）热层

中间顶层至 800km 高度的大气层称为热层。由于这一层的空气处于高度电离状态，故又称为电离层。同时，太阳所发出的紫外线辐射和宇宙射线的作用，使得大气温度随着海拔高度的增加而迅速上升。

（5）逃逸层

热层以上的大气层称为逃逸层。该层空气极为稀薄，其密度几乎与太空密度相同，温度随着高度的增加而略有升高，亦称外大气层。由于空气受地心引力极小，气体及微粒可以从这层飞出地球重力场从而散逸到宇宙空间。

4.1.3　大气污染及其分类

按照国际标准化组织（International Organization for Standardization，ISO）的定义，大气污染通常系统指由于人类活动或自然过程引起某些物质进入大气中，呈现出足够的浓度，达到足够的时间，并因此危害了人体的舒适、健康和福利或环境的现象。

所谓对人体的舒适、健康的危害，包括对人体正常生理机能的影响，引起急性病、慢性病甚至死亡等；而所谓福利，则包括与人类协调并共存的生物、自然资源及财产、器物等。人类活动包括生产活动和生活活动（如做饭、取暖等），自然过程包括森林火灾、火山活性、海啸、风化及大气圈的空气运动等。一般来说，由于自然环境所具有的物理、化学和生物机能（即自然环境的自净作用），自然过程造成的大气污染经过一定时间后自动消除（即生态平衡自动恢复），故通常认为大气污染主要是人类活动造成的。

大气污染按照燃料性质和污染物组成可以大致分为 4 类。

（1）煤炭型大气污染

主要是由煤炭燃烧时放出的烟气、粉尘、SO_2 等构成的一次污染物，以及由这些污染物发生化学反应生成的硫酸、硫酸盐类气溶胶等二次污染物，例如呼和浩特市冬春季节的城市空气污染。

（2）石油型大气污染

主要是来自汽车尾气、石油冶炼及石油化工厂等废气排放的 SO_2、烯烃、链状烷烃、醇、羰基化合物，以及它们在大气中形成的 O_3、大气自由基及一系列反应中生成的产物。

（3）混合型大气污染

主要是以煤炭和石油为燃料的污染排放以及工厂企业排出的各种化学物质等混合后形成的复杂大气污染状况。例如日本横滨、川崎等地区的空气污染。

（4）特殊型大气污染

是指由工厂排出的特殊气体造成一定范围内的特定污染状况。例如生产磷肥企业排放的特殊气体引起氟污染。氯碱工业周围形成的氯气污染等。由于特定污染物具有特定性状和成分结构，这类污染的责任容易追溯、认定。

按照影响范围也可以将大气污染分为：

① 局地性污染，局限于小范围的大气污染，如锅炉排气或工厂废气；

② 地区性污染，涉及一个地区的大气污染，如工业区或整个城市范围受到污染；

③ 广域性污染，涉及跨地区或大城市更广泛地区的大气污染；

④ 全球性污染，涉及全球（或国际性）的大气污染，如温室效应、酸雨、臭氧层破坏等。

4.2 大气污染物及来源

4.2.1 大气污染物

由人类活动或自然过程排放到大气中并对人或环境产生不利影响的大气污染物，可以根据存在状态将其概括为气溶胶态污染物和气态污染物两大类。

（1）气溶胶态污染物

气溶胶态污染物是指固体粒子、液体粒子或它们在气体介质中的悬浮体，根据其来源和物理性质分为粉尘、烟、飞灰、黑烟、霾和雾。在某些情况下，很难显著区分出粉尘、烟、飞灰和黑烟等小固体颗粒的界限，而后两者可以根据霾的能见度（10km）与雾的能见度（1km）明显不同加以区别，见图 4-2。

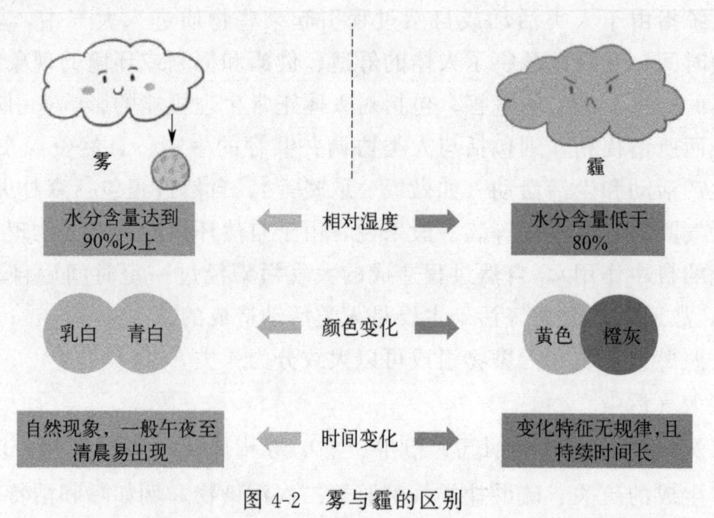

图 4-2 雾与霾的区别

在我国的环境空气质量标准中，通常按大气中烟尘（或粉尘）颗粒大小将其分为总悬浮颗粒物（total suspended particles，TSP）、可吸入颗粒物（inhalable particles，PM_{10}）和细颗粒物（fine particles，$PM_{2.5}$），如表 4-2 和图 4-3 所示。就颗粒物的危害而言，小颗粒物比大颗粒物的危害要大得多，PM_{10} 和 $PM_{2.5}$ 也是很多城市大气的首要污染物及引发雾、霾的重要原因。

表 4-2　大气烟尘（粉尘）按粒径大小分类

分类	说明
TSP	空气动力学当量直径≤100μm 的所有固体颗粒悬浮物
PM_{10}	空气动力学当量直径≤10μm 的所有固体颗粒悬浮物
$PM_{2.5}$	空气动力学当量直径≤2.5μm 的所有固体颗粒悬浮物

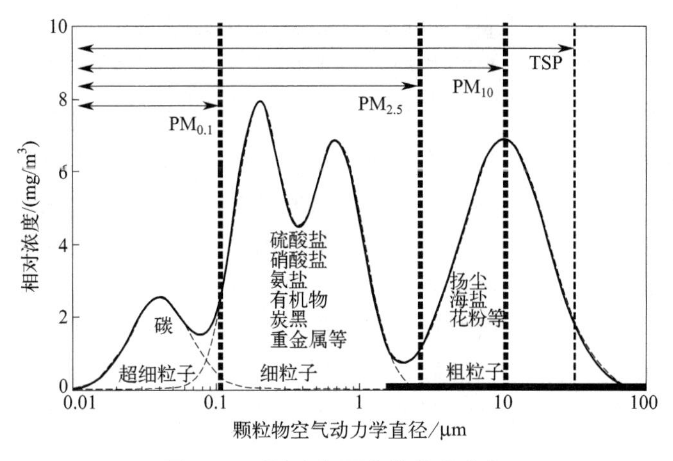

图 4-3　环境大气颗粒物粒径分布

（2）气态-污染物

气态污染物则是以分子状态存在于大气中的污染物（表 4-3）。总体上分为 5 类：a. 以二氧化硫为主的含硫化合物；b. 以一氧化氮和二氧化氮为主的含氮化合物；c. 烃类化合物；d. 碳氧化物；e. 卤素化合物。一次污染物是指直接从各种污染源排出的原始污染物，二次污染物是由一次污染物与大气中已有组分或几种一次污染物之间经过一系列化学或光化学反应所生成的与一次污染物性质完全不同的新污染物。普遍而言，二次污染物的毒性比一次污染物更强。近年来，以二次污染物为主形成的灰霾和臭氧污染受到广泛关注。

表 4-3　气态污染物的主要种类

类别	一次污染物	二次污染物①
含硫化合物	SO_2、H_2S	SO_3、H_2SO_4、MSO_4
含氮化合物	NO、NH_3	NO_2、HNO_3、MNO_3
烃类化合物	C_mH_n	醛、酮、过氧乙酰硝酸酯等
碳氧化物	CO、CO_2	无
卤素化合物	HF、HCl	无

① M 指金属离子。

4.2.2　大气污染源

大气污染源通常是指向大气排放出足以对环境产生有害影响或有毒有害物质的生产过程、设备、场所等。按照污染物质的来源可概括为自然污染源和人为污染源。自然污染源系指由于自然原因向环境释放污染物的地区，如排出火山灰、SO_2 等污染物的活火山，自然逸出瓦斯气和天然气的煤气田与油气井，以及森林火灾、飓风、海啸、岩石风化以及生物腐烂等自然现象形成的污染源。对人为污染源是环境保护工作研究和控制的主要对象，按照不同的分类方法可对人为污染源进行划分，如表 4-4 所列。

表 4-4 人为污染源分类

分类	名称	说明
按成因	机动车源	汽车、火车、飞机、轮船等运输工具
	生活源	民用生活炉灶、采暖锅炉、餐饮油烟等
	工业源	火力发电厂、钢铁厂、焦化厂、石油化工厂等工业生产
	农业源	畜禽养殖、农药及化肥等
按污染空间分布	点源	工业企业生产的排气筒和烟囱
	线源	公铁路、航空线上的交通运输工具行驶过程中排放
	面源	居民区内各家庭小炉灶的无组织排放
按污染源位置	固定源	由固定地点（如工厂的排气筒）向大气排放污染物
	移动源	各种交通工具（火车、汽车等）排出的废气

大气污染具有时空异质性，即在不同时间、不同地区的污染状况和污染源分布情况均有所不同，因此需要在各个尺度上（国家尺度、区域尺度、城市尺度）建立大气污染物排放源清单。大气污染物排放源清单的开发是通过对某一地区一种或几种污染物排放量的估算，了解该地区污染源排放特征及不同污染源对大气污染的贡献。

大气污染物排放源清单是空气质量模型分析大气污染物在大气中物理化学过程的特征及模拟不同污染减排效果环境效应的基础输入数据，也是科学制定污染减排措施的基础依据。而随着各地对大气污染越来越重视，区域性的排放源清单已不能满足各地在使用大气模型模拟时所需要的精度，低分辨率的排放源清单容易造成模型模拟的偏差。所以综合各污染源类别的最优方案，获取高精确度和高分辨率的大气污染物面源排放清单，并分析其空间分布特征。这对于更好地制定空气污染政策和改善大气生态环境至关重要。

4.3 大气污染特征及其危害

人类体验到的大气污染危害，从最开始意识到这种污染会危害我们的身体健康，过渡到随后发现这也会对工农业生产以及天气和气候等产生不良影响。大气环境受到污染后，由于污染物质的来源、性质、浓度和持续时间的不同，污染地区的气象条件、地理环境等因素的差别，甚至人的年龄、健康状况的不同，对人均会产生不同的危害。

4.3.1 雾霾

“雾霾”属于一个专有名词，不同于“雾”与“霾”。接近地面的空气因气温下降水蒸气凝结而成的悬浮的微小水滴即是雾；而大量极细微的干尘颗粒等均匀地浮游在空中，使水平能见度＜10km 的空气普遍浑浊现象则是霾，也称为灰霾。在某些情况下，雾和霾可能同时存在，形成所谓的“雾霾”。这时空气既含有水蒸气又含有高浓度的颗粒物，使得能见度更低且空气质量较差。

经济和社会活动的蓬勃发展必然会导致大量细颗粒物的排放，一旦排放量超过大气循环能力和承载度，细颗粒物将持续积累，同时如果受到静稳天气等影响，这将极有可能发生大范围的雾霾。近年来，我国中东部地区多次出现大范围的雾霾天气，雾霾污染也成为大气污染的新常态。特别是保定、邢台、石家庄、唐山、邯郸等地区。

随着城市人口的迅猛增长，工业发展、机动车保有量持续增加，导致空气中悬浮颗粒物和有机污染物大幅增加。城市里的楼盘越修越高，阻挡和摩擦作用让风流经城区时明显减弱。在水平方向上的静风现象增多，不利于大气中悬浮微粒的扩散稀释，容易在城区和近郊区周边积累。同时垂直方向上的逆温层，使得大气层低空的空气垂直运动受到限制，空气中悬浮颗粒难以向高空飘散而被阻滞在低空和近地面（图 4-4）。由此可见，区域气候变化和污染物的迁移是形成雾霾的主要原因。而形成雾霾的主要污染物与风速、温度、气压的相关性比与湿度和降水的相关性高很多，且受季节变化影响较大，所以雾霾天气的出现呈现出东南部多、西北部少和冬季多、夏季少的时空分布特征。

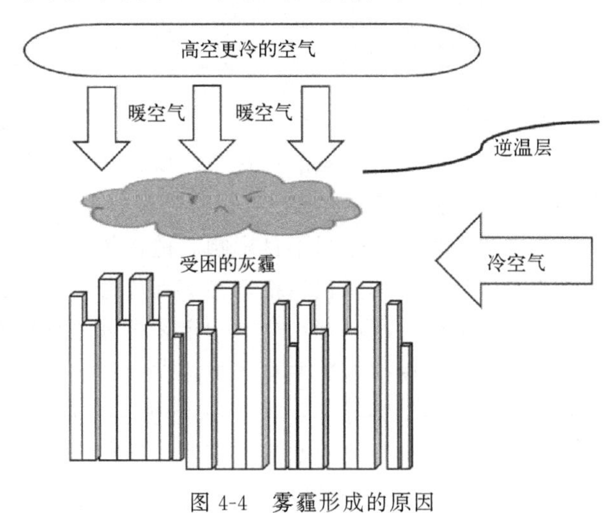

图 4-4　雾霾形成的原因

雾霾的危害较大，不仅能诱发呼吸道疾病、心脑血管疾病、肺癌、各种细菌性疾病等，以及使人心情压抑烦躁，而且能见度的降低提高了发生交通事故的概率。雾霾主要由二氧化硫、氮氧化物和颗粒物组成。不同粒径的颗粒物被人体吸入后可以通过部分器官的过滤洁净作用而阻隔累积，其中鼻腔可以阻拦粒径为 10～50μm 的颗粒物，气管可以阻拦粒径为 5～10μm 的颗粒物，如果颗粒物粒径<1μm 则可以进入人体肺泡危害人体健康，见图 4-5。由于常见的 $PM_{2.5}$ 颗粒物会经过人的呼吸系统进入人体，直接影响到人体的肺部或直接进入血液及其他器官，对人体健康造成影响，故近年来 $PM_{2.5}$ 的治理与防控已经广受大众关注和重视。而 $PM_{2.5}$ 会造成哪种危害由其所吸附的物质来决定。例如，这个地区主要吸附的是重金属，那可能这个地区产生重金属中毒的就多；如果吸附的是苯并［a］芘这类致癌物，那它可能更多的是导致人群癌症的高发；如果这个地区 $PM_{2.5}$ 表面吸附的物质主要是持久性有机污染物，那它可能产生的生殖生育危害比较大。目前研究表明，粒径<1μm 的颗粒物滞留在大气中的时间更长，且富含大量有毒有害物质，这使得 $PM_{1.0}$ 将成为未来社会长期关注的焦点。其不仅可进入肺泡血液，还极大可能将所携带的物质通过血液运输到人体全身造成严重危害，甚至通过血-脑屏障进而危及神经系统。虽然雾霾与某些疾病具有相关性，但不同地区、不同霾浓度、不同污染物浓度对人体健康的危害也有所差异。

4.3.2　酸性气体

酸性气体是指煤转化过程中产生的硫氧化物、氮氧化物、硫化氢及二氧化硫等气体。有

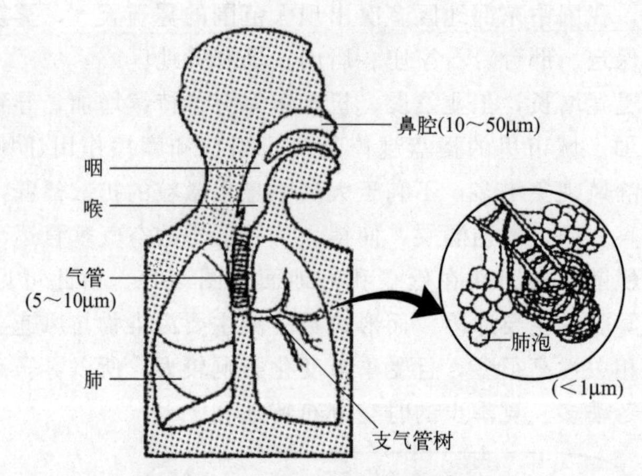

图 4-5　颗粒物对人体的危害

些酸性气体对人类是有害的，如果空气被污染后含有二氧化硫、三氧化硫等，这些气体在下雨天与氧气等发生化学反应，会生成硫酸等强酸性化学物质，并且硫酸具有强腐蚀作用，对地面的物体会有腐蚀性，这就是人们常说的“酸雨”。酸雨不仅会危害淡水生态系统，加快土壤的酸化，同时也会对植物根系和茎叶造成不良影响。植物是陆地生态系统的生产者，动物通常是消费者，微生物则扮演分解者的角色，植物在受到危害后，动物和微生物也将相继受到影响，破坏陆地生态系统的平衡。所以现在全球制定许多措施来减少生产过程中酸性气体的排放，缓解和改善空气污染，以保护人类生存环境，发展绿色经济和绿色生活。

酸碱废气主要来源于印制电路板、半导体、电子及光电、冶金厂、塑胶、酸洗电镀厂、化工、电解、蓄电池电镀、制药、除臭及其他水溶性空气污染物等生产加工环节。企业在生产过程中会挥发产生一定量的酸碱废气，酸碱废气的主要污染成分为硝酸雾、氯化氢、硫酸雾、氰化物、铬酸雾、碱雾等。酸碱废气处理的过程中需要加入酸性药剂或者碱性药剂跟要处理的废气对象进行化学反应，让酸碱废气变成二氧化碳和水，达到中和的效果。

酸雾具有腐蚀性大、毒性强的特点。如果没有及时处理，酸雾的排放会造成酸雾和酸性气体弥漫整个工作场所的空气中，直接排入大气后也会造成大气环境中的酸沉降。它不仅会危及工人及厂房周围居民的身体健康，腐蚀厂房内的精密仪器，造成生产和生活的损失，还会给农作物及其他动植物的生存带来不良影响，对建筑物、文物古迹等造成损坏等。尤其是酸性气体中的二氧化硫，对人体的结膜和上呼吸道黏膜有强烈刺激性，可损伤呼吸器官，可致支气管炎、肺炎，甚至肺水肿呼吸麻痹。二氧化硫浓度为（10～15）$\times10^{-6}$ 时，呼吸道纤毛运动和黏膜的分泌功能均会受到抑制。浓度达 20×10^{-6} 时，引起咳嗽并刺激眼睛。若每天吸入浓度为 $1.00\times10^{-4}/8h$，支气管和肺部出现明显的刺激症状，使肺组织受损。浓度达 4.00×10^{-4} 时可使人呼吸困难。二氧化硫对人体健康有重要影响，并进一步与空气中的水反应形成酸雨污染。

4.3.3　挥发性有机化合物

一般而言，挥发性有机化合物（volatile organic compounds，VOCs）浓度水平较高的区域，通常具有较强的大气氧化性，其发生大气污染性事件的可能性也较大。光化学烟雾事件、雾霾事件等大气污染事件的发生与大气氧化性有着十分密切的关系，大气氧化性主要体现在环境大气中 O_3、羟基自由基（·OH）、过氧自由基（O_2·）等物质的浓度水平上，而

VOCs对上述氧化性物质生成过程中的促进和抑制起着十分重要的作用。VOCs浓度水平的升高，会打破清洁大气中原有的光化学平衡，它可以与·OH、RO·等自由基反应生成HO_2·、RO_2·等自由基，并造成O_3浓度的积累，进而提升大气氧化性。

再者，VOCs对辐射的直接影响很小，它主要通过参与光化学反应和生成有机气溶胶来影响气候变化。CH_4吸收波长为7.7 μm的红外辐射，将辐射转化为热量，影响地表温度，从而造成温室效应。VOCs在光照条件下与氮氧化物发生光化学反应生成温室气体O_3，从而造成温室效应。除此之外，VOCs在大气中经过氧化、吸附、凝结等过程生成二次有机气溶胶，气溶胶作为云凝结核，使地气系统的能量平衡失衡，从而影响区域和全球气候，大量的细粒子气溶胶还会形成严重的雾霾天气。

与此同时，VOCs是大气复合污染的重要前体物，要控制大气复合污染就要对VOCs予以关注并加强监测、控制和治理。所谓大气复合污染是指大气中多种污染物在一定的大气条件（如温度、湿度、阳光等）下发生多种界面间的相互作用，彼此耦合构成的复杂大气污染体系。VOCs是光化学烟雾污染的重要前体物，在光照条件下能与氮氧化物发生光化学反应生成O_3及其他光化学氧化物。同时VOCs也是二次有机气溶胶的重要前体物，在大气中经过一系列的氧化、吸附、凝结等过程生成悬浮于大气中的细粒子。

O_3和颗粒物是复合型大气污染的特征污染物，而VOCs则是形成细颗粒物$PM_{2.5}$、O_3等二次污染物的重要前体物，进而引发一系列灰霾、光化学烟雾等大气环境问题。并且大多数情况下VOCs都会带有臭味，具有不同程度的毒性和刺激性，对人体的伤害不能轻易忽视，它会引起机体的免疫水平失调，进而影响中枢神经系统控制下的身体各功能，VOCs中毒者出现头痛、头晕、胸闷、无力、嗜睡等症状，受害严重时可能会损害个体的肝功能、消化系统和造血系统等。其产生的危害远远大于我们能想象的。随着我国工业化和城市化的快速发展以及能源消费的持续增长，以$PM_{2.5}$和O_3为特征的区域性复合型大气污染日益突出，区域内空气重污染现象大范围同时出现的频次日益增多，严重制约社会经济的可持续发展，威胁人民群众的身体健康。

4.3.4 室内放射性污染

室内存在的放射性污染主要是天然放射性污染，按照对人体照射作用的方式把放射性分为外照射和内照射两类。天然辐射源和人为辐射源中的天然放射性核素所产生的β射线、γ射线对人体的直接照射，即是外照射，它主要是由γ射线造成的。内照射主要是由α射线造成的，通常是存在于空气、食品和饮水中的天然放射性核素通过呼吸与消化系统进入人体内部后所形成的一种照射。

天然放射性核素品种很多，性质与状态也各不相同，它们在环境中的分布十分广泛。在岩石、土壤、空气、水、动植物、建筑材料、食品甚至人体内都有天然放射性核素的踪迹。地壳是天然放射性核素的重要贮存库，尤其是原生放射性核素，地壳中的放射性物质主要为铀、钍系。土壤主要由岩石的侵蚀和风化作用而产生，可见其放射性是从岩石中转移而来的。由于岩石的种类很多，受自然条件作用的程度也不尽一致，可以预期土壤中天然放射性核素的浓度变化范围是很大的。土壤的地理位置、地质来源、水文条件、气候以及农业历史等都是影响土壤中天然放射性核素含量的重要因素。房屋修建过程中所使用的建筑材料、地基土及基坑回填土等是室内环境产生外照射放射性污染的原因。

室内环境中的内照射放射性污染主要来源于氡及其子体。室内氡主要来源于建筑地基土壤和岩石中的天然放射性核素、建筑材料中析出、室内生活用水与燃料（煤、天然气、液化气）等。氡通过呼吸进入人体，衰变时产生的短寿命放射性核素会沉积在支气管、肺和肾组织中。当这些短寿命放射性核素衰变时，释放出的α粒子对内照射损伤最大，可使呼吸系统上皮细胞受到辐射。长期的体内照射可能引起局部组织损伤，甚至诱发肺癌和支气管癌等。据估算，如果人一直生活在氡浓度 $370Bq/m^3$ 的室内环境里，每千人中将有 30～120 人死于肺癌。氡及其子体在衰变时还会同时放出穿透力极强的γ射线，对人体造成外照射。若长期生活在含氡量高的生态环境里，就可能对人的血液循环系统造成危害，如白细胞和血小板减少，严重的还会导致白血病。同时，超剂量放射性辐射不仅损伤机体，危及被照者后代，而且可能破坏土壤、水域等生态环境。

4.4 大气质量与污染控制标准

4.4.1 空气质量指数

通常采用空气质量指数（air quality index，AQI）来定量描述空气质量状况，针对单项污染物还规定了空气质量分指数（individual air quality index，IAQI）来衡量。空气质量分指数级别及对应的污染物项目浓度限值如表 4-5 所列。

表 4-5 空气质量分指数级别与对应污染物项目的浓度限值

空气质量分指数（IAQI）	二氧化硫（SO_2）/（μg/m³）		二氧化氮（NO_2）/（μg/m³）		一氧化碳（CO）/（mg/m³）		臭氧（O_3）/（μg/m³）		颗粒物/（μg/m³）	
	24 小时平均	1 小时平均①	24 小时平均	1 小时平均①	24 小时平均	1 小时平均①	1 小时平均	8 小时滑动平均	PM_{10} 的 24 小时平均	$PM_{2.5}$ 的 24 小时平均
0	0	0	0	0	0	0	0	0	0	0
50	50	150	40	100	50	2	5	160	100	35
100	150	500	80	200	150	4	10	200	160	75
150	475	650	180	700	250	14	35	300	215	115
200	800	800	280	1200	350	24	60	400	265	150
300	1600	②	565	2340	420	36	90	800	800	250
400	2100	②	750	3090	500	48	120	1000	③	350
500	2620	②	940	3840	600	60	150	1200	③	500

① SO_2、NO_2 和 CO 的 1 小时平均浓度限值仅用于实时报，在日报中需使用相应污染物的 24 小时平均浓度限值。

② SO_2 的 1 小时平均浓度值高于 $800\mu g/m^3$ 的，不再进行其空气质量分指数计算，SO_2 空气质量分指数按 24 小时平均浓度计算的分指数报告。

③ O_3 的 8 小时平均浓度值高于 $800\mu g/m^3$ 的，不再进行其空气质量分指数计算，O_3 空气质量分指数按 1 小时平均浓度计算的分指数报告。

污染物项目 P 的空气质量分指数按式(4-1) 计算：

$$IAQI_P=\frac{IAQI_{Hi}-IAQI_{L0}}{BP_{Hi}-BP_{L0}}(C_P-BP_{L0})+IAQI_{L0} \quad (4\text{-}1)$$

式中 $IAQI_P$——污染物项目 P 的空气质量分指数；

C_P——污染物项目 P 的质量浓度值；

BP_{Hi}——表 4-5 中与 C_P 相近的污染物浓度限值的高位值；

BP_{L0}——表 4-5 中与 C_P 相近的污染物浓度限值的低位值；

$IAQI_{Hi}$——表 4-5 中与 BP_{Hi} 对应的空气质量分指数；

$IAQI_{L0}$——表 4-5 中与 BP_{L0} 对应的空气质量分指数。

空气质量指数按式(4-2) 计算：

$$AQI = \max \{IAQI_1, IAQI_2, IAQI_3, \cdots, IAQI_n\} \tag{4-2}$$

式中　IAQI——空气质量分指数；

n——污染物项目。

根据空气质量指数将空气质量分为六个级别：

一级（0＜AQI≤50，绿色），空气质量优，基本无空气污染；

二级（50＜AQI≤100，黄色），空气质量良好，但某些污染物可能对极少数异常敏感人群的健康有较弱影响；

三级（100＜AQI≤150，橙色），轻度污染，易感人群症状有轻度加剧，健康人群出现刺激症状；

四级（150＜AQI≤200，红色），中度污染，进一步加剧易感人群症状，可能对健康人群的心脏、呼吸系统有影响；

五级（200＜AQI≤300，紫色），重度污染，心脏病和肺病患者症状显著加剧，运动耐受力降低，健康人群普遍出现症状；

六级（300＜AQI，褐红色），健康人群运动耐受力降低，有明显强烈症状，提前出现某些疾病。

当 AQI＞50 时，IAQI 最大的污染物为首要污染物，若 IAQI 最大污染物为多种则并列为首要污染物。若单项污染物的 IAQI 大于 100，则此污染物为超标污染物。

4.4.2　环境空气质量标准

我国 1982 年首次发布《环境空气质量标准》，并于 1996 年、2000 年、2012 年进行三次修订实施。2016 年 1 月 1 日起，正式实施 2012 年 2 月 29 日发布的最新《环境空气质量标准》(GB 3095—2012)。生态环境部于 2018 年发布了“《环境空气质量标准》(GB 3095—2012) 修订单”，进一步明确了 SO_2、NO_2、CO、TSP、Pb 等污染物在大气温度为 298.15K、大气压力为 101.325kPa 参比状态下的浓度。该标准根据对空气质量的要求不同，将环境空气质量分为以下三级。

① 一级标准：为保护自然生态和人群健康，在长期接触情况下，不发生任何危害性影响的空气质量要求。

② 二级标准：为保护人群健康和城市、乡村的动植物，在长期和短期的接触情况下不发生伤害的空气质量要求。

③ 三级标准：为保护人群不受急慢性中毒，以及城市一般动植物（敏感者除外）能够正常生长的空气质量要求。

根据各地区的气候、地理、经济、政治和大气污染程度，该标准将环境空气功能区分为两类：一类区为自然保护区、风景名胜区和其他需要特殊保护的区域；另一类区为居住区、商业交通居民混合区、文化区、工业区和农村地区。按照分离分区管理的原则，一类区适用一级浓度限值，二类区适用二级浓度限值。

4.4.3　大气污染物排放标准

《大气污染物综合排放标准》(GB 16297—1996) 于 1996 年 4 月 12 日颁布，并于 1997 年

1月1日实施。该标准规定了33种大气污染物的排放限值，通过排气筒排放废气的最高允许浓度和最高允许排放速率，以及无组织排放的监控点对应的监控浓度限值。

该标准规定的最高允许排放速率，现有污染源分为一、二、三级，新污染源分为二、三级，按污染源所在的环境空气质量功能区类别，执行相应级别的排放速率标准。其中1997年1月1日前设立的污染源为现有（老）污染源，1997年1月1日起设立的污染源为新污染源。

对于国务院划定的酸雨控制区和二氧化硫控制区的污染源，其二氧化硫排放除执行此标准外，还需执行总量控制标准。

此外，在我国现有的大气污染物排放标准体系中，污染物排放标准分为综合排放标准和行业排放标准。按照综合排放标准与行业标准不交叉执行的原则，行业执行行业标准，无相关行业标准则执行综合排放标准。例如：锅炉执行《锅炉大气污染物排放标准》(GB 13271—2014)，水泥厂执行《水泥工业大气污染物排放标准》(GB 4915—2013)、石油化学工业执行《石油化学工业污染物排放标准》(GB 31571—2015)，船舶装用的压燃式发动机及点燃式气体燃料（含双燃料）发动机执行《船舶发动机排气污染物排放限值及测量方法（中国第一、二阶段）》(GB 15097—2016) 等。

4.5 大气污染控制

4.5.1 污染物的初级捕集

《大气污染物综合排放标准》(GB 16297—1996) 按照排放规律将大气污染物的排放分为有组织排放和无组织排放两大类。其中无组织排放是指在生产过程中无密闭设备或密封措施不完善而泄漏，废气不经过排气筒或烟囱，污染物向环境直接排出，或从露天作业场所、废物堆放场所等扩散出来；而有组织排放则是指大气污染物经过排气筒或烟囱有规律地集中排放的方式。合理、有效地对污染物进行捕集是实现气体净化、有组织排放的重要环节。

集气罩是对污染气体进行捕集的重要装置，按照集气罩与污染源的相对位置、围挡情况及气体的流动方式，可以把集气罩分为密闭集气罩、半密闭集气罩、外部集气罩和吹吸式集气罩四类。

(1) 密闭集气罩

密闭集气罩是将污染源局部或整体密闭起来的一种集气罩（见图4-6）。这种集气罩把污染物的扩散限制在一个很小的密闭空间内，并且排出一定的空气使罩内保持一定的负压，罩外的空气仅在必须留出的罩上开口缝隙处流入，从而达到防止污染物外逸的目的。一般来说，密闭罩开口、缝隙的断面控制风速取0.4～0.6m/s，而且密闭集气罩多用于粉尘发生源，故常称为粉尘密闭罩。与其他类型集气罩相比，密闭集气罩所需的排风量最小，控制效果最好，且不受室内横向气流干扰。所以，在集气罩设计中应优先考虑选用。

(2) 半密闭集气罩

半密闭集气罩也称箱式集气罩或排气柜（见图4-7）。对于操作口的平均风速而言，开口无外部气流干扰则取0.4～0.6m/s；而如果放在室外或有干扰气流则取1.2m/s。由于生产工艺的需要，在罩上开有较大的操作孔，操作时通过孔口吸入的气流来控制污染物外逸。其捕集机理与密闭罩一样，可视为开有较大孔口的密闭罩。化学实验室的通风橱和小零件喷漆箱就是排气柜的典型代表。半密闭集气罩的控制效果好，排风量比密闭罩大，但小于其他形式的集气罩。

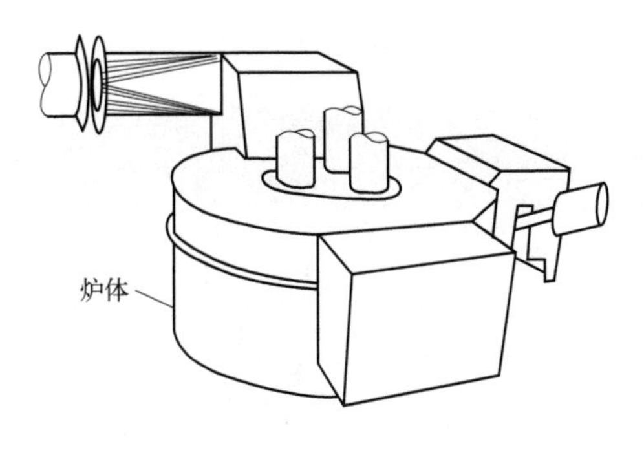

图 4-6　密闭集气罩

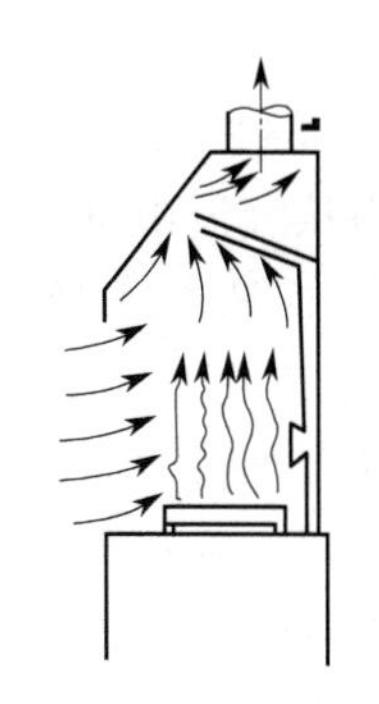

图 4-7　半密闭集气罩

（3）外部集气罩

由于工艺条件的限制，有时无法对污染源进行密闭，只能在其附近设置外部集气罩。外部集气罩是将集气罩设在污染源附近，并将罩口对准污染源，依靠罩口外吸入气流的运动捕集污染物（见图 4-8）。它主要在因工艺条件的限制或设备很大，无法对污染源进行密闭的情况下使用，其结构简单、制造方便。由于外部集气罩离污染源有一定距离，且集气罩吸气方向与污染气流的运动方向往往不一致，一般需要较大风量才能控制污染气流的扩散，而且容易受室内横向气流干扰，故捕集效率较低。

（4）吹吸式集气罩

在某些情况下，由于外部集气罩与污染源距离较大，单纯依靠罩口的抽吸作用往往控制不了污染物的扩散，可以在外部集气罩的对面设置吹气口，将污染气流吹向外部集气罩的吸气口，以提高控制效果。这种把吹和吸结合起来的气流收集方式称为吹吸式集气罩（见图 4-9）。由于吹出气流的速度衰减得慢，以及气幕作用，室内空气混入量大为减少，所以达到同样的控制效果时，要比单纯采用外部集气罩节约风量，并且不易受室内横向气流的干扰。

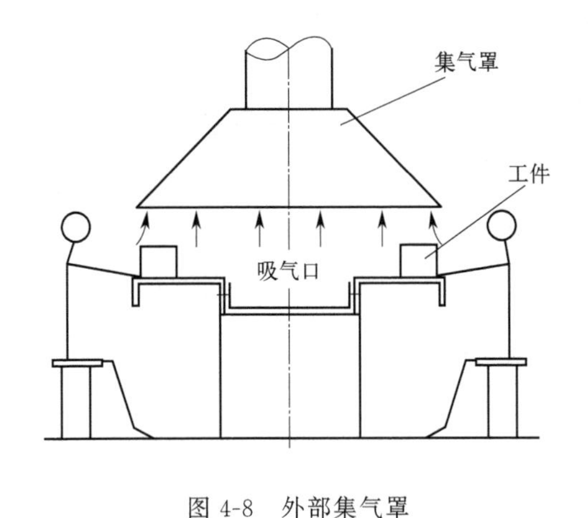

图 4-8　外部集气罩

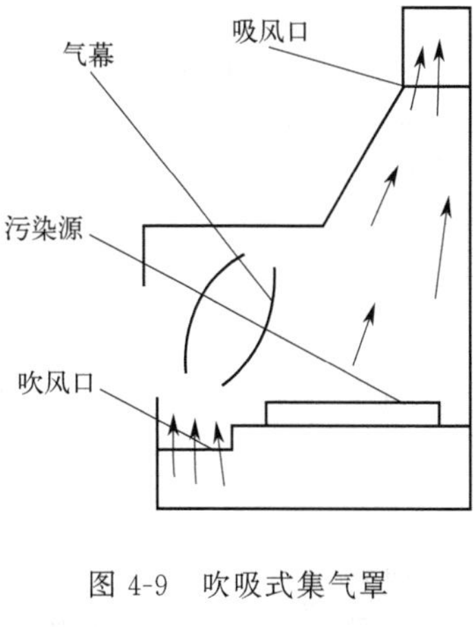

图 4-9　吹吸式集气罩

4.5.2　颗粒物的二级控制

颗粒物是大气污染物中的重要防治对象。目前，针对颗粒污染物的控制方法与除尘设备主要有机械力除尘器、过滤式除尘器、电除尘器和湿式除尘器等。其中机械力除尘器包括重力沉降室、惯性除尘器和声波除尘器。常用的颗粒物控制方法与除尘设备有以下几种。

（1）重力沉降室

重力沉降室是利用粉尘与气体的密度不同，依靠自身的重力从气流中自然沉降下来，达到净化目的的装置，如图 4-10 所示。其分为水平气流沉降室和垂直气流沉降室两类，具有结构简单、成本低、便于维护、压力损失小、可处理高温气体等优点，但沉降小颗粒的效率低，一般只能除去粒径在 50μm 以上的大颗粒。因此，重力沉降室通常作为高效除尘装置的初级除尘器。

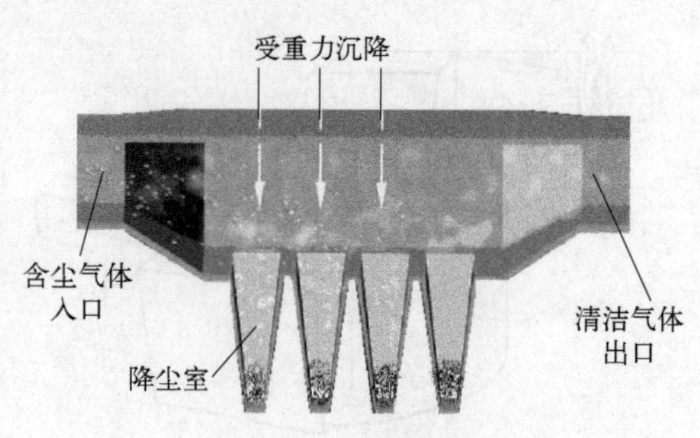

图 4-10　重力沉降室

（2）惯性除尘器

惯性除尘器是利用粉尘与气体在运动中的惯性力不同，使粉尘从气流中分离出来的方法，如图 4-11 所示。惯性除尘器的分离机理一般是将速度为 u_1 的含尘气流沿着 d_1 的方向冲击在挡板上，使气流方向急剧改变，而气流中的大颗粒惯性较大，不能随气流转弯便直接与挡板 B_1 撞击后沿着 d_2 方向运动，由此从气流中分离出来。气流中的小颗粒可以随着气流转弯，沿着曲率半径分别为 R_1 和 R_2 的路径运动，最终气体以 u_2 的速度排除。通常来说，含尘气体在冲击或方向发生转变前的速度越高，方向转变的曲率半径越小，则除尘效率就越高，但阻力也随之增大。惯性除尘器可用于处理高温气体，适合安装在烟道上使用。对于粒径为 10～30μm 的尘粒，其除尘效率可达到 70%左右，阻力一般为 147～392Pa，一般只能用作多级除尘器的预除尘。

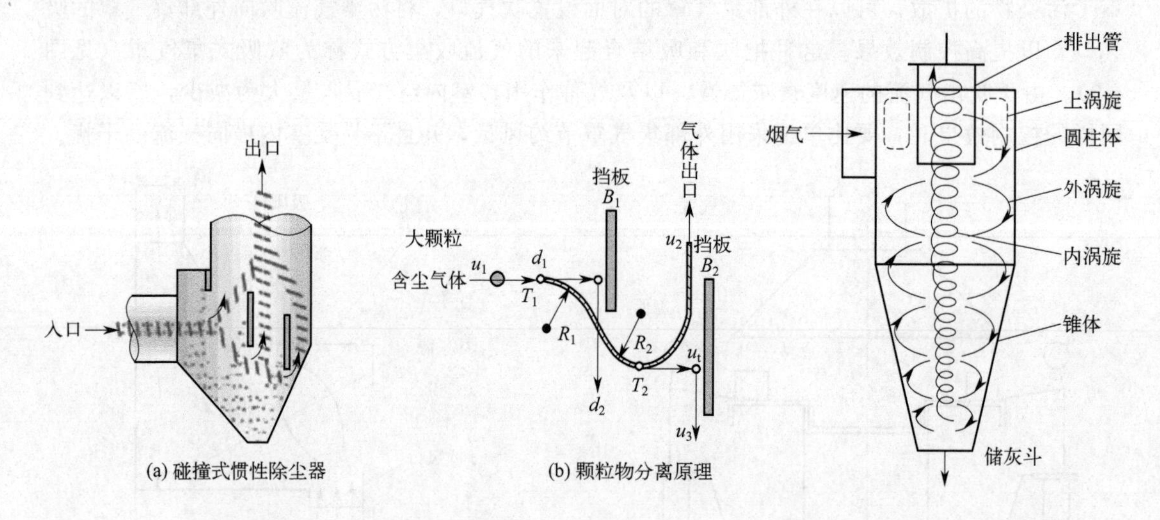

图 4-11　惯性除尘器

图 4-12　切向进入式旋风除尘器

（3）旋风除尘器

旋风除尘器是利用离心力作用将尘粒从气流中分离并捕集下来的装置，可分为切向进入式旋风除尘器和轴向进入式旋风除尘器两种类型，其中切向进气是旋风除尘器最常见的形式（图 4-12）。旋风除尘器结构简单、造价低，无传动机构及运动部件，维护、修理方便，可用于高温含尘烟气的净化，可承受内外压力，并且能够回收有价值的粉尘等。但旋风除尘器对粒径<5μm 颗粒的捕集效率不高，一般用作预除尘使用。

（4）过滤式除尘器

过滤式除尘器是利用多孔过滤介质分离捕集气体中固体或液体粒子的净化装置，以袋式除尘器和颗粒层除尘器为主。按粉尘粒子在除尘器中被不同的位置捕获可以分为内部过滤和外部过滤。颗粒层除尘器属于内部过滤式，它是以一定厚度的固体颗粒床层作为过滤介质，具有耐高温、耐腐蚀等优点，且除尘效率较高，适用于冲天炉和一般工业炉窑。袋式除尘器则属于外部过滤式，即粉尘在滤料表面被截留，其工作状态如图 4-13 所示。其对净化含微米或亚微米粉尘粒子的效率较高，可捕集多种干性粉尘，含尘气体浓度在相当大的范围内变化，稳定可靠，无污泥处理和腐蚀等问题。然而，由于袋式除尘器容易受滤料性能的影响，不适合净化含黏结和吸湿性强的含尘气体，并且净化大含尘烟气量所需投资比电除尘器高。

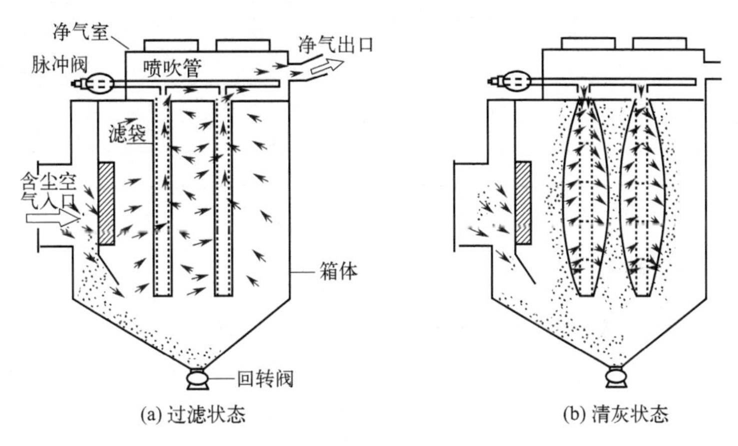

图 4-13　袋式除尘器的工作状态

（5）电除尘器

电除尘器是利用含尘气体通过强电场时被电离而带荷电，荷电的尘粒在电场力作用下到达集尘极，从而使尘粒从含尘气体中分离出来的一种除尘装置。其作用机理主要是使粉尘在电场的驱动下做定向运动后有利于分离。如图 4-14 所示，含尘气体通过两极间非均匀电场时，在放电极周围强电场作用下，气体被电离并且带电尘粒在电场作用下被推向集尘极，从而达到除尘效果。它几乎可以捕集一切细微粉尘及雾状液滴，其捕集粒径范围为 0.01～100μm。当粉尘粒径＞0.1μm 时，其除尘效率可达到 99%以上。

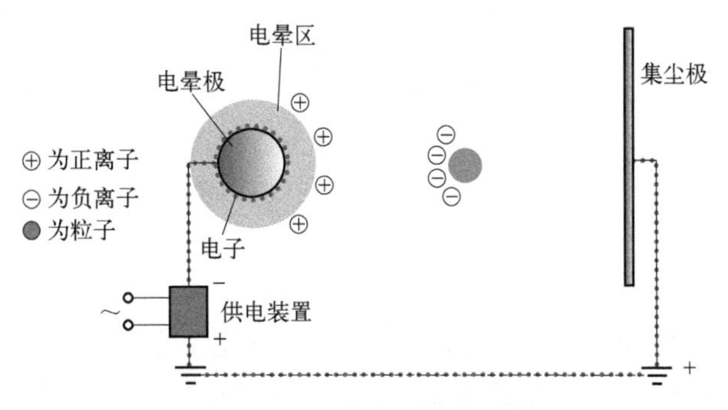

图 4-14　电除尘器除尘过程

总体来说，各种颗粒物除尘设备都具有一定的优缺点和适用范围（表 4-6），所以不同行业选择设备时要注意进行区分。在选用时，需要考虑除尘器的除尘效率、除尘器的处理气体量、除尘器的压力损失以及建设运营成本等因素，合理有效地组合设计出高效的除尘设备。

表 4-6 除尘器的除尘机理及适用范围

除尘装置	除尘机理								适用范围
	沉降作用	离心作用	静电作用	过滤	碰撞	声波吸引	折流	凝集	
沉降室	○								烟气除尘，硝酸盐、石膏、氧化铝、精制石英砂的回收
挡板除尘器					○		△	△	
旋风式除尘器		○			△			△	
湿式除尘器		△			○		△	△	硫铁矿焙烧，硫酸、磷酸、硝酸生产等
电除尘器			○						除烟雾、石油裂化催化剂回收、氧化铝加工等
过滤式除尘器				○	△		△	△	喷雾干燥、炭黑生产、二氧化钛加工等
声波式除尘器					△	○	△	△	尚未普及应用

注："○"指主要机理；"△"指次要机理。

4.5.3 有害气体的净化

对于大气污染物中有害气体的净化技术通常包括吸收法和转化法两大类。吸收法包括固体吸附法、液体吸收法、冷凝法和膜分离技术；转化法则有焚烧法、生物氧化法和催化转化法等。大气中有害气体以 SO_2、NO_x 和 VOCs 为主要研究对象，它们普遍来源于汽车制造业、摩托车、家用电器、电线电缆、漆包线、电机及电机绝缘处、电器、仪表、电子、石油化工、涂料、化工、印铁、印刷、家具、皮革、鞋业、玻璃、建材等行业等。

目前有害气体 SO_2 的净化方法分为 3 种，即湿法脱硫、干法脱硫和半干法脱硫。我国工业中主要采用湿法，即用液体吸收剂洗涤烟气，吸收所含的 SO_2；其次为干法，用吸附剂或催化剂脱除废气中 SO_2。

湿法排烟脱硫包括氨法、钙法和钠法 3 种：氨法是以氨水作吸收剂；钙法是利用石灰石、生石灰等的乳浊液作吸收剂；钠法是以 NaOH、Na_2CO_3、Na_2SO_3 作为吸收剂吸收 SO_2。因为钠法吸收 SO_2 速度快，管道和设备不易堵塞，所以应用较广泛。并且钠法吸收剂的副产品处理方式有：a. 中和反应；将含有的吸收液直接供造纸厂代替烧碱蒸煮纸浆；b. 将吸收液经浓缩、结晶、脱水后回收 Na_2SO_3 晶体；c. 在含 $NaHSO_3$ 的吸收液中加入石灰，使其生成 $CaSO_3$，再经氧化后生成石膏；d. 将吸收液加热后再次生成高浓度的含硫物质并用于生产硫酸。干性排烟脱硫法通常采用活性炭法，即利用活性炭的活性及较大的比表面积，使烟气中的 SO_2 在活性炭表面上与氧及水蒸气作用生成硫酸。

工厂内烟气排放的 NO_x 控制技术主要以下列 4 种为首要选择。

① 选择性催化还原法（selective catalytic reduction，SCR）。如图 4-15 所示，在催化作用下，以氨作还原剂，将 NO_x 还原为 N_2 和 H_2O 的方法。以二氧化钛和沸石等为载体，催化剂的可选择范围较小，通常为贵金属（如 Pd、Pt）和金属氧化物（如 Cu、Fe、V、Mn）等。

② 非选择性催化还原法（non-selective catalytic reduction，NSCR）。利用 Pt 等金属作为催化剂，以氢或甲烷等还原性气体作为还原剂，将烟气中的 NO_x 还原为 N_2。还原性气体

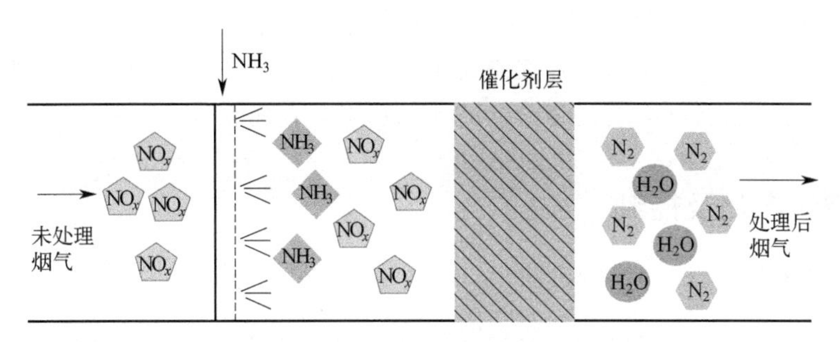

图 4-15　选择性催化还原法

不仅与 NO_x 反应，也会与过剩 O_2 发生对应反应。

③ 吸收法净化烟气中的 NO_x。利用某些溶液作为吸收剂，对 NO_x 进行吸收，如碱吸收法、硫酸吸收法、氢氧化镁吸收法等。

④ 吸附法净化烟气中的 NO_x。利用活性炭与沸石分子筛进行吸附。被吸附的硝酸和 NO_x 可用水蒸气置换法将其脱附，脱附后的吸附剂经干燥冷却后，可重新用于吸附。

4.5.4　汽车尾气排放净化

《环境空气质量标准》(GB 3095—2012) 规定的 10 多个环境空气污染物中，有 SO_2、总悬浮颗粒物（TSP)、可吸入颗粒物（PM_{10})、NO_2、CO、O_3、Pb、NO_x、苯并［a］芘共 9 种污染物存在于汽车排气之中。除此之外，烃类化合物（HC)、CO_2 等也是汽车排放尾气中的主要成分。

汽车排气的净化方法可以分为燃料处理技术、机内净化技术和机外净化技术三个层面。燃料处理技术是对现有燃料进行处理、采用代用燃料。机内净化技术则是对燃烧方式进行控制或对发动机进行改进来控制燃烧过程，使有害排放物的量尽可能小或无害，一般包括分层燃烧、稀混合气燃烧技术以及控制燃烧条件的其他技术。机外净化技术则可以从以下 3 种途径来处理净化汽车尾气排放的污染物：

① 空气喷射　在排气门出口注入新鲜空气，使高温尾气中的 CO 和 HC 与空气混合而被燃烧净化。此方法常与下面两种方法结合使用。

② 热反应器　在排气管出口上设置促进氧化反应的绝热装置作为热反应器，尾气进入热反应器后，在充足的氧气条件下，CO 和 HC 生成 CO_2、H_2O，温度在 600℃ 以上时，净化效率很高。

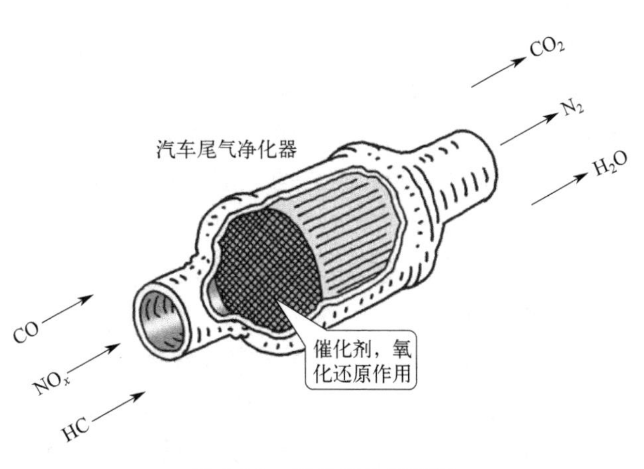

图 4-16　催化净化反应器

③ 催化净化反应器　包括氧化催化反应器和三元催化反应器，如图 4-16 所示。前者是在有氧条件下，发动机排气中的 CO 及 HC 进入氧化催化反应器内，在较低温度（约 300℃）时被快速氧化反应生成无害的 CO_2 和 H_2O。后者的催化剂则同时具有氧化和还原作用，可以使排气中的

CO 和 HC 作为还原剂，使 NO_x 还原成 N_2，其本身氧化为 CO_2 和 H_2O。

除此以外，汽车尾气污染的综合控制还需要从相关政策法规的调控、新型清洁动力与绿色环保交通工具的提倡以及不断提高公众的环保意识等方面着手。

4.6 室内空气净化及控制

4.6.1 净化技术

空气污染一般分为室内污染和大气污染，室外空气通常称为“大气”，而室内空气则称为“空气”。近几年，随着科技的进步以及人们对室内空气质量要求的提高，室内空气净化技术也获得了迅速发展，并在不断改进。室内空气主要净化技术如下。

（1）物理吸附技术

主要是用各种具有吸附能力的材料，如活性炭、分子筛、硅藻土、膨润土等，对室内空气中有害气体进行物理吸附，以达到降低污染物浓度的目的。其中使用比较广泛的吸附材料为活性炭，由于其化学吸附力强、物理化学稳定性好、机械强度高，对有机气体的吸附效果好。但活性炭对无机气体吸附效果差，而且对温湿度较为敏感，酮、醛和酯等污染物会堵塞活性炭气孔，从而限制了活性炭吸附法的推广。

（2）纤维过滤技术

主要通过多孔性过滤材料把空气中的颗粒物过滤收集下来。常见的有纤维过滤和黏性填料过滤。其中纤维过滤的作用机理包括拦截作用机理、惯性作用机理、扩散作用机理、重力作用机理、静电作用机理，其滤料为玻璃纤维、合成纤维、无纺布制成的滤纸或滤布；而黏性填料的过滤机理主要是通过填料浸涂黏性油，并利用尘埃的惯性和黏性效应等作用来过滤颗粒物。

（3）负离子净化技术

负离子净化技术的基本原理是通过使用负离子发生器形成带负电荷的金属离子，在环境中形成负离子流，从而吸收室内空气中带正电荷的悬浮粒子污染物，使之逐渐累积超重，最后通过沉淀改变气溶状态。负离子净化技术具备空气弥漫性，能够对房间内所有角落实施全面的负电离清洗工作，对去除室内环境中颗粒有着相当显著的效果。同时，由于负电离还具有特定的消毒功能，因此负离子净化技术对人类身心健康大有裨益，也将是未来室内空气消毒净化应用领域中最值得重视的、富有前景的净化技术。然而，负离子技术也有其弊端，它无法消除室内环境中的废气污染，同时还容易形成 O_3，从而形成二次污染。负离子空气净化技术与其他气体净化技术结合应用才能取得更理想的空气净化效果。

（4）臭氧净化技术

O_3 具有强氧化性，能够和多数有机物发生反应，生成过氧化物、氧化物，或直接发生分解。O_3 由于有强氧化性能，被广泛应用于水的杀菌、室内空气的杀菌、物品表面的杀菌和周围环境的除臭除气味等方面，是目前室内治理中一种全球认可的最常见、安全有效的方式，尤其适合处理中等、轻度室内空气污染。臭氧法的优点是没有产生任何残余物和二次污染，但人们在使用该方法净化居室空气时，需要临时远离卧室，以防臭氧中毒。

（5）生物净化技术

生物法是一种天然净化污染的方法，主要利用植物或微生物的吸附、氧化及络合等作用，从而达到去除污染物的目的。相比于物理法，生物法能有效净化室内甲醛且安全环保，无二次污染等问题，是一种较为经济且环保的净化方法。同时，植物本身具有观赏性，能够美化居室环境，所以植物净化一直是人们最乐意接受用来消除室内甲醛的方法。绿萝、常青藤、吊兰、芦荟、君子兰、仙人掌、扶郎花等植物，都被认为有净化甲醛的能力。但当污染严重时，并不能快速、高效地提升空气质量，所以植物净化空气有一定的局限性。

除此之外，膜分离技术也是一种常用的空气处理技术，其主要特点是简单、快捷，过滤效果非常好。在这类技术中，常使用的材料是无机薄膜，其化学稳定性好、机械强度高、不容易被细菌降解，未来将会成为室内空气净化的主要手段。虽然关于膜分离技术的研究在不断加深，但是该技术处于萌芽阶段，要想广泛应用于室内空气净化中仍存在较大的困难。

4.6.2 法律法规

我国已颁发的空气环境质量标准主要有《环境空气质量标准》(GB 3095—2012)、《室内空气质量标准》(GB/T 18883—2022)和《乘用车内空气质量评价指南》(GB/T 27630—2011)。

《室内空气质量标准》(GB/T 18883—2022) 于2022年7月11日经国家市场监督管理总局（国家标准化管理委员会）批准发布，代替《室内空气质量标准》(GB/T 18883—2002)，自2023年2月1日起正式实施。新标准调整了5项化学性指标（二氧化氮、二氧化碳、甲醛、苯、可吸入颗粒物)、1项生物性指标（细菌总数）和1项放射性指标（氡）要求。二氧化碳限值虽未调整，但是要求由“日平均值”修改为“1小时平均值”。还新增加了三氯乙烯、四氯乙烯和细颗粒物3项化学性指标及要求，室内空气质量指标由原来的19项变为22项。规定了室内空气质量的物理性、化学性、生物性和放射性指标及要求。具体要求见表4-7。同时该标准还规定了室内空气质量指标监测的点位布设、采样时间和频次、采样仪器等内容，以及甲醛、苯、甲苯、二甲苯、总挥发性有机物、苯并［*a*］芘、可吸入颗粒物、细颗粒物、细菌总数、氡10项指标的检验方法。

表4-7 室内空气质量指标及要求

指标分类	指标	计量单位	要求	备注
化学性	臭氧(O_3)	mg/m^3	≤0.16	1小时平均
	二氧化氮(NO_2)	mg/m^3	≤0.20	1小时平均
	二氧化硫(SO_2)	mg/m^3	≤0.50	1小时平均
	二氧化碳(CO_2)	%①	≤0.10	1小时平均
	一氧化碳(CO)	mg/m^3	≤10	1小时平均
	氨(NH_3)	mg/m^3	≤0.20	1小时平均
	甲醛(HCHO)	mg/m^3	≤0.08	1小时平均
	苯(C_6H_6)	mg/m^3	≤0.03	1小时平均
	甲苯(C_7H_8)	mg/m^3	≤0.20	1小时平均
	二甲苯(C_8H_{10})	mg/m^3	≤0.20	1小时平均
	总挥发性有机化合物(TVOC)	mg/m^3	≤0.60	8小时平均
	三氯乙烯(C_2HCl_3)	mg/m^3	≤0.006	8小时平均
	四氯乙烯(C_2Cl_4)	mg/m^3	≤0.12	8小时平均
	可吸入颗粒物(PM_{10})	mg/m^3	≤0.10	24小时平均
	苯并[*a*]芘(BaP)②	ng/m^3	≤1.0	24小时平均
	细颗粒物($PM_{2.5}$)	mg/m^3	≤0.05	24小时平均
生物性	细菌总数	CFU/m^3	≤1500	—
放射性	氡(^{222}Rn)	Bq/m^3	≤300	年平均③(参考水平④)

续表

指标分类	指标	计量单位	要求	备注
物理性	温度	℃	22～28 16～24	夏季 冬季
	相对湿度	%	40～80 30～60	夏季 冬季
	风速	m/s	≤0.3 ≤0.2	夏季 冬季
	新风量	m^3/(h·人)	≥30	—

① 体积分数。

② 指可吸入颗粒物中的苯并[a]芘。

③ 至少采样3个月(包括冬季)。

④ 表示室内可接受的最大年平均氡浓度,并非安全与危险的严格界限。当室内氡浓度超过该参考水平时,宜采取行动降低室内氡浓度。当室内氡浓度低于该参考水平时,也可采取防护措施降低室内氡浓度,体现辐射防护最优化原则。

4.6.3 联防措施

防治室内空气污染，改善和提高室内空气质量可以从室内污染源、绿色环保建材、勤于通风、合理使用空调、采用室内空气净化器，以及增加室内绿化、优化设计、完善法规等方面进行着手。

① 建筑装潢材料的选用要符合环保要求：采用绿色环保建筑材料，装修后采用空气净化器、烘烤法或活性炭吸附等方法进行治理。

② 室内通风换气：通风就是室内外空气互换，互换速率越高，降低室内产生的污染物的效果往往越好。加强通风换气，用室外新鲜空气来稀释室内空气污染，使浓度降低，是改善室内空气质量最方便快捷的方法。开窗是通风换气最有效的途径之一，开窗通风可以始终保持室内具有良好的空气品质，是改善住宅室内空气品质的关键。

③ 减少人为污染：不在室内吸烟，尽量不使用各种气雾剂、清洁剂等。

④ 室内污染治理技术：例如种植一定品种的绿色植物释放氧气、吸收污染气体。也可以通过活性炭吸附、空气净化器等方式来改善室内空气质量，创造健康的办公室和住宅环境。

⑤ 降低机动车尾气对室内空气的污染：机动车尾气产生大量 PM_{10} 和 VOCs 等，采取一定措施可以减缓污染，例如上下班高峰时段关闭窗户等。

参考文献

[1] 刘芃岩．环境保护概论［M］．北京：化学工业出版社，2011.

[2] 郝吉明，马广大，王书肖．大气污染控制工程［M］．3版．北京：高等教育出版社，2010.

[3] 蒋展鹏，杨宏伟．环境工程学［M］．3版．北京：高等教育出版社，2013.

[4] 蒋文举．大气污染控制工程［M］．2版．北京：化学工业出版社，2012.

[5] 戴树桂．环境化学［M］．2版．北京：高等教育出版社，2006.

[6] 张展源，何润堃，张宝杰．室内空气污染物及净化技术研究［J］．环境科学与管理，2017，42（3）：93-96.

[7] 陈涛，张华飞，孙成勋，等．室内环境中放射性氡的来源危害及控制措施［J］．化工管理，2018（8）：1.

[8] 李术标．室内空气污染及空气净化关键技术探究［J］．皮革制作与环保科技，2021，2（24）：170-172.

[9] 吴瑾，姜紫阳，傅学振，等．典型气象条件下区域性雾霾空间分布特征研究［J］．环境科学与管理，2022，47（5）：71-76.

[10] 张浩，李雷，姚婷婷，等．放射性对人类及生态环境的危害［J］．中国建材科技，2014，23（4）：38-39，58.

[11] 杨树锋．地球科学概论［M］．2版．杭州：浙江大学出版社，2015.

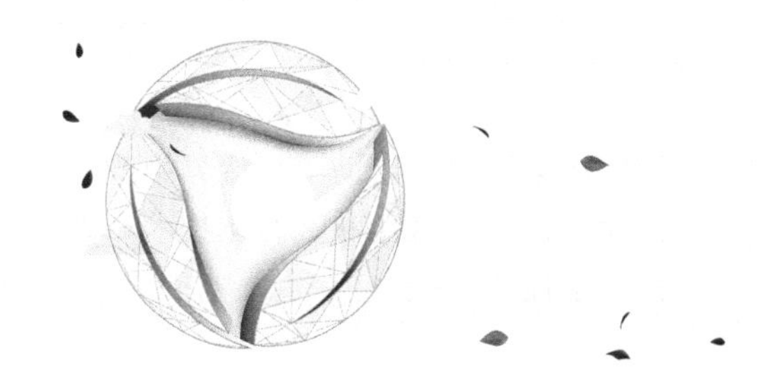

第5章 固体废物污染与控制

5.1 固体废物定义及特征

5.1.1 固体废物的定义

固体废物是指在生产、生活和其他活动中产生的丧失原有利用价值或虽未丧失利用价值但被抛弃或者放弃的固态、半固态和置于容器中的气态物品、物质以及法律、行政法规规定纳入固体废物管理的物品、物质，例如城市生活垃圾、污泥、废弃电子产品、医疗废物等。对于固体废物与非固体废物的鉴别，可以根据《中华人民共和国固体废物污染环境防治法》中的具体定义和《固体废物鉴别导则》所列的固体废物范围加以区分与判断。

从空间角度来看，固体废物仅仅相对于某一过程或某一方面没有使用价值，而并非在一切过程和一切方面都没有价值。因此，固体废物只是放错地方的资源，如果不合理处理与处置固体废物，这不仅破坏了人类赖以生存的自然环境，而且也是资源的巨大浪费。

固体废物对环境的危害与所涉及的固体废物性质和数量有关，对环境污染的防治过程中应当坚持减量化、资源化和无害化的原则。

5.1.2 固体废物的性质与特点

固体废物的性质可以从物理、化学和生物化学 3 个方面进行辨析。

(1) 物理性质

单一物质都有特定的外部特征，但对于城市生活垃圾等这种多样、混合的固体废弃物而言，由于无特定的内部结构，也就不存在特定的物理性质。常涉及的指标主要包括物理组成、色、臭、温度、空隙率、含水率、粒度、密度、磁性、弹性等。固体废物的压实、破碎、分选（磁选、电选等）处理方法主要与其物理性质有关，其中色、臭等感官特性可以直接加以判断。

(2) 化学性质

包括元素组成、重金属含量、pH 值、植物营养元素、污染有机物含量碳氮比（C/N 值)、五日生化需氧量与化学需氧量之比（BOD_5/COD 值)、热值、灰分熔点、闪点与燃点、挥发分、灰分和固定碳、表面润湿性等。固体废物的堆肥、发酵、焚烧、热解、浮选等处理方法主要与其化学性质有关。

（3）生物化学性质

包括病毒、细菌、原生及后生动物、寄生虫卵等生物性污染物质。借助于自然界中微生物的生物能，对固体废物进行生物处理，实现固体废物的稳定化、无害化和资源化技术。固体废物的堆肥、发酵、填埋等生化处理方法主要与其生物化学性质有关。

固体废物一般具有以下特点：

① 无主性。被丢弃后，不再属于谁，也找不到具体负责人，尤其是城市生活垃圾。

② 分散性。丢弃后分散在各处，需要集中收集、处理，以便提高资源利用效率。

③ 危害的潜在性和长期性。固体废物迁移转化缓慢，所产生的环境污染常常不易被察觉，容易发生人身伤害等灾害性事件，环境污染后的恢复时间较长。

④ 错位性。一个时空领域的废物在另一个时空领域是宝贵的资源，即“在时空上错位的资源”。

5.2 固体废物的来源与分类

5.2.1 固体废物的来源

固体废物的来源具有多样性，一方面可以来自人类的生产活动，如生产中的炉渣、尾矿、煤矸石等，另一方面来自人类的生活活动，如生活中常见的废纸、废包装箱、菜叶、果皮以及粪便等。固体废物的组成很复杂，包括生活垃圾、餐厨垃圾、建筑废物、污泥、绿化垃圾、动物尸骸、医疗垃圾、电子废物、废弃车辆、工业废物。按照土地使用功能区可以大致将固体废物的来源分为：a. 住宅区，如各种类型的住宅、公寓、户外空地；b. 水域，如公路、街道、公园、游乐场、海滨等；c. 商业区，如商店、餐厅、市场、办公室、旅馆、印刷厂、修车厂、医院等；d. 污水处理厂，如净水厂、污水厂；e. 工业区，如建筑拆毁、各类工业、矿场、火力电厂等；f. 农业区，如田野、农场、林场、牲畜养殖场、牛奶厂、牧场等。

固体废物的来源很广泛，人们在开发资源、制造产品的过程中必然产生废物，任何产品经过使用和消耗后也终将变成废物。在城市发展过程中应当对固体废弃物进行资源化利用，采取垃圾堆肥利用、生产复合材料、制造生物环保砖块、制备生态水泥、堆肥厌氧发酵等方式，实现固体废弃物再利用，避免固体废弃物对生态环境和人体健康造成影响，促进城市可持续发展。

5.2.2 固体废物的分类

可以根据来源、性质与危害、处理处置方法等不同分类标准将固体废物分为不同类别。具体分类如下：

① 按危险状况可分为有害废物和一般废物；

② 按形状可分为固体的块状废物、粒状废物、粉状废物和泥状的污泥；

③ 按化学性质可分为有机废物和无机废物；

④ 按管理可分为工业固体废物、城市固体废物和危险固体废物三大类；

⑤ 按来源可分为工业固体废物、矿业固体废物、城市固体废物（城市垃圾）、农业固体废物和放射性固体废物五类；

⑥ 按危害特性可分为有毒有害固体废物和无毒无害固体废物；

⑦ 按处理处置方法可分为可资源化废物、可堆肥废物、可燃废物和无机废物；

⑧ 按热值可分为高热值废物和低热值废物。

《中华人民共和国固体废物污染环境防治法》(2020 年修订）将固体废物大致分为工业固体废物、生活垃圾、建筑垃圾和农业固体废物、危险废物几大类。其中工业固体废物经过适当的工艺处理后可以成为工业原料或能源，而且比废水或废气更容易资源化。工业固体废物是指工业生产活动中产生的固体废物，是废弃物污染环境的主要形式。针对尾矿、煤矸石、废石等矿业固体废物可以采取先进工艺对其进行综合利用，且当矿业固体废物储存设施停止使用后，工厂企业应按照国家有关环境保护等规定进行封场，防止造成环境污染和生态破坏。

5.3 固体废物污染及生态效应

5.3.1 生活垃圾

城市生活垃圾指在城市日常生活中或者为城市日常生活提供服务的活动中产生的固体废物，如瓜果皮、剩菜剩饭、废纸、饮料罐、废金属、废电池、荧光灯管、过期药品等。由于生活垃圾中的成分十分复杂，处理起来也有一定的难度，故通常会先进行分选或分类处理。

以资源化为导向的生活垃圾分类可以参考以下方法。

① 餐厨垃圾类是指居民日常生活消费过程中产生的餐厨垃圾，包括丢弃不用的菜叶、剩菜、剩饭、果皮、蛋壳、茶渣、骨头等，其主要来源为家庭厨房、餐厅、饭店、食堂、市场及其他与食品加工有关的行业。经源头分类的餐厨垃圾，可通过专门的收集车每天定时收集，由环卫运输车队或具有生活垃圾运输许可证的企业负责及时按照相关路线运输到专门的餐厨垃圾处理场所。

② 可回收垃圾类是指能够作为再生资源循环使用的废弃物，常见的可回收垃圾包括纸类（报纸、办公用纸、广告纸片、纸盒、复印纸、杂志、图书、各种包装纸等)、金属（各类铝制罐、钢制罐、金属制奶粉罐、金属制包装盒罐、废旧钢精锅、水壶、铁钉、刀具、金属元件等)、塑料（塑料瓶、塑料包装物和餐具、牙刷、杯子、矿泉水瓶、塑料玩具、塑料文具、塑料生活用品、洗发液瓶、洗手液瓶、洗衣液瓶、洗洁精瓶等)、玻璃（玻璃饮料瓶、玻璃酒瓶、坏玻璃杯、碎玻璃窗、废玻璃板、镜片、镜子等）和织物（废弃衣服、裤子、袜子、毛巾、书包、布鞋、床单、被褥、毛绒玩具）等。

③ 有害垃圾类是指存有对人体健康有害的重金属、有毒的物质或者对环境造成现实危害或潜在危害的垃圾，包括各类电池（无汞电池除外)、水银温度计、过期药品、灭蚊剂、过期化妆品、废涂料及其容器等。有害垃圾由于具有特殊性质，应该单独分类投放，经统一收集后交由环境保护行政主管部门核准的有害垃圾处置单位进行后续末端处理与处置。

④ 大件垃圾类是指体积较大、整体性强，需要拆分再处理的废弃物品，包括废家用电器、棚架、包装框架、家具（台凳、沙发、床、椅)、棉被、地毯、自行车等。由于大件垃圾体积大且笨重，会影响正常的日常清扫保洁和垃圾清运，废旧电器拆解过程会产生废气、废液、废渣等，从而造成新的环境污染，因此大件垃圾的收集应与普通生活垃圾有所区分。

⑤ 其他垃圾类不属于餐厨垃圾类、可回收垃圾类等能够资源化或循环利用的垃圾，也不属于有害垃圾或大件垃圾类范围的垃圾，可单独分类为其他垃圾类，包括陶瓷碗、一次性纸尿布、卫生纸、湿纸巾、烟蒂、清扫渣土等。此外，其他混杂、污染的生活垃圾如海鲜甲

壳、蛋壳、动物大骨棒、甘蔗渣、椰子壳等不属于餐厨垃圾的食物残余类，脏污的塑料（袋）、厕纸等，以及难分类的生活垃圾，也属于其他垃圾类，进入其他垃圾投放容器。

常见的垃圾分类方法如图 5-1 所示。垃圾分类是以资源化为导向的分类方法，城市居民在垃圾分类之前必须注意一些基本原则。例如，城市居民应以“3R”原则为指引：减量化（Reduce），从源头上减少垃圾量的产生，尽可能地通过物理手段减小垃圾的体积，滤干餐厨垃圾中的水分等，将容器盛装的物质与容器本身分离等；再利用（Reuse），尽可能购买和使用能够循环利用的产品，将仍有使用价值的物品赠予有需要的人而非直接扔掉；再循环（Recycle），积极按照规定，分类投放生活垃圾，为后续垃圾资源化利用打好基础等。这些都有利于生态环境的保护与改善，但如果居民源头分类后的生活垃圾最终无法得到资源化利用，这不仅无法做到垃圾的减量化和对生态环境的无害化，同时源头控制的意义也不复存在。

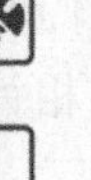

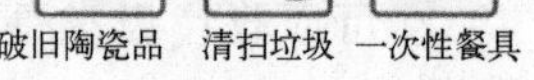

图 5-1　常见垃圾分类方法

5.3.2　工业固体废物

工业固体废物是在工业生产和加工过程中产生的，排入环境的各种废渣、污泥、粉尘等。工业固体废物如果没有严格按环保标准要求安全处理处置，对土地资源、水资源会造成严重的污染。

在工业生产过程中会产生很多工业固体废物，这些工业固体废物品种繁多，大概可分成 16 个类别，1000 多个详细品种，且大部分工业固体废物都对自然环境有严重危害（图 5-2）。常见的工业固体废物包括金属材料、夹层玻璃、塑胶、化学纤维、废旧纸张等。工业固体废物的收集应由专业人士操作，并配置对应的防护措施。为了减少工业固体废物的收集成本，现阶段工业固体废物依照“谁污染，谁解决”的准则处理。

工业固体废物资源化利用，则是将工业固体废物直接作为原料进行利用或者对废物进行再生利用。资源化是循环经济的重要内容，但就目前而言仍存在以下问题。

① 我国工业固体废物资源化发展不平衡。由于我国东部社会经济发展远远高于中西部，处理固体废物的技术也比较发达，但我国的工业固体废物大部分来源于中西部地区，固体废物处理的利润不足以弥补东部和中西部来往的运输费用。

图 5-2　工业固体废物

② 现阶段，我国专业的工业固体废物资源化利用公司的规模和货运量较小。一方面是因为工业固体废物资源化利用公司与上下游废物排放公司之间缺少联络；另一方面则是公司对工业固体废物资源化利用方面的重视度不足，导致对工业固废资源化利用的效率不高。

③ 我国大宗工业固体废物资源化技术需要进一步完善和创新。尤其是要以冶炼渣煤、铅石、粉煤灰、工业复产石膏、尾矿等固体废物作为重点处理对象，完善大宗固体废物综合利用标准体系，研发相关资源利用技术，做好产业间上下游的衔接，这样才能推动大宗工业固体废物综合利用的高值化、集约化和规模化发展。

总的来说，大宗工业固体废物综合治理是制约我国生态环境治理工作取得实效的重要瓶颈问题。从环境治理工作的风险和挑战来看，由于大宗工业固体废物年产生量和历史存量巨大，长期堆存的工业固体废物对大气扬尘、土壤和地下水环境污染问题突出，环境风险长期存在。同时，由于我国工业发展依赖资源和能源的持续投入，且钢铁、有色、电力等传统行业规模大，在经济结构和技术条件没有明显改善的情况下，在未来一段时间内资源需求的增长趋势将长期持续，尾矿、粉煤灰、煤矸石、冶炼废渣、炉渣、脱硫石膏等大宗工业固体废物产生量保持在较高水平也将是客观现实。因此，如果能有效提高我国典型大宗工业固体废物的综合治理能力，尽量回收固体废物中的有价值成分进行综合利用，使尽可能少的废物进入环境以取得经济、环境和社会的综合收益，这将为我国经济社会发展的资源保障能力提供重要支撑。

5.3.3　危险废物

危险废物特指有害废物，具有易燃性、腐蚀性、反应性、传染性、毒性、放射性等特性，产生于各种有危险废物产物的生产企业。危险废物的种类较多，危险性也多样化（图 5-3）。从危险废物的特性看，它对人体健康和环境保护有巨大的潜在危害，如引起或助长死亡率增高，或使严重疾病的发病率增高，或管理不当会给人类健康或环境造成重大急性或潜在危害等。

在进行危险废物处置的过程中，必须要认清不同危险废物的特性，因地制宜地选用现代化手段对其进行经济、有效、稳定的治理，从而营造和谐社会，减少危险废物对人体健康和生态环境造成的不利影响。

危险废弃物处理处置可以采用安全填埋、焚烧以及固化处理等方式。由于危险废物自身具有传染性、毒性和放射性等特点，通常采用固化方式对危险废物进行处理。例如，水泥固

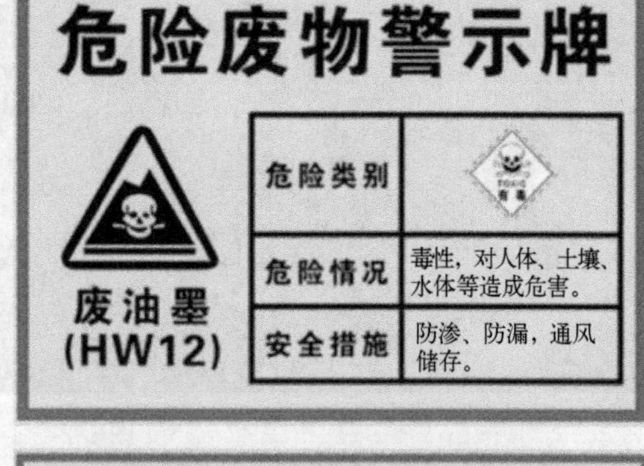

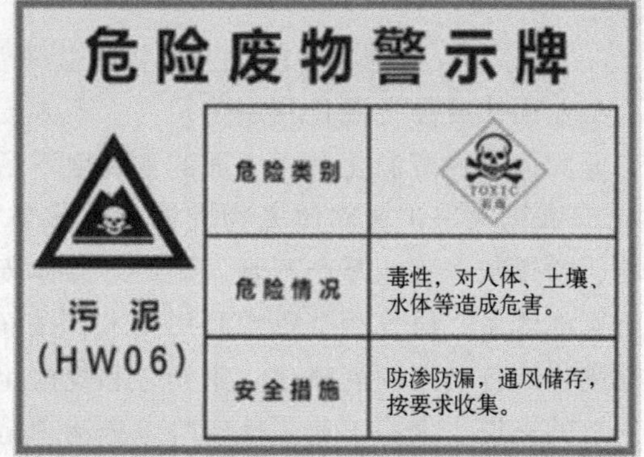

图 5-3 危险废弃物警示牌

化是一种以水泥为固化剂的危险废物处理方法，在水泥中掺入适当比例的水后逐渐硬化，再固化成水泥以实现对其的处理，使有害物质在固化体内被封存，最终实现无害化存储；但此方法的防渗水性并不好，需涂上涂层防水隔离。塑料作为混凝剂可以应用于重金属和放射性物质处置中，其固化物可以用于农业或建筑材料中，所需的缩合聚合反应可在室温下操作，但这种固化物的耐老化性能较差，分解后会污染周边环境。

危险废物的减量化、无害化处置不但可以减少各种危险废物对有限空间的占据，还可以提高生态环境质量，带来良好的社会效应和生态效应。现阶段，我国以绿色可持续发展为核心，众多企业贯彻绿色发展理念的自觉性和主动性显著增强，持续推进了危险废物源头减量和资源化利用。为了进一步实现优化发展，积极探索新的合规合法的管控模式，对危险废物实施信息化管理、全过程监控，结合科学化、效益化手段使危险废物处置发挥出实际效果，使得生态环境质量得到了有效改善，社会效益不断提高。

5.3.4 医疗废物

医疗废物是指医疗卫生机构在医疗、预防、保健以及其他相关活动中产生的具有直接或者间接感染性、毒性以及其他危害性的废物。医疗卫生机构收治的传染病病人或者疑似传染病病人产生的生活垃圾，也需要按照医疗废物进行管理和处置，见图 5-4。由于医疗废物具有感染性和毒性等潜在危害特征，被列入《国家危险废物名录》，分为感染性废物、病理性废物、损伤性废物、药物性废物和化学性废物 5 类。

医疗废物主要包括尖锐废物、患者护理废物、化学或药物废物、放射性和细胞毒性废物

图 5-4　医疗废物的分类管理

及破损的温度计，可以传播肝炎、炭疽、霍乱和艾滋病，以及消化道、呼吸道和皮肤疾病等。医疗废物中既携带有大量的细菌、未知病毒，同时也具有空间性污染、快速病毒传染性等病变特征，如果在运输存储管理过程中处理处置不够严格、不符合规范，脱离处理章程进行分类、储存、运输，假如发生事故，那么后果将是毁灭性的。例如新冠肺炎疫情（COVID-19）流行期间，医疗废物的处理处置就存在着二次传播或污染的重大风险。另外，医疗废物还被认为是环境中第四大汞排放源，不仅对水、大气和土壤等生态环境造成污染，还可以通过食物链进入人体后对大脑、神经系统、肾功能、消化系统造成严重影响。

据生态环境部固体废物与化学品司有关负责人透露，2021 年我国一共产生医疗废物约 1.40×10^6t（其中涉疫医废达到 2.01×10^5t），比 2019 年、2020 年分别增长 18.6%、11.1%。随着 COVID-19 疫情的暴发，医疗废物的产量也急剧增加，因此迫切需要安全处置医疗废物，以确保医疗环境安全和人民身体健康，推动生态经济发展和生态文明建设。

5.3.5　固体废物污染的生态效应

固体废物在处理处置过程中，其产生的污染物进入环境造成生态影响是不可避免的。污染物进入环境的方式可以通过产品的制造和利用以及废物处理、处置被释放到大气、水及土壤等生态环境中，到达环境的路径或是直接的或是间接的。进入环境的固体废物是潜在的污染源，如果不及时对其进行处理或处置，在一定条件下会发生化学、物理或生物转化与迁移，导致有毒有害物质长期不断释放进入环境。一方面污染地表水、地下水、大气和土壤等环境，另一方面通过食物链进入人体，危害人体健康。

（1）在大气环境中的生态效应

固体废物在堆积过程中，也会受到天气因素影响，从而进行一定程度的分解，所释放的有毒有害气体也会对大气环境造成污染，特别是粉煤灰和扬尘进入大气中以后，会使空气指标 PM 值升高，进而降低空气质量。

① 露天堆放和填埋的固体废物会由于有机组分的分解而产生沼气。沼气中的氨气、硫化氢、甲硫醇等的扩散会造成恶臭。同时，因为沼气的主要成分甲烷是一种温室气体，其温室效应是 CO_2 的 21 倍。当甲烷在空气中含量达到 5%～15%时很容易发生爆炸。

② 堆放的固体废物中的细微颗粒、粉尘等可随风飞扬，从而对大气环境造成污染。据研究表明：当发生 4 级以上的风力时，在粉煤灰或尾矿堆表层的粒径为 1～1.5 cm 以上的粉末将出现剥离，其飘扬的高度可达 20～50m 以上。在季风期间可使平均视程降低 30%～70%。

③ 一些有机固体废物在适宜的湿度和温度下被微生物分解，能释放出有害气体，产生毒气或恶臭，造成地区性空气污染。

④ 固体废物在焚烧过程中会产生粉尘、酸性气体、二噁英（有机氯化物），已成为有些国家大气污染的主要污染源之一。部分企业采用焚烧法处理塑料，排出 Cl_2、HCl，也成为大气污染的重要来源。

（2）在水环境中的生态效应

当固体废物遭遇风雨天气以后，其中有毒有害物质也会通过地表渗入周围河流、湖泊当中，进而引发严重的水体污染问题，对生态系统平衡和人们饮水健康也会带来极大影响。

固体废物可以直接把水体作为其接纳体，在水环境中进行迁移转化。也可以经过自身分解和雨水淋溶产生的渗滤液流入江河、湖泊或渗入地下，从而导致地面水和地下水的污染。在世界历史有不少国家直接将固体废物倾倒于河流、湖泊或海洋中，甚至把海洋当成处置固体废物的场所之一。固体废物弃置于水体中，将使水质直接受到污染，严重危害水生生物的生存条件，并影响水资源的利用。此外，向水体倾倒固体废物会使江河湖面的有效面积缩减，其排洪和灌溉能力降低。在陆地堆积的或简单填埋的固体废物，经过雨水的浸渍和废物本身的分解，将会产生含有有害化学物质的渗滤液，会对附近地区的地表水及地下水造成污染。

（3）在土壤环境中的生态效应

据相关数据显示，每吨固体废物占地面积约为 657km^2，若这些固体废物没有得到妥善处理，就会导致土地资源被侵占，并对土壤造成一定污染，主要是因为一些固体废物中含有锡、钴等有毒有害物质，不仅会杀死土壤中的微生物，还会对土壤的酸碱平衡造成破坏。这些有害物质可以通过以下方式在土壤环境中不断迁移转化：首先，固体废物堆放、储存和处置过程中产生的有害组分容易污染土壤。土壤是许多细菌、真菌等微生物聚居的场所，这些微生物与其周围环境构成一个生态系统，在大自然的物质循环中担负着碳循环和氮循环的一部分重要任务。工业固体废物特别是有害固体废物，经过风化、雨雪淋溶、地表径流的侵蚀，产生高温和有毒液体渗入土壤，能杀害土壤中的微生物，改变土壤的性质和土壤结构，破坏土壤的腐解能力，导致草木不生。其次，固体废物堆放需要占用土地。固体废物的任意露天堆放，不但占用一定土地，而且其累积的存放量越多，所需的面积也越大，这势必使可耕地面积短缺的矛盾加剧。

5.4 固体废物的处置与资源化

固体废物的处理技术包括卫生填埋技术、焚烧技术、堆肥与厌氧发酵以及热解等。

5.4.1 城市垃圾

我国是一个人口大国，也必然是一个生活垃圾产生大国。特别是一些人口聚集的大城市，每天会产生上百万吨的生活垃圾，如果不对这些垃圾进行妥善处理，不仅造成了资源的极大浪费，而且会对环境造成很大的影响。目前，我国城市垃圾处置的最主要方式是填埋（约占全部处置总量的 70%以上）；其次是高温堆肥，约占 20%以上；焚烧法处理城市垃圾较少。

（1）填埋技术

目前，填埋仍然是我国大多数城市解决生活垃圾问题的最主要方法。城市生活垃圾的填埋处置就是在陆地上选择合适的天然场所或人工改造出合适的场所，把垃圾用土层覆盖起来（图 5-5）。填埋垃圾的地面需经过防渗透处理，填埋之前会铺上 8 层防护物质，即黏土、砂石、黏土、HDPE（高密度聚乙烯）防渗膜、保护膜、砂石、排水层和土工布，待填满垃圾封层处理后自然消解。填埋处理是在堆放和回填处理方法基础上发展起来的一项技术，土地填埋可以有效地隔离污染物，从而保护好环境，并能对填埋后的固体废物进行有效管理，这种方法在国内外应用都很普遍。其最大优点是工艺简单、成本低，能处置多种类型的固体废弃物；其致命的弱点就是场地处理和防渗施工比较难达到要求。

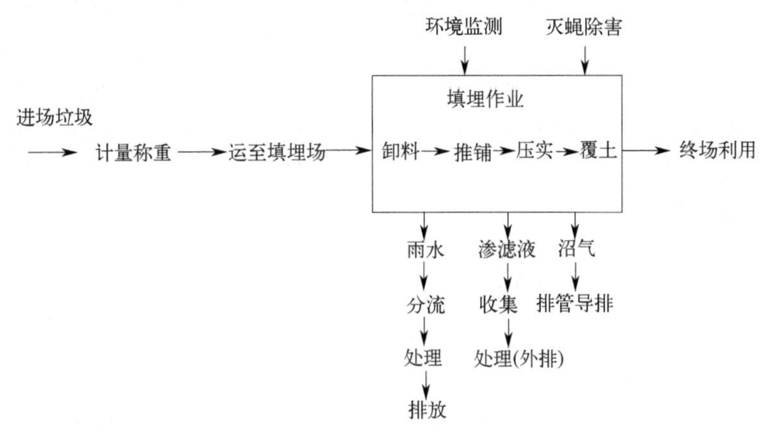

图 5-5　城市垃圾填埋流程

（2）堆肥技术

利用微生物将城市生活垃圾中的有机物制成肥料的技术通常称为堆肥技术。城市生活垃圾中含有大量食品垃圾、纸制品、草木等有机物，这些有机物可以通过生物化学的方法转化为有用的产物。堆肥过程是微生物对垃圾中的有机物实现降解的过程，详见图 5-6。

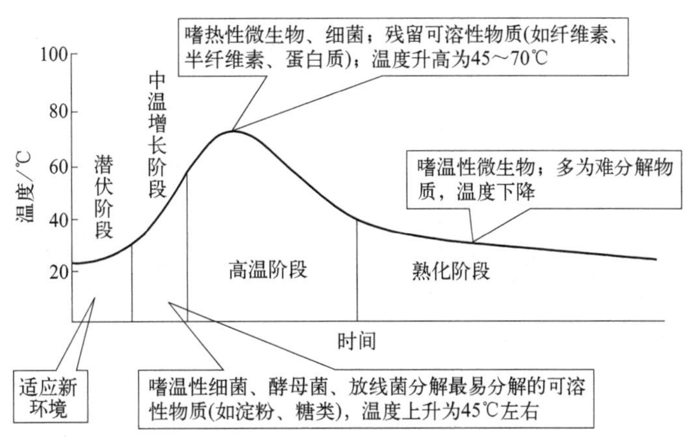

图 5-6　垃圾堆肥过程

我国传统堆肥技术具有悠久的历史，目前我国常用的生活垃圾堆肥技术可分为简易高温堆肥技术和机械化高温堆肥技术两大类。堆肥化产品存在两个主要问题：一是产品粗糙，堆肥中常夹杂有螺壳、玻璃、瓦砾、铁屑等碎块，影响农田应用；二是其中氮、磷、钾等营养元素含量低，在单施堆肥的情况下其增产效益无法与其他肥料相比，缺乏竞争力。

(3) 焚烧技术

焚烧是一种热化学处理方式，以过量的空气与被处理的生活垃圾在焚烧炉内进行氧化燃烧反应，在释放出能量的同时，垃圾中的有毒有害物质在高温下氧化、热解、燃烧从而被破坏。垃圾焚烧可同时实现垃圾的减量化、无害化、能源化。经过焚烧处理，一般可实现垃圾体积减小95%，并且可获得部分能量。

以广州福山垃圾处理厂为例，它是国内最大的垃圾焚烧发电厂，每年焚烧垃圾达到3.00×10^{6}t，其处理垃圾的方式可分为焚烧发电和沼气发电两种。其中餐厨垃圾用于沼气发电，而其余的垃圾则用于焚烧发电。生活垃圾在焚烧炉内经过干燥、燃烧和燃尽三个阶段，通过计算机自动控制系统和自动燃烧控制系统来即时监控与调整炉内垃圾的燃烧工况，及时调节炉排运行速度和燃烧空气量，以确保生活垃圾焚烧始终在可控制状态。生活垃圾在焚烧处理过程中产生的高温烟气会在余热锅炉中进行热交换，产生过热蒸汽，推动汽轮发电机组产生电能，通过公用电网输送到各地，实现生活垃圾处理的资源化。同时，该园区内规划建设了第三资源热力电厂、生物质厂、污水处理厂、二期项目和宣教中心等项目，形成了福山循环经济环保主题公园。

5.4.2 废弃电子产品及其拆解物

电子废物，主要是指已经淘汰或者报废的电脑、手机、洗衣机、空调以及电视机等家电或者电子类产品，其具有资源再生性和环境污染性双重特点。一方面，电子废物中含有大量的铜、铝、铅、锌等有色金属和金、银等贵金属，回收利用可以带来巨大的经济效益；另一方面，如果回收利用处置不当或者随意丢弃，电子废物将成为重要的环境污染源，并对生态系统和人体健康产生严重威胁。

以印制电路板（printed circuit board，PCB）为例，废电路板的回收利用基本可分为电子元器件的再利用、金属和塑料等组分的分选回收。当然也可用化学方法中分离有色金属的专门技术，从中分离出金、银、铜、锌、铅等有色金属。

(1) 机械处理方法

根据材料物理性质的不同进行分选，主要利用拆解、破碎、筛分、形状分离、重选、磁选、电选等方法，并且处理后的产品还需要经过冶炼、填埋或焚烧等后续操作。电子废物的典型机械处理工艺过程包括称重、拆解（去除某些特定的物质如电池、阴极射线管、汞球管等）、破碎分离出物料、筛分、摇床分选、磁选分离细物料和钢铁（约40%的物料得到了有效的分离），以及涡电流分选机从铜和塑料的混合物中分离铝。最终分选出的混合金属再经过熔炼、铸锭、电解后生产铜和贵金属阳极泥，贵金属阳极泥再经熔炼、铸锭变成粗金属，然后精炼，获得纯金属。

(2) 火法冶金技术

火法冶金技术具有简单、方便和回收率高的特点，优点是可以处理所有形式的电子废物，对废物物理成分的要求不像化学处理那么严格，回收的主要金属铜及金、银、钯等贵金属也具有非常高的回收率。但是它也存在明显的缺点，即有机物在焚烧过程中产生有害气体造成二次污染，其他金属回收率低，处理设备昂贵等。

（3）热解法

采用热解的方法从废弃电路板（无电子元件）中回收金属，在一定的温度（300～450℃）下加热使得树脂分解，产生的气体通过气体吸附、吸收净化装置处理可以回收其中的金属。树脂分解后的电路板经齿辊破碎机破碎后，金属与非金属解离，再经过气流分选实现金属与非金属的分离。

但由于电子废物中的塑料多含有溴化阻燃剂等，它们在热解过程中会产生挥发性卤化物等成分，这些挥发性卤化物在电子废物热解后气体或油状产物中是不可忽视的组分，会对环境产生危害。因此，电子废物热解处理方法运用中的关键问题就是要解决热解产物的脱卤过程。

5.4.3　餐厨垃圾

餐厨垃圾是家庭、饮食单位抛弃的剩饭菜以及厨房余物的统称，是人们在生活消费过程中形成的一种固体废物，主要组成有菜蔬、果皮、果核、米面、肉食、骨头等，还有一定数量的废餐具、牙签及餐纸。

餐厨垃圾是我国每天产生的固体废物中非常重要的组成部分，它具有一定的物理、化学及生物特性。其含水率较高，在 85%左右，且脱水性能较差，高温易腐并散发出难闻的异味，而且容易滋生蚊蝇、病菌。同时，油腻腻、湿淋淋的外观对周围环境造成污染，并可能会传播一些危害人类健康的疾病。大多数餐厨垃圾所含的营养物质比较多，其有机物含量高，具有较高的生物可降解性和可回收性。如果通过一定的技术手段将其转化为对人类有用的能源，不仅解决了能源短缺的问题，同时让固体废物达到价值最大化。

餐厨垃圾的主要处理方式包括填埋、焚烧、饲料化及生物处理四大类型。其中，填埋和焚烧是传统的垃圾处理方式，而饲料化和生物处理是目前应用较为广泛的新型餐厨垃圾处理技术。

（1）饲料化技术

餐厨垃圾中含有大量的有机营养成分，其饲料化具有相当大的优势。目前主要有干式饲料及蛋白饲料两类饲料化技术。其中干式饲料要求物料在 95～120℃下至少干燥 2h，含水率小于 15%，杂质低于 5%；蛋白饲料由微生物自身及其蛋白分泌物组成（60～80℃）。但由于餐厨垃圾来源广泛，成分复杂，采用饲料化利用技术时存在很多安全隐患，如生物同源性、病菌、重金属、有毒有机物等。因此，在实际生产中需要遵循《餐厨垃圾处理技术规范》(CJJ 184—2012) 中有关餐厨垃圾生产饲料的相关规范要求，生产合格的饲料。若将未经处理的餐厨垃圾直接喂养牲畜，便会带来巨大的安全隐患，使得有害物质回流餐桌。

（2）堆肥技术

餐厨垃圾有机物含量高、营养元素全面、C/N 值较低，是微生物的良好营养物质，并且含有大量的微生物菌种，非常适合作为堆肥原料。由于堆肥过程中容易受到温度、水分、碳氮磷比、供氧情况、pH 值等因素的影响，所以应针对餐厨垃圾含水率高、脱水难、盐分高、pH 值低等特性进行调整，以便堆肥过程正常进行。

常见的餐厨垃圾堆肥化工艺分为高温机械堆肥工艺和高温好氧生物处理工艺。其中高温好氧生物处理工艺是采用高度嗜热微生物进行发酵，由于发酵温度高，有利于加快发酵过程。该处理工艺包括分拣、粉碎、溶浆、分离、一次发酵、二次发酵、干燥/沉淀和压制/蒸发等工序。采用闭环控制系统进行在线检测，严格控制各工艺参数，使发酵液中的有机垃圾成分最大限度地转化为有机肥料。该技术发酵所采用的菌种是混合菌团，能在85℃的高温下很好地生长。发酵周期为72h，实行二次发酵。若采用溶气的方式把氧气或空气引入浆状体中，可以明显提高氧气的利用率。同时，还可在好氧堆肥的基础上加入蚯蚓，利用蚯蚓自身丰富的酶系统，将餐厨垃圾有机质转化为其自身或其他生物易于利用的营养物质，加速堆肥的稳定化过程。

（3）制备腐殖酸

利用过高温复合微生物和酶转化技术、快速腐殖化集成装备、转化工艺精准控制技术集成，筛选自然界中生命活力和增殖能力强的高温复合微生物菌种，在生化处理设备中对餐厨垃圾等有机垃圾进行高温高速好氧发酵，可以使各种有机物得到快速降解并转化为生物腐殖酸肥料。

腐殖酸肥料可以作为有机源土壤调理剂，用于土壤质量提升，进而起到降低化肥使用率、提高农产品产量和改善农产品品质的作用。

（4）制备生物柴油

餐厨垃圾中含有大量的油脂资源，通过回收处理可以加工制备生物柴油。用餐厨垃圾经油水分离得到的餐饮油脂生产生物柴油，通常需要经过预处理工艺和酸碱催化酯交换反应工艺。酯化反应后的粗甲酯通过水洗将其中的酸碱液去除，以提高生物柴油的产品质量，最后粗甲酯经甲酯蒸馏塔负压闪蒸后即可获得生物柴油产品。

5.4.4 废橡胶

废橡胶主要来源于废弃橡胶制品，其次来自橡胶工厂在生产中所产生的边余料和废品。它属于工业固体废物中的一大类，作为高分子材料的循环利用资源，已引起世界各国的关注。面对世界油价居高和地球变暖的严峻局面，人类生产生活环境正受到前所未有的压力与挑战。2022年，随着我国国内可再生固体废物的增多，为了将更多的回收力量用在国内垃圾处理上，我国开始全面禁止洋垃圾进口，固体废物完成“零进口”。

废橡胶的来源主要为废轮胎以及其他工业用品，占所有废橡胶比例的90%以上。以废轮胎的处理方法为例，废轮胎的主要化学组成是天然橡胶和合成橡胶，此外还含有丁二烯、苯乙烯、玻璃纤维、尼龙、人造纤维、聚酯、硫黄等多种成分。废轮胎的处理处置方法大致可分为材料回收（包括整体再用、加工成其他原料再用）、能源回收、处置三大类。具体来看，主要包括整体再用或翻新再用、生产胶粉、制造再生胶、焚烧转化成能源、热解和填埋处置等方法。

（1）整体再用或翻新再用

废弃轮胎可直接用作其他用途，如做船舶的缓冲器、人工礁、防坡堤、公路的防护栏、水土保护栏，或者用于建筑消声隔板中等。也可以用作污水和油泥堆肥过程中的桶装容器，还可以经分解剪切后制成地板席、鞋底、垫圈，切削制成填充地面底层或表层的物料等。但这些利用方式所能处理的废轮胎量很少。

所谓轮胎翻新是指用打磨方法除去旧轮胎的胎面胶，然后经过局部修补、加工、重新贴覆胎面胶之后进行硫化，恢复其使用价值的一种工艺。

（2）生产胶粉

除了经过简单加工后利用之外，还可用废弃轮胎生产胶粉。胶粉是将废轮胎整体粉碎后得到的粒度极小的橡胶粉粒。胶粉的市场范围很广，一方面可用于橡胶工业，直接成型或与橡胶并用做成产品；另一方面可以应用于非橡胶工业，如改性沥青路面、改性沥青生产防水卷材、建筑工业中用作涂覆层和保护层等。

废橡胶粉碎之前都要预先进行加工处理，预加工工序包括分拣、切割、清洗等。预加工的废橡胶再经初步粉碎，将割去侧面的钢丝圈后的废轮胎投入开放式的破胶机破碎成胶粒，用电磁铁将钢丝分离出来，剩下的钢丝圈投入破胶机碾压，将胶块与钢丝分离，接下来用振动筛分离出所需粒径的胶粉。剩余粉料经旋风分离器除去帘子线。初步粉碎的新工艺包括：臭氧粉碎，此法已在中型胶粉生产厂中应用；高压爆破粉碎，适合大型胶粉生产；精细粉碎，最适用于常温下不易破碎的物质，产品不会受氧化与热作用而变质。

（3）制造再生胶

再生胶是指废旧橡胶经过粉碎、加热、机械处理等物理化学过程，使其弹性状态变成具有塑性、黏性且能够再硫化的橡胶。再生胶不是生胶，从分子结构和组分来看，两者有很大差别。再生胶组分中除含有橡胶烃外，还有增黏剂、软化剂和活化剂等，它的特点是高度分散性和相互掺混性。

废旧橡胶可以通过油法（直接蒸汽静态法）、水油法（蒸煮法）、高温动态脱硫法、压出法、化学处理法等生产工艺来制造再生胶。生产再生胶的关键步骤为硫化胶的再生。其再生机理的实质为：硫化胶在热、氧、机械力和化学再生剂的综合作用下发生降解反应，破坏硫化胶的立体网状结构，从而使废旧橡胶的可塑性得到一定程度的恢复，达到再生目的。再生过程中硫化胶结构的变化为：交联键（S—S、S—C—S）和分子键（C—C）部分断裂，再生胶处在生胶和硫化胶之间的结构状态。

（4）热解与焚烧

废轮胎热裂解就是利用外部加热打开化学链，有机物分解成燃料气、富含芳烃的油以及炭黑等有价值的化学品。同时还可以与煤共液化后生产轻馏分油。由于轮胎具有很高的热值（2937MJ/kg），废轮胎可以作为水泥窑的燃料来进行燃烧发电。利用废弃轮胎中的橡胶和炭黑燃烧产生的热来烧制水泥，并且可利用废轮胎中的硫和铁作为水泥需要的组分。

5.4.5　废电池

在碳中和、碳达峰的双碳背景下，以电能、风能和太阳能为主的非化石能源消费比重的提高将成为能源转型的关键。而电动汽车等电能交通工具的逐渐盛行，产生了大量的废旧电池。由于电池内含有大量有害成分，如重金属、废酸、废碱等，当其未经妥善处置就进入环境后，会对环境及人体健康造成严重威胁。

同时，废电池作为资源存在的一种形式，其中仍含有大量的可再生资源。我国是电池的生产大国，每年都要消耗大量的 Zn、Mn、Pb、Cd 等，如果加以回收利用，在保护环境的同时又可以节省大量的宝贵资源。

常见的电池包括废干电池、废镉镍电池、混合电池、铅酸蓄电池等。虽然每种电池都有许多不同的型号，其组成成分也有很大的不同，处理方法也有一定的差异，但整体来说可以分为湿法和火法两大类。下面以废干电池的回收利用技术为例进行介绍。

（1）湿法冶金过程

废干电池的湿法冶金过程是将锌-锰干电池中的锌、二氧化锰与酸作用生成可溶性盐从而进入溶液，然后净化溶液电解生产金属锌和电解二氧化锰或其他化工产品（如立德粉、氧化锌）、化肥等。主要方法有焙烧浸出法和直接浸出法。

① 焙烧浸出法是将废干电池机械切割，分选出炭棒、铜帽、塑料，并使电池内部粉料和锌筒充分暴露，然后在600℃的温度条件下，在真空焙烧炉中焙烧6～10h，使金属汞、NH_4Cl等挥发为气相，通过冷凝设备加以回收，并严格处理尾气，使汞含量降至最低；焙烧产物经过粉磨后加以磁选、筛分可以得到铁皮和纯度较高的锌粒，筛出物用酸浸出，电池中的高价氧化锰在焙烧过程中被还原成低价氧化锰，易溶于酸，然后从浸出液中通过电解回收金属锌和电解二氧化锰。

② 直接浸出法则是将废干电池破碎、筛分、洗涤后，直接用酸浸出锌、锰等金属物质，经过滤和滤液净化后可以从中提取出金属或生产化工产品。

（2）火法冶金过程

火法冶金处理废干电池是在高温下使废干电池中的金属及其化合物氧化、还原、分解、挥发及冷凝的过程。火法又分为传统的常压冶金法和真空冶金法两类。常压冶金法所有作业均在大气中进行，而真空冶金法则是在密闭的负压环境下进行。

处理废干电池的常压冶金法有两种：一种是在较低的温度下加热废干电池，先使汞挥发，然后在较高的温度下回收锌和其他重金属；另一种是将废干电池在高温下焙烧，使其中易挥发的金属及其氧化物挥发，残留物作为冶金中间产物或另行处理。

由于常压冶金法的所有作业均在大气中完成，所以具有流程长、污染重、能源和原材料的消耗及生产成本高等缺点，故后续又研究出了真空冶金法。真空冶金法是基于组成废干电池的各组分在同一温度下具有不同的蒸气压，在真空中通过蒸发与冷凝，使其分别在不同的温度下相互分离，从而实现综合回收利用。即在蒸发过程中，蒸汽压高的组分进入蒸汽中，蒸汽压低的组分则停留在残液或残渣内；而在冷凝过程中，蒸汽则在温度较低处凝结为液体或固体。

参考文献

[1] 解强．城市固体废弃物能源化利用技术［M］．2版．北京：化学工业出版社，2019.

[2] 张弛，柴晓利，赵由才．固体废物处理与资源化丛书［M］．2版．北京：化学工业出版社，2017.

[3] 王攀，任连海．典型有机固体废弃物资源化利用技术［M］．北京：化学工业出版社，2021.

[4] 刘芃岩．环境保护概论［M］．2版．北京：化学工业出版社，2018.

[5] 李婷．浅说废弃橡胶回收处理循环利用［J］．中国轮胎资源综合利用，2017（1）：44-48.

[6] 邓李刚．工业固体废物的收集处理与资源化利用技术研究［J］．造纸装备及材料，2022，51（4）：165-167.

[7] 赵曦，吴姗姗，陆克定．中国固体废物综合处理产业园现状、问题及对策［J］．环境科学与技术，2020，43（8）：163-171.

[8] 王兆龙，姚沛帆，张西华，等．典型大宗工业固体废物产生现状分析及产生量预测［J］．环境工程学报，2022，16（3）：746-751.

[9] 陈帅，闵愍，王勇，等．新冠病毒疫情相关医疗废水和废物处理处置潜在风险与对策［J］．净水技术，2020，39（12）：1-6，29.

[10] 曹云霄，于晓东，单淑娟，等．我国医疗废物处理处置污染防治政策演进、存在问题分析及建议［J］．环境工程学报，2021，15（2）：389-400.

[11] 崔欣欣．企业危险废物处置的常见方法研究［J］．山西化工，2022，42（3）：321-323.

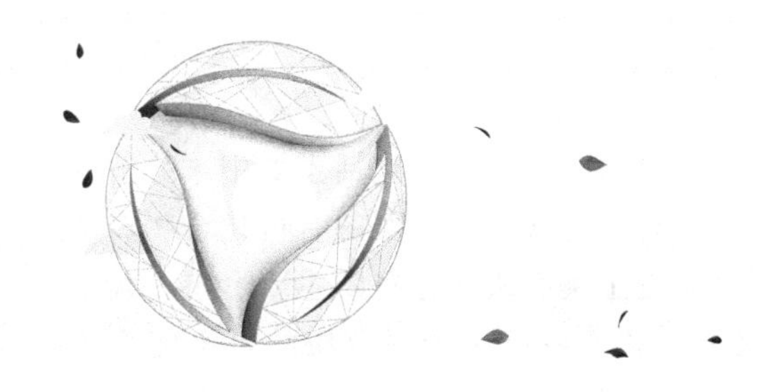

第6章 土壤污染及其修复

6.1 土壤组成、特点及功能

6.1.1 土壤的组成

土壤是陆地生态系统的重要组成部分，也是一个相对独立的生态系统。土壤处于岩石圈、大气圈、水圈和生物圈的交界面上，是陆地表面各种物质（固态、气态、液态、有机、无机）能量交换、形态转换最为活跃和频繁的场所。它是成土母质在一定水热条件和生物的作用下，经过一系列物理、化学和生物化学的作用而形成的。主要的成土过程是地壳表面的岩石风化体及其搬运的沉积体，受其所处环境因素的作用，形成具有一定剖面形态和肥力特征的土壤的历程。根据成土过程中物质交换和能量转化的特点与差异，土壤基本表现出原始成土、有机质积聚、富铝化、钙化、盐化、碱化、灰化、潜育化等过程。

土壤生态系统定义为土壤生物与其所在的土壤环境相互作用形成的物质循环与能量流动的统一整体，包括土壤矿物质、土壤有机质、土壤水溶液、土壤气体及土壤生物5个部分。

（1）土壤矿物质

土壤矿物质是土壤固相部分的主体，一般占到土壤固相总质量的95%左右，构成土壤的“骨骼”。其中粒径<2μm的矿质胶体作为土壤体系中最活跃的部分，对土壤环境中元素的迁移、转化和生物、化学过程起着重要的作用，影响土壤的物理、化学与生物学性质和过程。化学组成也比较复杂、多样化，几乎包括地壳中的所有元素（以O、Si、Al、Fe为代表）。

土壤矿物按岩石风化程度及来源可分为原生矿物和次生矿物。其中原生矿物是由岩石直接风化而来，未改变晶格结构和化学性质的部分；原生矿物进一步风化、分解，则形成化学构成和性质均发生变化的次生矿物。原生矿物以硅酸盐和铝酸盐为主，如石英、长石、云母、辉石、角闪石等，主要为土壤的砂粒和粉砂粒等粒径较大的组分，对土壤环境中污染物的吸附等迁移过程影响较小。次生矿物以黏土矿物为主，同时也包括结晶层状硅酸盐矿物，此外还有Si、Al、Fe氧化物及其水合物，如方解石、高岭石等。因为黏土矿物是土壤矿物中最活跃的组分，荷电性和高吸附性使其成为土壤环境中污染物质的集中分布成分，故可以依据黏土矿物的含量来选择物理分离等修复技术。

（2）土壤有机质

土壤有机质是指以各种形态存在于土壤中的所有含碳的有机物质，包括土壤中未分解的动植物残体、分解的有机质、腐殖质等。一般情况下，动植物残体中主要的有机化合物有碳水化合物、木质素、蛋白质、树脂、蜡质等。而腐殖质是土壤有机质存在的主要形态，代表的是一类有着特殊化学和生物特性、构造复杂的高分子化合物。由于腐殖质的吸水能力很强，所以它不仅是土壤养分的主要来源，而且对土壤的物理、化学和生物学性质都有重要影响，是重要的土壤肥力指标。土壤有机质对全球碳平衡起着重要的作用，是影响全球温室效应的重要因素之一。

（3）土壤水溶液

因为形成土壤剖面的土层内各种物质的转移主要是以溶液的形式进行的，所以土壤水分在很大程度上参与了土壤内进行的许多物质的迁移转化过程，如矿物质风化、有机化合物的合成和分解等。可以按照存在状态对土壤水溶液进行分类，如图 6-1 所示。

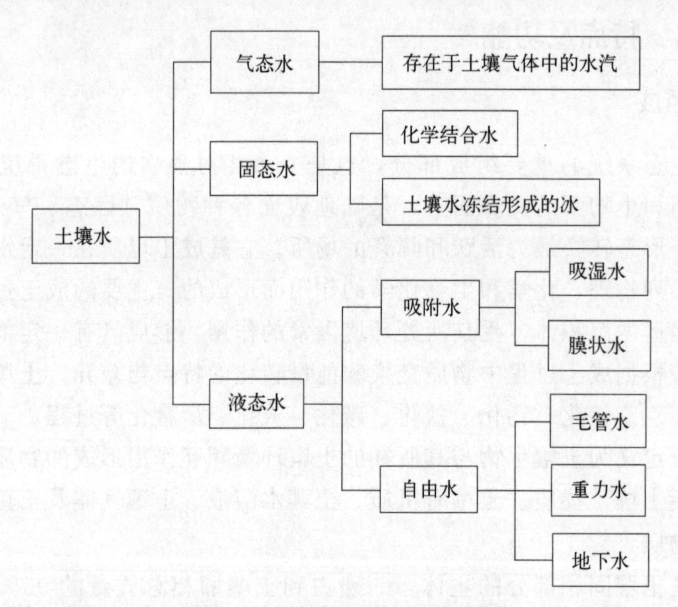

图 6-1 土壤水按存在状态分类

（4）土壤气体

土壤气体与土壤水分同时存在于土体孔隙内，土壤气体来源于大气，但组成上与大气有差别，近地表差别小，深土层差别大。由于土壤生物（根系、土壤动物、土壤微生物）的呼吸作用和有机质的分解等原因，土壤气体中的 CO_2 含量一般是大气中含量的 5～20 倍，O_2 含量则明显低于大气。同时，当土壤通气不良时，微生物对有机质进行厌氧性分解，产生大量的还原性气体，如 CH_4、H_2S 等，而大气中一般还原性气体极少。

（5）土壤生物

土壤生物主要包括土壤动物、土壤微生物及高等植物根系。土壤动物（变形虫、鞭毛虫、线虫、蚯蚓等）通过取食、排泄、挖掘等生命活动破碎生物残体，使之与土壤混合，为微生物活动和有机物质进一步分解创造了条件。细菌、蓝细菌等原核生物和藻类、地衣等真核生物参与土壤物质转化过程，在土壤形成和发育、土壤肥力演变、养分有效化和有毒物质降解等方面起着重要作用。高等植物根系作为土壤生物的重要组成部分，通过吸收和转运将土壤重金属、有机物等污染物带到植物地上部分。这不仅促进植物的生长发育，而且在土壤系统中的污染物富集、去除等过程中发挥着重要作用。

总体而言，在土壤生态系统中土壤生物为土壤生态系统的核心，其余部分则构成土壤生物所处的动态环境。肥沃的土壤为植物和微生物创造更好的生长与发育环境，动植物生物量的增加为整个生物界的生存繁育提供了物质和能量基础。同时，土壤植物根系与微生物，植物根系与动物、土壤微生物之间又相互影响，互为环境，共同作用，进行不间断的物质与能量的迁移和转化，构成动态的土壤生态系统，形成了土壤环境中各种生物化学过程及环境污染物在土壤环境体系中的迁移和转化。

6.1.2　土壤的特点及功能

土壤环境即地球表面能够生长植物，具有一定环境容量及动态环境过程的地表疏松层连续体构成的环境。土壤环境体系是由气（土壤气体）、液（土壤水溶液）、固（土壤颗粒，包括有机物质、无机物质和外源输入固体颗粒）三相构成的非均质各向异性的复合体系，具有吸附、分散、中和、降解环境污染物等缓冲和净化能力。并且在生物-土壤-水-环境复合界面上不断进行物质循环和能量流动，具备生态系统的主体特征。

土壤是地球系统中生物多样性最丰富、能量交换和物质循环最活跃的体系，是生态环境的核心要素。土壤所具有的表生生态环境维持、水分输送、耗氧输酸、物质储存与输移、物化-生物作用等功能是维持体系稳定性的重要保障。土壤环境主要具备以下特点：

① 生产力，土壤含有植物生长必需的营养元素、水分等，是最为重要的生产力要素之一。

② 生命力，土壤圈是地球各大圈层中生物多样性最高的部分，由于生命活动的存在，在土壤环境中不停地发生着快速的物质循环和能量交换。

③ 散体性，散体性颗粒之间无黏结或弱黏结，存在大量孔隙，可以透水透气。

④ 多相性，土壤往往是由固体颗粒、水和气体组成的三相体系，三相之间质和量的变化直接影响它的工程性质。

⑤ 自然变异性，土壤是在自然界漫长的地质历史时期演化形成的多矿物组合体，性质复杂，不均匀，且随时间还在不断变化。

土壤的功能主要体现在对人类和环境的作用上，重要的土壤功能包括以下几个方面：a. 提供生物所必需的营养物质；b. 基因储存库，包括种类繁多、数量巨大的生物类群；c. 聚集大气和水污染物的载体，对水体和溶质流动起调节作用；d. 稳定和缓冲环境变化，包括对外界环境温度、相对湿度、酸碱性、氧化还原性变化的缓冲能力，以及对有机污染物和无机污染物的过滤、缓冲、降解、固定及解毒作用。

6.2　污染物在土壤中的迁移转化

6.2.1　土壤中物质的运移

土壤溶液的组成和浓度变化影响着土壤溶液的性质、土壤的整体质量及其他特性。土壤溶液中溶质的运移与土壤环境污染物的迁移和转化密切相关，是土壤中污染物的环境行为基础。土壤溶质可分为有机溶质和无机溶质两大类，这些无机溶质与有机溶质在土壤溶液中常以离子态、水合态、络合态等不同形态出现，这直接关系到植物对营养的吸收和污染物的生物毒性水平。

一般而言，土壤体系中离子态的溶质是首选的营养物或毒性形态，与其他形态的土壤溶质共同构成处于动态平衡的土壤溶液复合系统。土壤溶质运移过程主要包括分子扩散、质体流动、对流弥散和水动力弥散四个物理过程，以及溶质在运移过程中所发生的各种物理、化学和生物学过程等的综合作用。

6.2.2 重金属污染物的迁移转化

重金属在土壤环境中的迁移转化受土壤中重金属溶解度的控制，在降雨、入渗等作用下在土壤环境中发生淋滤、扩散、吸附沉积等过程，最终形成特定土壤体系中重金属的迁移转化规律（图 6-2）。

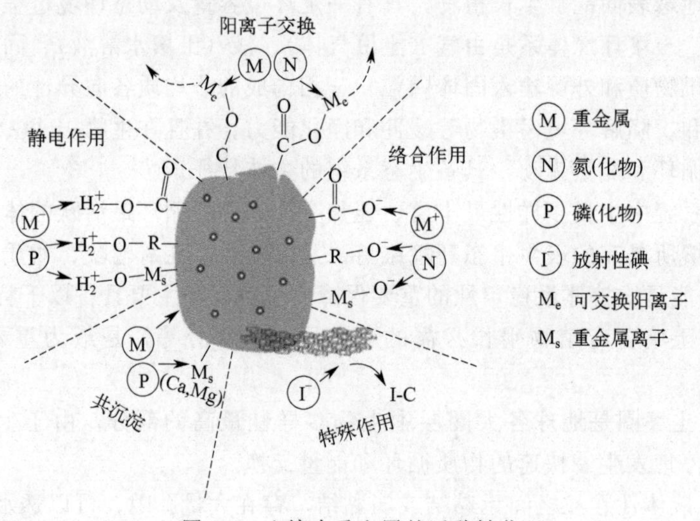

图 6-2　土壤中重金属的迁移转化

（1）离子交换

土壤表面通常带不同数量的负电荷，因此带正电的重金属离子可以通过离子交换吸附被土壤吸附。一般而言，非专性吸附的重金属可以被高浓度的盐交换而脱附，并且通过离子交换作用吸附重金属的反应的可逆性受 pH 影响，容易发生迁移。

（2）吸附

重金属在土壤环境中的吸附过程涉及吸附质（重金属）和吸附剂（土壤中的黏土矿物、氧化物、腐殖质等）。土壤界面环境中重金属元素在土壤各吸附剂表面的富集或内部渗透等过程，具体包括物理吸附和化学吸附两大类。进入土壤体系中的重金属一旦发生化学吸附就是不可逆的过程，对土壤环境中重金属污染物的固定和吸持有重要的意义。

（3）溶解-沉淀

在重金属污染严重的土壤中，有可能发生重金属的沉淀，从而降低重金属在土壤溶液体系中的溶解度。土壤体系中，除单独重金属的溶解-沉淀作用外，铁、铝、锰氧化物等土壤中固有的体系还会与其他重金属作用形成金属的共沉淀。

（4）氧化还原

土壤中氧化还原电位（E_h）的高低对土壤中重金属价态及其毒性有重要的影响。一般情况下，氧化还原电位最低的硫化物体系中，土壤重金属沉淀作用增强，故重金属溶解度降低，毒性下降。这都可以从溶液中有效去除重金属离子。

（5）有机质的吸附与配位

土壤体系中，有机质除了与金属离子间存在离子交换反应外，有些金属离子还可与有机质中的官能团形成内配位化合物。例如，土壤中的腐殖质对汞离子有很强的螯合能力及吸附能力。通过土壤环境中生物小循环及上层腐殖质的形成，并借助腐殖质对汞的螯合及吸附作用，土壤中的汞在土壤上层累积，对土壤植物体系中汞的毒性和生物有效性产生影响。

6.2.3 有机污染物的迁移转化

（1）农药在土壤中的迁移转化

对于低水溶性和持久性的化学农药来说，挥发是农药进入大气中的重要途径。农药除以气体形式扩散外，还能以水为介质进行迁移，其主要方式有两种：一是直接溶于水；二是被吸附于土壤固体细粒表面上随水分移动从而进行机械迁移。农药在土壤中的降解，包括光化学降解、化学降解和微生物降解等过程。因为紫外线难以穿透土壤，所以光化学降解对落到土壤表面与土壤结合的农药是相当重要的，而对土表以下农药的作用较小。土壤中微生物（包括细菌、霉菌、放线菌等各种微生物）对有机农药的降解主要有脱氯作用、氧化还原作用、脱烷基作用、水解作用、环裂解作用等。

（2）多环芳烃在土壤中的迁移转化

多环芳烃（polycyclic aromatic hydrocarbon，PAHs）在土壤中可以被土壤吸附、发生迁移，并可以被生物所降解和利用，包括微生物的降解和植物的富集与消除。PAHs进入土壤后，表层土壤污染物可由液态迁移形成下层土壤污染和进入地下水系统。土壤中的PAHs在矿物质的作用下会发生化学转化，生成由有机物和矿物共享的带电络合物。

（3）石油烃在土壤中的迁移转化

石油污染物进入土壤后，熔点高，难挥发的大分子量油类吸附到土壤中，而低分子量油类以液相和气相存在，挥发性高，会不断挥发逸出到大气中。微生物对它们发生作用的敏感性不同，一般其敏感性由大到小为：正构烷烃＞异构烷烃＞低分子量的芳香烃＞环烷烃。

影响石油烃生物降解的性质为石油烃结构的支链与取代基。石油烃结构中的支链在空间上阻止了降解酶与烃分子的接触，进而阻碍了其生物降解。另一个显著特点是石油烃的低溶解度，导致其生物降解性也很差。最后石油烃物质的憎水性是微生物降解效率低的主要问题。

（4）多氯联苯在土壤中的迁移转化

多氯联苯（polychlorinated biphenyls，PCBs）是一类稳定的化合物，尤其是高氯取代的异构体，一般不易被生物降解和转化。但在优势菌种和其他适宜的环境条件下，PCBs的生物降解不但可以发生而且速率也会大幅度提高。整体来说，PCBs的污染难以从环境中彻底消除，它会给整个生态系统带来长期影响。

6.3 土壤污染及其生态效应

6.3.1 土壤污染

土壤质量是衡量和反映土壤资源与环境特性、功能及变化状态的综合标志，它包含了土壤维持生产力、环境净化能力、对人类和动植物健康的保障能力。除了普遍考量的土壤肥力质量外，还涉及土壤健康质量、土壤环境质量等其他要素，这将关系到生态系统的稳定性和地球表层生态系统的可持续性。近年来，化肥、农药、地膜的大量使用，污水灌溉、固体废物堆积等原因使土壤污染和退化现象已经非常严重。

土壤污染是指人类活动产生的污染物质通过各种途径输入土壤，其数量和速度超过了土壤净化作用的速度，破坏了自然动态平衡，使污染物质的积累逐渐占据优势，导致土壤正常功能失调，土壤质量下降，从而影响土壤动物、植物、微生物的生长发育及农副产品的产量和质量的现象。由此定义可知，判断是否产生土壤污染，一方面需要考虑土壤背景值，即相对不受污染的情况下土壤本身原有的化学组成、化学元素和化合物含量等；另一方面是土壤环境容量，即土壤微生物区系（种类、数量、活性）的变化、土壤酶活性的变化、土壤动植物体内有害物质含量的生物反应、对人体健康的影响等基于生态环境风险和人体健康风险的评价。目前，我国已有超过 $1.0\times10^{7}hm^{2}$ 受污染土地，其中工业密集区、工业废弃地、工矿开采及城市周边地区、固体废物集中处置场地等区域污染严重。土壤污染中的污染物种类复杂，主要表现为重金属、有机物、无机物及其复合污染方面。

由于土壤在构成上的特殊性和土壤受污染的途径多种多样，土壤污染与其他环境体系的污染相比有着较大的不同之处。首先，土壤污染具有隐蔽性和滞后性。土壤污染通过食物给动物和人类健康造成的危害不易被人们察觉，往往要通过对土壤样品化验和对农作物的残留检测才能确定，并且从产生污染到出现问题，最后到发现问题根源的过程通常会滞后很长时间。其次，土壤污染具有累积性。当污染物质在土壤中不容易迁移、扩散和稀释，或者进入土壤的污染物数量和速度超过了土壤净化作用速度时，就会破坏积累和净化的自然动态平衡，污染物质就容易在土壤中不断积累而超标。最后，土壤污染难以治理。因为土壤大部分由土壤矿物质等固相成分组成，固态物质不具有流动性且难以被压缩，所以一旦产生土壤污染，有时需要靠大量换土、淋洗土壤等方法才能改善。这需要很长的治理周期和较高的投资成本，造成的危害也比其他污染更难以缓解和消除。

6.3.2 土壤污染源

土壤环境中常见的污染物包括无机污染物、有机污染物、放射性污染物等。

（1）无机污染物

无机污染物中过量的重金属可引起植物生理功能紊乱、营养失调，不易随水淋滤、不为微生物降解，一旦通过食物链进入人体后，潜在危害极大。重金属进入土壤生态环境的途径很多，其来源主要有以下几个方面。

① 矿业污染，尾矿未加处理或处理不当、洗矿水直接排放、矿山开采的粉尘随大气沉降等。

② 其他工业污染来源，冶炼业、电镀业、加工业、化学工业以及其他大量使用金属作为原材料或生产资料的行业。

③ 农业污染来源，农药和化肥以及污水灌溉。

④ 交通污染来源，尤其是汽车运输中所排出的尾气中含有重金属，导致周边土壤环境受到重金属污染。

（2）有机污染物

土壤有机污染物以持久性有机污染物（persistent organic pollutants，POPs）、有机农药、石油烃等为典型代表。这类物质化学性质稳定、难以生物降解、容易在生物体中富集且对生态环境影响重大。土壤中有机污染物来源非常广泛，包括农药施用、污水灌溉、污泥和废弃物的土地处置与利用、污染物泄漏等。

（3）放射性污染物

土壤放射性污染物分为天然放射性污染物和人工放射性核素污染物。引起土壤人工放射性核素污染的原因主要来源于生产、使用放射性物质的单位所排放的放射性废物以及核爆炸等生产的放射性尘埃，这可增加土壤中的放射性物质。

6.3.3　生态效应

土壤矿物质为植物、微生物等土壤生物体提供了生命活动所需的营养元素，其含量和性质在一定程度上也决定土壤中生物体生命活动的强弱。长期在污染土壤中生长的生物，有可能会难以适应污染环境，导致生物多样性降低，也会出现部分物种的灭亡，难以实现良好的生态循环。土壤中过量的污染物可迁移进入地下水，或者被自然排泄水和雨水携带进入地表水系统，从而引发一系列的环境问题。

重金属在土壤-植物系统中的迁移直接影响到植物的生理、生化和生长发育，从而影响作物的产量和质量。大多数重金属在土壤中相对稳定，一旦进入土壤，很难在生物物质循环和能量交换过程中分解，难以从土壤中迁出，从而对土壤的理化性质、土壤生物特性和微生物群落结构产生明显不良影响，影响土壤生态结构和功能的稳定。

由于农药具有很强的生物毒性，进入土壤中的农药，除了被吸附外，还可通过挥发、扩散的形式迁移进入大气，引起大气污染；或随水迁移和扩散进入水体，引起水体污染。被农药长期污染的土壤将会出现明显的酸化，土壤养分随污染程度的加重而减少，土壤孔隙率变小等，从而造成土壤结构板结，对土壤生态环境质量造成影响。

土壤体系中的石油烃通过雨水冲刷可就近汇入当地水体，在水体中形成油膜，严重时甚至影响水环境的复氧和各种生物化学过程。由于石油污染物的迁移和富集，油田区的农作物以及动植物也受到了很大影响，使植物形态严重偏离正常植株，农作物的品质也会明显下降。石油烃作为具有高疏水性、低水溶性特征的污染物，在土壤介质中表现出复杂的相态。其在土壤生态系统中的吸附和滞留会直接导致土壤含水率的降低，对土壤生态系统正常的水、肥、气、热等状况产生影响，从而对农业生产等也产生相应的危害。

土壤中放射性核素污染不仅会引起土壤生物种群区系成分的改变、生物群落结构的变化，也会危及土壤生态系统和农业系统的安全与稳定。

6.4　土壤环境保护法律法规

土壤环境保护法律法规所制定的责任作为一种纠错或纠恶机制是防治土壤污染最强有力的手段，完善法律责任、加强执法，是保证土壤保护政策法规实施、遏制土壤污染违法行为的重要保证。

国外发达国家土壤环境保护法律法规体系较为完善、制度严格，可为土壤环境的管理和污染土壤的修复提供法律法规保障与指导。例如在责任追溯方面，英国和美国是严格责任原则。英国规定土地所有人非依自然的方法使用土地过程中，在土地上堆放物品，如果该物品逃逸造成损害，无论其是否有过错，均应负赔偿责任；美国法规也明确表示不论危险物质的泄漏是不是由责任者的过失所引起，责任者对治理费用承担严格责任。日本虽然采用严格责任和溯及责任，但对连带责任的适用范围做出了限制，规定在污染者之间无特别联系的情况下，不采用连带责任。韩国也对连带责任的适用较为谨慎，只有在污染者无法确定的情况下才适用连带责任。整体来说，各国的法律法规对评价土壤质量与土壤污染的相关指标和管理政策略有不同。

6.4.1 美国土壤环境保护法律法规体系

1980 年美国国会通过超级基金法案，在其框架下的相关土壤环境风险评价及修复导则经历了多次的修改、完善与丰富，形成了基于风险评价的土壤环境质量标准。

美国土壤环境质量标准根据不同风险评价基准（人体健康风险和生态风险）和场地指导原则，可以分为两大类：一是以基于推导保护人体健康风险或推导生态风险的土壤筛选值；二是污染土壤修复目标值，包括对污染场地进行初步调查后开展修复方法选择时初步设定的污染土壤修复目标值（preliminary remediation goal，PRG）和基于人体健康风险评估的 PRG 导则。

6.4.2 英国土壤环境保护法律法规体系

英国于 1992 年开始污染土壤风险管理与修复研究工作，并于 2000 年立法，鼓励开发者（或投资者、土地转让者）对原有场地进行再开发利用，并且要求对再开发场地的土壤污染状况进行调查，在健康风险评价基础上，确定是否需要进一步的场地修复。英国环境部（Environment Agency，EA）还颁布了土壤指导值（soil guideline values，SGVs）系列文件对二噁英（polychlorinated dibenzo-p-dioxin，PCDDs）、呋喃（polychlorinated dibenzofuran，PCDFs）和 PCBs 等英国常见污染物的分布、毒性与暴露途径，以及常见污染物的 SGVs 进行推导，并针对具体污染场地开展 SGVs 的使用。

6.4.3 德国土壤环境保护法律法规及标准

1999 年，德国联邦政府颁布实施了《联邦土壤保护法》和《联邦土壤保护和污染场地条例》。德国政府已经建立了较为完善的污染场地管理制度，要求严格执行风险评价、现场调查等程序，排除低风险或无风险的场地，确保良好的成本效益比，提高场地修复的可行性。但是，对急性危害场地，德国政府要求立即采取有效措施，消除对人体和环境的危害。污染场地的管理制度，包括识别、风险评价、修复和监测四个阶段，每个阶段都有明确的管理要求。

6.4.4 加拿大土壤环境保护法律法规及标准

加拿大环境部长理事会（Canadian Council of Ministers of the Environment，CCME）于 1996 年颁布《环境与健康土壤质量指导值推导规程》。1997 年，CCME 颁布基于该规程的加拿大土壤质量推荐指导值，给出 20 种物质在农业用地、居住/公园用地、商业用地和工业用地 4 种土地利用方式下的土壤质量指导值（soil quality guidelines，SQGs）。之后对于致癌类多环芳烃和其他一些化合物，CCME 又经多次修正，给出了分土地利用类型和土壤质地等的土壤质量指导值。在考虑保护生态物种安全和人体健康风险的基础上，分别制定了保护环境的土壤质量指导值（soil quality guidelines for environmental protection，SQGE）和保护人体健康的土壤质量指导值（soil quality guidelines for protecting human health，

SQGHH），CCME推荐取两者中的低值作为最终加拿大土壤质量指导值。

6.4.5　中国土壤环境保护法律法规

中国土壤污染防治管理从最初以土壤环境基础调查为主，过渡到土壤污染防治政策零散出现在相关法规标准中，再到土壤污染防治与水、大气污染防治同等重要的阶段（图6-3）。目前，党中央、国务院高度重视土壤环境保护工作，基本建立土壤环境管理“四梁八柱”制度体系和“一法两标三部令”土壤污染防治法规标准体系，积极推动土壤污染风险防控工作。

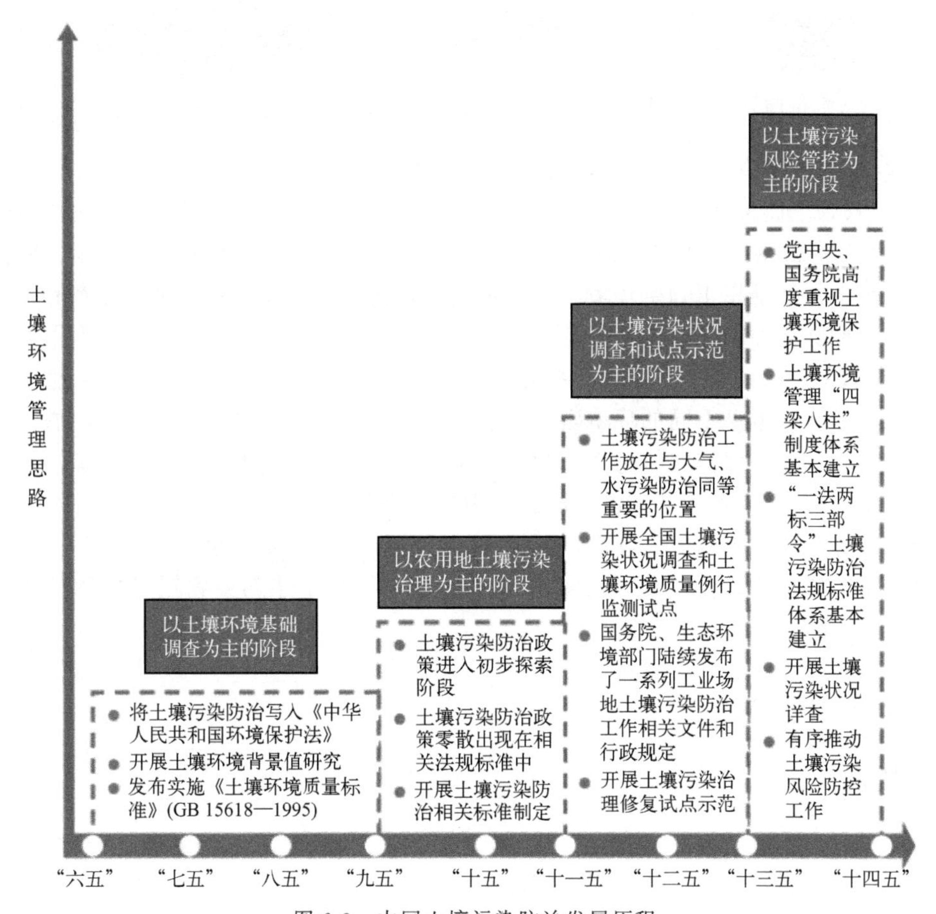

图6-3　中国土壤污染防治发展历程

我国环境保护相关法律法规体系的构成主要包括宪法中关于环境保护的原则性规定、环境保护基本法、环境保护单行法规、环境标准、其他部门法中关于环境保护的法律规范。此5个部分的法律效力及基础性、适用性均有不同，但它们共同组成了环境保护法律法规体系。目前尚未有完整、独立的土壤污染防治法律责任的规范，仅有各单行法、地方性法规体现在某一个层面上，分散在不同的法律法规中的归责原则、责任主体等规范，缺乏系统性、协调性。

土壤污染相关标准、导则、规范等可作为国家和地方法律法规的有益补充，其发展历程如图6-4所示。在土壤环境相关标准与导则中，土壤环境质量标准作为土壤环境保护法律法规体系的重要组成部分，对土壤污染的定义、土壤中重金属和部分有机物的限值根据土壤背景值、土壤环境容量、土壤的危害（对植物生长等）做出了规定，具有很强的可操作性，是各种相关标准和导则的基础，其对我国土壤环境的管理、风险评估和污染土壤修复均具有重要的指导与参考价值。

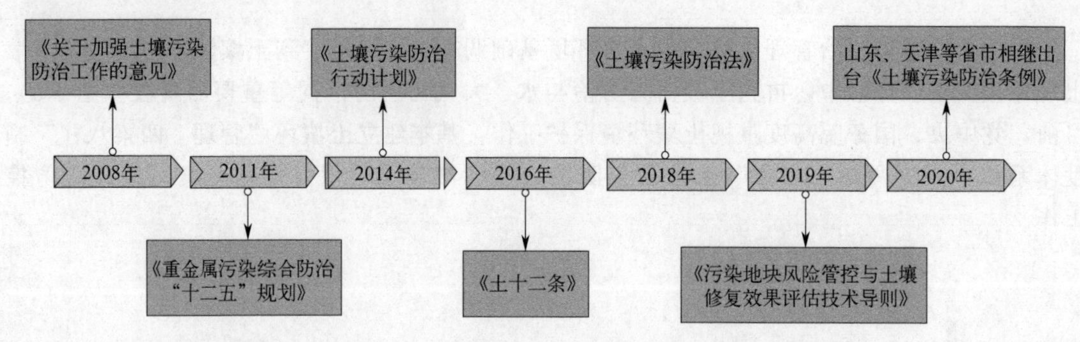

图 6-4　土壤污染相关行业标准、导则及法律法规的发展历程

2018 年 6 月最新发布的《土壤环境质量 农用地土壤污染风险管控标准(试行)》(GB 15618—2018)(以下简称《农用地标准》)、《土壤环境质量 建设用地土壤污染风险管控标准(试行)》(GB 36600—2018)(以下简称《建设用地标准》)，与空气质量标准和水环境治理标准都有所不同。水、气标准用于判定环境质量是否达标，而土壤标准则用于风险筛查和分类。

首先，新标准将原本《土壤环境质量标准》(GB 15618—1995) 一个标准拆分为《农用地标准》(GB 15618—2018) 和《建设用地标准》(GB 36600—2018) 两个标准。这进一步明确了不同土地用途应遵循不同的环境质量标准，其中《农用地标准》以保护食用农产品质量安全为主要目标，兼顾保护农作物生长和土壤生态的需要，分别确定农用地土壤污染风险筛选值和管制值；《建设用地标准》以人体健康为保护目标，规定了保护人体健康的建设用地土壤污染风险筛选值和管制值。其次，新标准针对建设用地和农用地分别根据不同程度的暴露风险设定了“风险筛选值”和“风险管制值”，同时也增加了污染物项目的种类和国际检测方法。

6.5 污染土壤的修复

6.5.1 农田

近年来我国大部分省市近郊农田土壤都受到了不同程度的污染，特别是乡镇企业的蓬勃兴起以及农用化肥、农药的大量施用，使得农田土壤污染问题日益突出。农田污染是指农田土壤重金属和有机污染物超过作物可承受度，表现出中毒的性状，或作物生长未受毒害但果实中重金属或有机污染物含量超标的现象。

6.5.1.1 农田土壤污染途径

农田土壤污染主要是过量使用化肥、农药、农膜的残留污染，未经处理的有机肥污染，以及连作和病虫害病原物污染。这些污染物长期进入或残留在土壤之中，一旦超出土壤自净能力后就会直接造成农田土壤的污染。农田土壤污染来源主要随大气沉降进入土壤，随污水进入土壤，随固体废物进入土壤和随农用物资进入土壤（图 6-5)。

(1) 随大气沉降进入土壤

重金属以气溶胶的形态进入大气，经过自然沉降和降水进入土壤。据调查，公路附近的土壤要比远离公路地区污染严重，这是因为汽车和摩托车轮胎及燃油中含有重金属。大气沉降是土壤重金属污染的重要途径，矿山开采和重金属冶炼产生的大气污染也是农田土壤重金属的重要来源。

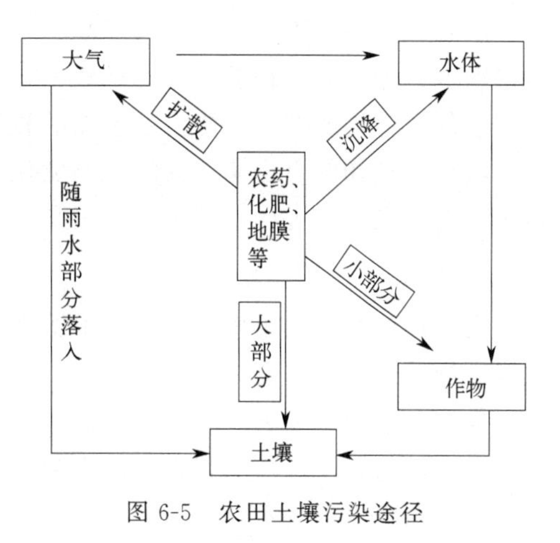

图 6-5　农田土壤污染途径

（2）随污水进入土壤

污水农灌是指用城市下水道污水、工业废水、排污河污水以及超标的地表水等对农田进行灌溉。水资源匮乏推动污灌在我国广泛应用，大量的工业废水未经处理直接进入水体并随灌溉进入农田，使重金属以不同形态在土壤中吸附和转化。相关研究表明，一些选矿场的选矿废水和尾砂未经任何处理直接排入刁江，导致刁江河床淤泥、河水及沿河两岸土壤中的 Cu、Pb、Zn、Cd、As、Sb、Hg、Cr 和 Fe_2O_3 等主要污染物指标严重超标，并严重污染沿江两岸农田，导致了水稻等主要农作物的减产和农产品的严重污染及品质的下降。

（3）随固体废物进入土壤

固体废物中重金属极易迁移，以辐射状、漏洞状向周围土壤、水体扩散。大量的工业废弃物在堆放和处理过程中，由于日晒、雨淋、水洗，其中重金属向周围土壤、水体扩散，随着污泥进入土壤。由于在中国铅锌矿多为伴生矿，所以在对铅锌进行冶炼加工的同时，一部分微量矿产被大量抛弃，这些被抛弃的微量元素存在于冶炼矿渣和工业废弃物中，在工业生产中被大量地堆放在旷野，由于风蚀作用和雨水冲刷等原因，这些微量元素大量进入堆场附近的土壤和地下水，并对周围的环境造成了相当大的污染。例如，对台州电子废物拆解点附近农田土壤进行监测分析，发现重金属超标率为 100%，主要超标元素依次为 Cd、Cu、Hg 和 Zn。

（4）随农用物资进入土壤

农田污染的三大污染源分别是化肥、农药、农用地膜。目前，含 As、Hg 和 Pb 的农药已在大部分国家禁用（如中国、美国、日本及欧洲各国等），但含 Cu 和 Zn 的各种杀菌剂（如波尔多液、多宁、碱式氯化铜、福美锌、噻唑锌、代森锌等）还在世界各国农业生产中广泛使用。农用地膜生产过程中加入了含有 Cd 和 Pb 的热稳定剂，使用时也会增加农田土壤重金属污染的风险。化肥引起的农田重金属污染主要来自磷肥，由于磷矿中含有痕量的 Cd，从而导致成品肥料 Cd 污染。同时由于饲料添加剂中的重金属污染，畜禽粪便及其堆肥产品长期施用也导致农田重金属污染越来越严重。重金属在土壤中会存在一个传递和富集的作用，所以化肥中的重金属污染问题会随着农田化肥的使用范围和量的增大而加重，是一个绝不可小视的问题。重金属是肥料中报道最多的污染物质，其质量分数一般是磷肥＞复合肥＞钾肥＞氮肥。总体来说，农药、化肥、地膜、畜禽粪便和污泥堆肥产品等这些农用物资的不合理施用，均可导致农田重金属污染。

重金属污染是农田土壤污染的重要形式和内容，重金属污染隐蔽的时间长，既影响微生物的数量，导致土壤活性下降，抑制土壤呼吸，也对作物的组织和结构产生影响，可造成植株矮小、减产，制约绿色农业持续发展，甚至可通过食物链进入人体从而造成中毒或引发癌症，影响人们的身体健康。这严重影响了农作物产量和产品品质，以及人们的身体健康和生命安全。并且重金属污染来源广泛，包括采矿、冶炼、金属加工、化工、废电池处理、电子、制革和染料等工业排放的“三废”，汽车尾气排放，以及农药和化肥的施用等。重金属在植物根、茎、叶及籽粒中的大量累积，不仅严重地影响植物的生长和发育，而且会进入食物链，危及人类的健康。并且各金属的相互作用、复合污染，会增强联合毒性。因此，在研究土壤与农作物的重金属污染时，不能仅考虑单一的重金属污染。多元素的重金属复合污染是一个相当复杂的过程，其生态效应受多种因素的影响，有待进一步研究。

6.5.1.2　农田土壤污染治理修复

大量污染物进入土壤后会破坏土壤生态平衡，使土壤有益生物和有益微生物大量死亡，土壤生物种群减少，土壤理化性质恶化，土壤活性下降，土壤功能变差，严重污染还会使土壤丧失生产能力，失去农业利用价值。所以对农田土壤污染及时采取有效的土壤治理修复技术，对保护土壤生态环境和人类健康至关重要。

（1）物理修复技术

物理修复技术是指利用物理的方法进行污染土壤的修复，包括客土法、翻耕混匀法、去表土法、表层洁净土壤覆盖法等。其中客土法或换土的方式多用于重金属污染重、面积小的农田，并且换出的土壤应进行妥善处理。翻耕混匀法是在污染土壤中加入大量未被污染的土壤来降低重金属浓度，土源需要重新寻找与关注。去表土法是指将受到重金属污染的表层土壤清除，然后进行翻耕。旋耕法则适用于污染程度轻、土层厚、面积小的污染场地。

（2）化学修复技术

化学修复技术采取农艺方法，如水分管理、施肥调控、低累积品种替换、调节土壤 pH 值、调整种植结构等来控制农田重金属污染。通过调节土壤理化性质以及吸附、沉淀、离子交换、腐殖化、氧化-还原等一系列反应，将土壤中的有毒重金属固定起来，或者将重金属转化成化学性质不活泼的形态，以达到降低其生物有效性的目的，从而治理污染土壤。

（3）生物修复技术

生物修复技术主要是通过植物修复对土壤质量与土壤生态环境进行改善。植物修复是运用农业技术改善土壤对植物生长不利的化学和物理方面的限制条件，使之适于种植，并通过种植优选的植物及其根际微生物直接或间接吸收、挥发、分离、降解污染物，恢复重建自然生态环境和植被景观。植物修复可分为植物提取、植物固定、植物挥发、植物过滤、植物强化根际微生物降解作用。

在植物修复过程中，修复植物往往对某些特定的污染物有修复作用，不同的植物种类对重金属的累积量有所差异。镉超积累植物有遏蓝菜、龙葵、东南景天、印度芥菜、鼠耳芥和某些品系菊花等。同时，有研究表明甘蓝型油菜具有修复 Cd、Cu 等污染土壤的能力，而且甘蓝型油菜生物量大，生产种植技术成熟且易于掌握。近年来，一些研究者将视线放在了低积累植物的筛选、研究和应用上。已有的研究均表明筛选低积累作物对于中低浓度 Cd 污染土壤的安全利用具有可行性。一些植物通过减少根细胞 Cd 吸收的途径从而降低地上部分镉的累积量，该过程主要以根细胞壁作为有效吸收屏障，而根细胞分泌的与镉亲和性较高的有机物可进一步降低根细胞的镉吸收量。

总体而言，无论是超积累植物还是低积累作物，植物从土壤中吸收重金属后若不经过合理处置，重金属又将回归至土壤环境，这将再次造成污染。因此，重金属富集植物生物质的处置是制约植物修复技术大规模商业化应用的重要因素之一。

6.5.2 矿区废弃地

矿业是人类社会继农业发展后产生的最重要的工业。我国幅员辽阔，地质条件复杂，拥有得天独厚的矿产资源。然而，矿产资源的开发利用会改变区域生态系统的物质循环和能量流动，并且造成严重的生态破坏和环境污染。根据环境保护部（现生态环境部）和国土资源部 2014 年公布的《全国土壤污染状况调查公报》显示，我国土壤环境状况总体不容乐观，部分地区土壤污染较为严重，耕地土壤环境质量堪忧，工矿业废弃地土壤环境问题突出。矿产开采不仅占用大片土地，而且在采矿的过程中会产生大量的矿渣，包括选矿渣、尾矿渣及生活垃圾等。超过 90%的矿区废弃物通过堆放处理占用了大片的土地。矿山在开采过程中破坏了生态环境，造成严重的环境污染。同时，矿区大片植被遭到破坏，表土剥离，加剧了水土流失，加快了土壤退化，最终导致生态失衡。

许多矿质都有重金属伴生，矿质开采常伴有重金属污染。矿区固体废物和矿山酸性废水是矿区土壤中重金属的主要来源。重金属污染具有长期性、稳定性、隐蔽性和不可逆转性的特征，且容易积累在植物体内，通过食物链富集到动物和人体中，诱发癌变或其他疾病。而酸性废水则使矿区中的重金属元素活化，以离子形态迁移到矿区周边的农田土壤和河流中，导致土壤和河流中重金属含量远远超过背景值，影响农产品品质和饮水健康。

我国对矿区土壤重金属污染的研究开始得相对较晚，矿山生态系统的恢复重建工程发展比较缓慢。我国矿区土壤污染严重，治理修复技术落后，相较于发达国家对矿区废弃地复垦率高达 65%而言，我国矿山废弃地的复垦率只有 12%左右，远低于发达国家。矿区废弃地一般可分为以下 4 种类型。

① 由剥离的表土、开采的废石及低品位矿石堆积形成的废石堆废弃地。

② 矿物开采形成的采空区域及塌陷区，即开采坑废弃地。

③ 各种分选方法分选出精矿物后剩余物排放形成的尾矿废弃地。

④ 采矿作业面、机械设施、矿山辅助建筑物和道路交通等占用后废弃的土地。

这些矿区废弃地都存在很大的生态问题，它们的共同特征主要表现为：废弃地的表土层被破坏，缺乏植物能够自然生根和伸展的介质；土壤物理结构不良，持水保肥能力差，毒性物质含量高；极端贫瘠，缺乏植物生长所需的基本营养物质。除了以上土壤条件变恶劣外，生物多样性减少或丧失给矿区废弃地恢复带来了更加不利的影响。

原矿石、采矿固体废物及大气干湿沉降、矿井废水等活动致使很多微量有害元素进入土壤，在土壤的吸附、络合、沉淀等作用下，绝大多数元素会残留在土壤中，导致土壤中的重金属含量超过背景值，引发土壤污染。早些年对矿区废弃地的修复技术主要是物理修复、化学修复等传统修复技术，近年来植物修复作为一种环保且成本低的修复技术，越来越受到国内研究学者的重视。在英国和澳大利亚，某些耐重金属植物被筛选并种植于废矿区，以恢复重金属污染土壤的植被，且已开始商业化。有研究发现长喙田菁、银合欢均可用于铅/锌尾矿的植物修复。高羊茅、早熟禾、黑麦草、紫花苜蓿在纯尾矿污染土壤或经处理的尾矿污染土壤上都能生长，利用改良措施与草坪草相结合的方法来修复重金属污染土壤具有可行性。

矿区植被修复，主要是在生态学理论和原理的指导下，从基质改良、植物修复、土壤质量演变以及植被演替等方面，集成环境工程技术、农林栽培技术和生物技术，应用于矿区环境改良和生态恢复。以北京首云铁矿区为例，通过其裂隙裸岩、风化物阳坡及微土阳坡的地形、地貌、植被、土壤和植被演替等进行动态调查，并对乡土植物品种选配技术进行比较，对植被恢复生态效应进行分析，合理配置基质和植物种子进行挂网喷播，均有利于各种类型土壤结构和土壤肥力状况的改善。

矿山废弃地往往土层贫瘠、污染严重、土壤肥力低下，造林难度相对较大，因此矿山植被恢复应根据矿山地形地貌、气候条件及自然环境等选择乡土植物。在毒性较低的矿山废弃地中生物固氮的利用价值越来越高。矿区废弃地生态植被恢复是一项全面且复杂的工程，科学选择先锋植被，合理配置植被比例，不仅要考虑当地的自然条件、矿区结构，还要考虑之后的管护问题、与周边植被是否相适应等，使植被恢复形成一个良性循环，最大限度地与自然生态系统相统一。

6.5.3 电子废物回收场地

（1）概况

随着我国经济的迅速发展，社会消费水平的不断提高，电子电器设备的废弃量也呈迅速增长态势。据联合国环境规划署报告显示，我国已经成为世界第一大电子废物的产生国，年均电子废物量超过 2 亿台，重量超 5.00×10^6 t。

（2）电子废物回收场地土壤污染

报废的电视机、电脑、手机、冰箱等电子废物除含有大量贵重金属外，还包含了大量持久性有毒污染物，特别是 Pb、Sb、Hg、Cd、Ni、多溴联苯醚（poly brominated diphenyl ethers，PBDEs）和 PCBs。电子废物的安全处置是一个世界性难题，不当的回收和处置极易造成环境污染。目前，我国对电子废物的处置方式以粗放落后的手工拆解、焚烧、酸洗等为主，极易释放大量的有毒有害物质进入环境，从而引起电子废物拆解区土壤的重金属和有机污染物污染。其中电子废物回收场地中的重金属污染呈现出如下特点。

① 土壤重金属污染物种类多且超标严重。As、Cd、Cu、Pb 等重金属是电子废物拆解过程中释放的一类重要的有害化学物质。研究发现，电子废物拆解地环境介质（土壤、大气、灰尘和沉积物）中重金属含量很高，这些重金属可以通过皮肤接触和呼吸等途径进入人体。此外，这些污染物还可以在农作物中累积，从而通过膳食摄入途径进入人体。

② 重金属污染迁移直径范围大，在一定范围内变化梯度大。电子废物处置地本身污染严重，其周边区域也受到不同程度的重金属污染。并且重金属毒性与价态有关，而金属化合态与 pH 值密切相关。有研究表明，土壤的酸性与重金属污染物在土壤中的含量成正相关关系。

③ 污染物的分布与污染源相关，但不一定形成固定规律。例如电子废物拆解区周围 Hg 含量的平均值从高到低依次为酸洗源＞废弃物品拆卸源＞变压器拆卸源＞焚烧源＞冶炼源。而元素 As 含量的平均值从高到低依次为冶炼源＞酸洗源＞废弃物品拆卸源＞变压器拆卸源＞焚烧源。

（3）电子废物回收场地土壤污染治理与修复

由于多卤代芳香烃类（polyhalogenated aromatic hydrocarbons，PHAHs）等 POPs（包括 PBDEs 和 PCBs）具有成本低廉、绝缘性能良好和阻燃效果好的特点，曾被广泛应用于电子产品生产过程中，这将导致电子废物中存在大量高污染、难回收、难降解的有机污染物组分。PHAHs 具有环境持久性和长距离迁移的特点，在自然环境中难降解且容易在环境介质中迁移扩散。另外，低氯化合物和低环化合物具有较大挥发性，容易扩散迁移至拆解区周围，而高氯代化合物以及高环化合物主要存在于离污染源较近的区域内。同时，污染物的分布状态和污染程度与污染物的结构、污染源有关。整体来说，电解废物拆解区的有机污染物造成的土壤污染最为严重，应当采取合适的修复技术净化电子废物回收场地的生态环境。

由于植物修复可以同时修复重金属和有机污染物，并作为新型环境友好型污染物修复技术，植物联合修复在我国电子废物的土壤污染管理方面具有良好的应用前景。

1）化学-植物联合修复技术

添加适当的化学试剂来改善植物的生长条件以及土壤环境，打破土壤环境中的动态平衡，提高重金属的生物可利用性，从而促进土壤的修复效果。

2）微生物-植物联合修复技术

利用微生物与植物两者互利共生的关系，促进植物生长的同时利用植物根部的代谢作用为微生物提供营养，最终通过植物吸收富集和微生物降解的双重机制高效净化土壤。以苜蓿根瘤菌为例，其根际土壤中细菌、真菌和联苯降解菌共同存在的条件下，能够高效地降解和转化多种 PCBs（特别是对低氯的 PCBs 同系物）。

3）植物-淋洗联合修复技术

该技术在一定程度上扩大了淋洗技术的适用范围，提高了淋洗效率，解决了费用高的问题，也解决了单一植物修复周期长、效率低的问题。例如，套种东南景天和玉米的植物-淋洗联合修复技术可以去除大部分土壤中的重金属 Cd、Zn、Pb。联合络合剂淋洗技术与植物修复技术也能够提高植物对 Pb 的吸收率。

4）纳米零价铁-植物联合修复技术

纳米零价铁具有大表面积以及高表面反应活性，可以有效去除或转移环境中的重金属（如 Cr、Zn、Cd、Pb 等）以及多环芳烃、溴代烃、卤代烃等多类有机污染物。有研究表明将纳米零价铁注入污染土壤中幼苗期的凤仙花中，待植物成熟后再将其从土壤中移走，可以达到土壤去污的效果。

5）复合污染土壤异位化学氧化淋洗联合修复技术

筑堆淋洗修复技术将选矿技术和水处理方法相结合，是可针对性绿色高效地修复多种污染土壤的土壤修复、技术（氰化物、有机物、重金属等）。同时针对复合污染土壤，采用淋洗技术提高传质效率，利用不同类型淋洗剂将污染物有序地转移至液相中；采用化学修复技术对淋洗液进行解毒处理，实现淋洗液循环利用。通过淋洗与化学技术的有机结合，实现复合污染土壤的安全处置。筑堆淋洗技术可根据污染土壤渗透性质及施工现场可利用场地大小，采用标准化的建堆技术，快速、系统地完成筑堆过程。通过规范化淋洗系统，有效降低污染物浓度；通过高效解毒系统，完成淋洗剂循环利用。最终实现污染土壤的短时间、低成本、绿色环保修复。

总体而言，治理土壤污染的修复技术大致可以按照处理成本及其有效性、快速性等特点从低到高分为微生物修复、植物修复、气相抽提、化学氧化、热脱附和焚烧，其优缺点详见表 6-1。每种土壤污染修复技术都有其自身的优劣之处，为了能够更经济、更有效地修复有机污染土壤，单一的修复技术已不能满足要求，需要多种技术的联合使用，发挥各自优点，才能达到最佳修复效果，在治理污染的同时获得巨大的社会效益、经济效益和环境效益。

表 6-1　土壤污染治理修复技术的比较

土壤修复技术	优点	缺点
微生物修复	成本低,可大规模使用,对环境影响小	处理周期长,占地面积大,菌种驯化和保存困难
植物修复	成本低,不改变土壤性质,不引起二次污染	处理周期长,污染程度不能超过植物的正常生长范围
气相抽提	设备简单,易安装,破坏小,处理时间短	去除率低,在低渗透土壤和有层理土壤上有效性不稳定
化学氧化	快速修复,可原位处理	药剂成本高,较难处理多环芳烃等难挥发性有机污染物
热脱附	处理彻底,适用范围广,处理周期短,设备模块化生产	修复成本高,气相二次污染严重
焚烧	处理效果好,速度快	成本高,气相二次污染严重

参考文献

[1]　熊敬超，宋自新，崔龙哲，等．污染土壤修复技术与应用［M］．2版．北京：化学工业出版社，2021.

[2]　李法云，吴龙华，范志平，等．污染土壤生物修复原理与技术［M］．北京：化学工业出版社，2016.

[3]　王焕校．污染生态学［M］．3版．北京：高等教育出版社，2012.

[4]　黄基智，曾湖锦，杜庆杰，等．土壤污染修复技术的研究进展［C］．中国环境科学学会2022年科学技术年会论文集（二），2022：362-364.

[5]　王娜．矿区废弃地土壤生态恢复研究进展［J］．南方农业，2020，14（13）：51-54.

[6]　刘睿．污染土壤植物修复技术及应用［M］．北京：化学工业出版社，2021.

[7]　任秀娟，杨文平，程亚南．植物富集效应与污染土壤植物修复技术［M］．北京：中国农业科学技术出版社，2015.

[8]　贾建丽．环境土壤学［M］．2版．北京：化学工业出版社，2016.

[9]　王夏晖，刘瑞平，何军，等．中国土壤污染防治政策发展报告（1980—2020）［M］．北京：中国环境出版集团，2021.

[10]　张栋，刘兴元，赵红挺．生物质炭对土壤无机污染物迁移行为影响研究进展［J］．浙江大学学报（农业与生命科学版），2016，42（4）：451-459.

[11]　冯钦忠，陈扬，姚高扬，等．典型汞土壤污染综合防治先行区治理与修复技术初探［C］．《环境工程》2018年全国学术年会论文集（中册），2018：263-269，298.

[12]　卫丽，孙艳杰，王通哲，等．废旧含汞荧光灯管回收处理政策及技术研究［J］．冶金管理，2022（3）：172-174.

[13]　冯钦忠，陈扬，刘俐媛．汞及汞污染控制技术［M］．北京：化学工业出版社，2020.

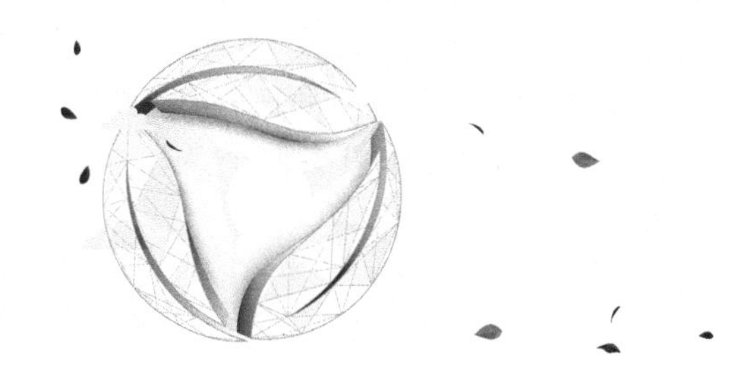

第7章 地下水污染及其控制

7.1 地下水及其污染现状

7.1.1 地下水的概念

地下水是水环境系统的重要组成部分，是人类赖以生存的物质基础条件之一。地下水是埋藏在地壳上部岩层中的水，是自然界中水的一部分，其存在于岩石圈中，即岩石的孔隙、裂隙或溶洞中，如图7-1所示。自然界中的水以气态、液态、固态三种形式存在于大气圈、地表水圈及岩石圈中。其存在的比例为大气圈水：地表水圈水：岩石圈水=1：100000：10。

2021年《中国水资源公报》显示，我国地下水资源量为8.1957×10^{10} m^3，约占全国水资源总量的27.7%；地下水源供水量为$8.538\times10^{11}m^3$，占供水总量的14.5%。地下水作为水资源的重要组成部分，对支撑生态系统、维持水系统良性循环有着突出作用。地下水同时也是人们主要的饮用水源和工农业生产的原料，对我国国民经济和社会发展、安全供水保障具有十分重要的作用。地下水按其赋存介质分为孔隙水、裂隙水与岩溶水；按埋藏条件分为上层滞水、潜水和承压水。地下水一旦受到污染很难修复，因此它对生态的破坏和人体健康的影响更长久、更深远。基于地下水的战略资源特性和我国地下水污染的严峻形势，地下水的保护和污染治理对保障我国经济的可持续发展显得尤为迫切。

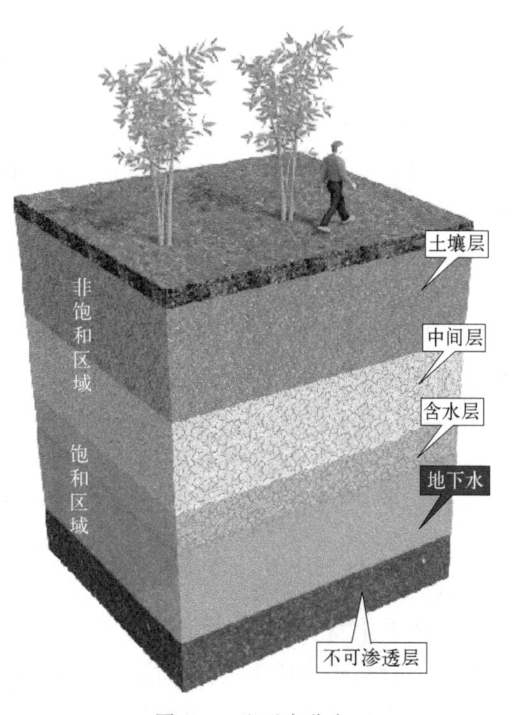

图7-1 地下水分布

7.1.2 地下水污染

凡是在人类活动的影响下，地下水水质变化朝着水质恶化方向发展的现象，统称为地下水污染。不管此种现象是否使水质达到影响其使用的程度，只要这种现象一发生就称为污染。

至于在天然地质环境中所产生的地下水某些组分相对富集，并使水质不合格的现象，不应视为污染，而应称为地质成因异常。所以，判别地下水是否受到污染必须具备两个条件：第一，水质朝着恶化的方向发展；第二，这种变化是人类活动引起的。

地下水污染形成如图 7-2 所示。

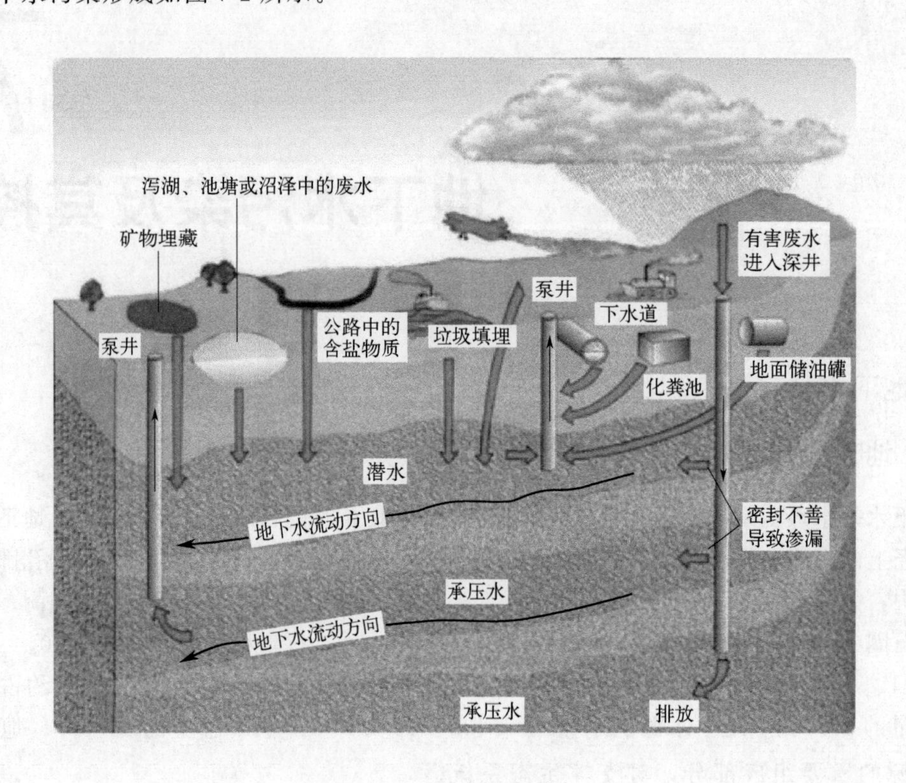

图 7-2　地下水污染形成

国外地下水污染分为两种概念，即污染和沾染（或传染）。其中污染一词是通用术语，包括作为一种污染类型的沾染在内，认为水质在化学物质、热能或细菌影响下恶化到即使对人体健康不经常构成威胁，也对其在日常生活、市政公用、农业和工业利用方面有不利影响的程度者就是污染；而沾染（或传染）则是指水质由于化学物质或细菌污染而变坏，在居民中间造成中毒或疾病传播的情况。德国教授 G. Martthess 在 *The Properties of Ground Water* 一书中的定义是："受人类活动污染的地下水，是由人类活动直接或间接引起总溶解固体及总悬浮固体含量超过国内或国际上制定的饮用水和工业用水标准的最大允许浓度的地下水；不受人类活动影响的天然地下水，也可能含有超过标准的组分，在这种情况下，也可据其某些组分超过天然变化值的现象定为污染。"他认为，不管是人类活动还是天然条件下，地下水都会受到污染。衡量地下水受污染的标准，是国内或国际上制定的饮用水和工业用水标准。

著名水文地质学家王秉忱等学者认为，地下水污染是整个水体污染的一部分，三水（地表水、地下水与大气降水）转化关系密切，应从水资源污染的总体观念出发阐述有关问题。基于此，对水污染所下的定义应是某些污染物质、微生物或热能以各种形式通过各种途径进入水体，使水质恶化，并影响其在国民经济建设与人民生活中正常利用，危害个人健康，破坏生态平衡，损害优美环境的现象。

由于地下水具有隐蔽性、不可逆性、构成因素的多样性和系统的复杂性，其污染问题远不如地表水污染表现得直观，因而长期未受到应有的重视，使得地下水污染日趋加剧，污染问题更加突出。我国目前对地下水的污染机理、污染物迁移转化和污染防治方法还处于探索阶段，在理论和治理方法上还不是很成熟。

7.1.3　地下水污染的调查与评价

相对于国外，我国对于地下水监测井网优化设计的研究起步较晚。20 世纪 50 年代末，我国开展地下水动态监测工作，90 年代开始着手地下水监测井网优化的研究工作。资料显示，国内对于地下水监测井网优化的研究主要聚焦于地下水位监测井网，但对地下水质监测井网优化的研究相对较少。20 世纪 80 年代初期，随着地统计方法的不断发展和完善，结合该方法的优化技术很快应用于地下水监测井网优化。我国学者宋儒在 1997 年以估计误差的标准差为决策变量，采用地统计方法（Krigin 方法）选择最佳地下水监测井布设方案。陈植华系统地阐明地下水监测井的作用与意义，分析了我国现有地下水监测井网存在的若干问题，综述了国内外地下水监测井网优化研究方法的发展，并采用信息熵法进行河北平原地下水水位监测井网优化设计。周仰效等针对不同空间尺度的地下水监测井网，通过阐述区域地下水位监测网优化的两种方法（地下水动态类型编图法和克里金法），分析区域地下水监测目标和监测井网优化过程，采用地统计方法定量评价插值得到的地下水位等值线精度，提出了以估计方差为目标函数的区域地下水位监测网优化设计方法。孟祥帅基于沈阳市 2010 年 5 月地下水位监测资料，通过地统计方法拟合水位变异函数，重新调整地下水监测井的数量和位置。此外，针对地下水污染监测井网，采用主成分分析和聚类分析法筛选冗余井，通过分析对比监测指标优化前后系统的聚类结果，提出新的监测井布设方案。陈晶系统地介绍了地统计法的原理，以克里金标准差为目标函数优化设计宁波平原的承压含水层的水位监测井网。同年，刘徽等基于地下水监测井网布设原则，采用水文地质分析法（地下水动态类型编图法）优化设计江汉平原的水位监测井网。此外，孙薇和卢海军等采用水文地质分析法与地统计法对地下水位监测井网进行优化设计，并以估计方差作为合理性评价的标准。调查研究结果显示：地统计法是地下水位监测井网优化研究最常用的方法之一，这主要是由于地统计法具有合理刻画环境变量、事先确定监测井网密度等优势。

随着社会的进步和经济的发展，人类关注的主要问题由地下水资源量转变为地下水质，相对于地下水位监测井网优化，水质监测井网优化起步较晚。近些年地下水质量问题受到广泛关注，地下水污染（水质）监测井网优化技术逐渐发展，然而地下水质监测井网优化设计更为复杂，该过程不仅需要考虑多个水质监测指标，还需综合考虑多个相互矛盾的目标函数。例如，2008 年蒋庆以估计方差为目标函数建立疏勒河地下水水质监测井网多目标优化模型，并采用改进的多目标粒子群算法求解优化模型，实现监测井网的优化布局。而针对地下水污染源监测井网，尹慧采用地统计法以估计误差的方差为目标函数，建立三氮（NO_3^-、NH_4^+、NO_2^-）的多目标监测井网优化模型，并采用多目标粒子群优化算法提出新的监测方案。此外，为了捕获北京某养猪场氨氮污染源，熊锋通过地下水数值模拟分别构建氨氮的水流和溶质运移模型，采用蒙特卡洛方法分析模型的不确定性和基因遗传算法（Genetic Algorithm NSGA-Ⅱ）求解优化模型并分析了优化结果。范越等在监测井网优化研究中以最大化覆盖高污染区域为目标函数，结合地统计法和地下水溶质运移模型建立地下水污染监测井网优化模型，调查研究结果显示：模拟-优化方法已成为污染源尺度地下水监测井网优化设计应用最广泛的方法。

针对区域尺度地下水污染监测井网优化，2008 年周磊等通过分析北京市地下水监测历史和水质，采用 DRASTIC 方法和水文地质分析法（地下水污染风险编图法）定性优化设计北京市区域监测井网，重新调整了地下水监测井的数量和位置。林茂等通过地下水脆弱性评价提出初始监测井网，结合地下水数值模拟和改进的遗传算法建立地下水污染监测井网多目标优化模型，并通过质量误差分析优化模型结果。张双圣等在污染源尺度地下水污染监测井网优化研究中，以信息熵作为决策变量，提出一种结合地下水溶质运移模型和地统计方法的监测井优化方法。为了保证水源地水质安全，水源地尺度地下水污染监测井网需以最低成本提供最大预警时间和最大污染物检测概率，赵宇以污染检测概率、预警响应时间和成本作为优化目标，分别采用质点追踪和蒙特卡洛方法提出优化方案，为平谷平原区中桥水源地提供新的地下水监测井布设方案。沈继方等认为在实际工作中判断地下水是否污染及其污染程度，往往比较复杂。首先需要有一个判断标准，这个标准最好是地区背景值（或本底值）。该值是指区域在未受或很少受人类活动影响条件下，环境要素本身（在此仅指地下水）固有的化学成分和含量，它反映在自然发展过程中环境要素的物质组成和特征结构，表征一个地区环境的原有状态，但现今人类活动的影响遍及全球，未受污染的区域环境难以找到，该值很难获得，因此，背景地下水是指赋存于地面以下岩石空隙中的水。地下水的质和量都处于不断变化之中。影响其变化的因素有天然的和人为的两种：天然因素的变化往往是缓慢的、长期的，而人为因素对地下水质和量的影响越来越突出。

我国从 20 世纪 50 年开始监测地下水，起初监测数据的信息化是不够完善的。信息化直到 90 年代才开始形成，但是由于监测数据分散并未形成信息系统。1980 年后，我国地下水的迁移变化才利用模型来进行分析。在早期阶段，主要研究的是无机盐和重金属的污染，后来才开始对有毒有害的有机污染做详细的研究。20 世纪 70 年代后期，我国开始逐步调查城市地下水污染现状以及污染物对地下水的污染机理。虽然我国在这方面的研究起步较迟，但目前国内已有不少研究成果。我们的研究方向主要包括地下水水质和地下水污染的调查与研究、地下水污染数值模拟、监测和风险评估模型研究、地下水污染控制的研究。我国的地下水资源质量评价工作于 1970 年开始展开且发展迅速。我国同时也在水质评价方面获得了显著成果，包括单指标和综合素质评价、数理统计和数学模拟。质量标准将不断改善，评价方法也将不断整合优化。2005 年，中国地质科学院与南京工程学院集中在地下水有机物污染的淮海流域、长江流域与珠江流域进行了调查。2009 年，周瑜等使用 SPE-GC/PFPD 和冲击萃取 SPE-GC/PFPD 方法，系统地分析了有机氮和磷农药如何污染地下水环境，也解释了污染物与水资源之间的吸附机制。高宗军等分析了地下浅层孔隙水和裂隙水，数据表明了地下水的硫酸盐和硝酸盐污染与当地的东南季风、海水及降水之间的相关性。高存荣等研究人员研究地下水有机污染［31 个省（自治区、直辖市）的 69 个城市］，研究发现，在城市地下水中存在过量有机污染物的概率是低的，但氯仿和苯并［a］芘等单一成分的检出率较高。张伟敬等进行地下水取样分析，在曹妃甸区域地下水的高矿化污染主要是受蒸发浓缩和海盐的影响。大部分地下水中的氮元素是由农业和生活污水所致。张永祥等采用单组分和综合评价方法，在北京市朝阳区调查和评估多数地下水监测井的水质。研究发现：单项组分中铁、锰和总硬度等指标超标较严重，优良与较差分别占到 56% 和 42.7%，水质整体情况堪忧。

我国最早在1980年开始进行健康风险评价研究工作，在进行风险研究评价上借鉴国外风险评级方法，立足于我国情况来进行。我国环境健康风险评价工作是从20世纪90年代开始的，在评价过程中主要是针对核工业放射性污染致癌以及非致癌风险做出相应评价。随着水环境健康风险评价工作的发展，目前我国主要是进行地下水风险评价，目的是对地下水中重金属以及有机物含量情况进行评价。基于水环境健康风险评价催生地下水健康风险评价，当前学者在评价过程中，一般使用的是美国环保署（EPA）风险评价方式。基于现有的研究来说，我国学者对区域地下水环境健康风险的评价大多是在国外一些模型的基础上，融合我国早些年的研究成果。目前在水环境健康风险评价上，涉及不同水体类别的评价，这些评价也使我国在进行区域水环境保护工作践行上能够有一定的参考借鉴。

钱家忠等根据供水系统中水质量数据的研究，集中对水质情况展开对应健康风险评价。结合评价结果分析可知，水中所含基因毒物对人体健康有危害。在对人体健康影响的表现上，基因毒物有更突出的影响表现。在区域水体中，所含污染物对应的总健康风险是6.53×10^{-5}，这一点相较于ICRP、瑞典环保局给出的最大可接受水平来说，依然超标较多。证实水源地水质污染严重，会对人体健康带来风险。黄艳红等对2000年9～12月武汉市5个区1945个行政村地下饮用水采取抽样调研的方式对水体中蕴含污染物展开健康风险评价。结果表明：武汉市农村地下水总健康风险值是2.87×10^{-6}，5个区年均健康风险排序为中部＞南端＞西端＞北端＞东端，其中水体中蕴含的砷有最高致癌风险，南端和中部区地下水中有较高的砷含量，致癌风险较高，为不可接受水平。王力敏等在长江三角洲农业活性区域研究浅层地下水的污染与土壤中有机氯农药含量的关系。实验得出，“六六六”和DDT等农药不会对浅层地下水造成较大的影响。而且在地下水中仅有非常少量的农药残留，在安全阈值范畴内的污染可接受。高翔等选择天津市宝坻区农村地下水为样本，针对水体中NH_3、F、Hg、Pb、As和Cr^{6+}浓度情况展开探讨。姚远等在进行水体重金属风险评价研究上，数据来源于雅安市三谷庄大渡河断面监测结果，其在研究中，基于定量分析针对河水健康风险指标进行评价。李永丽等的研究样本为信阳市南湾水库供水水源地水质，在研究过程中，针对水库基因毒物质致癌以及非致癌风险评价分析，选择用EPA健康风险评价模型完成。王刚等选择乌鲁木齐乌拉泊水库，就水体中铬、铜、汞、镍、锌、铅等含量完成相应的健康风险评价。王恒等的研究样本源自峨眉山市峨眉河饮用水水源地，就该地区地下水环境进行健康风险评价。结合我国学术界研究现状来说，多数是立足一些典型区域和范畴来进行观点的阐释，较少有学者会选择农村或是偏远地区地下水作为样本展开评价研究。而且随着我国完成地下水风险评价、地下水污染监测网的构建，我国在地下水污染方面也会有更多可供使用的监测数据，未来研究空间十分可观。

近年来，我国经济增长速度进入高速发展水平，工业化进程进一步提高，地下水的开采使用与日俱增，所带来的水污染问题日益严重。近20年来，由于城市生活垃圾和工业“三废”等的不合理处置，农药、化肥的大量使用，全国地下水污染状况日趋加重。国土资源部门长期地下水监测资料、两轮全国地下水资源评价结果以及1999年以来开展的北京地区、长江三角洲地区、淮河流域地下水污染调查评价结果显示，我国地下水污染范围日益扩大，水质整体下降，“三致”（致癌、致畸、致突变）微量有机污染物普遍检出，国际普遍关注的持久性有机污染物（POPs）在地下水中也有部分检出。根据

《2021中国生态环境状况公报》，“十四五”期间设置了1912个国家地下水环境质量考核点位，2021年获得1900个国家地下水环境质量考核点位水质数据，Ⅰ～Ⅳ类水质点位占79.4%，Ⅴ类水质点位占20.6%，主要超标指标为硫酸盐、氯化物和钠，地下水水质现状不容乐观。近年来，甘肃省兰州市“自来水苯污染”、华北平原“渗坑污染”等事件的发生，使地下水污染风险防控压力不断增加，地下水环境监管短板日益突出。伴随地下水的大量开采使用及水质监测技术的更新，地下水污染及其治理逐渐成为焦点。“十三五”期间，生态环境部通过组织全国地下水环境基础状况调查评估工作，初步掌握了全国地下水环境概况。目前，已初步建立了地下水环境“双源”清单，包括1862个城镇集中式地下水型饮用水水源、16.3万个地下水污染源在内的信息库。“十四五”期间，《中华人民共和国国民经济和社会发展第十四个五年规划纲要》要求开展“一企一库”“两场两区”（即化学品生产企业、尾矿库、危险废物处置场、垃圾填埋场、以化工产业为主导的工业集聚区、矿山开采区）地下水污染调查评估。到2023年，完成一批危险废物处置场、垃圾填埋场和以化工产业为主导的工业集聚区的地下水污染调查评估，进一步掌握重点污染源地下水环境质量和污染风险状况。到2025年，进一步完成一批其他污染源地下水污染调查评估。目前，生态环境部已完成国家级化工园区地下水环境状况调查工作，正在持续推进省级化工园区、危险废物处置场和垃圾填埋场地下水污染调查评估工作，相关成果为地下水污染防治精细化管理提供基础数据支撑。虽然国家出台许多政策，但地下水的污染仍在逐渐加剧，地下水的治理刻不容缓。

目前，我国地下水污染情况较为复杂，污染成因较多。总体来讲，一方面，随着人口的大量增加，需水量成倍增长，所产生的废水量也随之倍增，若处理不当排入自然水体中，随着地表径流必定渗入地下水体当中；另一方面，工业技术日益更新，产能增长速度日新月异，石油开采量尤为增多，工业地下管道的日常维护不及时势必造成泄漏事故，地下水环境遭到严重破坏。总体来看，我国地下水环境均受到了不同程度的污染，城镇较为严重，村屯较轻，污染物质有以无机成分为主向以有机成分为主转变的趋势，污染元素由单一成分向多种混合转变。污染源主要来自工业、农业、人民生活及自然界。污染形式为以点带面，隐蔽性较强，不易发现，不可逆转，由城镇向村屯扩散，由东南较为发达的地区向西北内陆扩散。在城镇区域，由于工业化进程加快，轻、重工业技术日益更新，地下水污染主要以水质酸化、盐化、硬化、有机物、重金属为主，如在工业园区附近，含水层中苯及其同系物、卤代烃、铅、汞等浓度超标。在村屯区域，农业及养殖业为主要污染源，由于过度使用农药、化肥及激素，大量未被植物吸收的农药及化肥随着雨水的冲刷逐渐渗入地下水中，导致地下水中氯代烃大量聚集，而未被畜禽所消化的各类激素，如雌激素等，随着动物的粪便，由土壤渗入地下水中，造成了地下水污染。此外，人类生活所产生的大量生活垃圾，若不妥当处理，由此所产生的垃圾渗滤液也是地下水的主要污染来源之一，污染成分以重金属、有机物为主。由此看来，地下水介质中污染情势较为严重，含水层污染治理急如星火。

7.2 地下水污染特性

7.2.1 地下水污染物

地下水资源的脆弱性日益增加，各种人类活动，加上现有的水文地质特征均威胁到地下水资源。地下水污染物种类繁多，主要可分为化学污染物、生物污染物及放射性污染物。最常见的无机污染物包括硝酸盐、亚硝酸盐、氟化物、氰化物、氯化物、重金属、硫酸盐和总溶解性固体等。其中，总溶解性固体、氯化物、硫酸盐、硝酸盐等无直接毒害作用，这些组分达到一定的浓度后有利用价值，但也会对环境甚至人体健康造成不同程度的影响。目前地下水中已发现 180 多种有机污染物，主要包括芳香烃类、卤代烃类、有机农药类、多环芳烃类与邻苯二甲酸酯类等，且数量和种类仍在迅速增加，甚至还发现了一些没有注册使用的农药。这些有机污染物虽然含量甚微，一般在 ng/t 级，但对人类身体健康却造成了严重的威胁。地下水中生物污染物可分为细菌、病毒和寄生虫。在未经消毒的污水中含有大量的细菌和病毒，它们有可能进入含水层污染地下水，而污染的可能性与细菌和病毒存活时间、地下水流速、地层结构、pH 值等多种因素有关。下面对常见的地下水污染物进行介绍。

7.2.1.1　无机盐污染物

无机盐污染物是地下水中的主要污染物之一，它们大多来自地球化学环境以及因人为的采矿、冶金、工业废水、垃圾堆放填埋等进入地下环境。

(1) 硝酸盐类

含氮污染物在地下水中主要以硝酸盐（NO_3^-）和氨（NH_4^+）的形式存在。硝酸盐在水中具有高度溶解性，其难以固定在土壤中，被认为是地下水中最广泛的污染物。地下水中硝酸盐的来源分为点源和非点源。点源包括污水排放、垃圾填埋场、牲畜养殖、化粪池系统和工业废水等；非点源主要指大气沉降以及大量的农业施肥。长期饮用硝酸盐超标的地下水对人体有较大损伤。摄入的硝酸盐会在肠道中被还原菌还原为亚硝酸盐，亚硝酸盐进入人体血液中后会与血红蛋白结合，成失去运氧能力的高铁血红蛋白，引起组织缺氧中毒，甚至导致呼吸循环衰竭。此外，亚硝酸盐还会与体内氰胺类、酰胺类有机物发生反应，生成强化学稳定性的亚硝胺类化合物，这类化合物对人体具有强致癌、致突变和致畸毒性。一些研究还表明，长期摄入过量硝酸盐还会导致视觉、听觉的条件反射迟钝，影响大脑，导致智力低下。我国硝酸盐污染较为严重的地区主要集中在干旱或半干旱地区。

去除硝酸盐主要有两种方法：一是从水中直接分离，包括反渗透、离子交换和电渗析等；二是将硝酸盐转化为无害氮气，包括生物脱氮和催化方法。其中生物脱氮是利用反硝化菌将硝酸根离子还原为氨，具有无废物产生的优点，且经济、高效、环境干扰小，故被广泛应用。另外，由于植物的根系具有很好的固氮效应，利用植物根系修复地下水中硝酸盐的研究也取得了较好成效。植物修复是一种具有巨大修复潜力的绿色技术。植物修复具有成本适中、能耗和维护要求较低的优势。然而，与物理或化学修复相比，植物修复要耗费大量时间，同时会受到植物根系深度的限制。

(2) 氟化物

氟化物天然存在于地壳中。氟的释放很大程度上取决于岩水相互作用或矿物溶解，最常见的含氟矿物是萤石、磷灰石和云母。少量的氟化物有利于骨骼和牙齿的发育及牙齿的健康。高于 1.5mg/L 的浓度对人体健康有害，会导致牙齿或骨骼的氟骨症。12 岁以下的儿童可能最容易接触氟中毒，因为他们的身体组织在此期间继续生长。此外，氟中毒是不可逆的，无药可治。我国大约 29 个省份 2600 万人口受到高氟地下水的影响，其中包含北方地区的大部分盆地，如柴达木盆地、河套盆地、呼和浩特盆地、关中盆地等，南方地区地热水较丰富的云南腾冲等地也含有较高浓度的氟化物。许多技术已经被应用于从饮用水中去除氟，如离子交换、吸附、化学沉淀和电凝过程。近年来，膜技术因去除地下水中氟的高性能和可靠性而受到广泛关注。目前，纳滤、反渗透和电渗析是最常用的去除氟的膜工艺。

7.2.1.2 重金属污染物

(1) 砷

砷在地下水中的存在通常与地球化学环境有关，例如来自冲积湖泊的盆地充填沉积物、火山沉积物、来自地热资源的输入、采矿废物和填埋场等。砷的人为来源包括除草剂（甲基肿酸钠盐）、木材防腐剂（铬化砷酸铜）和工业活动，包括金属冶炼、药物、杀虫剂、化学品和石油炼制。由于富含硫化物的煤中存在少量黄铁矿，因此燃烧煤也可能导致砷在空气中的存在。化石燃料燃烧、冶金排放、水泥窑和化学制造工业也会向大气中释放砷。

砷既是致癌物又是致突变物，其毒性取决于其氧化状态。摄入受砷污染的地下水对人类健康的影响主要来自慢性砷接触的流行病学研究，而不是急性砷中毒事件。人类肠黏膜中70%～90%的砷是从饮用水中吸收的。一旦摄入，无机砷很容易被肠黏膜吸收，并通过血液在人体的各个器官中累积。进入细胞后，砷酸盐通过谷胱甘肽（GSH）迅速还原为亚砷酸盐。许多严重的健康问题，如黑变病、角化过度、皮肤癌、限制性肺病、周边动脉阻塞性疾病和坏疽，都是由长期通过饮用水和食物摄入一定浓度的砷导致的。我国高砷地下水主要分布在内蒙古河套平原。处理高砷地下水主要有吸附、共沉淀、离子交换等方法。

(2) 铁、锰

铁和锰在地下水中含量较高，常常相伴存在。铁一般被认为对健康没有显著的不良影响，但其形成的红色氢氧沉淀物往往会导致水色偏红或堵塞输水管道。也有研究表明，铁的每日摄取量达到1000mg时会出现血色素沉着症，出现肝硬化、软骨钙化、骨质疏松、糖尿病等。饮用水中的锰超标已经被认为会引起神经毒性作用，并可能对儿童的智力产生损害。由于铁、锰是地壳的主要构成成分，地下水中的铁、锰来自水-岩的相互作用，因而地下水中的铁、锰污染又称为原生污染。我国饮用水中铁和锰的限值分别为0.3mg/L和0.1mg/L。我国铁、锰含量超标的地下水分布广泛，约占地下水总储量的20%以上，主要分布在华南和华北地区，集中分布在三江平原和长江中下游地区。

地下水中铁的去除通常采用接触氧化法，在催化剂的作用下将亚铁氧化为三价铁的氢氧化物沉淀。受限于天然水的pH值，地下水中锰的去除难度更大，多采用 $MnO_2 \cdot H_2O$ 作为催化剂利用氯接触氧化法去除。近年来，利用生物法去除水中铁、锰的相关研究越来越受到重视，相较于化学方法，生物法不投加额外的药剂，投资和运行成本费用更低，具有高效性和经济性。利用微生物来快速固定铁、锰，是未来研究的重要方向。

(3) 镉

镉是地下水中最有害的微量金属之一，镉会在人体各个器官中累积，其水平升高会导致肾小管功能障碍、骨软化和骨质疏松症，引起葡萄糖代谢紊乱、肺癌、心力衰竭和脑梗死。镉主要以 Cd^{2+} 形式存在于水相中，地下水中的镉来源主要有两种，一种是采矿区中矿渣、废水，另一种是废弃的镀镉产品造成的污染，通过土壤渗滤液渗透进入地下水。用被镉污染的地下水灌溉植物会导致镉在植物中积累，侵入食物链，经过生物放大作用，对最高营养级物种尤其危害巨大。

镉的去除方法包括化学沉淀、纳米吸附、植物修复等。化学沉淀法主要是通过硫化物和氢氧化物与镉形成沉淀达到去除的目的。纳米材料的微小尺寸、比表面积和形态结构等特征使其在分离技术中具有重要的应用价值，较为新颖的纳米磁性材料可以选择性地处理镉离子，并且可以通过外磁场作用简单地进行处理回收。植物修复通过植物根系进行吸收积累，其中凤眼莲、满江红、大薸等对镉均有较强的吸附作用。

(4) 汞

汞是一种有毒的重金属，其中 Hg^{2+} 被证明是主要的有毒离子形式，能够对肺部和肾脏造成损害。汞一旦转化为甲基汞等有机汞形式，就会成为一种有效的神经毒素，损害大脑功能。在人为来源中，燃烧化石燃料占总估计排放量的 24%，主要来自燃煤。其他人为来源包括水泥生产、钢铁生产、有色金属冶炼、黄金生产、氯碱工业以及汞的直接生产等。汞在生态系统中不能降解，因此修复应基于去除或固化。去除技术涉及吸附、解吸、氧化还原等。这些技术的主要目的是将汞从受污染的介质中分离出来，或者将有毒的汞化物转化为毒性较小的汞化物。最广泛采用的固化技术是稳定化和封闭技术，它们分别通过化学络合和物理捕集阻止汞迁移。

(5) 铅

铅是一种高密度、柔软的蓝灰色金属，是原子量最大的非放射性重金属，有较强的抗放射穿透的性能。温度超过 400℃ 时即有大量铅蒸气逸出，在空气中迅速氧化成氧化铅烟。2019 年 7 月 23 日，铅被列入《有毒有害水污染物名录（第一批）》。铅属于三大重金属污染物之一，人体中理想的含铅量为零。人体多通过摄取食物、饮用自来水等方式把铅带入人体，进入人体的铅 90% 储存在骨骼中，10% 随血液循环流动而分布到全身各组织和器官，影响血红细胞和脑、肾、神经系统功能，特别是婴幼儿吸收铅后，将有超过 30% 的量保留在体内，影响婴幼儿的生长和智力发育。食品原材料在生长、生产过程中通过土壤、空气、水等途径导致铅污染。对铅污染进行高效治理，一直以来都是研究的重点。目前用到的修复技术主要有化学修复法、生物修复法等。地下水化学修复技术经常用到的原位螯合剂主要有乙二胺四乙酸（EDTA）、柠檬酸和二乙基三胺五乙酸（DTPA）等。土壤修复常利用 EDTA、柠檬酸和 DTPA 原位处理铅污染土壤，经过不断淋洗，使得土壤中 Cd、Zn 和 Pb 的去除率达到 98%、97% 和 96%，达到预期修复效果。生物修复法包括使用革兰氏阴性菌吸收铅和种植绿植，其中绿植具有较强的吸附作用，可实现对铅污染物质的吸附与复合，促使其形成容易溶解的磷酸盐和碳酸盐物质，使得土壤中的生物有效性降低，极大限制了土壤对铅物质的吸收能力。

7.2.1.3　有机污染物

地下水中有机污染物的存在主要源于人类活动，如地下储存罐泄漏，使用的废水污泥，非法和不当倾倒化学品，使用各种农药和肥料、杀虫剂，畜牧业或工业排放等。近年来，有机新兴污染物（emerging organic contaminants，EOCs），例如抗生素类药品、杀虫剂及其在环境中的转化产品，由于其高持久性、毒性和生物累积潜力，已引起人类健康和水生生态系统的关注。

有机物污染源分为点源和非点源。废水源被认为是水环境中大规模有机物的重要点源之一，包括城市污水处理厂的排放、工业排放、意外泄漏和垃圾填埋等。相比之下，非点源污染是由广大地区的污染造成的，往往不容易确定来自单一或确定的来源。在施用化肥和其他农用化学品的灌溉地区，农业是地下水污染的主要非点源污染源。

(1) 抗生素

抗生素对环境和健康的潜在不利影响越来越受到人们的关注，我国是全球最大的抗生素生产国和消费国。抗生素被广泛用于疾病治疗和畜牧业药物中，主要有磺胺类、四环素类、氯霉素类、大环内酯类、喹诺酮类等。地下水中的抗生素主要来源于人类和家畜排泄物。由于抗生素不易降解，大量存留在污水处理厂的污泥中，通过渗透等污染地下水。另外，农业生产中施用的粪肥也是造成地下水污染的直接来源。最近一项来自不同猪舍的研究表明，在猪场的众多采集样品中，包括饲料、冲洗水、废水、供水、新鲜粪便、干粪便、干污泥和农业土壤中都能检测出林可霉素、磺胺二甲嘧啶、环丙沙星、红霉素和甲氧苄啶等抗生素药品。来自北京、河北和天津地区的 9 个猪场地下水样品中，检测到的四环素类、氟喹诺酮类和磺胺类药物的浓度分别高达 19.9μg/L、11.8μg/L 和 0.3μg/L。目前，关于动物和人类排泄的抗生素代谢物及其在环境中的转化产物的信息很少。代谢物、转化产物的鉴定，以及它们可能形成的具有药理活性或更高毒性的产物仍然是一个有待解决的问题。

(2) 农药

在农药中，主要关注的是新烟碱类农药，它是农业中使用最广泛的一类杀虫剂。新烟碱类化合物对昆虫有显著毒性，最近的体内、体外和生态领域研究表明，新烟碱类杀虫剂可能对脊椎动物和无脊椎动物以及哺乳动物产生不利影响。新烟碱类化合物的潜在毒性作用主要包括神经毒性、生殖毒性、肝毒性/肝癌毒性、免疫毒性、遗传毒性。对大鼠和小鼠的研究也表明，新烟碱类杀虫剂可能对人类，尤其是儿童构成潜在的健康风险，并可能对发育中的大脑产生更严重的不利影响。

新烟碱类杀虫剂在土壤中吸附值低、半衰期高，因此大部分会进入地下水，沥滤是可溶性农药通过土壤剖面垂直运输到地下水中的主要过程。在地下水中缺氧条件下，厌氧微生物主要参与杀虫剂的微生物降解，农药的生物降解主要靠海藻层。

7.2.1.4 生物污染物

地下水中生物污染物可分为三类，即细菌、病毒和寄生虫。在人和动物的粪便中有 400 多种细菌，已鉴定出的病毒有 100 多种。在未经消毒的污水中含有大量的细菌和病毒，它们有可能进入含水层污染地下水。而污染的可能性与细菌和病毒的存活时间、地下水流速、地层结构、pH 值等多种因素有关。用作饮用水指标的大肠菌类在人体及热血动物的肠胃中经常发现，它们是非致病菌。在地下水中曾发现并引起水媒病传染的致病菌有霍乱弧菌（霍乱病）、伤寒沙门氏菌（伤寒病）、志贺氏菌、沙门氏菌、肠道产毒大肠杆菌、胎儿弧菌、小结肠炎耶氏菌等，后五种病菌都会引起不同特征的肠胃病。病毒比细菌小得多，存活时间长，比细菌更易进入含水层。在地下水中曾发现的病毒主要是肠道病毒，如脊髓灰质炎病毒、人肠道弧病毒、甲型柯萨奇病毒、新肠道病毒、甲型肝炎病毒、胃肠病毒、呼吸道肠道病毒、腺病毒等，而且每种病毒又有多种类型，对人体健康危害较大。寄生虫包括原生动物、蠕虫等。在寄生虫中值得注意的有梨形鞭毛虫、痢疾阿米巴和人蛔虫。

7.2.2 地下水污染类型

关于地下水污染类型的划分问题，一般根据物质成分及其对人体的影响划分为地下水细菌污染与地下水化学污染两大类。随着社会经济的发展以及人类对核能的开发利用程度加大，地下水的热污染以及地下水的放射性污染成为地下水污染的另外两种不同类型。比较而言，细菌污染、热污染以及放射性污染的时间和范围均有限；而化学污染则常常具有区域性分布特点，稳定性强，难以消除。除了已知的污染源以外，其他因素，例如人口增加、气候变化、广泛使用的杀虫剂和化学肥料等，以及工业化程度的提高，都对地下水资源构成威胁。本研究拟根据部分不同类型的污染物来简述地下水污染的来源、危害及其去除方法。

7.2.2.1　地下水的细菌污染

地下水的细菌污染对人体健康构成严重威胁。世界上曾由于地下水细菌污染而多次暴发传染病流行事件。这种污染是指水体中出现了病原体。判断地下水是否遭到细菌污染的主要方法是大肠杆菌总数或细菌指数方法。按卫生部颁布的现行标准，1L 水中大肠杆菌的数量（菌度）不超过 3 个或者一个大肠杆菌所占有的水量（菌值）大于 333mL 时即为净水。细菌总数是指水样在相当于人体温度（37℃）下经 24h 培养后，每毫升水中所含各种细菌族的总个数。饮用水规定，细菌总数在 1mL 水中不超过 100 个，游离性余氯在接触 30min 后不低于 0.3mg/L（对于集中式供水，管网末端水的游离性余氯还应不低于 0.05mg/L）的水称为净水。

鉴于病原体在地下水中的生存时间有限，可知细菌污染扩散面积不大，而且属于暂时性污染。在大多数情况下，受细菌污染的含水层部位很浅，常常只是潜水受污染。平原地区地下水埋藏浅，受到污染的可能性很大。

7.2.2.2　地下水的化学污染

地下水的化学污染是指地下水中出现了新的污染组分或已有的活性组分含量增大从而造成的污染。地下水化学污染对人体健康的影响程度可能是直接的（水中化学物质导致人体中毒或疾病）或间接的（水因污染而使气味、味道、颜色等变坏，不利于饮用）。判断水体是否遭到化学污染，往往采用化学分析手段测定水中化学组分含量。当这些污染物质在含水层内的运移过程中不能自净时，就会长期存在于地下水中。地下水的化学污染给人们带来的危害是很大的。

7.2.2.3　地下水的热污染

地下水热污染是指城镇工业企业或热电站的冷却循环热水进入地下水从而引起的污染。从 20 世纪 60 年代开始，国外对热污染进行研究，做了许多工作。一般认为热水进入含水层后会形成固定的增温带，破坏了原有的水热动力平衡状态。在增温带，对地表水体有较多的研究资料。水温升高到 27～30℃，会使绿苔丛生，水生植物迅速增长，水由于热污染而过分加热时，则会造成水生生物的灾难——水中缺氧使水生生物死亡。与地表水的热污染相比，地下水的热污染却从未被看作是个大问题，然而，由于世界性的水资源危机，地下水库的调节作用越来越被看重，因此，地下水的热污染机理、热污染后果等将会越来越受到人们的高度重视。

7.2.2.4　地下水的放射性污染

地下含水层的放射性污染根据放射性核素来源不同可以分为两种形式：一种是自然的形式，其放射性核素是天然来源的，如放射性矿床；另一种是人为的形式，其放射性核素是人为的，如核电厂、核武器试验的散落物，以及实验室和医院等部门使用的含有放射性同位素的物质。特别是近年来世界各国对核废料地质处置的关注，因此放射性污染物进入地下含水层的概率日益增大。一般来说，放射性核废料的地质处置场地往往选在山区，但山区是平原区地下水的补给区，因此地下水放射性污染将成为地下水污染的主要形式之一。

上述四种污染类型有时会相伴发生。例如，由工业“三废”所造成的地下水化学污染，有时与城镇居民点、牲畜圈的生活污水导致的地下水细菌污染结合，成为两种类型污染并存的形式。此外，生活污水也可以造成持久的地下水化学污染，因为它们含有大量的在日常生活中广泛使用的表面活性物质。在工业企业地区，由于公开储存的废水废渣与大气降水渗滤溶解或存在水管泄流，固体废物以及某些原料和废水可以渗入含水层并直接污染含水层。

7.2.3 地下水污染源及污染途径

7.2.3.1 地下水污染源

引起地下水污染的各种物质来源称为地下水污染源，如图 7-3 所示。自然污染主要是海水、咸水、含盐量高及水质差的其他含水层中地下水进入开采层。人为污染则包括城市生活污水、工业废水、地表径流、城市固体废物、农业活动等。科研、文教单位排出的废水成分复杂，常含有多种有毒物质。医疗卫生部门的污水中则含有大量细菌和病毒，是流行病和传染病的重要来源之一。

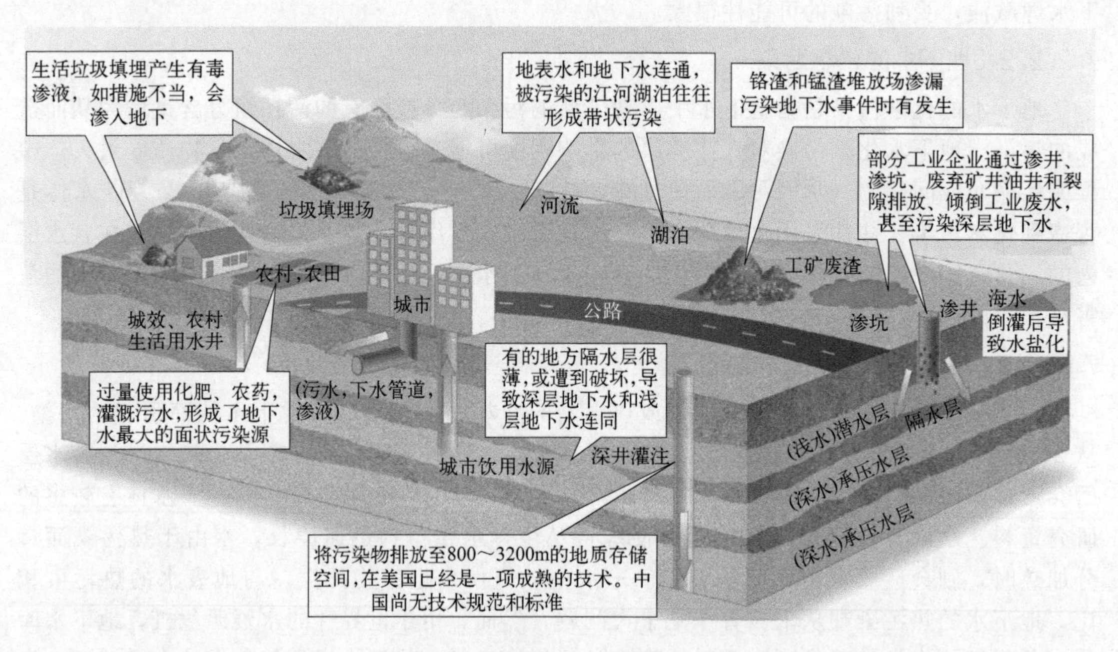

图 7-3 地下水污染元素示意

（1）农业活动

农业活动是造成地下水污染的主要途径之一。农业污染源包括牲畜和禽类的粪便、农药、化肥及农业灌溉引来的污水等随着下渗水流污染地下水。在农业生产活动开展过程中，部分种植户为了能够提高增产效率，往往会大量使用化学产品以促进农作物生长，然而土壤以及作物难以全部吸收，导致地表存在残余化学产品，久而久之会逐步渗入地下区域，对地下水循环产生严重的负面影响。例如，有可能引起水质中的磷元素与氮元素严重超标，导致周边居民、动植物都会受到地下水的影响，同时也会影响到当地的经济发展。

（2）工业活动

工业污染源是地下水的主要污染来源，特别是其中未经处理的污水和固体废物的淋滤液，直接渗入地下水中，会对地下水造成严重污染，如图 7-4 所示。而工业污染源中数量最大、危害最严重的是废水、废气和废渣，即工业“三废”。其次是储存装置和输运管道的渗漏；再次是事故类污染如储罐爆炸造成危险品突发性大量泄漏等。工业废水是天然水体最主要的污染源之一，其种类繁多，排放量大，污染物组成复杂，毒性和危害较严重且难以处理。工业生产离不开水资源的大量应用，而在此之间也会不断产生大量的工业废水，在不使用任何有效处理措施的情况下，这些工业废水被排入自然界中会逐渐渗透到地下区域，从而对水循环产生干扰作用。工业废水中含有大量的有害物质，在工业废水的渗透作用下，地下水资源将会受到严重污染，一旦饮用这些地下水很可能产生各类复杂、罕见的疾病，危害当地居民身体健康。

图 7-4　工业活动造成的地下水污染

（3）矿业活动

工业发展离不开矿业活动，人们在矿业生产领域中发现，矿业活动很有可能对地下水带来严重污染。尤其是采矿会产生大量的矿坑，在长期打磨的影响下会生成有毒金属，这些有毒金属需要及时进行有针对性的处理，否则很有可能在雨季时被冲刷进地下区域，从而影响水循环，造成地下水污染，给周边居民、动植物带来严重的负面影响。除此之外，在矿业生产活动中需要涉及各类资源的管理工作，这些资源在发生泄漏事故后会渗入地下，从而引起地下水污染，对地下水的可循环利用带来干扰。

（4）日常生活

地下水资源同样与人们的日常生活有极其密切的联系，人们的日常生活离不开水资源的运用。随着人口的增长和生活水平的提高，居民排放的生活污水量逐渐增多，其中污染物来自人体的排泄物和肥皂、洗涤剂、腐烂的食物等。日常生活中会产生各种各样的生活污水、生活垃圾，在生活污水与垃圾不经过规范排放以及处理的情况下，很可能会直接造成环境污染，从而发生地下水资源污染现象。尤其在个别地区，对生活污染的处理方式多以焚烧、掩埋为主，这些处理方式很有可能导致地下水资源受到严重污染。

7.2.3.2　地下水污染途径

地下水污染途径是指污染物从污染源进入地下水中所经过的路径。按照水力学特点可将地下水污染途径大致分为四类，即间歇入渗型、连续入渗型、越流型和径流型（侧向补给型），如图 7-5 所示。

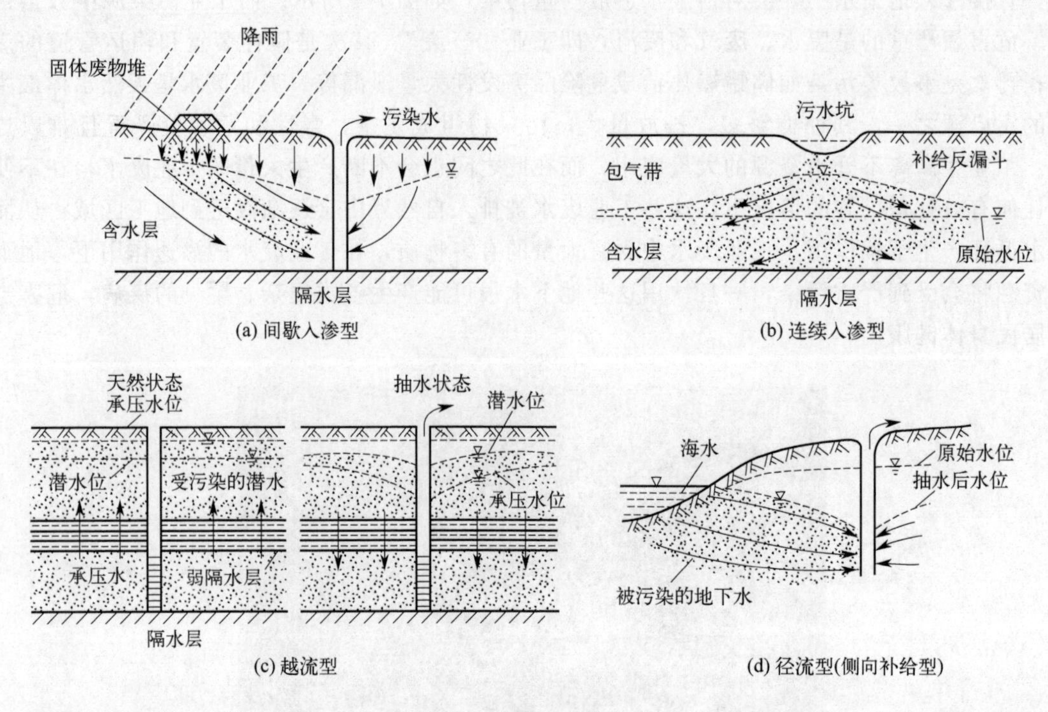

图 7-5　地下水污染途径

（1）间歇入渗型

间歇入渗型的特点是：污染物通过大气降水或灌溉水的淋滤，从污染源（固体废物或表土层）中周期性地通过包气带渗入含水层，其渗入形式多半呈非饱和状态的淋滤状渗流，或者呈短时间的饱水状态连续渗流。这种途径的污染组分是固态的，来自固体废物或土壤，因此研究时要分析固体废物或土壤的成分，最好能取得包气带的淋滤液才能查明污染来源。其主要污染对象为潜水。

（2）连续入渗型

连续入渗型的特点是：污染物随污水或污染溶液连续不断地渗入含水层，其污染组分是液态的。常见的有污水积聚地（如污水池、污水渗坑、污水快速处理场和污水管道等）的渗漏。其主要污染对象是潜水。

（3）越流型

越流型的特点是：被污染的含水层的污染物通过层间越流形式转入其他含水层。转移途径可以是天然的或是人为的。人工开采下部承压水，引起水动力条件的变化从而改变越流方向，使上部已受污染潜水层中的污染物通过弱透水层转移到下部承压层。该类的研究难点是要查清越流地点及地质部位。

（4）径流型（侧向补给型）

径流型（侧向补给型）的特点是：污染物通过地下水径流的形式进入含水层。各种污水或被污染的地表水，通过废水处理井或巨大岩溶通道进入含水层，并随地下径流在各含水层中迁移从而形成污染带。其污染物有人为的和天然来源的，污染对象是潜水或承压水，污染范围可能不是很大，但污染程度由于缺乏自然净化作用而十分严重。海水入侵是海岸区地下淡水超量开采从而造成海水向陆地流动的径流型污染途径之一。

7.3 地下水污染及其生态效应

7.3.1 地下水污染物的迁移转化

污染物在地下水系统中的迁移、转化过程是复杂的物理、化学及生物综合作用的结果。地表的污染物在进入含水层时，一般都要经过表土层及下包气带，而表土层和下包气带对污染物不仅有输送与储存功能，而且还有延续或衰减污染的效应。因此，有人称表土层和下包气带为天然的过滤层。

实际上是由于污染物经过表土层及下包气带时产生了一系列的物理、化学和生物作用，使一些污染物降解为无毒无害的组分，一些污染物由于过滤、吸附和沉淀而截留在土壤里，还有一些污染物被植物吸收或合成到微生物里，结果使污染物浓度降低，这称为自净作用。但是，污染物在上述迁移过程中，还可能发生与自净作用相反的现象，即有些作用会增加污染物的迁移性能，使其浓度增加，或从一种污染物转化成另一种污染物，如污水中的NH_4^+-N，经过表土层及下包气带中的硝化作用会变成NO_3^--N，使得NO_3^--N浓度增高。

7.3.2 污染物迁移转化的物理、化学和生物作用

污染物进入地下水中后，可与原先的水、岩土介质和水中生物（主要是微生物）发生各种物理交换、化学反应及生物分解等多种联系，从而引起地下水水质的变化，其结果称为物理、化学、生物效应。这些效应有正有负。所谓正效应是指在上述作用下，地下水中污染物浓度降低并基本达到天然背景值或某一规定水平，有时又称自然净化。所谓负效应，即经过物理、化学、生物作用使污染程度加剧。事实上，无论是物理作用、化学作用，还是生物作用，都具有两重性。在某些情况下，其中一种具体作用可能会降低某种组分的浓度，减轻或去除这种污染物，而在另一种条件下则会使这种组分增加，从而加剧其污染效果。因此，研究时要针对不同的物理、化学条件以及具体的污染组分，做出具体分析。

7.3.2.1 物理作用

地下水污染物在迁移过程中发生的物理作用有物理吸附、过滤、稀释三种。

（1）物理吸附

物理吸附是由于岩土表面静电引力，使水中的离子被吸附在岩土颗粒表面的现象。由于键联力比较弱，在一定条件下，岩土颗粒所吸附的离子也可以被水中另一种离子替换，即发生离子交换。附着在岩土颗粒上的离子再次进入水中的现象称为解吸。物理吸附是可逆过程。一般而言，当水中的某种离子被吸附的同时，岩土颗粒表面也会有另一种离子解吸，所以，物理吸附只是对某些污染组分的暂时截留，不能彻底去除。物理吸附对如下污染组分具有截留的作用，如K^+、Na^+、Ca^{2+}、Mg^{2+}和其他一些金属离子，包括Cu、Hg、Pb、Ni、Cd、Co、Mn等。另外，物理吸附对某些烃类化合物如苯、酚、石油类产品也具有截留作用。

（2）过滤

过滤是指透水介质的空隙小于固体污染物粒度的条件下，固体污染物被阻滞而不能随水流迁移的现象。能够被过滤的地下水污染物包括化学沉淀物如$CaCO_3$、$CaSO_4$、$Fe(OH)_3$、$Al(OH)_3$等，以及泥、砂、絮凝状的微生物集合体和絮凝状的有机物等悬浮或漂浮物质。

显然，过滤作用是否明显，与固体污染物的粒度和透水介质的隙径有关，隙径越小，过滤作用越明显，所以，亚黏土、亚砂土要比砂砾石、裂隙、岩溶地层具有更好的防止固体污染物迁移的效果。

（3）稀释

稀释是高浓度的污染水进入含水层与地下水混合，混合后地下水中污染组分浓度低于原污染水，或者是已污染的地下水得到未污染水的补给（降水入渗补给或侧向径流补给），使污染组分浓度降低的过程。地下水长期观测结果表明，地表堆放污染物的地段，降水后，潜水的污染程度会增高。在地表和土壤均未被污染的地段，侧向渗流污染的潜水会因降水入渗水的掺和，污染程度降低。这些现象均与稀释有关，只不过前一种情况是污染物溶解，地下水遭到污染；后者是地下水污染浓度因稀释而降低。

7.3.2.2 化学作用

化学作用包括化学吸附、溶解和沉淀以及氧化-还原反应三种。

（1）化学吸附

化学吸附不同于物理吸附，是以化学键的方式将吸附的离子束缚，使之成为胶体结晶格架的一部分，如果水的化学条件不发生明显改变，被吸附的离子不会重新返回水中，所以，化学吸附是不可逆的，可使某些污染物从水中去除。由于在实际工作中，严格区分物理吸附和化学吸附是十分困难的，所以，常将两种吸附效应一并考虑，用交换容量（CEC）来表示。交换容量是表征岩土介质吸附能力大小的一个指标。一般而言：

① 颗粒比表面积越大，即颗粒个体越小，交换容量越大，所以黏粒含量高的土壤具有较强的截留污染物的能力；

② 岩土颗粒表面电荷的正、负性及电荷的多少与 pH 值有关，pH 值低时，正的表面电荷占优势，吸附水中的阴离子，而 pH 值高时，岩土颗粒表面完全是负电荷，吸附水中的阳离子。

能够被化学吸附的污染组分有 Al、K、Mn、Zn、Cr、Co、Ni 等金属离子；另外，化学吸附也可去除如硫磷、毒莠定、西维因、百草枯、多氯联苯等有机化合物。

（2）溶解和沉淀

溶解和沉淀是污染物进入地下水以及从中脱出的两种相反的化学过程，前者是使污染物从固相变为液相，后者是从液相变为固相，这两种作用既发生在某些固体污染源释放污染物的过程中，又是含水层中水-岩相互作用的一个重要方面。至于溶解和沉淀在什么条件下会发生，需要读者参考水文地球化学的相关知识。

（3）氧化-还原反应

氧化-还原反应是地下水中非常普遍的化学过程，而污染组分进入含水层后，这一过程会变得更为复杂。污染物会与已存在的天然水、岩土介质、微生物相互作用，某些物质失去电子，发生氧化反应，另外一些物质会得到电子，发生还原作用。由于电子转移和得失是同时发生的，所以称这种化学反应为氧化-还原作用。由于各种物质的氧化态还原能力不同，而且许多元素具有多种氧化态，如 Fe 有二价和三价，Mn 有二价和四价，吸引电子的能力强弱也不同，因此，在某些条件下，有些物质或氧化态更易吸引电子，发生还原反应，相应地下水中另外一些物质会释放电子发生氧化反应。至于哪些物质以何种氧化态的形式出现在水中，则与地下水中的 pH-E_h（氧化还原电位值）条件有关。例如 Cr、As、Se 在氧化条件下（E_h 值较高），pH 值为 7 左右的地下水中，往往以一价或二价的阴离子形式存在，容易随水迁移，当 E_h 值很低时则形成难溶的硫化物沉淀。又如 Fe，当地下水 E_h 值大于 0.77V，pH 值小于 2.76 时，Fe^{3+} 出现在地下水中；当 pH、E_h 值超出这个范围时，可能形成 $Fe(OH)_3$ 沉淀或转变为 Fe^{2+}。研究表明，氧化环境有利于硝化作用的形成，所以地下水中常见 NO_3^-，而 Cr 和一些难溶的金属硫化物可转变为易溶的硫酸盐；还原环境不利于 Pb、Cd 等重金属的迁移，NO_3^- 也因反硝化转变为气态氮逸散。除此之外，地下水中发生的氧化-还原反应几乎都需要微生物的催化。起催化作用的微生物主要是细菌，如硝化杆菌、反硝化杆菌、硫还原菌等，它们的作用是加快氧化-还原反应的进行。

7.3.2.3　生物作用

除上面提到的微生物对氧化-还原反应的影响外，这里所说的生物作用主要是指生物降解和生物的吸纳作用。

（1）生物降解

生物降解主要是微生物对天然的和人工合成的有机物的破坏或矿化作用，使复杂的有机物变为简单的有机物或者转变为无机物的过程。微生物降解可在溶解氧较多的地下水中快速进行。在缺氧条件下，有些微生物可通过对含氧化合物如 NO_3^-、SO_4^{2-} 的分解，获取其中的氧生存，以完成对有机物的降解过程。生物降解的最终产物是无机盐、CO_2 和 H_2O，可以消除有机物污染的危害，但在不充分降解时也可能会形成中间产物，成为有毒害作用的新污染物。

（2）生物的吸纳

地下水是某些微生物的生存环境，地下水中许多化学组分是微生物的生长与繁殖所必需的营养物质，如 N、P、K、Ca、Mg、Na、S、Cl 等。另外，有些微量元素如 Cu、Zn、Cr、I、Co 等，它们对调节生物的生理机能也起着重要作用。所以，当地下水的污染组分中含有这些物质时，微生物的存在将有助于减轻污染程度。

7.3.3　地下水污染的生态效应

7.3.3.1　地下水污染对人体健康的影响

当地下水遭受污染后一般会引起水中“三氮”含量的变化，一旦饮用水中硝酸盐或亚硝酸盐含量过高，就会对人体尤其是婴儿造成危害，引发硝酸盐急性中毒。硝酸盐、亚硝酸盐在人体中特定条件下还会转化成致癌物——亚硝胺。除此之外，地下水受污染后硬度增大，作为饮用水源不仅苦涩难饮，而且会引起人体胃肠功能紊乱，出现呕吐、腹泻、胀气等症状。地下水源如果受到严重的有机污染甚至重金属污染，那么对人体健康将造成重大的危害。

7.3.3.2　地下水污染对工业生产的影响

天然地下水的硬度，不同自然地理条件下相差很大，但从时间上看变化较小，因此地下水硬度迅速上升一般是人为污染引起的。地下水中钙镁含量升高不是直接来自污水，污水的硬度通常很低，污水和地表组成物质发生化学作用会使水的硬度升高。在我国尤其是北方地区，工业生产用水中地下水占的比例很大。地下水的污染会严重影响工业生产。一旦地下水硬度增大，会使工业锅炉的炉内和管道上结垢，直接影响炉寿命甚至引起爆炸。而且锅炉内结 1mm 厚的水垢，大约要多消耗 4%的燃料。拿纺织印染行业说，用高硬度浆洗产品，不但需要大量洗剂，而且会产生次品或废品。此外，高硬度地下水还会对化工、制药、酿酒、发电、造纸等许多行业造成危害。受污染的地下水硬度过高，就迫使行业必须对硬水进行软化和纯化处理，从而增大了工业生产的成本。

7.3.3.3 地下水污染对农业生产的影响

地下水污染对农业生产的危害也十分明显。长期用 pH 值过高的井水灌溉农田，会改变土壤结构，使土壤板结，无法耕作。灌溉水中的硝酸盐含量过高，会减弱农作物的抗病能力，降低作物的质量。粮食作物吸收过量的硝酸盐会降低粮食中蛋白质的含量，营养价值下降；蔬菜作物则容易腐烂，难以保存和运输。另外，如果受污染的井水中硫酸盐、氯离子含量过高，还会抑制农作物生长，造成大面积减产，并且使农作物的质量降低。总之，人类在开发利用地下水资源的同时，如果不加以保护就会恶化人类赖以生存的生态环境，造成难以弥补的损失。

7.4 地下水污染修复

7.4.1 抽出（异位）处理技术

抽出修复技术是最早使用的一项修复技术，且是应用范围最广的一种传统修复技术，如图 7-6 所示。该项技术将地下水中受到污染的水抽取出来，再经过合理的方法对其进行有效的处理修复后，重新注到地下或者直接进行排放。当地下水不能进行原位修复时，抽出修复技术是较为适当的办法。同时，抽出修复技术还可以使污染源不扩散到周围的水源中造成二次污染。

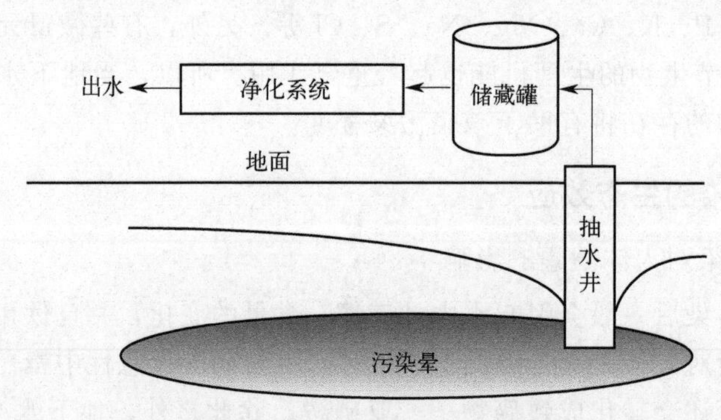

图 7-6 抽出处理技术概念模型

抽出修复技术本质上是用水作为主要的载体来将含水层中的污染物除去的。但是，此项技术的工程实施效率在很大程度上是由污染物的物化性质以及当地复杂的地质环境所决定的。在进行操作时，抽出地下水会造成地下水的水位降低，这就极可能导致一些残留的含氯有机污染物被吸附到土壤里。可当地下水位再被补充与恢复后，那些吸附到土壤中的含氯有机污染物就会再次被释放出来，溶解到水中。因此，抽出修复需要反复地进行来达到修复的目标，这就使得需要花费的时间较长，与此同时运行维护的成本也十分高。另外，也有研究说明仅仅运用抽出修复技术不可能使被污染的水质处理净化到饮用水的标准。而且在工程应用的时候还经常发现，目标污染物的浓度降低的速度是在逐渐变慢，甚至会有回弹的现象。研究技术人员为了加强抽出修复技术的效率，正在不断地进行改善优化，如果定期关掉水泵或者减小抽取的量，使得有机溶剂有充足的时间在缓慢的传质过程中达到动态平衡。还有学者在抽出修复技术的现场应用时发现，泵的抽提形式不同，效率也不同，可知脉冲泵比连续泵效果好，因为在低渗透区的污染物会发生扩散增强现象。

7.4.2 原位处理方法

原位修复就是指在受污染的地下区域直接进行修复，无需抽取。与异位修复技术相比减少了底层的破坏和污染物的暴露，操作更加简单，减少了抽提的费用，经济效益高。常见的原位修复技术有渗透反应墙技术、原位曝气技术、原位化学修复技术及生物修复技术等。

7.4.2.1 渗透反应墙技术

渗透反应墙技术（permeable reactive barrier，PRB）是把能有效去除地下水中污染物的反应介质填于设计好的墙体中，并将墙体放入地下水会垂直流过的地方，当地下水流过墙体时，水中的污染物就会被墙体中的介质通过一系列的物理化学反应吸收去除，以达到净化水质的效果，如图 7-7 所示。国内外学者对墙体中的填料进行多方面研究，零价铁由于高还原性而被广泛关注。零价铁已被多次证实能够有效地去除重金属及卤代烃等污染物，所以在渗透反应墙技术中得到了有效的应用。

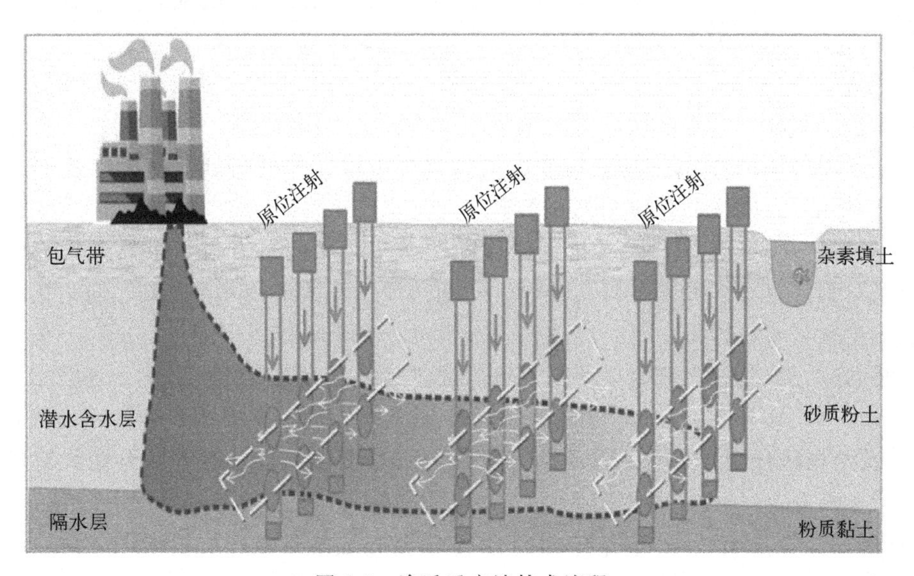

图 7-7　渗透反应墙技术流程

7.4.2.2 原位曝气技术

原位曝气技术与土壤气相抽提相联合使用将空气输送进受污染的地下水，将水中挥发性污染物挥发至地表再通过设备去除，如图 7-8 所示。这种技术主要是处理受挥发性有机物污染的地下水，见效快，成本低。此外，原位曝气技术通过输入气体还给土著微生物提供了充分的氧气，有利于去除地下水中残留的非水相液体。此项技术在欧美国家的地下水污染场地应用率超过了 50%。

7.4.2.3 原位化学修复技术

原位化学修复技术是人为地将化学氧化药剂输送到污染的地下水中，将水中污染物质氧化还原，以去除污染物。原位化学修复技术包括原位化学还原技术、原位化学氧化技术和原

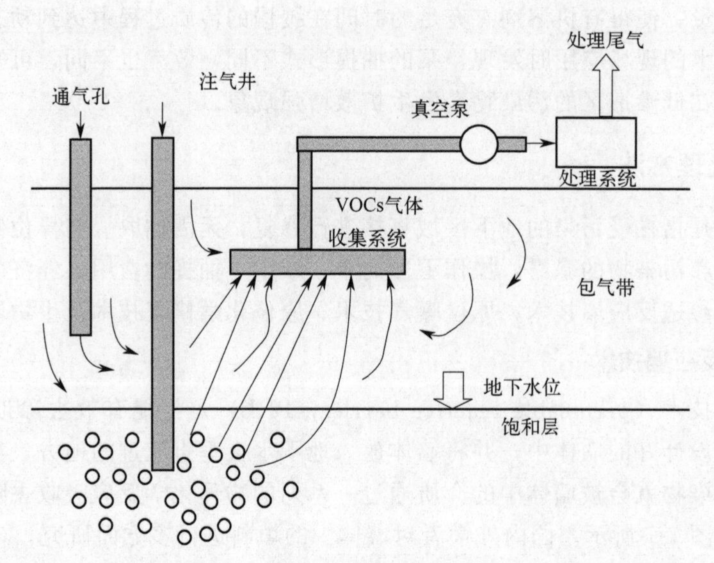

图 7-8　原位曝气技术流程

位电动修复技术。原位化学还原技术是指向污染区域添加还原性药剂，重金属离子经过还原、吸附、沉淀作用转为单质或低价低毒性物质，例如将 Cr^{6+}、As^{5+} 通过还原为低价态而降低其毒性等。常用的还原剂主要有二亚硫酸盐、单质铁、单质锌。原位化学氧化技术是指向污染区域添加氧化剂，重金属离子发生氧化反应转变为低毒物质。常用的氧化剂主要有臭氧、高锰酸盐、Fenton 试剂。臭氧和过氧化氢化学作用后产生的氧气也可以更好地被土壤中的微生物利用。但输入的化学药剂是否会对地下水产生二次污染，是人们需要考证和防范的风险。这种通过添加还原剂或氧化剂清除地下水中污染物的方法，虽然操作简单、费用低、效率高，但当存在多种重金属离子时，药剂选择比较困难，并且药剂本身可能带来二次污染。原位电动修复技术是在污染场地接入直流电，在电场作用下经过电迁移、电泳、电渗流等作用将目标污染物移动到电极周围，然后通过溶液导出进行处理修复。该技术具有相容性强、实用性高、选择范围广、受外界干扰小，并且可以和其他技术联合使用的优点，有人采用电动-微生物联合修复，将二甲苯等含量降低到检测限以下，对多环芳烃具有较高的去除率，但成本较高。

臭氧处理技术（ozone technique）是指向含水层中输入臭氧，可以形成分解石油微生物的生长环境，减少溶解有机碳（DOC）的含量，同时又可促使氰的分解。德国卡尔斯诺市曾用此法清理被石油污染的含水层，用四眼深井抽水时在井底安装有臭氧混合装置，使抽到地表的地下水已与臭氧均匀混合，然后再把抽出的地下水通过设在污染带周围的注水井回灌到地下。地下水位在注水井下部被抬高从而形成一道水墙，阻止了污染地下水向污染带范围之外的扩散和运动。用此方法成功地清除了含水层中的石油和氰。

7.4.2.4　生物修复策略

地下水生物修复技术一般指的是原位微生物修复技术，即通过促进土著微生物在含水层中的生长和繁殖，或注入筛选、驯化后的菌群，强化有机污染物的生物降解，从而达到修复污染地下水的目的。早在 1999 年爱达荷国家实验就利用生物催化作用将三氯乙烯（TCE）完全降解为 CO_2 和 H_2O。2020 年余湛等还在地下水修复中利用电动-微生物协同修复，极大地降低了 TCE 和四氯乙烯的浓度。该技术能够有效去除溶解于地下水中和吸附于含水层介质上的有机污染物，是一种环境友好的修复方法。典型的原位微生物修复过程包括利用抽水井抽取污染地下水，进行必要的过滤和处理后，将其与电子受体和营养物质混合，再注入污染羽上游。该方法不产生二次废物，操作方便，且所需设备简单，而其不足之处在于注入井容易由于微生物生长而发生堵塞，在低渗透（渗透系数$<1\times10^{-4}$ cm/s）地层中应用困难，且通常不适用于高浓度污染物的去除。缺氧型、厌氧型和共代谢型原位微生物修复技术均适用于去除氯代有机物，其中氯化乙烯可以通过还原或氧化机制在污染地下水中被生物降解，但其生物还原脱氯降解过程较缓慢。TCE 在地下环境中单独存在时很难被微生物好氧降解。但在另一种生长基质（如甲烷、汽油和苯酚）存在时 TCE 可通过好氧共代谢被降解；厌氧生物降解法能够在 TCE 单独存在时将其有效去除，使其矿化或毒性减小，常用于厌氧生物降解去除 TCE 的微生物包括甲烷氧化菌和硝化菌等。该技术的修复过程受微生物种类、数量等内因，以及溶解氧、温度、pH 值、微生物所需营养物质等外因的控制。

7.4.3　其他修复技术

其他修复技术包括监测自然衰减技术、生物通风技术、纳米零价铁修复技术等。

（1）监测自然衰减技术

监测自然衰减（monitor natural attenuation，MNA）依靠自然衰减过程降低污染物浓度，以实现修复目标。其中，自然衰减过程主要包括吸附、沉淀、挥发、稀释、扩散等对污染物的非破坏性过程和生物降解、化学降解等破坏性过程。MNA 可以在稀释的污染羽带使用，其优点包括整体费用低、对场地干扰小、修复副产物无毒或毒性很小、可与其他修复技术同时或串联应用等。然而，该技术不适用于污染物浓度很高或存在自由相非水相液体的场地，其降低污染物浓度所需的时间长，并且需要细致的场地调查、长期监测及对场地微生物群落活动和代谢潜力的评估等。

（2）生物通风技术

生物通风技术（bioventing，BV）是在气相抽提技术（VEC）的基础上发展起来的，是 VEC 与生物修复相结合的产物。生物通风技术和气相抽提技术很相似，它们都是通过井和泵的作用使产生的气流经过包气带，通常包括挥发和生物降解过程。但在污染物运移-转化的机理和达到的主要目的方面又有所不同。气相抽提技术的目的是通过挥发使气相污染物尽快地从地下抽提出来，而生物通风技术则是提供充足的氧气来维持最活跃的微生物活动，试图使生物降解的速率达到最大。在某些受污染土体中，过高的有机污染物会降低土体中的 O_2 浓度，增加 CO_2 浓度，进而抑制污染物的进一步生物降解。因此，为了提高土壤中的污染物降解效率，需要排除土壤中的 CO_2 和补充 O_2，生物通风系统就是为改变土壤中气体成分而设计的。生物通风技术已成功地应用于各种土壤的生物修复中，该工艺主要是通过真空泵或加压进行土壤曝气，使土壤中的气体成分发生变化。

（3）纳米零价铁修复技术

纳米零价铁修复技术（nano zero valent iron，NZVI）是目前修复地下水污染领域中较为前沿的技术之一。纳米零价铁作为一种高效还原性修复材料，被广泛应用于污染地下水修复工程，其在环境修复领域的应用已经有 15 年的历史。它可作为地下水可渗透反应墙中的填料处理污染物，也可被直接注入高浓度地下水中去除污染源，可以高效去除氯代有机物、重金属和硝酸盐等多种污染物。纳米零价铁在处理环境污染物过程中最大的优势在于颗粒比表面积大、反应活性高、降解污染物速度快，特别是在污染物浓度较高的情况下，纳米铁对污染物的去除率大大高于普通颗粒铁粉。然而纳米零价铁在应用中也有一些缺陷，如容易发生团聚作用，降低了其比表面积和反应活性；在地下水中迁移性较差，容易沉淀；在地下水原位注射技术中不能到达预定的处理区域；在含水层中容易形成堵塞；纳米零价铁表面的疏水性较差，不容易和非极性有机污染物发生反应等。这些缺陷限制了其在工程上的规模应用。生物炭作为生物残体高温热解后的产物，具有稳定性高、比表面积和孔隙率大、离子交换能力强等特点，在土壤品质的改良、污染物固定与锁定乃至温室气体的减排等方面都展现出良好的应用前景。生物炭高度的稳定性（在土壤中能够稳定存在上千年），很大程度上减少了污染物再次释放的环境风险。铁-碳复合材料对去除环境中的污染物具有一定的广谱性，适合用于多种污染物的治理，并且不受含水层特征的限制，处理的周期短。这种高效的地下水原位修复试剂已在欧美得到广泛应用。美国自 2000 年开始研发，目前已在 80 多个场地进行了中试及规模化应用。欧盟第 7 框架于 2013 启动了由德国斯图加特大学牵头的，耗资 14 亿欧元的土壤与地下水纳米铁修复技术应用项目（nanorem），已在瑞士、捷克、以色列、葡萄牙及德国等国家的 6 个污染场地进行了示范。纳米零价铁修复技术在我国还未得到重视，有待进一步研究和推广，特别是针对我国典型行业、区域、复杂地质条件及典型复合关注污染物，研发适用于重度污染源（含自由相）的原位地下水纳米铁修复技术体系。

我国张礼知团队通过表面稳定技术、低成本短程宏量制备技术以及安全稳定储运技术，突破零价铁的规模化制备及其表面钝化层制约的难关，开发了含氧酸根修饰零价铁材料，并实现其吨级大规模生产，发展了系列基于铁循环的有机和重金属污染修复新技术。含氧酸根修饰零价铁可通过吸附、还原、共沉淀以及与氧化剂联用等方式快速去除重金属离子（如铬、镍、铜、银、汞、砷、锑），还可与双氧水、过硫酸盐、臭氧等耦合构成还原/氧化耦合体系去除水中的有机污染物。基于含氧酸根修饰零价铁的修复技术具备低成本、高安全性的工程应用优势，含氧酸根修饰零价铁可完全替代纳米零价铁，远远超越传统零价铁材料，极大推动零价铁在环境污染治理领域的应用。以贵州某矿区重金属污染土壤修复项目为例，由于项目地处石矿山区，雨水充沛、地质情况复杂，不便采用 PRB 修复技术，针对超过 10000mg/L 的锑污染矿井废水，采用含氧酸根修饰零价铁原位固定技术，通过多级巷道填充工艺去除矿井废水中的锑金属离子，长期保持 90%以上的锑去除率，实现 500m^3/d 水量的达标处理。

参考文献

[1] 李燕，卢楠．场地地下水污染调查评价研究［J］．西部大开发（土地开发工程研究），2019，4（1）：36-40.
[2] 任静，李娟，席北斗，等．我国地下水污染防治现状与对策研究［J］．中国工程科学，2022，24（5）：161-168.
[3] 郑西来．地下水污染控制［M］．武汉：华中科技大学出版社，2009.
[4] 钱家忠．地下水污染控制［M］．合肥：合肥工业大学出版社，2009.
[5] 郎玥．硫化纳米零价铁降解地下水中三氯乙烯机理及动力学解析的研究［D］．沈阳：沈阳农业大学，2022.
[6] 赵崇凯．生物炭活化过硫酸盐高级氧化体系修复苯酚污染地下水的研究［D］．长春：吉林大学，2020.
[7] 张陆．某地区地下水污染特征及健康风险评价［D］．北京：首都经济贸易大学，2020.
[8] 闫聪．区域地下水污染监测井网多目标优化研究［D］．北京：中国地质大学（北京），2021.
[9] 孙毓泽．西安市地下水水化学特征及污染评价［D］．西安：长安大学，2021.
[10] 张梦玥．相转移催化剂强化高锰酸钾氧化修复三氯乙烯污染地下水效能及机理［D］．长春：吉林大学，2022.

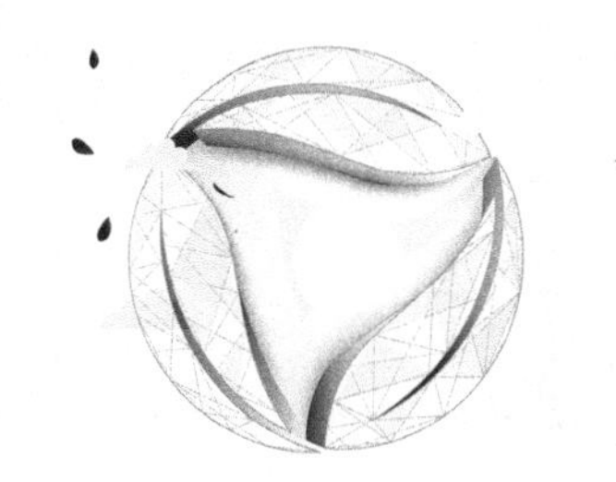

第8章 城市化及其生态环境效应

8.1 城市化的进程及其发展规律

8.1.1 城市化的定义

城市化，又称城镇化，是指伴随着工业化进程的推进和社会经济的发展，人类社会活动中农业活动的比重下降，非农业活动的比重上升，人口向城市地区集聚，乡村地区转变为城市地区的过程。城市化也是城市数量的增加、规模的扩大以及城市现代化水平的提高，使社会经济结构发生根本性变革并获得巨大发展的空间表现。美国学者弗里德曼将城市化过程区分为城市化Ⅰ和城市化Ⅱ。前者包括人口和非农业活动在不同规模城市环境中的地域集中过程、非城市型景观转化为城市型景观的地域推进过程，即实体化的过程；后者包括城市文化、城市生活方式和价值观在农村的地域扩散过程，即抽象的、精神上的过程。

由于城市化研究的多学科性和城市化本身的复杂性，许多不同领域的学者对于“城市化”的内涵有不同的定义。人口学对城市化的定义是：农业人口向非农业人口转化并在城市集中的过程，表现在城市人口的自然增加，农村人口大量进入城市，农业工业化，农村日益接受城市的生活方式。社会学对城市化的定义是：农村社区向城市社区转化的过程，包括城市人口在总人口中比重的增加，城市数量的增加、规模的扩大，公用设施、生活方式、组织体制、价值观念等方面城市特征的形成和发展，一般以城市人口占总人口中的比重衡量城市化水平。城市规划学科对城市化的定义是：城市化是由以第一产业为主的农业人口向以第二产业、第三产业为主的城市人口转化，由分散的乡村居住地向城市集中，以及随之而来的居民生活方式不断变化的客观过程。

综合来说，现代城市化的概念有以下几个含义和过程。

（1）人口城市化

即一个国家或地区内的大批乡村人口向城市集中，一般有两种方式：一是城市数量的增加；二是城镇人口数量的增加。与此同时，广大农村受城市文明的渗透和影响，文明程度逐步提升，从而使国民素质全面提高。

（2）地域城市化

即直观表象上地域景观发生变化（图 8-1），人口和产业在空间上集中所导致的城市数量、质量、地域分异的过程。

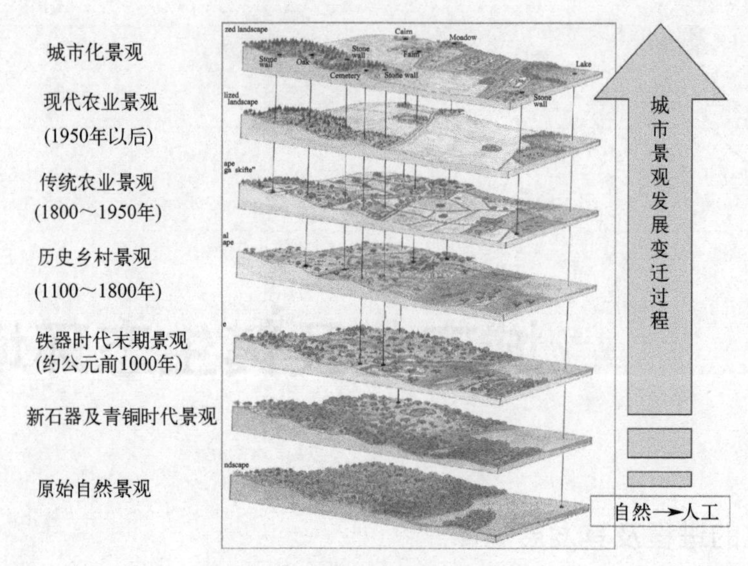

图 8-1　城市景观发展变迁过程

（3）经济城市化

即社会经济结构发生根本性变革，产业结构逐步升级，非农产业发展的经济要素向城市集聚，传统低效的第一产业向现代高效的第二、第三产业转换。这种转换既包括农村劳动力向城市第二、第三产业的转移，又包括非农产业投资及技术、生产能力在城市集聚以及城市化与产业结构非农化同向发展。

（4）社会生活质量城市化

即大批低消费农民群体转变为高消费市民群体，基于职业和行业利益的社会经济组织取代了农村中基于家庭纽带、地方情感的社会经济组织，人际交往与生活方式也随之变化，人民生活、居住水平发生质的改变，生活质量全面提高。

8.1.2　城市化的历史进程

世界城市化的进程大致经历了以下三个阶段。

（1）工业革命前时期

早期城市因生产力水平不高，可提供给城市居民的农副产品数量有限，所以城市发展受到限制。那时城市数目少、规模不大，城市人口比重小，主要分布在灌溉发达、利于农业生产或便于向周围征收农产品的地带。早期城市主要为行政、宗教、军事或手工业中心。这个阶段延续的时间最长，城市人口增长缓慢，直到 1800 年，世界城镇人口仅占总人口的 3%。

（2）工业社会时期

18 世纪中叶开始，迎来了城市发展的崭新时期。在工业革命的浪潮中，城市发展之快、变化之巨，超过了以往任何时期。工业化带动城市化，是近代城市化的一个重要特点。欧美国家城市数目激增，城市规模快速增长，英国在 1900 年城镇人口比重达到 75%，成为世界上第一个城市化国家。近代世界城市化的又一特点是亚非国家城市化的兴起，出现了一元的封建城市体系向封建城市与近代城市并存的二元结构转化的现象。世界城市体系的出现是近代城市化的第三个特点。1950 年，世界城市化水平上升到 29.2%。

（3）当代世界的城市化

第二次世界大战后，城市化开始形成世界规模。因为从 20 世纪 50 年代到 70 年代初期，资本主义国家经济增长较快，殖民地、半殖民地国家取得政治独立以后，经济上也有一定发展，这一切大大加快了世界城市化的进程。发展中国家已经构成当今世界城市化的主体。世界及各大洲城市总数（实际及预测值）如表 8-1 所列。

表 8-1　世界及各大洲城市总数（实际及预测值）　　单位：座

年份	1950 年	1960 年	1970 年	1980 年	1990 年	2000 年	2010 年	2025 年
世界城市总数	733	976	1374	1770	2261	2917	3737	5119
较发达地区	448	517	699	798	876	945	1004	1068
较不发达地区	285	459	675	972	1385	1972	2733	4051
非洲	33	51	83	135	223	361	552	914
拉丁美洲	69	107	163	237	324	417	509	645
亚洲	226	359	503	688	931	1292	1772	2589
欧洲	221	259	307	340	364	387	405	422
大洋洲	8	10	14	16	19	21	24	29

注：资料来源于《城市统计年鉴》。

我国城市化道路自新中国成立以来几经起伏，发展速度较慢，但改革开放以来，高速的经济发展使城市化进程加速。我国城市人口在 1949 年（新中国成立初期）为 5765 万人，到 1980 年增加到 19140 万人，同期城市人口在总人口中的比重由 10.64%增加到 19.39%（图 8-2），城市数量从 1949 年的 136 座发展到 1980 年的 223 座。到 2003 年底，城市人口总数达 59016.1 万人，城市数量已增至 660 座，全国城市化水平达到 40.53%。

据美国城市地理学家 R. M. Northam 总结世界各国城市化历程及其规律，表明一个国家城市化水平达到 30%以后，将进入加速发展阶段，可见当前我国城市化水平已进入加速发展阶段。21 世纪上半叶是我国实现“三步走”战略目标和社会主义现代化的关键时期，城市化进程会加速发展，城市化浪潮势不可挡。

图 8-2　城市化发展过程中人口向城市转移

8.1.3 城市化的机制

8.1.3.1 城市兴起和成长的前提

① 剩余农产品（特别是粮食）的生产能力是城市生存的必要前提。当然，就一个国家或地区而言，剩余粮食的生产能力并不一定构成城市化的前提。

② 农村必须向城市提供有劳动能力的剩余人口。发展中国家由于农村人口激增，人多地少的矛盾尖锐，农村剩余劳动力问题比发达国家更为严重。在城市化实践中无需考虑这一前提的遏制作用，而是要考虑城市如何消化农村剩余人口。

8.1.3.2 城市化与工业化、第三产业、经济增长的关系

（1）工业化与城市化

城市化是由工业化所产生的劳动力分工在空间上的反映。城市化与工业的区位过程密切相关。20世纪50年代以来，发达国家工业部门大量吸收劳动力的时代已经结束，城市发展对工业发展的依赖程度减轻。但是，就世界范围而言工业对城市发展的主导地位依然存在，工业化仍然是城市化的基本动力。

（2）第三产业与城市化

现代城市化的过程就是第二、第三产业集聚行为所产生的过程。发达国家工业现代化后，工业化在城市化过程中的作用减弱，第三产业在城市化中的作用日益突出。现代企业对生产性服务提出新要求；经济国际化、跨国公司的发展，新的国际分工，带来服务业的国际扩散，刺激了城市第三产业的发展；现代城市居民对消费性服务业亦提出了新的要求。

（3）经济增长与城市化

从经济学角度看，城市化是在空间体系下的一种经济转换过程，人口和经济之所以向城市集中，是集聚经济和规模经济作用的结果。经济增长必然带来城市化水平的提高，而城市化水平的提高无疑又加速经济增长。据对151个国家的资料进行分析，证明城市化水平与人均国民生产总值之间存在着对数曲线相关关系，城市化水平随着国民生产总值的增长而提高，但提高的速度又随着人均国民生产总值的增长趋缓。

8.1.4 城市化的阶段特征

发达国家的城市化过程至今经历了4个阶段：

① 集中趋向的城市化阶段。该阶段城市化的主要特征是中心城市人口和经济迅速增长，特别是市中心城区形成高度集聚。

② 郊区城市化阶段。这个时期城市化的特征是，在工商业继续向城市，特别是大城市中心集中的同时，郊区人口增长超过了中心市区。

③ 逆城市化阶段。在郊区城市化继续发展的同时，中心市区显现衰落景象，出现人口净减少。

④ 再城市化阶段。中心市区经济复兴，人口重新回升。

美国地理学家诺瑟姆通过对各个国家城市人口占总人口比重的变化研究发现，城市化进程具有阶段性规律，全过程呈一条稍拉平的S形曲线。第一阶段为城市化的初期阶段，城市人口增长缓慢，当城市人口超过10%以后，城市化进程逐渐加快。初始阶段的主要特征是：农村人口占绝对优势，工农业生产力水平低，工业提供的就业机会有限，农村剩余劳动力转

化缓慢，这一阶段一般要经过几十年甚至上百年的时间。当城市化水平超过30%时进入第二阶段，城市化进程出现加快趋势。加速阶段的主要特征是：工业基础逐步建立，经济实力明显增长，农业劳动生产率大大提高，工业吸收大批农业人口进城，城市化加速发展，城市人口比重可在几十年内达到50%～70%。这种趋势一直要持续到城市人口超过70%以后才会趋缓，此后为城市化进程第三阶段，城市化进程停滞或略有下降趋势。趋终阶段的主要特征是：城市人口比重超过70%，社会生产力空前发展，第三产业迅速崛起，并逐步取代第二产业的地位，成为区域经济的主导产业。到达这一阶段后，城市化发展速度趋缓，城市人口比重甚至有可能下降，而城市化发展的质量指标日益重要，到最后也将实现“城市和乡村的融合”。由此可知，城市化进程会经历发生、发展、成熟三阶段，其规律性的变化是发生阶段速度缓慢，发展阶段速度加快，成熟阶段速度又趋缓慢。

国内外学者关于城市化发展的阶段划分归纳起来，主要有如下几种观点：

① 按城市化水平的差异，将城市化发展划分为初期阶段（城市化水平低于30%）、中期加速阶段（城市化水平30%～70%）和后期阶段（城市化水平高于70%）（图8-3）；

② 按城市化的空间形成演变，将其划分为核化阶段、大城市化阶段和地带性城市化阶段；

③ 按城镇体系的时空演化形式，将其划分为市区化阶段、郊区化阶段、带状化阶段和网络化阶段。

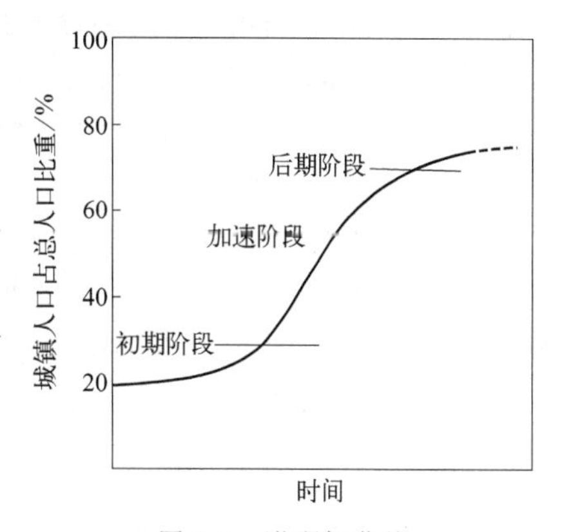

图8-3　诺瑟姆曲线

根据联合国人居署的统计数据，1970年世界城市化水平只有37%，到2000年上升为47%，在2008年的某个时间，世界城市人口首次超过了农村人口。根据预测，到2030年，全球将有60%的人居住在城市中。从时间上来看，城市化发展进程在各个国家存在着极大的不平衡。当前发展中国家是城市增长速度最快的地区。

城市一旦形成，聚集效应和规模经济就会使城市区域经济增长具有极化效应和扩散效应，这两者都造成城市自身的扩张，扩张的速度取决于这两者效应力的大小。城市经济具有规模经济递增的特点，但城市的规模不能也不可能无限扩大，随着城市的扩大，城市病会越来越严重，形成负的聚集效应，当负效应压倒正效应时即是城市的扩张边界。

大城市的极化效应和扩散效应最强，增长速度也最快。在城市化进程的不同阶段，大城市的这种超先增长速度也是不同的。在城市化的初期阶段，由于经济水平很低和整体城市化速度较慢，大城市极化效应和扩散效应不易发挥；在城市化的加速阶段，大城市的超先增长体现得尤为明显；而到城市化进程趋缓阶段，已不存在大城市超先增长规律。此外，大城市只有达到其城市边界前才遵循超先增长规律。

城市化作为一种复杂的社会经济现象，与许多因素有关，但经济因素与城市化进程最为密切也最为关键。许多研究发现，城市化水平与经济发展水平呈现高度相关性。从世界大部分国家城市化的进程来看，也证实了城市化的特点、城市密集度与经济发展之间的密切关系。例如，1960～1981年，低、中收入国家的城市化水平由24%提高到33%，50万人口以上的城市人口占城市总人口的比例也由28%骤增到47%。这表明为数众多的发展中国家，由于他们绝大多数是在战后才获得独立，开始走上发展民族经济和工业化的道路，因而发达国家在200年前就开始的劳动力的第一次大转移，在这些国家有的刚刚开始，有的正在继续，大量农村人口向城市集中，尤其向该国的大城市集中，出现了城市数量和规模飞速发展的过程。这表明这些处在工业化时期的发展中国家正处于城市发展的集中化阶段。

与此相反，高收入国家的城市化水平在1960～1981年提高了18%，而50万以上城市人口的比例只增加了13%。这说明自20世纪中叶以来，发达国家的城市化开始进入第二阶段。其具体表现为某些历史悠久、规模巨大的城市人口开始下降，而处在这些大城市周围的中小城市人口却开始出现持续增加的现象。例如据美国1980年的人口普查，在整个20世纪70年代，美国50个大城市的人口下降了4%，而处在这些大城市周围的50个中等城市的人口却增加了5%，50个小城镇的人口增加了11%。英国、西德的情况也很相似，尽管城市化水平在提高，但大城市人口比例却在不断下降，即开始了城市分散化过程。这一现象表明发达国家的城市化开始走向发展以大城市为中心的城市群体，建立并完善合理的城市体系和结构阶段。

当今，世界城市化进程明显加速，城市化已成为一个全球性现象。得益于发展中国家工业化的兴起，全世界的城市化速度愈益加快了，由于发达国家城市化已达到了较高的水平，所以发展中国家在城市化进程中开始唱主角。1970年，发展中国家城市化水平比1950年增长了近10个百分点，1990年又比1970年增长10个百分点。以发展中国家为主体的拉丁美洲，1980年城市化率已达65%。全世界城市数量增长最快的是发展中国家，大城市乃至特大城市增长最快的也都在发展中国家。一批城市群相继崛起，城市群不但对整个国家的国民经济有着举足轻重的作用，而且在国际上有着重要地位。目前，世界公认的六大城市群为美国东北部大西洋沿岸城市群、欧洲西北部城市群、北美五大湖城市群、日本太平洋沿岸城市群（又称东海道城市群）、英国以伦敦为核心的城市群、以上海为中心的长江三角洲城市群。

8.1.5 中国城市化道路

8.1.5.1 工业化起步时期的城市化阶段（1949~1957年）

新中国成立后最初几年，我国并没有立即采取计划经济体制，而是进入了一个过渡阶段，社会经济发展较为协调。不久后就开始了“一五”计划，多项重大城市工业发展项目的确立以及当时推行的城市对农村开放的政策，积极吸收农民进入城市和工厂矿区就业，推动了我国的城市化进程。到1957年，我国城市数量已从新中国成立前夕的86个增加到176个，城市人口达到了9950万人，占全国总人口的15.4%。8年间城市化水平由10.6%上升到15.4%，年均增长0.53个百分点，略高于世界平均速度。

8.1.5.2 城市化的“大跃进”阶段（1958~1960年）

在1958～1960年的三年“大跃进”时期，中国的城市化进程也随之进入了一个“大跃进”阶段，这三年期间重工业产值年均增速高达49%，轻工业年均增速达14%。全国职工猛增2860万人，年均增长率高达9%，城镇人口比重从1957年的15.4%猛增到1960年的19.25%，每年平均上升1.2个百分点。1961年城镇人口比重升至19.3%。

8.1.5.3 逆城市化阶段（1961~1977年）

“大跃进”期间农村人口过度流入城市，一方面导致农村劳动力减少，影响了农业生产，粮食总量供给不足；另一方面城镇人口过度膨胀，使城镇基础设施紧张，城镇人口口粮供应短缺，使得决策层对城市化猛踩刹车，大力精减城市人口，充实农业第一线，同时提高设镇标准，压缩城市数目，使得城市化率从1961年的19.3%下降到1965年的17.98%。这是我国城市化的第一次大落时期。1966 年“文化大革命”开始了又一轮的反城市化的浪潮：一是用行政力量和思想动员迫使知识青年下乡；二是出于对国际政治形势的严峻估计，进行“三线”建设，沿海工厂大量内迁。

8.1.5.4　改革开放以来的高速城市化时期（1978 年至今）

改革开放以来，中国城市化进程彻底摆脱了长期起伏、徘徊不前的局面，城市化水平不断上升，在 1978～2002 年，城市数量从 193 个增长到 660 个，城市人口从 1.7 亿人上升至 5 亿人，城市人口占总人口比率也从 17.92% 上升为 39.09%。根据世界银行的统计资料，1970～1980 年，我国的城市人口年均增长率仅为 3%，大大低于低收入国家的平均水平 3.6%，但是，从 1980～1995 年，我国城市人口的年均增长率为 4.2%，高于低收入国家的平均水平 4%，这标志着我国开始步入了城市化发展的“快车道”。

8.2　城市生态系统的特征

200 多年前的工业革命，使城市走向迅速发展的道路，城市中人口持续增长，生产和消费高度集中，对自然资源的消耗也成倍增长，城市数量越来越多，规模也越来越大。然而也带来了一系列城市问题和危机，人类居住区陷入了前所未有的生态困境。“生态城市”是人类经过长期反思后的理性选择，也是人类城市可持续发展的必然选择，是 21 世纪人类理想的人居模式。

8.2.1　城市生态系统的概念与组成

城市生态系统是城市居民与其周围环境相互作用形成的网络结构，也是人类在改造和适应自然环境的基础上建立起来的特殊的人工生态系统。从时空观来看，城市是人类生产和生活活动集中的较大场所与中心；从本质和功能来看，城市是经济实体、社会实体、科学文化实体和自然实体的有机统一。因此，城市生态系统是一个自然—经济—社会复合的生态系统（图 8-4）。

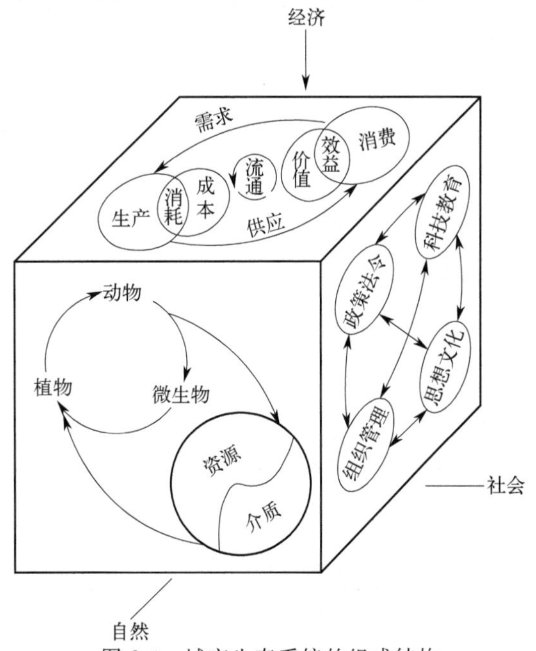

图 8-4　城市生态系统的组成结构

自然系统包括城市居民赖以生存的基本物质环境，如太阳、空气、淡水、森林及自然景观等。它以生物与环境的协同共生及环境对城市活动的支持、容纳、缓冲和净化为特征。经济系统涉及生产、分配、流通与消费的各个环节，包括工业、农业、交通、运输、科技等。它的特征是物资从分散向集中的高密度运转，能量从低质向高质的高强度集聚，信息从低序向高序的连续积累。社会系统涉及城市居民及其物质生活与精神生活诸方面，它以高密度的人口和高强度的生活消费为特征，如居住、饮食、服务以及人们的心理状态，还涉及文化、艺术、宗教等上层建筑范畴。社会系统是人类在自身的活动中产生的，主要存在于人与人之间，存在于意识形态领域中。

8.2.2 城市生态系统的特点

把城市作为一个生态系统，研究其物质能量的高效利用，社会、自然的协调发展，系统动态的自我调节，不仅有益于城市本身的发展、管理和规划，也有益于处理和协调城市与周围地区的关系。与自然生态系统相比，城市生态系统具有人为性、复杂性、不完整性、开放性、脆弱性等特点。

(1) 城市生态系统的人为性

首先，城市生态系统是以人为主体的生态系统。城市生态系统中的生物成分主要是人，这一点是城市生态系统与其他任何生态系统的区别，人口的发展代替或限制了其他生物的发展。

城市生态系统的生产者和消费者都主要是人，所有的物质与环境都是人创造的，也是为人而创造的。人类用自己的汗水和智慧，把大自然改造得符合人类的心愿。人类的生命活动是生态系统中能流、物流和信息流的一部分，人类亦具有其自身的再生产过程。而自然生态系统是由中心事物（生物群体）与无机自然环境构成的，其中生产者是绿色植物，消费者是动物，还原者是微生物，流经它们的能量呈金字塔。

人类的生物物质现存量不仅大大超过系统内的动物，也大大超过系统内绿色植物的现存量。据估计，两者之比在东京是10∶1，在北京是8∶1（表8-2）。与绿色植物和其他动物相比，人类处在营养级倒金字塔的顶端。人类是城市生态系统的主宰者，其主导作用不仅在于参与生态系统的上述各个过程，更重要的是人类为了自身的利益对城市生态系统进行着控制和管理，人类的经济活动对城市生态系统的发展起着重要的支配作用。

表8-2 城市人类生物量与植物生物量的比较

城市	人类生物量 $a/(t/km^2)$	植物生物量 $b/(t/km^2)$	$a:b$
东京(23个区)	610	60	10∶1
北京(城区)	976	130	8∶1
伦敦	410	280	10∶7

从城市人口占各国总人口比重来看，城市生态系统以人为主体的特征也十分明显（表8-3）。

表8-3 一些国家城市人口比例 单位：%

国家	时间						
	1920年	1950年	1960年	1965年	1970年	1975年	1980年
英国	73.3	77.9	78.6	80.2	81.6	84.4	88.3

续表

国家	时间						
	1920 年	1950 年	1960 年	1965 年	1970 年	1975 年	1980 年
法国	46.7	55.4	62.3	66.2	70.4	73.7	78.3
西德	63.4	70.9	76.4	78.4	80	83.8	86.4
美国	51.4	64	69.8	72.1	74.6	77.6	82.7
日本	18	35.8	43.9	48.0	53.5	57.6	63.3
苏联	39.5	49.5	53.4	57.1	59.5	65.4	39.5

其次，城市生态系统是高度人工化的生态系统。城市生态系统的许多环境因素本身就是人类创造的，一个城市从规划、建设到管理都是人类自己主宰的。城市的物流、能流、信息流以及人类本身的流动是按人类自己确定的途径流动的。人工控制与人工作用对城市的存在和发展起着决定性的作用。

大量的人工设施叠加于自然环境之上，形成了显著的人工化特点，如人工化地形、人工化地面（混凝土、沥青）、人工化水系（给排水系统）、人工化气候等。城市生态系统不仅使原有的自然生态系统的结构和组成发生了“人工化”的变化，还出现大量人工技术物质（建筑物、道路等公用设施），完全改变了原有自然生态系统的形态和结构。

再次，城市生态系统是人类自我驯化的系统。在城市生态系统中，人类一方面为自身创造了舒适的生活条件，满足自己在生存、享受和发展上的许多需要；另一方面又抑制了绿色植物和其他生物的生存与活动，污染了洁净的自然环境，反过来又影响人类的生存和发展。人类驯化了其他生物，把野生生物限制在一定范围内，同时把自己圈在人工化的城市里，使自己不断适应城市环境和生活方式，这就是人类自身驯化的过程。人类远离自己祖先生活的那种“野趣”的自然条件，在心理上和生理上均产生了一定的生态变异，如前额变小、脑容量变大等，世界各国流行病学调查都表明城市肺癌死亡率高于农村，一部分人还因此而罹患“城市病”，如肥胖症、神经衰弱、心血管病等。

最后，城市生态系统的变化规律由自然规律和人类影响叠加形成。自然生态系统的代谢功能，即物质-转换-合成-分解-再循环的过程反映了自然界生态平衡的本能和规律。然而在城市生态系统中，自然规律已受到人为影响，发生了许多异常。在限定的时空范围内，这种影响会使自然规律受到改变，并最终影响城市生态系统发展变化的规律。目前，城市发展几乎完全取决于人类的意志，有计划、有步骤地按制订的规划实施城市建设已是普遍的原则。人类社会因素既是城市生态系统的一个组成部分，又是城市生态系统的一个重要的变化函数，直接影响城市生态系统的发展和变化。

（2）城市生态系统的复杂性

城市生态系统是一个典型的复杂系统，它是一个多层次、多要素组成的复杂大系统，据估计城市生态系统包含的要素数量数以亿计。仅以人为中心，即可将生态系统划分为以下几个层次的子系统。

① 生物（人）-自然环境系统。只考虑人的生物性活动，人与其生存环境的气候、地形、食物、淡水、生活废弃物等构成一个子系统。

② 人-经济系统。只考虑人的经济（生产、消费）活动，由人与能源、原料、工业生产过程、交通运输、商品贸易、工业废弃物等构成一个子系统。

③ 人-社会文化系统。只考虑人的社会活动和文化活动，由人的社会组织、政治活动、文化、教育、康乐、服务等构成一个子系统。

以上各层次的子系统内部，都有自己的能量流、物质流和信息流。而各层次之间又相互联系，构成不可分割的整体。一个优化的城市生态系统不仅要求系统功能多样性以提高其稳定性，还要求各子系统相互协调，以求内耗最小。另外，城市生态系统的发展变化过程要比自然生态系统复杂得多。在自然规律之下，一个新物种的出现不知要经过多少万年，自然生态系统的发展变化主要表现在生物数量的增减上。而在城市生态系统中，在人们对能源和物质的处理能力上，不仅有量的扩大，而且可以不时地发生质的变化。与自然生态系统相比，城市生态系统的发展和变化不知要迅速多少倍。

(3) 城市生态系统的不完整性

城市生态系统缺乏分解者。在城市中，自然生态系统为人工生态系统所代替，动物、植物、微生物失去了在原有自然生态系统中的生境，致使生物群落不仅数量少，而且其结构变得简单。城市生态系统缺乏分解者或者分解者功能微乎其微。城市生态系统中的废弃物（工业与生活废弃物）不可能由分解者就地分解，几乎全部都需输送到化粪池、污水厂或垃圾处理厂（场）由人工设施进行处理。

同时，城市生态系统中生产者（指绿色植物）不仅数量少，其作用也发生了改变。城市生态系统中各种生态流在生态关系网络上的运转还需要依靠区域自然生态系统的支持，而城市生态系统的关系网络是不完善的，加上城市生态系统中各种流的强度远远大于自然生态系统，使得在高强度的生态流运转中伴随着极大的浪费，整个系统的生态效率极低。城市生态系统中的生产者（即绿色植物）十分缺乏，因此难以自行生产有机物质。城市中的植物，其主要任务已不再是像在自然生态系统中那样向其居住者提供食物，其作用已变为美化景观、消除污染和净化空气。与此同时，城市生态系统必须靠外部提供植物产量（粮食）来满足城市生态系统消费者的需求。例如 1982 年，输入北京的粮食达 1.95×10^6t，而其自身生产的粮食不到从外调入的 1/2。

(4) 城市生态系统的开放性

城市生态系统的开放性体现在其对外部系统的依赖和辐射。

城市生态系统不能提供本身所需的大量能源和物质，必须从外部输入，经过加工，将外来的能源和物质转变为另一种形态（产品），以供给本城市人们使用。城市规模越大，与外界的联系越密切，要求输入的物质种类和数量就越多，城市对外部所提供的能源和物质的接受、消化转变的能力也越强。城市生态系统中的大量物资或能源是从市外即其他系统输入的。城市中排列着高楼大厦，街道纵横，水泥或沥青覆盖着地表，导致空气流通不畅，热岛效应显著，水的收支也无法平衡。

城市生态系统除能源和物质依赖于外部系统外，在人力、资金、技术、信息方面也对外部系统有不同程度的依赖性，这可以解释当今世界各国流动人口在城市中总是大于除城市之外其他人类聚居地的原因。然而，能源与物质对外部的强烈依赖性在城市生态系统中是占有主导地位的。

除了在能源、物质等方面对外部系统的吸引力外，城市生态系统还具有强烈的辐射力。这是因为城市除了是当今世界上人类的一个主要的聚居地外，它更是人类的一个社会经济载体，城市对人类发展具有重要的无可替代的经济社会作用。城市从外部引入能源与物质所产出的产品，只有一部分供城市中人们使用，而另外一部分却向外部输送，这种向外输送的产品也包括经过城市人工加工改造后能被外部系统使用的新型能源和物质。城市也同时向外部系统输出人力、资金、技术、信息，使得城市外部系统的运行也在相当程度上被城市系统的辐射力及其性质所影响和制约。

此外，城市向外部的辐射性还在相当程度上表现在城市向外部系统输出的废物这个方面。城市生态系统在输入外部的能源与物质后，经过加工，一部分输出为产品，而另一部分为废弃物，且数量惊人。城市生态系统中科学技术高度集中，生产的产品越来越多，有大量产品输出到其他生态系统。可同时，在生产中产生的大量废渣、废水、废气也输出到其他生态系统中，带来很大的危害。表 8-4 是美国一个百万人口城市每天典型的输入输出物质的例子（未包括输出的产品）。

表 8-4　美国一个百万人口城市的代谢

输入物质	输入量/(t/d)	输出物质	输出量/(t/d)
水	625000	废水	500000
食物	2000	固体废物	2000
燃料		固体尘埃	160
煤	3000	SO_2	160
油	2800	NO	100
气	2700	CO	450

城市生态系统的开放可以分为三个层次：第一层次为城市生态系统内部各子系统之间的开放，即各子系统之间的交流和互相依赖、互相作用，具有内部性，范围较小，如就城市经济活动而言，在生产、流通、分配、消费各个环节之间就有很密切的交流和开放；第二层次为城市社会经济系统与城市自然环境系统之间的开放，开放规模、强度要大于第一层次，但仍具有某些单向性的痕迹，这主要指城市社会经济系统要利用自然环境资源，同时在利用过程中也对自然环境施加各种影响；第三层次指城市生态系统作为一个整体向外部系统的全方位开放，具有高强度、双向性及普遍性的特征，既从外部系统输入能量、物质、人才、资金、信息等，也向外部系统输出产品、改造后的能量和物质以及人才、资金信息等。

（5）城市生态系统的脆弱性

首先，城市生态系统不是一个“自给自足”的系统，需靠外力才能维持。在自然生态系统中能量与物质能够满足系统内生物生存的需要，成为一个“自给自足”的系统。这个系统的基本功能能够自动建造、自我修补和自我调节，以维持其本身的动态平衡（图 8-5）。而在城市生态系统中，能量与物质要依靠其他生态系统（农业和海洋生态系统等）人工地输入，同时城市生产生活所排放的大量废弃物，远超过城市范围内的自然净化能力，也要依靠人工输送系统输到其他生态系统（图 8-6）。如果这个系统中的任何一个环节发生故障，将会立即影响城市的正常功能和居民的生活，从这个意义上说，城市生态系统是一个十分脆弱的系统。

其次，城市生态系统的自我调节机能脆弱。由于城市生态系统的高度人工化，不仅产生了环境污染，城市本身的物理环境也发生了极大的改变，如城市热岛与逆温层的产生、地形变迁、不透水地面等破坏了原有的自然调节机能。在城市生态系统中，以人为主体的食物链常常只有二级或三级，而且作为生产者的植物，绝大多数都来自其他系统，系统内初级生产者（绿色植物）的地位和作用已完全不同于自然生态系统。与自然生态系统相比较，城市生态系统由于物种多样性降低，能量流动和物质循环的方式、途径都发生改变，系统本身的自我调节能力降低，其稳定性在很大程度上取决于社会经济系统的调控能力和水平，以及人类对这一切的认识，即环境意识、环境伦理和道德责任。

最后，城市生态系统营养关系出现倒置，也决定了其为不稳定的系统。城市生态系统与

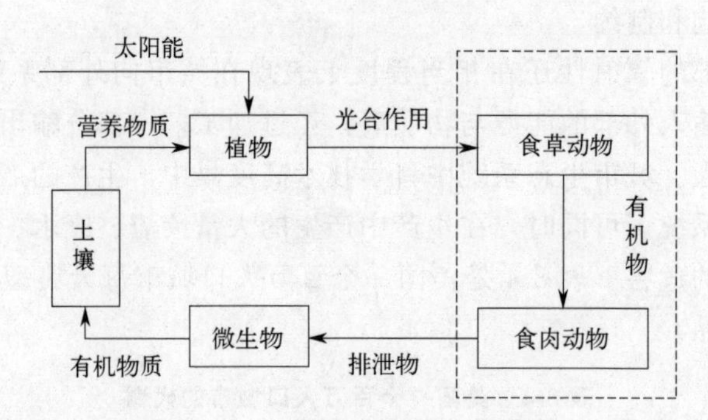

图 8-5 自然生态系统平衡关系

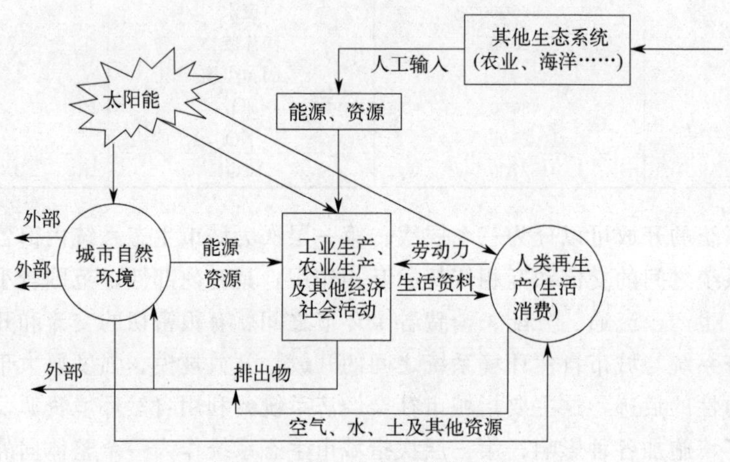

图 8-6 城市生态系统的示意

自然生态系统的营养关系形成的金字塔截然不同，前者出现倒置的情况，远不如后者稳定(图 8-7)。在绝对数量和相对比例上，城市生态系统的生产者（绿色植物）远远少于消费者(城市人类)。而一个稳定的生态系统最基本的一点即是要求生产者与消费者在数量和比例上后者要小于前者。这表明城市生态系统是一个不稳定的系统。

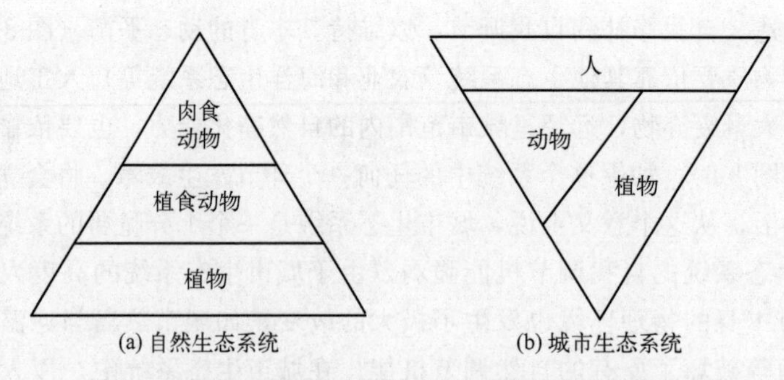

图 8-7 自然生态系统与城市生态系统的营养结构比较

8.3 城市化进程中的生态环境效应

城市化进程中对生态环境的影响既包括胁迫效应，也包含促进效应。

8.3.1 胁迫效应

工业革命以来，城市中人口持续增长和高度集中，生产和消费高度集中，对自然资源的消耗也成倍增长，排出废物随之加倍，可以说，“城市是在破坏自然损伤自然中逐渐扩大起来的，城市的各种活动及其产生的废弃物在继续破坏城市及其周围的自然和自然环境”，资源耗竭、环境污染和生态破坏成为城市发展带来的“必然”附属物。随着工业化、城市化快速发展，这些问题由城市地区向乡村地区蔓延，由发达国家向发展中国家扩展，从区域向全球扩展，形成全球性生态环境问题（如臭氧层损耗、温室效应等），即所谓的第二代环境问题，它的规模和性质对人类与其他生命的影响以及解决的难度等都大大超越第一代环境问题。

（1）城市人口对生态环境胁迫

人口对生态环境的胁迫效应与人口密度和生活强度有关。人口密度决定排污的一般水平，生活方式则决定排污的变化水平，而生活强度取决于人们的消费水平和生活习惯。城市人口对生态环境的胁迫主要通过两方面进行：一是通过提高人口密度，增大生态环境压力。一般情况下，城市人口的增长快于城市地域的扩张，城市化水平越高，人口密度越大，对生态环境的压力也就越大；二是城市化通过提高城市人口消费水平和促使消费结构变化，使人们向环境索取的力度加大、速度加快，加快了资源枯竭的速度。

（2）城市经济发展对生态环境胁迫

城市化进程要求发展经济，就必然会占用耕地，消耗资源和能源，并向生态环境排污。城市经济改变企业的用地规模或占地密度，增加生态环境的空间压力；引起产业结构的变迁，改变对生态环境的作用方式；提升经济总量，消耗更多资源和能源，增大生态环境的压力。城市扩张会对生态环境造成胁迫。城市扩张伴随着大量的农业用地转化为工业或交通用地，改变了下垫面的组成和性质，用人工表面代替了自然地面，导致大气的物理状况受到影响。城市交通建设引起水土流失和尘土飞扬；交通运输产生噪声污染；汽车尾气带来大气污染；高架桥对景观破坏，产生视觉污染。城市交通扩张对生态环境产生空间压力；交通扩张刺激车辆增加，增大汽车尾气污染强度；交通扩张对城市化产生节奏性的促进和限制，使城市化的生态环境效应表现出一定的时空耦合节律。

8.3.2 促进效应

长期以来，在城市化与人类生态环境关系问题上，人们基本都是持否定态度的，许多人甚至将人类生态环境问题归咎于城市化。就二者关系而言，人类生态环境问题的原因并不在于城市化本身，关键问题是城市化如何进行。传统的城市化过程没有处理好集中与分散的辩证关系，因此引发生态环境危机，这才是问题的根源。城市本身并不一定是悖生态的，霍华德的“田园城市”也是城市，其本身就不是悖生态的；城市化也不一定是悖生态的，人口实现集中与分散的统一乃是人类社会的大势所趋。如果站在城乡一体的角度上，城市化不仅不悖生态，而且生态环境效应十分明显。

（1）城市化的资源集约效应

生态环境问题在很大程度上是由能源与资源利用效率低下所引发的。资源利用低下，意味着排放废弃物的增多以及污染的增加。当前，我国生态环境现状不容乐观，一个较为突出的原因就是能源与资源利用效率的低下。我国 GDP（国内生产总值）每新增一元钱要比世界上其他国家多消耗能源3倍以上，甚至比日本多13倍以上，不改变这种现状，我国的生态环境问题难以得到实质性的改善。城市化对资源与能源的集约利用，是大有裨益的。

首先，城市化意味着技术水平的提高，而技术水平是环境保护中的关键。人口的聚集本身就具有一定的聚合效应，这不仅有利于技术水平的提高，而且也有利于先进的、符合生态的技术的推广应用。乡镇企业污染是我国生态环境中的一个焦点问题，而我国乡镇企业中普遍存在着经营规模小、设备陈旧与工艺落后等现象，就是缺乏城市化的一种表现。

其次，城市化意味着工业相对集中布局，这有利于资源的循环使用。资源的循环使用可以提高资源的使用效率，同时也可以减少污染。在自然生态系统中，物质循环与能量流动是通过食物链以及食物网来进行的。在人类社会中，人类为了减少环境污染，在工业布局中，就必须摒弃传统经济“资源—产品—污染排放”的单项流动的线形模式，借鉴食物链或食物网模式，采用“资源—产品—污染排放—资源”的循环经济组织形式，以达到减少废物、减少污染的效果。

（2）城市化的人口集散效应

人口与生态环境问题是息息相关的。不仅人口数量、人口素质与生态环境之间关系密切，而且人口的分布对生态环境也影响极大。在其他条件不变、总人口数既定的情况下，人口一般平均分摊在土地上。而人口走向集中与分散有机结合的过程，就是城市化。人口实现集中与分散有机结合，也就是“小集中、大分散”，其生态环境效益显然高于人口相对平均分摊。人口向城市适度集中，即“小集中”，其土地使用效率和生产要素的使用效率比人口平均分摊要高许多倍，这是有利于生态环境保护的。同时，人口向城市的集中可以使农村生态环境的压力减轻，农村人口就可以实现“大分散”，农村土地因而可以实现规模经营，单位产出将会增大。这不仅促使生态效率大大提高，也可以避免滥垦、乱伐等生态破坏现象。农村生态环境状况良好，反过来为城市生态环境提供强有力的支撑，从而城乡生态环境之间可以实现良性互动。

我国城乡生态环境问题，如果用城市化过程对原因予以分析，可以归结为以下几个方面。

① 人口缺乏集中造成生态环境问题，这在我国一些落后地区表现得尤为明显。由于这些地区不能适时地将农村剩余劳动力转移到城市中，农村中人地矛盾较为突出，有限的土地被过度开发，农村生态环境因而恶化。农村生态环境恶化，同时也就削弱了城市生态环境基础，城乡生态环境之间因此出现恶性循环。

② 集中方式不合理造成生态环境问题。我国部分地区城市化进程过于粗放，导致土地与资源浪费严重。表现在城市方面，就是盲目追求外延扩张，粗放型发展，土地利用效率低下。我国城市用地产出率不仅远远低于发达国家，和一些发展中国家相比较也不占优势，这对生态环境显然是不利的；表现在农村方面，就是就地工业化集中程度低，缺乏规模效应，且技术水平落后，严重地威胁生态环境。

③ 人口过于集中引发生态环境问题。这在一些大城市中表现得比较明显。聚集也需要一个“度”，并不是越集中越好，过于聚集也会引发生态环境问题。

综上所述，我国城乡生态环境问题的解决，离不开城市化过程。我们必须适当收缩生产与生活活动的空间，腾出更大的空间作为生态保障，辩证地处理集中与分散的关系，走人口适度集中与分散有机统一的道路，这样城乡生态环境才有可能实现良性互动。

(3) 城市化的环境教育效应

生态环境问题的解决需要良好的环境保护意识，而良好的环境保护意识离不开环境教育。环境教育的主要目的就是通过宣传教育，培养人们的环境意识，使人们认识和把握自然规律，按自然规律办事，并投身到解决环境问题的实践活动中去。城市化本身有助于推动环境教育，因为城市化本身并不仅仅是一个农村人口转移到城市的过程，也不仅仅是一个城市地域扩大的过程，更主要的是在社会文化层面，人们生活方式的变革与自身素质的提高是城市化的核心内容。这其中包括人们生态环境意识的增强以及文明、健康等有利的生活方式的确立。从这个层面讲，城市化不仅仅是针对农村而言，城市人同样面临一个“再城市化”的问题。城市化的展开，一方面可以使更多的人直接接受环境教育，因为城市化过程同时也是一个教育机会扩大的过程，可以使更多的人接受环境教育以及其他相关教育，这有助于解决生态环境问题；另一方面可以通过生活方式的引导与影响，使一部分人潜移默化地接受环境教育，也同样有助于解决生态环境问题。

生态环境问题的解决与良好生态环境的保护，不是少数人的事情，它关乎人类社会的每一个个体的利益，同时其解决又离不开每一个个体。每个人的环境行为看似微不足道，但积累起来就会有“放大效应”，就是影响生态环境的巨大力量。而无论是良好的生态环境意识，还是合理的生态环境行为，首先离不开环境教育。生态环境保护大业的成败主要在于人，而人的因素核心在于教育。

环境教育已经成为当前世界的一个热点问题。1992 年联合国环境与发展大会对环境教育问题予以高度重视，在其纲领性文件《21 世纪议程》中，专门开辟一章强调环境教育的重要性。文件指出，教育是促进可持续发展和提高人们解决环境与发展问题的能力的关键，而除却传授知识的正式教育外，还有日常生活中的潜移默化式的教育，如生活方式以及行为方式的引导等，这种教育的生活性、实践性较强。传授知识的正式教育与日常生活中的潜移默化式的教育，二者殊途同归，目的都是培养人们的生态环境意识与指导人们的行为。

(4) 城市化的污染集中治理效应

良好生态环境的维护离不开污染治理，在某种程度上，污染治理水平决定着生态环境的状况。污染治理需要人口适当集中，这其中有一个规模效益与成本问题。

① 污染过于分散，就会使相应的运输成本加大，同时运输过程本身也将产生一定的污染，这是得不偿失的。而污染相对集中就可以减少大量运输过程。

② 污染源的分散意味着治理难度的加大与治理成本的提高，同样不利于治理。而集中治理就可以克服以上的弊端。

③ 生态环境保护中一个很重要的举措是废弃物重新利用。

从成本收益角度分析，消费人口过于分散，废弃物的重新利用难以实施。而消费人口的适当集中为废旧物品的回收再利用的产业化提供了规模保障，这对生态环境保护是大有裨益的。因此，人口通过城市化适当集中，可以实现污染集中治理，这是有利于生态环境保护的。

8.4 城市化进程中的生态环境问题

当前，我国城市建设正处在快速发展期，发展动力十足，经济成效显著，但是由此带来的一系列环境污染问题也不容乐观，伴随城市化进程的不断加快，全国各地城市均不同程度地出现了环境污染和生态破坏问题。我国的城市化水平与生态环境问题类型紧密相关，在城市化不同阶段出现的生态环境问题不同（表 8-5）。主要的城市污染类型包括大气污染、水污染、固废污染和噪声污染等。

表 8-5　我国城市化与生态环境问题的阶段性

城市化阶段	主要生态环境问题
初期	自然草地、森林系统退化导致的水土流失、荒漠化
中期	地表水源污染严重、空气质量下降；绿地减少；固体废物增加；文化、风俗衰退
后期	城市空气质量下降、噪声污染；生活用水水源的水质下降、水量减少；绿地面积不足；有毒有害废弃物增加；光、电磁等污染加剧

8.4.1 大气污染

城市上空的空气污染源主要来自 3 个方面：

① 工业生产造成的空气污染，城市是工业生产的主要聚集地，每天要向空气中排放大量的烟尘、硫氧化物、氮氧化物（NO_x）、有机化合物、卤化物、碳化合物等污染物；

② 燃煤造成的污染，城市居民生活燃煤和冬季采暖燃煤都要向空气中排放大量的灰尘、二氧化硫（SO_2）、一氧化碳（CO）等有害物质；

③ 机动车尾气排放造成的污染，城市天上、地下、水中往来穿梭的飞机、汽车、火车、轮船等每天也要向空气中排放大量的废气，城市空气质量因此被严重侵害。

我国的能源结构一直以来都是以煤炭为主，因此大气污染多年来也主要以煤烟型污染为主。但近年来，随着人们生活水平的不断提高以及城镇化进程的加快，汽车保有量的增加也给城市的大气环境带来了巨大压力，我国的大气污染开始由单纯的煤烟型污染向煤烟和交通混合型污染转变，大气污染特征也发生了相应的变化。不仅二氧化硫和颗粒物的污染程度越来越高，与机动车尾气密切相关的氮氧化物的污染程度也越来越高，使得原本严重的大气污染问题更加日趋严重，一些大中城市频繁出现灰霾天气（图 8-8）。

图 8-8　大中城市频繁出现的灰霾天气

人类生产和生活活动向大气排放各种污染物，超过了环境所能允许的极限，使大气的质量发生恶化（图 8-9）。由煤、石油和天然气等化石燃料燃烧产生的二氧化硫、氮氧化物等酸性气体，经过复杂的大气化学变化，形成酸雨，导致森林退化、湖泊酸化、鱼类死亡（图

8-10)；排放到大气中的颗粒物（TSP）进入高空后，会成为很多有毒有害物质的载体，其中的 PM_{10} 和 $PM_{2.5}$ 等可吸入颗粒物甚至能通过呼吸道进入人体，从而严重影响人们的身体健康。

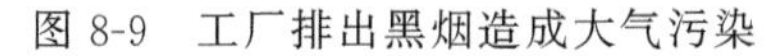

图 8-9　工厂排出黑烟造成大气污染

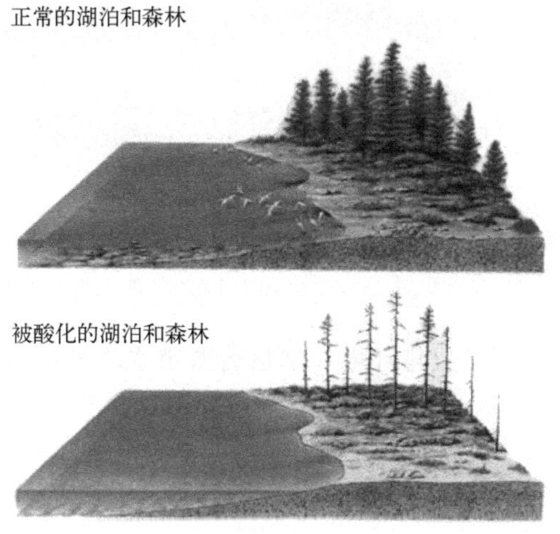

图 8-10　酸雨导致森林和湖泊酸化

8.4.2　水污染

城市水污染源主要有两个方面：一是工业生产排放出来的废水，城市是工业生产的主要聚集地，工矿企业每天要向外排放大量工业废水，占到了污水排放总量的 1/2 以上；二是居民生活排放出来的污水，城市人口密度大，聚居着大量人员，每天要制造大量生活污水，近年来城市居民生活污水排放量年增长率为 7%，有 50%的污水量是从家庭排放的。然而，与之相对应的污水处理技术和排放设施却没有跟上，我国目前每日排放的废污水量约 1 亿多吨，其中有 80%未经处理直接排入水域，导致全国 1/3 以上河段受到污染。90%以上城市水域污染严重，城市大量未经处理或处理不充分的废污水排入流经城市的河流，使径流水质恶化。水资源短缺和水污染问题将成为我国城市在 21 世纪面临的最紧迫的环境问题。

由于城市用水集中、量大、增长快，因此缺水现象首先反映在城市。在我国目前 660 多座城市中，有 300 多座城市缺水，日缺水量达 1.6×10^7t 以上，重点缺水城市 108 座，严重缺水城市 50 多座，如辽宁省的城市每天缺水 8.5×10^5t，每年因缺水而影响的工业产值达 2300 亿元。新疆乌鲁木齐市最大的天然淡水湖柴窝堡湖由于近年来连续超采，水资源量急剧减少，湖泊水质恶化，生态系统失衡，湖水位下降明显，不少水域裸露出来（图 8-11）。

工业废水对水环境污染的影响相对更大，例如冶金、电镀、造纸、印染、制革等行业的工业废水，未得到有效处理就排入水环境，从而造成了严重的水环境污染。因此，为了减少工业企业在生产过程中排放的废水，国家采取了许多有力措施，主要包括环境管理领域实施的总量控制制度和排污许可制度。通常，在工业企业生产废水达标排放的基础上，会对废水中的污染物排放实施总量控制政策，这对于促进工业企业减少废水中的污染物排放总量、加强水污染防治基础设施建设和改善城市水环境质量等都起到了一定的积极作用。此外，城市居民生活污水对城市水环境质量的影响也不容忽视。由于我国城市化进程发展过快，城市基础建设跟不上城市化的发展速度，一些区域城市的污水主管网铺设较为完整，但污水支管网配套却不完善，导致一些居民的生活污水不能完全进入城市污水管网，从而也没有进行有效

(a) 2000年水位

(b) 近年水位

图 8-11　乌鲁木齐柴窝堡湖 2000 年与近年的水位对比

处理而是直排环境，这也给城市水环境质量带来了一定的负面影响。

8.4.3　固废污染

依据《中华人民共和国固体废物污染环境防治法》，城市固体废物污染源可划分为三大类：

① 工业固体废物，如工矿、交通等企业在生产活动中产生的钢渣、炉渣、粉煤灰、工业粉尘等；

② 城市生活垃圾，如居民家庭、商业场所、餐饮服务、楼堂馆所等废弃不用纸张、塑料、汽车、家电以及各种电子产品等；

③ 危险废物，如医院在治疗、预防等活动中产生的具有感染性、有毒性的废物以及被列入国家名录的具有毒性、腐蚀性、反应性、易燃性、浸出毒性等的其他废物。

城市固体废物具有数量大、种类多、成分复杂等特性，一直都是环保研究的重点领域。

随着我国城市人口的猛增及人们生活水平的提高，城市垃圾产量大幅度上涨。据有关方面的统计，我国城市垃圾主要是生活垃圾、工业固体废物和建筑垃圾，年产量已超过 5 亿多吨，并且每年以 8%～10%的速度增长，综合利用和处置率非常低。其中城市生活垃圾无害化处理率仅为 1.2%，大多直接堆放在城市郊外，累计堆存量达 6.5×10^9 t 以上，占地 5 万余公顷，形成了垃圾围城的恶劣情况，影响城市景观，污染了城市的水源和空气，滋生各种传染病菌，同时又潜伏着资源危机（图 8-12）。

图 8-12　北京市通州区梨园地区某小区外垃圾焚烧伴随着浓烟和刺鼻气味的情况

8.4.4 噪声污染

造成城市噪声污染的污染源来自多方面，其中尤以高强度噪声最具代表性，例如来自工业生产的各种机床、空气压缩机、风镐、鼓风机等的轰鸣声，来自交通运输方面汽车、火车、拖拉机、摩托车等的高音喇叭声，来自建筑工地、菜市场、文体活动等的喧嚣声等。

随着城市发展的加快，噪声已成为城市一大公害，严重影响人们的生活和健康。噪声污染对居民所带来的直接危害是听力损伤，引起人的躁动和不安，并容易造成人的耳鸣、头痛、失眠、记忆力衰退、注意力分散、神经衰弱以及恶心、呕吐、脘腹胀满等不适。目前我国约70%的城市人口遭受到高噪声的影响，在70个有监测的城市中只有60%的主要城市达标，而一般城市只有33%达到噪声控制标准；90%的城市道路交通噪声超过了70dB，社会生活噪声呈现明显上升趋势；建筑施工噪声中，一些机械设备引起的噪声值甚至可达到80～125dB。

因此，要加强建筑噪声的监督管理和检查执法，建立健全现场噪声管理责任制；对于工业噪声可采取消声、吸声、隔声等措施进行防治，从而推进城市区域重点工业的噪声源治理，以此有效改善噪声污染；城市交通噪声污染的减轻，可以通过建设声屏障、安装降噪装置、种植绿化带等措施，或使用低噪路面材料、实施破损道路降噪改造工程，以及推广多空隙排水降噪沥青路面等措施进行治理（图8-13）。除了交通噪声、工业生产噪声等问题外，在商业服务、娱乐等社会发展的全过程中产生的噪声也会对周围环境造成一定危害，因此也要强化对商业网点、娱乐场所等社会生活噪声源的管理，力争从源头削减社会生活噪声污染。

图8-13　加强交通噪声限制

8.4.5 其他污染

除常见的大气污染、水污染、固体废物污染、噪声污染外，城市化进程还带来了一些其他的生态环境问题。例如，由于城市发展建设，自然环境被开发利用建设工厂、住宅、道路、广场、果园、菜地等，自然环境中的植被被不断地砍伐、清除，代之以稠密的人口、建筑物，城市绿地的多种环境功能正在逐步丧失，天然植被减少、城市绿地覆盖率低成为尖锐的环境问题。

我国目前有50%的城市没有排水管网，现有设施1/3老化。由于城市污水处理设施的运行费用没有着落，虽然在有些城市已开始向单位和居民收取污水处理费，但所收的费用远不能维持污水处理厂的运行。城市基础设施建设缺失，排水设施落后，城市污水处理率仅为5%左右。

大多数城市在建设中缺少总体规划，没有从城市整体的角度充分考虑空气的流动性、散热性，城市通风廊道没有或建设不好，空气流动缓慢，污染的气体不能及时排掉，热量散发缓慢，造成热岛效应。热气流越积越厚，最终导致降水形成，还会产生雨岛效应。城市的工业、交通、民用炉灶等排出的烟尘以及大气中光化学过程生成的二次污染物使空气变得浑浊，能见度下降，日照和太阳辐射强度降低，形成以城市为中心的“浑浊岛”等。

当城市人口膨胀到一定程度，城市扩大到一定规模时，势必造成城市用地紧张、交通拥挤、住房短缺、基础设施滞后、生态条件恶化等问题，并导致失业率增加和犯罪率上升等一系列现代城市社会弊病。

8.5 生态城市规划、设计与实践

8.5.1 生态城市规划与设计的概念

生态规划或生态环境规划概念目前尚无统一的确切定义，可以理解为：以社会—经济—自然复合生态系统为对象，应用生态学的基本原理、方法和系统科学的手段，去辨识、模拟和设计人工生态系统内的各种生态关系，探讨改善系统的结构与功能，提出合理的区域开发战略以及相应的土地及资源利用、生态建设和环境保护措施，从整体效益上，促进人口、经济、资源、环境关系的相互协调，并创造出一个人类得以舒适、和谐地生活与工作的环境。因此，生态规划是区域发展规划的一部分，本质上是一种人类生态规划。生态城市规划与设计是以建设生态城市为目标，将社会-经济-自然等各要素融为一体，并结合生态学的相关原理、理念，将规划科学和系统科学有机结合起来，去规划和设计人工生态系统中的各种关系，从中找出最佳生态位，进而提出人与城市复合生态系统相协调的优化方案的规划。

人们利用生态系统中各种资源并创造物质财富的同时，不能忽视生态系统自身的特点，不能违背大自然的规律，也不能忽视人类活动对各种生态系统造成的破坏活动，同时，更不能简单地将整个生态系统看作人类的资源库。因此，在城市规划和设计进程中，我们既要充分利用自然资源，更要尊重大自然规律，时刻注重保护生态平衡，才能持续利用大自然赐予人类的宝贵财富，推进生态城市规划的发展，提高城市居民的幸福感。

8.5.2 城市生态环境规划的目的

8.5.2.1 传统城市规划理论与方法的不足

在传统城市规划指导下的城市布局出现诸多不合时宜的问题，在我国新时期、新形势的带动下，城市规划理论面临着转型。对照生态城市规划建设的要求，传统城市规划的弊端主要体现在以下几个方面。

（1）传统城市规划理论缺失生态研究

长期以来，传统的城市规划理论受国民经济计划调控体系的限制，使城市规划处于固有的模式，对城市发展缺乏预见性。随着城市发展问题的激化，城市规划理论不断完善，《雅典宪章》、《马丘比丘宪章》和《华沙宣言》先后成为城市规划理论发展中的三个里程碑，使城市规划逐步从以建筑学为主发展到以城市功能的协调发展与公共工程建设为主，进而又转入以生态环境建设为主。随着我国市场经济体制的形成，现代城市规划还运用了西方弹性理论和滚动规划理论。弹性理论指出在规划的时间与空间上应预留城市发展用地，使城市能够承受发展的可变性；滚动规划理论指出规划应在短时间内不断更新与完善。然而，城市规划理论对城市生态问题的研究仅仅局限在对环境污染的担忧上，并未在环境建设中采纳任何生态学理论，使得宏观意义上的生态建设在城市规划中只承担了环境保护的小角色。城市规划在生态建设上缺乏理论指导，使城市生态问题不断加剧，城市规划理论还待补充。

（2）传统城市规划内容忽略了城市整体效益

传统的城市规划偏重经济效益，而忽视了生态效益和社会效益的整体发挥。城市规划重视城市功能区划分，而忽视了社会区域分析。城市规划中的环境保护规划专题自设立以来处于治理环境的被动地位，不能真正反映不同城市人群对居住环境的需求。而城市规划的实施长期遵循国家对城市建设与发展的指令性计划，其方案的制订与实施主要受国家宏观政策和地方政府关于经济与社会发展的需求的制约，缺乏不同社区人群的积极参与，城市规划也难以反映出特定社区人群和非公有经济组织的利益。为满足社会和经济的发展，维持生态环境的稳定，城市规划应在土地利用安排、空间结构布局和环境规划等内容上认真听取各类社会特殊人群和非公有经济组织的意见，及时反馈在城市规划内容上，并在实施的过程中逐渐改变政府的绝对指令地位。忽视生态建设与社区分析，城市规划将可能成为城巾发展的绊脚石。

（3）传统城市规划缺少有效的生态预测

传统城市规划的方法与步骤，没有一个固定的程式可遵循。通常是利用现有资料对一定时间内的城市人口和用地进行预测，根据各项指标进行用地安排，各类用地布局依据各类用地布置的基本要求，综合布局用地是在相互协调的基础上制定多种方案备选。其中，环境建设的方法主要是通过环保部门提供的环境污染指标进行环境质量粗略定位，并确定控制或保护方法。而对在人口与用地的发展中可能产生的城市生态问题，没有有效的预测方法，因此城市规划的结论常滞后于现实需求，无形中浪费了大量的人力、物力和财力。当规划的结果带有某种偏见时，其内容的实施将会制约城市和社会的发展，造成更大的潜在损失。

城市生态规划应在传统城市规划的方法上引进经过改善、论证和拓展的生态学方法及先进的计算机统计技术手段，减少城市规划的偏颇，在更大限度上避免各种矛盾的产生。城市规划作为城市发展中的调节系统，对城市生态问题应具有预防作用。生态学与城市规划学科的结合已是大势所趋，它既有助于从新的角度和新的方面研究解决城市问题的途径，也能给城市规划理论和学科发展注入新的营养。当前的城市规划对城市生态问题的诊断作用显示出不足，随着城市系统化的高速发展，城市规划的内涵也应不断更新和进化。可持续发展理论指导下的城市生态规划，根据城市生态系统现状，能有效遏制超负荷的城市行为，实现城市发展的科学定位，进一步促进城市生态系统中各种角色全方位的合作，如经济学家、生态学家和社会学家的合作就是经济效益、生态效益及社会效益可接受的协调统一。

8.5.2.2　城市生态规划的目的

城市生态规划的目的，是通过调控人与环境的关系，实现并维护城市生态系统的动态平衡，为城市居民创造舒适、优美、清洁、安全的生产和生活环境。

（1）舒适

根据不同城市的人口规模与生产规模，不断扩大和完善城市基础设施与公用福利设施，充实第三产业，以满足人民生活水平日益增长的需要。

（2）优美

对海滨、河滨、森林、山川等优美的自然景色，优秀的历史文化遗产，具有重要历史意义、科学和艺术价值的文物古迹，具有民族风格与地方色彩的传统建筑与街道，妥善加以保护并运用现代技术提高其景观质量。

（3）清洁

根据各行业对环境的不同影响，合理确定功能分区与交通联系，从而将生产与生活造成的“三废”、噪声、余热、农药残毒、放射性与电磁波污染尽可能限制在最小程度。

（4）安全

对各种自然灾害与人为灾害采取工程防范和社会安全措施，使各种灾害的影响减少到最小程度。

（5）高效

在保证上述几项均得以逐步实现的基础上，社会经济同步高效发展，即同时取得好的经济效益、社会效益与生态环境效益。

城市生态规划的出发点和归宿是维持城市生态平衡，涉及许多层次和方面。在现阶段，人们不可能对这么多的层次和方面进行全面的研究，只能抓住主要的层次和方面。生态系统的状态由系统的功能决定，而系统的功能又取决于系统的结构。因此，要改进城市生态系统的状态，首先必须从城市生态的结构入手，而合理布局则是调控城市生态结构的关键环节。合理布局的实质是通过合理地调整城市的生态结构来调控物质流、能量流、信息流，达到维持城市生态平衡的目的。因此，合理布局应当成为城市生态规划的首要内容。包括根据城市生态适宜度，配置相宜的产业结构，进行工业的合理布局：确定重点生态环境保护区；搞好住宅与基础设施的建设布局，合理调整人口密度、建筑密度与基础设施密度；搞好园林绿化布局，设计城市绿化系统，注意绿地分配、人均指标、种群搭配、生物物种保护等。此外，生态环境规划还包括人口适宜容量规划、环境污染防治规划、资源利用保护规划等。

8.5.3 生态城市规划与设计的内容

生态城市规划与设计的内容包括以下几个方面。

（1）调查生态要素

该工作主要是通过实地取证、测试与遥感技术应用等方法调查规划区域内的社会、环境及经济等方面的资料，为充分了解规划区域的生态特征、生态潜力与制约提供基础，便于以后的规划与设计工作。

（2）建立评价指标体系

对于生态城市的规划与设计，建立与之相适应的评价指标体系有着重要的意义，将会指导城市规划方向的发展。因为，评价指标体系是描述和评价某种事物的可量度参数的统称，通过采用系统工程中的德尔斐专家咨询法等，在参考和借鉴传统指标的同时，结合具体城市的生态系统特点，从协调社会经济发展与环境保护的关系着手，建立一套科学、合理的评价指标体系。确定生态城市规划的长期目标与近远期目标，同时，要使相应的年限同城市总体规划的近、远期目标相一致，这样就可以形成一个协调、同步、互补的规划体系与目标。

（3）生态功能区划

生态功能区划是进行生态城市规划的基础，相关部门应该根据城市生态系统的结构特点及其功能，将整个城市划分为许多不同类型的小单元，研究其特点、结构、环境及其承载能力等情况，进而为各生态区提供管理依据。划区的方法一般采用数值聚类法等，操作过程中，可将土地利用评价图、工业和居住适宜度等图纸进行叠加，并结合城市建设总体规划进行综合分析与功能分区。

（4）土地利用布局

生态城市土地利用的布局将直接影响今后城市生态环境质量，所以在城市的生态规划与设计中都必须结合当地情况，科学、合理地进行土地利用的布局。同时，还要对城市用地状况与环境条件的相互关系进行进一步的研究，并按照城市的规模、产业结构以及城市总体规划和环境保护规划的要求，提出调整用地结构的建议和科学依据，促使土地利用布局趋于合理。

（5）进行与人口相适应的规划

人类的生产和生活对城市生态系统的发展起着关键性的作用。通过分析探究，在生态城市规划与设计过程中，只有分析人口分布、自然增长率、机械增长率、人口密度、人口组成以及人口流动等基本情况，进而确定近、远期的与人口状况相适应的生态城市规划，才能科学地提出城区人口密度调整措施与提高人口素质的方法，把握生态人口规划的方向。

（6）环境污染综合防治规划

环境污染综合防治规划是生态城市规划进程不可或缺的组成部分，应根据当地的实际情况，进而制定出污染综合防治规划，例如控制主要污染物的排放总量等，并通过数学模型来定位生态城市环境的发展趋势，分析不同发展时期环境污染对城市生态状况所产生的影响；同时，按功能区实行分区生态环境质量管理，逐步达到生态规划目标的要求。

（7）规划生态资源利用与保护

从调查分析可知，在城市建设与经济发展过程中，对自然资源的浪费和不合理使用的现象随处可见，同时，掠夺式的开发将会使人类面临资源枯竭的危险。所以生态城市规划相关部门应根据国土规划和城市总体规划的要求，依据具体城市社会的发展趋势与环境现状，制定出相应的对大气、水、土地资源、动植物物种资源等合理开发利用与保护的规划措施，进而确保生态城市建设的顺利进行。

（8）规划生态城市的绿化带

在生态城市的规划建设过程中，城市绿化必须放在重要的地位，将治理污染与绿化建设有机结合起来，规划城市中的生态区域，并根据城市的地质特征、气候、河湖等情况，科学地规划城市绿地，给城市各类绿地制定出相应的用地指标，合理安排整个城市园林绿地体系的布局形式，还要维持城市的生态平衡，合理布置物种结构，并进行绿化效益的估算，进而形成一个点、线、面相结合的城市生态绿地系统。

8.5.4 生态城市规划中的生态学原则

城市作为一个复杂的、高度人工化的生态系统，具有波动性大和依赖性强的特点，缺乏像自然生态系统那样较为完善和谐的自控机制，因此在生态城市规划与设计中，需要应用生态学的原则去探究城市内部各要素之间的关系，充分开发传统城市中未被利用的人力、物力和环境资源，使得城市居民处于一个与自然和谐的居住环境中，同时维护城市的生态平衡。

（1）整体性原则

生态环境规划十分强调宏观的整体效益，其追求的不仅仅是局部地区生态环境效益的提高，也不仅仅是经济、社会、环境三者中一个方面效益的增加，而是谋求经济效益、社会效益、环境效益三个效益的协调统一与同步发展。城市发展与环境质量的平衡，不仅要求我们充分了解城市生态系统结构，还要在城市规划设计中对城市环境实施容量控制。而环境容量是指环境可承受的既定利用方式的综合上限，包含土地容量、绿化容量以及人口容量等。同时，在注重经济与环境平衡的基础上，优化城市的生态结构，合理规划城市与郊区、乡村的布局。随着经济的发展、城市的演进，城市生态环境规划必须同表达人们目的和愿望的城市总体规划互相协调、密切配合。根据城市总体规划确定的城市性质及其发展阶段，提出相应的环境目标值和阶段目标值，然后根据该环境目标值和阶段目标值作出相应的生态环境规划方案。

（2）再生与节能原则

城市所在的自然环境是城市建设的物质基础，也是城市发展的制约因素。在进行城市生态环境规划时，必须摸清自然要素的特性，包括资源状况、环境本底、污染现状以及城市自然要素的环境容量等。以城市自然要素的状况和环境容量作为制定城市生态环境规划的依据与出发点，将自然界生物对营养物质的富集、转化、分解与再生过程应用于生态环境规划实践中。生态系统中物质的循环和能量的交换同时进行，一方面是新物质的不断合成，另一方面是旧物资不断被分解为其他可利用的资源，这样反复的循环进行，进而构成了整个城市生态系统的基础，促使生态城市发展。在开发利用自然资源的同时，充分利用大自然的净化能力，既不违背客观规律，不超越环境本身容受能力，又保护人类健康与居住环境，使废弃物对环境与人类的危害减小到最低程度，将其中的有用成分回收利用，资源化发挥到最大程度，节约和保护有限的自然资源。

（3）区域分异原则

生态环境规划强调生态系统的多样性和地域分异性。不同地区、不同城市具有不同的经济和生态条件，同样的布局或规划，在一处会引起生态环境恶化，另一处则不然。因此，针对不同城市或地区的经济、社会、自然条件和生态环境，制定不同的生态环境规划，采取不同的资源与环境保护对策是完全有必要的。

在城市生态环境规划中，坚持整体生态系统观点。城市与乡村之间存在着生态和经济上的相互联系，存在着频繁和密集的能量、物质与信息的流通转换。如果说城市是红花的话，则乡村便是绿叶。城市几乎集中了区域环境的绝大部分物质、能量和信息，同时又集中了大量的废弃物和粪便。这些仅仅依靠城市自身进行调节是不够的，红花尚需绿叶来扶持，必须把城市周围的农村或城乡结合部作为城市的腹地和依托，将之与城市视作一个大生态系统，从区域环境和区域生态平衡的角度来调控城市生态环境工程恰好是落实生态环境规划的得力工具。

生态环境规划所涉及的区域越来越大，从一个城市到一个地区，从一个地区到一个国家，甚至到全球范围。生态环境规划的出现，不仅为人类社会经济的持续发展提供一种可靠的科学方法，还为人类提供一种协同进化的思想方法，对人们观念意识和伦理道德的改变都将是非常有益的。

8.5.5 国内外典型生态城市建设实践及发展方向

生态城市在国际上有着广泛的影响，目前全球有许多城市正在按生态城市目标进行规划与建设，例如印度的班加罗尔、巴西的库里蒂巴和桑托斯市、澳大利亚的怀阿拉市、新西兰的怀塔克尔市、丹麦的哥本哈根、美国的克利福利兰和波特兰大都市区等。我国近几年生态城市建设也成为一股热潮，各地根据自己的特色，纷纷进行了生态城市规划和建设。但各地的生态城市建设原则、内容和目标存在较大的差异，各具特色。

8.5.5.1 国外生态城市建设实践

(1) 最接近生态城市的城市——巴西库里蒂巴

位于巴西南部的库里蒂巴是巴西的生态之都，被认为是世界上最接近生态城市的城市（图8-14)。该市以可持续发展的城市规划典范而享誉全球，也受到世界银行和世界卫生组织的称赞，还因垃圾循环回收项目、联合国环境项目、能源保护项目而获奖。

图8-14 被联合国命名为“城市生态规划样板”的巴西库里蒂巴

库里蒂巴的生态建设经验主要包括公交导向式的城市开发规划和关注社会公益项目两个方面。

1) 公交导向式的城市开发规划

库里蒂巴有着世界上最好的城市规划和开发计划。1964年库里蒂巴城市总体规划经公众讨论并于1965年开始实施，其核心之一就是公交导向式的城市开发：

① 沿着5条交通轴线进行高密度线状开发，改造内城；

② 以人为本，而非以小汽车为主；

③ 确立了优先发展的内容，即增加公园面积和改进公共交通。

库里蒂巴因此脱离了巴西大多数城市依赖小汽车的城市发展定式，走上了低经济、低环境成本的交通方式和人与自然尽可能协调和谐的生态城市发展道路。20世纪70年代，城市的发展呈现出新的形态，库里蒂巴拥有了逐步拓展的一体化交通网络、道路网络，并采取了致力于改善和保护城市生活质量的各种土地利用方案：总体规划规定城市外缘是大片的线状公园绿地，城市沿着几条结构轴线向外进行走廊式开发。这些轴线也是公共汽车系统的主要线路，在城市中心交汇，由此城市轴线构成了一体化道路系统的第一层次。拥有公交优先权的道路把交通汇聚到轴线道路上，而通过城市的支路系统满足各种地方交通和两侧商业活动的需要，并与工业区连接在一起。尽管城市有50万辆小汽车，但目前城市80%的出行依赖公共交通。其使用的燃油消耗是同等规模城市的25%左右，每辆车的用油减少30%。尽管人均小汽车拥有量居巴西之首，但污染却远低于同等规模的其他城市，交通也很少出现拥挤现象。

2）关注社会公益项目

生态城市的内涵还应体现在社会可持续发展方面，库里蒂巴在这方面的成就同样令人瞩目，目前库里蒂巴有几百个社会公益项目。例如，在最贫穷的邻里小区，城市开始了“Line to Work”的项目，目的是进行各种实用技能的培训。近四年来该项目已培训了10万人。库里蒂巴还开始了救助街道儿童的项目，把露天市场组织起来，以满足街道小贩们的非正式经济活动要求。公共汽车文化已渗透到各个方面：把淘汰的公共汽车漆成绿色，提供周末从市中心至公园的免费交通服务或用作学校服务中心、流动教室等，为低收入邻里小区提供成人教育服务。

库里蒂巴在环境得到改善的同时，还很好地保护了中心区的文化遗产。许多街道辟为步行街，历史建筑受到保护。古老的工业建筑转变为商业中心、戏院、博物馆和其他文化设施。库里蒂巴较为著名的环境项目是1988年实施的口号为“垃圾不是废物”（garbage is not garbage）的垃圾回收项目。垃圾的循环回收在城市中达到95%，每月有750t的回收材料售给当地工业部门，所获利润用于其他的社会福利项目，同时垃圾回收利用公司为无家可归者提供了就业机会。这些简单的、讲究实效的、成本很低的社会公益项目已成为库里蒂巴环境规划的一部分，并使得城市在环境和社会方面走上了一条健康的发展之路。

（2）创意型生态城市——丹麦哥本哈根

丹麦哥本哈根作为一个创意型生态城市，拥有许多内容丰富的综合性项目（图8-15）。

“1997～1999项目”是丹麦第一个生态城市建设项目，在丹麦首都哥本哈根人口密集的Indre Norrebro城区进行，旨在建立一个生态城市的示范城区，为丹麦和欧盟的生态城市建设取得经验。其生态城市建设特色内容如下。

图8-15　哥本哈根创意公园式“漂浮群岛”

① 建立绿色账户。绿色账户记录了一个城市、一个学校或者一个家庭日常活动的资源消费，提供了有关环境保护的背景知识，有利于提高人们的环境意识。使用绿色账户能够比较不同城区的资源消费结构，确定主要的资源消费量，并为有效削减资源消费和资源利用提供依据。

②“生态市场交易日”是改善地方环境的又一创意活动。从1997年8月开始，每个星期六商贩们携带生态产品（包括生态食品）在城区的中心广场进行交易，一方面通过生态交易日鼓励了生态食品的生产和销售，另一方面也让公众们了解到生态城市项目的其他内容。

此外，丹麦生态城市项目十分注重吸引学生参与，其绿色账户和分配资源的生态参数与环境参数试验对象都选择了学校。在学术课程中加入生态课，甚至一些学校的所有课程设计的主题都围绕着生态城市，并对学生和学生家长进行与项目实施有关的培训等。

（3）生态型的科学城——德国埃尔兰根

埃尔兰根城坐落在德国南部，距慕尼黑200km，是著名的大学城、“西门子”城，也是现代科学研究和工业的中心，特别是在医学、医疗技术和健康研究方面实力雄厚。第二次世界大战后的埃尔兰根，按照欧洲标准来说，发展相当快速。1945～1972年，埃尔兰根的就业机会成倍增长，创造了5万个就业机会（主要是由于西门子公司的壮大），城市人口迅速增长到10万人，但与此同时，大量的城市绿地、森林和乡下闲置土地的丧失也逐渐给人们带来不适感，特别是出现了汽车增长导致的越来越多的噪声、空气污染和街道的拥挤等问题。因此，该市从20世纪70年代起开始了生态城市建设，在城市发展决策中同时考虑环境、经济和社会三方面的需求与效益。

埃尔兰根生态市建设成功的经验主要包括以下6点。

1）总体规划的基础部分是景观规划

它显示了进一步发展的自然边界，保全了森林、河谷和其他重要的生态地区（占总面积的40%），并建议让城市中拥有更多贯穿和环绕城市的绿色地带。其分区规划考虑到了这些生态方面的限制，并尽可能地在这些必要的限制内更好地进行经济和社会发展，在新城区可接受的密度上尽可能地节约使用自然地带。

2）实行节约资源的方法

在项目中开始并强化实行节能、节水和节约其他资源的方法，以防止对水、空气和土壤造成污染与破坏，并强调尽可能做到循环利用。

3）实行新的交通规划

多年以来城市普遍实施的一直是以汽车为主的交通规划方针，在新的交通政策中不再给行车交通以特权，并开始减少和限制汽车在居住区及市区的使用，同时积极鼓励以环保方式为主的城市活动，如步行、骑车和公共交通。他们的口号是：城市中的每一个人享有同样的活动权力。新的交通政策使得各种交通形式，如步行、骑自行车、开汽车和使用公共交通工具，平等地享有在城市通行的便利条件。在埃尔兰根，市民的生活水平较高，其动力化水平也很高，每10万人拥有5.4万辆小汽车。而该市每10万人中同时拥有8万辆自行车，并经常使用，使用率达30%。该市通过在所有居住区和城区实行交通管制（限速30km/h），实现了更少的危险、噪声和空气污染。

4）居住空间的增长和控制

随着大部分市民收入的增长，人均居住空间的需求也随之增长，居住面积从1973年的$26m^2$迅速增长到了2000年的$40m^2$。由于新政策的实施，该市不仅保证了居民持续增长的对居住空间的需求，其城市结构也受到戏剧性的影响：城区人口还是保持在10万人左右，而郊区人口增长了4万人。如果城市尝试让这4万人也加入到城市里人均$40m^2$居住空间的需求者的队伍，那么整个城市将被高楼填满。但这一切没有发生，埃尔兰根现在是一座被大面积森林和农场环绕的绿色城市（森林覆盖率40%），并被区域发展计划所保护。

5）绿色通道使得埃尔兰根成为健康之城

市内和城市周边的绿地被绿色通道连接起来，是具有安全感和吸引力的步行与骑车的绝佳选择，且适宜于多种活动。这就使得埃尔兰根成为健康之城，因为不管是步行还是骑车，城市中任何一个住处通往绿地只需5～7min，为锻炼身体创造了最好的条件。

6）家庭废物管理取得成功

这是一项在城市街道进行的试验性项目，在有关机构的协助下市民们开始注意并实现了废物的回收，最初很多专家认定这是完全不可能的。整个城市贯彻了这个体系，因此不再需要新的、昂贵的和有争议的焚烧炉。

德国埃尔兰根的例子表明：成为一个生态城市并同时作为一个有活力的现代科学之城、研究之城和工业之城是并不矛盾的，完全可以在可持续发展的前提下互相协调。此外，印度班加罗尔、巴西桑托斯、美国的克利夫兰和波特兰都市区等正在按生态城市目标进行规划与建设。

8.5.5.2 国内生态城市建设实践

我国生态城市建设实践是在经济、社会快速发展，环境矛盾日益尖锐的情况下开展的，因此既要加强重点领域建设，解决环境与社会经济之间的突出矛盾，又要兼顾全面，把生态化转型战略纳入社会经济发展的各个方面。我国目前开展的生态城市规划和建设均体现了这个特点。到目前为止，我国已经完成生态城市规划的大、中、小城市达数十个，初步形成了一些有特色的生态建设模式。

（1）花园式生态城市——深圳

深圳是我国改革开放新时期迅速崛起的年轻城市，短短 20 年时间里，从一个边陲小镇建设成为现代化大都市。在城市的快速发展过程中，深圳市坚持绝不以牺牲生态环境为代价发展经济的理念，注重加强环境保护和生态建设，积极探索新兴城市的可持续发展之路。深圳市先后获得“国家园林城市”“国家环保模范城市”“人居环境奖”“国际花园城市”以及“全球 500 佳”城市等。

深圳市城市总体规划（1996～2010 年）中确定了“严格控制城市建设用地、有效保护城市生态、营造优美的亚热带海滨城市环境、提供舒适的休闲空间”的生态城市发展理念和策略，并确定了全市土地中的 1/2 以上作为旅游休闲、郊野游览、自然生态和水源保护区等用地。生态城市建设内容包括：

① 优化产业结构和产业布局，从源头缓解经济高速发展对生态环境的压力；

② 构建多层次的绿地系统，完善城市生态体系；

③ 合理开发利用资源，保护资源和环境；

④ 加强污染治理和环境监督管理，改善环境质量；

⑤ 建设生态型住宅小区，改善居住环境；

⑥ 倡导循环经济理念，培育广大市民的生态环境意识；

⑦ 发挥政府的主导作用，强化政府在生态环境保护中的职能。

（2）循环型生态城市——贵阳

贵阳是大西南重要的铁路、公路交通枢纽，是国家内陆开放城市，矿产资源、能源资源、生物资源、旅游资源十分丰富。该市已初步形成一批具有比较优势和特色的产业。2000 年贵阳市提出建设循环经济型城市的初步设想。

首先，与日本荏原制作所合作在金阳新区组织开展循环经济的零排放系统研究。2002 年贵阳市被国家环保总局正式批准为我国第一个循环经济型示范城市，循环经济型生态城市建设全面启动。贵阳市得到清华大学、中国环境科学研究院的技术支持，组织编制了《贵阳市循环经济生态城市建设总体规划》和《贵阳市循环经济生态城市首批试点项目方案》。

规划的基本思路包括：

① 按双子生态城的模式建设贵阳老城区和贵阳新区，达到新老优势互补，协调发展的目的；

② 按循环经济的模式调整全市产业结构，包括工业循环系统、农业循环系统和社会循

环系统，从而建立良性区域循环经济，形成高效的物质、能量和信息交互系统；

③ 提倡绿色消费和文明消费，提高再生资源和能源的使用效率；

④ 建立和完善生态城市建设的保障体系，包括法律法规体系、管理体制、检测监督机制以及人才培养和生态环境意识教育等。

同期，首批启动了六项示范工程：金阳新区（区域循环经济试点），贵州有机化工集团有限公司、贵阳好安逸食品有限公司（企业循环经济试点），碧海花园小区、山水黔城小区（住宅小区循环经济试点），乌当区永乐乡、清镇市红枫湖乡（包括红枫湖风景区、农业旅游区，为循环经济试点），北京华联（贵阳）综合超市有限公司（消费行业循环经济试点）。启动并开展了中日环境合作示范城市（贵阳）项目，对贵阳发电厂烟气治理技改工程、贵阳钢厂大气污染综合治理项目等进行专题研究。

（3）江南型生态城市——苏州

苏州是江南历史文化名城和重要的风景旅游城市，是长江三角洲重要的中心城市，也是我国经济最发达的城市之一。苏州市生态城市建设特色体现在以下几个方面。

① 以合理规划城市和城镇体系为先导，创造经营城市的合理空间，为古城保护和生态城市建设制定了科学的框架。确立了“古城居中、东园西区、一体两翼”的城市总体格局，为城市发展开辟了新的空间，为古城保护提供了回旋余地。

② 经营城市，充分发挥城市资源的最大效益，为生态城市建设提供大量资金。创新生态城市经营管理机制，努力提高城市各类资源的利用效率。2001 年成立了苏州城市建设投资发展有限公司，专门负责城市建设投、融资和建设管理工作，为生态城市建设筹集了大量的资金。

③ 积极营造最适宜人居环境和创业环境。投入大量资金建设绿地广场、公园，治理污染企业，整治河流。城市绿地率达到 32%，人均公共绿地面积 7m^2。

④ 保护古城，塑造城市个性特色。实施“保护古城风貌，建设现代化新区”战略，使苏州走出了一条保护与开发兼顾的道路，形成古城河、路平行的棋盘格局。小桥流水、粉墙黛瓦的江南古城风貌和建筑风格，得到了有效的保护和延续。

综观国内外生态城市规划与建设的理论和实践，由于生态城市建设尚处于初级发展阶段，许多模式和理念还处于探索之中，没有范式可循，在理论和实践上仍存在许多的不足与局限性，主要表现在以下几方面。

① 国外生态城市研究更注重具体的设计特征和技术特征，强调针对西方国家城市现实问题（如高密度建筑、以小汽车为主导的交通方式和生活高消费等）提出实施生态城市的具体方案，其生态城市理论的实践性相当强。但其生态城市建设实践更多的是侧重于局部的城市生态技术与设计，缺乏整体性和系统性。例如欧美等国家偏重强调发展公共交通系统与土地的综合利用，日本则着重于循环技术的开发和应用。

② 国内生态城市则更多地强调继承中国的传统文化特征，注重整体性，生态理念更强，理论较系统，但缺乏操作性，与实践结合得并不密切。因此，国内生态城市已有的实践和理论对当前城市规划的影响还是相当有限的，城市生态建设的指导作用仍有一定的局限性。所以，我国的生态城市研究应在坚持继承我国传统生态文化的同时，广泛吸收和借鉴国外的生态城市规划理念，积极探索和研究与城市生态建设实践紧密结合的理论及方法。

③ 国内有些地方的生态城市建设仍然沿袭着传统的城市建设模式，城市形态和结构不合理，城市生态环境功能难以提升，城乡生态关系不够协调。城市缺乏特色，千城一面。应

针对我国地域辽阔、生态环境条件千差万别、城镇与区域发展水平相差悬殊的国情，有针对性地制定适合于每个城市特点的生态化发展策略，创建出丰富多彩、各具特色的生态城市建设模式，切实推动城市和区域的可持续发展。

8.5.5.3 生态城市建设的未来发展方向

碳达峰和碳中和战略目标的提出，为新时期中国生态城市的发展指明了方向，即“双碳”发展成为践行绿色生态目标的基本战略，也为生态城市建设提出了具体的节能减排目标。基于“双碳”目标的生态城市发展战略应贯彻可持续发展原则，建立具有针对性和实效性的实施途径，重点关注城市空间环境、绿色交通、低碳产业、能源循环利用、支撑技术体系等核心内容，建立从宏观到中微观的系统性实施框架，积极推进应对气候变化的低碳发展实践。

（1）优化城市空间环境

城市是为人而建设的，其空间环境规划和设计自然应该围绕人的生活需求展开。但人与自然环境之间是密不可分的共生关系。城市发展建设必然要以守护自然生境为第一原则，即生态优先原则。

填海造地等立体化开发措施，积极拓展城市发展空间，我国从提出“绿水青山就是金山银山”理论到开展国土空间规划都是实现生态文明的重要举措。守护生态保护红线和永久基本农田控制线是为了人类发展留存基本的自然环境和耕地安全需求，城镇开发边界则是为了控制城市建设用地的无序蔓延。根据我国城市空间环境普遍存在的现实情况，可以采取如下优化措施。

① 在城市空间规划中，以三线划定为基础构建自然健康的城市生态系统，结合河湖水体和绿色空间形成完善的蓝绿网络，提高绿地植被覆盖率和绿化质量，满足生物多样性和绿色空间可达性要求。同时，完善不同尺度的城市河湖水体治理和雨洪韧性管理机制，提升城市水生态韧性，应对极端气候变化引起的环境污染、热岛效应、暴雨内涝等自然灾害。

② 结合存量时代的发展需求，城市空间规划应贯彻小规模、渐进式、缓节奏、精细化设计原则。以轨道交通枢纽和城市公园为核心进行城市土地集约开发利用，遵循功能混合和立体化开发模式，形成人流积聚、簇群发展的城市空间形态，为绿色出行提供基础条件。

（2）构建绿色交通体系

城市交通是城市碳排放的主要源头之一，构建城市绿色交通体系已经成为节能减排的重要措施。城市交通的低碳化转型需要重点考虑从空间规划角度构建综合性的道路交通系统，针对不同城市的交通需求确定道路网密度以及客货运枢纽的位置和规模，确立以公共交通优先发展模式（TOD）为导向的城市开发模式。同时积极推进各类机动车使用电、氢、沼气或生物乙醇等新能源，提高机动车的能源使用效率。随着我国城市进入存量更新时代，必须尽快实现轨道交通与城市开发的有机结合，具体措施如下。

① 结合产业和人口分布，提高各个层级公共交通枢纽节点的土地开发容量，通过功能混合布局持续促进职住平衡，以公交枢纽为核心规划停车站点与换乘空间，形成绿色高效的道路交通系统。

② 营造安全舒适的城市慢行交通环境，设置步行景观道与自行车线路，提高市民使用公共交通和慢行交通的比例，减少市民对机动车的依赖，努力实现公交运输低碳和零碳运行（图 8-16）。

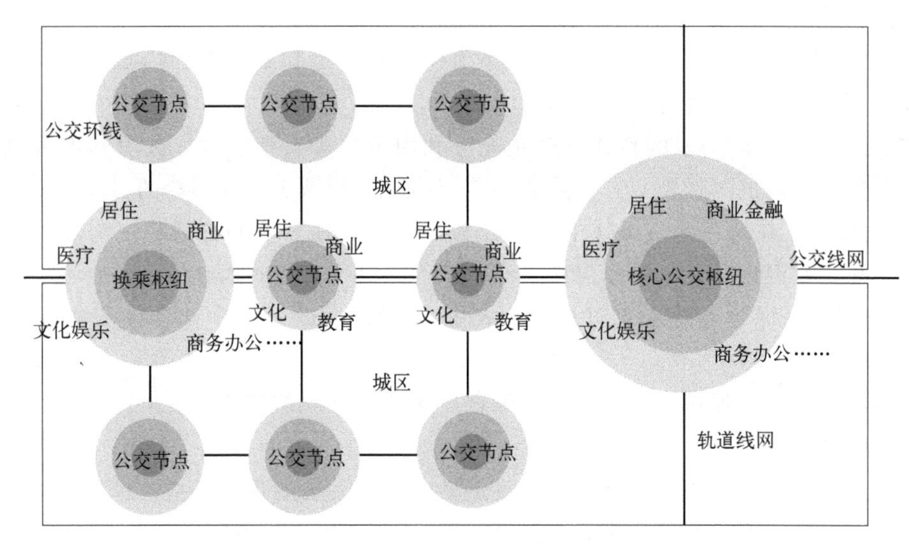

图 8-16 以公共交通为导向的城市开发模式

③ 从交通管理角度制定严格的分区停车收费制度，越靠近市中心人流密集场所收费越高，邻近主城区边缘的换乘空间则可以规划低收费甚至免费停车场，以此增加机动车使用成本，鼓励更多人群乘坐公共交通。

(3) 推进低碳产业转型

“双碳”目标下的新型城镇化转型应先将经济发展与绿色理念有机融合，构建绿色低碳循环发展经济体系。我国大部分能源密集型城市均应从生产、流通、消费、基础设施等方面持续推进经济结构转型，促进低碳化消费模式在全社会的推广。

① 以市场和政策为导向，结合各个城市的资源优势不断推进低碳企业的创新发展和低碳技术的创新完善。例如鼓励企业制订可持续发展计划，广泛开展绿色金融领域的研究和实践；促进企业和事业单位对碳捕捉、储存、利用等内容进行深入的技术研究和政策支持，从而降低全社会的碳排放强度和碳排放总量。

② 在产业低碳转型发展的进程中，应强化对高能耗、高排放和高污染的产业类型进行严格监督及管制，降低重化工、水泥、建材等传统产业的占比，逐步促进产业的结构转型和绿色发展，积极发展以新能源、新材料、新型环保、先进制造、高新技术为主体的低碳产业和零碳产业，支持先进技术和创新产品的研究。

③ 重视政府在落实“双碳”目标中的角色和职责，不应由于自身利益驱动继续推行资源消耗、投资依赖的粗放型发展模式，避免地方政府成为低碳转型发展的阻力，而使其成为低碳发展的引领者，有效促进全社会形成高效、集约、低碳的发展趋势。

(4) 进行绿色生态建筑设计

生态城市中的绿色设计在实施过程中要遵循绿色科技设计原则，这种绿色生态环保型的建筑设计模式，是我国未来建筑设计发展和前进的正确方向。综合我国一系列外界环境因素，大力投入绿色科技设计，利用绿色设计理念进行建筑设计，实现节能、节地、节水、减少环境污染等目标。

绿色建筑设计包括 5 点：

① 和谐原则。建筑作为人类活动与外界环境相影响的结果，其过程中存在着消耗能源

和影响生态环境的作用。

② 适地原则。每个建筑设计项目，都必须建立在满足其基本条件的基础上，考虑其各种生态环境资源布置的合理性。

③ 节约原则。节约资源的科技原理是充分利用可再生自然资源，减少其不可再生资源的利用。考虑其不同的气候特点，利用各项节能措施达到减少资源消耗的目的。

④ 舒适原则。在绿色建筑设计中强调以满足人类居住环境的舒适程度为前提，运用遮阳措施来防止冬季温度过低、夏季温度过高，从而最终提高人类居住空间的舒适性。

⑤ 经济原则。绿色建筑包括许多复杂的技术问题，也是一个社会深层次的组织架构问题。

适宜的科学技术及地域选择的经验是绿色建筑科技发展的重要途径。

（5）促进能源循环利用

能源的节约、高效使用和循环利用是推进城市低碳发展的重要举措，也是生态城市建设的内涵所在。随着我国城市发展进入存量更新阶段，城市既有的建筑、环境、市政设施、能源系统等都需要更新提质，持续走资源节约、环境友好的发展道路。

① 以绿色建筑思想和被动式节能技术为基础，积极推行既有建筑的节能改造和新建建筑的低能耗建造，从根本上确立实现节能减排目标的基本原则。

② 构建一个可再生能源体系是实现碳中和目标的基本保障，应积极提高太阳能、风能、生物质能、地热等清洁能源和可再生能源的利用率，构建低碳、安全、高效、节约的国家和地方能源体系。

③ 不断研究和开发创新型能源高效利用技术，包括热电联产、煤炭高效清洁利用技术、生物质能高效利用技术，通过持续的能源技术创新实现能源在生产、消费、回收再利用各个阶段的高效利用。对影响国计民生的粮食、水等资源应制定节约利用原则，例如基于低影响技术进行城市雨洪管理，提高雨水资源利用率，并逐步结合废水处理建立水资源循环利用系统。通过对固体废物的污染控制和废弃资源回收利用，提高垃圾回收利用率，如把固体废物转化为新型建筑材料，实现零废城市目标。

（6）建立支撑保障体系

生态城市的发展和建设需要构建一个科学可持续的支撑体系，这个体系应由政府、企业、市民、社会各界人士共同组成，并依据社会发展制定科学合理的技术服务平台，贯彻和宣传绿色、低碳生活的基本准则。

① 发挥政府的主导作用，贯穿城市发展建设的战略决策、规划编制、管理和运行全过程。通过制定双碳目标下的规划标准体系和完善的法律规范，对城市各个系统的绿色、低碳策略提供强制性和引导性指标，同时协调城市自然资源、规划、建设、市政等各个部门的职能，加强应对气候变化和极端公共事件的水平及能力，为生态城市发展建设提供实效性的公共服务。

② 在城市管理中依托智慧技术建立低碳规划运营管控平台，积极倡导使用绿色、低碳技术，推进全民贯彻执行节约资源和节能减碳行动。

③ 开展广泛的公众监督和公众参与，鼓励企业、市民和社会各界人士积极参与到低碳行动中，通过改变城市生活方式培养公众的环保意识，从而推进城市绿色、生态的常态化发展。

参考文献

［1］ 李军，周永仙．世界城市化发展历程及规律研究［J］．江西建材，2015（8）：61-67.

［2］ 保罗 L. 诺克斯，琳达·麦卡锡．城市化：城市地理学导论［M］.3 版．北京：电子工业出版社，2016.

［3］ 徐群．逆城市化的演进规律及我国的发展模式研究［D］．武汉：武汉工程大学，2014.

［4］ 衣淏祥．浅析城市化进程［J］．现代商业，2020（12）：45-46.

［5］ 上海财经大学现代都市农业经济研究中心．中国都市农业发展报告 2009 城市化、生态环境与都市农业［M］．上海：上海财经大学出版社，2009.

［6］ 康慕谊．城市生态学与城市环境［M］．北京：中国计量出版社，1997.

［7］ 宋言奇，傅崇兰．城市化的生态环境效应［J］．社会科学战线，2005（3）：186-188.

［8］ 沈洪艳，宋存义，贾建和．城市化进程中的生态环境问题及生态城市建设［J］．河北师范大学学报，2006（6）：726-730，736.

［9］ 陈芳．我国城市环境污染现状及治理措施［J］．皮革制作与环保科技，2022，3（9）：117-119.

［10］ 马红升．可持续发展视域下城市环境污染与防治措施［J］．资源节约与环保，2021（6）：115-116.

［11］ 杜卫斌，陈明月，杜勇．生态环境保护下城市规划生态化设计研究［J］．城市住宅，2021，28（11）：149-150.

［12］ 理查德·福尔曼．城市生态学：城市之科学［M］．北京：高等教育出版社，2017.

［13］ 戴天兴．城市环境生态学［M］．北京：中国建材工业出版社，2002.

［14］ 沈清基．城市生态与城市环境［M］．上海：同济大学出版社，1998.

［15］ 马道明．城市的理性 生态城市调控［M］．南京：东南大学出版社，2008.

［16］ 臧鑫宇，王峤，李含嫣．“双碳”目标下的生态城市发展战略与实施路径［J］．科技导报，2022，40（6）：30-37.

［17］ 童蓉，司梦瑶，赵晓晴，等．生态城市规划中绿色科技发展方向浅析［J］．科技创业月刊，2016，29（21）：14-16，23.

［18］ 蒋长流，韩春虹．低碳城镇化转型的内生性约束：机制分析与治理框架［J］．城市发展研究，2015，22（9）：9-14.

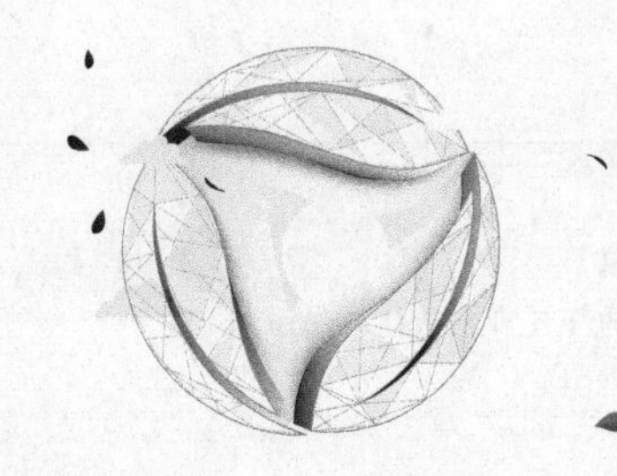

第9章 碳达峰和碳中和——全球面临的共同挑战

9.1 气候及其变化

9.1.1 气候及气候变化的概念

9.1.1.1 气候

气候是指某一地区天气状况的长期（月、季、年、数年、数十年到数百年或更长）平均，通常用某一时段相关变量的平均值以及距此平均值的离差值来表征。这些变量大多指地表变量，如气温、降水，主要反映一个地区的冷、暖、干、湿等基本特征。世界气象组织（World Meteorological Organization，WMO）将表征气候状态的基本年限规定为30年，即以30年作为气候统计周期的基本年限要求。

气候学者把多年大气温度、湿度和压力的平均值称为标准值，而且一般认为标准值是不变的。表示气候状况最常用的气象要素是温度和降水。某一地区某个时期（如月、季、年），某气象要素值与其标准值之间的偏差称为距平。衡量某气象要素值围绕其标准值摆动振幅的平均状况的量称为标准差。就现代气候而言，以30年的气象要素月（季、年）平均值为气候正常值，当某个时期的距平绝对值达到2倍及以上标准差时一般就认为出现了气候异常现象。

气候和天气是既有联系又有区别的两个概念。二者都描述大气的状态，但天气是指短时间（几分钟到几天）内发生在大气中的现象，如雷电、冰雹、台风、寒潮、大风等，而气候则是指某一地区多年气候状况的综合。可以说天气是气候的基础，气候是对天气的概括。

9.1.1.2 气候系统

20世纪50年代以来，随着对气候的研究不断深入，人们发现气候并不是一成不变的，是受到许多因素的影响而逐渐变化的。要解释气候的形成，探讨气候的变化原因，进而预测气候的变化，绝不能仅限于研究大气温度、湿度、压力、降水等几个要素，甚至也不能仅限于研究大气本身，而要研究包括大气、水、冰雪、岩石和生物在内的五大圈层的整个系统。这样就形成了“气候系统”的新概念。

气候系统指的是一个由大气圈、水圈（海洋）、冰雪圈、岩石圈（陆面）和生物圈组成的高度复杂的系统（图 9-1），这些圈层之间发生着明显的相互作用。在这个系统自身动力学和外部强迫作用（如火山爆发、太阳变化、人类活动引起的大气成分的变化和土地利用的变化）下，气候系统不断地随时间渐变与突变，而且具有不同时空尺度的气候变化与变率（月、季节、年际、年代际、百年尺度等气候变率与振荡）。

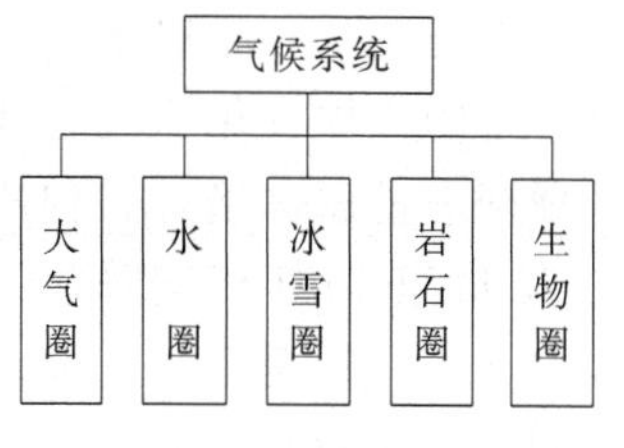

图 9-1　气候系统示意图

9.1.1.3　气候变化

气候学对气候变化的定义，是指气候平均状态统计学意义上的显著改变或者持续较长一段时间（典型的为 10 年或更长）的气候变动，是以某些与平均天气状况有关的特征（如温度、降水量、风等要素）来度量的。按时间尺度可以分为 4 种：冰期——间冰期气候变化，时间尺度 104～105 年；千年尺度气候振荡，时间尺度 103 年；十年及百年气候振荡，时间尺度 101～102 年；年际气候变率，时间尺度 100 年。

政府间气候变化专门委员会（Intergovernmental Panel on Climate Change，IPCC）和《联合国气候变化框架公约》（United Nations Framework Convention on Climate Change，UNFCCC，简称《气候公约》）对气候变化的定义是：经过相当一段时间的观察，在自然气候变化之外由人类活动直接或间接地改变全球大气组成所导致的气候改变。由此可见，UNFCCC 将因人类活动而改变大气组成的“气候变化”与归因于自然原因的气候变化即“气候变率”区分开来。

9.1.2　全球气候演化史

随着人类活动复杂性的增加，全球气候变化问题自 20 世纪 70 年代起成为一个典型的全球尺度的环境问题，80 年代以来又逐渐成为国际政治、经济和外交的重要议题。而且，由于该问题直接涉及各国的社会经济发展方式和能源发展战略，全球关注的程度越来越高，联合国、各国政府及诸多国际和区域组织都在积极研究有关适应与减缓气候变化的策略，因而日益成为深刻影响 21 世纪全球可持续发展的重大国际问题。

全球气候演化史可以分为三个时期，分别是地质时期、历史时期和近现代时期。

（1）地质时期

是距今 22 亿～1 万年的气候变化阶段。在这漫长的几十亿年时间里，地球经历了多次冰河时期，以及冰河期之间的间冰期。冰河时期最冷也就是冰盖最盛时，全球平均气温比现今低 10～12℃。间冰期则与目前温度相当或比现在稍暖。关于地质时期为什么会发生冰河时期至今尚无完善的解释，但至少可以肯定的是，那时地球上的海陆分布和山脉隆起状况与现在有很大的不同。科学家们利用南极冰芯氧同位素推测古温度的变化，发现地质时期的气候变化特点有冰期和间冰期交替、温度波动变化、冷暖干湿相互交替（温暖期较长，寒冷期偏短，新生代以湿润期为主）、变化周期长短不一。

（2）历史时期

是近 1 万年以来的气候变化阶段。科学家通过考古资料、历史文献记载推测、分析沉积物（泥炭、黄土）中的花粉推测历史时期的气候变化状况。这段时间有明显的温暖和寒冷期，全球气温呈波动上升趋势，冰盖消融，大陆冰川后退。

(3) 近现代时期

是近一二百年以来有气象资料记录的气候变化阶段，科学家利用气象观测数据来研究近百年来的气候变化状况。其主要特点是从19世纪末的冷期逐渐进入回暖期。在这段时间里，全球降水量总体增加，但不均匀（亚热带地区减少）；开始气候比较寒冷，之后气温上升，在20世纪40年代变暖达到高峰，此后气温略有下降。从20世纪70年代末至20世纪80年代初又一次变暖。20世纪90年代初至今，全球气温逐年上升，已经成为近100年来最暖的时期，且气候系统的综合观测和多项关键指标表明，全球变暖趋势仍在持续。2021年，全球平均温度较工业化前水平（1850～1900年平均值）高出1.11℃，是有完整气象观测记录以来的七个最暖年份之一；最近20年（2002～2021年）全球平均温度较工业化前水平高出1.01℃。2021年，亚洲陆地表面平均气温较常年值（本报告使用1981～2010年气候基准期）偏高0.81℃，为1901年以来的第七高值。

9.1.3 中国的气候变化情况

在全球气候变化的大背景下，我国气候也同步发生了许多变化。观测表明，我国是全球气候变暖特征最显著的国家之一。根据2022年8月3日我国气象局向社会公众发布的《中国气候变化蓝皮书（2022）》，我国近年的气候变化主要可以归结为以下几方面。

(1) 温度变化

近70年（1951～2021年）来我国年地表平均气温呈显著上升趋势，升温速率为0.26℃/10年，高于同期全球平均升温水平（0.15℃/10年），是全球气候变化的敏感区。尤其近20年是20世纪初以来我国的最暖时期；2021年，我国地表平均气温更是较常年值偏高0.97℃，为1901年以来的最高值。从地域分布看，我国气候变暖最明显的地区是西北、华北、东北地区，其中西北（陕、甘、宁、新）变暖的强度高于全国平均水平。从季节分布看，我国冬季增暖最明显。

(2) 降水变化

我国降水变化远比温度变化复杂，具有明显的区域性和年代际波动性。近100年和近50年我国年降水量变化趋势不显著，但年代际波动较大。我国降水的总趋势大致是从18、19世纪较为湿润的时期向20世纪较为干燥的时期转变。而且，全国总体，20世纪50年代降水明显增多，60年代降水大幅度减少，70年代降水继续减少至最低值，到了90年代，降水量略有增多，但是仍然达不到20世纪50～60年代的降水水平。近60年（1961～2021年）来，我国平均年降水量呈增加趋势，平均每10年增加5.5mm；2012年以来年降水量持续偏多。2021年，我国平均降水量较常年值偏多6.7%，其中华北地区平均降水量为1961年以来最多，而华南地区平均降水量为近十年最少。

(3) 极端气候事件变化

我国高温、强降水等极端天气气候事件趋多、趋强。1961～2021年，我国极端强降水事件呈增多趋势；20世纪90年代后期以来，极端高温事件明显增多，登陆我国的台风的平均强度波动增强。2021年，我国平均暖昼日数为1961年以来最多，云南省元江（44.1℃）、四川省富顺（41.5℃）等62站日最高气温突破历史极值。1961～2021年，北方地区平均沙尘日数呈减少趋势，近年来达最低值并略有回升。

(4) 海平面上升

海平面上升是全球变暖导致的重要现象。20世纪80年代后期以来海洋变暖加速，全球平均海平面呈持续上升趋势。海洋变暖在20世纪80年代后期以来显著加速，2021年全球海洋热含量（上层2000m）较常年值偏高23.5×10^{22}J，为现代海洋观测以来的最高值。1993～2021年，全球平均海平面的上升速率为3.3mm/a；2021年，全球平均海平面达到有卫星观测记录以来的最高位。

我国沿海海平面变化总体呈波动上升趋势。1980～2021年，我国沿海海平面上升速率为3.4mm/a，高于同期全球平均水平。2021年，我国沿海海平面较1993～2011年平均值高84mm，为1980年以来最高。

据专家的综合分析，近40年来，我国冰川面积缩小了$3248km^2$，相当于20世纪60年代冰川面积的5.5%，冰储量约减少$389km^3$，减少率为7%，冰面平均降低6.5m。20世纪90年代以来，冰川退缩的幅度急剧增大，原来前进或稳定的冰川转入了退缩状态，我国山地冰川正快速缩小，并且有加速的趋势。

（5）冰川消融

全球冰川整体处于消融退缩状态，20世纪80年代中期以来消融加速（图9-2）。我国的天山乌鲁木齐河源1号冰川、阿尔泰山区木斯岛冰川、祁连山区老虎沟12号和长江源区小冬克坞底冰川也均呈加速消融趋势。2021年，乌鲁木齐河源1号冰川东、西支末端分别退缩了6.5m和8.5m，其中西支末端退缩距离为有观测记录以来的最大值。

图9-2　海面冰川大面积消融

青藏公路沿线多年冻土呈现退化趋势。1981～2021年，青藏公路沿线多年冻土区活动层厚度呈显著增加趋势，平均每10年增厚19.6cm；2004～2021年，活动层底部（多年冻土上限）温度呈显著上升趋势。2021年，青藏公路沿线多年冻土区平均活动层厚度为250cm，是有观测记录以来的最高值。

北极海冰范围呈显著减少趋势。1979～2021年，北极海冰范围呈一致性的下降趋势；3月和9月北极海冰范围平均每10年分别减少2.6%和12.7%。1979～2021年，南极海冰范围无显著的线性变化趋势；1979～2015年，南极海冰范围波动上升；但2016年以来海冰范围总体以偏小为主。

（6）其他要素变化

① 我国平均年总辐射量呈减少趋势。2021年，太阳活动进入1755年以来的第25个活

动周的上升阶段，太阳黑子相对数年平均值为 29.7±29.7，略高于第 24 个活动周同期(2010 年太阳黑子相对数 24.9±16.1)。1961～2021 年，我国陆地表面平均接收到的年总辐射量趋于减少；2021 年，我国平均年总辐射量较常年值偏少 31.5kW·h/m^2。

② 我国气溶胶光学厚度总体呈下降趋势，阶段性变化特征明显。2004～2014 年，北京上甸子、浙江临安和黑龙江龙凤山区域大气本底站气溶胶光学厚度（AOD）年平均值波动增加；2014～2021 年，均呈波动降低趋势。2021 年，北京上甸子和浙江临安区域大气本底站可见光波段（中心波长 440nm）AOD 平均值分别为 0.34±0.33 和 0.41±0.23，较 2020 年均有小幅降低；黑龙江龙凤山区域大气本底站 AOD 平均值为 0.30±0.24，较 2020 年略有升高。

③ 我国地表水资源量年际变化明显，近 20 年青海湖水位持续回升。2021 年，我国地表水资源量接近常年值略偏多；辽河、海河、黄河和淮河流域明显偏多，其中海河流域地表水资源量为 1961 年以来最多；珠江和西南诸河流域较常年值偏少。1961～2004 年，青海湖水位呈显著下降趋势；2005 年以来，青海湖水位连续 17 年回升；2021 年青海湖水位达到 3196.51m，已超过 20 世纪 60 年代初期的水位。

④ 我国整体的植被覆盖稳定增加，呈现变绿趋势。2000～2021 年，我国年平均归一化植被指数（NDVI）呈显著上升趋势。2021 年，我国平均 NDVI 较 2001～2020 年平均值上升 7.9%，较 2016～2020 年平均值上升 2.5%，为 2000 年以来的最高值。

⑤ 我国不同地区代表性植物春季物候期均呈提前趋势，秋季物候期年际波动较大。1963～2021 年，北京站的玉兰、沈阳站的刺槐、合肥站的垂柳、桂林站的枫香树和西安站的色木槭展叶期始期平均每 10 年分别提早 3.5 天、1.5 天、2.5 天、3.0 天和 2.8 天。

20 世纪 70 年代以来我国沿海红树林面积总体呈先减少后增加的趋势。2020 年，我国红树林总面积基本恢复至 1980 年水平。

9.2 全球气候变化的特征

9.2.1 平均气温升高

20 世纪 50 年代末期以来的全球观测表明，对流层（地面到约 10km 高空）的温度升高了，升高幅度略大于地表面，而平流层（10～30km 高空）自 1979 年以来温度明显降低。全球温度并不是用单根温度计来测量的，而是把全世界数千个观测站每天测量的不同地方的地面温度和行驶于各个海洋上的航船测得的不同海域的数千个海面温度结合起来，估计出每个月的全球平均温度。为了获得随时间的一致变化，主要的分析实际上都采用距平值（指每个站点的观测值与其气候平均值的偏差），因为从资料的可用性来看，距平值对分析气候变化来说更为可靠。根据政府间气候变化专门委员会（IPCC）第四次评估报告《气候变化 2007：自然科学基础》(以下简称《AR4 WGⅠ报告》)，与观测的地表温度上升相一致，河流和湖泊的封冻期变短了。IPCC 第六次评估第一工作组报告《气候变化 2021：自然科学基础》(以下简称《AR6 WGⅠ报告》）也表明，自 1850 年以来，过去 40 年的每一个 10 年都连续比之前任何 10 年都要温暖。全球表面温度在 21 世纪的头 20 年（2001～2020 年），比 1850～1900 年高出 0.99℃（0.84～1.10℃）。2011～2020 年，全球地表温度比 1850～1900 年高出 1.09℃（0.95～1.20℃），陆地［1.59℃（1.34～1.83℃）］比海洋［0.88℃（0.68～1.01℃）］的增幅更大。几乎可以肯定的是，全球海洋上层（0～700m）自 20 世纪 70 年代以来一直在变暖，自 20 世纪中期以来，许多海洋上层区域的氧气水平已经下降。

9.2.2　冰雪减少

许多年以来，特别是 1980 年以来，冰和雪呈现全球性的减少趋势。大多数山地冰川正在变小。积雪在春季提前退缩。北冰洋海冰在所有季节里都在缩小，在夏季尤甚。据报道，多年冻土、季节性冻土、河冰和湖冰都在减少。格陵兰及西南极洲冰盖的重要海岸带地区，以及南极半岛的冰川都正在变薄，并促使海平面上升。

自 1978 年以来，南北两极地区的海冰范围已有了连续的卫星观测资料。在北冰洋，平均年海冰范围每 10 年减少 2.7%±0.6%，而夏季海冰范围每 10 年减少 7.4%±2.4%。南极海冰范围没有表现出明显的变化趋势。海冰的厚度资料，特别是水下部分的厚度资料也是可以获取的，但局限在北冰洋中部地区，那里的海冰厚度在 1958～1977 年和 20 世纪 90 年代之间变薄了约 40%，不过这个估计对整个北冰洋地区似乎是过高了。

人类的影响很可能是 20 世纪 90 年代以来全球冰川退缩以及 1979～1988 年至 2010～2019 年期间北极海冰面积减少的主要驱动力（9 月约减少 40%，3 月约减少 10%）。1979～2020 年，南极海冰面积没有明显变化趋势，主要原因是区域趋势相反，内部变率较大。自 1950 年以来，人类的影响很可能是北半球春季积雪减少的原因。

9.2.3　海平面上升

全球海平面在末次冰期（约 21000 年前）结束后的数千年时间里升高了约 120m，在 2000～3000 年前稳定下来。海平面指标显示，全球海平面自那时起到 19 世纪晚期没有什么明显的变化。现代海平面变化的器测记录表明，海平面在 19 世纪期间开始升高。

1901～2018 年，全球平均海平面上升了 0.20m（0.15～0.25m）。其中，1901～1971 年间海平面上升的平均速率为每年 1.3mm（0.6～2.1mm），在 1971～2006 年间增加到每年 1.9mm（0.8～2.9mm），2006～2018 年间进一步增加到每年 3.7mm（3.2～4.2mm）。海水的热膨胀（温度升高时水体膨胀）和陆地冰体因融化加快而造成的冰物质损失是全球海平面升高的两个主要原因。1971～2018 年期间，海水热膨胀导致 50% 的海平面上升，剩余 22%是由冰川的冰损失造成的，20%由冰原造成，8%源于陆地-水储存变化。在 1992～1999 年和 2010～2019 年期间，冰盖的损失速度增加了 4 倍，因此冰盖和冰川质量损失是近 10 年（2006～2018 年）全球平均海平面上升的主要原因。

海平面的升高具有地域差异，有些海区升高速率高达全球平均升高速率的几倍，而有些海区的海平面则在下降。根据水文观测也可以看出海平面上升速率的巨大空间变化。海平面升高速率的空间变率主要是缘于温度及盐度变化的不均一性，并与洋流的变化有关。

根据《IPCC 排放情景专题报告》（the IPCC Special Report on Emission Scenarios，SRES）中的 A1B 情景，在 21 世纪 90 年代中期之前，全球海平面将在 1990 年的水平上升高 0.22～0.44m，升高速率约为 4mm/a。而如前所述，未来的海平面变化在地理分布上是不均一的，区域海平面变化将在预估的典型平均值上有约±0.15m 的浮动。据预估，热膨胀对平均升高的贡献将超过 1/2，但随着时间的推移，陆冰损失的速率将显著加快。冰是否会像近些年来所观测到的那样，继续从冰盖上流泄掉形成冰流尚具有很大的不确定性。这有可能会增加海平面升高的程度，但定量预估将会增加多少，目前尚不确定，因为我们对有关物理过程的认识还很有限。

9.3 全球气候变化的原因

影响全球气候变暖的原因多种多样，有地球系统本身的某些因素，如火山爆发、海-陆-气相互作用、地壳运动、地球运动参数的变化等，也有地球以外的因素，如太阳辐射以及人类活动因素等。不同因素引起的气候变化在时间尺度、空间范围以及强度上是不一样的。因此，总的来说引起全球气候变暖的原因主要包括自然因素和人为因素两大类：自然因素主要是指太阳活动、火山活动及地球轨道参数变化等；人为因素主要是人类通过对地球生物量、地面状况、大气成分所施加的影响造成的下垫面的变化等。

9.3.1 自然因素造成全球气候变化

9.3.1.1 太阳活动的影响

太阳辐射是地球表层一切物理、化学与生物过程的能源，因而也是气候形成的重要因子，太阳活动对地球温度起到直接的影响作用。很早以前，人们就发现太阳黑子现象与地球气候的变化有密切的联系。在气候变暖过程中太阳活动的作用是不可忽视的，最近一百年以来太阳黑子相对数也呈现一个增强的趋势，与大气中 CO_2 的浓度值和全球变暖的趋势基本吻合，这也说明太阳活动与气候变化之间的关系。但是它的作用是周期性的，在百年尺度至千年尺度变化周期中，主要是 76 年世纪周期和 22 年磁周期比较显著，特别是以世纪周期作用最显著。太阳黑子活动自 1935 年出现世纪周期的最低点后，至 1979 年出现世纪周期的最高峰，这一时期是太阳活动的增强期，对气候变暖的作用相当大，甚至在一定时期内可超过 CO_2 的升温作用，不过太阳活动世纪周期对气温的影响作用有升有降，升温的影响年限不可能超过世纪周期的 1/2，因此造成长达近百年的持续增温和全球变暖，主要的还是近百年来的人类活动使 CO_2 浓度持续增大的作用。

9.3.1.2 火山活动的影响

火山活动是地球内部热源释放的重要途径。每次火山活动都会释放出大量的内部热量，这些热量可以极大地改变局部地区的气候条件。然而，地球大气会以传导、辐射的形式把热量传导辐射到星际空间外，并可以通过速度较高、能量较大的气体分子向外层空间逃逸的形式带走大气的热能。同时，地球火山爆发造成平流层气溶胶激烈增加，也会削弱到达地球表面的太阳辐射。按气溶胶在大气中的存留时间计算，单个火山爆发的影响一般不超过 1～2 年，但地质时期火山活动的激烈变化可能影响到大冰期及大间冰期的交替、火山活动集中时期以及火山活动沉寂时期，还可能会影响十年甚至百年尺度的气候变化。1816 年印度尼西亚的坦博拉火山全面爆发，这是人类有文明以来规模最大的一次火山喷发，遮天蔽日的火山灰将太阳热量反射回去，让太阳热量无法抵达地面，导致当年成为“无夏之年”（图 9-3）。

据我国北京大学王绍武教授的研究，各个外界强迫因子在过去一百年期间可能造成的温度变化中，火山活动的作用是最强烈的，其次是太阳活动，CO_2 的影响最小。特别是 1950～1970 年，全球气温下降时期正是全球火山活动较频繁时期。据资料分析说明，1920～1950 年是火山活动沉寂时期，20 世纪 50 年代后火山活动逐渐增加，火山强度指数（VVEI）≥4 的火山活动比 50 年代前增加了 3 倍，大量火山灰进入大气，使大气中气溶胶光学厚度增加，大大削弱了进入地球表面的直接太阳辐射，因此火山活动是造成 50～70 年

图 9-3 坦博拉火山爆发

代全球气温下降（0.2℃）的主要原因。它的降温作用超过了 CO_2 的升温作用，从而掩盖了 CO_2 浓度持续增加对全球的变暖作用。

9.3.1.3 地球轨道参数变化的影响

南斯拉夫气候学家米兰科维奇证明，用地球环绕太阳运行轨道要素的变化可以解释第四纪的冰期、间冰期。轨道要素主要包括公转轨道偏心率、地球自转轴对黄道面的倾斜度以及岁差（即二分点的运动），这 3 个要素各有不同的周期，由于周期均在万年以上，这些参数的变化都能影响到太阳辐射在两半球与各纬度的强度，人们认为这些可能是影响地质时代气候变化的因子。也有学者认为全球变暖的主要原因不仅是大气中温室气体（CO_2、CH_4 等）的浓度变高，也包括地球在围绕太阳旋转的过程中，其自转轴相对于太阳的黄道面夹角发生了变化。在地球上，由于各种内部（如地震、大风、海潮甚至火箭的发射等）和外部（如太阳本身、外星球及陨石的冲击等）扰动的存在，这个夹角应该是有变化的，不论这个夹角变大还是变小，积以时日，都会导致地球气候发生变化。

9.3.2 人为因素造成全球气候变化

在全球变暖的机理研究中，关于人类活动是否是造成气候变暖的主要原因尚存在争议。然而，联合国政府间气候变化专业委员会（IPCC）发布的第三次气候评估报告显示，人类活动的日益频繁及化石燃料的使用造成全球变暖的可能性是 66%。第四次气候评估报告显示，人为因素造成全球变暖的可能性已超过 90%，当 2021 年 IPCC 发布第六次评估报告时已经将其表述为“人为因素造成全球变暖是毋庸置疑的”。

人类活动所释放的 CO_2 是火山和太阳耀斑所释放出热量的 130 倍，人们在日常生产和生活中通过燃烧化石燃料释放大量的温室气体，使温室效应增强，使全球气候变暖。还有人类砍伐森林、使耕地减少等土地利用方式的改变，间接改变了大气中温室气体的浓度，也可使气候变暖。

根据 IPCC 在 2021 年发布的《AR6 WGⅠ报告》中结合前沿气候模型、多元化分析方法以及最新的观测数据得出的结论，人类的影响使气候变暖的速度至少在过去 2000 年是前所未有的，相较工业化前（1850～1900 年）水平，2010～2019 年人类活动引起的全球平均表面温度升高约为1.07℃（0.8～1.3℃），其中，自然强迫影响的温度变化仅为－0.1～0.1℃。此外，《AR6 WGⅠ报告》还首次对复合型事件作出分析。20世纪50年代以来，人类活动影响极可能增加了复合型极端事件的发生概率，如热浪和干旱发生时间相近或同时发生、全球各大洲出现山火、部分区域遭遇复合型洪灾等。

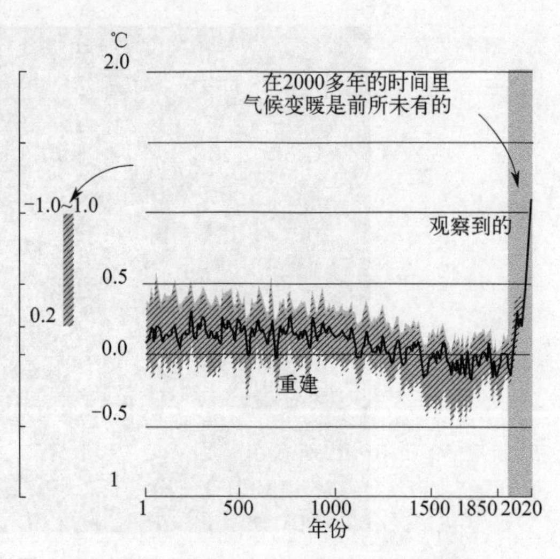

图9-4 重建（1～2000年）和观测（1850～2020年）的全球地表温度变化（年平均）

图9-4是根据古气候档案（纯灰线，1～2000年）和直接观测（纯黑线，1850～2020年）重建的相对于1850～1900年的年代际平均全球地表温度变化。左边的竖条显示了至少在过去10万年中最温暖的几个世纪期间的估计温度，大约发生在6500年前的间冰期（全新世）。最后一次间冰期大约在12.5万年前，是下一个温度更高的时期。过去的这些暖期是由缓慢（几千年）的轨道变化引起的。灰色阴影和白色对角线显示了温度重建极有可能的范围。

9.3.2.1 破坏自然植被，导致地表状况发生改变

根据大气-生物圈耦合模式，森林在光合作用过程中能够吸收CO_2，制造O_2，而森林大面积消失，使大气中的O_2减少，CO_2增加，加剧气候变暖。非洲撒哈拉南部的萨赫勒连续多年大旱，主要原因就是过度放牧破坏了地表的植被，使地表反射率增加、粗糙度减小。另外，人为地破坏植被，还导致黑风暴发生的频率增加，20世纪30年代前，由于美国不合理开发西部，大量焚烧草原，盲目垦荒，结果发生了1934年5月震惊世界的黑风暴，毁掉耕地$3.00\times10^6hm^2$。由此可见，森林等地表植被具有实现土壤和大气中的碳水循环等特殊功能，可以与气候产生交互影响，森林还可以缓解城市“热岛效应”。此外，地表植被的变化还会导致地面反射太阳光，从而导致全球气候辐射强度的升高，据估计，这种影响是温室气体排放导致的全球气候辐射强度升高的1/5，因而地表植被在气候变化中起着重要作用。

图9-5 生态系统“生产者”遭到严重毁坏

然而由于人类盲目开荒、过度放牧、滥砍森林，地表植被严重破坏（图9-5）。自1960年以来，全世界超过1/5的热带森林被毁，森林急剧减少，不仅使大片土地沦为荒漠，而且削弱了光合作用和生物圈从大气捕获并贮存CO_2的功能。当前全世界因森林砍伐和燃烧而排放的碳量占人类活动每年向大气排放的碳量的7%～30%，快速递减的森林植被导致

大气中的 CO_2 有增无减，从而间接地起到了增温作用。据研究表明，砍伐森林是 19 世纪大气中 CO_2 增加的主要原因。自然植被的含碳量为农业用地的 20～100 倍。破坏自然植被释放出大量的 CO_2，又减少了吸收 CO_2 的源，至今仍然是大气中 CO_2 增加的一个因素，虽然 20 世纪以来燃烧矿物燃料逐渐占据了压倒性优势。

9.3.2.2　城市化造成热岛效应和大气污染，出现臭氧层空洞

自然状态下，大气中热量收支基本平衡，其均温保持稳定，而人类活动却破坏了这一平衡。随着世界人口递速激增，全球能源消耗迅速扩大，人为向低层大气释放的热量即“人工热”也随之增多，而这些废热都是难以回收利用的，在某些地方往往相当于或者超过了吸收的太阳辐射。特别是随着城市化进程的加快，城市人口越来越多，随之而来的城市“人工热”问题也就越来越突出。而且城市大量的市政设施、道路、广场及建筑等主要是钢筋混凝土、砖石和金属等，它们具有热容量大、热导率高的特点，能吸收大量的热辐射。这些白天吸收的热量，夜间又会散发到大气中，导致城市大气温度进一步升高，促使城市的“城市热岛现象”也日趋严重（图 9-6）。

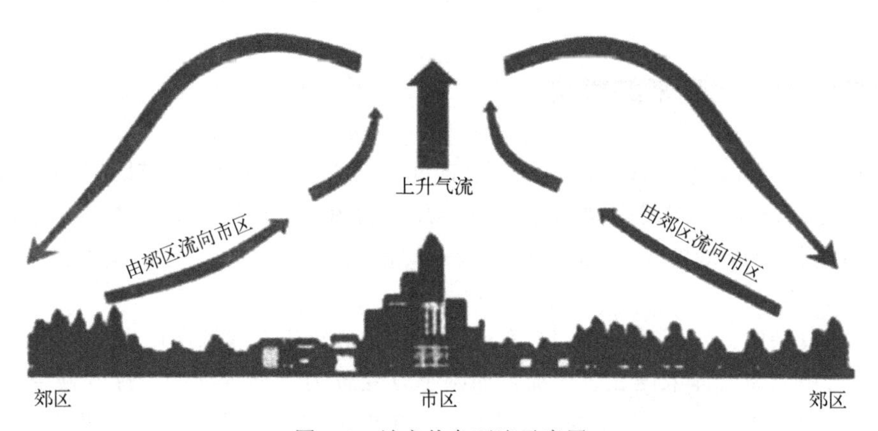

图 9-6　城市热岛环流示意图

此外，在 20 世纪 70 年代和 80 年代，气候模型提供的最初证据就显示：CFCs（氯氟烃）类物质进入同温层后会释放氯原子，并引发一系列破坏性的连锁反应使臭氧层遭到破坏。而人类过多地使用氯氟烃类化学物质是破坏臭氧层的主要原因。CFCs 存在于发胶、制冷剂、杀虫剂、塑料制品和阻燃剂等物品中。另外，哈龙类物质（用于灭火器）、氮氧化物也会造成臭氧层的损耗。由于臭氧层能够吸收太阳光中波长 306.3nm 以下的紫外线，科学家预言，如果没有臭氧层对太阳辐射的吸收，地球上的生物会被烤焦。因此，臭氧层的破坏使得太阳紫外线对地球的辐射增加，地球温度上升。

9.3.2.3　工业化生产大量燃烧矿物燃料，排放大量温室气体

温室气体排放的首要原因就是人类自工业革命以来不断使用煤炭、石油等化石燃料，自 18 世纪中期工业革命以来，世界人口高速增长，社会生产力大大提高，人类开始大规模开发利用石油、煤炭、天然气等能源和矿产资源，并向环境中排放大量污染物质。

人类进步、经济发展、工业化程度越来越高，大量焦烧矿物能源，导致大气中 CO_2、气溶胶、CH_4、氮氧化物等有害气体逐年增加。根据 IPCC《AR6 WGⅠ报告》，自 1750 年以来，CO_2 含量增加（47%）和 CH_4 的浓度（156%）远远超过至少在过去 80 万年里冰川和间冰期之间的自然千年变化，而 N_2O 的浓度增加（23%）则与过去 80 万年里的自然变化

相似。2019 年，大气中的 CO_2 浓度更是高于至少 200 万年中的任何时候，CH_4 的浓度和 N_2O 值高于至少 80 万年以来的任何时候。

目前人类活动排放到大气中的氮氧化物也早已远远超过大气中天然氮氧化物的总量了。大气中氮氧化物的总量不过 8.0×10^6 t，而仅美国氮氧化物的年排放量就超过此数的 2 倍；全世界每年由自然排放的碳氢化合物为 2×10^8 t，而由人类活动排放的已达 9.0×10^7 t。人为排放的烃类化合物的成分要比自然排放的复杂得多，自然排放的烃类化合物中 70%为 CH_4，30%为萜烯和萜烃类化合物，它们都是易被自然因素分解的物质。人类通过工业生产和交通运输等排放的烃类化合物与气溶胶微粒等有害物改变了大气的成分，增加了城市大气的吸热能力。工业生产排放的颗粒物每年达 5×10^8 t，而且吸附着许多有毒有害的金属、无机物和有机物等，成分复杂。

矿物燃料、生物质燃料等不完全燃烧时产生一种含碳物质的气溶胶，气溶胶在土壤、冰雪、海洋和湖泊沉淀物中都有存在，它在从可见光到红外的波长范围内对太阳辐射都有较强的吸收，并且气溶胶的粒径范围一般为 0.01～1μm，可作为云凝结核，改变云滴的尺度分布、光学特性、云中液态水含量和云量，从而影响云和降水的分布。

9.4 全球气候变化带来的影响

WMO 的《“2021 年全球气候状况”临时报告》认为，天气的紊乱是气候变化加剧的集中反映，到 2030 年，届时全球温室气体排放量会在 2010 年基础上再增加 16%。过去 20 年来温室气体排放量的增加和气候谈判中的曲折是并存的，是应对气候变化的最大挑战。

工业革命以来的人类活动，特别是发达国家大量消费化石能源所产生的二氧化碳累积排放，导致大气中温室气体浓度显著增加，加剧了以变暖为主要特征的全球气候变化。WMO 发布的《2020 年全球气候状况报告》表明，2020 年全球平均温度较工业化前水平高出约 1.2℃，2011～2020 年是有记录以来最暖的 10 年。近年来，世界各国出现了几百年来历史上最热的天气，厄尔尼诺现象也频繁发生，给各国造成了巨大的经济损失。发展中国家抗灾能力弱，受害最为严重，发达国家也未能幸免于难。全球气候变化从自然生态和人类生活两方面带来了巨大的影响与危害。

9.4.1 全球气候变化对自然生态的影响

2021 年 IPCC《AR6 WGⅠ报告》表明，人类活动已导致气候系统发生了前所未有的变化。1970 年以来的 50 年是过去两千年以来最暖的 50 年。预计到 21 世纪中期，气候系统的变暖仍将持续。如果这个估计是正确的，未来的全球增温将导致整个地球的气候系统发生深刻的变化，对海平面上升、全球生态系统及人类健康等将产生重大的影响（图 9-7）。

9.4.1.1 对自然植被的影响

评价气候变化对自然生态系统的影响，包括评价对森林、草地、山区、湖泊等陆地生态系统的影响，以及对这些自然生态系统的变化产生重大影响的水资源的变化及自然地带和物种组成的可能变化。自然生态系统的各个部门领域对主要气候要素都有一个适宜范围，这是多年自然选择和人类活动不断适应的结果。如果气候变化，特别是快速的气候变化使主要气候要素超出了这个适宜范围，自然生态系统和经济部门就会产生不利的影响。

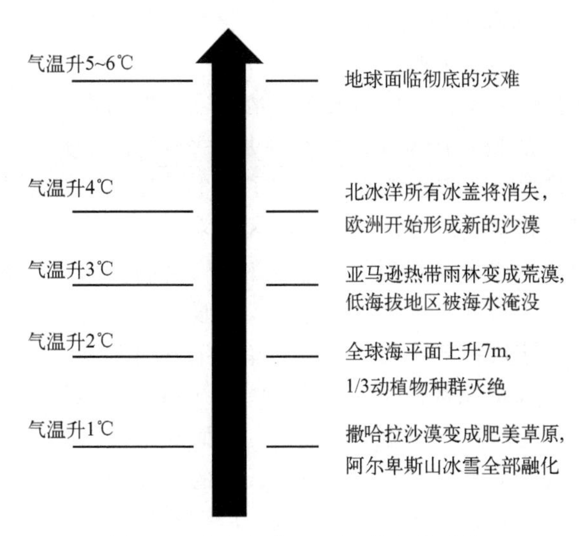

图 9-7　温度上升 1～6℃带来的后果

植被模型研究不断表明，气候变化条件下生态系统将受到严重的破坏。尽管可能不会发生生态系统和生物群系的整体迁移，但对特定的地区而言，物种的组成和优势物种可能会有所改变。当然，这些变化将落后于气候变化数年、数十年到数个世纪。从功能的角度看，如果全球变暖，植物及微生物的光合作用和呼吸作用都会随之增强；当气候发生变化或大气成分发生变化时，一个地区的水分、热量等都会发生变化，生态系统中不同的物种对这些变化的响应是不同的，因此会出现部分物种的数量增加、部分物种的生长受到抑制而数量减少、部分物种迁入和迁出本地区的现象和过程，甚至某些稀有物种在局部范围甚至在全球范围内灭绝。而且高温限制了北方物种的分布，低温是热带和亚热带物种向北分布的限制因素。随着全球平均温度的升高，尤其是冬季低温的升高，对于一些嗜冷物种来说无疑是一个灾害，因为这种变化打破了它们原有的休眠节律，使其生长受到抑制；但对于嗜温性物种来说则非常有利，温度升高不仅使它们本身无需忍受漫长且寒冷的冬季，而且有利于其种子的萌发，使它们演替更新的速度加快，竞争能力提高。此外，由于有害物种往往有较强的适应能力，它们更能适应强烈变化的环境条件而处于有利地位。因此，气候变化的结果可能使它们更容易侵入各个生态系统中，从而改变系统的种类组成和结构。

全球气候变化对森林的水平和垂直分布会产生影响。当气温升高时，北部落叶松、针叶松林面积缩小，落叶针叶林南部边缘北移，阔叶林、常绿针叶林混交林或温带落叶阔叶林面积扩大；也会使一些植物向海拔更高的地方发展，20 世纪以来，高山林线的海拔高度均有不同程度的升高，不同地理纬度上的高山林线海拔高度受林线所处位置的热量亏缺和干燥度影响，尤其是在半干旱地区。南坡林线上界比北坡高，气候变暖将迅速改变阔叶红松林的组成结构，使之演变为阔叶林，变暖幅度不同，阔叶红松林树种结构的改变也不同。

气候变化还会引起森林生产力的变化，其变化率从东南向西北递增，热带、亚热带地区生产力变化率增值最小，寒温带大兴安岭地区增加最多，主要造林树种如兴安落叶松、红松、马尾松等的净生产力均有不同程度的增加。而根据 2030 年我国气候变化的预测，利用所建立的我国森林气候生产力模型进行模拟，结果表明森林生产力没有明显的变化。但就森林生长率和产量而言，则呈现不同程度的增加，即气候变暖将使我国林业生产受益，地理纬度越高，增值越多。在热带、亚热带地区，森林生产力将增加 1%～2%，暖温带增加 2%左右，温带增加 5%～6%，寒温带增加 10%。但由于病虫害的暴发和范围的扩大、森林火灾的频繁发生，森林生物量却不一定增加。

同时，气候暖干化会使原本就干旱的大庆旱情加剧。据调查，每年春旱严重导致草原植物返青率平均下降 10%～20%；严重干旱使得土壤水分的蒸发量大于降水量，盐分随水分蒸发被带到地表，使大量盐分积聚于地表，加剧了次生盐渍化，造成盐碱浓度增加，进一步加剧了草原退化的进程。有研究发现，在黄河源区年降水量变化不大的情况下，气温、草地干燥指数与蒸发力的变化与草地牧草产量之间存在着较高的反相关关系。说明气候暖干化趋势与草地牧草生产力变化之间存在一致性，即气候的暖干变化趋势将会引起草地牧草生育状态和产草量的相应变化，导致牧草高度和产量下降、生育期缩短，进而导致草地退化。

但气候变暖并非对所有草原都产生不利影响。一些研究表明，增温能加快草地植物进程，促使植物春季物候期提前、秋季物候期推迟，从而延长生长季，促进植物生长发育，且在温度升高的情况下，高寒草地生态系统植被生长期的延长和衰退期的延迟将有助于植被净初级生产力的增加。朱文泉等研究指出，我国近 20 年来的气候变化使温度、降水、光照均朝着有利于植物生长的方向发展，受温度制约的东北、华北和青藏高原地区，净初级生产力增长趋势为平均每年增长 1.46%，华中、华东、华南地区受光照制约的地方，净初级生产力增长趋势为平均每年增长 0.99%。也有研究进一步指出，在温度增加 1℃以上的情况下，矮蒿草草甸的地上生物量增加 3.53%，其中禾草类增加 12.30%，莎草类增加 1.18%。此外，气候变暖就能使内蒙古地区的积雪量减少，积雪持续时间缩短，使牧草和牲畜都能良好生长，从而使草原不易退化。

9.4.1.2 对冰川、冻土的影响

全球气候变暖将使不可逆转的冰川、冰层进一步消失。作为地球上第二大冰盖，格陵兰冰盖正处于加速融化阶段。2021 年 8 月，格陵兰冰盖的最高点出现了有史以来的降雨现象。专家预测，如果格陵兰岛的冰原温度上升 1.5℃，按照现在的融化速度，到 2030 年就可能会全部融化。格陵兰冰盖一旦消失，全球的海平面将会上升 5～10cm。

我国西北各山系冰川面积自“小冰期”以来减少了 24.7%。到 2050 年，我国西部冰川面积将继续减少 27.2%。冻土面积继续缩小。未来 50 年，青藏高原多年冻土空间分布格局将发生较大变化，80%～90%的岛状冻土发生退化，季节融化深度增加；表层冻土面积减少 10%～15%，冻土下界明显抬升，亚稳定及稳定冻土温度将升高 0.5～0.7℃。

位于可可西里地区的马兰山冰帽，冰川覆盖了整个山体，冰川面积达 195km^2，属极大陆型冰川，雪线海拔在 5340～5540m 之间，大多数冰川末端存在小冰期的碛垄，一般可分辨出 3 道。自小冰期以来，随着气候的变化，马兰山冰帽表现出波动退缩趋势。小冰期时，冰舌末端南坡比现在低 20m，北坡低 20～40m，由冰川退缩引起的冰川面积的减小相当于现代冰川面积的 4.6%，略小于整个羌塘高原地区小冰期以来冰川面积减小的幅度（<8%）。

近百年来，冰川的退缩量为 45～60m，而从 1970 年以来的 50 年中马兰山冰川的平均年退缩量为 1～1.7m。虽然小于高原边缘和其他地区冰川退缩幅度，但是退缩速率正在逐渐增大，这将对高原内陆脆弱的生态系统和生态环境产生较大的影响。

冰川对气候变化反应灵敏，小冰川尤其如此。我国西北部小冰期以来气候干暖化趋势明显。冰川变化趋势表现为间断性的迭次减少，西北冰川、天山山脉最东端的冰川、乌鲁木齐河 1 号冰川都发生退缩。根据预测，若气温升高 1℃，1 号冰川将退缩为约 300m 长的悬冰

川。分布在东北、新疆和青藏高原的冻土资源，已呈现出较明显的退化趋势。季节融化深度增大，多年冻土地温升高，厚度减薄，融区范围扩大。新疆阿木尔北沟的冻土厚度在1978～1991 年的 13 年间从 107.0m 减少到 67.5m。温度上升 2℃或更多，东北永久冻土将会彻底消失。新疆冻土区和青藏高原冻土区，近几十年，也随着地温升高冻土深度逐渐变薄。有针对性地搞好水利基本建设和治理并防止水土流失，是水资源领域适应气候变化的主要对策。

9.4.1.3　对大河、湖泊的影响

气候变暖将导致我国地表径流、旱涝灾害频率和一些地区的水质等发生变化，特别是水资源供需矛盾将更为突出。过去 50 年来，七大流域天然年径流量整体上呈减少趋势。其中，长江及其以南地区年径流量变幅较小；淮河及其以北地区变幅较大，以辽河流域变幅最大，黄河上游次之，松花江最小。另外，我国各流域年平均蒸发增大，其中黄河及内陆河地区的蒸发量增大 15%左右。黄河源区生态体系的脆弱性及高寒环境对气候变化异常敏感。近几十年来，源区气温呈明显上升趋势，当年平均气温升高 1℃时，年蒸发量增加了 87.6mm，增加幅度为 5.2%；地表产水量减小了 19.25×10^8 m^3，减小幅度为 12.1%。因而，径流减少、蒸发加大，加大了水资源的不稳定性和供需矛盾。

李林等对环青海湖地区 1976 年以来的气温、降水、蒸发等气候要素的气候变化趋势及突变现象进行了检验，结果表明：年平均气温及春、夏、秋、冬四季气温均呈上升趋势，其中以夏、秋两季最为明显；年平均降水及春、夏、冬季降水自 20 世纪 90 年代后出现减少趋势，秋季降水始终呈减少趋势，且线性变率达－7.28mm/10 年；各季及年蒸发量呈增大趋势，其中年、夏季蒸发量的线性变率分别为 11.7mm/a、9.3mm/a。各季及年气温出现过一次明显的增暖现象。降水虽分别出现过一次明显的增多和减少现象，但增多出现在 20 世纪 80 年代，而减少出现在 20 世纪 90 年代。同样，蒸发也出现过一次明显的增大和减少现象，只是减少出现在 20 世纪 80 年代，而增大则出现在 20 世纪 90 年代。这种气候趋势和突变现象的发生，加剧了环青海湖地区荒漠化的蔓延，致使草地退化、河流流量减少、湖泊水位下降，生态环境受到严重影响（图 9-8）。

图 9-8　湖泊干涸威胁着动物的生存

预计到2050年，CO_2排放加倍后黄河的年径流量、渭河和洛河月最大日流量均将增加。在华北地区，若气温升高和降水减少，青龙河、唐河、沙河、白河年径流量将下降，淮河及其以北河流的年径流量大幅度减小。在青海湖流域，气温上升会导致湖水水位下降，该流域水位的年际波动主要受降水的影响。但海平面上升将导致长江三角洲等沿海地段的许多潮滩、湿地被淹没，也会影响入海径流。

9.4.1.4 对海岸带和海洋生态系统的影响

海洋是气候系统的组成部分和响应机制，对气候起着重要的自然和生物地球化学反馈作用。许多海洋生态系统对气候变化敏感，反映在多年气候-海洋系统及其转换中的气候趋势和变率，对鱼类生产和繁殖动态具有重要影响，进而强烈影响以渔业为生的人类社会。全世界大约有1/3的人口生活在沿海岸线60km的范围内，经济发达，城市密集。全球气候变暖导致的海洋水体膨胀和两极冰雪融化，可能在2100年使海平面上升50cm，危及全球沿海地区，特别是那些人口稠密、经济发达的河口和沿海低地。这些地区可能会遭受淹没或海水入侵，海滩和海岸遭受侵蚀，土地恶化，海水倒灌和洪水加剧，港口受损，并影响沿海养殖业，破坏供排水系统。

海洋拥有超过100多万个不同的物种，持续的温度升高使得很多海洋生物开始大规模地向气温较低的海域迁徙。这种逆生态系统的迁徙方式，将会对现有的海洋生态系统造成致命影响。另外，气温的升高加速了海洋酸化的进程，也使得大量的贝类生物岌岌可危，不仅会对全球渔业和水产养殖业造成严重冲击，也会进一步减少海洋的生物多样性。

红树林生态系统能积聚泥炭和淤泥，如果海平面上升速度高于沉积速度的话，将出现某些红树林植被的重新分布；当平均潮高超过基质上升高度时，则红树林将减少。如果21世纪全球气温上升1.5～4.5℃，预计不会对红树植物产生很大影响，而热带地区降水量可能变化，将对红树植物的生长范围产生深刻影响。因为红树植物对盐度的要求有一定的生态幅度，如果降水量减少、土壤盐度增加，植物生长将会减慢。

珊瑚礁是海洋环境生物多样性最丰富的生态系统。有些品种对温度变化较敏感，如果全球变暖导致海洋温度增加2～3℃，就会有严重的后果。海平面的上升对某些生长慢的珊瑚礁将构成严重的威胁，但绝大多数珊瑚礁受到气候变化所带来的不良影响并非十分严重，而且很多珊瑚礁还可能受益于海平面上升。另外，海水温度的变暖也会扩大一些珊瑚礁的生长范围。气候变化对多样和富饶的沿海生态系统如珊瑚礁、环状珊瑚岛和暗礁岛、盐滩地、红树林的影响，取决于海平面上升相对增长速度和海岸带沉积的速率，取决于近海生态系统水平迁移的空间尺度和障碍，取决于气候-海洋环境如海平面气温和风暴的变化，以及取决于人类活动对海岸带的影响。珊瑚礁在过去20年中的白化问题存在多种原因，其中就包括海温升高的因素。未来的海洋表面温度升高将增加珊瑚礁的生存压力，致使海洋生物疾病的发生概率增加。海岸带适应战略的重点，由原来的海岸线保护性建筑进行“硬件”防御（如海堤、海坝）转向保护性措施进行“软件”预防（如海滩营养），以及加强管理的“退避”措施，加强生物自然和社会经济系统的协调等。海岸和海洋管理的适应性手段与其他领域的政策一并考虑时，如减灾计划和土地利用计划，将更为有效。与全球平均变化相比，区域气候和海平面的变化预测有很大的不同。

9.4.1.5 对土地、土壤的影响

荒漠化是全球变暖的又一大严重后果。研究表明，在全球变暖的背景下，世界上某些地

区的降水明显减少，而蒸发明显增大，致使径流减少，导致一系列的缺水问题。气候的波动是荒漠化发生与逆转演变的主导因子，即：气候变干燥，荒漠化就发生、扩展，出现风蚀等现象；气候变湿润，植被生长较好，流沙被固定，土壤侵蚀速度降低，地表生物量增加。气候变化还影响荒漠化地区的土壤构成，据专家对荒漠化土壤剖面进行研究分析，发现其中广泛存在荒漠化期与逆转期沉积的地层剖面，表明了气候环境变化与土壤荒漠化及其逆转过程有着紧密的联系。据专家估算，当大气中 CO_2 含量增加 1 倍时将引起气候变化，由此导致全球荒漠化面积增加 17%。

我国是受荒漠危害最严重的国家之一，特别是在全球变暖的影响下，我国西北、东北等大部分地区沙漠化、半沙漠化的面积逐年增加，耕地和草场的面积正在迅速减少。我国每年由荒漠化造成的直接经济损失高达 640 亿元以上。据 2004 年第三次全国荒漠化和沙化监测结果，全国荒漠化土地分布在 18 个省（自治区、直辖市）的 498 个县（旗、市），其中新疆、内蒙古、西藏、青海、甘肃、陕西和宁夏 7 个省（自治区）是荒漠化主要分布区，占全国荒漠化总面积的 97.57%。我国严重荒漠化的土地比例为 38.68%，比全球所占的比例 12.9%高出许多。土地沙漠化对我国社会经济的发展造成了严重影响，在风沙危害严重的地区，许多农田因风沙毁种，粮食产量长期低且不稳。荒漠化使土地生产力下降，草地、林地、耕地退化，甚至成为不毛之地，严重威胁人类的生存与发展。目前，世界沙漠化的速率每年增加约 $6\times10^4 km^2$，这对于 70%的干旱地区（全球陆地面积的 25%）是一种潜在威胁，值得引起足够重视。

9.4.2　全球气候变化对人类社会的影响

9.4.2.1　气候变化引起的气象灾害

气候灾害是指大范围、长时间的气候异常所造成的灾害，如长时间气温偏高、偏低，或降水量偏多、偏少，风力偏强等，这些气候异常会带来干旱、洪涝、热浪、低温、冷害和沙尘暴等灾害，从而对农业、工业、牧业、水利、交通等产生巨大影响，造成巨大的经济损失。在我国每年由气象灾害造成的损失占所有自然灾害损失的 70%左右，造成的直接经济损失占国民生产总值的 3%～6%；而与气象条件有关的水土流失、泥石流、滑坡、崩塌、地面沉降、森林和草原火灾、农林草原病虫害、荒漠化等生态环境灾害的损失更是难以统计。

（1）旱灾与暴雨洪灾

2021 年夏天，毁灭性的洪水横扫了欧洲的大部分地区，莱茵河流域的多个国家遇到了有史以来的强降雨。“千年一遇”的大洪水夺走了德国 100 多人的生命。这次西风带剧烈震荡所引发的连锁反应也影响到北半球，就在德国洪水暴发后的几天，我国河南省也遭遇了百年未见的特大暴雨袭击，1h 内的降雨量超过了德国最严重地区 3 天的降雨量。位于非洲的南苏丹，从 5 月份以来，连续 20 多天遭遇强降雨袭击，导致该国农村地区的房屋被淹没到 10 月，导致 36.5 万人失去家园。同年 7 月，河南中北部多地出现特大暴雨（250～350mm），灾害共造成河南省 150 个县（市、区）1478.6 万人受灾，因灾死亡失踪 398 人，直接经济损失 1200.6 亿元（图 9-9）。

根据资料统计，我国每年因旱灾造成的农作物受灾面积约占 55%，全国每年平均旱灾面积占我国耕地总面积的 1/6 左右，干旱灾害是我国最常见、影响最大的气候灾害。20 世纪 90 年代以来，我国年均农田受旱面积达 $0.27\times10^8 hm^2$。在过去 50 多年气候明显变暖的

图 9-9　2022 年河南水灾抗洪救援

背景下，华北、西北东部和东北东部随着降水量的减少，降水日数也显著减少，干旱化倾向十分明显。

我国平均每年洪涝受灾农作物的面积为 $0.09\times10^8\mathrm{hm}^2$ 左右。夏季连续暴雨是我国洪涝灾害产生的最主要原因。由于我国东部、南部受东亚夏季风的影响，因此，我国洪涝灾害的分布特点是：东部多，西部少；沿海地区多，内陆地区少等。尤其是在长江流域强降水趋于增多，发生洪涝灾害的频率也趋于增加。

(2) 高温热浪和低温冷害

随着全球气候变暖，高温热浪发生的频次和强度增加。IPCC 第三次气候变化评估报告指出，与过去相比，20 世纪 70 年代以来，厄尔尼诺南方涛动事件更频繁、更持久且强度更大。1982～1983 年和 1997～1998 年两次严重的厄尔尼诺事件期间，全世界各地的极端天气事件频发，使人类蒙受了巨大的灾难。人们对气候变暖与死亡率的变化进行研究，提出了“热阈”的概念，一旦超过“热阈”值，人类死亡率就会大大增加，即高温增加了人类死亡的危险。研究证实，上海市、广州市超过 34℃，南京市超过 35℃，美国纽约、费城为 32～33℃，会使死亡数量显著增加。

2021 年 10 月 31 日，在格拉斯哥气候大会开幕之际，WMO 发布了《“2021 年全球气候状况”临时报告》。报告指出，美国、欧洲在 2021 年经历了有史以来最为炎热的夏季。持续升高的气温使美国俄勒冈州的电缆熔化，电力供应被迫中断；华盛顿州的路面被炙热的高温烤裂，仅在 6 月份，北美地区就有数百人因为高温及其产生的连锁反应而丧生。同时，极端的高温对地中海周边地区也产生了极大的影响，意大利的西西里岛出现创纪录的 48.8℃高温天气；紧邻北极圈的俄罗斯圣彼得堡也出现了罕见的 40.1℃的高温天气，莫斯科在 6～7 月份之间的高温天数已经追平了 120 年前的最长纪录。

高温热浪的持续使得土地干枯开裂，毁灭性的火灾不断出现，2021 年成为全球火灾发生数量最多的一年（图 9-10、图 9-11）。美国加利福尼亚地区经历的历史上第二大火灾“迪克西”持续了 3 个多月，在强风的推动下，“迪克西”迅速变成了“火旋风”，使得大量的民众被迫离开家园。西伯利亚东北部地区同样无法幸免，这一地区 2021 年火灾出现的次数已经超过了世界上其他地区的总和，导致 4000 万英亩（1 英亩＝4046.86m^2）的土地被吞噬，火灾所产生的浓烟一度飘到了北极上空，途经这一地区的航班被迫中断了 30 多天。欧洲东南部地区在热浪的袭击下，野火也随之而来。在人口稠密的地中海沿岸区域，意大利、希腊、土耳其等国家难逃火灾的侵袭。2021 年，从北美、西伯利亚到地中海，火灾的频发使得全球碳排放量再创新高，以致气候问题恶性循环，雪上加霜。

图 9-10　2021 年美国西部多州山火肆虐

图 9-11　树林遭到大火吞噬

但 2021 年 2 月中旬，美国得克萨斯州又遭遇了 1989 年以来最低气温的袭击，全州电网的崩溃使得该州沦为美国的“电力孤岛”。进入 4 月份，异常的春寒又开始肆虐欧洲各国，使得东欧多国出现了近百年来未见的春季低温天气。美国国家海洋和大气管理局（NOAA）观测发现，2021 年 5 月以来，东太平洋赤道海域表层海水温度要比往年低 0.5℃，达到了触发拉尼娜的条件。进入 10 月份以来，全球就进入了拉尼娜状态。极端的低温天气使得本已不断上涨的能源价格飙升，欧洲、北美多个国家迎来了“历史上最贵的冬天”。2021 年 12 月 26 日，一股寒流席卷了加拿大西北部地区，最冷地方的气温达到了创纪录的－51℃。

（3）沙尘暴

沙尘暴通常发生在我国北方地区，尤其是西北地区。沙尘暴的发生受到干旱、温度和风等多种气候条件的影响。1997～2002 年间沙尘天气频繁发生，严重影响京津等地，且波及全国，使得沙尘暴发源地下游地区的大气环境受到严重污染。沙尘暴作为一种严重的自然灾害，已成为破坏生态环境的突出问题（图 9-12）。

在全球气候变暖的背景下，无论是沙尘暴还是强沙尘暴事件均呈显著减少的趋势。沙尘天气发生频次与前期冬季气温显著负相关。春季影响我国北方的气旋频率近半个世纪来呈减少趋势。冬季气温的升高直接影响了我国沙尘天气的发生频次，我国春季沙尘频次与同期地面平均风速之间存在显著的统计相关，近地面风速大小对沙尘天气发生频次有影响，平均风速越大，沙尘天气发生的频率越高，随着风速的减小，沙尘天气发生频次也减少。值得注意的是，1997 年以后沙尘频次有所上升，地面风速也有所增大。最近几年，我国北方沙尘暴频繁发生的原因可能与 1997 年以后持续干旱的影响有关。

图 9-12　2021 年 3 月沙尘暴中的西安明城墙

9.4.2.2　农业与食物安全

农业可能是对气候变化反应最为敏感的部门之一。根据试验研究，作物产量对气候变化的响应差异明显，这是由于作物种类和品种、土壤特性、病虫害、二氧化碳（CO_2）对作物的直接影响，以及 CO_2、空气温度、水分胁迫、矿物质养分、空气质量和作物的适应能力间相互作用的不同。

大气中 CO_2 浓度增大，对农作物的影响是有利有弊的。在高 CO_2 浓度下，许多植物的光合作用增加 50%～75%，农作物的生长也相应增加 50%～70%，农作物产量可增加 30%～50%。但 CO_2 浓度增大对植物生长的加强却受到土壤养分与水分供应的限制。在养分、水分和光照充足的情况下，植物对 CO_2 增浓的正向反应最为明显，反之则受到限制。但是 CO_2 增浓也存在着降低或抑制光合作用的方面，这可能是由于增强的光合作用引起叶绿体中过多的淀粉积累，从而妨碍细胞器的功能。同时，在大量 CO_2 的影响下，植物产生碳水化合物的能力一旦超过其将淀粉副产品转移到活动的生长部分的能力时，其中的某种生物化学的反馈可能减缓光合作用。此外，CO_2 的增浓还会导致植物叶气孔变小，以及植物呼吸作用与蒸腾作用强度的降低（与气孔变小或张度降低有关），从而减少水分消耗，提高水分利用效率，但后者却会因气候变暖而降低。植物的叶面积、根茎比与果实的大小则随 CO_2 浓度的增加而加大。增温对植物生长发育的负作用主要在于增加水分消耗从而引起干旱，并在受到水分不足胁迫的同时易于感染病虫害，从而使农作物严重减产。尤其在植物分布的南界或山地下限，增温使植物得不到足够的低温来刺激休眠，从而不能完成其发育周期；高温还导致花、果或种子败育。

如果考虑到农业自身的适应性，热带地区一些作物已经接近其最高的极限温度，而且干燥土地/雨养农业占主导地位，因此即使微弱的升温也可使作物减产。降雨量明显减少时，热带作物产量将受到严重的不利影响。在气候变化条件下，热带地区具有自身适应能力的作物受到的不利影响小于缺乏适应能力的作物，但其产量依然低于目前气候情景下的产量水平。

目前开展了一些气候变化对脆弱人群经济影响的综合研究，如对小农户和城镇贫困人口的影响。尽管结论是不确定的并需要进一步研究，结果发现气候变化主要通过极端事件增加和时空改变，降低脆弱人群的收入水平，并使饥饿人口的绝对数量增加。区域的脆弱性和与之相关的粮食安全问题取决于一个国家或地区的土地、水资源状况、交通运输条件、工业化水平、贸易环境等。北美洲、大洋洲和欧洲的发达国家，农业生产的自然资源丰富，是主要的粮食生产国和储备国，粮食出口量在世界粮食市场占有举足轻重的地位，仅美国粮食出口量就占世界出口总量的 1/3 以上。而且这些国家的农业人口较少，农业在经济中占的比例较小，农业的脆弱性低，基本不存在粮食安全问题。日本作为发达的工业国家，工业化过程中可耕地面积减少，粮食生产成本增加，其粮食自给率很低，但发达的经济使它有能力进口粮食，保证较高的粮食储备水平，减小日本农业的脆弱性，粮食安全水平较高。

而亚洲、非洲、拉丁美洲一些发展中国家面临着粮食安全问题，但情况不尽相同。阿根廷、泰国等 5 国自给有余；伊朗、新加坡等 17 个石油出口国或新兴工业国，粮食生产虽不足，但有较多的外汇进口粮食；中国、印度等 17 国粮食基本自给，但由于人口压力而不够稳定；巴西、哥伦比亚等 68 个国家粮食生产不足，需要通过扩大进口解决；孟加拉国等 43 个国家，农业资源短缺，经济落后，粮食短缺，又无力进口，依靠国际援助解决。

预计未来 10 年，发展中国家由于人口增长、食物结构的改变，粮食需求量将不断增加；耕地、资金、技术限制了粮食增产；落后的经济导致这些国家缺乏粮食进口的财力保证，自然灾害加之欧美几个主要的粮食生产国削减粮食生产和出口的补贴，世界粮食储备水平下降，粮价上扬。这些将会导致发展中国家农业脆弱性加大，粮食安全问题日趋严重。

总结来看，气候变暖对我国农作物的影响表现在以下几个方面。

① 全球气温升高，有利于发展喜温的高产作物玉米、水稻等。

② 对于北方地区，低温冷害明显减少，有利于农业稳产高产，提高粮食产量。

③ 春季增暖明显，作物生长期提前，无霜期拉长。

同时也会使未来农业生产面临以下 3 个突出问题。

① 全球气候变暖引起农业生产布局和结构的变动，增加了农业生产的不稳定性，使农业成本和投资大幅度增加。气候变暖将使我国作物种植制度发生较大的变化。到 2050 年，气候变暖将使农作物多数种植的分布大大改变，农田大面积减少并集中。华北目前推广的冬小麦品种（强冬性），将不得不被其他类型的冬小麦品种（如半冬性）所取代。气候变暖后，土壤有机质的微生物分解将加快，导致地力下降、施肥增加，从而增加投入。

② 全球气候变暖加剧了农田的干旱等农业气象灾害，使许多地方的干旱面积成倍扩大，像我国由常年易旱的西南部发展到中、东部，连有些易涝的地区也出现干旱现象。温度升高，高温热害更加严重，目前，高温热害对我国亚热带农业生产的影响已十分突出。高温胁迫的热海已限制了玉米、大豆等作物的种植和产量，水稻的生育也受到强烈的抑制。还有风暴等，虽然这些气象灾害对农业生产的影响难以估计，但可以确定的是，它们将加剧气候变暖对农业生产的负面影响。

③ 农业病虫害更加严重。主要是由于温度升高可使病虫害分布区扩大，因为高温为它们的生长和繁殖提供了更优越的温床，使病害虫一年的生长季节延长，繁殖代数增加，危害时间延长。据统计，我国农业产值由病虫害造成的损失为农业总产值的 20%～25%。

一般来说，全球变暖对于冷湿的北方和高寒地区有较大的好处，因为在这些地区，低温是植物生产力的限制因素。我国是农业大国，气候变化使未来我国的农业生产面临三个突出问题：一是农业生产的不稳定性增加；二是带来农业生产布局和结构的变动；三是引起农业生产条件的改变，农业成本和投资大幅度增加。气候变化将使我国主要作物品种的布局发生变化，并影响到种植制度，种植界限北移西延的风险加大。

9.4.2.3 水资源的供需

气候变化对水资源的影响是明显的，将使周期性和长期性的水资源短缺问题加重，尤其是干旱和半干旱地区影响更大；在温带和湿润地区，除了旱灾以外，还有可能加重洪涝灾害；发展中国家因缺乏资金和技术，气候变化对水资源的影响显得更为严重。客观地评价这种气候变化对我国水资源的影响，对水资源合理利用和流域的治理开发有着十分重要的意义。

我国是一个洪旱灾害发生十分频繁的国家，灾害的损失惊人。仅 1998 年的洪涝灾害就给我国造成直接经济损失 2551 亿元。气候变化将可能进一步加大我国的洪涝、干旱灾害的损失，给水资源的可持续开发、利用乃至社会经济的可持续发展带来严重的影响（图 9-13）。

图 9-13 干旱时期土壤开裂

未来气候变化可能会使我国的水资源矛盾更加突出，可能出现的主要问题有以下几个方面。

（1）洪旱灾害问题

受降水和气温变化的综合影响，我国一些地区洪涝和干旱灾害发生的频次可能加快，灾害的程度可能进一步加重，对国民经济的可持续发展和社会稳定将带来不利的影响。

（2）生态环境问题

气温不断上升，而某些流域的降水量减少，均可导致天然径流的减少，使得湖库萎缩、江河断流，以黄河为例，将可能使生态环境进一步恶化。黄河断流问题越来越严重，尤其是进入 20 世纪 90 年代以来，断流的天数和河长都在增加，这已不单纯是一个水资源的问题了，而是严重的生态环境问题。黄河断流的根本原因是水量不足，而未来气候变化将可能导致黄河水资源量的进一步减少，黄河断流问题将更加严重。高温干旱同样持续影响着长江流域，2022 年长江流域发生了 1961 年以来最严重的气象干旱，刷新了鄱阳湖最早进入枯水期的时间，较 2003～2021 年平均出现枯水期的时间提前 69 天。截至 2022 年 8 月 18 日，鄱阳湖标志性水文站星子站水位 10.12m，不到历史最高水位 22.63m 的 1/2；鄱阳湖通江水体面积为 $737km^2$，比上一年同期减少 $2203km^2$，约为上一年同期鄱阳湖通江水体面积的 25%。受 2022 年降雨偏少和高温等因素影响，乐山大佛处的江水也比之前有所下降，两年前的水位能够淹没乐山大佛的脚趾，而在两年之后江水距离乐山大佛脚趾区域已有十余米的距离（图 9-14）。生态环境问题将影响经济发展和社会稳定，应引起我们的高度重视，必须加以重点研究。

(a) 2020年

(b) 2022年

图 9-14　乐山大佛 2020 年与 2022 年同日期水位对比图

（3）水资源管理问题

由于气候变化可能导致洪旱灾害、生态环境、水质污染等诸多问题进一步加深，我国目前的水资源管理思路应该研究和调整，以达到使水资源的配置更加合理的目的。随着人口增加、径流减少、蒸发加大，将加大水资源的不稳定性和供需矛盾。南水北调、三峡工程等重大水利工程也不可避免地受到气候变化的影响。有针对性地搞好水利基本建设和治理并防止水土流失，是水资源领域适应气候变化的主要对策。

9.4.2.4　人体健康

（1）对疾病流行性的影响

世界卫生组织指出，每年仅因气候变暖而死亡的人数就超过 10 万人，如果这一情况不能得到改善，到 2030 年，全世界每年将有 30 万人死于气候变暖。而气候变化可通过各种渠道影响人类健康，其中就包括对病毒、细菌、寄生虫、敏感源的影响，对各种传染媒介和宿主的影响，对人的精神、人体免疫力和疾病抵抗力的影响，等等。

研究表明，一些靠病菌、食物和水传播的传染性疾病对气候状况的变化十分敏感。由昆虫传播的疟疾及其他传染病与温度有很大的关系，随着温度升高，可能使许多国家疟疾、淋巴腺丝虫病、血吸虫病、黑热病、登革热、脑炎增加或再次发生。在高纬度地区，这些疾病传播的危险性可能会更大。而全球变暖后，通过昆虫传播的疟疾和登革热的传播范围将继续增加，可能殃及世界人口的 40%～50%。非洲是传染病、寄生虫病的高发地区，是病毒性疾病的最大发源地。气候变暖的结果之一是随着气候带的改变，热带的边界会扩大到亚热带，原热带地区传染病的发病区域扩大到温带。据估计，全球平均气温升高 1℃，气候带约向极地方向推进 100km，而这种推进不可能是均匀的，某些气候带和气候型会因高山、海洋、荒漠的阻隔而间断甚至消失。而随着温带地区的气候变暖，携带这些病原体的昆虫和啮齿类动物的分布区域扩大，从而使得那些疾病的扩散成为可能。尽管一些传染病会出现区域性减少的现象，但在目前分布范围内，这些传染病和许多其他传染病在地理分布与季节分布上却有总体增加的趋势。

随着全球气候变暖以及人和动物宿主的接触不断增加，病原体将突破其寄生、感染的分布地区，并形成新的传染病的病原体。人们观察到，新的病原体引起的新的传染病，对人类健康常常是最具危害性的。2008 年，在西班牙巴塞罗那新一届自然保护大会上，科学家们列举了由全球变暖而产生的 12 种疾病，包括流感、霍乱、瘟疫和昏睡病等。然而，传染病的实际发生还受当地环境条件、社会经济状况和公共健康设施条件的重大影响。

（2）其他对人体健康的影响

空气污染与气象条件的关系也十分密切，在人口密集的大城市，由于热岛环流的存在，空气污染不易排放出去，容易造成污染，大气中的污染物进入人体后会引起人体感官和生理机能的不适反应，产生亚临床的和病理的改变，出现临床体征或潜在的遗传效应，发生急、慢性中毒或死亡。例如，地面臭氧浓度升高，会使心肺疾病的发病率增加。

大量的经验表明，洪涝的增加将会增加溺死爆发腹泻和呼吸疾病的风险，在发展中国家，还会增加饥饿和营养不良的风险。如果区域性的气旋数量增加，则会经常造成灾害性的影响，尤其对于那些居住稠密、资源短缺的人居地区。气候变化将使部分地区尤其是热带区域作物产量和粮食生产下降，使原本粮食短缺的人群营养缺乏，导致儿童发育不良，成人活动减少。

我国西部可能变暖变湿，草原可能向北、向西北扩张，从而使鼠疫疫源地相应扩大；也有可能使川、滇、青、藏的低硒区发生位移和扩大，影响克山病、大骨节病的分布和增长。另外，气候变湿和不适当开发有可能加重环境碘、硒的流失，加重其缺乏症的范围。

9.4.2.5 人居、能源与工业

气候变化将影响人类居住环境。越来越多的文献表明，人类居住环境受气候变化的影响主要有以下 3 种途径。

① 由于资源生产力或市场对物品或服务需求的变化，影响支持人类居住的经济部门。

② 可能直接影响基础设施（包括能源输送和分布系统）、建筑、城市服务（包括交通系统）和特殊的工业（农业、工业、旅游和建筑）的某些方面。

③ 通过极端天气事件、健康状况的变化或人口迁移可能直接影响人口。

人口规模大（大于 100 万）和中、小的居住中心所面临的问题略有不同。气候变化对人类居住地区最普遍的直接影响是洪水和泥石流，这些是由降水强度的增加造成的，沿海地区还包括海平面上升的作用。沿河和沿海的居住地区尤其会受到影响，但是如果城市排水、供水、排污设施能力不强的话，城市洪涝也会成为一个问题。在一些地区，人口密度大、居住条件差、很少或无法获得资源，如清洁生活用水和公共健康服务，适应能力很差的那些新开发地区和城市非居住地区十分脆弱。人类居住目前正在经历其他一些重大环境问题，包括水资源、能源资源、基础设施、废弃物处理和交通等方面，在高温/降水增加的情况下将会更加恶化。

不论是在发达国家，还是在发展中国家，低洼沿海地区迅速发展的城市化，大量增加了这些地区的人口密度和财产价值，而这些都有可能受到热带气旋等沿海气候极端事件的影响。模型预测，同基准情形（海平面没有上升）下相比，在中等情景（2080 年海平面上升 40cm）下每年受到风暴潮袭击的人数将增加数倍（从 7500 万人到 2 亿人，当然这一数目受适应措施的影响）。海平面升高对沿海地区基础设施的潜在影响也很大，对某些国家如埃及、波兰、越南等国家来说，预计损失达数百亿美元。

气候变化对不同群体的影响是不同的。乐施会（Oxfam）和斯德哥尔摩环境研究所（SEI）在 2020 年联合开展的一项研究中显示，1990～2018 年间，全球最富有的人口（10％，6.3 亿人）贡献了全球 50％的碳排放量；前 1％的人口贡献了全球 15％的碳排放量，是世界上最贫困人口碳排放量的 2 倍。越来越极端的天气所引发的气候灾难也再次印证了气候危机对人类的影响是巨大的，但对贫困、边缘群体的人口影响更大，这部分人口主要来自南半球，最不发达国家、小岛国家的民众占据多数。因为资源和技术的匮乏，这些国家很难为经济社会的可持续发展方案提供足够的资金支持，例如难以建造更加坚固的房屋来抵挡洪水和飓风，因此在极端气候事件中遭遇的损失也最为惨重，同时也进一步降低了其灾后恢复及适应的能力，很多人被迫沦为气候难民，其中 80％的人口又是女性和儿童。例如 2021 年 7 月，孟加拉国科克斯巴扎尔地区遭遇季风性洪水和山体滑坡，导致 100 多名儿童死亡，30 万村民被迫转移。从中美洲到阿富汗，干旱、洪灾、飓风等极端天气事件严重削弱了贫困群体的谋生能力。联合国难民署（UNHCR）公布的数据显示，2010 年以来，极端气候导致的难民数量是武装和暴力冲突导致的难民人数的 2 倍多，平均每年有 2100 万人因为天气原因而被迫迁徙，约有 90％的难民来自应对气候变化能力不强的国家。

WMO 临时报告表明，位于太平洋上的小岛国家，特别是低洼礁岛国家，如基里巴斯、马绍尔群岛，按照当下的气候变化趋势，到 21 世纪末期将会被海水淹没，其他的小岛国家在未来的几十年后将变得不宜居住。同时，因受到海岸侵蚀的影响，这些礁岛国家的淡水资源日渐减少，直接威胁到贫困群体的生存。这就意味着，即便是届时这些国家不被海水淹没，也会因为淡水资源匮乏而使得岛上居住陷入生存困境。

同样的，经济结构单一、经济收入主要来源于气候变化脆弱型行业（农业、林业、渔业）的那些居住地区比经济结构多样的居住地区更为脆弱。对于北极地区的发达区域，永久冻结带地区有大量的冰，要特别注意融化所带来的不利影响，如对建筑和交通设施的严重影响。对同样的灾害，工业、交通和商业基础设施像居住基础设施一样具有脆弱性。制冷所需要的能源需求增多，制热所消耗的能源需求减少，各种影响依各种情景和各地情况而定。一些能源生产和分配系统可能会有不利的影响，如将减少供应或系统可靠性，而此时其他一些能源系统可能会受益。

气候变化引发的资源短缺还会进一步加剧社会动荡及暴力冲突，甚至会为恐怖主义发展创造条件。2020 年，喀麦隆极北大区分别以捕鱼、畜牧为生计的两个部落因为争夺水资源和土地而引发了严重的武装冲突，并蔓延至其他部落，迫使数万人离开家园。在伊拉克和叙利亚，极端组织“伊斯兰国”控制了当地的供水设施，利用水资源短缺问题来控制社区；在索马里，青年党通过控制林木走私来获取暴利，加剧了当地森林的乱砍滥伐。

全球变暖对人类经济活动和生存环境产生影响的路径如图 9-15、图 9-16 所示。

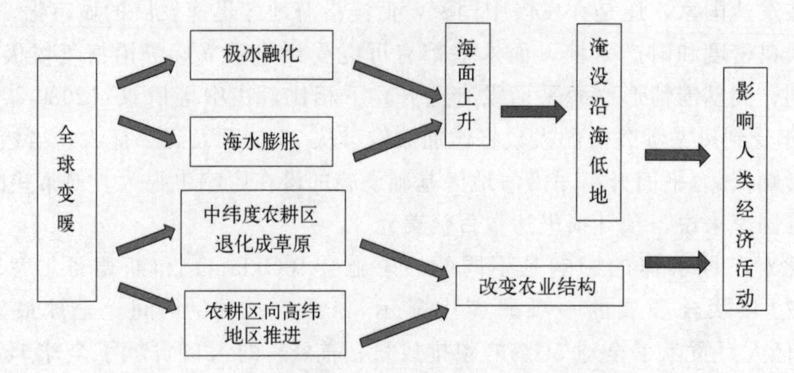

图 9-15　全球变暖对人类经济活动产生影响的路径

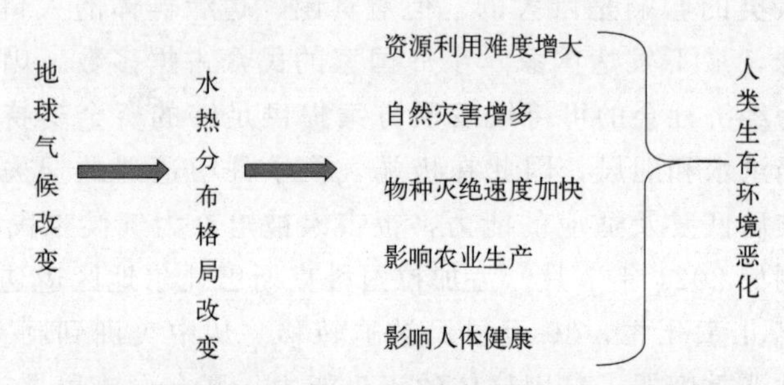

图 9-16　全球变暖对人类生存环境产生影响的路径

9.5 未来全球气候变化趋势与人类的响应策略

9.5.1 全球气候变化趋势

目前，人们越来越关注未来气候将怎样变化。通过应用一些气候变化的分析预测技术和方法，可以了解全球变暖是否会继续下去，如果继续会继续多少年，对未来的气候变化有何影响，以及区域或局地的气候变化对全球气候有怎样的影响。

9.5.1.1 建立气候模式

气候预测的对象是整个气候系统，时间从数月到几百年或上千年，必须建立、使用能描述整个气候系统演变的多圈层耦合气候模式，一般至少是海(海洋)-陆(陆地)-气(大气)耦合模式。这是一种十分复杂的数值预测模式，由数值天气预报模式发展而来。各气候模式是根据一套数学方程描述的物理定律（如牛顿运动定律、能量守恒定律、质量守恒定律等）与过程建立的。将反映复杂气候系统物理过程的数学方程组在计算机上实现程序化后，就构成了能描述气候变化的气候模式。模式的范围一般是全球的，高度从陆面或海洋底层直到平流层(50km 左右)。其中最常用的全球模式是把大气与海洋耦合在一起的海气耦合模式(AOGCM)，它包括大气模式、海洋模式、海冰模式等几大部分。也有区域气候模式，如我国国家气候中心使用的第二代区域气候模式（RegCM2）。该模式主要针对我国及其周边地区气候预测而设计，可与全球模式相嵌套。

气候模式的设计包括三个重要的方面：一是重要的物理过程，如能量与水循环过程、云与云辐射过程、海洋环流的影响、海气与陆气相互作用、陆面过程与陆气交换等；二是耦合技术或方法；三是温室气体、硫化物气溶胶排放情景。作为对未来气候变化进行定量预测的有效工具，气候模式的研究在近几十年里取得了很大发展。这一方面得益于计算机运算能力的空前提高，另一方面得益于观测手段的不断进步，以及对气候系统各个物理过程认识的不断深入。

当然，气候系统的复杂性和资料的有限性等决定了任何一种气候模式都存在一定缺陷，因而其预测结果都具有一定程度的局限性和不确定性。

9.5.1.2　设计“排放情景”

为了对未来全球和区域气候变化进行预测，需要设计未来温室气体和硫化物气溶胶排放的情况，这被称为“排放情景”。

这种排放情景是根据关于气候变化驱动因子的一套假设得出的。它包括人口增长率、经济发展速度、技术进步水平、环境条件、全球化情况、公平原则6个条件。这些条件决定着未来的排放量和排放途径。对这些条件可能出现的各种情况进行组合，就可以得到不同的排放结果，由此可进一步计算出大气浓度的情景，然后可计算出响应的辐射强迫，再将它作为条件，输入气候模式之中，驱动模式模拟预测气候的变化。

IPCC发展了三套排放情景。第一套是1992年设计的，被称为IS92情景，主要用于IPCC第二次评估报告（SAR）中气候模式的预测（1996年）。包括从IS92a到IS92f的6种不同排放情景，分别代表了未来社会不同的经济、环境条件。第二套是2000年提出的，被称为SRES情景，代替IS92情景用于IPCC第三次评估报告（TAR）中气候模式的预测（2001年）和IPCC第四次评估报告中气候模式的预测（2007年）。第三套是2010年在典型浓度路径（RCPs）的基础上提出的共享社会经济路径情景（shared socio-economic pathways，SSPs），用于IPCC第五次（AR5）和第六次评估报告（AR6）中，对全球近中长期气候变化作出较以往更为精准的模拟（2021年）。

为了满足气候政策分析所需，SSPs的复杂指标体系涵盖以下7个方面的内容。

① 人口和人力资源。包括人口增长率、出生率和死亡率、年龄和性别结构、空间分布、迁移、城市化和教育。

② 经济发展。包括人均收入的增长率、国际收入分配、国内收入分配、经济结构、就业状况、国际贸易、全球化。

③ 人类发展。包括贫困情况、能源可用性、食物安全、公共医疗和健康服务能力、公平和社会凝聚力、人类发展指数。

④ 技术。包括研发投入、技术生产率、基础设施状况、能源领域供应部门的技术发展方向、能源强度、碳强度、技术转化率、技术可用性。

⑤ 生活方式。包括消费类型、食物结构、价值观。

⑥ 环境和自然资源。包括化石能源利用、自然资源利用、土地利用、农业生产率、环境污染、水资源可用性、土壤肥力。

⑦ 政策和机构。包括国际合作、国际地位、环境政策取向、机构效率、政府管理质量、保险可用性。

用于进行气候变化模拟分析的全球定量要素，除人口、教育和城市化等常规数据外，还增加了人类发展指数等。

在2012年阿根廷召开的IPCC AR5第二工作组专题会议上，确定了5个基础SSPs的主要特征，综合考虑了人口增长、经济发展、技术进步、环境条件、公平原则、政府管理、全球化等发展特点和影响因素，综合了 Detlef 协同模型、GCAM 模型、Elmar 框架中关于经济发展方式、国际贸易、区域关系的关键特征，同时，将 SSPs 框架与之前的 SERS 情景、联合国千年发展目标、联合国环境规划署全球环境展望的情景和早期全球情景组有关情景进行了逻辑比较。通过对已有全球发展框架特征的综合研究，van Vuuren 等给出了经济优化、市场改革、可持续发展、区域竞争、常规商业等不同的发展导向下，经济发展速度、人口增长率、技术进步、环境技术发展、主要目标、环境保护、贸易、政策与机构和脆弱性等的方向与趋势，在此基础上研究人员确定了以下 5 个基础 SSPs 的描述性特征。

（1）SSP1

SSP1 是很好地实现可持续发展和千年发展目标，同时降低资源强度和化石能源依赖度的情景。在该情景中，低收入国家快速发展，全球和经济体内部均衡化，技术进步，高度重视预防环境退化，特别是低收入国家的快速经济增长降低了贫困线以下人口的数量，这是一个实现可持续发展、气候变化挑战较低的世界，映射 SRES 中 B1/A1T 情景。SSP1 主要的特征包括：一个开放、全球化的经济，相对高速的技术转化，如清洁能源和土地增产等技术促进了环境友好型社会的进程；消费趋向低的材料消耗和能源强度，动物性食物消费较低；人口增长率较低，教育水平提高；同时，政府和机构致力于实现发展目标及解决问题。千年发展目标可以在未来 10～20 年实现，从而带来人口教育水平的提高，用水安全、卫生设施和医疗水平的改进，减少了气候变化及其他全球变化的脆弱性因素。例如，实施严格的空气污染可控制政策，普及清洁的现代能源。

（2）SSP2

SSP2 是中等发展情景，面临中等气候变化挑战，映射 SRES B2 情景。主要特征为：世界按照近几十年的典型趋势继续发展下去，在实现发展目标方面取得了一定进展，一定程度上降低了资源和能源强度，慢慢减少对化石燃料的依赖。低收入国家的发展很不平衡，大多数经济体政治稳定，部分同全球市场联系加深；全球性机构数量有限，力量相对薄弱；人均收入水平按照全球平均速度增长，发展中国家和工业化国家之间的收入差距慢慢缩小；随着国民收入的增加，区域内的收入分布略有改善，但在一些地区仍然存在较大差距；教育投入跟不上人口增长的速度，特别是在低收入国家。千年发展目标将延迟几十年实现，部分人口无法获得安全的饮用水，无法改善卫生条件和医疗保健。在控制空气污染、提高贫困人口能源供应，以及减少对气候变化和其他全球变化的脆弱性等方面，仅取得一定的进展。

（3）SSP3

SSP3 是局部发展或不一致发展的情景，面临高的气候变化挑战，映射 SRES A2 情景。主要特征包括：世界被分为极端贫穷国家、中等财富国家和努力保持新人口生活标准的富裕国家，他们之间缺乏协调，区域分化明显，未能实现全球发展目标，资源密集，对化石燃料高度依赖，在减少或解决当地的环境问题（如空气污染等）方面进展不大，每个国家专注于本身的能源和粮食安全；去全球化趋势，包括能源和农产品市场在内的国际贸易受到严格的限制；国际合作的减弱、对技术发展和教育投入的减少，减缓了所有地区的经济增长，受教育和经济趋势的限制，人口增长较快；中低收入国家城市的增长没有良好的规划，在人口增长驱动下，本地能源资源的消耗及能源领域技术的缓慢变革带来大量的碳排放；国家管制和机构比较松散并缺乏合作及协商一致，缺乏有效的领导和解决问题的能力；人力资本投入低，高度不平衡；区域化的世界导致贸易量减少，对体制的发展不利，致使大量人口容易受到气候变化的影响且适应能力弱；政策趋向于自身安全、贸易壁垒等。

（4）SSP4

SSP4 描述了不均衡发展的情景，以适应挑战为主，映射 SRES A2 情景。这个路径设想了国际和国内都高度不均衡发展的世界。人数相对少且富裕的群体产生了大部分的排放量，在工业化和发展中国家，大量贫困群体排放较少且很容易受到气候变化的影响。在这个世界中，全球能源企业通过对研发的投资来应对潜在的资源短缺或气候政策，开发应用低成本的替代技术。因此，考虑低基准排放量和高的减缓能力，减缓面临的挑战的能力较低。管理和全球化被少数人控制。由于收入相对较低，贫穷人口的受教育程度有限。政府管理效率低，面临很高的适应挑战。

（5）SSP5

SSP5 是常规发展的情景，以减缓挑战为主，映射 SRES A1FI 情景。这个路径强调传统的经济发展导向，通过强调自身利益实现的方式来解决社会和经济问题。偏好传统的快速发展，导致能源系统以化石燃料为主，带来大量温室气体排放，面临减缓挑战。社会环境适应挑战能力较低，主要来源于人类发展目标的实现，包括强劲的经济增长和高度工程化的基础设施，努力防护极端事件，提高生态系统管理水平。

为模拟气候变化，评估其影响、减缓及适应能力服务，目前，情景组已经为 IPCC AR5 第二工作组提供了有关 SRES 情景和与 RCPs 间的对应信息表（表 9-1），其中 SRES A2 情景相当于 RCP8.5 气候情景和 SSP3 或 SSP4 社会经济情景；B2 情景相当于 RCP6.0 气候情景和 SSP2 社会经济情景；B1 情景相当于 RCP4.5 气候情景和 SSP1 社会经济情景；A1F1 情景相当于 RCP8.5 气候情景和 SSP5 社会经济情景；没有具体的 SRES 情景与 RCP2.6 相对应。

表 9-1　RCPs、SRES 和 SSPs 的相互关系与映射

适应的挑战			低	中等	高	高	低
			SSP1	SSP2	SSP3	SSP4	SSP5
RCP	参考	SRES	B1/A1T	B2	A2	[A2]	A1FI
	$8.5W/m^2$	A2			A2	[A2]	
	$6.0W/m^2$	A1B/B2		B2			
	$4.5W/m^2$	B1	B1				
	$2.6W/m^2$	—					

9.5.1.3　全球气候变化模拟预测

在国际社会的努力下，科学家已经对 21 世纪全球气候变化趋势做出了初步分析与预测，其代表性的最新成果体现在 IPCC2021 年发布的《AR6 WGⅠ报告》中。

《AR6 WGⅠ报告》应用了第六次国际耦合模式比较计划（CMIP6）这一可模拟更为复杂的过程、大气及海洋模式分辨率明显提升的最新模型，对全球近中长期气候变化做出较以往更为精准的模拟，考虑了前文五种新的说明性排放情景，将五个说明性情景称为 SSPx-y。其中“SSPx”指的是社会经济共享路径或“SSP”，描述了该情景下的社会经济趋势；“y”指的是辐射强迫的大致水平（单位为 W/m^2）所产生的结果。根据多项证据对选定的 20 年时间周期和考虑的五种说明性排放情景进行全球地表温度变化评估，提供了相对于 1850～1900 年的近期（2021～2040 年）、中期（2041～2060 年）和长期（2081～2100 年）的预测结果（表 9-2、图 9-17）。

表 9-2　五种排放情景下的全球表面温度升高情况

场景	短期(2021～2040)		中期(2041～2060)		长期(2081～2100)	
	最佳估计/℃	极可能范围/℃	最佳估计/℃	极可能范围/℃	最佳估计/℃	极可能范围/℃
$SSP_{1\text{-}1.9}$	1.5	1.2～1.7	1.6	1.2～2.0	1.4	1.0～1.8
$SSP_{1\text{-}2.6}$	1.5	1.2～1.8	1.7	1.3～2.2	1.8	1.3～2.4
$SSP_{2\text{-}4.5}$	1.5	1.2～1.8	2.0	1.6～2.5	2.7	2.1～3.5
$SSP_{3\text{-}7.0}$	1.5	1.2～1.8	2.1	1.7～2.6	3.6	2.8～4.6
$SSP_{5\text{-}8.5}$	1.6	1.3～1.9	2.4	1.9～3.0	4.4	3.3～5.7

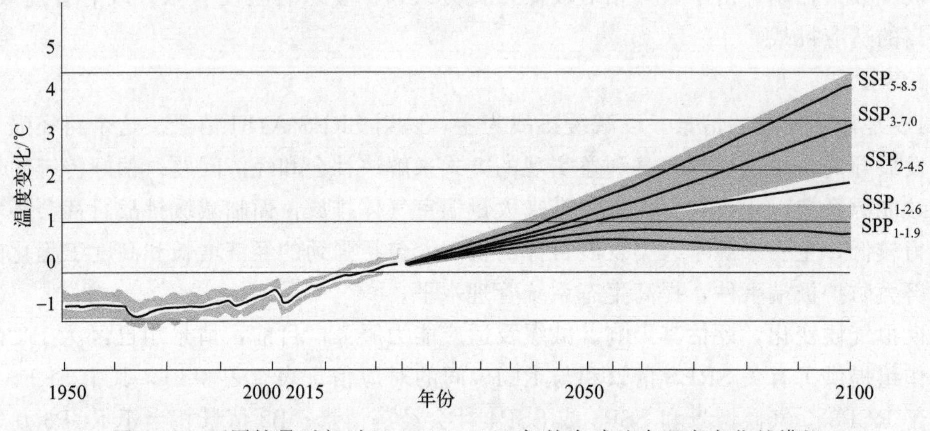

图 9-17　不同情景对相对于 1850～1900 年的全球地表温度变化的模拟

(1) 气温变化

根据模拟结果，《AR6 WGⅠ报告》认为，除非未来几十年内全球深度削减 CO_2 和其他温室气体排放量，否则 21 世纪全球表面温度升高幅度将超出 1.5℃和 2℃。该报告明确指出，针对全球 1.5℃温升控制目标，即便在极低排放情景（$SSP_{1\text{-}1.9}$）之下，全球表面温度在 2021～2040 年（近期尺度内）的温升也将达到 1.5℃，经短暂超调（0.1℃）回落后，2081～2100 年（长期尺度内）的温升仍将达到 1.4℃。针对全球 2℃温升控制目标，在中等排放情景（$SSP_{2\text{-}4.5}$）之下，全球 21 世纪温升有大于 95％的可能性会超出 2℃；而在较高排放情景（$SSP_{3\text{-}7.0}$）和极高排放情景（$SSP_{5\text{-}8.5}$）之下，全球 21 世纪温升则将势必超过 2℃。

同时，在 21 世纪余下的时间里，海洋变暖的可能范围是 1971～2018 年变化的 2～4 倍（$SSP_{1\text{-}2.6}$）到 4～8 倍（$SSP_{5\text{-}8.5}$）。根据多项证据几乎可以肯定，海洋上层分层、海洋酸化和海洋脱氧将在 21 世纪继续增加，其速度取决于未来的排放；全球海洋温度（非常高置信度）、深海酸化（非常高置信度）和脱氧（中等置信度）在百年至千年时间尺度上的变化是不可逆的；陆地表面升温可能是海洋表面升温的 1.4～1.7 倍。

通过比较实际观测到的和模型模拟的年平均地表温度变化，结果显示，1℃的变暖对所有大陆都有影响，在观测和模型中，陆地上的变暖通常比海洋上的变暖大。在大多数地区，观察到的和模拟的模式是一致的。纵观变暖水平，陆地地区比海洋地区更温暖，北极和南极比热带地区更温暖。

(2) 极端天气气候事件趋势

气候变暖会使得未来某些极端天气气候事件越来越多。基于模式的模拟结果，全球气温每增加 0.5℃，就会明显增加极端高温的强度和频率，包括热浪（95％～100％可能性）和强降水（高置信度），以及农业和生态干旱（高可信度）。在一些地区，全球气温每增加0.5℃，气象干旱的强度和频率就会发生明显变化，增加的区域多于减少的区域（中等置信度）。在某些地区，随着全球变暖的加剧，水文干旱的频率和强度增加的幅度更大（中等置信度）。随着全球变暖的加剧，一些观测记录中前所未有的极端事件将越来越多地发生，对于更罕见的事件，预测的频率变化百分比更大（高置信度）。以 1850～1900 年为基准期，IPCC 第六次评估预测全球变暖水平分别为 1℃、1.5℃、2℃、4℃时，每 10 年陆地上的极端高温事件发生的频率和强度的增加情况如图 9-18 所示。

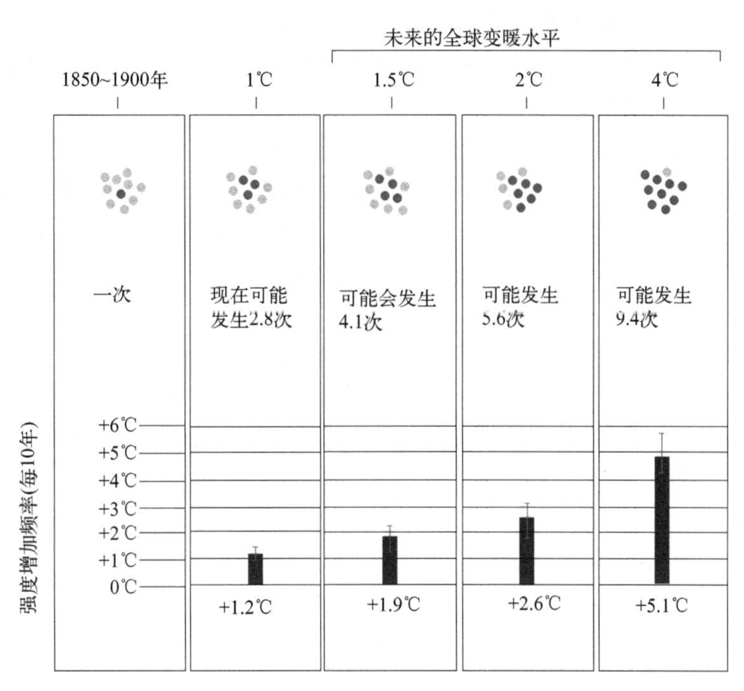

图 9-18　每 10 年陆地上极端高温事件发生的频率和强度的增加情况

一些中纬度和半干旱地区，以及南美洲季风区，预计在最热的日子气温将出现最高的上升，为全球变暖速度的 1.5～2 倍（高置信度）。据预测，北极将在最寒冷的日子里经历最高的气温上升，大约是全球变暖速度的 3 倍（高可信度）。随着全球进一步变暖，海洋热浪的频率将继续增加（高置信度），特别是在热带海洋和北极（中等置信度）。

气候变暖将加剧非常潮湿和非常干燥的天气、气候事件及季节，从而影响洪水或干旱（高置信度），但这些事件的位置和频率取决于预估的区域大气环流变化，包括季风和中纬度风暴路径。

随着全球气候变暖加剧，全球各区域都将经受同时发生的、多重的气候因子（CIDs）变化。相比于全球升温 1.5℃，全球升温 2℃时的若干 CIDs 变化将分布得更为广泛且表现显著。在《AR6 WGⅠ报告》中，35 类 CIDs 被划分为冷热、干湿、风、冰雪、沿海、公海及其他共计 7 大类。预计在 2050 年前后 20～30 年，全球升温 2℃情景之下，全球所有区域都将经历至少 5 类 CIDs 变化，96%的区域将经历超过 10 类 CIDs 变化，50%区域将经历 15 类以上的 CIDs 变化。更进一步，《AR6 WGⅠ报告》认为风险评估也应考虑发生概率低但影响严重的事件，包括冰盖崩塌、海洋环流突变、部分复合型极端事件，以及远超出所评估到的未来极可能变暖范围的变暖等。若全球气候变暖水平继续升高，此类事件的发生概率将持续增加，因此，气候系统的突变响应和临界点不容忽视。

（3）积雪、海冰和降水分布

随着全球气温上升，估计积雪会退缩，大部分多年冻土区的融化深度会广泛增加。北极和南极的海冰会退缩，某些预测结果显示，21 世纪后半叶北极夏末的海冰几乎会完全消融。山地和极地冰川在几十年或几个世纪内继续融化（高置信度）。在百年时间尺度上，冻土融化后的碳损失是不可逆的（高置信度）。格陵兰冰盖和南极冰盖在 21 世纪持续的冰流失几乎是肯定的。有高度信心的是，格陵兰冰盖的总冰损失将随着累积排放量的增加而增加。有限的证据表明，在高温室气体排放情景下，南极洲冰盖将在几个世纪内大幅增加冰的流失，这种低可能性、高影响的结果（由以深度不确定性为特征的冰盖不稳定过程造成，在某些情况下涉及临界点）将大大增加。

而大多数地区的强降水事件很可能会加强和变得更加频繁。在全球尺度上，预计全球气温每上升 1℃，极端日降水事件将增加约 7%（高置信度）。随着全球变暖的加剧，强烈热带气旋（4～5 类）的比例和最强烈热带气旋的峰值风速预计将在全球尺度上增加（高置信度）。预计在高纬度、赤道太平洋和部分季风区降水将增加，但在部分亚热带地区和热带的有限区域降水将减少。

全球水循环将继续加强（高置信度），预计降水和地表水流量在大部分陆地区域内（高置信度）和年复一年（中等置信度）将变得更加多变。预计到 2081～2100 年，相对于 1995～2014 年（可能范围），在极低温室气体排放情景（$SSP_{1-1.9}$）下，全球平均年陆地降水将增加 0～5%，在中等温室气体排放情景（$SSP_{2-4.5}$）下增加 1.5%～8%，在极高温室气体排放情景（$SSP_{5-8.5}$）下增加 1%～13%。预计在 $SSP_{2-4.5}$、$SSP_{3-7.0}$ 和 $SSP_{5-8.5}$ 期间，高纬度、赤道太平洋和部分季风区的降水将增加，但在部分亚热带和热带的有限区域降水将减少（很可能）。预计全球陆地上可检测到季节性平均降水增加或减少的部分将增加（中等置信度）。在全球积雪占主导地位的地区，春季融雪开始时间较早，峰值流量较高，而夏季流量则较低，这是高度可信的。

同时，预计全球尺度的季风降水在中长期将会增加，特别是南亚和东南亚、东亚和西非地区（远西萨赫勒地区除外）（高置信度）。预计北美、南美和西非的季风季开始时间将延迟（高置信度），西非的季风季结束时间将延迟（中等置信度）。

在高温室气体排放情景（$SSP_{3-7.0}$，$SSP_{5-8.5}$）下，预计南半球夏季中纬度风暴路径和相关降水在长期内可能会南移并增强，但在短期内平流层臭氧恢复的影响将抵消这些变化（高置信度）。北太平洋风暴及其降水持续向极地转移的置信度中等，而北大西洋风暴路径的预估变化置信度较低。

（4）海平面变化

几乎可以肯定的是（99%～100%的可能性），全球平均海平面在 21 世纪将继续上升。相对于 1995～2014 年，在极低温室气体排放情景（$SSP_{1-1.9}$）下，到 2100 年全球平均海平面可能上升 0.28～0.55m；低温室气体排放情景（$SSP_{1-2.6}$）下为 0.32～0.62m；中等温室气体排放情景（$SSP_{2-4.5}$）下为 0.44～0.76m；在非常高温室气体排放情景（$SSP_{5-8.5}$）下为 0.63～1.01m。到 2150 年时，在极低情景（$SSP_{1-1.9}$）下全球平均海平面可能上升 0.37～0.86m；低情景（$SSP_{1-2.6}$）下上升 0.46～0.99m；中间情景（$SSP_{2-4.5}$）下上升 0.66～1.33m；在非常高情景（$SSP_{5-8.5}$）下上升 0.98～1.88m（中等置信度）。在温室气体排放非常高的情景（$SSP_{5-8.5}$）下全球平均海平面上升超过可能范围，即到 2100 年时接近 2m，到

2150年时接近5m（置信值低，不能排除由于冰盖过程的深度不确定性）。

从长远来看，由于深海持续变暖和冰盖融化，海平面将持续上升数百年至数千年（高可信度）。在未来的2000年，如果升温控制在1.5℃，全球平均海平面将上升2～3m；如果升温控制在2℃，全球平均海平面将上升2～6m；如果升温控制在5℃，全球平均海平面将上升19～22m，并将在随后的千年中继续上升（可信度较低）。对数千年全球平均海平面上升的预测与过去温暖气候时期重建的水平一致：可能比大约12.5万年前的今天高5～10m，当时全球气温很可能比1850～1900年高0.5～1.5℃；而在大约300万年前，气温很可能比现在高5～25m，当时全球气温比现在高2.5～4℃（中等可信度）。

9.5.2 全球气候变化治理策略

通过以上对全球气候变化的预测分析，我们可以看到，全球气候正在变化。我们面对已经可以观测到的全球平均气温和海温的升高、大范围的雪和冰的融化，以及全球平均海平面上升等主要事实，应该对未来全球气候变化有高度的警觉，增强做好相关工作的紧迫感。气候变化是全人类共同面临的挑战，需要国际社会共同应对。但是，各国政府立场、政策指向等方面的差异，使得全球气候统一行动执行力严重不足。面对日益恶化的气候状况，世界各国应加快气候行动的统一和协调，大力推进以“净零”排放目标为核心的经济社会发展方式转型。

9.5.2.1 国际公约及相关的法律法规

目前，与全球气候变化治理策略相关的国际公约及相关法律主要包括《气候变化框架公约》(United Nation Frame-work Convention on Climate Change，UNFCCC，以下简称《气候公约》)、《京都议定书》、《巴厘岛路线图》等。由于多数协议和规定是在《气候公约》缔约方大会上商议并签订的，所以本节根据缔约方大会时间线对重要文件进行梳理。

(1)《气候变化框架公约》

近30年来，联合国和有关国际组织逐步认识并重视全球气候变化问题。为应对气候变化，1992年6月，联合国环境与发展大会在巴西里约热内卢召开，包括中国在内的160多个国家的国家元首、政府首脑签署了《气候公约》。这是世界上人类意识到全球气候变暖而采取的第一个全面控制CO_2等温室气体的排放、应对全球气候变暖的国际公约。《气候公约》为世界各国在应对全球气候变化的问题上进行国际合作提供了基本框架，奠定了国际合作的法律基础。

《气候公约》是世界上第一个为全面控制二氧化碳等温室气体排放，以应对全球气候变暖给人类经济和社会带来不利影响的国际公约，也是国际社会在应对全球气候变化问题上进行国际合作的一个基本框架。公约于1994年3月21日正式生效，截至目前最新数据，公约拥有197个缔约方，我国于1992年11月经全国人大批准加入《气候公约》，是该公约10个最早的缔约方之一。《气候公约》由序言和26条正文组成，有法律约束力，确立了应对气候变化的最终目标，旨在将大气中温室气体浓度稳定在防止气候系统受到危险人为干扰的水平上；确立了“共同但有区别的责任”、公平、各自能力和可持续发展原则等国际合作应对气候变化的基本原则；明确发达国家应承担率先减排和向发展中国家提供资金技术支持的义务，承认发展中国家有消除贫困、发展经济的优先需要，明确了经济和社会发展以及消除贫困是发展中国家首要和压倒一切的优先任务。

同时，《气候公约》还提供了温室气体排放和清除的国家清单，制订、更新和执行减缓气候变化措施的计划，促进了控制温室气体排放的技术和方法在各部门与领域之间的应用、传播以及共同研究，加强了信息交换和研究成果的交流。同时，为应对气候变化制订了有关保持各种资源和生态系统的可持续管理的详细计划，使得世界各国在发展社会经济时充分考虑气候变化的因素，改变以气候环境作为经济增长代价的发展模式。

为加强《气候公约》实施，自 1995 年 3 月 28 日首次缔约方大会在德国柏林举行以来，缔约方每年都召开一次会议。

(2)《京都议定书》

1997 年 12 月 11 日，第 3 次缔约方大会在日本京都召开，149 个国家和地区的代表通过了《京都议定书》(以下简称《议定书》) 并于 2005 年 2 月 16 日生效，84 个国家在《议定书》上签字，美国成为唯一没有签订《议定书》的发达国家。从生效年起，《议定书》的缔约方会议也每年举办一次。

《议定书》中所包括的是《气候公约》的补充条款，规定削减排放的 6 种气体是 CO_2、CH_4、氮氧化物以及其他三种用于取代含氯氟烃的卤烃，同时规定在 2008～2012 年期间，38 个主要工业国的 CO_2 等 6 种温室气体排放量必须在 1990 年的基础上平均削减 5.2%，其中美国削减 7%，欧盟削减 8%，日本和加拿大分别削减 6%。然而由于减排温室气体对经济社会发展会产生一定的影响，发达国家减排的意愿大打折扣。

《议定书》允许采取下列四种减排方式。

① 两个发达国家之间可以进行排放额度买卖的“排放权交易”，各个国家之间可以互相购买排放指标，即难以完成削减任务的国家，可以花钱从超额完成任务的国家买进超出的额度。

② 以“净排放量”计算温室气体排放量，即可以通过增加森林面积吸收二氧化碳的方式按一定计算方法抵消本国实际排放量。

③ 可以采用清洁发展机制，促使发达国家和发展中国家共同减排温室气体。

④ 可以采用“集团方式”，即欧盟内部的许多国家可视为一个整体，采取有的国家削减、有的国家增加的方法，在总体上完成减排任务。

《议定书》还要求包括中国和印度在内的发展中国家依照“共同但有区别的责任”的原则，制定自愿削减温室气体排放目标。为促进各国完成温室气体减排目标，进一步加强国际社会合作应对气候变化，对 2020 年后应对气候变化国际机制做出安排。

就国家而言，大多数国家都是严格按照《议定书》中所规定减排措施来实行的。部分发达国家身体力行，积极行动起来应对全球气候的变化。我国于 1998 年 5 月 29 日签署了《议定书》。那时我国的温室气体排放量不是很高，1997 年时年排放仅 28.93×10^8t 二氧化碳，人均 2.3t（美国年排放 54.1×10^8t 二氧化碳，人均 20.1t；欧盟年排放 31.71×10^8t 二氧化碳，人均 8.5t)。但我国的积极响应，体现了我国作为一个负责任的发展中国家的态度和决心。

但是以美国为首的一些国家却拒不执行《议定书》所规定的减少温室气体排放的举措。美国人口仅占全球的 4%，而所排放的二氧化碳却占全球排放量的 25% 以上。美国曾于 1998 年 11 月签署了《议定书》，但 2001 年 3 月，布什政府以“减少温室气体排放将会影响美国经济发展”和“发展中国家也应该承担减排和限排温室气体的义务”为借口，宣布退出《议定书》。2002 年 2 月，美国宣布将不履行《议定书》规定的义务。对于美国这样一个二氧化碳排放量占全球排放量25%以上的国家，拒绝承诺减少温室气体排放，使得减少温室气体的行动举步维艰，使多年来应对全球气候变化的措施没有收到最好的效果。

根据《议定书》的相关规定，其第一承诺期为2008～2012年，而"后京都谈判"（2012年之后如何进一步降低温室气体的排放）不得迟于2005年启动，因此，于2005年11月28日至12月10日在加拿大蒙特利尔召开的《气候公约》第11次缔约方大会暨《议定书》第1次缔约方会议受到了国际社会的广泛重视。此次会议是《气候公约》缔约方在《议定书》生效后的首次会议，也是1997年京都会议以后规模最盛大的一次政府间气候变化会议，被称为"后京都时代"谋篇布局的一次大会。此次蒙特利尔气候会议共有来自全世界189个国家的近万名代表参加，最终达成了40多项重要决定，其中包括启动《议定书》第二阶段温室气体减排谈判，以进一步推动和强化各国共同行动，切实遏制全球气候变暖的势头。

此后，国际社会为应对全球气候变化不懈地从制度层面做出各种努力。2006年5月，关于《议定书》附件一缔约方（发达国家和经济转型国家）第二承诺期减排义务谈判工作组第一次会议在波恩举行。美国和澳大利亚由于不是《议定书》的缔约方而未参与第二承诺期的谈判。尽管会议进展和成果与国际社会的预期相差甚远，但作为第二承诺期谈判的第一回合，会议在各方分歧严重的情况下仍就程序问题达成了一定共识，艰难地迈出了第一步，具有重要意义。第二承诺期谈判成为此后2～3年国际气候谈判的重点，对国际社会应对气候变化的努力产生重大影响，引起国际社会的广泛关注。

（3）《巴厘岛路线图》

2007年12月，第13次缔约方大会在印度尼西亚巴厘岛举行，会议着重讨论"后京都"问题，即《议定书》第一承诺期在2012年到期后如何进一步降低温室气体的排放。15日，联合国气候变化大会通过了《巴厘岛路线图》，启动了加强《气候公约》和《议定书》全面实施的谈判进程，致力于在2009年底前完成《议定书》第一承诺期2012年到期后全球应对气候变化新安排的谈判并签署有关协议。

《巴厘岛路线图》不仅强调了国际合作、将美国纳入履约的发达国家，还强调了除减缓气候变化问题外，另外三个在以前国际谈判中曾不同程度受到忽视的问题，即适应气候变化问题、技术开发和转让问题以及资金问题。这三个问题是广大发展中国家在应对气候变化过程中极为关心的问题。我国代表苏伟因此评价说，《巴厘岛路线图》把减缓气候变化问题与另外三个问题一并提出来，就像给落实《气候公约》的事业"装上了四个轮子"，让它可以奔向远方。期间美国代表团一直反对，最后时刻做出戏剧性让步，使延时一天的大会终于达成协议。欧盟原本希望会议提出具体减排目标，即发达国家2020年前将温室气体排放量相对于1990年的排放量减少25%～40%。美国、加拿大、日本等国反对这一目标。为了达成妥协，最后文本删除了具体目标的表述，只是明确了"解决气候变化的急迫性"。此外，未来的谈判将讨论为发展中国家提供财政和技术支持等问题。

2009年12月7～18日，联合国气候变化大会在丹麦首都哥本哈根召开。此次哥本哈根气候变化大会的主要议题是进一步加强《气候公约》及《议定书》的全面、有效和持续实施。

此次哥本哈根气候大会可谓"举世瞩目"。一方面是因为参加的国家（192个）和国家元首或政府首脑（85人）数量在联合国活动中屈指可数，而包括各种非政府组织和各类媒体在内的总注册人数达3.5万人的参会人员，更是创下了历届联合国气候变化大会的记录；另一方面，在积极推动气候谈判的国家和媒体的共同宣传下，世人对在本次大会中形成继

《议定书》后新的全球气候协议书，抱有极大的希望。

全球气候变化主要是由发达国家造成的，根据《气候公约》及《议定书》确立的“共同但有区别的责任”原则，发达国家应率先采取减排行动，并有义务为发展中国家应对气候变化提供技术及资金支持。但发达国家长期模糊其历史责任和道德义务，在哥本哈根会议期间，部分发达国家还借媒体之手将2050年发达国家人均碳排放量设定在发展中国家2倍的水平，并意图扩大发达国家在全球气候事务中的话语权。

我国于2009年11月25日的国务院常务会议决定，到2020年，我国单位GDP CO_2 排放量比2005年下降40%～50%，作为约束性指标纳入国民经济和社会发展中长期规划，并制定相应的国内统计、收测、考核办法。在此次哥本哈根气候变化大会上，温家宝总理向国际社会重申了我国的承诺，并表示此承诺不附加任何条件、不与任何国家的减排目标挂钩，充分表明了我国作为负责任大国对气候变化的积极态度。

(4)《巴黎协定》

2015年12月《气候公约》第21次缔约方大会达成《巴黎协定》，提出了控制全球温升2℃并努力实现1.5℃的长期目标，并就国家自主贡献、减缓、适应、资金、技术、能力建设、透明度、全球盘点、遵约等方面做出了全面平衡的安排，全球应对气候变化合作进入“自下而上＋自上而下”的新阶段，全球绿色低碳转型也成为不可逆转的趋势。同时，《巴黎协定》还确立了国家自主贡献（NDC）机制，每隔5年更新一次。但自从实施以来，多数国家的“净零”计划模糊不清，且不够完整，与2030年的NDC目标有较大的冲突。

2021年10月31日，最新的《气候公约》第26次缔约方大会（COP26）于英国格拉斯哥开幕。COP26是《巴黎协定》进入实施阶段后召开的首次缔约方会议。在约两周时间内，各缔约方共同努力弥合分歧、扩大共识，最终达成《〈巴黎协定〉实施细则》，为落实《巴黎协定》奠定了良好基础。虽然本次大会在适应、资金支持等议题方面取得一定进展，但发展中国家的一些核心关切并未得到很好的回应。早在2009年哥本哈根气候变化大会上，发达国家就集体承诺，在2020年前每年提供至少1000亿美元，帮助发展中国家应对气候变化。然而12年过去了，发达国家从未能真正兑现这一承诺。不少发展中国家在大会期间对此表达了失望，有关资金落实的谈判还有很长的路要走。在适应方面，发达国家对全球适应目标态度持续消极，仍然反对为其设立正式谈判议题。中方在大会开幕前发布了《关于完整准确全面贯彻新发展理念做好碳达峰碳中和工作的意见》和《2030年前碳达峰行动方案》，未来还将陆续发布能源、工业、建筑、交通等重点领域和煤炭、电力、钢铁、水泥等重点行业的实施方案，出台科技、碳汇、财税、金融等保障措施，形成碳达峰、碳中和“1＋N”政策体系，明确时间表、路线图、施工图，展现了我国的积极态度和大国担当。

(5) 法律法规

气候变暖对世界各国产生的影响是不同的，因此各国采取的应对策略也是有所区别的，目前世界各国为应对全球变暖均颁布了一系列的法律、法规等强制性措施。

2007年11月15日，英国政府公布的《气候变化法案》进入了立法程序，这是世界上第一个就应对气候变化问题进行国家专门立法的法案，规定了英国今后50年应对气候变化的具体计划和目标。为应对气候变化，美国参、众两院酝酿了多个法案，希望建立控制温室气体排放的强制体系，其中包括2008年5月进入辩论程序的《美国气候安全法案》。2006年9月，加利福尼亚州州长施瓦辛格签署了州议会通过的“AB32”法案《全球温室效应治理法案》，这是美国第一个全州限制重大行业温室气体排放的计划，具有里程碑式的意义。

早在 1979 年，日本就颁布实施了《节约能源法》。1998 年，日本对这部法律进行了修订，规定日本企业必须以每年 1%的速度降低单位产品的能耗，建筑工程必须符合国家颁布的节能标准。2002 年，日本再次颁布了《电器事业者利用新能源等的特别措施法》，将生物质能源列入能源利用的范围，努力实现能源供应多样化。2005 年 2 月，我国通过了《可再生能源法》，旨在促进多样性能源（包括风能、太阳能、水能、生物质能、地热能、海洋能等非化石能源）的开发，增加能源供应，优化能源结构。2007 年，我国颁布的《应对气候变化国家方案》也重申了全面落实《可再生能源法》的重要性。《中华人民共和国节约能源法》于 2008 年 4 月 1 日开始生效，这是为了推动全社会节约能源、提高能源利用效率、保护和改善环境以及促进经济、社会全面协调可持续发展而制定的。

9.5.2.2　中国应对气候变暖策略

我国是拥有 14 亿多人口的最大发展中国家，面临着发展经济、改善民生、治理污染、保护生态等一系列艰巨任务。尽管如此，我国迎难而上，为实现应对气候变化目标积极制定和实施了一系列应对气候变化战略、法规、政策、标准与行动，推动我国应对气候变化实践不断取得新进步。

2021 年 10 月 27 日，国务院新闻办公室发表《中国应对气候变化的政策与行动》白皮书，提出我国应对气候变化新理念，是牢固树立共同体意识、贯彻新发展理念、以人民为中心、大力推进碳达峰碳中和、做到减污降碳协同增效。

（1）不断提高应对气候变化力度

我国确定的国家自主贡献新目标不是轻而易举就能实现的。我国要用 30 年左右的时间由碳达峰实现碳中和，完成全球最高碳排放强度降幅，需要付出艰苦努力。

2015 年，我国确定了到 2030 年的自主行动目标：二氧化碳排放 2030 年左右达到峰值并争取尽早达峰。截至 2019 年底，我国已经提前超额完成 2020 年气候行动目标。2020 年，我国宣布国家自主贡献新目标举措：我国二氧化碳排放力争于 2030 年前达到峰值，努力争取 2060 年前实现碳中和；到 2030 年，我国单位 GDP 二氧化碳排放将比 2005 年下降 65%以上，非化石能源占一次能源消费比重将达到 25%左右，森林蓄积量将比 2005 年增加 $60\times10^8 m^3$，风电、太阳能发电总装机容量将达到 $12\times10^8 kW$ 以上。相比 2015 年提出的自主贡献目标，时间更紧迫，碳排放强度削减幅度更大，非化石能源占一次能源消费比重再增加五个百分点，增加非化石能源装机容量目标，森林蓄积量再增加 $15\times10^8 m^3$，明确争取 2060 年前实现碳中和。2021 年，我国宣布不再新建境外煤电项目，展现我国应对气候变化的实际行动。

为指导和统筹做好碳达峰碳中和工作，我国于 2021 年成立碳达峰碳中和工作领导小组，制定并发布碳达峰碳中和工作顶层设计文件，编制 2030 年前碳达峰行动方案，制定能源、工业、城乡建设、交通运输、农业农村等分领域分行业碳达峰实施方案，积极谋划科技、财政、金融、价格、碳汇、能源转型、减污降碳协同增效等保障方案，进一步明确碳达峰碳中和的时间表、路线图、施工图，加快形成目标明确、分工合理、措施有力、衔接有序的政策体系和工作格局，全面推动碳达峰碳中和各项工作取得积极成效。

（2）坚定走绿色低碳发展道路

我国一直本着负责任的态度积极应对气候变化，将应对气候变化作为实现发展方式转变的重大机遇，积极探索符合我国国情的绿色低碳发展道路。走绿色低碳发展的道路，既不会超出资源、能源、环境的极限，又有利于实现碳达峰、碳中和目标，把地球家园呵护好。

实现减污降碳协同增效是我国新发展阶段经济社会发展全面绿色转型的必然选择。我国2015年修订的《大气污染防治法》专门增加条款，为实施大气污染物和温室气体协同控制与开展减污降碳协同增效工作提供法治基础。同时，持续严格控制高耗能、高排放项目盲目扩张，依法依规淘汰落后产能，加快化解过剩产能。严格执行钢铁、铁合金、焦化等13个行业准入条件，公布12批重点工业行业淘汰落后产能企业名单，2018～2020年连续开展淘汰落后产能督查检查，持续推动落后产能依法依规退出。还做到积极推动煤炭供给侧结构性改革，加强先进节能技术推广，发布煤炭、电力、钢铁、有色、石化、化工、建材等13个行业共260项重点节能技术；强化节能法规标准约束，发布实施340多项国家节能标准；在10个省（市）和77个城市开展低碳试点工作等，从各个方面积极探索低碳发展新模式。

（3）加大温室气体排放控制力度

我国将应对气候变化全面融入国家经济社会发展的总战略。通过原料替代、改善生产工艺、改进设备使用等措施积极控制工业过程温室气体排放；加强再生资源回收利用，提高资源利用效率，减少资源全生命周期二氧化碳排放；开展超低能耗、近零能耗建筑示范，引导农户建设节能农房，加快推进我国北方地区冬季清洁取暖；提升铁路电气化水平，推广天然气车船，完善充换电和加氢基础设施，加大新能源汽车推广应用力度，鼓励靠港船舶和民航飞机停靠期间使用岸电。从重点工业行业、交通行业、城乡建设领域等多方面，采取积极措施，有效控制温室气体排放；同时统筹推进山水林田湖草沙系统治理，在青藏高原、黄河、长江等7大重点区域布局生态保护和修复重大工程，支持25个山水林田湖草生态保护修复工程试点，持续提升生态碳汇能力。

我国对非二氧化碳温室气体的排放也十分重视，在《国家应对气候变化规划（2014—2020年）》及控制温室气体排放工作方案中都明确了控制非二氧化碳温室气体排放的具体政策措施。自2014年起对三氟甲烷（HFC-23）的处置给予财政补贴。截至2019年，共支付补贴约14.17亿元，累计削减6.53×10^{4}t HFC-23，相当于减排9.66×10^{8}t二氧化碳当量。严格落实《消耗臭氧层物质管理条例》和《关于消耗臭氧层物质的蒙特利尔议定书》，加大环保制冷剂的研发，积极推动制冷剂再利用和无害化处理。引导企业加快转换为采用低全球增温潜势（GWP）制冷剂的空调生产线，加速淘汰氢氯氟碳化物（HCFCs）制冷剂，限控氢氟碳化物（HFCs）的使用。成立“中国油气企业甲烷控排联盟”，推进全产业链甲烷控排行动。我国接受《〈关于消耗臭氧层物质的蒙特利尔议定书〉基加利修正案》，保护臭氧层和应对气候变化进入新阶段。

（4）充分发挥市场机制作用

碳市场可将温室气体控排责任压实到企业，利用市场机制发现合理碳价，引导碳排放资源的优化配置。2011年10月，我国碳排放权交易地方试点工作在北京、天津、上海、重庆、广东、湖北、深圳7个省、市启动。2013年起，7个试点碳市场陆续开始上线交易，覆盖了电力、钢铁、水泥等20多个行业近3000家重点排放单位。截至2021年9月30日，7个试点碳市场累计配额成交量4.95×10^{8}t二氧化碳当量，成交额约119.78亿元。试点碳市场重点排放单位履约率保持较高水平，市场覆盖范围内碳排放总量和强度保持双降趋势，有效促进了企业温室气体减排，强化了社会各界低碳发展的意识。碳市场地方试点为全国碳市场建设摸索了制度，锻炼了人才，积累了经验，奠定了基础，为全国碳市场建设积累了宝贵经验。

我国先后印发《全国碳排放权交易市场建设方案（发电行业）》，出台《碳排放权交易管理办法（试行）》，印发全国碳市场第一个履约周期配额分配方案。2021年以来，陆续发布了企业温室气体排放报告、核查技术规范和碳排放权登记、交易、结算三项管理规则，初步构建起全国碳市场制度体系。积极推动《碳排放权交易管理暂行条例》立法进程，夯实碳排放权交易的法律基础，规范全国碳市场运行和管理的各重点环节。

（5）增强适应气候变化能力

广大发展中国家由于生态环境、产业结构和社会经济发展水平等方面的原因，适应气候变化的能力普遍较弱，比发达国家更易受到气候变化的不利影响。我国是全球气候变化的敏感区和影响显著区，我国把主动适应气候变化作为实施积极应对气候变化国家战略的重要内容，推进和实施适应气候变化重大战略，开展重点区域、重点领域适应气候变化行动，强化监测预警和防灾减灾能力，努力提高适应气候变化能力和水平。

为统筹开展适应气候变化工作，2013年，我国制定了国家适应气候变化战略，明确了2014～2020年国家适应气候变化工作的指导思想和原则、主要目标，制定实施基础设施、农业、水资源、海岸带和相关海域、森林和其他生态系统、人体健康、旅游业和其他产业七大重点任务等。2020年，我国启动编制《国家适应气候变化战略2035》，着力加强统筹指导和沟通协调，强化气候变化影响观测评估，提升重点领域和关键脆弱区域适应气候变化能力。

在城市地区，制定城市适应气候变化行动方案，开展海绵城市以及气候适应型城市试点，提升城市基础设施建设的气候韧性，通过城市组团式布局和绿廊、绿道、公园等城市绿化环境建设；在农业领域，加快转变农业发展方式，推进农业可持续发展，启动实施东北地区秸秆处理等农业绿色发展五大行动，提升农业减排固碳能力；强化自然灾害风险监测、调查和评估，完善自然灾害监测预警预报和综合风险防范体系。建立了全国范围内多种气象灾害长时间序列灾情数据库，完成国家级精细化气象灾害风险预警业务平台建设。实现基层气象防灾减灾标准化全国县（区）全覆盖。

（6）持续提升应对气候变化支撑水平

我国高度重视应对气候变化支撑保障能力建设，不断完善温室气体排放统计核算体系，发挥绿色金融重要作用，提升科技创新支撑能力，积极推动应对气候变化技术转移转化。

① 完善温室气体排放统计核算体系。建立健全温室气体排放基础统计制度，提出涵盖气候变化及影响等5大类36个指标的应对气候变化统计指标体系，在此基础上构建应对气候变化统计报表制度，持续对统计报表进行整体更新与修订。编制国家温室气体清单，在已提交《中华人民共和国气候变化初始国家信息通报》的基础上，提交两次国家信息通报和两次两年更新报告。推动企业温室气体排放核算和报告，印发《24个行业企业温室气体排放核算方法与报告指南》，组织开展企业温室气体排放报告工作。碳达峰碳中和工作领导小组办公室设立碳排放统计核算工作组，加快完善碳排放统计核算体系。

② 在绿色金融方面，我国不断加大资金投入，支持应对气候变化工作。加强绿色金融顶层设计，先后在浙江、江西、广东、贵州、甘肃、新疆六省（区）九地设立了绿色金融改革创新试验区，强化金融支持绿色低碳转型功能，引导试验区加快经验复制推广。截至2020年末，我国绿色贷款余额11.95万亿元，其中清洁能源贷款余额为3.2万亿元，绿色债券市场累计发行约1.2万亿元，存量规模达8000亿元，位于世界第二。

③ 在科技创新方面，我国先后发布《应对气候变化相关科技创新专项规划》《技术推广清单》《绿色产业目录》，全面部署了应对气候变化的科技工作，持续开展应对气候变化基础科学研究，强化智库咨询支撑，加强低碳技术研发应用。国家重点研发计划开展10余个应对气候变化科技研发重大专项，积极推广温室气体削减和利用领域143项技术的应用。鼓励企业牵头绿色技术研发项目，支持绿色技术成果转移转化，建立综合性国家级绿色技术交易市场，引导企业采用先进适用的节能低碳新工艺和技术。成立二氧化碳捕捉、利用与封存（以下简称CCUS）创业技术创新战略联盟及CCUS专委会等专门机构，持续推动CCUS领域技术进步、成果转化。

9.5.3 全球气候变化带来的挑战

9.5.3.1 全球气候危机治理发展的新态势

地球正在以前所未有的速度快速升温，气候变化的短期影响叠加最终将造成全球性的重大紧急状况。“后巴黎时代”的世界呈现出愈发强烈的不确定性，各国政府不得不面对气候变化加剧的风险，全球气候危机治理呈现出新的发展态势。

（1）气候变化逐步被框定为影响深远的全球主要风险

2020年1月，世界经济论坛发布了《2020年全球风险报告》，强调就长期风险而言，未来10年的全球前五大风险首次全部与环境相关。按照发生概率排序的前五位风险分别为极端天气事件（如洪灾、暴风雨等）、减缓与适应气候变化行动的失败、重大自然灾害（如地震、海啸、火山爆发等）、生物多样性损失、人为环境损害及灾难。按照影响力排序的前五位全球风险分别为减缓与适应气候变化行动的失败、大规模杀伤性武器、生物多样性损失、极端天气事件和水资源危机。该报告指出全球在重大气候变化问题上的合作已经陷入“危机状态”，呼吁各国尽快协同合作，降低可能加剧的经济政治风险，共同应对气候变化带来的长期挑战。

2019年3月，由我国国家气候变化专家委员会和英国气候变化委员会联合发布的《中英合作气候变化风险评估——气候风险指标研究》指出，如果继续推行现行政策并停滞不前，全球将会陷入高排放路径，由此所带来的直接风险和系统性风险将会影响国家安全。在目前路径上，到2100年全球平均温度升高和全球平均海平面上升的中心估计值分别约为5℃和80cm。考虑到“最坏情况”，温度和海平面的升幅可能达7℃和100cm。这种上升速度将会给人类和自然系统带来严重威胁——到2100年时，目前每年发生概率不足5%的热浪将几乎每年都会发生，洪涝发生率将提高10倍，干旱的发生频率将以近10倍的速度增长，并将导致全球范围内的粮食危机。因此，各国必须立足未来气候风险的长远情景，考虑“最坏”结果，将对气候风险和韧性的分析纳入决策，使其最终能够抵御气候变化风险。

（2）危机应对在全球气候治理议题中的关注度不断提升

气候政治的发展及其谈判议程的启动最初源于科学与政治的互动。成立于1988年的IPCC的主要作用是汇总、筛选以及评估既有关于气候变化影响、未来风险、气候适应和减缓的相关科学、技术和社会经济方面的文献，通过发布报告为国际气候谈判提供重要的智力支持。2018年10月IPCC发布的《全球1.5℃增暖特别报告》强调，温控1.5℃是气候变化风险剧烈扩散的临界点，额外升温0.5℃具有巨大的边际风险，所带来的自然生态损失和社会经济损失在一定程度上具有不可逆性。

2019年9月在纽约开幕的联合国气候行动峰会，也基于气候治理的最新态势强调了气候危机应对的重要性。联合国秘书长古特雷斯在会上指出，曾经的“气候变化”现在已成为“气候危机”。气候变化的进度和严重程度远远超过10年前的预测与评估，对“气候紧急状况”的应对如同一场赛跑，需要尽快改变目前的应对方式，寻找新的合适的应对举措。随着气候危机议题的不断升温，2019年12月召开的马德里气候变化大会（COP25）也进一步将危机应对纳入气候谈判进程中。为应对气候危机造成的损失和损害寻找资金、技术以及提升发展中国家的气候危机适应能力，成为此次气候变化大会的关键议程。以华沙损失和损害国际机制（WIM）为例，其正式提出可以追溯到2013年华沙气候变化大会（COP19），但因缺乏相应的支撑一直难以落实。为完善WIM所推进的减灾体系，2016年马拉喀什气候变化大会决定于2019年的COP25上对WIM进行审评，此举得到了遭受气候变化严重不利影响的发展中国家的支持，他们希望通过审评进一步完善WIM，从而获取应对损失和损害的资金、技术及能力建设援助。经过马德里气候变化大会上的激烈讨论，会议最终决定由WIM执行委员会（Excom）建立关于缓发事件、非经济损失的专家组，就WIM相关工作起草工作计划；视情况扩大对发展中国家应对损失和损害的资金、技术及能力建设支持。

9.5.3.2　全球气候危机治理中的三重困境

当前全球碳排放量已经超出现有生态系统的碳汇能力，生态赤字不断积累，加剧了生态系统的不稳定性，使得气候变化系统性风险明显提高，需要各国联合应对。然而根据李昕蕾《步入“新危机时代”的全球气候治理：趋势、困境与路径》，在全球气候危机应对进程中仍面临如下三重严重困境。

（1）全球气候危机渐进长期性与国内短期政治利益诉求之间的矛盾

以气候变化为代表的非传统安全问题，因影响具有长期性、渐进性以及弥散性等特点，往往给人以“温水煮青蛙”的感觉。传统地缘安全博弈中，气候议题未能被“安全化”并纳入国家核心安全战略中。国际气候谈判主要是围绕碳排放空间进行的国家利益博弈过程。尽管各国已经就气候应对和可持续发展等议题逐步达成共识，但都不愿意因为限制温室气体排放而压缩本国经济发展的空间，往往希望别国可以承担更多的减排责任。

尽管全球经济论坛《2020年全球风险报告》强调，极端天气事件以及减缓和适应气候变化行动的失败成为全球最可能发生且影响最为严重的长期风险，但论坛侧重点仍是各国最为关心的短期风险，位居前两位的是经济对抗风险和国内政治极化的风险。各国领导人的政治连任诉求决定了其国内政策仍侧重于经济发展和社会稳定等短期核心利益。尤其是西方国家，政党竞选博弈通常着重围绕经济问题、就业问题等选民聚焦议题来进行，而将具有长期性影响的气候风险议题后置。较为典型的是，美国两党制博弈导致其气候外交出现多次波折。例如，小布什政府退出了克林顿政府签署的《京都议定书》，特朗普政府退出了奥巴马政府签署的《巴黎协定》。美国的“退群”行为导致全球气候治理中的领导力赤字扩大，增加了其他国家的碳减排负担，加大了实现《巴黎协定》减排目标的难度，并加速了气候变化系统性危机临界点的到来。

（2）气候危机纽带传导性与全球气候治理碎片化之间的矛盾

全球变暖加速带来的是整个生态系统的危机，具有传导性。目前全球气候危机有如下3个主要特点：

① 全面性，危机不会局限于某一行业或某一区域。全球变暖会引发海平面上升、干旱、山火、洪涝、地震、海啸等诸多问题，不仅威胁着发展中国家的利益与安全，也威胁着发达

国家的稳定与繁荣。

② 与其他系统性风险类似，诱发因素众多，现有的技术条件难以有效预测。因此，单纯的技术乐观主义，如地球工程（Geoengineering）并不能对气候变化形成根本性遏制。

③ 具有内生关联性和传导性。这意味着由气候变化所引起的某种或几种直接风险首先触发危机，然后通过内生的相互关联形成传导途径，从而会导致危机的“级联”恶化，进而在经济、社会、文化、生态和政治等各个层面发生连锁反应。

这种系统性风险是难以预测和防控的，并且不断挑战人类既有的大数据风险预测能力。随着未来各系统变得更加复杂、相互联系更加紧密，各国之间需要通过开展合作和采取新的治理措施来管理跨界风险。

然而，与气候危机的系统性威胁相对应的是，随着全球气候治理中各类治理机制和参与行为体的增多，全球气候治理呈现出一种碎片化的机制复合体发展态势。尽管弗兰克贝尔曼（Frank Biermann）等学者指出，全球气候治理制度碎片化并不一定意味全球气候治理的失灵，但是治理的有效性取决于核心制度同其他制度和规范的互动程度，以及制度之间的协调整合能力。在当前的气候治理格局中，“自下而上”的巴黎模式进一步弱化了联合国架构在全球气候治理中的中心作用。除此之外，气候议题的复杂性、政治权力的博弈和国内政治的干扰都成为影响机制间良性互动的负面因素。同时，在碎片化格局的机制协调中，全球气候系统性治理所需要的核心领导力也出现了空前赤字。美国退出《巴黎协定》后造成的减排力度下降和资金支持缺口是其他国家难以弥补的。欧盟作为“京都时代”的气候领袖，虽然一直没有放弃领导全球气候治理的雄心，但目前被经济、难民问题以及内部矛盾掣肘。中国虽然被寄予发挥领导作用的国际期望，但不能被苛求做出超越国情和自身能力的贡献，更不能额外分担美国所放弃的责任和义务。中国参与的“基础四国”联盟也因为各国的政治经济背景和诉求不尽相同，在关键问题上凝聚力不足。在此背景下，2019 年的马德里气候大会未能就加强《巴黎协定》执行的具体计划达成任何共识。从长期来看，全球气候治理的碎片化趋势成为阻碍系统性应对气候危机的机制性弱点。

（3）气候危机影响的非均质性与南北分割中的应对能力困境

全球变暖的影响效应是非均质性的，气候变化尤其是极端天气事件的发生对低纬度国家（特别是撒哈拉以南非洲地区）生态系统的破坏程度更高。一直被贫困问题困扰的低纬度发展中国家由于气候适应能力低而面临更为严峻的挑战，甚至可能会陷入气候致贫且无力应对的“持续贫困”的恶性循环中。与之相比，原本比较发达的较高纬度地区的国家受气候变化的影响较小，而且它们拥有更雄厚的财力和更先进的技术，具有更好的气候风险预测和气候灾难处理能力，可以较大限度地减少气候变化所带来的经济社会损失。从地缘经济维度看，大部分热带和亚热带地区低纬度国家的经济发展本身就较为落后，且经济结构单一，主要依靠农业和原材料的出口，更容易受到气候极端天气的影响。例如，温度上升和洪水泛滥引发的疾病与粮食减产会更多地发生在低纬度国家，增加了这些国家的粮食安全风险。2018 年联合国发布的《1998～2017 年经济损失、贫困和灾害》报告指出，虽然高收入国家也遭受了经济损失，但灾难事件对低收入和中等收入国家造成的影响是不可估量的，低收入国家的人民在灾难中失去财产或遭受伤害的可能性是高收入国家人民的 6 倍。

目前，发展中国家应对气候危机能力滞后的现状并没有得到根本改善。当气候灾难来临时，其脆弱的社会经济系统会遭受更为严重的损害，进而会引发一系列后续的社会、经济和文化等的系统性衰退。要解决危机应对中的气候公平问题，需要进一步减少“南北分割”中的差距，通过发达国家的资金支持和技术援助来提高发展中国家的应对能力。尽管《巴黎协定》第九条第一款明确提出“发达国家缔约方应为协助发展中国家缔约方减缓和适应气候变化提供资金”，但执行情况并不乐观。此前发达国家承诺的年均 1000 亿美元的资助方案仅出现在主席提案部分，并未在《巴黎协定》正式文本中出现，因而并不具有法律约束力。为实现全球 2℃温控目标，发展中国家每年需要 3000 亿～10000 亿美元的资金支持，但 2019 年的马德里气候大会仍未就 2020 年以后的援助资金规模达成一致意见。根据历史指标核算，美国应是全球气候治理最大的资金来源国，但其退出《巴黎协定》后终止履行出资义务，同时也影响了其他发达国家出资的意愿和力度。当前，虽然有全球环境基金（GEF）、绿色气候基金（GCF）等融资机制，但其资金规模有限，无法提供有力的资金支持，导致应对气候变化的相关行动也出现了延缓。更糟的是，现行框架下的国家自主贡献机制并不具备“硬法”约束力，即使某一缔约方拒绝履行承诺，国际社会也不可能对其实施制裁。

9.5.3.3　气候变暖对中国的挑战与机遇

（1）挑战

全球气候变化问题将给我国带来许多挑战，例如国际上要求我国减排温室气体（GHG）的压力越来越大，而我国减排温室气体的潜力又受到能源结构、技术和资金等的制约。我国是一个发展中国家，实现经济和社会发展、消除贫困是首要及压倒一切的优先任务。在未来相当长的时期内，我国经济仍将保持快速增长，人民的生活水平必将有一个较大幅度的提高，而能源需求和 CO_2 排放量还将不可避免地增长，作为温室气体排放大国将更加突出，无疑对我国的社会经济发展带来严峻的挑战。

国际气候变化谈判过程中，发达国家与发展中国家就承担减排义务主体的争论始终是最主要的矛盾。发达国家的矛头特别指向经济增长速度快、有较大排放需求的中国、印度等发展中国家。因此京都会议后，一些发达国家试图以《京都议定书》已规定发达国家的减排指标为由，集中全力向中国和印度等发展中国家施压。

自然资源是国民经济发展的基础，资源的丰度和组合状况在很大程度上决定着国家的产业结构及经济优势。我国人口总量大、整体发展水平还比较低以及人均资源短缺等基本国情决定了我国传统的消费生产模式是一种资源耗竭型、不可持续的消费和生产模式，同时也决定了我国的经济发展模式在由传统型向资源节约型的现代化转变中面临巨大困难。世界各国的发展历史和趋势表明，人均 CO_2 排放量、商品能源消费量和经济发达水平有明显的相关关系。在目前的技术水平下，达到工业化国家的发展水平意味着人均能源和 CO_2 排放也必然要达到较高的水平。未来随着我国经济的发展，能源消耗与 CO_2 排放量必然还要持续增长，因此减缓温室气体排放将使我国面临开创新型、可持续发展的消费和生产新模式的挑战。

同时，我国还是世界上少数几个以煤为主要能源的国家，若将我国计算在外，1999 年，全球一次能源消费结构中煤炭比例已降到 20.2%，远低于石油所占的比例，也低于天然气的 25.5%。和石油、天然气相比，单位热量燃煤引起的 CO_2 排放量比使用石油、天然气分别高出 36%和 61%左右。由于调整能源结构在一定程度上受到能源资源结构的制约，提高能源利用效率又面临着技术和资金上的压力，以煤为主的能源资源和消费结构，使我国控制 CO_2 排放的前景不容乐观。而且发达国家有可能进一步抬高进口产品的环保标准或能效标准，如设立绿色贸易壁垒，或采取征收国际碳税等措施，在国际贸易双边谈判当中也出现了附加能效和环保条款、规定新义务的动向。这对我国产品能耗较高、增加值较低的制造业产品的出口竞争力会产生直接影响，同时也会导致高耗能产业向发展中国家转移，对我国引进外资的数量和投向也会产生影响。

（2）机遇

全球气候变化问题在给我国带来巨大挑战的同时，也给我国带来了新的发展机遇。

一方面，气候变化这一全球性、长期性和影响深远的环境问题可以与我国自身的能源结构转型及可持续发展战略有机地结合起来。用低碳燃料或无碳能源替代煤炭，提高能源利用效率，不仅是未来我国减缓 CO_2 排放的需要，也是保护环境的需要。当前国际社会提出的减缓 CO_2 排放的政策和措施主要集中在提高能源利用效率、发展可再生能源，这些措施和政策可以促进我国经济增长方式从粗放型向集约型的根本转变，同时其直接结果是推动高效能源技术和节能产品更加迅速地向全球扩展及传播，这一趋势将有利于促进我国能源利用效率的提高和能源结构的优化。通过实施降低资源和能源消耗、推进清洁生产、防治工业污染等产业政策，我国经济结构随着能源利用效率的提高得到优化。若发达国家能在国内进行实质性减排，无疑将对世界能源结构和能源技术产生重大影响。发达国家的能源将由以石油为主向以天然气为主过渡，各种可再生能源也将得到较大发展，这可能为我国逐渐将目前以煤为主的高排放、高污染的能源结构转向以油气为主要能源提供了机遇。同时，这种减排压力也势必会促进发达国家在节能与新能源技术上的创新，节能与新能源技术的市场竞争力也会得到加强，气候变化无疑将为新一代能源技术的发展提供机遇。同时，可以进一步推动我国在节约和优化能源等资源利用、林业可持续发展等方面的进程。

另一方面，我国是温室气体排放大国，在履约活动中具有较强的国际合作优势。根据《京都协定书》的清洁发展机制规定，发达国家可以通过购买发展中国家的减排温室气体项目来帮助自身履约，2012 年之前我国因为工业水平与国外发达国家相比相对落后一些，减排潜力巨大，国家风险低，比较容易获取项目投资，因此充分发挥这项发展中优势，积极参与 CDM 项目的建设和交易，成为全世界最大的 CER 供应国，为我国争取了部分先进技术和资金。我国于 2021 年初启动的国家碳排放交易体系是一个重大举措，至此超越了欧盟碳排放交易体系（European Union emissions Trading system，EU-ETS）成为了全世界最大的碳交易市场，同样具有强大的国际影响力。积极参与全球气候变化领域的国际合作，认真履行与我国经济发展水平相适应的义务，这不仅有利于树立我国保护全球气候的国际形象，扩大国际合作，推动发达国家履行资金和技术转让的承诺，也为我国社会经济的发展创造了更为有利的国际政治和经济技术环境。

9.6 全球变暖背景下的碳中和之路

9.6.1 碳核算与碳足迹

碳核算是进行碳交易和碳减排过程的重要前提与支撑，而碳核算后形成的碳足迹有利于决策者了解区域碳排放情况和特性，做出合适的决策。

9.6.1.1 碳排放计量方法

常用的碳排放计量方法有投入产出法、实地测量法和排放系数法。

（1）投入产出法

投入产出法（input-output method）是指借助公式模型，利用投入产出表数据对产业组成、宏观经济比例和各经济部门之间的相互联系进行经济投入产出分析，在此基础上，结合行业整体的环境影响数据就可估算出某产品系统的整体环境影响。投入产出法对被评估对象的过程数据要求较低，不需花费太多时间精力去收集和量化清单数据，通过宏观经济数据便可快捷地对产品或服务在整个环节中的环境影响做出评估。可知，投入产出法可有效评估产品或服务的行业或部门平均水平环境影响，但因为采用的不是具体被评估对象的实际数据，并不能分析产品的个性化环境影响，该法不适用于微观分析。

（2）实地测量法

实地测量法（field survey）是指采用科学合理的方法在现场布置相应监测仪器，测量温室气体的排放速率、流量、浓度和时长，经过计算得出温室气体总量。该法的重点和难点在于布置监测仪器，对布点位置和监测仪器精度要求较高，易受到场地条件的限制。若能完整监测到满足精度要求的数据，则数据有效并且可在一定区域范围内使用。但难以排除其他系统的干扰，而且无法测量到间接温室气体的排放数据；容易受到天气的影响，监测持续性对监测结果有较大影响。

（3）排放系数法

排放系数法（emission factor approach）是指建立碳排放因子数据库，用碳排放清单列表上的单元活动数据乘上所对应的碳排放因子得到该排放单元的碳排放量，将其累加便得到评估对象的碳排放总量。应用该法离不开碳排放因子，国内外不少组织机构和学者个人通过实地调研、整理和统计，建立了种类多样的碳排放因子数据库，以供参考选用。因基础数据较为完善、可操作性强、计算便捷等，排放系数法是目前最常用的碳排放估算方法。

碳排放计量方法并不唯一，它们互相之间交叉配合使用，只使用一种计量方法的研究占少数，多数研究都是几种计量方法一起使用，相辅相成，以保证研究成果令人满意。各方法的公式和使用条件见表 9-3。

表 9-3　碳核算方法及使用条件

方法	公式	使用条件
投入产出法	碳排放＝输入碳－非 CO_2 输出碳	（1）排放单元、排放设备涉及的工艺原理复杂； （2）涉及的物质种类多样、碳含量不稳定； （3）投入或产出与碳排放量的关系不确定； （4）排放设备之间的关系较复杂，不易于分设备进行报告； （5）没有供参考的排放因子及其相关数据
实地测量法	使用测量系统监测 CO_2 密度和流速	—
排放系数法	碳排放＝活动数据×排放因子	（1）排放单元、排放设备涉及的工艺原理简单； （2）涉及的物质种类较单一、碳含量较恒定； （3）投入或产出与二氧化碳排放量的关系较确定； （4）排放设备之间关系明晰，易于分设备进行数据报告

9.6.1.2　生态足迹理论与碳足迹概念

生态足迹（ecological footprint）是指在特定的人口和区域内，维持某种特定的生活方式所需要的资源消费以及吸收在这一过程中产生的废弃物所需的生物生产性土地面积。生态足迹及其计算方法最早是 1992 年加拿大生态经济学家 William E. Ress 提出的，后来 Mathis Wackernagel 将其进一步完善。生态足迹是测算生态可持续性的计量工具，将其与区域的生态承载力进行比较，可以评估人类活动对生态系统的影响，衡量区域的可持续发展状况。

碳足迹（carbon footprint）的概念源于生态足迹，从内涵上看，碳足迹实际上是生态足迹的一部分，其内涵与生态足迹密切相关。碳足迹同生态足迹的作用相似，是用来衡量人类活动对于自然生态系统的影响和占用程度，揭示其发展趋势，并考虑人类的能源活动对气候变化和大气环境的影响。虽然碳足迹的概念来自生态足迹，但与其在本质上又有所区别，即碳足迹表征的是对化石能源的消费，是衡量人类对能源的利用量。关于碳足迹的概念，目前社会各界的定义各不相同，英国学者 POST 认为碳足迹是某一产品或过程在全生命周期内所排放的 CO_2 和其他温室气体的总量；英国石油公司 BP（British Petroleum）认为碳足迹是人日常活动中所排放的二氧化碳总量；Carbon Trust 将其表述为衡量某一种产品在全生命周期（原材料开采、加工、废弃产品的处理）中所排放的二氧化碳以及其他温室气体转化的二氧化碳等价物；Druckman 认为碳足迹是由某一活动直接及间接引起的 CO_2 排放总量，或是某一产品在整个生命周期内累积的 CO_2 排放总量。

由此可以看出，争论焦点主要集中在以下 3 个方面。

① 碳足迹的研究对象是二氧化碳的排放量还是用二氧化碳当量表示的所有温室气体排放量。一种观点认为碳足迹指自然界中所有排放途径（包括人类活动和自然界活动，如化石燃料燃烧、动植物的生命活动排放、自然挥发等）所造成的所有温室气体的排放量，不仅应包括二氧化碳，还应包括其他温室气体；另一种观点则认为碳足迹仅需计算二氧化碳的排放量。

② 根据碳足迹计算边界的不同，碳足迹可分为第一碳足迹和第二碳足迹。第一碳足迹，亦称直接碳足迹，主要指生产和生活中直接使用化石能源所造成的碳排放。一部分学者认为只有与产品或活动直接相关的排放量才应该被包括在内，因为包含间接排放可能引起重复计算且难以确定排放责任。第二碳足迹，也称间接碳足迹，是指消费者使用各类商品或某项服务时在该商品和服务的整个生命周期内所导致的碳足迹，应当包括产品或活动在生命周期内直接和间接排放的温室气体量。如果碳足迹概念局限于直接排放量，那么碳排放责任就会集中在钢铁、化工、建材、电力等能源密集型部门，而对建立在这些部门之上的加工制造业部门的排放责任就难以追究。因此，从实践角度出发，碳足迹应当包含产品或活动在整个生命周期内的直接及间接排放量。

③ 按研究尺度的不同，碳足迹可分为个人碳足迹、产品碳足迹、企业碳足迹和区域碳足迹。个人碳足迹是针对每个人日常生活中的衣、食、住、行所导致的碳足迹加以叠加估算的过程；产品碳足迹是指产品或服务整个生命周期中所产生的碳足迹；企业碳足迹是指企业所界定的范围内产生的直接或间接碳足迹；区域碳足迹着眼于一个国家、区域或城市为满足最终需求所需的完全碳排放，包括区域内的直接和间接碳排放、区域间调入调出和进出口活动的碳足迹。

根据碳足迹的测度范围，碳足迹还可以分为生产碳足迹和消费碳足迹。从生产碳足迹来看，某地区的碳排放量应该是其生产的所有产品和服务的碳排放量，不考虑产品和服务是不是在本地区消费。因此，用它可以测算某地区单位产品的碳排放量，进而可以通过与其他地区对比，了解此地的生产技术水平以及环境保护情况。从消费碳足迹的角度来看，某地区的碳排放量应该是其消费的所有产品的碳排放量，把本地区消费的其他地区生产的产品都考虑进来。

9.6.2 碳交易

碳市场为处理好经济发展与碳减排关系提供了有效途径。全国碳排放权交易市场（以下简称全国碳市场）是利用市场机制控制和减少温室气体排放、推动绿色低碳发展的重大制度创新，也是落实中国二氧化碳排放达峰目标与碳中和愿景的重要政策工具。

9.6.2.1　国外碳交易发展历程

排污权的交易思想最先由美国戴尔斯 Dales 于 1968 提出，理论来源于著名的科斯定理。20 世纪 70 年代后期，美国环保署 EPA（Environmental Protection Agency）在空气质量管理方面采用了排放权交易制度，即著名的“酸雨计划”，使排污权交易从理论研究变成现实。

为应对全球气候变暖，实现能源利用的可持续发展，1994 年《联合国气候变化框架公约》生效，此后每年举行一次缔约方会议，各国在会议上对重大问题进行探讨协商，探索共同应对气候变化的路径和举措，至今已举行了 26 次（缔约方大会 COP1～COP26，Conference of the Parties，简称 COP）。

1997 年 12 月，《联合国气候变化框架公约》第三次缔约方大会 COP3 上通过了具有法律约束力的《京都议定书》(Kyoto Protocol)，限制发达国家温室气体排放量，以此应对全球气候变化，提出了“碳交易”这一概念。该协议于 2005 年 2 月 16 日正式在全球范围内实行。

为实现《京都议定书》确立的碳减排目标，2005 年 1 月 1 日，欧盟碳排放交易市场正式启动，涵盖欧盟成员国以及挪威、冰岛和列支敦士登，覆盖该区域近半数的温室气体排放，为 11000 多家高耗能企业及航空运营商设置了排放上限。

欧盟排放交易体系（European Union Emission Trading Scheme，EUETS）是迄今为止世界上最成熟、影响力最广泛的碳交易体系，使碳排放指标演变成可流通的金融产品，在限制企业碳排放的同时还可促进国家间经济发展。当时的英国排放贸易计划（UK-ETS）、澳大利亚新南威尔士的排放贸易计划（NSW）以及美国芝加哥气候交易所（CCX）等也参与全球碳排放贸易，全球碳市场初步形成，国际社会对碳排放贸易的关注与参与热情日益升温，碳交易额持续上升。

数年后，日本、新西兰、瑞士、澳大利亚、韩国、中国等国家也开始先后开展碳市场。截至 2021 年 3 月，全球现有碳交易市场体系共覆盖 33 个司法管辖区，包括 1 个超国家机构体系、8 个国家系统、18 个省和州系统、6 个城市系统。这些正在运行碳市场的司法管辖区占全球 GDP 的 54%，覆盖了全球约 16%的温室气体排放。此外，世界各地的许多其他司法管辖区也正在计划或考虑建立新的碳排放交易系统。

目前国际碳交易市场主要根据《联合国气候变化框架公约》下的各国责任划定以及《京都协定书》下的三种排减机制［清洁发展机制（Clean Development Mechanism，CDM，减排单位为核证减排量 CER)、联合履行机制（Joint Implementation，JI，减排单位为排放减量单位 VER)、排放交易机制（Emissions Trade，ET）］，以配额型和项目型两种形态进行交易。国外碳交易的发展历程如图 9-19 所示。

9.6.2.2　国内碳交易发展历程

2011 年之前为我国清洁发展机制项目阶段。为应对全球气候变化问题，我国主动承担国际责任，于 1992 年签署了《联合国气候变化框架公约》，于 1998 年 5 月签署 2002 年 8 月正式加入《京都议定书》。其中 CDM 清洁发展机制是《京都议定书》规定下唯一一个包括发展中国家的弹性机制，该机制是发展中国家与发达国家之间的合作机制，通过允许发达国家在发展中国家投资温室气体减排项目，用产生的经核证的减排量（CERs）抵免该国所承

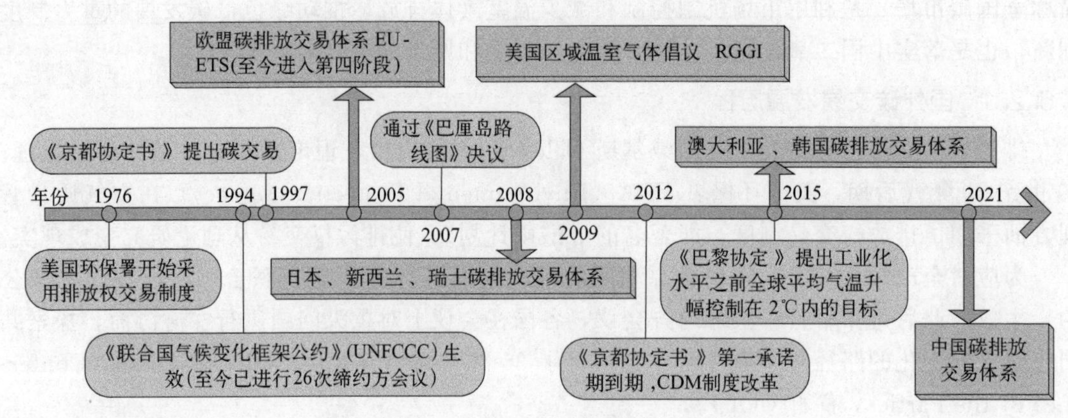

图 9-19 国外碳交易发展历程

担的减排义务。在 2005～2011 年间，我国还没有建立国内的碳排放权交易市场，简单以 CDM 项目的供应国身份单向参与国际碳交易实践，由于处在工业发展阶段，环境污染严重，具有巨大减排空间，我国成为世界上最大的 CER 碳排放权供应国。此时碳交易的市场和标准都在国外，再加上 2008 年全球金融危机和 2012 年《京都议定书》第一承诺期到期，CDM 项目的需求量急剧下降，审核规定逐渐严格，我国在整个碳交易产业链中比较被动。

2011～2020 年为我国碳交易的区域试点阶段。2011 年 10 月，国家发改委发布《关于开展碳排放权交易试点工作的通知》，将北京市、天津市、上海市、重庆市、广东省、湖北省、深圳市七省市列为碳排放试点地区，指示各试点地区建立各地区排放权交易监管体系、交易平台建设等工作，标志着我国碳交易正式启动。2016 年，福建省、四川省也自主建设地方碳交所并得到国家承认。各地方试点总共纳入石化、化工、建材、钢铁、有色、造纸、电力、航空共八个重点排放行业。截至 2019 年 5 月，我国碳交易试点配额累计成交二氧化碳量达到 3.1×10^8t，累计成交额约 68 亿元。广东、湖北和深圳三地的交易所在累计成交量上排名前三。同时自 2013 年起，我国开发了自己国内的温室气体自愿核证减排机制 CCER，福建省和北京市开发林业抵消信用机制，广东开发普惠额度抵消机制，鼓励企业和个人进行自愿碳减排。

2021 年后我国碳交易进入全国化阶段。2020 年底，生态环境部出台《碳排放权交易管理办法（试行）》，印发《2019～2020 年全国碳排放权交易配额总量设定与分配实施方案（发电行业）》，正式启动全国碳市场第一个履约周期。2021 年 5 月，碳排放权登记、交易及结算规则出台，碳交易逐渐完成从试点区域向全国统一的过渡。2021 年 6 月，全国碳市场交易正式启动，最初仅纳入电力行业，覆盖发电行业 2225 个实体，年排放量约为 4.0×10^9t 二氧化碳，将成为推动我国实现 2030 年前碳达峰、2060 年前碳中和承诺的重要工具。我国碳交易的发展历程如图 9-20 所示。

9.6.3 碳捕集与碳封存

履行国际协议和义务，是应对气候变化的基础。同时，解决气候危机的技术也同样重要。技术、制度的合力是推进全球气候治理转向的关键所在。

实现碳中和目标不可或缺的关键技术之一就是二氧化碳（CO_2）捕集和封存技术（carbon capture and storage，CCS），也有的报告将其称为二氧化碳捕集、利用与封存技术

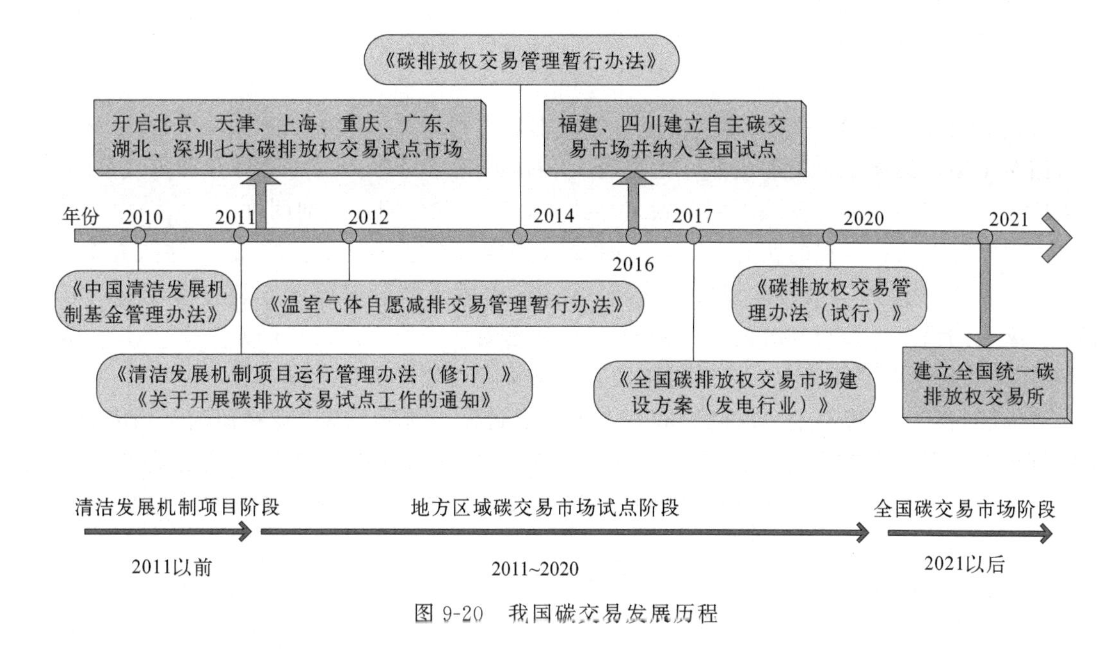

图 9-20　我国碳交易发展历程

(carbon dioxide capture，utilization and storage，CCUS)。CCS 技术是指通过碳捕捉技术，将工业和有关能源产业所产生的二氧化碳分离出来，再通过碳储存手段，将其输送并封存到海底或地下等与大气隔绝的地方。

CCS 是稳定大气温室气体浓度的减缓行动组合中的一种选择方案，具有减少整体减缓成本以及增加实现温室气体减排灵活性的潜力。CCS 的广泛应用取决于技术成熟性、成本、整体潜力、在发展中国家的技术普及和转让及其应用技术的能力、法规因素、环境问题和公众反应。目前，CCS 技术尚处于研发阶段。

9.6.3.1　碳捕集

碳捕集技术最早应用于炼油、化工等行业。由于这些行业排放的 CO_2 浓度高、压力大，捕集成本并不高。而在燃煤电厂排放的 CO_2 则恰好相反，捕集能耗和成本较高，现阶段的碳捕集技术尚无法解决这一问题。

碳捕集技术目前大体上分为三种，即燃烧前捕集、燃烧后捕集和富氧燃烧捕集。三者各有优势，却又各有技术难题尚待解决，目前呈并行发展之势。

燃烧前捕集技术以 IGCC（整体煤气化联合循环技术）为基础：先将煤炭气化成清洁气体能源，从而把 CO_2 在燃烧前就分离出来，不进入燃烧过程。而且，CO_2 的浓度和压力会因此提高，分离起来较方便，是目前运行成本最廉价的捕捉技术，其前景为学界所看好。问题在于，传统电厂无法应用这项技术，而是需要重新建造专门的 IGCC 电站，其建造成本是现有传统发电厂的 2 倍以上。

燃烧后捕集技术可以直接应用于传统电厂，北京高碑店热电厂所采用的就是这条技术路线。这一技术路线对传统电厂烟气中的 CO_2 进行捕集，投入相对较少。这项技术分支较多，可以分为化学吸收法、物理吸附法、膜分离法、化学链分离法等。其中，化学吸收法被认为市场前景最好，受厂商重视程度也最高，但设备运行的能耗和成本较高。事实上，由于传统电厂排放的 CO_2 浓度低、压力低，无论采用哪种燃烧后捕集技术，能耗和成本都难以降低。如果说，燃烧前捕集技术的建设成本高、运行成本低，那么燃烧后捕集技术则是建设成本低、运行成本高。

9.6.3.2 碳封存

若把 CCS 作为一个系统来看，碳捕集的成本要占到 2/3，碳封存的成本占 1/3。碳封存技术相对于碳捕集技术也更加成熟，主要有三种，即海洋封存、油气层封存和煤气层封存。与碳捕集技术多路线并行发展不同，碳封存技术路线主次分明，方向明确。

海洋封存有两种潜在的实施途径：一种是经固定管道或移动船只将 CO_2 注入并溶解到水体中（以 1000m 以下最为典型）；另一种则是经由固定的管道或者安装在深度 3000m 以下的海床上的沿海平台将其沉淀，此处的 CO_2 比水更为密集，预计将形成一个“湖”，从而延缓 CO_2 分解到周围环境中。海洋封存及其生态影响尚处于研究阶段。

油气层封存分为废弃油气层封存和现有油气层封存。国际上有企业在研究利用废弃油气层的可行性，但并不被看好。主要原因在于目前人类对油气层的开采率只能达到 30%～40%，随着技术的进步，存在着将剩余的 60%～70%的油气资源开采出来的可能性。所以，世界上尚不存在真正意义上的废弃油气田。

通过利用现有油气田封存 CO_2 被认为是未来的主流方向，这项技术被称为 CO_2 强化采油技术，即将 CO_2 注入油气层起到驱油作用，既可以提高采收率又实现了碳封存，兼顾了经济效益和减排效果。这项技术起步较早，最近 10 年发展很快，实际应用效果得到了肯定，也是我国优先发展的技术方向。

煤层气封存技术是指将 CO_2 注入比较深的煤层当中，置换出含有甲烷的煤层气，所以这项技术也具有一定的经济性。但必须选在较深的煤层中，以保证不会因开采而造成泄漏。我国已经和加拿大合作开发了示范项目，投资高，但效果不错。问题在于 CO_2 进入煤气层后发生融胀反应，导致煤气层的空隙变小、注入 CO_2 会越来越难，逐渐再也无法注入。

二氧化碳的捕集、压缩、运输与利用过程如图 9-21 所示。

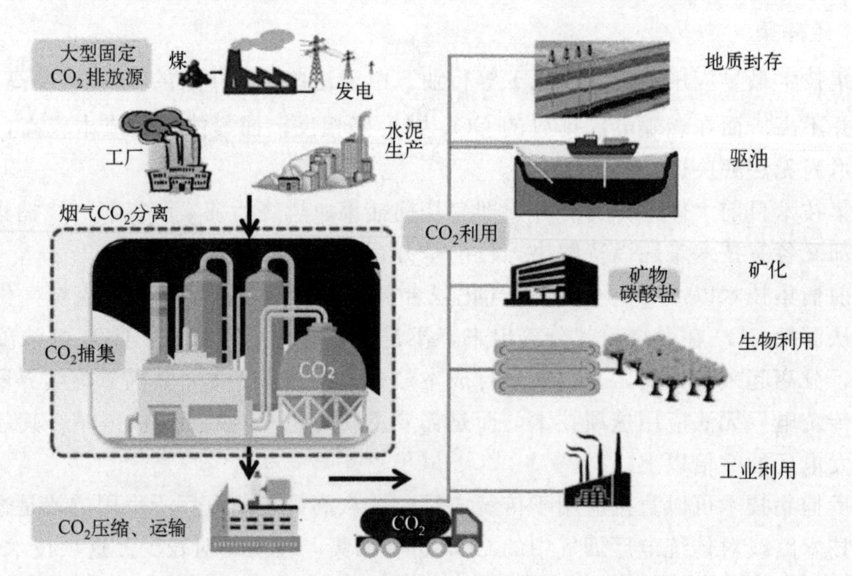

图 9-21　二氧化碳的捕集、压缩、运输与利用过程

9.6.3.3 碳捕集与封存技术面临的挑战

碳捕集与封存技术是减少 CO_2 排放最显著的方式之一，全球碳捕集与封存技术的应用

前景广阔，对于未来全球减少温室气体排放，实现气候变化目标仍至关重要。但是 CCS 的发展速度仍然较为缓慢，成本备受争议、政策支持不明朗、新能源技术发展迅速等因素，都对 CCS 产生一定的挑战。

(1) CCS 投资成本备受争议

根据全球碳捕集与封存研究院（GCCSI）发布的关于全球 CCS 成本的最新报告，CCS 成本是公众讨论的关键问题，且涉及多方面因素，尤其是燃煤电厂的 CCS 成本存在误解以及扭曲解释。CCS 技术普遍成本高昂，无法达到商业规模，对于碳捕集后的运输、捕集 CO_2 的注入和储存也存在严重的现实问题。美国能源经济与金融分析研究所（IEEFA）的最新报告《碳捕捉的圣杯持续迷惑煤炭产业》指出，高风险、高成本的碳捕捉技术投资在之前可能可行，但现如今这些投资将不再现实——碳捕集技术高昂的成本实在令人望而却步。尽管该报告主要围绕美国电力市场，但是对美国主要的 CCS 项目成本分析结果表明，对任何考虑广泛采用 CCS 技术的国家来说都起着警示作用。

从现状来看，未进行 CCS 技术改造的煤炭厂正面临越来越难以与风能、太阳能资源相竞争的局面，如图 9-22 所示。从图中可以看出，每吨增加 60 美金的碳捕捉成本，或者按照提倡者们所鼓吹的最终实现每吨增加 30 美金的成本，将进一步削弱燃煤发电的竞争力。根据全球碳捕集与封存研究院（GCCSI）的研究成果，CCS 对于风电和太阳能发电成本较高，是因为对比的是平准化成本（LCOE），但是这是不完整和不准确的对比，未包括全部发电成本（输电、配电、电网稳定性与电网恢复力）。电力行业中用平准化成本对比各种没有共同特点的发电技术是不恰当的，尤其是可再生能源技术受天气变化影响，对电网有不同的价值。

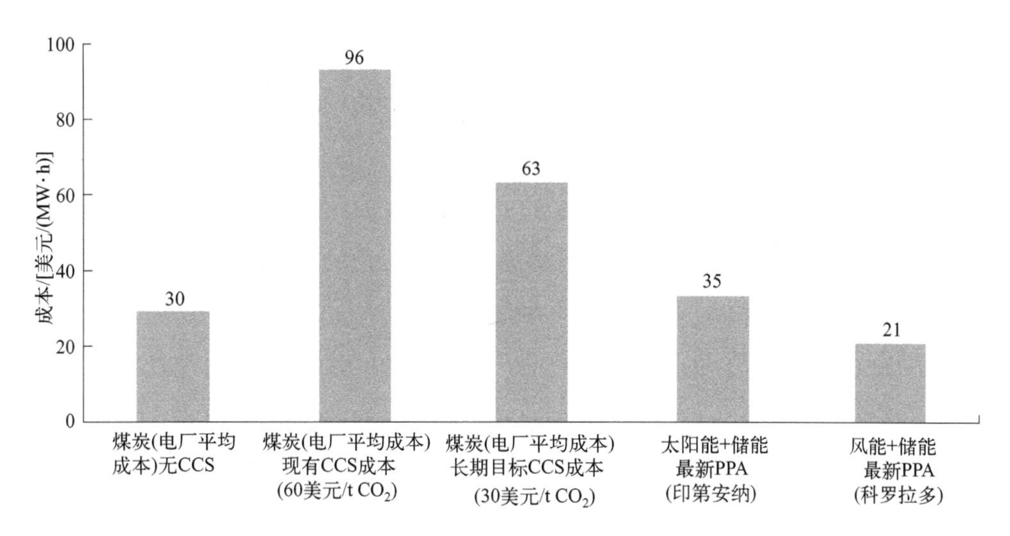

图 9-22　煤电（有无 CCS 成本）与太阳能、风能成本对比

［数据来源：美国能源经济与金融分析研究所（IEEFA）］

在大多数 CCS 系统中，捕获（包括压缩）的成本是最大的成本部分。能源和经济模式指出 CCS 系统对于减缓气候变化的主要贡献将来自于其在电力行业的发展。而正如大多数模拟结果所表明的那样，当 CO_2 价格开始达到 25～30 美元/t CO_2 时 CCS 系统才开始出现显著的部署规模。

（2）全球CCS政策不明朗

CCS政策主要是应对气候变化，但是对于投资发展CCS技术是远远不够的。实际上，如果没有强有力和可持续的政策，全球各国对CCS的投资不可能持续。在保证全球人口增长和财富增长的背景下，减少温室气体排放将产生巨大的成本，从长远看，收益也不确定。公众通常不会自己去权衡CCS技术的得失，因此全球对CCS的政策必须是足以改变所有利益相关者的行动。例如，普遍认为将CO_2排放到大气中比捕集永久储存CO_2更容易，成本更小。CCS资本市场上也没有获得足够的收益达到要求的投资回报率。政策不明朗对CCS未来的发展挑战还是很大的。CCS出现一个新项目，成熟产业中存在已建立的商业模式、结构和惯例都会应用到CCS项目中，但CCS这些方面尚未成熟，高风险导致较高的投资回报率，因此CCS融资也非常困难。另外，CCS投资需要长期资本密集型资产的投入，一个单一项目每年可以减缓百万吨CO_2排放，要求初始投资额达到上亿或10亿美元的投入，运行数十年，投资者必须有足够的信心理解现有和未来的政策环境，有效地开展项目，最优化风险投资策略，直到实现正向的金融投资决策。

因此，通过法律颁布的政策对CCS的发展至关重要，各国在发展CCS的时候需要政府对各类目标提出明确的具体措施。

（3）全球新能源发电成本越来越低

彭博新能源财经《2018新能源市场长期展望（NEO）》指出，长期来看，煤电将成为最大的输家。从度电成本角度，煤电将无法与风电和光伏竞争，如图9-23所示。从图9-23中可以看出，风电、太阳能发电成本远远低于燃煤发电成本，风电成本低于燃煤发电成本的1/2；从系统灵活性角度看，煤电将无法与燃气发电以及储能竞争。最终，大部分的煤电资产会被挤出市场。

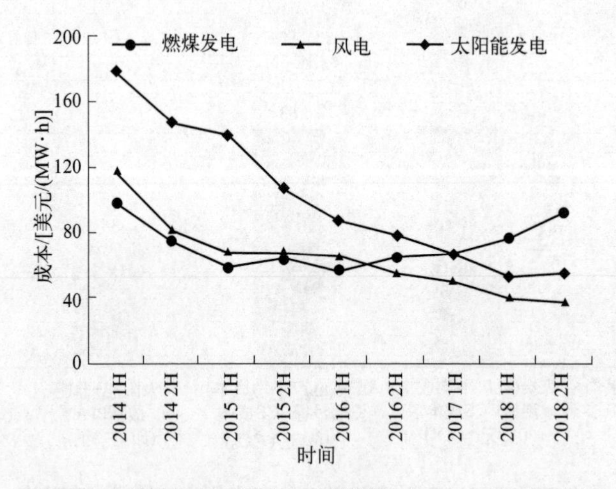

图9-23　燃煤发电、风电、太阳能发电LCOE成本对比

［数据来源：彭博新能源财经（BNEF）《New Energy Outlook 2018》］

为了实现气候变化目标，全球都在追求越来越多的清洁能源发展，新能源发展速度之快，装机和发电量增速都远远超过传统能源发电，更多的灵活电源形式出现，对煤电影响极大，尤其是对煤电安装CCS技术的成本备受争议，所以新能源发电成本越来越低，对CCS技术广泛应用是一个很大的挑战。

9.6.3.4　碳捕集与封存技术应用现状

自 1972 年第一个 Val Verde CO_2-EOR 大型 CCS 项目在得克萨斯州 Sharon Ridge 油田开始运营以来，全球已有 98 个 CCS 项目和 9 个测试中心启动运营或者开始建设。根据全球碳捕集与封存研究院数据库数据，截至 2017 年底，全球有 43 个大型 CCS 项目，其中 18 个项目处于商业化运营，5 个项目在建设中，20 个项目处于不同的开发阶段，捕集 CO_2 达 40Mt/a。另外，28 个试验示范大规模项目正在运营或建设中，捕集 CO_2 达 3Mt/a（图 9-24）。

图 9-24　美国怀俄明州碳捕集厂

我国以碳减排为目的开展 CCUS 技术开发与示范验证的历史接近 20 年。但我国 CCUS 技术在大规模示范和应用上相较国际先进水平差距较大。截至 2018 年，全球 18 个正在运行的大型 CCS 项目中，美国占了 10 个，挪威作为推动 CCUS 技术发展的老牌国家，也有 2 个（sleipner，snohvit）。而我国仅有一个"一中石油吉林油田的 CO_2 捕集驱油封存一体化项目"上榜，我国应加快 CCUS 的相关部署。

2019 年，科技部发布《中国 CCUS 技术发展路线图》(2019 版)，强调 CCS 技术是我国减少温室气体排放的重要战略储备技术，提出我国 2030 年、2040 年、2050 年的 CO_2 利用封存目标分别为 0.2×10^8t/a、2.0×10^8t/a、8.0×10^8t/a。2020 年 9 月 22 日，我国正式提出"力争在 2030 年前实现碳达峰、2060 年前实现碳中和"的目标。生态环境部牵头发布的《中国 CCUS 年度报告（2021）——中国 CCUS 路径研究》明确指出：CCUS 技术是我国实现碳中和目标技术组合的重要组成部分，是我国化石能源低碳利用的唯一技术选择，是保持电力系统灵活性的主要技术手段，是钢铁水泥等难减排行业的可行技术方案，基于 CCUS 的负排放技术还是抵消无法削减碳排放、实现碳中和目标的托底技术保障。2021 年 3 月，国务院发布《中华人民共和国国民经济和社会发展第十四个五年规划》和《2035 年远景目标纲要》。其中明确提出要开展 CCUS 重大项目示范，这是 CCUS 技术首次被纳入国家五年规划重要文件。

参考文献

[1]　刘俊．关注全球气候变化 [M]．北京：军事科学出版社，2009.

[2] 中国气象局气候变化中心．中国气候变化蓝皮书（2022）[M]．北京：科学出版社，2022.
[3] 万金泉，王艳，马邕文．环境与生态 [M]．广州：华南理工大学出版社，2013.
[4] 樊星，秦圆圆，高翔．IPCC 第六次评估报告第一工作组报告主要结论解读及建议 [J]．环境保护，2021，49（Z2）：4448.
[5] Intergovernmental Panel on Climate Change（IPCC）．Climate Change 2021：The Physical Science Basis [R]．Geneva：Intergovernmental Panel on Climate Change，2021.
[6] Intergovernmental Panel on Climate Change（IPCC）．Climate Change 2001：The Scientific Basis [R]．Geneva：Intergovernmental Panel on Climate Change，2001.
[7] Intergovernmental Panel on Climate Change（IPCC）．Climate Change 2007：The Physical Science Basis [R]．Geneva：Intergovernmental Panel on Climate Change，2007.
[8] Intergovernmental Panel on Climate Change（IPCC）．Climate Change 2013：The Physical Science Basis [R]．Geneva：Intergovernmental Panel on Climate Change，2013.
[9] 潘博煌．2021 年全球气候状况继续恶化 [J]．生态经济，2022，38（2）：1-4.
[10] Intergovernmental Panel on Climate Change（IPCC）．The IPCC Special Report on Emission Scenarios [R]．Cambridge University Press，UK，2000.
[11] 国家气候变化对策协调小组办公室，中国 21 世纪议程管理中心．全球气候变化，人类面临的挑战 [M]．北京：商务印书馆，2004.
[12] 中华人民共和国国务院新闻办公室．《中国应对气候变化的政策与行动》白皮书 [R]．2021.
[13] World Meteorological Organization（WMO）．The State of the Global Climate 2020 [R]．Geneva：World Meteorological Orgamization，2020.
[14] World Meteorological Organization（WMO）．The State of the Global Climate 2021 [R]．Geneva：World Meteorological Orgamization，2021.
[15] 张杰，曹丽格，李修仓，等．IPCC AR5 中社会经济新情景（SSPs）研究的最新进展 [J]．气候变化研究进展，2013，9（3）：225-228.
[16] 李昕蕾．步入“新危机时代”的全球气候治理：趋势、困境与路径 [J]．当代世界，2020（6）．
[17] World Economic Forum. The Global Risks Report 2020 [R]．Geneva：World Economic Forum，2020.
[18] UK’s Committee on Climate Change and the China Expert Panel on Climate Change，UK-China Co-operation on Climate Change Risk Assessment：Developing Indicators of Climate Risk [R]．UK：Climate Change Committee，2019.
[19] Intergovernmental Panel on Climate Change（IPCC）．Special Report Global Warming of 1.5℃ [R]．Geneva：Intergovernmental Panel on Climate Change，2018.
[20] UNISDR，Economic Losses，Poverty & Disasters 1998—2017 [R]．Geneva：United Nations Office for Disaster Risk Reduction，2018.
[21] 黄旭辉．地铁土建工程物化阶段碳排放计算与减排分析 [D]．广州：华南理工大学，2019.
[22] 曹俊文．基于投入产出技术的我国省域碳足迹及省际碳转移核算研究 [M]．南昌：江西高校出版社，2018.
[23] 高华．全球碳捕捉与封存（CCS）技术现状及应用前景 [J]．煤炭经济研究，2020，40（5）：33-38.

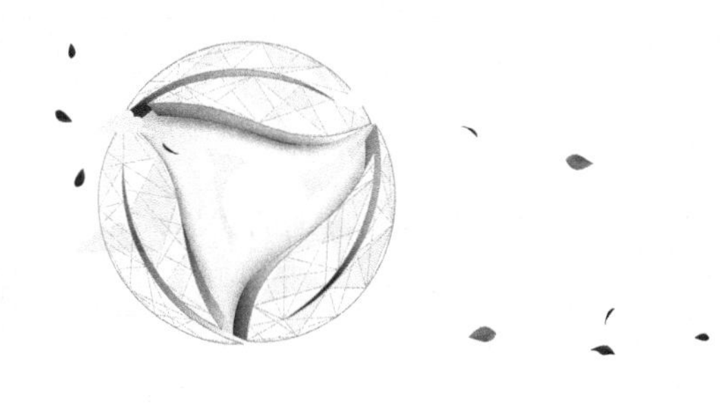

第10章 生态系统干扰与修复

生态系统中的干扰对于生态系统的持续稳定运行至关重要，干扰对生态系统存在正、负两型影响，对生态干扰的研究现状、性质、类型及生态效益进行详细的阐述有利于增强我们对生态系统抵抗外界干扰、维持自身稳定的认识。持续强度的干扰易造成生态系统的退化，退化后的生态系统丧失了原有的生态外貌、自我调节功能和生态服务功能，对全球气候变化、人类可持续发展影响深远。本章主要讲述生态干扰对生态系统多功能性的影响以及退化生态系统的概念、特征和原因等内容，详细介绍退化生态系统的修复方法与技术，并对生态工程建设技术与生态补偿机制进行具体说明。

10.1 干扰的概念及其对生态系统的影响

10.1.1 干扰的定义

干扰是自然界一个重要而又广泛存在的现象。就其字面含义而言，干扰是平静的中断，是对正常过程的打扰或妨碍。在经典生态学中，干扰被认为是影响群落结构和演替的重要因素。在生态学领域内，干扰的定义很多，常见的干扰定义主要有：“显著地改变系统正常格局的事件”或“干扰是一个对个体或个体群产生的不连续的、间断的斩杀、位移或损害”，这种作用能直接或间接地为新的有机体的定居创造机会。干扰是一种突发性事件，对个体或群体产生破坏或毁灭性作用。S. T. A. Pickett 和 P. White（1985）将干扰定义为相对来说的非连续的事件，它破坏生态系统、群落或种群的结构，改变资源、养分的有效性或者改变物理环境。实际上，对干扰定义的困难还在于许多词义的相近，如扰动、胁迫等。人们较统一的认识是，扰动偏重于过程，胁迫倾向于结果。从生态因子角度考虑，干扰较为普遍和典型的定义是群落外部不连续存在、间断发生的因子的突然作用或连续存在因子的超“正常”范围波动，这种作用或波动能引起有机体、种群或群落发生全部或部分明显变化，使其结构和功能受到损害或发生改变。

10.1.2 干扰的性质

对于生态系统来说，干扰其实是一种常见的现象，干扰的突出作用是导致景观中各类资源的改变和景观结构的重组，干扰对生态系统的影响的利弊，一方面取决于干扰本身的性质，另一方面取决于干扰作用的客体。

（1）多重性

干扰对生态系统的影响表现在多方面，其分布、频率、尺度、强度和出现的周期均是影响景观格局及生态过程的重要方面。

（2）相对性

同样的事件，在某种条件下可能对生态系统形成干扰，在另外一种环境条件下可能是生态系统的正常活动。是否对生态系统形成干扰不仅仅取决于干扰的本身，同时还取决于干扰发生的客体。对干扰事件反应不敏感的自然体，或抗干扰能力较强的生态系统，往往在干扰发生时不会受到较大影响，该种干扰行为只能称为系统演变的自然过程。

另外，干扰的相对性还表现在适度的干扰有时还会促进生态系统有序化，可以看作是对生态系统的一种有利的调节。例如，卫生伐会提高森林生态系统健康水平，而对于其他方式的森林采伐，若按照采伐量小于生长量，并以科学的方式进行采伐，既不会影响森林生态系统正常运行，也不会改变森林生态系统。如果乱砍滥伐，则很快使森林生态系统退化。再如对农林业生物灾害反复采用化学防治，则会使有害生物产生抗药性，天敌急剧减少，并使次要有害生物上升为主要有害生物，如果改用综合防治措施，结合农林业管理措施，提高农林生态系统稳定性，则能有效遏制生物灾害的发生。

（3）时空性

干扰的时空性，其实是其相对性在时间与空间上的一种表现。同一种干扰因子，在不同的地区，对生态系统的扰动结果不一定是一样的。例如凤眼莲，在南方侵占水面，泛滥成灾，称为危害严重的有害植物；而在北方，由于其植株不能越冬而不会泛滥成灾，在有些地区反而成为猪等的饲料。

同样，同一干扰因子，在不同时间对同一生态系统的干扰可能会不一样。例如，马尾松毛虫是一种周期暴发性森林害虫，它只在暴发期对森林生态系统产生影响，尤其是在松针损失率达到30%以上的重度发生区才对松树生长量产生影响，在其他时期基本上不会对森林生态系统产生危害。

生态干扰的时空性还表现在季节差异和地域差异上。生态系统内的生物，常常随季节变化而变化，不同的季节，生态系统的运行呈现不同的特征，因此受到的干扰也不同，干扰产生的结果也存在差异。地球上的生物，随着纬度或海拔的不同，呈现一定的水平分布或垂直分布规律，不同的生态系统，生态干扰因素与干扰结果都不同。

10.1.3 生态干扰类型

生态干扰的类型一般有以下5种。

（1）按干扰的产生源分类

按干扰的产生源分为自然干扰与人为干扰。

① 自然干扰指无人为介入，在自然情况下发生的干扰，如水灾、风暴、火山爆发、地壳运动、洪水泛滥、病虫害等。

② 人为干扰是在人类有目的的行为指导下，对自然进行的改造或生态建设，如烧荒种地、森林砍伐、放牧、农田施肥、修建大坝和道路以及改变土地利用结构等。从人类的角度出发，人类活动是一种生产活动，一般不称为干扰，但对于自然生态系统来说，人类的所作所为均是一种干扰。

（2）按干扰的功能分类

按干扰的功能分为内部干扰和外部干扰。

① 内部干扰（如自然倒木）是在相对静止的长时间内发生的小规模干扰，对生态系统的演替起着重要的作用。

② 外部干扰（如火灾、风害、砍伐）是短期内的大规模干扰，它妨碍生态系统演替过程的完成，甚至使生态系统从高级状态向较低级的状态发展。

（3）按干扰的机制分类

按干扰的机制分为物理干扰、化学干扰、生物干扰。

① 物理干扰，如森林退化引起的局部气候变化、土地覆被减少引起的土壤侵蚀及土地沙漠化等。

② 化学干扰最常见的例子是污染，如每年数百万吨的杀虫剂、清洁剂、氨、碱、酸、酚、石油等不断地排入环境中，引起土壤化学机制的改变，并影响植被生长。

③ 生物干扰如害虫暴发、外来种引进或不正当使用杀虫剂造成的生态平衡的破坏。

（4）按干扰传播的特征分类

按干扰传播的特征可分为局部干扰和跨边界干扰。前者指干扰仅在同一生态系统内部扩散；后者可以跨越生态系统边界扩散到其他类型的斑块中。

（5）按干扰的性质分类

按干扰的性质可分为破坏性干扰和增益性干扰。

① 破坏性干扰，多数自然干扰和人为干扰会导致生态系统正常结构的破坏、生态平衡的失调和生态功能的退化，有时甚至是毁灭性的，如各种地质、气候灾难和乱砍滥伐、滥牧等掠夺式经营。这些干扰中，自然干扰往往是人力无法抗拒和挽回的，而人为干扰则应是坚决杜绝和阻止的。

② 增益性干扰，辨证地讲，干扰并不总是一种破坏行为，有些干扰是人类经营利用生态系统的正常活动，如合理采伐低产低效林及其改造等。此外，从生物学意义上讲，有些干扰还是积极的甚至是必要的。根据中等干扰假说，中度的干扰可以增加生态系统的生物多样性，有益于生态系统稳定性的提高。

在生态学研究过程中，常常将干扰的来源即干扰源作为干扰类型的主要分类依据，即分为自然干扰和人为干扰两大类，并开展相关研究。人为的干扰无论是伤害程度、作用范围、持续时间，还是发生的频率、潜在危险以及诱发性等方面，都常常高于自然干扰。例如，以农业生产为主的区域，主要人为干扰是对森林植被的开垦和对土壤微生物区系的影响；草原区则是超载放牧和由此造成的“三化”使生态环境出现恶性循环；林区则是过量采伐及对生物多样性的破坏；水域是过度捕捞及对水生生物资源的危害；环境污染如农药、杀虫剂和各种大气污染的区域差异更大。因此，对人类对生态系统干扰作用的方式、机理和变化规律等进行研究与描述，具有很强的现实性和紧迫性。

10.1.4　生态干扰对生态系统多功能性的影响

生态系统多功能性是指生态系统同时行使多个生态系统功能的能力或性质，是评价生态系统多个功能和性质的一个综合指标，也是全面认识生态系统功能与结构的有效途径。生态系统功能即为生态系统的过程或性质，其中生态系统过程包括养分循环、初级生产及分解作用等。同时，生态系统功能是生态系统本身所具备的一种基本属性，如其物理结构、生态系统稳定性、恢复力等。

(1) 自然干扰

全球气候变化是地球生态系统中一个巨大且持续的干扰活动，气候变暖通过直接影响生态系统的净初级生产力、有机物产量、溶解营养物质等直接影响生态系统功能，从而影响生态系统多功能性。气候变暖又能够降低草原生态系统的物种丰富度、生物量和土壤有机物含量。预计未来几十年在气候变暖的背景下，火灾和病虫害对森林生态系统的干扰可能会增加。

极端气候事件包括干旱、洪水、热浪、霜冻和飓风等，现已成为描述全球气候变化的主要特征。极端气候事件发生频率的增加，对陆地生态系统服务功能和人类社会生产生活造成了严重影响。极端干旱通过高温抑制植物叶片的蒸散发，降低植物的光合作用和呼吸作用，进而减少植物的生物量，干旱又可以通过微生物群落的结构和功能影响生态系统；极端降水使得水分向土壤更深层次渗透，有效降低土壤蒸散发损失，延长土壤有效水的供给时间；极端的热浪事件正在造成整个海洋生态系统的生态系统功能退化。

火干扰作为森林生态系统碳循环的重要影响因子，改变了整个森林生态系统的格局与过程，对全球的碳循环产生了重要影响，火烧后土壤中除铜和钴外的主要元素与微量元素含量均高于未火烧后的土壤，通过陆地植物群落的结构和功能影响全球生物群落分布。火灾可以改变生态系统的养分循环与能量传递，通过植物群落的变化，改变土壤物理和化学环境，并最终改变土壤微生物群落。在草原生态系统中发生的火灾可以导致植物物种丰富度和多样性在短期内增加。火干扰对生态系统的影响还取决于火干扰的强度和频率，对于某些低频率、低强度的区域，随着时间的推移，会形成在空间上连续的、富含可燃物的环境，一旦发生火灾，危险性极大。

此外，外来害虫和病原体的入侵也能够对生态系统造成威胁，遭遇病虫害的森林营养缺乏，植被稀疏，透光性强，极易受到飓风等外界干扰，从而增加可燃物载量。酸雨对森林土壤、植物及生态系统各层面中的钙离子均造成了长期广泛的影响。自然干扰对生态系统造成的威胁日益严峻，且相关研究甚少。因此，对生态系统进行具有针对性的干扰研究具有重大意义。

(2) 人为干扰

放牧能不同程度地削弱多项生态系统服务及功能间的权衡关系。放牧通过破坏草地植被光合组织，降低草地生态系统碳交换的能力，减弱草地生态系统碳汇的功能。不同程度的放牧试验表明，适度放牧有利于草地生态系统的多功能性，可以改善养分循环和土壤碳固存。过度放牧主要通过减少植物物种多样性降低其生产力，破坏生物多样性并降低生态系统中的氮循环，禁牧更有利于其生态系统有机碳、氮储量积累。

氮和磷是陆地生态系统中的两个主要的营养元素，不同水平氮、磷元素的添加会对生态系统功能产生重要影响。通过在青藏高原高寒草甸进行的氮、磷添加实验得出，氮、磷添加可缓解植物生长的营养限制，促进植物地上部分的生长，氮添加能够显著降低土壤 pH 值、全磷以及碱性磷酸酶的活性。张秀兰等在亚热带地区的一项研究表明，森林土壤碳的稳定性主要受到磷含量的调控，短期磷添加易导致表层土壤中活性有机碳分解，增加土壤碳稳定性。

Castioni 等通过研究草场清理对土壤多功能性的影响得出，草场的全部去除和高度去除导致土壤有机碳减少，物理性能退化。然而，人口持续增加，土地资源更加稀缺，土地利用率高，生态系统退化。

徐媛银等在赣南地区的研究表明生态系统服务价值和人为干扰度值呈现出极强的负相关关系。相对于自然干扰而言，人为干扰更容易控制，适度的人为干扰有助于生态系统的稳定。

10.2 退化生态系统的特征与成因

10.2.1 退化生态系统的概念

退化生态系统指在一定的时空背景下，生态系统受到自然因素、人为因素或两者的共同干扰下，使生态系统的某些要素或系统整体发生不利于生物和人类生存的量变与质变，系统的结构和功能发生与原有的平衡状态或进化方向相反的位移，造成生态系统主要结构和功能的丧失，引起生态系统的退化和不可逆性的破坏，对人类生产和生活的正常运行产生不利影响。

10.2.2 退化生态系统的特征

退化生态系统的特征主要表现在以下几个方面。

（1）生产力下降

生态系统退化，其结构的破坏是重要的因素。而动物、植物是生态系统结构的主体。植被的破坏、动物的捕杀会使系统内的生物成分降低；随之，植被的减少，对太阳能的利用减弱，对营养物质的吸收降低，植物为正常生长消耗在克服环境和不良影响上的能量增多，净初级生产力下降；生产者结构和数量的不良变化也导致次级生产力降低，即食草动物、食肉动物的数量大大减少。因而退化的生态系统中，动植物的生物量会显著降低，这是生态系统退化最鲜明的特点。

（2）物质循环、能量流动出现危机和障碍

由于系统退化，食物链、食物网简单化，使得生物循环的周转时间变短，周转率降低，因而系统的物质循环减弱，能量流动受阻，大量的营养元素滞留在环境中，系统能量损失增多。最明显的莫过于系统中的碳循环、氮循环和磷循环。水体富营养化发生时，氮、磷的增多，致使藻类大量增殖，浮游动物成倍增加。这些幼植物死亡后，消耗大量氧分解尸体及残体，使水中严重缺氧，鱼、贝等死亡。这样，动植物残体又释放大量营养元素于水中，造成水体物质的恶性循环，能量流动阻塞或中断，系统崩溃、瓦解。

（3）生物多样性降低

乱捕滥猎，使珍稀动物的生存受到威胁；过度采挖珍贵草药，将稀有植物推向灭绝的边缘；森林的“收割式”砍伐，草原的过度放牧，不但使某些树种、草种难逃天灾，也使野生动物失去了生活的空间，令其走投无路，慢慢地在地球上消失；大气、水、土壤的污染，仿佛为动植物的生命加入催化剂，使其未老先衰。生态系统的退化，使生物种类大大地减少，部分物种将有灭绝的危险（见图 10-1）。

（4）食物链、食物网简单化

某个物种的减少或缺失会使食物链缩短，部分链断裂和解环，单链营养关系增多，种间共生、附生关系减弱，甚至消失。这样有利于系统稳定的食物网变得简单化、破碎化，系统会越来越不稳定。

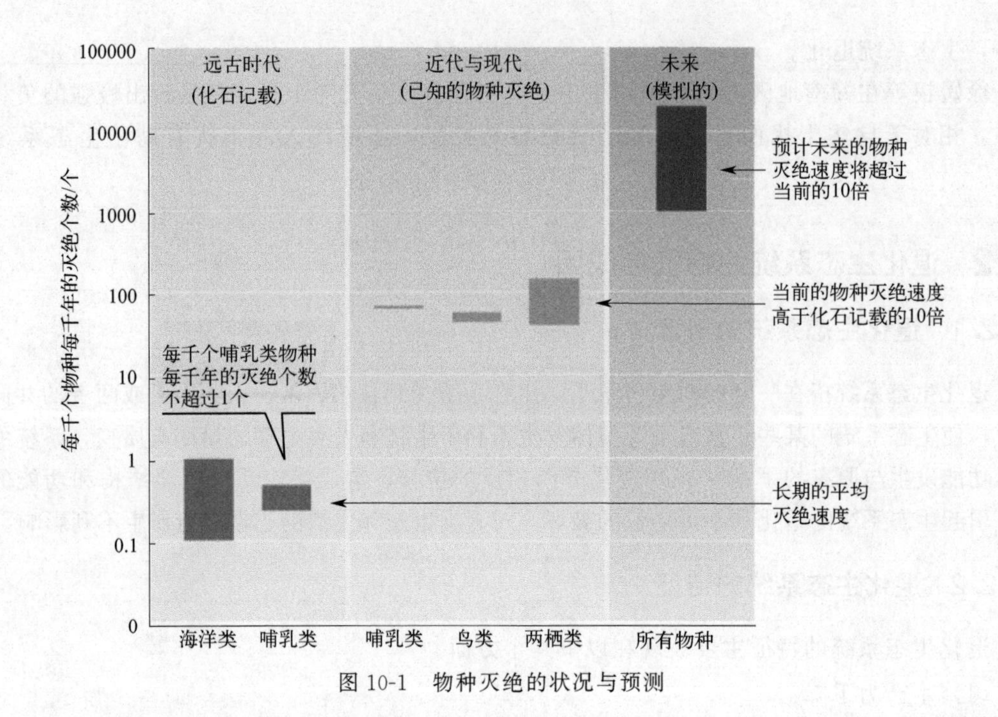

图 10-1 物种灭绝的状况与预测

（5）生物利用和改造环境的能力弱化，功能衰退

植被的减少，会直接导致植物固定、保护、改良土壤及养分的能力弱化；调节气候的能力削弱；水分维持能力减弱，地表径流增加，引起土壤退化；防风、固沙能力弱化；净化空气、降低噪声的能力弱化；美化环境等文化环境价值降低或丧失等。种种表现在退化的生态系统中是最为常见的，带来的后果也是最惨重的。

值得提出的是，作为生态系统中极其重要的组成部分——植物及其种群，在退化中的变化十分明显，作用突出，因为植物及其种群属于系统的第一性生产者，是系统有机物质和能量固定的唯一来源，是物质循环的主要环节，植物群落的形态结构也极大地制约着生态系统的结构，从而直接影响着系统的功能，并影响和限制着次级消费者动物、微生物群落等的生存与发展。因此，植物及其相关生物多样性的不良变化是生态系统退化的关键。

10.2.3 生态系统退化的原因

引起生态系统退化的因素有很多，但主要因素在于植被的破坏。自然植被在维持生态系统的平衡中有极为重要的意义。森林面积的缩小导致降水减少，而降水时又容易发生洪灾和水土流失，使土地日益贫瘠退化。生态系统的各种退化原因，如侵蚀化退化、荒漠化退化、石质化磨化、土壤贫瘠化退化和污染退化等，均直接或间接地与植被的破坏及减少有关。

（1）植被的破坏与减少

由于人们大量使用木材，特别是用于造纸和饲养牲畜，以及森林大火等原因，迄今世界原始森林有 2/3 已消失。自然森林植被的破坏与减少是陆地生态系统退化的主要原因之一。

（2）土壤侵蚀

土壤侵蚀指的是土壤及其母质在水力、风力、冻融、重力等外营力作用下，被破坏、剥蚀、搬运和沉积的过程。土壤侵蚀是土地退化的主要原因，是导致生态环境恶化的最严重问题，联合国粮农组织将其列为世界土地退化的首要问题。

（3）沙漠化和荒漠化

荒漠化指的是包括气候变异和人类活动在内的种种因素造成的干旱、半干旱与亚湿润地区的土地退化。沙漠化可因自然干扰或人为干扰而形成。植被破坏后严重的水土流失是引起沙漠化的重要原因。地表径流带走土体中的黏粒，使表土层砂粒和砾石量相对增多，土壤质地逐渐沙质化。

（4）石质化

石质化（又称石漠化）是指在自然干扰或人为干扰或二者同时干扰下，原来土壤连续覆盖的土地上的植被遭到破坏，土壤严重流失造成大片基岩裸露的一种土地退化过程，是区域内土壤退化的最后阶段。

（5）土壤贫瘠化

土壤贫瘠化就是土壤肥力减退的退化方式。引起土壤贫瘠化的因素有多种，但主要的是水土流失（主要原因）、土地过度利用和不合理利用。

（6）工业污染

污染物质主要来源于工业和城市的废物（废水、固体废物、废气）、农药和化肥以及放射性物质等。未经处理的“三废”不但恶化了环境，也造成了严重的土地污染、水域污染和大气污染。

10.3　退化生态系统的修复

10.3.1　森林生态系统的修复

森林生态系统的退化是由虫害、干旱、洪涝和地震等自然灾害造成的，但最主要的是人类的活动导致系统受损，其变化的特点通常都是生产力下降，生物多样性减少，调节气候、涵养水分、保育土壤、储存营养元素能力等生态功能明显降低。受损森林生态系统的修复应根据受损程度及所处地区的地质、地形、土壤特性及降水等气候特点确定修复的优先性与重点。干扰程度较轻且自然条件能够保持较稳定的受损生态系统，则重点要考虑生物群落的整体修复。

10.3.1.1　我国森林生态系统面临的问题

（1）森林生态系统稳定性不强

高大乔木是我国森林资源中的主要组成部分，但是相较于发达国家，覆盖数量还远低于平均水平。尤其是我国在前期的发展过程中，对于天然林木经过了大量砍伐，而目前的森林乔木则以次生林、人工林为主，且乔木林龄结构并不合理，其中以中、幼林龄为主，由于经过人工种植干预，所以密度较高、森林生物结构单一，这也使得目前森林生态结构较为脆弱，缺少多元化的互生系统，对于外界影响因素依赖度较大，尤其是对于自然性灾害缺乏有力的抵御能力。这正是由森林生态系统稳定系统不强所造成的，所以森林资源管理部门加大了种植力度，但是林龄种植缺乏科学性的结构计划，尤其是在树木生态结构层次上缺少规划，使得过密林、过疏林比重均较大，而且人工林单产低，优质资源较少。

（2）森林生态效益退化

我国在以往的植树造林过程中更多关注种植效果的防风固沙、水土保持等方面，但是缺少科学性整体规划，还会根据现行的环境条件和环境选择树种。例如，以往的三北防护林、西北防护林等都是大面积种植同类树种，其中以杨树为主。但是随着时间的推移，虽然在防风固沙等方面确实有了一定成效，也从侧面为地域性的经济发展提供了便利性，但是单一化的人工树木种植所形成的森林比较脆弱，会出现大范围的退化问题，产生这种问题的原因就是单一物种的抗病虫能力退化，包括空心、弯曲、病虫害等。另外，单一化的树种规模扩大还会造成土地退化，同类树木会吸取土壤中的单一元素，无法形成闭合循环体系，常常需要人工干预才能维持生态平衡，因此导致地力降低。而且还会消耗大量的后期人力与物力进行治理。

(3) 森林生态系统产品短缺

近些年来，我国在经济领域中取得了非凡成就，同时在经济社会发展中很多行业也将利益放在第一位，在森林生态领域中所产生的问题是为了增加森林产品经济效益，不断增加个别经济树种的种植，但是并不符合生态发展规律，没能形成互生性的生态模式，不符合生态系统中“相生相克”的原则，单单是从人工干预角度提升某一树种的比例。另外，相关管理部门对于森林资源的监管力度还有待提升，监管过程中还存在乱砍滥伐、监管空挡等情况。目前，我国的森林覆盖率不到世界平均水平，且人均森林资源拥有率还不足世界平均水平的25%，因此未来的森林自然保护与开发要注重多元化的树种种植，强调多生态产品的共同开发。

10.3.1.2 森林生态系统修复的基本理论

(1) 生态演替理论

生态演替理论不仅是现代生态学体系的重要组成部分，也是当前林场管理工作的核心内容。生态演替理论是指生态系统在不断发展的进程中，逐渐被其生态体系所替代，是整个生物群体与生物环境共同作用的成果，也是相关生物逐步发展和演变的进程，是一个动态的生态系统，受时间、环境等多重因素的共同影响发展而来。利用生态演替理论，能够更加有效地对自然生态系统以及人工生态系统进行理解和学习，有助于退化生态系统的恢复和重建，是现代退化森林生态体系的核心基础理论。

以长山国有林场为例，对待退化森林，需要充分融合生态演替的发展理论，针对退化林区的主要问题，因地制宜采取一系列行之有效的策略，解决退化林区面临的生态问题。例如，某退化森林由于人类活动的频繁以及大量的乱砍滥伐，地区森林退化严重，不仅加剧了地区水土流失问题，而且导致部分稀缺树种的灭绝。而开展林区的重建工作，不能单纯种植林区原有的生态树种，因为这些树种对应的生态环境已经发展变化，需要结合环境的变化，改变种植的树种，从而实现林场的科学重建。

(2) 地域性理论

地域性理论主要认为，受林场的气候、环境、温度、地貌等一系列特征因素的影响，退化森林系统存在多种独有的植物物种。当需要对退化森林系统进行恢复和重建时，树木品种存在明显的地域性（见表10-1），导致无法在其他区域正常生长，引发一系列重建问题，无法进行大规模的生态建设。

表10-1 植被品种特殊的环境属性

植被品种	植被种植区域	植被特点
落叶松	中国北方区域	耐寒性较强，对生长环境温度需求较低
油松	中国西南区域	对区域性要求较高，耐旱、耐寒
马尾松	中国南方区域	对水系需求较大，对种植环境要求较高
杉木	中国南方区域	大多在丘陵地区广泛种植

退化森林系统进行恢复和重建工作，需要结合地域性理论，选择合适的植被、生存环境以满足其基本的要求，才能确保退化森林系统得以有序恢复和重建。

（3）生物多样性理论

生物多样性原理是基于生物链多样化的发展理念，以多种生态系统维系生态环境的健康发展。任何一种生物都是生态系统的重要组成部分，对于生态系统的可持续发展和建设贡献积极的力量。退化森林系统不仅仅是植被物种的消亡，更多的是整个生态体系遭到不同程度的影响和破坏，影响了生态系统的自我恢复功能。

以滁州地区为例，松材线虫病较为常见，是影响地区生态平衡系统的主要因素，近年来该病高发，已造成大量马尾松和黑松等树种死亡，同时对当地的相关生物链造成了严重破坏。令人惊奇的是，该地区的湿地松混交林却很少受到破坏和影响。这一现象的主要原因是，混交松叶林属于退化森林系统恢复工作的重要组成部分，对应的生态物种极为单一，导致对应的灾害问题也同样单一。生物多样性原则能够为森林生态系统提供多种的生物生态体系，从而有效平衡各个生物的发展空间，实现整个生态系统的平衡，对导致森林退化的病虫害要做到早发现、早预防、早防治。对已经退化的森林，在病虫害除治以后可以采取二次建群或渐进式转化。而现代退化森林恢复和重建工作，大多是以单一化种植模式，实现林区的快速恢复，对于林区的常态发展没有更加有效的作用，导致林区的重建工作更加艰难。

（4）物种共生原理

退化森林系统的恢复和重建工作，需要大量物种的参与和加入。基于物种共生原理，不同物种之间可能存在重要的生物链体系，需要保持各个物种种群的基本数量，才能够维系退化森林生态体系的健康发展。物种共生原理，是充分认识到物种之间紧密关系的重要价值以及物种之间存在的互利互惠的利益关系，既能够体现物种之间的平衡性，又能够从多个方面助力退化森林系统恢复和重建工作的快速实现。

10.3.1.3　森林生态系统修复方法

对受损森林生态系统的修复要遵循生态系统的演替规律，加大人工辅助措施，促进群落的正向演替。修复方法主要有封山育林、林分改造、透光抚育或遮光抚育、林业生态工程技术等措施。

（1）封山育林

封山育林是利用森林的更新能力，在自然条件适宜的山区，实行定期封山策略，禁止垦荒、放牧、砍柴等人为的破坏活动，以恢复森林植被的一种育林方式。根据实际情况可分为“全封”（较长时间内禁止一切人为活动）、“半封”（季节性的开山）和“轮封”（定期分片轮封轮开），这是一种投资少、见效快的育林方式，是最简单易行、经济有效的方法，因为封山可最大限度地减少人为干扰，为原生植物群落的恢复提供适宜的生态条件，使生物群落由逆向演替向正向演替发展，使被破坏的森林生态系统逐渐恢复到顶级状态。

（2）林分改造

通过林学措施改造低产劣质的林分，改善林分组成，提高林分质量，提高林地生产力。一般林分改造是在密度小、经济价值低劣或有严重病虫害、没有培育前途的林分中进行的改造措施。其目的在于调整林分结构、增大林分密度、提高林分经济价值和林地的利用率。确定林分改造时，要综合考虑经济条件、林分特征和演替趋势。

（3）透光抚育

透光抚育是在林木生长周期中幼龄林阶段采取的经营措施，是培育好后备森林资源最关键的一步。透光抚育是通过采用割除藤条灌木、非目的树种等方式，对 7～15 年的幼龄林进行修枝、打枝、留优去劣的透光抚育工作，可切实为林木提供良好的生态环境，有效提高造林成活率。透光抚育的目的：

① 调整林分密度和树种组成，合理保留株数，形成良好的层次结构和各种林分结构；

② 伐除非目的树种、被压木、无培育前途的林木，扩大林木的营养空间，加速林木生长，提高林分质量；

③ 改善林分的卫生状况，增强林分对各种自然灾害的抵抗力，抚育间伐是减少病虫害和防止森林火灾的重要手段。

透光抚育必须坚持实事求是、因林制宜的原则。透光抚育必须采取“下层抚育为主，下层抚育和机械抚育相结合”的办法，确保透光抚育质量。对于林木已经出现明显分化的林分，必须坚决执行下层抚育法，即坚持砍小留大、间密留稀、去劣留优的“三砍三留”的选树办法。对于初植密度过大、株距或行距小于 2m（含 2m）、已经郁闭成林、长势比较均匀、没有明显分化的林分，可采取机械抚育法。机械间伐可采取原始行间伐，也可采取斜行间伐，形成“品字”形分布，保证林木生长的营养空间。在机械间伐的同时，要注意对间伐行中品质特别优良的单株予以保留，对保留行中的病株要进行彻底清除。透光抚育强度要根据林分实际情况，由规划设计部门确定合理的抚育强度，抚育后的树木保留株数不得低于 50 株/亩（1 亩≈666.7m^2）。对密度过大的林分，可通过两次抚育实现定株。

（4）林业生态工程技术

林业生态工程技术是指根据生态学、林学及生态控制论原理，设计、建造与调控以木本植物为主体的人工复合生态系统的工程技术。其目的在于保护、改善与持续利用自然资源和环境。林业生态工程技术的具体目的是在某一区域内设计、建造、调控人工或天然森林生态系统，是受损生态系统恢复与重建的重要手段。

1）林业生态工程内容

具体内容包括：a. 区域的总体方案；b. 时空结构设计；c. 食物链设计；d. 特殊生态工程设计。

2）林业生态工程的类型有：a. 生态保护型林业生态工程；b. 生态防护型林业生态工程；c. 生态经济型林业生态工程；d. 环境改良型林业生态工程。

3）林业生态工程技术的作用：a. 水土保持，可防止森林水土流失；b. 防止荒漠化和沙漠化的扩大；c. 为森林缓解水资源危机；d. 改善森林大气质量；e. 保护生物多样性；f. 减少噪声污染；g. 促进经济可持续发展等。

（5）菌根技术

菌根技术是一种利用物种共生原理的恢复方法。菌根是真菌与植物根系结合形成的共生体，是一种自然界中普遍存在的植物共生现象。植物与真菌的这种关系通过植物向真菌提供碳水化合物维持真菌的生长与繁殖，又通过不断生长的菌根给植物提供必要的矿质元素，供给植物生长（见图 10-2）。但是菌根的实际应用技术还未得到很好的发展。目前，苗木培育、珍稀树木迁地保护、退化生态系统恢复等过程已经开始应用外生菌根技术，内生菌根技术也正处于研制和应用推广过程中。许多菌根真菌和植物之间属于专性共生，研究表明，多种菌根真菌混合接种能更好地促进植物生长，提高植物抗逆性等，所以，应该更加重视混合菌剂的研究和“广性共生”菌根真菌的筛选，使其在生态系统内能够和很多种植物形成共生菌根，同时促进多种植物的生长，而不是某个单一菌种，从而提高生态系统内生物的多样性，增强系统的稳定性，提高区域内造林的成活率，增强退化生态系统的植被恢复效果。

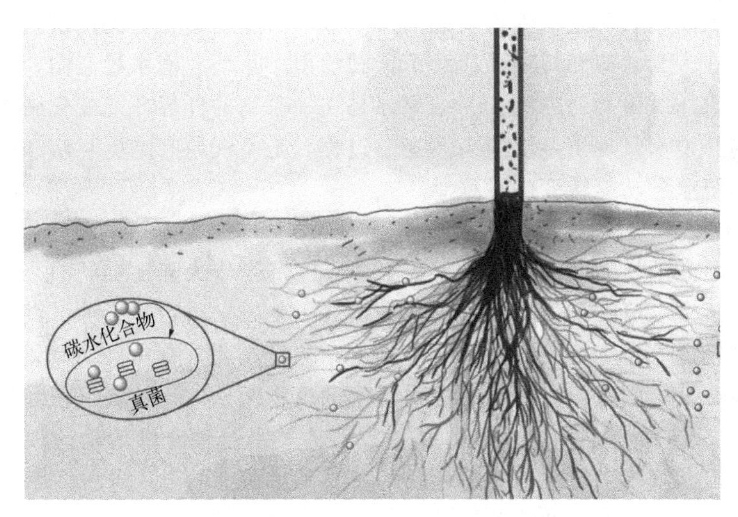

图 10-2 菌根技术原理示意图

10.3.2 湖泊生态系统的修复

与河流生态系统不同，湖泊生态系统的封闭性更大，自我恢复能力更弱。因此，对受损湖泊的修复要比河流更复杂。湖泊生态系统的受损及原因为：a. 环境污染；b. 水利建设；c. 过度放养；d. 湖泊的富营养化；e. 外来种的入侵等。目前，对受损湖泊生态系统的修复主要有以下几点：a. 严禁围湖造田；b. 营造林地；c. 加大人为调节湖泊水位的力度，尽量防止水位频繁的剧烈变化，维持湖泊的最低水位，防止湖泊的干枯；d. 对于已有大量淤积的湖泊，清淤是十分有效的修复措施，这样既可恢复水体空间，又能使水质得以改善。

10.3.2.1 湖泊生态系统退化的内涵及退化形式

(1) 湖泊生态系统退化的内涵

湖泊生态系统退化是指湖泊生态系统的一种逆向演变过程，是系统内在物质循环、信息传递、能量流动过程中某一环节存在脱节，系统处于一种不稳定或失衡状态，逐步演变为另一种与之相适应的更低水平状态或过程，从而在一定程度上丧失自身的调节功能和应有的系统活力。退化湖泊生态系统表现出抗人为和自然风险能力较弱、系统自身缓冲能力不强以及系统的敏感和脆弱性较大的特点。湖泊生态系统退化也就是湖泊生态系统从稳态转为低稳态的过程，或是多个低层稳态并存的状态，当外界各种干扰总和大于其某一稳态阈值时，系统将会发生不同稳态之间的跳跃变迁，从高层稳态直接转变到低层稳态，这是一种突变退化，也存在缓慢退化的过程。

(2) 湖泊生态系统的退化形式

湖泊生态系统的退化，转换过程复杂，表现形式不一。主要表现形式有富营养化、湖滨带退化和生物多样性功能丧失。

1) 富营养化

富营养化现象是湖泊退化的最重要的形式之一，湖泊富营养化阶段转换存在一定阈值，阈值反应湖泊生态系统发生状态变化的临界点。在实际富营养化界定中，因富营养化阈值临界点的核算方法不一，使得临界阈值存在微小差异。湖泊富营养化的出现是营养物质超过某一阈值导致的，对于导致临界阈值的原因，有研究表明是有机物积累到一定程度后的必然结果，但目前更多的研究表明是营养物质的输入导致的突变性退化。湖泊富营养化实质上是湖泊生态系统长期在人为胁迫和短期强扰动下，湖泊由“草型”清水稳态向“藻型”浊水稳态转变的过程，是水体缓慢恶化或突变的结果，是在一系列的外界环境变化胁迫下，湖泊生态系统为适应环境胁迫而呈现出系统逆向演变的过程，是系统原有结构瓦解和功能丧失，也是系统朝着低层系统服务功能转变的过程。

2）湖滨带退化

湖滨带退化是湖泊生态系统退化的又一形式。湖滨带作为陆地和湖泊之间的过渡带，是健康的湖泊生态系统不可缺少的有机组成部分，属于生态交错带的一种。湖滨带的空间结构在横向、纵向和轴向分布上都表现出明显的圈层结构特点，具有污染物截留与净化、捕集和抑制藻类、提高湖滨带的生物多样性、提供野生动植物栖息地、控制沉积和侵蚀、调蓄洪水6大功能。但随着人口的增加、工农商业的发展和人类不合理开发活动的加剧，尤其是湖滨带的围湖造田，沿湖滨带区域性养殖的超负荷发展及旅游业的过度开发等都加剧了湖滨带的退化，但退化的过程和程度各湖泊差异较大。概括起来主要有逐渐退化、间断不连续退化、跃变退化、突变退化和复合退化5种形式，湖泊沿哪种模式退化，一方面主要依湖泊外界环境变化的特性和干扰强度而定；另一方面依湖滨带的空间异质性而定。因此，在同一外界环境胁迫下不同的湖滨带其退化的模式不同，治理修复模式也不同。

3）生物多样性功能丧失

目前，我国五大湖区的湖泊都在不同程度上出现了由“草型”湖泊向“藻型”湖泊转变的迹象，湖泊的浮游生物增加，水生植被种类急剧减少，水生植物分布结构不平衡，优势种群也出现不同程度的演变替代。研究表明，过去的200年里，梁子湖泊的浮叶植物和挺水植物群落一直处于不断减少状态，沉水植物群落逐渐成为湖泊的主体群落，水生植物的多样性功能在逐步丧失。同时，湖泊动物群落也出现同样的态势，但湖泊差异导致的动物群落多样性丧失的差异较大。对长江中下游地区四种不同类型（草型、天然养殖、施肥养殖以及城市湖泊）的10个湖泊的大型底栖动物群落结构和多样性进行研究表明，不同类型湖泊底栖动物的密度、生物量、多样性及特征种类均存在显著差异。随着营养水平的增加，底栖动物群落逐渐被小个体的耐污种类所主导，底栖动物群落趋于简单化的演替趋势。另外，作为具有强大初级生产力的附植生物群落（包括附着藻类）的大量出现，对湖泊的生态系统合理结构和正常功能的发挥也产生了强大胁迫，作为水生动物重要的食物来源，这无疑大大减少了食物网的多样性。导致生物多样性功能丧失的原因众多，既受动物群落自身内部演替的影响，也受外部环境因子，工农业、养殖业、城市化的快速发展和人类活动加剧的影响，有生物因素也有非生物因素，各因素之间联系紧密，作用途径错综复杂。

10.3.2.2 湖泊生态系统修复的基本原理

湖泊生态系统修复是指在原有湖泊生态系统的基础上通过改变湖泊生态系统结构，使得其功能发生某一部分或某些部分的变化，也就是通过减轻环境要素的胁迫，通过“环境变化-驱动力-压力（阈值）-状态-响应”原理来传导，使得原湖泊生态系统的功能获得部分或整体的恢复，乃至现有湖泊朝着“草型”湖泊方向发生根本性转变的复杂过程。也有研究表明，湖泊水生生态系统修复是指通过一系列的自然或人工措施将已经退化的水生生态系统通过改变系统生态环境因子使其恢复或修复到原有生态系统服务水平，使得湖泊水生系统具有持续或更高的生态忍受性，从而减缓湖泊生态系统的退化时间和程度，以维持或改善湖泊生态系统自身的动态平衡。对湖泊生态系统修复，不仅仅是对湖泊湖区生态系统本身的修复，对湖泊湿地系统、流域管理系统、入湖河口系统的修复也至关重要，修复采用的技术手段既有物理、化学措施，也有生物技术措施。不同的湖泊生态功能区和不同的湖泊生态环境，其湖泊生态系统修复的原理和措施不同。例如对湖泊的湿地修复应遵循“控源截污＋外源性生态拦截（带状、前置库和线状）＋内源性生态萃取＋湖泊流域管理”相结合的基于 3 种技术手段综合治理的基本原理。同时，湖泊生态系统修复也不是对系统整体全部的修复，而是对系统进行差异化、分区式的修复。例如滇池治理方案中提出“五区三步、南北并进、重点突破、治理与修复相结合”新策略和“南部优先恢复、北部控藻治污、西部自然保护和东部外围突破”的总体方案是典型体现。针对不同湖区的水质，水生生物和水文条件的差异，按照“修复生境条件-恢复水生植物-调控系统结构”的总体思路，提出了过水通道水文调控与生态修复、湿地自然保护区保育等综合措施修复湖泊退化生态系统。因此，退化湖泊生态系统修复是在理清湖泊退化的环境变化影响因子后，理解了退化驱动机制，针对湖泊系统不同区域，采取一系列物理、化学和生物生态技术措施，对湖泊生态系统进行系统综合生态修复的复杂过程。

10.3.2.3　湖泊生态系统修复技术

(1) 富营养化修复

导致水体富营养化的氮、磷营养物质既有外源性输入又有内源性污染，解决富营养化问题是一项系统性复杂工程，去除藻类与控制其生长是富营养化水体修复和保护的重点。控制水体富营养化主要有湖泊湖区水体和湖泊流域水体的富营养化两方面，仅对湖泊本身富营养化进行修复难以彻底修复，同时还应控制湖泊流域中流入湖泊的水质。因此，在归纳总结国内外对水体富营养化的控制技术的基础上，富营养化的修复技术主要可分为以下 3 种。

1) 物理方法技术

物理修复技术主要是利用物理工程的手段，改变湖泊生态系统的物理环境条件，进而达到修复湖泊生态系统的目的。物理修复是借助物理工程技术措施，清除底泥污染的一种方法，主要有疏浚、填沙、营养盐钝化、底层曝气、稀释冲刷、调节湖水氮磷比、覆盖底部沉积物及絮凝沉降等一系列措施，其中疏浚是最常见的方法。物理修复最大的优点是见效比较快，但这些技术只能治标而不治本。对湖泊流域水质的控制是控制湖泊富营养化的前提，在湖泊流域外源性污染物控制方面，主要集中在湖泊流域的生态系统工程治理和建设上，主要有网格技术、前置库技术、流域河网水体生态修复工程、多级生态塘植物修复技术等多种工程措施。此类方法主要是通过多级“过滤”加强拦截和沉淀，增加流域无动力供养，同时配合适当的植物对流域的水域进行生态修复。

2) 化学方法技术

化学方法修复富营养化湖泊主要从以下 2 个方面修复：

① 利用化学方法最大限度地控制水体中的营养盐的浓度，例如向湖区撒入石灰进行脱氮或是投入金属盐沉淀水中的磷。

② 通过投入化学药剂（如二氧化氯预氧化杀藻、注入硝酸钙控制技术）进行杀藻或是通过控制生物菌剂增加水生植物对氮、磷的吸收能力。

化学方法的即时效果最为明显，但容易造成湖泊水体的二次污染，且实施成本比较高，容易再次暴发“水华”现象，也是一种治标不治本的方法，常常作为一种辅助技术或应急控制技术。

3）生物-生态方法技术

生物-生态修复技术是对湖泊水生植被（挺水植物、浮水植物、沉水植物）和水生动物的修复、重构，通过一定的途径削减湖泊营养盐，以改变湖泊生态系统的结构及功能，使得退化湖泊生态系统朝着草型湖泊转变。生物-生态修复技术主要体现在如下两个方面。

首先是水生植物修复富营养化方面，主要方法有：

① 组建、重建水生高等植物群落修复技术。通过利用大型浮叶类（荇菜、金银莲花、二角菱等）、沉水类（穗花狐尾藻、轮叶黑藻、微齿眼子菜、大茨藻等）、漂浮类（凤眼莲、紫萍、满江红等）和挺水类（水菖蒲、灰化苔草等）水生植物修复退化湖泊生态系统，选用此法应要根据湖泊特征和富营养化的程度，同时考虑水生高等植物的物种特征和繁殖方式的差异，因地制宜地选择，以构建合理的水生高等植物修复体系。

② 浮床修复技术。利用浮床陆生植物治理富营养化水体是一种新颖的技术路线。该技术是以水生植物群落为主体，以水体空间生态位和营养生态位为原则，是利用陆生生物根系吸收、降解、富集营养盐，以削减水体中的氮、磷等污染负荷，这种方法不会造成二次污染，具有易管理、效益好的优点。

③ 以藻控藻和藻类资源化技术。水网藻的生长状况与富营养化水体中氮、磷含量之间高度正相关，表明水网藻对富营养化水体有巨大的净化潜力。由于浮游植物是初级生产力的主体，与其他水生高等植物相比，藻类最适宜在富营养化水环境中生长，同时借助藻类提取技术的开发应用，强化藻类资源化，届时此方法将有较好的前景，但技术和降低资源化成本是关键。

其次是水生动物、微生物修复富营养化方面主要技术有：

① 利用食藻类鱼类或浮游动物技术。投放食珠鱼类，即生物操纵技术或浮游动物来控制藻类。生物操纵主要是通过放养、喂养幼鱼类，吞食各类水藻。例如，2001 年春季在巢湖投放一定量的各种食藻鱼，夏季时投放区域的污染程度明显减轻，水质得到了明显改善，采用大量培养轮虫、罗非鱼吃掉藻类并结合浮游生物滤清器使用，以达到灭藻的目的。这类方法易操作、无污染，经济效益好。

② 水生植物＋放养鲢、鳙技术。该技术是通过鱼类结构调控来促进浮游动物大量增殖以抑制藻类生长，促进沉水植物恢复与发展，对藻类有较好的修复，适合山湖水系湖泊，经济效益、社会效益好，但系统工程量较大、种植水生植物长期效果难以显现。

（2）湖滨湿地退化修复

湖滨湿地是陆地和湖泊水域之间的生态交错带，具有明显的边缘效应，具有物质、养分和能量流动作用，在抵御洪水、调节径流、蓄洪抗旱、降解污染、调节气候、控制土壤侵蚀、滞淤造陆及美化环境等方面具有其他系统不可替代的作用。但近些年来，由于缺乏合理的生态规划和人类活动的加剧，多数湖泊的湖滨岸带出现了不同程度的退化，导致湖滨岸带生态系统功能退化、水生植物消失、生境片断化严重、水生态环境恶化。对湖滨岸带进行修复主要是根据湖滨岸带的构成和生态系统特征对其进行修复与重建。主要技术有物理工程技术和物理生态生物工程技术两类，但更多的湖滨岸带修复实践证明，物理生物生态工程技术是主流生态修复技术。

1）湖岸（畔）景观带

湖岸（畔）景观带发挥着重要的生态服务功能和景观观赏功能，丰富的湖岸（畔）的植物有利于湖泊遮阴降温和稳固湖堤，缓和水体侵蚀，增加湖岸（畔）带的多样性。对湖滨岸型植物群落空间的生态构建修复模式主要可分为生物篱笆＋消浪模式、植物浮床＋消浪模式、生态混凝土护坡模式。生物篱笆＋消浪模式是将水生植物栽种在容器中，用铁丝悬挂于柱桩上，随着植物生长逐渐将容器放入水底，适合植物移栽，生长迅速，对湖滨带修复构建有一定作用，但此模式操作工程量大，湖岸引起的水深较深，适用植物类别少。同时，湖滨岸带风浪较大，大风浪拍打在石驳岸上引起的回浪将大部分的泥土带入湖心，水生植物缺土无法扎根而漂浮在水面上死亡。应用植物浮床＋消浪模式不改变驳岸现状，植物品种选择范围宽，对恢复水体生态系统有一定作用，但传统浮床形式、固定水深深度、植物品种选择仍较窄。水生植物通过生态混凝土护坡模式稳定覆盖，具有结构简单、抗风浪强度大、适用范围广等特点，但此模式需改变原有驳岸形式，工程量大，经济效益低，且易造成二次污染。

2）湖滨湿地修复

湖滨湿地是水陆生态交错带的一种类型，是湖泊水生生态系统与陆地生态系统间的一个重要生态交错区。湖滨湿地修复是根据景观生态学原理，通过一定的生物、生态工程的技术与方法，依据人为设定的目标，使滨水带生态系统的结构、功能和生态学潜力尽可能地恢复到原有或更高的水平。湖滨湿地的生态修复，一般采取四部曲，即生境恢复、生物廊道恢复、景观格局美化、水岸生态系统结构与功能优化（见表 10-2）。这些修复技术往往不是单一修复某一对象，也不是单纯的层次递进关系，有时常常是相互补充、相互促进，在具体的实践中往往是综合使用。

表 10-2　退化湖滨湿地植物群落的生态修复技术

修复类型	修复对象	技术体系
生境恢复	基底	基底修复技术
	驳岸	驳岸修复技术
	水文	水文修复技术
生物廊道恢复	物种	水生植物净化、修复技术
	群落	种植结构优化配置、组建和修复技术
景观格局美化	尺度格局	景观文化、景观设计技术、景观稳定性
水岸生态系统结构与功能优化	结构与功能	系统结构及功能优化配置调控、稳定化管理

典型的关键技术有以下几种。

① 基底修复技术。根据湖泊现有地形，基于工程量最小化原则，结合湿地结构、功能和景观构建的需要对其进行基底改造与修复，以减轻内源污染，维护基底的稳定性，恢复入湖口水域面积，构建依据进水量和污染负荷的不同水深、不同水动力、水停留时间的地形基底，从入水口至出水口设置不同水文梯度的淹水区域，配置不同的水生植物，结合设计水深进行基底填挖以去除基底中富含污染物的底泥和淤泥。典型技术是深槽-浅滩序列技术和生态清淤技术。前者侧重于创造急流、缓流等多种水流和适合不同生物发育与生长需求的条件；后者侧重于利用根系发达的固土植物的同时，以土工材料复合种植基、植被型生态混凝土、水泥生态种植基、土壤固化剂技术等方法进行生态护坡。

② 驳岸修复技术。国外主要有生态型护岸技术，它是指恢复后的自然河岸或具有自然河岸“可渗透性”的人工护岸，具有增强岸坡的稳定性、防止水土流失、成本小、工程量小、环境景观协调性好、适应性好等优点。而国内，以植被护岸结合，构造出工程结构对水岸生态系统冲击最小，同时创造动物栖息及植物生长所需的多样性生存生境。

③ 水文修复技术。水文的退化都是由于湖泊不合理的开发利用和人类活动加剧。对水

文进行修复需要考虑各利益的既得利益，利用植物与水文动力学的关系，对水文条件进行模拟性修复，此法修复的效果短期难以显现。

④ 水生植物净化技术。包括动态和静态条件下单一物种及多种植物配置，利用植物在生长过程中吸收、同化氮、磷等植物必需的多种元素，净化污染物浓度较高的污水，但滨水带不同种类水生植物适合的生态位不同，其净化效果也不同。

10.3.3 河流生态系统的修复

10.3.3.1 河流生态系统修复的定义

被称作河流生态系统的复合生态系统是由水体、陆地环境两部分构成的，包含动植物点状要素、水体河床等线状要素以及湖泊、支流、湿地等面状要素，是生态网络的重要组成部分。随着研究的深入，河流生态系统修复概念的界定也逐渐从简要的概括逐渐转向完备、系统的阐述，最早由 The National Research Council（NRC）将它定义为“通过调整河流生态系统的形态、结构、功能以及潜在的生态过程，以达到恢复至接近原有的水生态条件”。所以，为了揭示河流的本质特征，必须了解关键的组成结构和功能，以达到指导河流生态修复相关工作开展的目的。彭静等认为河流生态系统的主导变量为天然水流，修复工作应使水流尽可能接近天然流态，实现河流生态系统的自我维持。为了追求人类社会需求和河流生态系统之间的动态平衡，河流生态修复需要同时满足河流自我维持需求和与建成空间相互支撑的需求。当下，多数研究从定性或半定量角度来判断河流修复是否达到平衡状态，较强的主观性难以为河流修复工作提供借鉴参考。因此，为了对修复的成果进行有效监测与评估，河流生态修复的概念得到进一步扩展，其中美国河流修复委员会提出的相关概念定义：河流修复是通过调整生态环境要素，修复受损河流的结构、功能或生态系统的过程，并以近自然化、可持续为导向，提升河流系统的生态价值和生物多样性，以使生态修复后的河流更加趋近健康和稳定的状态。这样定义明确了河流生态修复的方向，较强的可操作性得到了该领域研究人员的广泛认可。

总之，河流生态修复即以促使河流生态系统修复到近自然状态为导向，通过科学合理的人为干预、多目标的系统优化，即修复受损河流的结构、功能和生态过程，提升河流的生态环境承载力，使其具有系统韧性和动态可持续性，与此同时提升河流系统的多种生态服务效能以及生物多样性水平，最终形成健康的水生态系统。

10.3.3.2 河流生态系统修复的原则

（1）尊重自然，因地制宜

河流生态修复应该遵循自然经济的发展规律，在追求经济效益的同时保障生态效益。

① 尊重自然，这是河流生态修复的基本原则。在河流生态修复的进程中，要尽量保证河流的生态系统恢复到自然的状态。因为河流具有自身调节和净化的功能。

② 因地制宜。在生态修复的过程中，因地制宜也不容忽视。因为不同的地区具有不同的气候、地貌等，所以在对不同的地区进行生态修复时，要具体问题具体分析，积累经验，总结适合的生态修复技术。

（2）生态学与可行性

生态学也是生态修复的基本原则，其要求生态修复按照自身层次循序渐进地进行，应用系统的概念。河流生态修复的可行性原则包括经济可行和技术措施可行两方面。其中，经济可行是指在生态修复时要有一定的经济基础做保障；技术措施可行是指在生态修复的实施操作过程中，不仅有专业的技术人员，而且要保证操作的技术具有可行性。

（3）小风险，大效益

河流生态系统的内部机制非常复杂，导致河流生态系统的修复存在很多不确定性。在一定程度上讲，生态的修复是有风险的，人们不可能改变大自然，而应顺从自然，按照大自然的发展方向适当修复自然，这是生态修复的本质。为此，需根据现实河流所处的真实状况，制定风险较小、效益较大的可行性方案，实现经济生态双优化，从而达到人与自然和谐相处的目的。

10.3.3.3　目前河流生态系统修复方法与技术

（1）控制污染源

河流污染是河流生态系统受损的主要原因之一。控制污染源向河流的不断排放，依靠水源的更新和系统自身的自净能力，受损河流生态系统就会得到较快恢复。世界各国在这方面都有成功经验，我国一些大江大河的治理也收到了明显成效。在目前还不能实现“零排放”的情况下，根据河流的稀释自净能力，制定河流污染物总量控制目标，建立排放许可制度，仍是受损河流生态系统修复的重要措施。

（2）科学调控河水流量和流速

这种修复措施对于新建大坝的河流尤为重要。在一些干旱或缺水地区，大坝以下河段在枯水季节常常断流，而在汛期又开闸放水，成为泄洪道，这就从根本上破坏了下游河段的生态环境和生态功能。因此，科学调度、调控水量和水的流速成为这类受损河流生态修复的重要措施。

（3）加强渔业管理

水生生物资源枯竭是受损河流生态系统的共同特征，造成这种状况的原因很多，除以上提及的情况之外，许多河流水生生物资源的枯竭是由于受到强烈的人为破坏，不按规定的捕捞规格、捕捞季节和捕捞作业方式，甚至使用毒药毒害、炸药等手段毁灭性地捕获，对水生生态系统造成严重损害。加强管理、严禁乱捕和过捕、严格执行禁渔期制度等，也是受损河流修复时不应忽视的重要措施。

（4）人工增氧技术

技术实施原理在于，通过人工手段利用大型增氧设备，在河道外围向河流中心处输入大容量氧气，使得水体内的氧气含量在短时期内迅猛增加，促使其能够与水体内多余的微生物及有害元素发生氧化反应，分解化合出无毒、无害的相关物质，从而降低河流内有害元素的浓度，达到净化水体的目的。为河流内好氧植被、生物提供了得天独厚的生长场所，使其能够丰富河流水体内生态物种群类，形成多样化的分布格局。然而其技术劣势在于大功率增氧设施的使用，需要长期保持电力稳定供应，会造成较大程度的电力能源消耗。

（5）复合生态滤床技术

技术特点在于将河流、河道内外的生态系统，通过集水管道、动力设施、填充物料等建设原材料有机联合在一起，利用河道周围土地环境及生物类填充物料，对过往河流水体以及土壤内所含水量，实施以物理与生物方式相融合为主的过滤操作，使过滤后的水体达到洁净、安全的指标水质，自然排放到河道内。重点在于较多利用河道两旁自然生态环境中各类生物元素特性，对水体内有毒元素进行分解，减少了对化学制剂、能源供应等消耗类物资的投入比例。但是由于前期所铺设较多管道设备，需要对其进行定期疏通清洁，避免造成管道阻塞。

(6) 生物多样性调控技术

该技术的侧重点在于调整河流内部和周边环境中生物和植被类别所占比重，并依据其所持有的独特生长习性，来对河流生态系统进行调衡，尽可能多地在自然状态下，由河流生态自身完成修复保护工作。例如，依据河道内水体容量的多少，及时在河流内部适当地投放或缩减水藻植物的存在数量，对植物本身所释放出的相关物质进行调控，增加河流水体内含氧量，同时也为鱼、虾等动物提供食物来源，促使其能够长期保持相对稳定的动植物生态系统状况。其劣势在于前期准备工作较多，依靠自然河流净化功能实现目标时间周期较长。

10.3.4 草地生态系统的修复

草地退化，是在自然因素和人类活动的影响下产生的，不利于草地生态和生产发展的变化。

我国草原区所处的自然条件都比较恶劣，春季干旱、夏季少雨、冬季严寒、自然灾害频繁，这是造成草原退化的自然因素。另外，毁草开荒、樵采滥伐、超载过牧等人类活动导致草场系统中能量流动和物质循环的输出输入失去平衡，这是造成草原退化的人为因素。所以，造成草地生态系统受损和退化，应是自然因素与人为因素的结合。受损草地生态系统的主要特征包括植被退化和土壤退化。植被退化是指草地破坏后，植被的密度和生物多样性的下降，这种结构的改变还导致了群落的矮化。土壤退化是由风蚀、水蚀、土壤板结和盐碱化等造成的土壤物理及化学性质的变化，不能再支持生态系统的高生产力。

从现阶段的研究成果来看，受损草地生态系统的修复方法与技术有以下几种。

(1) 围栏封育

研究表明，围栏封育是促进草地自然恢复的有效措施，能够显著提升草地生物量，全面改善草本群落的盖度、密度和株高等指标，还有助于土壤理化性质、土壤酶活性和微生物生物量的恢复。总体来看，围封对草地恢复的影响是全面的、系统的，且具有投资少、技术壁垒低、易实施等优点，现已成为各类草地生态系统最为常见的恢复手段。围封过程中，草本群落结构将产生一定程度的改变，主要表现为禾本科植物在草地总生物量中的占比提高迅速，豆科植物则相对稳定，而菊科和其他杂草植物则呈初期生物量占比上升、后期逐步下降的趋势。应当看到围栏封育是对不利人为干扰的阻断隔离，对于以自然因素为主（如长期干旱）造成的草地退化，其恢复效果欠佳，且围栏封育产生的自然恢复需要植物群落长期演替才能看到效果，存在较高的时间成本。故该方法适用于对短期生态效益需求不紧迫的草场，而对于破坏严重、盖度偏低，亟需恢复生态功能的草场，围栏封育多作为一种辅助手段，以促进和加强其他生态恢复对策的成效。

(2) 重建人工草地

这是为减缓天然草地的压力，改进畜牧业生产方式而采用的修复方法，常用于已经完全荒弃的退化草地，它是受损生态系统重建的经典模式，不需要过多地考虑原有生物群落的结构等，而且多是由以经过选择的优良牧草为优势种的单一物种所构成的群落。它最明显的特点是，既能使荒废的草地很快产出大量牧草，获得经济效益，又能使生态环境得到改善。发达国家的畜牧业人工草地的面积通常占全部草地面积的10%～15%以上，西欧、北欧和新西兰已达40%～70%或更多。我国在人工草地建设上取得了丰硕的成果，尤其在内蒙古自治区和新疆维吾尔自治区建设了许多人工草地。近些年来，人工草地的生态系统服务功能受到了广泛重视，实践证明，进行人工草地建设是促进退化草场生态恢复的快速途径，是提高草地生产力和促进畜牧业发展的重要保障。实施这种重建措施，涉及区域性产业结构的调整以及种植业与养殖业的关系。因此，其关键是要统筹安排，尤其是疏通好市场销售环节，实现牧草产品的正常销售，以确保牧民种植的积极性。

（3）草畜平衡措施

对于退化原因与放牧密切相关的区域，减轻放牧压力、提高草地牧草产量与质量、维持草畜平衡，最终达到以草养畜、以畜控草的效果，以实现生态效益优先、兼顾经济效益和社会效益的目标。依据不同退化阶段与草场生境特征，可制定禁牧、休牧和轮牧等不同的以草定畜措施。对于退化严重、生态服务功能难以维系的草地，必须采用全面禁牧的策略，禁牧年限依草地生境类型、破坏程度、自然恢复速率和更新能力而定，通常高寒草甸需要 5 年，典型草原约为 7 年，荒漠草原则需要 10 年以上。禁牧意味着放牧活动的完全杜绝，因此常与生态移民工程协同开展。轮牧和休牧适宜于中度和轻度退化的草地生态系统，减轻放牧压力即可达到生态、经济和社会效益兼顾的目标。轮牧是将草地划分为若干个区域，按照一定次序逐区采食，进行循环利用的草地放牧措施，适宜于生境类型单一的草地。轮牧属于在空间尺度上降低放牧压力，通过调整牲畜密度、放牧区域与频率，使草场质量提升、生产能力得以维持。休牧则是在时间梯度上减轻放牧压力的措施，包括短期的全年不放牧（1～2 年）和季节性禁牧。休牧多适宜用于在给定范围内存在不同草地类型的区域，不同的生活型和物候期有助于休牧措施的开展。

（4）翻耕补播

翻耕补播是恢复退化草地的重要方法，其实质上是松土翻耕和草地补播两种措施的结合，前者通过改善土壤物理结构促进植物生长，后者通过改变植被结构与密度来加快草地恢复，提高草场质量。不同退化草地生态系统对于翻耕补播的响应机制存在差异。对于土壤含氮量不足的退化草地，补播豆科草本植物可有效提升生态系统固氮能力，增加土壤肥力，从而促进植被生长。在降水较丰富（500～600mm）的区域，翻耕补播能够在短时期内显著增加土壤碳、氮等营养元素，对当地植物群落生态功能与多样性的维持有所惠益。在水分成为限制因子的区域，如在荒漠草原区，翻耕对土壤结构的影响往往是负面的，团粒结构与表层土壤在翻耕中遭到破坏，土壤侵蚀不可避免，引起容重增加，持水能力下降，最终导致土壤生产力降低，草地退化加剧。

（5）增加土壤肥力

土壤养分均衡是草地生态系统稳定与健康的重要基础。土壤营养元素流失是草地生产力下降、草地发生退化的诸多原因之一。因此，提高土壤肥力，维系草地生态系统物质循环与能量周转的平衡稳定对于抑制草地退化、改善草地生态功能极为关键。合理施肥是提高土壤肥力，确保草地生态系统生产能力的有效措施。需要注意的是，施肥应与降水同步，持续有效的降水是土壤养分入渗吸收的重要途径。

（6）草地压力的消除与转换

“绿水青山就是金山银山”，社会和经济效益应服从生态优先的大局，当草畜平衡（轮牧、休牧）措施难以有效解决人类活动与生态环境间的矛盾时，生态迁移成为从根本上解决人类负面影响的直接措施，是促进退化草地恢复，保障生态平衡与安全的最严厉手段。同时，相较其他恢复对策，生态移民对人类经济生活方面的影响也更为突出，农牧民不得不面临转变生存生产方式的问题，这一问题解决不好将对社会的和谐稳定带来隐患。

10.3.5 湿地生态系统的修复

湿地生态系统与其他生态系统相比具有脆弱性、过渡性和结构、功能独特性等特点。湿地修复，又名湿地恢复，是指通过生态技术或生态工程对退化或消失的湿地进行修复或重建，再现干扰前的结构和功能，以及相关的物理、化学和生物学特征，使其发挥应有的作用。

10.3.5.1 湿地生态系统退化原因

造成湿地退化的原因主要分为自然因素和人为因素，两者之间既相互区别又相互联系。其中，自然因素是初始阶段导致湿地退化的主要原因，人为因素是自初始阶段至今导致湿地退化的主要原因，而且如今的影响力远大于自然因素。

（1）影响湿地退化的自然因素

自然对湿地退化的影响，主要指的是全球及区域气候变化所造成的影响，还有泥沙淤积、海岸侵蚀等次要因素。

1）气候变化

全球性的气候变暖、温室效应以及持续不断的高温干旱，使得降水量减少，地表径流减少，地表水面积也缩小，甚至发生水枯竭现象，导致矿物质富集，水体整体矿化度升高，最终形成盐碱化湿地。

2）泥沙淤积

大量泥沙的淤积，导致湿地的地表抬高，促进了各种湿地植物生长，然而湿地植物的生长又反过来促进了泥沙的淤积，它们相互联系又相互促进，形成了恶性循环。周而复始，泥沙累积越来越多，湿地退化的程度也越来越严重。

3）海岸侵蚀

海岸侵蚀是指海水动力的冲击造成海岸线的后退和海滩的下蚀。海岸侵蚀的现象是普遍存在的，我国海岸侵蚀比较严重，岸线所占比例较大，侵蚀海岸分布广泛。据统计，我国有70%左右的砂质海滩以及大部分的开阔水域的潮滩遭受了侵蚀。

（2）影响湿地退化的人为因素

湿地的退化与人类活动的影响密切相关。人类活动使各地的湿地生态系统受到不同程度的破坏，大大加快了湿地退化的进程。主要包括农业、畜牧业的发展，水利工程建设，石油开发，环境污染等。

1）农业、畜牧业的发展

我国的耕地面积只占世界耕地面积的7%，而且我国人口基数大，土地压力大，所以我国不断开垦农田，围湖、围海造田，大量湿地被改造，导致其面积锐减，湿地物种遭到严重破坏，所以农业、畜牧业的发展是湿地退化最主要的原因。

2）水利工程建设

水利工程是用于控制和调配自然界的地表水与地下水，为达到除害兴利目的而修建的工程。修建水库和堤防，水在流动的途中被拦截，导致河流上下游之间以及与周围的水流的联系减弱乃至中断。一方面，减少了平原区湿地的上游水流；另一方面，阻止了湖水内流区的向外倾泻，致使湖泊缩小甚至沼泽化。沼泽化的湿地逐渐枯竭，湿地表面的盐分难以向下游排泄，从而加剧湿地的盐碱化。

3）石油开发

仅在黄河三角洲的保护区区域内就有 700 多口油气井、11 个油田。由于石油的污染，在湿地中生存的水生动物及植物会大量死亡，其他生物由于食物的缺失，数量也随之锐减。再加上石油的开发使湿地生态系统被 SO_2 严重污染，采油和输运设施广泛分布，占据了生物的生存空间，湿地生态系统被严重毁坏。

4）环境污染

湿地污染是当前面对的最严峻的问题，随着城市化进程的推进以及工农业的不断壮大，化肥、农药的大肆使用，湿地污染日益严重。湿地成为了生活污水、工厂废水等污染物的排放区域。另外，污染物进入湿地生态系统，原有生物群落结构的稳定性被打破，有害的污染物质通过食物链逐级累积，从而影响了湿地生态系统中其他生物的生存，打破了湿地生态系统的平衡。

10.3.5.2　湿地生态系统修复技术

湿地生态修复就是根据自然性、可行性等原则，制定生态修复目标，选取生态修复策略，恢复湿地原本的结构、功能，尽量使之达到稳定状态。生态修复一般是指人工修复，这不同于自然恢复。自然恢复过程是指去除外界压力或者干扰之后，湿地经过长期的自然过程恢复成较为理想的生态系统，这种模式一般是针对湿地受损但没有超过一定阈值且具有可逆性的湿地生态系统。人工修复是指去除外界压力或者干扰后，单独依靠自然过程很难或者不能恢复到理想的状态，必须依靠人为干扰措施才能达到修复的目的，这种模式一般针对湿地受损超过一定阈值且不具有可逆性的湿地生态系统。湿地生态修复技术根据修复目标的不同可分为生物组分修复、水体修复和综合生境修复等技术。

（1）生物组分修复技术

该修复技术分为以下几种。

1）先锋物种引入技术

针对退化盐沼湿地和淡水湿地，通过主要植被类型碱蓬、盐地碱蓬、芦苇的移植、移栽，使其起到保护滩涂堤岸、提高初级生产力、改良盐碱地、缓解污染和丰富生物多样性等重要生态作用。

2）土壤种子库引入技术

主要包括滨海退化盐沼湿地和淡水湿地生态修复中盐地碱蓬种子库的加强、促萌发技术，芦苇等群落种子库重建技术。

3）入侵生物控制技术

通过物理、化学、生物等措施，消除入侵植物的影响，控制其再次入侵。物理措施主要包括围堰、刈割、淹水、晒地和调水等；化学措施主要是“滩涂米草除控剂”的使用；生物替代措施主要是物理措施和化学措施实施之后通过移栽本地植物，达到控制外来物种的目的。

4）增殖放流技术

该技术是用于修复黄河三角洲水生动物种群及其多样性的主要措施之一。在渔业资源出现衰退的浅海水域中，根据水体中的渔业种类构成，释放不同种类、数量的鱼、虾、蟹、螺、贝等水生生物，使得水生生物群落结构得到合理配置，自然种群得以恢复。这种方法有助于改善种群结构，增加物种多样性，维持生态系统完整，维护渔业水域生态。

（2）水体修复技术

水体修复技术分为以下几种。

1）生态补水技术

针对退化盐沼湿地，可通过修筑堤坝，将河流丰水期和雨季淡水储存起来，用于旱季的淡水补充，增加芦苇面积，为原生湿地生物的生存、繁衍提供场所。湿地生态补水技术通过对历史径流的大量模拟和生态水文过程分析，计算其生态需水量与补水量。此外，还需要对湿地生态补水方式、补水时间进行调试，寻找最优组合，建立长效补水机制。

2）水体富营养化控制技术

通过物理方法（吸附、过滤等）、化学方法（氧化法、混凝沉淀法等）及生物方法（人工浮床法、种植水生植物法、微生物修复法、水生动物操纵法等），控制水体营养物的含量，改善水体质量，预防富营养化发生。

（3）综合生境修复技术

综合生境修复技术主要包括鸟类栖息地模拟技术和人工鱼礁建设技术，通过综合上述措施，为鸟类以及鱼类提供良好的栖息、繁殖、生长发育的场所，达到恢复生物多样性的目的。

1）鸟类栖息地模拟技术

针对受损的鸟类栖息地，根据鸟类的生活习性，人工营造栖息环境，招引鸟类的定居与繁殖，恢复和提高鸟类的多样性。主要技术有生境岛隔离、微地形修饰、生态补水、矮围蓄水、人工鸟巢、设置鸟食投放区以及干扰隔离等。

2）人工鱼礁建设技术

人工鱼礁是在水体中设置构造物（如混凝土构件、废旧船体、塑料或竹木结构等），改善水体质量，为鱼类生存提供良好环境，更好地保护渔业资源，维持水生生物多样性，达到保持渔业资源的稳定和增殖的目的。

10.4 生态工程建设

10.4.1 八大防护林工程

防护林是指为了保持水土，防风固沙，涵养水源，调节气候，减少污染，改善生态环境和人们生产、生活条件的天然林与人工林。防护林是五大林种之一，它又分为农田防护林、水土保持林、沿海防护林、草原护牧林、水源涵养林等次级林种。根据配置条件和目的要求，各种防护林发挥着特定的防护功能。在一个流域或区域的范围内，依据地形条件，土地利用状况，影响当地生产、生活的灾害的种类、程度以及结合区域内的道路、水利、工程和居民点等，规划配置各具特点的、不同的防护林林种，使它们在配置上互相协调，功能上互相补充，形成一个因地制宜、因害设防的防护林综合体，这样由防护林林种组成的有机整体称为防护林体系。

10.4.1.1 三北防护林体系建设工程

（1）“三北工程”建设背景

长期以来，我国西北、华北及东北西部，风沙危害和水土流失严重，木料、燃料、肥料、饲料俱缺，农业生产低而不稳。三北地区分布着我国八大沙漠、四大沙地和广袤戈壁，总面积达 1.48×10^6 km^2，约占全国风沙化土地面积的 85%，形成了东起黑龙江西至新疆的万里风沙线。这一地区风蚀沙埋严重，沙尘暴频繁。据调查，三北地区在 20 世纪 50～60 年代，沙漠化土地每年扩展 1560km^2；70～80 年代，沙漠化土地每年扩展 2100km^2。从 20 世纪 60 年代初到 70 年代末的近 20 年间，有 1300 多万公顷农田遭受风沙危害，粮食产量低而不稳，有 1000 多万公顷草场由于沙化、盐渍化，牧草严重退化，有数以百计的水库变成沙库。

三北地区水土流失面积达 5.54×10^5 km^2（水蚀），黄土高原的水土流失尤为严重，每年每平方公里流失土壤万吨以上，相当于刮去 1cm 厚的表土，黄河每年流经三门峡 1.6×10^9 t 泥沙，使黄河下游河床平均每年淤沙 4×10^8 m^3，下游部分地段河床高出地面 10m，成为地上“悬河”，母亲河成了中华民族的心腹之患。

从 1950 年起，我国在东北西部、内蒙古东部开展防护林建设，同时，在河北西部一些河流的两岸、河南东部的黄河故道、陕西北部榆林沙荒和新疆等地进行了防护林建设。已建成的防护林对改善当地生产、生活条件起到了重要作用。实践证明，大力造林种草，特别是有计划地营造带、片、网相结合的防护林体系，是改变这一地区农牧业生产条件的一项重大战略措施。1978 年 5 月，国家林业总局有关专家向党中央提出了“关于营造万里防护林改造自然的意见”，邓小平等中央领导同志立即做出重要批示。国家林业总局根据中央领导同志的批示精神，在深入调研和反复论证的基础上，编制了《关于西北、华北、东北风沙危害和水土流失重点地区建设大型防护林的规划》。1978 年 11 月 25 日，《国务院批转国家林业总局关于在三北风沙危害和水土流失重点地区建设大型防护林的规划》印发，标志着三北防护林体系建设工程正式启动，开创了我国大规模生态建设的先河。

“三北工程”区地跨我国东北西部、华北北部和西北大部分地区，包括 13 个省（区、市）的 551 个县（旗、市、区），建设范围东起黑龙江宾县，西至新疆乌孜别里山口，东西长 4480km，南北宽 560～1460km，总面积 4.069×10^6 km^2，占国土面积的 42.4%。

(2)“三北工程”建设期限

从 1978 年开始到 2050 年结束，历时 73 年，分三个阶段、八期工程进行。

① 第一阶段分三期工程：1978～1985 年为一期工程；1986～1995 年为二期工程；1996～2000 年为三期工程。

② 第二阶段分两期工程：2001～2010 年为四期工程；2011～2020 年为五期工程。

③ 第三阶段分三期工程：2021～2030 年为六期工程；2031～2040 年为七期工程；2041～2050 年为八期工程。

(3)“三北工程”建设内容与规模

① 规划造林 3.5083×10^7 hm^2，其中人工造林 2.6371×10^7 hm^2，占总任务的 75.1%；飞播造林 1.114×10^6 hm^2，占 3.2%；封山封沙育林 7.598×10^6 hm^2，占 21.7%。

② 四旁植树 52.4 亿株，规划总投资 576.8 亿元。

建设任务完成后，可使三北地区的森林覆盖率由 5.05%提高到 14.95%，风沙危害和水土流失得到有效控制，生态环境和人民群众的生产生活条件从根本上得到改善。

(4)“三北工程”建设遵循地域分异规律

遵循地域分异规律，将“三北工程”划分为以下 4 个防护林体系建设地区。

① 东北西部地区：包括黑龙江、吉林两省和辽宁北部、内蒙古东部，土地总面积

$5.5301\times10^7hm^2$，占三北地区总面积的13.6%。以农田防护林为基本框架，最终建成多林种、多树种并举，网带片、乔灌草结合，农林牧彼此镶嵌，县县毗连，互为一体的区域性防护林体系。

② 蒙新地区：包括新疆和内蒙古西部、甘肃西部、青海西北部、宁夏北部、陕西长城沿线以北、河北坝上部分，土地总面积近$3\times10^8hm^2$，占三北地区总面积的73.7%。采取"飞封造"相结合的措施，建设以防风固沙林为主的综合性防护林体系。

③ 黄土高原地区：包括山西省西部和陕西长城沿线以南渭河以北、内蒙古阴山南部、甘肃中东部、青海东部、宁夏南部，土地总面积$3.6707\times10^7hm^2$，占三北地区总面积的9%。采取生物措施与工程措施相结合的方式，坚持山、水、林、田、路综合治理，建设以水土保持林为主、农林牧协调发展的生态经济型防护林体系。

④ 华北北部地区：包括北京、天津两市和河北北部、辽宁西部，土地总面积$1.5048\times10^7hm^2$，占三北地区总面积的3.7%。通过造林、育林，尽快扩大和恢复林草植被，建设以防风固沙林和水源涵养林为主的防护林体系。

"三北工程"实施40多年来取得了巨大成就，工程区生态状况明显改善，年森林生态系统服务功能价值达2.34万亿元，为维护国家生态安全、促进经济社会发展发挥了重要作用。

10.4.1.2 珠江流域防护林体系建设工程

长期以来，由于不合理的开发利用，森林植被遭受破坏，珠江流域的生态状况日益恶化，中上游地区石漠化和水土流失面积逐年增加，洪灾、旱灾、泥石流等自然灾害频繁发生，而且强度不断加大，严重威胁着当地工农业生产和人民生命财产的安全，引起了党和国家的高度重视，1993年国务院发出《关于珠江流域综合规划的通知》，启动了珠江流域综合治理工作。第九届全国人民代表大会第四次会议通过的《国民经济和社会发展的第十个五年计划纲要》中，又提出要继续加强珠江流域重点防护林体系建设、推进岩溶地区石漠化综合治理。1994年华南特大水灾及其引起的特大灾害，引起了党和国家的高度重视。1996年林业部启动实施了珠江防护林体系一期工程建设。2001年国家林业局实施了珠江流域防护林体系二期工程。经过10多年防林工程建设，取得了显著成绩，产生了显著的经济效益、生态效益和社会效益。

截至2007年底，珠江流域防护林工程区累计完成营造林$8.564\times10^5hm^2$，完成低效防护林改造$1.836\times10^5hm^2$，全流域森林覆盖率由实施前的26.68%提高到39.91%，有林地面积达到$1.7627\times10^7hm^2$，活立木蓄积达到$7.64\times10^8m^2$。随着森林植被得到迅速恢复，区域水土流失得到有效遏制，水土流失面积和流失强度大幅度下降，洪灾、泥石流等自然灾害造成的损失大大减轻，为农业发展提供有利条件。据统计，广西珠防工程项目区水土流失面积由治理前的$8239.9km^2$，减少到治理后的$6553.0km^2$，减少$1686.9km^2$；实施项目的县（市）约增加耕地面积3.6×10^4亩，粮食产量由治理前的5.57×10^5t提高到治理后的7.3×10^5t，增加1.73×10^5t。

珠江流域防护林工程的实施不仅使生态公益林面积迅速增加，各地还根据本地实际，大力发展经济林、用材林，建成了一批商品林基地，形成了当地新的支柱产业和经济增长点，培育了森林资源，不仅为地方经济发展打下了物质基础，加快了山区脱贫步伐，增加了当地农民收入，而且大大缓解了用材、烧柴难的迫切问题。同时，还为农村大量剩余劳力找到了打工出路，增加了收入。广西平果县太平镇仁庆村是最典型的大石山区，全村563户2741人，人均耕地不足0.4亩。为改变贫困落后的面貌，从20世纪90年代开始，全村因地制宜大力发展竹子，竹子种植面积达 1.2 万亩，户均 418 丛，2000 年全村卖竹苗 5 万多株，竹编加工出售箩筐 8×10^4 对、竹席 1.2×10^4 张，收入达 151 多万元，仅种植竹子一项人均纯收入达 550 元，占当年人均纯收入的 54.2%。阳朔县通过开展珠防林工程、石漠化治理工程等，为社会解决了近 10 万个劳动力就业，增加了近 150 万元的收入，促进了农民的增收。

10.4.1.3　黄河中游防护林体系建设工程

黄河为我国第二大河川，全长 $5464km^2$，流域面积 $75\times10^4km^2$，约占全国面积的 7.8%。黄河既是中华民族的摇篮，又是我国一条多淤、多决、多徙的多沙性堆积河流。从内蒙古河口镇至河南省桃花峪为黄河中游，长 1234.6km，占黄河全长的 22.6%，流域面积 $5.8\times10^5hm^2$，占全流域面积的 77.3%。中游流经黄土高原地区，几千年来黄土高原植被破坏严重，生态失去平衡，水土流失强烈，水终年平均含沙量 $37.6kg/m^3$，这在世界河流中是罕见的。泥沙在下游河道的沉积，导致下游河床不断淤积抬高，形成高悬在平原之上的“地上河”，导致历史上发生周期性的决口改道，其泛滥范围北至海河、南达淮河，面积达 $2.144\times10^5hm^2$。在黄河中游 $5.8\times10^5hm^2$ 的面积内，黄土区面积占 40%以上，黄土区的水土流失是可能导致黄河决堤改道的根本原因。因此，开展黄河中游林业生态体系建设，对于根治黄河，减少洪水威胁，实现区域社会经济可持续发展，具有十分重要的意义。

黄河中游防护林工程，经陕、甘、宁、晋、蒙、豫 6 省（区）的 177 个县（区、旗），规划营造多功能防护林 $3.15\times10^6hm^2$。以生物措施为主，并与工程措施相结合，实行综合治理，以减少黄河中游地区的水土流失和输入黄河的泥沙，改善生态环境，保障黄河中下游地区的安全，延长小浪底水利枢纽等工程的效能期；通过造林发展农村经济，拓宽就业门路，增加农民收入。

工程建设期 15 年，造人工林 $2.76\times10^6hm^2$，飞播造林 $3.0\times10^5hm^2$，封育 $1.5\times10^5hm^2$。总投资 60.3 亿元，其中国家投 20 亿元（拨款 12 亿元，国家贴息贷款 8 亿元）；地方配套 40.3 亿元。工程建成后，项目区内增加森林覆盖率 10 个百分点，从之前的 14.9%增加到 24.9%，减少土壤流失 3.0×10^9t，涵水量 6.0×10^9t，累计出材量 $4.670\times10^7m^3$，总收入可达 3018 亿元，项目净收入 1065 亿元。

在黄河中游防护林工程建设中，出现了一批先进典型。定西县是我国最贫困的县之一。1983 年 7 月，中央领导视察甘肃，专门听了定西的汇报，提出“种草种树，发展畜牧，改造山河，治穷到富”的方针。之后有关部和省里各级领导苦抓，群众苦干，各部门苦帮。定西人民用 10 余年把 46 条小流域治得水不下山，泥不出沟。收入不足 200 元的贫困户，由 45%下降到 4%。全县新增水土保持面积 $1586km^2$。地处陕、晋、内蒙古等省（区）的皇甫川、无定河、三川河、昕水河、朱家川等流域，林地面积增加了多 54 万公顷，植被覆盖度由 1977 年的 12.3%提高到 20.6%，已控制水土流失面积 $9.9\times10^6hm^2$。

10.4.1.4　淮河流域防护林体系建设工程

工程建设前，淮河流域林业用地面积 $1.2468\times10^6hm^2$，占流域总面积的 18.3%。有林地面积 $8.279\times10^5hm^2$，占林业用地总面积的 66.4%，其中，用材林面积 $6.676\times10^5hm^2$，经济林 $8.39\times10^4hm^2$，防护林 $5.52\times10^4hm^2$，特用林 $0.14\times10^4hm^2$，薪炭林 $1.98\times10^4hm^2$。活立木蓄积 3375 多万立方米，其中，用材林 $3.2215\times10^7m^3$，防护林 $1.313\times10^6m^3$，特用林 $1.32\times10^5m^3$，薪炭林 $6.8\times10^4m^3$。森林覆盖率 15.4%。

安徽省于 1991 年提出了“以恢复和扩大森林植被为中心，重点建设以水源涵养林、水土保持林、农田和堤岸防护林为主的防护林体系，以遏制水土流失，改善生态环境”。通过实施生态防护林工程建设以来，共完成人工造林 $2.96\times10^5hm^2$，封山育林 $1.21\times10^5hm^2$。防护林、用材林比例由原来的 1∶12 调整为 1∶3，林种结构趋于合理，森林资源得到优化配置。

工程建设在生态、经济、社会方面已初见成效。据统计，森林覆盖率已由 1991 年的 15.4%上升到现在的 20.1%；水土流失面积由 $1.015\times10^6hm^2$ 降至 $5.98\times10^5hm^2$，减少 41.1%；土壤侵蚀模数也大大降低。淮河上游的金寨县，目前水土流失面积由 $2379.9hm^2$ 已降至 $1650hm^2$，其中轻度流失下降 18.0%，中度流失下降 56.9%，强度流失下降 42.2%，剧烈流失现象已基本不存在。淮河流域新增森林面积，每年可减少土壤流失量 8.481×10^6t，相当于减少土壤养分有机质 1.27×10^5t、氮肥 2.8×10^4t、磷肥 0.5×10^4t、钾肥 12.7t。根据有关观测资料分析，每公顷森林可蓄水 $300m^3$，据此计算，每年可新增蓄水 12500 多万立方米，相当于 1 个大型水库。同时，由于森林面积的增加，不仅调节和改善了农田小气候，促进粮食增产，而且缓解了流域内木材紧张的矛盾，带动了加工业和运输业的发展，进一步繁荣农村经济，增加农民收入。

10.4.1.5 我国沿海防护林体系

我国沿海地区北起中朝边界的鸭绿江口，南至中越边界的北仑河口，大陆海岸线长 1.8 万多千米，贯穿辽宁、海南等 11 个省（台湾省暂未列入，下同），有海岸线的县 195 个，总面积 $2.51\times10^7hm^2$，占国土总面积的 2.6%。

沿海地区不仅是我国社会经济发达地区，也是内引外联、改革开放的前沿阵地，被誉为“黄金海岸”。但是，由于这里处海陆交替、气候突变地带，极易遭受台风、暴雨、旱涝等自然灾害的危害，造成大面积的水土流失，生态环境十分脆弱。据统计，沿海地区水土流失面积近 $4.0\times10^6hm^2$，占全区总面积的 15.8%，平均侵蚀模数达 $3000t/(km^2\cdot a)$，年均遭受 9 次台风袭击，经济损失每年达 29 亿元。为提高抵御各种自然灾害的能力，改善沿海生态环境和投资环境，1988 年，我国政府决定建设沿海防护林体系，这是继三北防护林体系建设之后，我国建设的又一大型生态工程，两者遥相呼应，组成一个巨大的绿色之“人”，显示出中华民族改善世界生态环境的巨大决心和智慧。

1988 年，沿海防护林体系一期工程启动。1991 年 5 月，林业部在福州市召开了全国沿海防护林体系建设工作会议，沿海防护林体系进入了加快实施、全面推进的新阶段，会后林业部分别制定了工程管理办法、建设标准、检查验收办法和沿海国家特殊保护林带管理规定等，工程建设走上了规范化、制度化的轨道。整个工程分为以沙质海岸为主的丘陵区、以淤泥质海岸为主的平原区、以基岩海岸为主的山地丘陵区三个类型区。经过 10 多年的建设，一期工程取得了巨大成就，累计完成造林 $3.2368\times10^6hm^2$，其中人工造林 $2.4644\times10^6hm^2$、封山育林 $7.198\times10^5hm^2$、飞播造林 $5.26\times10^4hm^2$。通过一期工程建设，全国超 1.83×10^4km 的大陆海岸线，已有 1.7×10^4km 的海岸基干林带已基本完成。

2000 年，国家林业局又统一部署沿海防护林体系二期工程建设规划编制工作，2001 年启动了二期工程建设。2004 年印度洋海啸发生后，国家高度重视沿海防护林体系建设，2005 年国家林业局及时组织对原规划进行了修编，2007 年国务院批复了《全国沿海防护林体系建设工程规划（2006—2015 年）》，工程建设按照修订后的规划实施。二期工程累计完成营造林面积 $3.8538\times10^6hm^2$，其中人工造林 $2.2667\times10^6hm^2$、封山育林 $1.227\times$

10^6 hm^2、低效林改造 3.601×10^5 hm^2。

2016 年，开始实施海防林三期工程，截至 2020 年，第三期工程共完成营造林 1.2246×10^6 hm^2。三期工程合计共完成营造林 8.3152×10^6 hm^2。

10.4.1.6　我国长江中上游防护林体系

长江全长 6300km，流域面积 1.8×10^8 hm^2，是世界第三、我国第一大河，在我国国民经济中占有重要地位。但长期以来，在开发利用长江的过程中，缺乏全面规划，森林植被遭到破坏，生态平衡失调，导致水土流失加剧，20 世纪 80 年代水土流失面积 5.6×10^7 hm^2，年土壤侵蚀量达 2.24×10^9 t。同时，旱涝、泥石流等灾害连年发生，特别是中上游 9 省，平均每年每县直接经济损失达 486 万元，以致这里分布着全国 40%的贫困县。严峻的现实引起了国家的高度重视，为了保持水土、涵养水源，实现长江流域自然生态良性循环，发挥森林生态经济效益，促进农业发展和山区人民脱贫致富，避免长江变为第二个“黄河”，中国“七五”计划明确提出要“积极营造长江中上游水源涵养林和水土保持林”。

1989 年，长江中上游防护林（简称长防林）一期工程在江西、湖北、湖南、四川、贵州、云南、陕西、甘肃、青海 9 省 145 个县市率先启动，1990 年全面展开，到 2000 年，累计完成造林 6.51×10^6 hm^2，其中人工造林 4.225×10^6 hm^2、飞播造林 7.5×10^4 hm^2、封山育林 2.21×10^6 hm^2；完成幼林抚育 3.45×10^5 hm^2。森林覆盖率由 1989 年的 19.9%提高到 29.5%，净增 9.6 个百分点。治理水土流失面积 6.5×10^4 km^2，治理区土壤侵蚀量由治理前的 9.3×10^8 t 降低到 5.4×10^8 t，减少了 42%。改善了农业生产环境，增强了抵御旱、洪、风沙等自然灾害的能力，维护了水利工程效益的发挥。营建的防护林有效庇护农田 6.667×10^6 hm^2 以上，仅此一项按减灾增益 10%计算，产生的间接效益就达数十亿元。

2001～2010 年，在总结一期工程建设成效和经验的基础上，实施了长江中上游防护林二期工程，二期建设范围扩大到整个长江流域、淮河流域及钱塘江流域，涉及 17 个省（区、市）的 1035 个县。累计完成造林 3.523×10^6 hm^2，其中人工造林 1.628×10^6 hm^2、封山育林 1.835×10^6 hm^2、飞播造林 6.0×10^4 hm^2。

国家林业局 2013 年 4 月印发《长江流域防护林体系建设三期工程规划（2011—2020 年）》，同年 7 月在北京召开新闻发布会宣布正式启动三期工程。到 2020 年，长防林三期工程累计完成造林 1.808×10^6 hm^2。三期合计共完成营造林 1.2186×10^7 hm^2，其中完成造林 1.1841×10^7 hm^2、幼林抚育 3.45×10^5 hm^2。

长江中上游防护林促进了我国半壁河山的可持续发展。长江长度为全国之最，流域面积占全国总面积的 18.8%，流域人口占全国的 33.6%，耕地面积占全国的 24%，粮食产量占全国的 35.2%，国民生产总值超全国的 40%，长江流域在我国经济社会发展中具有重要的战略地位，以上海浦东开发为龙头、以三峡工程为纽带、以长江黄金水道为轴线的长江经济带建设步伐日益加快。而长防林建设正是为我国半壁河山的长江流域经济社会和生态环境可持续发展保驾护航的可靠保证。通过长防林建设，工程区的森林植被得到了迅速恢复，森林植被涵养水源、保持水土、调节径流、削减洪峰的防护功能有了很大提高。

此外，也推动了山区经济快速发展。在坚持生态优先的前提下，各地创新建设理念，丰富建设内涵，挖掘工程内在经济潜能，优化林种、树种结构，选择一些既有较高生态防护功能又具备较好经济效益的树种，建设了一批用材林、经济林、薪炭林基地，成为农民增收的新增长点，一大批农户通过直接参加工程建设和发展经济林果走上致富路。依托森林资源，不仅带动了种养殖业发展，而且促进了木材加工、森林食品、森林旅游等相关产业发展，促进了农村产业结构调整，缓解了山区经济发展滞后的局面。

10.4.1.7 辽河流域防护林体系建设工程

辽河流域防护林体系是为了防治辽河流域水土流失和风沙危害，改善流域的生态环境而实施的林业工程。目的是通过综合治理，实现防风固沙、涵养水源和发展区域经济。1995年国家计划委员会（国家发展和改革委员会）批复了《辽河流域综合治理防护林体系建设工程总体规划》，确定了工程建设范围，包括河北、内蒙古、吉林、辽宁4省（自治区）的17个市（盟）、77个县（市、旗、区），建设总规模为$1.20\times10^6hm^2$。

经过四省（区）各族人民的共同努力，工程取得了明显的成效。截至2000年底，共完成任务580.57万亩，占规划总任务1075万亩的54%。各建设区在项目建设中，发扬自力更生、艰苦奋斗的精神，充分用政策调动广大农牧民的积极性，多方筹集资金，采取群众投工、投劳、贷款、集资等措施，保证了工程建设的顺利实施。2000年之后，工程第二期已经纳入三北防护林体系工程建设之中，2000年之后的工程成效可参考三北防护林体系工程建设成果。

10.4.1.8 我国太行山绿化

我国太行山区南起黄河，北止桑干河，西濒汾河，东临华北平原，包括恒山、五台山、小五台山、太岳山和中条山，涉及山西、河北、河南、北京等4个省（市）的110个县，全区总面积$1.219\times10^7hm^2$。

太行山区历史上是森林繁茂、人民富足的青山秀水之地，由于战争和历史原因，逐步变成了植被稀疏、水土流失严重、生态环境恶化、自然灾害频繁的穷山恶水之地。境内全年和年际降水量变率大，多数河流具有河源短、比降大的特点，降雨集中时大量肥沃表土被冲走，使土层减薄变瘦，农田产量低，还使河道阻塞，水库淤积，加剧了下游旱涝灾害。据测定，在$1hm^2$范围内，有林地流失土壤2t，无林的土石山流失土壤25～50t，黄土丘陵流失土壤达50～100t，由此推算太行山区水土流失数量是相当惊人的。为改变这一地区水土流失、贫困的局面，实现“黄龙”变“绿龙”的宏伟目标，1984年国家批准了《太行山绿化总体规划》。工程建设总目标是：营造林$3.56\times10^6hm^2$，防护林比重由1986年的23.8%增加到41.1%，经济林比重由13.6%提高到27.2%，基本控制本区的水土流失，使生态环境有明显的改善。建设期限为1986～2050年，分三个阶段完成：1986～2000年为第一阶段，营造林$1.36\times10^4hm^2$；2001～2010年为第二阶段，营造林$1.78\times10^6hm^2$；2011～2050年为第三个阶段，营造林$4.2\times10^5hm^2$。工程完成后，森林覆盖率可由15%提高到35%左右。

近些年来，太行山绿化工程紧跟时代步伐，从实际出发，立足华北，服务当地，在建设理念、质量、效果等方面进一步调整和完善，坚定不移追求量的增加、质的提高、兴林富民，区内森林覆盖率稳步提高，林种树种结构进一步优化，森林生态系统稳定性增强，生态环境显著改善，工程实施效果明显。

10.4.2 自然保护区

自然保护区是指对有代表性的自然生态系统、珍稀濒危野生生物种群的天然生境地集中分布区、有特殊意义的自然遗迹等保护对象所在的陆地、陆地水体或者海域，依法划出一定面积予以特殊保护和管理的区域。

10.4.2.1　自然保护区的分类

自然保护区按保护对象和目的可分为以下 6 种类型。

① 以保护完整的综合自然生态系统为目的的自然保护区，例如以保护温带山地生态系统及自然景观为主的长白山自然保护区、以保护亚热带生态系统为主的武夷山自然保护区和保护热带自然生态系统的云南西双版纳自然保护区等。

② 以保护某些珍贵动物资源为主要目的的自然保护区，例如四川卧龙、王朗和小河沟等自然保护区以保护大熊猫为主，黑龙江扎龙和吉林向海等自然保护区以保护丹顶鹤为主，四川铁布自然保护区以保护梅花鹿为主等。

③ 以保护珍稀孑遗植物及特有植被类型为主要目的的自然保护区，例如广西花坪自然保护区以保护银杉和亚热带常绿阔叶林为主，黑龙江丰林自然保护区及凉水自然保护区以保护红松林为主，福建万木林自然保护区则主要保护亚热带常绿阔叶林等。

④ 以保护自然风景为主要目的的自然保护区和国家公园，例如四川九寨沟、缙云山自然保护区、江西庐山自然保护区、台湾省的玉山国家公园等。

⑤ 以保护特有的地质剖面及特殊地貌类型为主要目的的自然保护区，例如以保护近期火山遗迹和自然景观为主的黑龙江五大连池自然保护区，保护珍贵地质剖面的天津蓟县地质剖面自然保护区，保护重要化石产地的山东临朐山旺万卷生物化石保护区等。

⑥ 以保护沿海自然环境及自然资源为主要目的的自然保护区。主要有台湾省的淡水河口保护区，兰阳、苏花海岸等沿海保护区；海南省的东寨港保护区和清澜港保护区（保护海涂上特有的红树林）等。

10.4.2.2　建立自然保护区的意义

（1）展示生态系统的原貌

建立自然保护区能显示和反映出自然生态系统的真实面目，在自然界中生物与环境、生物与生物之间存在着相互依存、相互制约的复杂生态关系，这是生物进化发展的动力，人类在自然界所从事的各项社会生产活动中，必须充分认识到保护好各类典型而且有代表性的自然生态系统的重要性，必须认识和遵循这些规律，才能维持自身的生存和创建适宜的条件。

（2）丰富物种基因库

自然界的野生物种是宝贵的物质资源，人类在发展、改造和利用自然财富的实践中，要不断地提高生物品种的产量和质量，选育优良品种，就必须从自然界中找到它们野外的原生种或近亲种，自然保护区能为保存野生物种和它们的遗传基因提供有效的保证。

（3）科学研究的天然实验室

自然保护区是进行科学研究理想的天然实验室，人类发展的历史就是了解自然、认识自然、利用自然和改造自然的漫长历史过程。在科学技术发达的当代，人类要持续地利用资源，必须尊重自然发展变化的客观规律。自然保护区为进行各种生物学、生态学、地质学、古生物学及其他学科的研究提供有利条件，为种群和物种的演变与发展，为环境的检测和定位研究提供了良好的基础。

（4）进行公众教育的博物馆

自然保护区是为广大公众普及自然科学知识的重要场所。有计划地安排教学实习、参观考察及组织青少年夏令营活动，利用自然保护区宣传教育中心内设置的标本模型、图片和录像等，向人们普及生物学、自然地理等自然知识。

(5) 维持生态系统平衡

自然保护区在改善本地和周围地区自然环境、维持自然生态的正常循环和提高当地群众的生态环境质量、促进当地农业生态环境逐步向良性循环转化、提高农作物产量、减少自然灾害等方面发挥着重要作用。

当前，随着社会建设的发展，生态保护与发展的矛盾越来越尖锐，因此自然保护区的建立既能有效地维持和保护现有的自然资源，又能为社会经济持续发展做出贡献，成为当今统筹生态保护与社会发展的有效途径。目前，我国自然保护区总面积已达国土面积的16%，30多个省市都建立了数量不等的自然保护区，其中一些省份保护区的数量已达到50多个，无论是沿海的亚热带区域还是高原荒漠区域都建立起了自然保护区，形成了全国范围内的自然保护区网。保护区除了在数量上初具规模外，在种类上更是从早期的以森林及野生动物类型为主发展到现在的沙漠、湿地、高山、海洋、草原生态系统等。全国范围内85%的陆地自然生态系统类型，20%的天然林，40%的天然湿地，65%的高等植物群落以及绝大多数的自然遗迹，尤其是我国重点保护的珍稀野生动植物物种，大多在自然保护区内得到了有力的保护。

10.4.3 农业生态工程

农业生产是具有特定功能的农业生态系统，而农业生态工程其实就是农业生态系统的一种具体表现形式。农业生态工程是应用农业生态系统中物种共生与物质再生产的原理，多种成分相互协调和促进的功能原理，以及物质和能量多层次、多途径利用和转化的原理，采用系统工程的最优化方法设计的分层次多级别物质的农业生态系统。农业生态工程属于人工系统，具有一般系统的特征。农业生态工程是以生物与环境之间的相互作用为基础构建的，它能够按照人类的需求进行物质生产。

10.4.3.1 农业生态工程的原理

与自然生态系统的区别在于，农业生态工程涵盖了社会与经济技术的双重作用，并以获取人类需要的农产品生产为主要目的，它由自然生态系统演变而来，并在人类活动的影响下形成。因此，农业生态工程既包含生态学原理，同时又包含人类活动的工程学和经济学原理。

(1) 农业生态工程的生态学原理

1) 食物链原理

食物链原理是生态学的基本原理，也是农业生态工程的基本生态理论。自然生态系统中的食物链是由生产者、消费者和分解者构成的。生产者一般是从太阳中获得能量的绿色植物，它们位于食物链的第一级；消费者一般包括草食动物与肉食动物（包括人类），分为初级消费者、次级消费者以及三级消费者，占据食物链的第二～四营养级；分解者指的是真菌、细菌等微生物，可以分解其他动植物的遗体。食物链中的营养分级属于功能分级而非物种分级，某个物种可能占据一个或多个营养级。例如在“猪-沼-粮”循环经济产业链中，粮食为生产者，沼气池中的菌种为分解者，有机猪为消费者。在农业生态工程中，物质可以循环往复利用，但能量则是单向流动、逐级递减的。食物链在生态工程中实质上是一条物质传递、能量转换链，但每个个体在食物链中的连接并不是单链条关系，它们彼此联系从而形成了复杂的食物链网。太阳能被绿色植物吸收并转化为化学能进入食物链中，从而形成了食物链中最初的能量来源，能量在食物链中逐级传递，但转化过程中存在一定的耗散和损失，传统农业食物链中的每个环节都以大约一个数量级的顺序减少可利用的能量，因此，4 个营养级以上的食物链在自然界中较少存在。在农业生态工程中可以利用生态系统的食物链原理，通过加环和生物转化的方式将各营养级废弃的生物质和粪便排泄物循环利用，提高能量的利用率。例如在绥滨镇循环经济中秸秆发酵后喂猪，猪粪制造沼气，沼渣肥田，从而形成一种人工控制的网络状食物链，这种种养结合的生产方式，其资源利用效率和经济效益要比单一种养方式高效得多。

2）协同进化原理

协同进化指的是生物与环境之间的关系。农业生态工程中的农业生物与自然环境是一个统一整体，生物在其自身生存过程中既要适应环境同时又要改造环境，与生存环境协同进化，这样才能维持生态工程的稳定性。在生态工程系统中，生物的生长繁殖离不开营养物质和能量的摄入，环境为其提供了必要的空气、热量和水分等，而生物在其生长活动中又通过分解、排泄等方式将物质返还给生存环境，因此生物与环境之间绝不是各自孤立的，而是存在着复杂的物质能量交换关系，二者之间相互作用、协同进化。在绥滨循环经济案例中，有机肥的加工制造正是生物与环境协同进化的典型。畜禽饲养场产生的畜禽粪便是加工有机肥的主要原料，通过物理和生化技术，选用生物菌剂对畜禽粪便及屠宰废弃物等进行分解，采用槽式好氧反曝气工艺生成生物有机肥，生产过程实现环境零污染排放。生物有机肥产品富含多种作物生长所必需的大量和微量元素，营养物质通过有机肥的形式重新投入种植业，从而达到改善土壤结构、增加土壤有机质含量、提高土壤肥力、使农作物增产的目的。通过生物与环境的相互影响，改善农业生态环境，同时确保资源再生和循环利用，提高资源利用率。农业生态工程应遵循协调进化原理，因地制宜、因时制宜、合理布局、种养结合。

环境对生物生命活动的影响既有有利的一面，也有限制的一面，为了促进生物的生长繁殖，在农业生态工程建设中应充分分析当地有利因素及限制因素的类别，以选择适宜的物种及种养殖模式。

3）效益协调统一原理

农业生态工程是一种人为调控的经济活动，目的是在维持生态环境稳定的前提下，增加产出和经济收入。而在生态经济系统中，经济效益和生态效益的关系是多重的，既有同步关系，也有背离关系，还有同步与背离相互结合的关系。在循环经济案例中，通过提高农业资源的利用效率，降低生产成本，增加产品附加值，达到节能、节水、节地的效果，从而实现了经济效益的最大化。同时，农牧业废弃物的综合利用，减少了废弃物的排放，变废为宝，提高了空气、水源的质量，降低了化肥、农药的使用量，改善了土壤质量，最大限度地改善了城镇周边的环境和生态，形成了良好的生态效益。循环经济的建设不仅改善了人民的生活环境，也提升了居民的环保意识，使城乡居民养成尊重和保护自然的良好习惯，同时扩大了农村生产规模，解决了农村富余劳动力，保障社会稳定，带来了显著的社会效益。因此，农业生态工程是一个社会—经济—自然复合生态工程，是由自然再生产和经济再生产交织的复合生产过程，具有多种功能与效益，既有自然的生态效益，又有社会效益与经济效益，只有生态效益与经济效益相互协调才能发挥系统的整体综合效益。

农业生态工程建设及技术应用都是以追求最终综合效益为目标的。在其建设与调控中，将经济与生态工程建设有机交织地进行，如农业开发与生态环境建设结合等，将所追求的生态效益、经济效益和社会效益融为一体。在农业生态工程的实施中，应充分合理利用自然资源和劳动力资源，既要符合生态要求又要适应经济发展和消费的需求，遵循专业化、社会化原则，突破自然经济的范畴，向专业化和商品化过渡，同时取得更高的经济效益和生态效益。

(2) 农业生态工程的工程学原理

1) 系统工程的整体协调优化原理

农业生态工程本身即是一个系统工程。一个系统是一个有机的整体，系统工程是以全局的观点来研究系统总体与全局问题的工程技术。它从系统的观点出发，运用现代科学技术方法来研究和解决各种系统问题，因而系统工程也被看作是一种组织管理的科学方法，将所研究的对象看成一个系统，解决如何对系统进行规划、治理、组织和管理，并最终获得良好效益的问题。

2) 层次结构原理

稳定高效的农业生态工程必然是一个和谐的整体，其内部组分有清晰的层次结构，各组分之间有明确的比例关系和具体的结构分工，只有这样才能使系统顺利完成物质、能量、信息和价值的转化与流通。例如循环经济中，有机饲料的加工就是通过微生物的发酵工艺，充分发挥微生物的降解、转化、增殖的特殊功效，将未受到化肥、农药等有害物质污染的玉米、农作物秸秆等按照一定的营养比例进行科学配比，在提高饲料转化率的同时，不提高甚至降低有机饲料成本。农作物秸秆经过专业的发酵处理后，可被猪、鸡等畜禽动物直接取食利用，提高消化利用率，增强动物机体的免疫力和抗应激能力。但如果营养比例配比不当，则会导致饲料转化率低，禽畜动物取食后达不到预定效果。因此，当系统中某个组分发生变化后，必然影响其他组分的反应，最终影响整体系统。生态工程的一个重要任务就是通过整体结构来实现人工生态系统的高效功能。

3) 系统调控原理

农业生态工程既是一个信息系统也是一个反馈系统。循环经济的产业链也就是农业生态工程中的工程链，每个工程链中都存在着反馈。反馈就是把系统运行中偏离目标的信息传递给控制装置，并做出下一步决策，修正下一步的行动。任何一个自然过程都是一种自然转换过程，有转换性能的结构可看作是一种转换器，对转换器性能进行调节的部件称为调节器，控制调节器的人和物称为调节者。在循环经济案例中，农作物和禽畜是农业生态系统的转化器，转化的效率及成果则有赖于人类的调节；水利设施、机械工具及作为劳动者的人一起构成了调节器；生产单位的管理人员是系统调节机制的控制者。生物种本身的巧妙控制机制使其与外界条件相适应，农业生态系统中的转换器多是从生态系统中继承下来的，其转换性能无法完全按照人的需求进行调控，但随着科学技术的发展，人类对农业生态工程的调控作用将会越来越深刻。

(3) 农业生态工程的经济学原理

1) 农业资源价值理论

自然资源是一个社会及人类文明进步的重要物质基础，资源有价已经成为生产者及消费者的共同认识。因此拥有资源即意味着拥有财富，开发资源就意味着财富增值。农业生产中，人类对于不同种类的自然资源的开发利用过程也不尽相同，随着人类社会的不断进步，用于生活资料的最基本的自然资源，其种类并没有显著地增加，但是对其开发利用的广度和深度大大超过了过去的几百年甚至上千年。随着人类社会不断地开拓新的领域，也就有新的生产资料与自然资源不断地加入人类的经济活动中来，与此同时，人类对自然环境的影响也日益深刻。

资源价值是资源资产所有权的经济权益的重要体现，自然资源能够给人类社会带来巨大的收益，因此它是有价值的资产。自然资源的价值表现有其社会历史属性，是当今社会经济发展的产物。自然资源的开发利用具有经济效应及环境效应，资源的开发在推动人类社会经济增长的同时也要付出环境消耗及生态代价。因此，在资源的开发利用过程中要寻求经济与生态两者之间的平衡，以最小的投入获取最大的收入，并且尽可能减少在资源利用和生产过程中产生的环境负效应。在资源价值理论用于农业生产的过程中，特别注重循环经济的理论体系，使农业生产过程的经济活动形成“资源—产品—废物—再生资源—产品”的模式流程，从而令经济活动对环境的影响降低到尽可能小的程度。同时循环经济最大限度地减少了系统的污染排放和提高了废弃物的资源化利用率，因而降低了经济发展的外部成本，实现了经济效益的最大化。

2）生态经济理论

人的一切经济活动都是在有生态系统和经济系统交叉渗透结合而成的生态经济系统中进行的，它的运行受到客观经济规律和客观生态平衡自然规律的双重制约。因此，生态经济系统是由生态系统、经济系统和技术系统有机组合形成的复合系统，这一系统的特殊性决定了生态经济学的理论在社会生产和发展过程中的重要指导作用。

生态经济系统的发展必须建立在生态与经济两者之间和谐统一的基础上，实现生态与经济的协调发展和维持经济发展的可持续性是生态经济学的核心理论。在经济与生态的协调平衡中，为了发展经济，打破了原有的生态平衡与协调机制，但是在打破原来生态平衡的同时，也必须要建立新的生态平衡，既能够保持生态系统的正常运行，又能够促进经济的发展。

以生态经济学理论为指导，促进生态经济系统的可持续发展。一个开放的经济系统经过人为的内部协调与外部环境进行适度的物质、能量和信息交换，遵循自然规律与经济规律，科学地组织经济活动，实现对资源合理的开发利用，不仅能够获得较高的经济效益，同时为资源再生和环境保护带来良好的生态环境效益，使经济系统和生态资源系统协同进化，达到可持续发展的目标。

3）可持续发展理论

可持续发展可概括为“持续、稳定、适度、协调”的发展。持续发展，是指在一定经济环境与资源生态环境下，在一个时间序列演替中，经济保持进展演替状态；稳定发展，是指国民经济主要经济、社会和生产指标，人均指标的增长速度的平均相对变动率在10%以下，没有巨涨大落；适度发展，是指经济再生产全过程中各自要素的量、质关系在相互适应、促进中发展，即进展速度与社会、经济、技术、资源、生态等相适应匹配；协调发展，是指经济再生产结构要素间，以及结构与功能间，在非平衡稳态中实现环境资源-技术-生产-需求-人口间的良性循环。

农业生态工程实际是一种经济且高效的工程技术。生态农业首先是对农村发展作整体考虑的一项农业生态工程。我国的农业生态工程就是在全球“可持续发展”的思潮中体现出的具有中国特色的农村经济得以持续发展的一种形式。

资源价值理论在农业生产过程中特别注重循环经济的理论体系。农业生态工程是在由生态系统和经济系统结合而成的生态经济系统中进行的，因此离不开生态经济学理论的指导，经济系统和生态资源系统的协同进化正是以可持续发展为目标。

10.4.3.2 农业生态工程的原则

构建高效和谐的农业生态工程，从工程学的理论上主要考虑以下几方面原则。

(1) 整体性原则

对于所要研究的对象要从空间及时间上作为一个整体加以分析，以使得整体的功能大于各部分的功能之和。将一定区域的大农业作为一个整体来进行开发利用，而不是像传统农业中将一个物种、一个产业作为独立的开发利用对象。

(2) 综合协调性原则

综合协调性原则在考虑问题的解决途径上，一是要综合考虑系统目标的多样性或者多宗旨性；二是要考虑某项决策在付诸实施后会引起的多方面的后果；三是要考虑在达到同样目标时，可以采用不同的途径和方法，按照最佳的原则综合使用多种方法和方案进行配合，即在一个系统内，种植业、养殖业和微生物之间是相互协调的。

(3) 优化性原则

运用数学及运筹学的工具进行系统的优化分析，以达到最佳的目标体系，使子系统内部各组分之间的分工协作和控制得到充分的优化，保证系统对时间、空间、物质、能量和信息的最佳利用率及良好效率，例如有机肥发酵中生物菌种的比例等。

(4) 循环性原则

通过物质多层次循环利用，例如农作物秸秆养猪、猪粪栽培食用菌、菌渣作肥料，最大限度地利用系统内的生物能量，降低农业成本，提高综合效益。

(5) 再生和持续性原则

妥善处理资源利用和环境保护的关系，最大限度地提高温、光、水、土等资源利用率，保持农业生态工程自身的稳定性和持续性，保证资源的可再利用，增强农业发展的后续力量。

10.4.3.3 国内外农业生态工程介绍

(1) 山东省蒙阴县农业生态工程

蒙阴县统筹推进生态建设，大力发展生态循环的链条式农业，推进产业绿色转型，把生态富民理念融入经济社会发展各方面和全过程，是山东省县域经济科学发展试点县、山东省生态文明乡村建设示范县、山东省乡村文明行动示范县。蒙阴县依托丰富的林草、果树资源和养殖条件，把蜜桃种植、长毛兔养殖和沼气建设结合起来，利用树落叶加工成饲料喂养长毛兔，兔粪进入沼气池发酵，生产的沼气用来做饭、照明，沼渣、沼液用来为桃树施肥，构建形成“兔-沼-果”生态循环农业模式，既提升了果、兔产业附加值，又为果树提供了有机肥料，减少了化肥的使用，提高了果品品质，实现了经济效益和生态效益“双赢”。此外，蒙阴县还构建“果-菌-肥”生态循环产业链条，将百万亩林果每年产生的 1.2×10^5 t 果树枝变废为宝，以果木果枝为基料，粉碎制成菌棒菌袋，进行菌种培养后出菇，再利用“废菌包或细小果木枝条＋畜禽粪便＋微生物菌剂”的轻简化堆肥技术，制成生物有机肥进行还田，达到资源利用最大化、最优化，避免了化肥过量造成土壤酸化。

(2) 日本菱镇的循环农业工程

菱镇是发展循环农业较早且较成功的地区，是将农业生产和生活中的废弃物转化为有机肥，发展废弃物资源化的循环农业模式。菱镇将小规模下水道污泥、家禽粪便以及企业的有机废物作为原料投入发酵设备，产生的甲烷气体用于发电，剩余的半固体废渣进行固液分离，固态成分用于堆肥和干燥，液态成分处理后再次利用或者排放（排放时已基本对环境无害），实现了废物的高度资源化和无害化。此外，菱镇对厨房垃圾进行统一收集和处理，制成有机肥。

10.4.4 生态工业园

生态工业园区是依据清洁生产要求、循环经济理念和工业生态学原理而设计，并建立在一块固定地域上的由制造企业和服务企业形成的企业社区。园区作为以生态循环再生为基础的工业园区，企业之间、企业与社区和政府间在副产品交流及管理方面有密切的合作，既包括产品和服务的交流，更重要的是有以最优的空间和时间形式组织在生产与消费过程中产生的副产品的交换，各成员单位通过共同管理环境事宜和经济事宜来获取更大的环境效益、经济效益和社会效益，从而使企业付出最小的废物处理成本，提高资源的利用效率，改善参与公司的经济效益，同时最大限度地减少对生态环境的影响。

10.4.4.1 构建生态工业园区的意义和作用

（1）提升生态工业企业建设水平

建立生态工业园区，可以针对工业系统薄弱环节，有选择地进行改造、建设，培植新的经济增长点，最大限度地促进物质、能源的循环利用和多级利用，扩大企业的知名度，提高产品品质和竞争力，逐步完善产业链之间的关联，开拓物质循环新通道，使生态经济产业链不断得到强化、网状化，完成由传统的重污染行业到绿色产业的战略转变，由传统意义上的资源-废物排放的开放型线型物质流动过程向整体半开放、局部封闭的准循环物质流动模式转变，促进传统工业的生态经济结构重组和生态经济结构转变。

（2）促进资源利用一体化、多线条、深层次流动发展

通过生态工业园区建设，园区企业将改变传统直线型的生产过程和高投入、低产出、重污染、低效益的粗放型经营方式，积极推广新工艺、新技术，促进企业技术进步和物质循环利用，合理配置和组织工艺路线，确立多线型、网络状的资源利用模式，高效合理、多营养级、多层次地利用资源能源，降低单位产品成本，深层次解决环境和经济发展的矛盾，实现工业快速发展和环境保护之间的最佳结合，实现由资源依赖型向生态环保型的跨越。

（3）带动区域经济持续发展

建立生态工业园区，是实施区域可持续发展的重要体现，有利于加强各级政府的政策扶持和落实力度，使园区成为区域可持续发展的龙头。依托支柱产业，逐步建立园区发展与区域发展的联动机制，发挥园区（集团）的带动作用，引导并支撑区域资源的综合利用和可持续发展。转变思维模式和发展方式，促进生态工业逐步从概念走向实践，合理利用和配置自然资源，形成良性循环。

（4）实现新型工业化的模式

通过生态工业园区建设，可以引导、辐射、改造传统产业，利用生态工业园自身的示范作用，形成资源综合利用的潮流，建立起相当于生产者-消费者-分解者的生态产业链条，以低消耗、高效益、无污染或少污染、资源再生、废物综合利用等方式，实现产品绿色化和生产过程清洁化，推动工业生态系统发展模式的战略转变，推进传统产业生态转型和结构重组，加速工业生态系统进化演替过程，引导园区企业走上科技含量高、经济效益好、资源消耗低、环境污染少、人力资源得到充分发挥的新型工业化道路。

10.4.4.2 生态工业园区规划建设原则

（1）资源高效利用原则

生态工业园区建设要充分考虑资源、资本及产业等因素，合理确定产业项目及用地布局，围绕主导产品发展一系列相关生产和服务，使资源得到高效利用，最大限度地提高资源的利用效率，对土地、港口资源的利用，进行保护性开发和适度利用，进行科学规划和合理配置。

（2）“减量化、再利用、资源化”原则

1）减量化原则

要求减少进入生产和消费流程的物质量，即用较少的原料和能源投入满足既定的生产或消费需求，在经济活动的源头就做到节约资源和减少污染。在生产中，常要求产品体积小型化和产品质量轻型化，产品包装追求简单朴实而不是豪华浪费。

2）再利用原则

要求产品和包装能够以初始的形式被多次使用。在生产中，常要求制造商使用标准尺寸进行设计，以便于更换部件而不必更换整个产品，同时鼓励发展再制造产业。

3）资源化原则

资源化原则要求消费者和生产者购买循环物质比例大的产品，以使循环经济的整个过程实现闭合。

（3）“四个结合”原则

1）与发挥区域比较优势、提高市场竞争力相结合

发展生态工业要依托区域及周边地区的资源、产业、资本和人文，在发展过程中将区位优势转化为竞争优势，逐步形成一种技术与资源的互动体系，创造出独具特色、良好抗市场风险能力的生态工业系统，使生态工业系统在市场中具备长期的竞争优势。

2）与引进高新技术、提高经济增长质量相结合

生态工业，要注重经济增长的质量，要将生态工业的建设与加大技术创新和技术改造的力度，提高企业的技术创新能力，充分发挥重点企业中现有的科技力量作用有机结合。同时，采用高新技术，充分利用本地区优势资源改造传统产业，在每一个产业链网的节点上均要最大限度地提高资源利用率，加大产品的深加工和向后延伸产品的研究与开发力度，提高生态工业园区或企业群的科技含量，是生态工业系统得以持续的根本保障。

3）与区域改造和产业结构调整相结合

在生态工业建设中，必须与城市改造、城市整体发展战略和产业结构调整充分结合；与改造和提升地区现有的产业门类相关联，促进区内企业的规模化、科技化、高效益和低污染；充分发挥大型优势企业对地方中小企业的带动和辐射作用，加速中小企业向小而专、小而精方向发展；加快区域产业的改造、升级，加速区域经济、生态经济的形成，使区域产业结构向资源利用合理化、废物减量化、生产过程无害化转变，逐步实现以主导产业为核心，不同产业部门之间以及与自然生态系统之间的生态耦合和资源共享，物质、能量多级利用。要围绕自身特点和优势进行第二次创业，在产业结构调整中把区域主导性支柱产业做大、做强，把特色产业做精、做优。

4）与生态保护和区域环境综合整治相结合

生态工业园区的建设，必须与生态保护和区域环境综合整治相结合。只有这样才可能使系统中的企业间、区内企业与区域内企业间形成共享资源和互换副产品的产业共生组合，使

上游生产过程中产生的废物成为下游生产过程的原料，实现综合利用，达到相互间资源的最优化配置的同时，又根据区域污染综合整治的需要，把治理结构性污染和产业结构调整相结合，通过生态工业的建设，实现分散小型污染源的集中治理，改善区域的生态环境质量，实现环境和经济的可持续发展。

10.4.4.3　国内外生态工业园介绍

（1）天津泰达生态工业示范园区

天津泰达经济技术开发区共有 4 个支柱产业，即生物医药、电子、汽车、饮料，产业结构非常完善。每个产业之间并不是孤立的，而是加强交流与合作，进行跨产业的生产经营活动。园区坚持循环经济的基本思想，企业与企业之间建立共生合作模式，有些企业会寻找其他产业类的企业废弃物，利用废弃物作为原材料，开发新产品。政府积极引导园区的发展，加强与社区的合作，共同开发资源、清洁生产、保护环境，最大限度地降低废弃物的排放，是一个成功的生态工业园区。园区认识到生态环境的重要性，加大对环保基础设施的投入，开发水资源一体化工程项目、治理污染土壤项目，为企业的发展提供了环境支撑。园区积极与国外环境方面的公司合作，引进先进技术，建立了工业废弃物网络信息平台。

（2）青岛新天地生态工业园

山东东部大量的危险废弃物、工业固体废物、电子垃圾产品等都集中在这个园区进行回收、处理。为了处理这些回收的产品，园区设立了回收客服电话，固定回收场所、废弃物的交换中心，搭建了网络信息平台。在这个平台里，客户可以直接在网上进行交易，园区内企业能及时关注到废弃物的回收和处理情况，政府对网络信息平台的操作进行监控，保证平台的正常运转。园区通过网络对废弃物进行回收和处理，既杜绝了废弃物垃圾排入环境造成的生态破坏，也开发了新产品，延长了产品的产业链。

（3）日本北九州生态工业园

北九州生态工业园区内的土地由政府统一购买长期租给企业，以此鼓励园区内环保产业发展。园区设立两个区域：

① 实证研究区域，由企业、行政部门、大学联合起来进行废物处理技术、再循环技术实证研究，目的是成为环境保护相关技术的研发基地。区域内有福冈大学资源循环与环境控制系统研究所、九州医疗烧酒酒糟高度再循环实验研究设施、北九州食品再循环协同工会的豆腐渣及食品残渣再循环工厂等 16 家研究单位及企业。

② 循环工业园区，汇集了废旧工业产品再循环处理厂，包括塑料饮料瓶再循环厂、办公机器再循环厂、建筑混合废物再循环厂、汽车再循环厂、家电再循环厂、荧光灯管再循环厂、医疗器具再循环厂、老虎机台再循环厂、打印机颜料墨盒再使用厂、饮料容器再循环厂、废木材与废塑料再循环厂等（见图 10-3）。园区通过复合核心设施，对企业排出的以残渣、汽车的碎片为主的工业废料进行合理处理。处理过程中将熔融物质再资源化（如制成混凝土再生砖建筑用平衡锤等），同时利用焚烧产生的热能进行发电。

10.4.5　山水林田湖草沙一体化保护

从生态学上讲，“山水林田湖草沙”是对不同生态系统类型（或植被覆盖类型）的通俗表达。具体而言，它们分别对应于以下几种生态系统。

① 山：涵盖了山地生态系统、高原生态系统等具有典型海拔梯度的生态系统类型，反

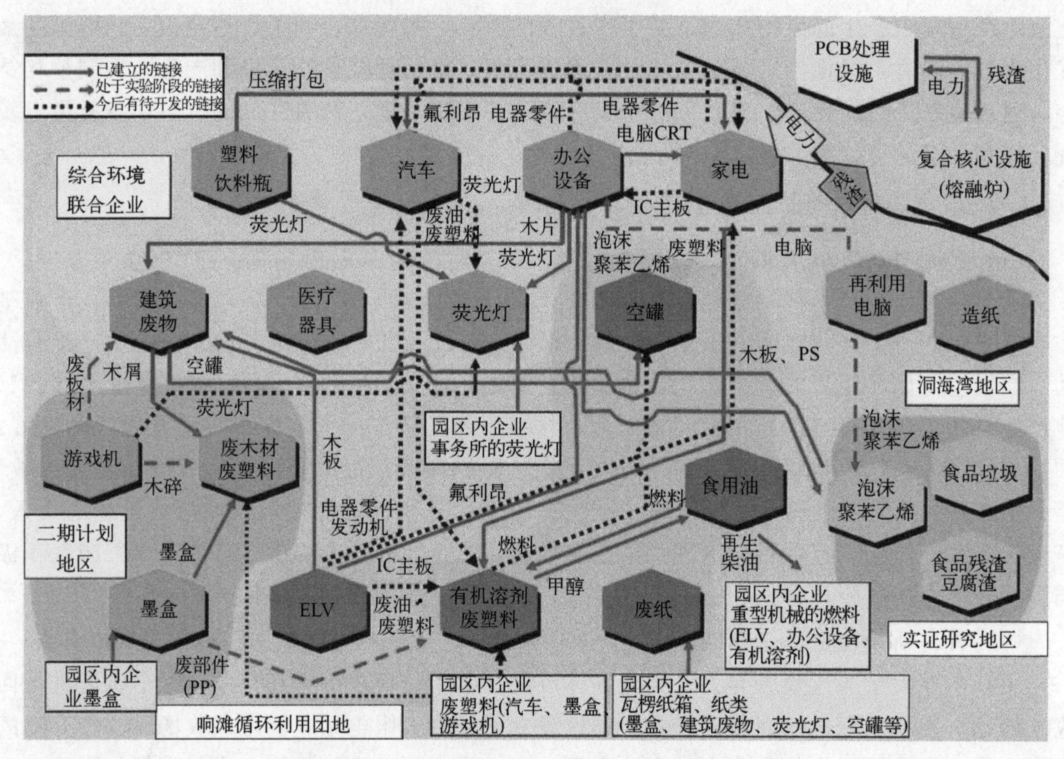

图 10-3　日本北九州生态工业园内企业间链接图

映和浓缩了水平自然带的自然地理与生态学特征。

② 水、湖："水"包括了河流、湖泊、湿地、海洋等诸多以水为主要环境的生态系统类型，其中"湖"具体涵盖湖泊和湿地等具有独特水文特征的生态系统。

③ 林、草、沙：涵盖了森林、灌丛、草地、荒漠等陆地自然生态系统的主要植被类型。

④ 田：指在人类干预下形成的农田植被，属于陆地人工生态系统。

可以看出，"山水湖"与"林田草沙"划分的视角不同，前者强调地形地貌特征，而后者主要是从植被（或生态系统）类型的角度进行划分。但总的来说，"山水林田湖草沙"概括了我国绝大多数生态系统类型，准确、形象地反映了我国生态系统多样性的特征。

10.4.5.1　"山水林田湖草沙"的主要功能

由于控制因素和形成过程各不相同，"山水林田湖草沙"具有不同的结构，在生命共同体中处于不同的地位，发挥着不同的作用。另外，它们作为生物圈的重要组分，在功能上又相互联系、相互补充，彼此间不可替代，维持了地球表层系统的正常运行。

"生态系统功能"一词，在生态学中有着多种不同含义，但主要是指支持生态系统自我维持、自我更新，保证生态系统整体性的一系列过程和机制。对于人类社会而言，生态系统的功能主要体现在人类从中直接或间接获得的利益，因此也可称为"生态系统服务"。从这一角度来看，生态系统的功能大致可以分为以下 3 个方面。

① 生产功能：指生态系统为人类提供食物、医药、木材及工农业生产的原材料产品的功能。

② 生态功能：指生态系统固定二氧化碳、保持水土、调节气候、净化环境、减轻自然灾害、保护生物多样性等生态调节与生态支持功能。

③ 文化与景观功能：指生态系统在保护文化、传承知识以及提供教育、审美和休闲等

方面的功能。

当然，由于生态系统的复杂性及人类认知的局限性，这种划分可能略显武断，但总体上能较好地从人类需求的角度概括生态系统的各项功能。

10.4.5.2　“山水林田湖草沙”一体化保护的原理内涵

对于山水林田湖草沙系统的一体化保护，体现了生态学的基本规律与原理，重点强调了生态系统中各要素之间相互制约与依存的关系。山水林田湖草沙系统理念体现了生态系统的多样性、整体性，同时也能有效地反映出各生态系统间的有机联系。

对山水林田湖草沙系统进行保护与修复，有效地改变了只对于单一对象的现状，将山水林田湖草沙与人类之间的关系通过生态耦合的原理进行有效联通，涵盖了区域生态系统的多样性与生态学进程。山水林田湖草沙系统的保护与修复，能够完善生态系统的多样性，提高系统的保护能力，有效实现能量流与物质流的循环。此外，还能增强自然生态系统、社会与经济的协调互补，有效地维持其稳定性，以此来实现生态系统的可持续性发展。

10.4.5.3　“山水林田湖草沙”一体化保护的有效措施

（1）引入科技治理措施

面对环境治理措施手段落后亟待跟上治理需要的问题，对于保护、修复山水林田湖草沙生态环境治理，要综合利用整体观念与数据信息科技手段相结合的治理方法。一方面把山水林田湖草沙作为整体环节进行治理，并且把恶化的环境进行系统整治，把临近未恶化地区环境与处于恶化地区环境进行联系修复；另一方面，国家要引进科技信息技术对国土资源进行动态监测，实时发现环境恶化问题，及时采取保护修复方案治理。

（2）完善治理修复相关政策

对于地区环境恶化信息获取滞后导致治理政策不完善、不及时的问题，要通过完善地区环境管理政策，加强区域政府对于山水林田湖草沙生态环境的密切监管，并且建立实施问题发现后的 24h 上报机制，强制各地区严格管控区域环境问题，保障政府在了解区域环境实际情况的前提下进行环境保护修复政策的改革创新以及完善工作。

（3）提高治理人员综合治理水平

治理环境工作多数是由当地居民来实施，这些人员的技术水平和知识水平都比较欠缺，急需提高治理人员的综合治理水平。可以通过专业人士对当地居民进行知识培训，促使居民在了解环境治理相关知识的情况下进行修复工作，结合居民本身所具备的对当地环境熟悉的优势，能够使最终呈现出来的生态环境治理效果更优。

（4）提升全民综合素质

从根本上提升人民综合素质问题，对于未成年人群而言可以通过加深核心素养教育促进群体素质水平的提升，对于成年人群加大力度进行正向管理引导，通过定期进行素质培训，切实告知人民群众当下我国生态环境的保护发展对于综合国力走势的重要性，增强人民群众对于保护山水林田湖草沙生态环境的责任感，避免治理后环境问题的再度出现。

10.5　生态补偿机制

生态补偿机制是以保护生态环境、促进人与自然和谐和生态系统良性发展为目的，以从事对生态环境产生或可能产生影响的生产、经营、开发、利用者为对象，以生态环境整治及恢复为主要内容，根据生态系统服务价值、生态保护成本、发展机会成本，综合运用行政和市场手段，调整生态环境保护和建设相关各方之间利益关系的环境经济政策。主要针对区域性生态保护和环境污染防治领域，是一项具有经济激励作用、与“污染者付费”原则并存、基于“受益者付费和破坏者付费”原则的环境经济政策。

10.5.1 建立生态补偿机制的原因

建立生态补偿机制是贯彻落实科学发展观的重要举措，有利于推动环境保护工作实现从以行政手段为主向综合运用法律、经济、技术和行政手段的转变，有利于推进资源的可持续利用，加快环境友好型社会建设，实现不同地区、不同利益群体的和谐发展。

建立生态补偿机制是落实新时期环保工作任务的迫切要求，党中央、国务院对建立生态补偿机制提出了明确要求，并将其作为加强环境保护的重要内容。《国务院关于落实科学发展观加强环境保护的决定》要求：“要完善生态补偿政策，尽快建立生态补偿机制。中央和地方财政转移支付应考虑生态补偿因素，国家和地方可分别开展生态补偿试点。”国家《节能减排综合性工作方案》也明确要求改进和完善资源开发生态补偿机制，开展跨流域生态补偿试点工作。

10.5.2 生态补偿理论依据

（1）生态资本理论

生态环境具有价值且具有资本属性。按照等价交换原则，遵循利益溢出效应，建立生态补偿机制，由生态保护成果的“受益者”对其使用行为进行补偿，消除生态产品消费中的“搭便车”现象，使生态保护者得到相应回报，激励人们加大对生态保护行为的投资，实现生态补偿正外部效应最大化。

（2）可持续发展理论

人类社会的可持续发展建立在地球生命支持系统、维持生物圈及生态系统服务功能可持续性的基础之上。人类在发展过程中应认清生态服务功能的巨大经济效益，避免在资源开发过程中的短期行为，完善生态补偿机制，实现人口、资源、环境协调发展。

（3）外部性理论

如果生态环境受益者无需付费，生态环境资源配置与利用便很难达到帕累托最优。为实现生态环境对社会经济发展的持续促进作用，就需对生态产品的边际个人成本（MC或MPC）、边际个人收益（MPB）进行调整，使之与边际社会成本（MSC）、边际社会收益（MSB）相等，达到“外部经济性与不经济性”的均衡，实现外部效应内在化（见图10-4、图10-5）。

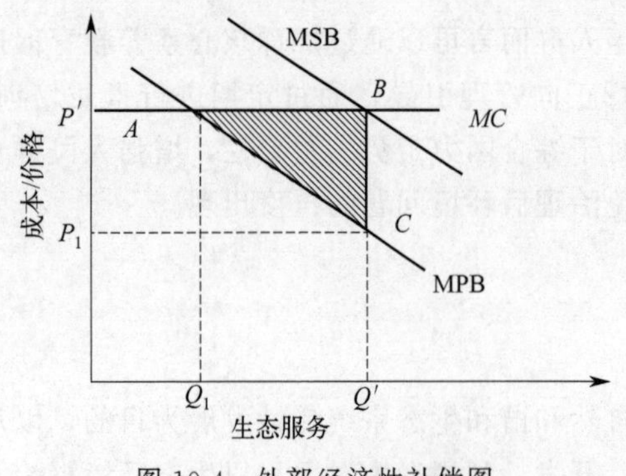

图10-4 外部经济性补偿图

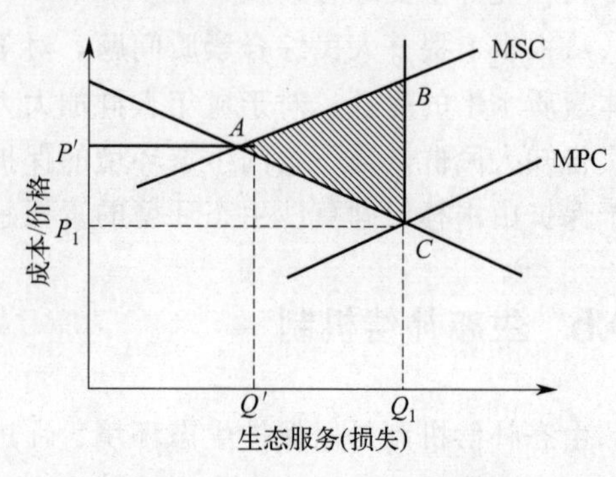

图10-5 外部不经济性补偿图

10.5.3　生态补偿遵循的原则

① 谁受益，谁补偿；谁污染，谁付费　将对生态环境干预所产生的外部效应内部化，使私人收益（成本）接近社会收益（成本），消除生产者因破坏环境追求超额利润的目的，激励环境保护者加大对环境污染的治理力度。

② 公平性　区域、代内、代际、种际之间在破坏环境遭受的损失与保护环境获得的利益面前均等。

③ 灵活性　不同区域间的发展不平衡，以及补偿主客体间关系错综复杂，因此在制定生态补偿标准、落实补偿机制时，不能搞“一刀切”，应因地制宜，分类指导。

④ 广泛参与性　生态补偿制度实施中，只有利益相关方广泛参与、监督，才能弥补当前法规实施中的漏洞，使补偿机制的管理及运行规范化、明晰化。

⑤ 循序渐进　完善生态补偿机制是一项复杂的系统工程，中央在全国进行生态补偿试点，取得成功经验后再加以推广；地方应在所辖范围内进行重点领域的试点工作，探索适合区域的生态补偿机制。

⑥ 有效性　建立生态补偿机制应将长期、短期效应结合起来，以保证补偿策略实施的有效性、延续性、滚动性。

10.5.4　生态补偿机制实施措施

建立和完善生态补偿机制，必须认真落实科学发展观，以统筹区域协调发展为主线，以体制创新、政策创新和管理创新为动力，坚持“谁开发谁保护、谁受益谁补偿”的原则，因地制宜选择生态补偿模式，不断完善政府对生态补偿的调控手段，充分发挥市场机制作用，动员全社会积极参与，逐步建立公平公正、积极有效的生态补偿机制，逐步加大补偿力度，努力实现生态补偿的法制化、规范化，推动各个区域走上生产发展、生活富裕、生态良好的文明发展道路。

（1）加快建立“环境财政”

把环境财政作为公共财政的重要组成部分，加大财政转移支付中生态补偿的力度。在中央和省级政府设立生态建设专项资金列入财政预算，地方财政也要加大对生态补偿和生态环境保护的支持力度。为扩大资金来源，还可发行生态补偿基金彩票。按照完善生态补偿机制的要求，进一步调整优化财政支出结构。资金的安排使用，应着重向欠发达地区、重要生态功能区、水系源头地区和自然保护区倾斜，优先支持生态环境保护作用明显的区域性、流域性重点环保项目，加大对区域性、流域性污染防治，以及污染防治新技术新工艺开发和应用的资金支持力度。重点支持矿山生态环境治理，推动矿山生态恢复与土地整理相结合，实现生态治理与土地资源开发的良性循环。采取“以能代赈”等措施，通过货币帮助或实物补贴，大力支持开发利用沼气、风能、太阳能等非植物可再生能源，来保证“休樵还植”，以解决农村特别是西部地区农村燃能问题。

积极探索区域间生态补偿方式，从体制、政策上为欠发达地区的异地开发创造有利条件。加大生态脱贫的政策扶持力度，加强生态移民的转移就业培训工作，加快农民脱贫致富进程。

（2）完善现行保护环境的税收政策

增收生态补偿税，开征新的环境税，调整和完善现行资源税。将资源税的征收对象扩大到矿藏资源和非矿藏资源，增加水资源税，开征森林资源税和草场资源税，将现行资源税按应税资源产品销售量计税改为按实际产量计税，对非再生性、稀缺性资源课以重税。通过税收杠杆把资源开采使用同促进生态环境保护结合起来，提高资源的开发利用率。同时，加强资源费征收使用和管理工作，增强其生态补偿功能。进一步完善水、土地、矿产、森林、环境等各种资源税费的征收使用管理办法，加大各项资源税费使用中用于生态补偿的比重，并向欠发达地区、重要生态功能区、水系源头地区和自然保护区倾斜。

（3）建立以政府投入为主、全社会支持生态环境建设的投资融资体制

建立健全生态补偿投融资体制，既要坚持政府主导，努力增加公共财政对生态补偿的投入，又要积极引导社会各方参与，探索多渠道多形式的生态补偿方式，拓宽生态补偿市场化、社会化运作的路子，多方并举，合力推进。逐步建立政府引导、市场推进、社会参与的生态补偿和生态建设投融资机制，积极引导国内外资金投向生态建设和环境保护。按照“谁投资、谁受益”的原则，支持鼓励社会资金参与生态建设、环境污染整治的投资。积极探索生态建设、环境污染整治与城乡土地开发相结合的有效途径，在土地开发中积累生态环境保护资金。积极利用国债资金、开发性贷款，以及国际组织和外国政府的贷款或赠款，努力形成多元化的资金格局。

（4）积极探索市场化生态补偿模式

引导社会各方参与环境保护和生态建设。培育资源市场，开放生产要素市场，使资源资本化、生态资本化，使环境要素的价格真正反映它们的稀缺程度，可达到节约资源和减少污染的双重效应，积极探索资源使（取）用权、排污权交易等市场化的补偿模式。完善水资源合理配置和有偿使用制度，加快建立水资源取用权出让、转让和租赁的交易机制。探索建立区域内污染物排放指标有偿分配机制，逐步推行政府管制下的排污权交易，运用市场机制降低治污成本，提高治污效率。引导鼓励生态环境保护者和受益者之间通过自愿协商实现合理的生态补偿。

（5）为完善生态补偿机制提供科技和理论支撑

建立和完善生态补偿机制是一项复杂的系统工程，尚有很多重大问题急需深入研究，为建立健全生态补偿机制提供科学依据。例如，需要探索加快建立资源环境价值评价体系、生态环境保护标准体系，建立自然资源和生态环境统计监测指标体系以及“绿色 GDP”核算体系，研究制定自然资源和生态环境价值的量化评价方法，研究提出资源耗减、环境损失的估价方法和单位产值的能源消耗、资源消耗、“三废”排放总量等统计指标，使生态补偿机制的经济性得到显现。还应努力提高生态恢复和建设的技术创新能力，大力开发利用生态建设、环境保护新技术和新能源技术等，为生态保护和建设提供技术支撑。

（6）加强生态保护和生态补偿的立法工作

环境财政税收政策的稳定实施，生态项目建设的顺利进行，生态环境管理的有效开展，都必须以法律为保障。因此，必须加强生态补偿立法工作，从法律上明确生态补偿责任和各生态主体的义务，为生态补偿机制的规范化运作提供法律依据。应尽快制定《可持续发展法》《西部地区环境保护法》等，对生态、经济和社会的协调发展做出全局性的战略部署，对西部的生态环境建设做出科学、系统的安排。同时修订《环境保护法》，使其更加关注农村生态环境建设；完善环境污染整治法律法规，把生态补偿逐步纳入法制化轨道。

（7）确定西部生态补偿重点，突破领域

生态补偿点多面广，任务艰巨。西部生态保护与建设亟须在一些领域重点突破，以点带

面，推动生态补偿发展。应按照西部大开发战略的总体部署，以西部地区尤其是西部贫困和生态脆弱区为重点，把生态补偿纳入“十一五”规划，加强规划引导，提出各类生态补偿问题的优先次序及其实施步骤，抓紧研究制定比较完整的生态补偿政策。

(8) 加强组织领导，不断提高生态补偿的综合效益

建立和完善生态补偿机制是一项开创性工作，必须有强有力的组织领导。应理顺和完善管理体制，克服多部门分头管理、各自为政的现象，加强部门、地区的密切配合，整合生态补偿资金和资源，形成合力，共同推进生态补偿机制的加快建立。要积极借鉴国内外在生态补偿方面的成功经验，坚持改革创新，健全政策法规，完善管理体制，拓宽资金渠道，在实践中不断完善生态补偿机制。

10.5.5　建立生态补偿机制的重点领域

为探索建立生态补偿机制，一些地区积极开展工作，研究制定了一些政策，取得了一定成效。但是，生态补偿涉及复杂的利益关系调整，目前对生态补偿原理性探讨较多，针对具体地区、流域的实践探索较少，尤其是缺乏经过实践检验的生态补偿技术方法与政策体系。因此，有必要通过在重点领域开展试点工作，探索建立生态补偿标准体系，以及生态补偿的资金来源、补偿渠道、补偿方式和保障体系，为全面建立生态补偿机制提供方法和经验。

从国情及环境保护实际形势出发，目前我国建立生态补偿机制的重点领域有以下 4 个方面。

(1) 自然保护区的生态补偿

要理顺和拓宽自然保护区投入渠道，提高自然保护区规范化建设水平；引导保护区及周边社区居民转变生产生活方式，降低周边社区对自然保护区的压力；全面评价周边地区各类建设项目对自然保护区生态环境破坏或功能区划调整、范围调整带来的生态损失，研究建立自然保护区生态补偿标准体系。

(2) 重要生态功能区的生态补偿

推动建立健全重要生态功能区的协调管理与投入机制；建立和完善重要生态功能区的生态环境质量监测、评价体系，加大重要生态功能区内的城乡环境综合整治力度；开展重要生态功能区生态补偿标准核算研究，研究建立重要生态功能区生态补偿标准体系。

(3) 矿产资源开发的生态补偿

全面落实矿山环境治理和生态恢复责任，做到“不欠新账、多还旧账”；联合有关部门科学评价矿产资源开发环境治理与生态恢复保证金和矿山生态补偿基金的使用状况，研究制定科学的矿产资源开发生态补偿标准体系。

(4) 流域水环境保护的生态补偿

各地确保出界水质达到考核目标，根据出入境水质状况确定横向补偿标准；搭建有助于建立流域生态补偿机制的政府管理平台，推动建立流域生态保护共建共享机制；加强与有关各方协调，推动建立促进跨行政区的流域水环境保护的专项资金。

参考文献

[1] 万金泉，王艳，马邕文．环境与生态[M]．广州：华南理工大学出版社，2013.
[2] 黎志强．生态干扰及其对生态健康的影响[J]．现代农业科技，2012 (23)：2.
[3] 孙龙，岳阳，胡同欣．干扰对生态系统多功能性的影响研究进展[J]．生态学报，2022 (15)：1-10.

[4] 魏亚玲，史涛．森林生态系统保护和修复策略思考［J］．农家参谋，2022（14）：126-128.
[5] 戴贤臣．退化森林生态系统恢复与重建的基本理论及其应用举措［J］．安徽农学通报，2021，27（7）：2.
[6] 吴长榜．退化喀斯特森林生态系统恢复理论与技术研究进展［J］．绿色科技，2021，23（14）：4.
[7] 王志强，崔爱花，缪建群，等．淡水湖泊生态系统退化驱动因子及修复技术研究进展［J］．生态学报，2017，37（18）：12.
[8] 胡光亮．河流生态修复研究进展综述［J］．现代园艺，2022，45（3）：40-43.
[9] 李飞朝．论河流生态修复的技术［J］．南方农机，2019，50（24）：1.
[10] 王兆阳，陆彬，郭来源．基于河流生态系统健康的生态修复技术应用研究［J］．清洗世界，2021，37（10）：2.
[11] 王新源，杨栋武，张莉丽，等．祁连山国家公园草地退化成因及恢复对策［J］．草学，2020（6）：6.
[12] 张希涛，毕正刚，车纯广，等．黄河三角洲滨海湿地生态问题及其修复对策研究［J］．安徽农业科学，2019，47（5）：84-87.
[13] 赵世斌．浅谈防护林体系建设工程［J］．民营科技，2017（8）：1.
[14] 李世东，张炜．世界著名生态工程——中国“沿海防护林体系建设工程”［J］．浙江林业，2021（12）：21-23.
[15] 曾宪芷，杨跃军，张国红，等．对太行山绿化工程建设的思考［J］．林业经济，2010（7）：52-54.
[16] 王俊，于爱水．自然保护区建设中的生态保护策略［J］．绿色科技，2016（4）：2.
[17] 曹馨文．农业生态工程的原理及其特征分析——以绥滨镇农业生态工程为例［D］．哈尔滨：哈尔滨工业大学，2013.
[18] 朱炜钦，陈菁菁．试析工业园区规划要点和发展趋势［J］．城市建筑，2014（2）：20.
[19] 陈梅兰．浅谈生态工业园区的规划管理［J］．建材与装饰，2015（50）：58-59.
[20] 石岳，赵霞，朱江玲，等．“山水林田湖草沙”的形成、功能及保护［J］．新华文摘，2022（9）：7.
[21] 付意成，阮本清，张春玲，等．生态补偿机制研究［J］．中国农村水利水电，2009（3）：5.
[22] 刘璐璐．生态补偿在流域治理中的应用及其补偿方式选择分析［D］．大连：东北财经大学，2013.

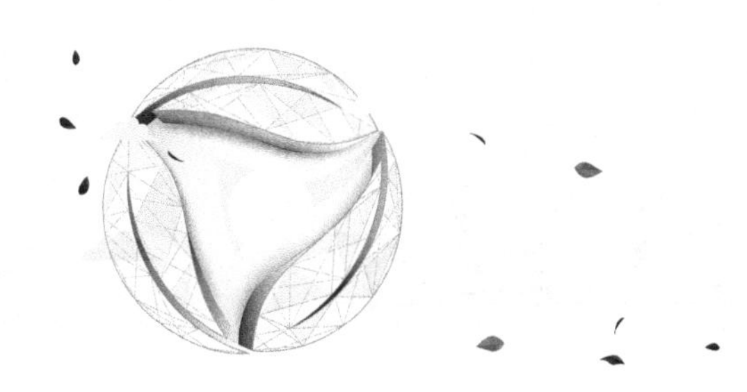

第11章 生物多样性及其保护

11.1 生物多样性的概念

20世纪80年代以后，随着世界人口的持续增长和人类活动范围及强度的不断加强，人类社会开始面临人口、资源、环境、粮食和能源五大危机。因此，人们在开展自然保护的实践中逐渐认识到，自然界中各个物种之间、生物与周围环境之间都存在着十分密切的联系，自然保护仅仅着眼于对物种本身进行保护是远远不够的，往往也是难以取得理想效果的。要拯救珍稀濒危物种，不仅要对所涉及的物种的野生种群进行重点保护，而且还要保护好它们的栖息地。或者说，需要对物种所在的整个生态系统进行有效的保护。在这样的背景下，生物多样性的概念便应运而生了。

生物多样性资源是自然资源的重要组成部分，是可再生的资源，它涉及我们生活的方方面面，为我们日常生活提供衣、食、住、行所需的物质资料。

生物多样性是生物及其与环境形成的生态复合体以及与此相关的各种生态过程的总和，它包括数以百万计的动物、植物、微生物和它们所拥有的基因，以及它们与生存环境形成的复杂的生态系统。

11.2 生物多样性的主要层次

生物多样性既是生物之间、生物与环境之间复杂关系的体现，也是生物资源丰富多彩的标志。它是对自然界生态平衡基本规律的一个简明的科学概括，也是衡量生产发展是否符合客观规律的主要标尺，包括物种多样性、遗传多样性和生态系统多样性三个层次（图11-1）。

11.2.1 遗传多样性

遗传多样性是生物多样性的重要组成部分，广义的遗传多样性是指地球上生物所携带的各种遗传信息的总和，这些遗传信息储存在生物个体的基因之中。因此，遗传多样性也就是生物遗传基因的多样性。任何一个物种或一个生物个体都保存着大量的遗传基因，因此可被看作是一个基因库。狭义的遗传多样性主要是指生物种内基因的变化，包括种内显著不同的种群之间以及同一种群内的遗传变异。此外，遗传多样性可以表现在多个层次上，如分子、

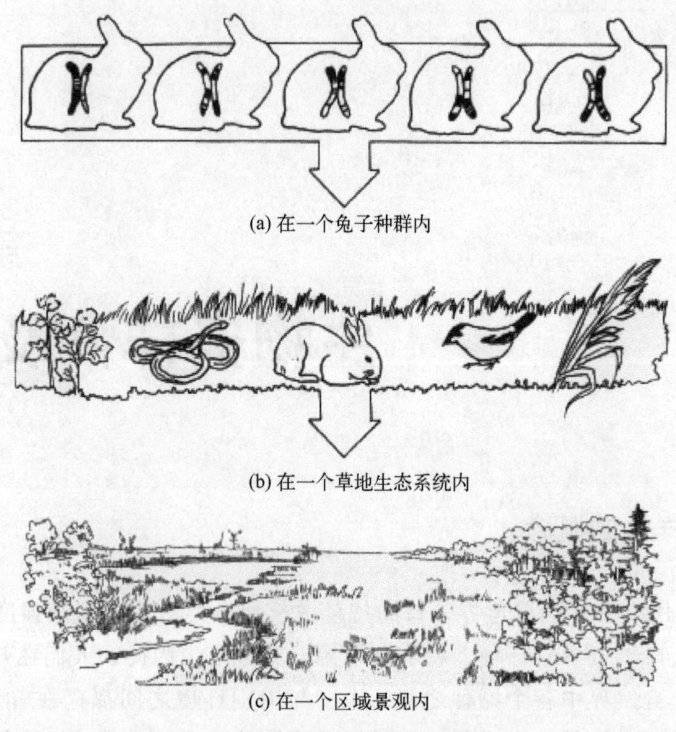

图 11-1　生物多样性的三个层次

细胞、个体等。遗传多样性主要包括 3 个方面，即染色体多态性、蛋白质多态性和 DNA 多态性。

染色体结构变异和基因突变是产生遗传多样性的遗传物质基础，遗传信息储存在染色体和细胞器基因组的 DNA 序列中。虽然动植物和其他生物一样，都能准确地复制自己的遗传物质 DNA，将自己的遗传信息一代一代地遗传下去，保持遗传性状的稳定性，但有许多因素会影响 DNA 复制的准确性。这些影响因素有的是来自外界的，有的是本身的，可能引起的变化是多种多样的，小的可能是一个碱基对的变化，大的可能是 DNA 片段的倒位、易位、缺失或转座，引起多个碱基对的变化，从而导致不同程度的遗传变异。随着遗传变异的不断积累，遗传多样性的内容也就不断地得到丰富。

遗传多样性提供了栽培植物和家养动物的育种材料，使我们能够选育和提炼携带有适合我们要求的性状的个体与种群，增强物种的生存机会。

染色体多态性主要是对染色体数目、组型及其减数分裂时的行为等方面进行研究。在大多数物种的自然群体内蕴藏着丰富的遗传变异，特别是大量的蛋白质多态性。

11.2.2　物种多样性

物种是指遗传特征十分相似、能够繁殖出有生殖能力的后代的一类生物，同种物种能够正常交配，产生有生殖能力的下一代。物种是生物分类的基本单位，是生态系统中物质循环、能量流动及信息传递的基本环节，当生态系统丧失某些物种时，就可能导致系统功能的失调，甚至使整个系统瓦解。物种多样性也是衡量一定地区生物资源丰富程度的一个客观指标。在阐述一个国家或地区生物多样性的丰富程度时，最常用的指标是区域物种多样性。区域物种多样性的测量有以下 3 个指标：

① 物种总数，即特定区域内所拥有的特定类群的物种数目；

② 物种密度，指单位面积内特定类群的物种数目；

③ 特有种比例，指在一定区域内某个特定类群特有种占该地区物种总数的比例。

物种多样性在地球上的分布通常是不均匀的。一般来说，从高纬度向低纬度发展，物种多样性会逐渐增加。在热带雨林地区，物种的丰度最大，那里集结了大约 80% 的物种。在北方或气候温暖区域，某些主要分类群如鸭科鸟类、摇蚊科昆虫和各种姬蜂等的丰度最高，但大多数高等类群的丰度在热带地区远比高纬度地区大。

11.2.3　生态系统多样性

生态系统由植物群落、动物群落、微生物群落及其生境的非生命因子（光、空气、水、土壤等）所组成。从结构上看，生态系统主要由生产者、消费者、分解者构成。生态系统的功能是对地球上的各种化学元素进行循环和维持能量在各组分之间的正常流动，即群落内部、群落之间以及与生境之间存在着复杂的相互关系，其主要过程包括能量流动、水分循环、养分循环、生物之间的相互关系如竞争、捕食、共生、寄生等。

生态系统多样性主要是指地球上生态系统的组成、功能的多样性以及各种生态过程的多样性，包括生境的多样性、生物群落和生态过程的多样化等多个方面。其中，生境的多样性是生态系统多样性形成的基础，生境主要是指无机环境，如地貌、气候、土壤、水文等。在各地区不同的物理背景下形成多样的生境，分布着不同的生态系统。生物群落的多样化可以反映生态系统类型的多样性。一个生态系统其群落由不同的种群组成，它们的结构关系（包括垂直和水平的空间结构、营养结构中的关系等）多样，执行的功能不同，因而在生态过程中的作用也很不一致。生态过程主要是指生态系统的组成、结构与功能随时间的变化和生态系统的生物组分之间及环境之间的相互作用或相互关系。

11.3　生物多样性的意义

地球生命经过亿万年的演化，由最初的简单形式发展为现在的纷繁复杂形式，不同生物物种之间都有重要的协同作用，从简单互助到互生、共生和寄生等多种生命形态。人类的发展及基本的生存需要如衣、食、住、行等绝大部分依赖于各种生物资源的供给。可以说，生物多样性是人类赖以生存的生物资源，是经济得以持续发展的基础。对于人类，生物多样性具有直接利用价值、间接利用价值（如生态学价值、美学价值和科学研究价值等）和潜在利用价值。

11.3.1　生物多样性的直接利用价值

直接利用价值是指生物为人类提供了食物、纤维、建筑和家具材料、药物及其他工业原料，主要表现在以下 3 个方面。

① 人类的食物几乎全部取自生物资源。我们的食物全部来源于自然界，丰富的植物资源为人类提供了粮食、油料、蔬菜、果品等。在偏僻地区生活的居民的蛋白质主要来源于狩猎野生动物，在非洲，野生动物的肉制品在人们食物中占据了所需蛋白质的很高比例。生物多样性使食物品种丰富，不断提高人民的生活质量。

② 提供丰富的药材资源。生物多样性对人类健康的贡献更是不可估量。在科学技术发

达的今天，人们的医疗保健在很大程度上仍依赖于生物。美国所有最畅销的药品中都含有从植物、微生物和动物中提取的化合物。我国有记载的药用植物就有5000多种，其中1700种为常用药物，相当多的陆生动物也是医药来源，例如蜂毒可以治疗关节炎，某些蛇毒能控制高血压等。

③ 生物多样性还为人类提供多种多样的工业原料，如木材、纤维、橡胶等。现代工业生产还需要开发更多新的生物资源，以提供原料和新型能源。目前，很多国家都在积极研究和开发利用生物质能。

11.3.2 生物多样性的间接利用价值

生物多样性不仅孕育了有价值的动植物，而且具有一定的生态功能。在自然生态系统中，森林或草地植被层具有防止土壤侵蚀、补充地下水的功能；地表土壤的渗滤性既有防洪作用，又有保水功效。黄河流域是我们中华民族的摇篮，几千年以前，那里还是一片十分富饶的土地，树木林立，百花芬芳，各种野生动物四处出没。但由于长期的战争及人类过度的开发利用，这里已变成生物多样性十分贫乏的地区，到处是黄土荒坡，遇到刮风的天气便是飞沙走石，沙漠化现象十分严重。近年来由于人工植树，大搞三北防护林工程，生物多样性得到了一定程度的恢复，沙漠化进程得到了抑制。生物多样性在维护生态系统的平衡和稳定、固定太阳能、调节水文、调节气候、吸收和分解污染物、储存营养元素并促进养分循环、维护进化过程、净化水质和大气以及调节全球气候变化等方面具有重要作用。

自然的生物栖息境地是一个重要的基因资源库，例如许多野生品种就具备栽培品种、牲畜和家禽所没有的基因，而人工驯化的动植物均是由野生品种演化而来。因此，在基因工程迅速发展的今天，生物多样性是培育农作物、家畜和家禽新品种不可缺少的基因库。此外，生物多样性构成令人赏心悦目、流连忘返的美景，陶冶人们的情操，美化人们的生活。如果没有自然界中的动植物，也就没有壮美的山川、茂盛的森林、广阔的草原、千姿百态的飞鸟走兽及游鱼海藻。它们更是艺术和科学创造灵感的源泉，这种价值是无法用金钱计算的。

11.3.3 生物多样性的潜在利用价值

潜在利用价值又称选择价值，是指生物资源将来可能被利用的价值，具有较大的不确定性。地球上生物的种类如此繁多，人类做过充分研究的只是极少数，大量野生生物的使用价值尚不清楚，也许将来某一天它们能在生态建设、物种改良、疾病防治等方面发挥巨大作用，帮助人们解决环境与发展问题。因此，可以肯定的是，这些野生生物存在着巨大的潜在利用价值。我们知道，任何一个物种一旦从地球上灭绝，便永远不可能再生，它的各种潜在的使用价值也就不复存在了。因此，必须保护生物多样性，使其为人类在将来提供更多的选择价值。

11.4 生物多样性面临的问题与挑战

11.4.1 全球生态多样性

当今国际社会需要共同解决工业文明带来的诸多问题，通过全球环境治理，携手推进实现联合国可持续发展目标。生物多样性丧失、气候变化（如全球变暖）和环境污染已被联合国列为三大全球性危机。从未来 10 年的风险发生概率和影响来看，重大生物多样性丧失和生态系统崩溃是全球前五大风险之一。

各种人类活动引起土地利用覆盖及海洋用途改变、有机体或自然资源的直接过度开发、气候变化、环境污染和外来物种入侵扩散五大驱动因素，从根本上加快了生物多样性丧失，从而导致生态系统及其功能变化，同时给经济带来了损失。2019 年，生物多样性和生态系统服务政府间科学政策平台发布报告显示，1970 年以来，人类活动改变了 75%的陆地表面，影响了 66%的海洋环境，农业生产、渔获量、生物能源生产和材料开采趋于上升。农业作物产值（2016 年为 2.6 万亿美元）增加了大约 3 倍，原木产量增长 45%，2017 年达到约 $4.0\times10^{9}\,m^{3}$。这些已经对世界的经济、粮食安全、饮用水，以及人们的生计和生活质量造成不同程度的影响或危害。2020 年，《地球生命力报告》亦表明，全球生物多样性正在下降，从 1970 年到 2016 年，哺乳动物、鸟类、鱼类、植物和昆虫的数量平均下降了 68%，在不到 50 年的时间里下降了 2/3 以上。目前，全球只有 15%的陆地和 7%的海洋得到了保护，“爱知目标”远未完成。气候变化虽不是全球生物多样性丧失的最重要原因，但是在未来几十年，气候变化带来的影响会越来越大，甚至可能成为影响生物多样性的首要因素。在全球范围内，地方栽培植物和驯化动物种类及品种正在消失。尽管包括土著居民和社区在内多方付出了很大努力，但全球各地种植、饲养、贸易和维护的动植物种质资源和品种越来越少。到 2016 年，在用于粮食和农业的 6190 种驯养哺乳动物中，有 559 种（占 9%以上）已经灭绝，至少还有 1000 多种受到威胁。此外，对长期粮食安全非常重要的许多农作物的野生近缘种没有得到有效保护，驯化哺乳动物和鸟类的野生近缘种的保护状况日益恶化。栽培作物、作物的野生近缘种及驯化品种的多样性下降，意味着农业生态系统对未来气候变化、害虫和病原体的抵御力将会下降。

11.4.2 中国生态多样性

（1）中国生态多样性的现状

我国具有地球陆地生态系统的各种类型，其中森林 212 类、竹林 36 类、灌丛 113 类、草甸 77 类、草原 55 类、荒漠 52 类、自然湿地 30 类；有红树林、珊瑚礁、海草床、海岛、海湾、河口和上升流等多种类型海洋生态系统；有农田、人工林、人工湿地、人工草地和城市等人工生态系统。

全国森林覆盖率为 23.04%。森林蓄积量为 $1.756\times10^{10}\,m^{3}$，其中天然林蓄积 $1.4108\times10^{10}\,m^{3}$、人工林蓄积 $3.452\times10^{9}\,m^{3}$。森林植被总生物量为 $1.8802\times10^{10}\,t$，总碳储量为 $9.186\times10^{9}\,t$。第三次全国国土调查主要数据成果显示，全国草地面积 $2.645301\times10^{8}\,hm^{2}$（见图 11-2）。

我国已知物种及种下单元数 127950 种（见图 11-3）。其中，动物界 56000 种，植物界 38394 种，细菌界 463 种，色素界 1970 种，真菌界 15095 种，原生动物界 2487 种，病毒 655 种。列入《国家重点保护野生动物名录》的野生动物 980 种和 8 类，其中国家一级野生动物 234 种和 1 类、国家二级 746 种和 7 类，大熊猫、海南长臂猿、普氏原羚、褐马鸡、长江江豚、长江鳄、扬子鳄等为我国所特有；列入《国家重点保护野生植物名录》的野生植物 455 种和 40 类，其中国家一级野生植物 54 种和 4 类、国家二级 401 种和 36 类，百山祖冷杉、水杉、霍山石斛、云南沉香等为我国所特有。

全国 34450 种已知高等植物的评估结果显示，需要重点关注和保护的高等植物 10102

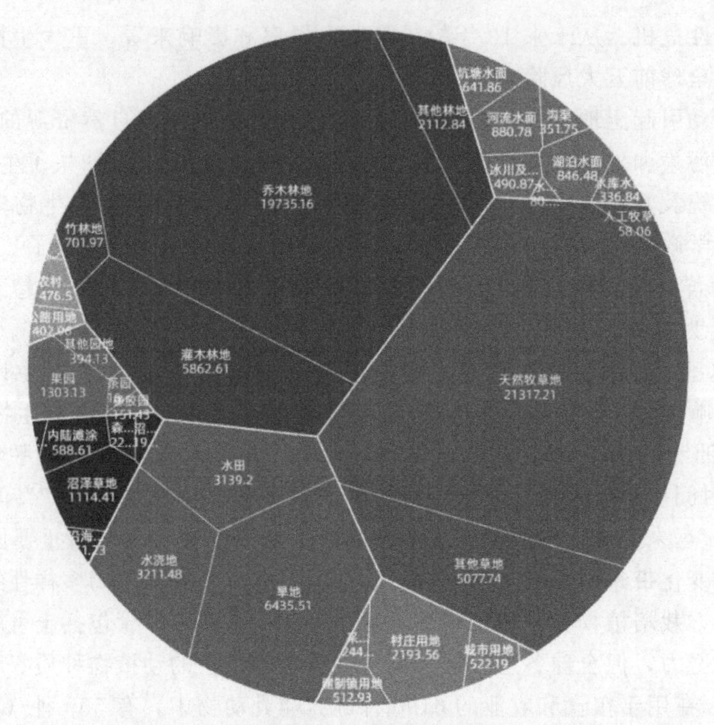

图 11-2　第三次全国国土调查主要数据成果示意图（单位：万公顷）

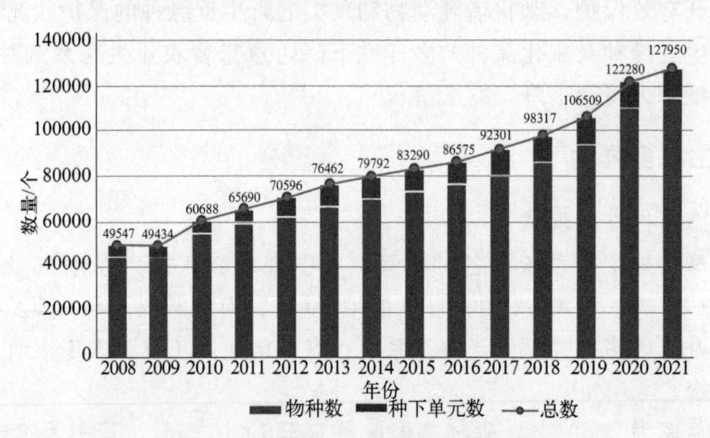

图 11-3　我国生物物种数量变化图

种，占评估物种总数的 29.3%，其中受威胁的 3767 种、近危等级的 2723 种、数据缺乏等级的 3612 种。4357 种已知脊椎动物（除海洋鱼类外）的评估结果显示，需要重点关注和保护的脊椎动物 2471 种，占评估物种总数的 56.7%，其中受威胁的 932 种、近危等级的 598 种、数据缺乏等级的 941 种。9302 种已知大型真菌的评估结果显示，需要重点关注和保护的大型真菌 6538 种，占评估物种总数的 70.3%，其中受威胁的 97 种、近危等级的 101 种、数据缺乏等级的 6340 种。

（2）中国生态多样性保护面临的挑战

1）人工造林造成物种单一和水分利用问题

我国生物多样性保护曾片面追求单一数量指标，忽略了系统组成和生态功能，导致保护目标的偏移。例如，三北防护林和退耕还林还草等生态工程，早期片面追求数量增长，而忽略树种选择和水分供应等，种植了大量纯林。而在干旱或半干旱生态脆弱区域大规模人工造林，可能会对其生态系统和水资源造成威胁。黄土高原的造林强度已经接近其水资源可持续利用的极限。人工纯林短期内可能会迅速改善区域内的生态环境，但长期来看可能会引发碳储量下降、土地生产力下降、病虫害增加等生态危机。此外，单一纯林可能会对动物多样性和森林生物多样性造成危害。多物种混交林在造林效果上也被证实比纯林更好，能够实现生物多样性保护和减缓气候变化的双重功效。

2）不同类群保护投入差异大，对水生物种尤其是海洋物种关注不够

野生动植物保护、自然保护区建设和天然林保护等生态工程的实施，使得部分林地生物，特别是特有物种和狭域分布物种的数量得以恢复。但部分物种如大型食肉动物的分布区萎缩，种群数量没有得到有效维持。不同类群物种受保护比例和保护投入差异显著：哺乳动物栖息地受保护比例相对较高，而两栖和爬行动物栖息地的受保护比例较低；对水生物种，特别是海洋物种的保护投入更加有限，许多物种仍面临灭绝的风险。例如，长江超过 30％的鱼类面临灭绝的威胁。海洋保护地建设虽取得了一定的成效，但仍存在诸多问题，亟待加强。虽然我国早在 2010 年就提出建立跨国保护区的优先行动，并在我国与俄罗斯、蒙古国边境，以及西南边境开展了跨境合作，但跨境保护网络建设同样亟待加强。另外，还存在隐存种的相关研究不够，现有保护措施未能充分考虑隐存种和遗传多样性的研究结果等问题。

3）资金机制单一，自上而下和自下而上结合不够

随着社会经济的发展，企业和公众参与生物多样性保护的意识及社会责任逐渐增强，保护基金会数量和资金量快速增加。2015 年，我国加入了《生物多样性公约》秘书处发起的“企业与生物多样性全球伙伴关系”倡议：企业可以通过设立专项资金、联合科研机构和筹集生态保护资金等方式，推动生物多样性保护。公众通过参与“蚂蚁森林”和自然观察，建立保护小区和社区共管等方式参与生物多样性保护。但总体而言，我国生物多样性保护主要由自上而下的政府主导，资金来源相对单一，缺少企业和社团的广泛参与，自上而下和自下而上保护的结合有待加强。

4）保护地体系缺乏顶层设计，存在交叉重叠和保护空缺

尽管我国保护地数量和面积逐年增加，保护地面积提前完成了“爱知目标”，但是，我国早期的野生动植物保护及保护地建设以抢救性保护为背景，重数量轻质量，部分保护地本底资源不清，范围划定不够科学合理，交叉重叠和保护空缺同时存在，保护地体系仍存在缺乏总体发展战略与规划、破碎化和孤岛化、不同类型保护地空间重叠、土地权属法定确权不清晰，以及全球范围内普遍存在的保护地网络连通性差等问题。此外，保护地体系过于追求面积指标，而忽视了生态系统完整性和过程连续性。现有自然保护区网络对哺乳动物和鸟类栖息地的保护关键区域覆盖比例＜20％；而对两栖和爬行动物的栖息地，以及生态系统服务功能的关键区域覆盖比例则更低。

5）监测数据共享和整合分析不够

随着保护投入的增加和监测技术的发展，我国已经建立了多个生物多样性相关的监测网络或平台，包括 10 多个区域或全国范围内的红外相机监测网络或监测平台，积累了大量的监测数据。但由于建设与参与单位广泛，各监测网络的元数据格式、管理和运行机制各具特点，使得数据共享存在极大的困难。此外，生物多样性监测缺乏系统的总体规划和大数据平台，存在交叉重复和空缺，同时缺乏大尺度生物多样性信息的融合、集成和深度分析。

11.5 生物多样性保护策略与机制

生物多样性与人类社会可持续发展的关系密不可分。地球上的各种生命系统，包括生态系统、物种以及它们所生存的环境，都是人类的共同财富。1992年6月，为了地球上生物多样性的保护和可持续利用这个共同目标，150多个国家共同签署了《生物多样性公约》，并于1993年12月29日正式生效。我国作为世界上生物多样性最为丰富的12个国家之一，于1992年6月11日签署《生物多样性公约》，是最早签署和批准《生物多样性公约》的缔约方之一。

2010年在日本召开的第十次缔约方大会通过了全球《2011～2020年生物多样性战略计划》以及“2020年全球生物多样性目标”（简称“爱知目标”）。2021年，第十五次缔约方大会在我国云南省昆明市召开，此次大会对“爱知目标”的执行和进展情况进行评估，并制定2021～2030年全球生物多样性保护战略及2030年全球生物多样性保护目标，以进一步推动全球生物多样性保护与可持续发展目标的实现。

中共中央办公厅、国务院办公厅于2021年印发了《关于进一步加强生物多样性保护的意见》，提出加快完善生物多样性保护政策法规、持续优化生物多样性保护空间格局、构建完备的生物多样性保护监测体系、创新生物多样性可持续利用机制以及着力提升生物安全管理水平等诸多意见。

11.5.1 就地保护

生物多样性就地保护是指通过建立自然保护地等手段，在原来的生境中对生态系统和自然生境实施保护行动，从而维持和恢复物种在其自然环境中有生存力的群体。就地保护在维持生物的繁衍与进化、维持物质循环和能量流动、维系生态系统服务和功能、适应气候变化等方面均具有重要的作用。就地保护是生物多样性保护最有效的措施，主要是建立自然保护区，如风景名胜区和森林公园等。

11.5.1.1 自然保护区

（1）自然保护区的类型

自然保护区是指用国家法律的形式确定长期保护和恢复的自然综合体，为此而划定的空间范围，在其所属范围内严禁任何直接利用自然资源的经营性生产活动。自然保护区不仅可以维持生态系统所能提供的物质循环、保持水土、消除污染、调节气候等生态功能，而且也可以保护物种在原生环境下的生存能力和种内遗传变异度，对物种、遗传多样性以及生态系统都能进行全面、充分的保护。

根据国际自然与自然保护同盟的划定，自然保护区可以分为以下10类，其中最后2类是重叠于前8类的国际性保护区。

① 绝对自然保护区/科研保护区。主要是保护自然界，使自然过程不受人类的干扰，以便为科学研究、环境监测和教育提供具有代表性的自然环境实例，并使遗传资源保持动态和演化状态。

② 国家公园。保护在科研、教育和娱乐方面具有国家意义或国际意义的重要自然区及风景区。这些实际上是未被人类活动改变的较大自然区域。

③ 自然纪念物保护区/自然景物保护区。保护和保留那些具有特殊意义或独特性的重要

自然景观。

④ 受控自然保护区/野生生物保护区。是为了保护具有国家和世界意义的生态系统、生物群落及生物物种，保护它们持续生存所需要的特定栖息环境。

⑤ 保护性景观和海岸。保护具有国家意义的景观，这些景观以人类与土地和睦相处为特征，并通过这些地区正常的生活方式、娱乐和旅游，为公众提供享受机会。

⑥ 自然资源保护区。这类保护区既可以是多种单项自然资源的保护和储备地，也可以是综合自然资源的整体性保护地。目的是保护自然资源，防止和抑制那些可能影响自然资源的开发活动，使自然资源得到合理利用。

⑦ 人类学保护区/自然生物保护区。对偏僻隔离地区的部落民族所在地加以保护，保持那里传统的资源开发方式。

⑧ 多种经营管理/资源经营管理。这一类保护区范围广，可以包括木材生产、水资源、草地、野生动物等多方面利用，或可能因受到人为影响而改变自然地貌，为了保持物种种源以及本地区永续利用，对该地区进行规划经营，加以保护性管理。

⑨ 生物圈保护区。这是为了目前和未来利用而保护生态系统中动植物生物群落的多样性与完整性，保护物种继续演化所依赖的物种遗传多样性。

⑩ 世界自然遗传保护区。这类保护区是为了保护具有世界意义的自然地貌，是由世界遗传公约成员国所推荐的世界独特自然区和文化区。

(2) 自然保护区的科学价值和意义

自然保护区在结构上划分为 3 个基本功能区，即核心区、缓冲区和实验区。自然保护区的建立除了具有保护本国的生物种类及生态环境等意义外还有全球意义。

① 自然保护区是一座活的自然博物馆，为人类提供科学研究实验场所和监测自然环境的背景值，为考证历史、评估现状、预测未来提供研究基地，同时为人类活动对生态的影响作出准确的预测、预报和提出预防措施。

② 保护区是生物资源的自然基因库，保育丰富多彩的生物多样性。

③ 保护区是保护典型自然生态系统，维护自然生态的动态平衡，在科学的管理下保持本来的自然面貌，使人类能够科学认识和利用生态规律。这样既可以维持有益于人类的良性生态平衡，又能创造最佳的人工群落模式，使生物物种和自然资源能够永续发展及持续利用。

④ 自然保护区所在地大多具有奇特的地貌和茂密的森林，是一个绚丽多彩的自然风景区，可示范人类与自然界的和谐共存。

11.5.1.2　生态保护修复工程

近几十年来，为实现生物多样性保护、减少土地退化、降低空气污染、应对气候变化等目标，我国政府逐步推行实施了各项生态保护修复工程。在森林生态系统保护修复方面，我国实施了天然林保护、退耕还林还草等六大林业生态保护修复工程。与此同时，我国政府还提倡通过改变当地社区的收入结构，从直接依赖土地的收入转变为非农收入，逐步减轻对森林资源的直接依赖。基于卫星的观测数据也证实我国大多数地区正在“变绿”的趋势。在草原生态系统方面，我国政府实施了京津风沙源治理、退耕还草、草原生态补偿机制等措施。在湿地生态系统保护修复方面，自 1998 年长江中下游发生大规模洪灾之后，我国启动了多个大型湿地保护恢复计划，包括 2000 年发布实施的《中国湿地保护行动计划（2011～

2020)》，2003年发布实施的《全国湿地保护工程规划（2002～2030)》等。2016年，国务院办公厅印发了《湿地保护修复制度方案》，以确保湿地面积不减少、湿地生态功能不断增强、湿地生物多样性不断增加为目标，全面提升湿地保护与修复水平。国家海洋局2017年也发布了《关于加强滨海湿地管理与保护工作的指导意见》，目标是到2020年恢复/修复不少于8500hm^2的滨海湿地。

随着这些生态保护修复工程的不断实施，许多学者也围绕这些措施在生物多样性保护和保障生态系统服务两大主要目标方面的生态效益开展了大量研究。总体来看，我国已实施的生态工程在增加植被覆盖、增强固碳、提升水土保持功能、增加植被净初级生产力、提升防风固沙能力等方面均产生了积极的效果。例如，通过实施退耕还林工程，2007～2017年黄土高原的总体森林面积每年平均增加约600km^2。在我国西南喀斯特地区，生态工程的实施降低了石漠化土地退化的风险，2001～2012年间云南、广西、贵州三省（区）植被地上生物量固碳能力增加了约9%。与未实施相关工程的蒙古国相比，我国内蒙古自治区通过一系列政策及项目的实施，在草原面积恢复和净初级生产力的提升方面均为草原生态系统带来了更为积极的效果。

11.5.1.3 生态保护红线

2011年，我国启动了生态保护红线的划定工作，通过综合评估区域生物多样性、关键的生态系统服务（如授粉和土壤保持）、对侵蚀的敏感性以及对自然灾害的恢复能力，在重点生态功能区、生态环境敏感区和脆弱区等区域划定生态保护红线。生态保护红线是我国自然保护地体系的重要补充，在涵盖我国绝大部分自然保护地体系的同时，实现对自然保护地以外的珍稀濒危物种及其栖息地、生态系统服务极为重要的区域以及生态环境极为敏感脆弱区域的保护目的。自2014年以来，为实现生态保护与经济社会发展的和谐平衡，生态保护红线作为国家战略得到进一步巩固和应用，为国土空间规划框架提供了重要经验。生态保护红线划定后，将以接近30%的国土面积，来实现98%以上的国家重点保护物种、90%以上的优良生态系统和自然景观、三级以上河流源头区等重要区域的保护。

11.5.2 迁地保护

迁地保护是指把因生存条件不复存在、物种数量极少或难以找到配偶而生存和繁衍受到严重威胁的物种迁出原地，移入动物园、植物园、水族馆和濒危动物繁育中心，进行特殊的保护和管理。迁地保护是对就地保护的补充，对那些比较珍贵的物种、具有观赏价值的物种或基因由人工辅助保护，为即将灭绝的生物提供了生存的最后机会。

生物多样性迁地保护的主要形式有植物园、动物园、种子库和基因库等。

（1）植物园

植物园有500余年的发展史，在这期间，人们不断地探索，逐步发掘自然界的奥秘，对植物特性进行分析，并对植物进行改造，促进人与自然的和谐发展。在植物园发展的过程中，不同时期科学家研究的侧重点存在差别。16～17世纪，科学家主要对植物园的药用植物进行研究，将植物应用于药学中，解决医药学问题。18世纪，科学家开始根据植物种类和具体形貌特征对植物进行分类，建立植物分类学，使人更好地了解植物的生长习性。这期间，科学家还编撰了《植物志》。18～20世纪，为了进一步探索植物之间的奥秘，植物分类学逐步衍生出植物学各分支学科，实现对植物分科的细化，从生物学和基因组学等角度对植物进行分类，进一步提高对植物物种的认识。到 21 世纪，植物园的功能性进一步拓展，它能够有效保护生态环境，提高植物物种的多样性，还能为人们提供休闲娱乐的场所。

植物园迁地保护研究更多地关注生物特征，包括生存潜力，并根据不同植物的特点对植物的定居环境进行分析，有效提升植物的存活率。同时，植物园迁地保护研究需要对植物的遗传多样性进行剖析，并从全球变化角度明确迁地保护的具体内容，不断提高成功回归的标准。近年来，全球很多植物物种濒临灭绝，为了避免此类问题，必须做好植物迁地保护，提高迁地保护的总体水平。

植物园迁地保护工作开展前，需要做好两项工作。

① 全面收集植物类群相关信息，并制定具体的采样策略。一般来说，如果植物类群比较少（<5 个），研究人员可以选用逐个采集的方式，并保证每个类群采集的数量。种群采集时，研究人员需要提前了解植物的大小和结构特点，分析种群的遗传方式和传粉方式，避免种群遗传受到影响。

② 需要全面了解被保护植物的遗传信息。植物迁地保护时，其遗传多样性会受到影响，这种影响要比野生种群的大。如果植物种群采样策略和迁地保护措施不完善，就会对植物的遗传造成影响。因此，植物迁地保护必须加强对遗传特性的分析，针对遗传混杂的实际情况，做好遗传风险管理。一般情况下，植物遗传分析采用缺口分析法，这种方法能够体现植物遗传的多样性。植物采集时，要对采集成本进行核算。

（2）动物园

野生动物迁地保护是指为保护野生动物的物种在原生群落以外的地区建立的并能维持稳定的种群的一种保护措施。动物园是物种迁地保护的重要场所之一，也是珍稀濒危物种迁地保护最早、最多而且较为成功的场所。动物园可以对受威胁的和稀有的动物物种及其繁殖体进行长期的保存，分析并且使该物种进行增殖，并且提供能够为公众进行保护意识教育的场所。通过建立动物园，被保护生物的形态学特征、系统和进化关系、生长发育等生物学规律可以被人们深入地了解和认识，从而为野生动物的就地保护和监测提供依据，为其种群重建奠定基础。目前，我国动物园保存着许多我国特有的物种和外来动物物种遗传资源。随着人类生活水平的逐步提高，动物保护的意识不断增强，人们越来越多地选择到动物园中跟动物近距离地接触和互动，参与到动物保护中来。动物园在迁地保护中不仅产生了许多有型的物质，还赋予了精神和道德方面的内涵。

动物园的本质，应该是进行动物学研究的公园。动物园拥有着庞大的动物圈养种群，而人工圈养的最终目的是形成稳定的、可持续的种群，继而为野外驯化再引入提供种源。对于研究领域，可以说在动物园中开展科学研究活动，具有难以代替的优势。一是在野外对动物进行科学研究往往要面对很多不可控因素的影响，克服许多的困难，而在动物园中开展研究具有诸多便利。二是在动物园所取得的研究成果，不仅可以应用在圈养野生动物的饲养、繁育和种群维系上，也更有益于野外种群的保护。多年来，动物园的研究成果和野外的工作相结合，使得多个极度濒危的野外物种得到了延续和复壮的机会，其中有代表性的是美洲野牛、麋鹿等。我国在这方面的成就更多地体现于大熊猫和朱鹮等的保护上，突破了很多人工繁育上的难关，壮大了濒危珍稀保护野生动物的圈养种群。

事实上，世界上许多野生动物物种能有很好的研究和保护，究其原因还是因为动物园在研究上给予的便利条件。很多国家都很重视动物园的研究，例如南非国家动物园致力于将他们的动物园建立成国家级研究机构，已成为其可持续发展和国家生物多样性保护的基地。欧洲很多动物园实行野生动物保护与科研一体化模式，已取得很多研究硕果。在动物园界享有很高的声誉和地位的英国伦敦动物园，一直以来都很重视野生动物保护的科研工作。北美动物园与水族馆协会的单位都很重视其在保护野生动物研究方面的优势和成果。

（3）种子库和基因库

为了加强植物迁地保护，要构建植物遗传资源综合保护体系，并结合实际情况建立健全的种质资源保护库。基因库是离体保存的主要工具，如种子、花粉、胚胎、精液、各种繁殖体以及组织或细胞培养材料都可以保存。基因库的储存设备也是多种多样的，最终的目的是使保存的样品所包含的遗传变异不致丧失或流失。种质保存技术是近年来才开始被广泛使用的技术，该技术能够有效提高迁地保护的效率。同时，相比传统技术，该技术的应用优势可以体现在设备保存、繁殖方法选择等方面。种质保存技术可以有效弥补原有技术的不足，提升种子库内植物的多样性，同时可以了解种子的活力和实际寿命。例如，夏威夷植物园在进行植物迁地保护的过程中使用种子库和微型繁殖实验室技术，有效避免濒临灭绝物种受到破坏。目前，这种方式已经得到广泛推广，并取得突出的成绩。

但是基因资源库只是一种手段，不能取代就地保护和迁地保护的种群。基因库是长期保存野生生物遗传变异的手段，因此建立野生生物基因资源库具有特别重要的意义。

物种迁地保护对生物多样性的保护已经取得显著成效，但从目前情况来看，物种迁地保护工作中仍然存在两点不足：一是迁地保护偏重于大型动植物物种，而忽略了其他生物；二是迁地保护在很大程度上是挽救式的，迁地后繁育的种群尚未得到充分的利用，特别是绝大多数迁地繁育物种尚未实施野化引种试验。因为迁地保护利用的是人工模拟环境，物种的自然生存能力、自然竞争能力等在迁地保护中无法形成，所以，即使迁地保护使物种基因得到了保护，但这种保护是被动的、暂时的，长久以后可能保护的只是生物多样性的活标本。

参考文献

[1] 万金泉，王艳，马邕文．环境与生态［M］．广州：华南理工大学出版社，2013.

[2] 李琴．全球生物多样性治理的意义与中国贡献［J］．金融博览，2022（5）：4.

[3] 2021年中国生态环境状况公报（摘录）［J］．环境保护，2022，50（12）：61-74.

[4] 王伟，李俊生．中国生物多样性就地保护成效与展望［J］．生物多样性，2021，29（2）：17.

[5] 张平．加强植物迁地保护，促进植物资源保护和利用［J］．中国资源综合利用，2022，40（1）：3.

[6] 郑金玲．中国动物园迁地保护与管理发展现状及限制因素分析［D］．哈尔滨：东北林业大学，2020.

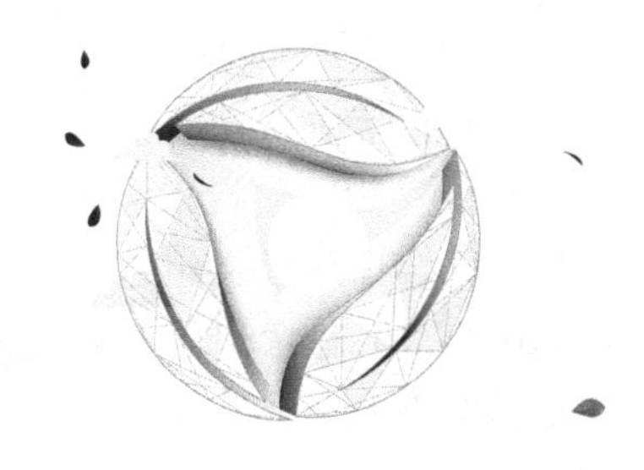

第12章 生态系统管理与可持续发展

12.1 生态系统管理

生态系统管理是在对生态系统组成、结构和功能过程加以充分理解的基础上，制定可调整性、适应性的管理策略，通过对关键生态过程和生态数据的长期监测后，进行维护生态系统整体及其可持续性的管理，以恢复或维持生态系统整体性和可持续性。顾名思义，生态系统管理是属于学科交叉的研究领域。它包括生态系统和管理两个重要概念的集合。一方面，生态系统管理必须要有明确的目标，它是由决策者最后确定的，但同时又具有可适应性，即可以根据实际情况进行修改，这是指如何决策方面。另一方面，生态系统管理是通过制定政策、签订种种协议和具体的实践活动来实施的。

生态系统管理的基础是要求人类对生态系统中各成分间的相互作用和各种生态过程有最好的理解。只有充分地了解生态系统的结构和功能，包括各种生态过程，并根据这些规律性和社会情况来制定政策法令与选择各种措施，才能把生态系统管理好。

12.1.1 生态系统管理发展历程

（1）生态系统管理理论萌芽阶段（20 世纪 30～70 年代）

20 世纪 30 年代，英国植物生态学家 A. G. Tansley（1871～1955 年）提出了生态系统这个概念，他认为生物和环境是不可分割的整体，生态系统是自然界一定空间的生物与环境之间相互作用、相互制约，具有特定结构和功能的集合体。Leopold（1949）较早地阐述了生态系统管理的整体性理念，他认为人类应该把土地当作一个“完整的生物体”加以关爱，并且应该尝试使“所有齿轮”保持良好的运转状态。50 年代后，生态系统理论受到广泛关注，Golley 以及 E. P. Odum 和 H. T. Odum 兄弟等生态学家开展了生态系统理论的基础研究，创造性地提出生态系统发展结构与功能。60 年代以后，生态学研究由种群尺度扩展到森林、草原、渔业和农业生态系统，生态系统逐步成为生态学研究的中心。Walter（1960）强调整体性地对待生态学各因子，包括人类自身的必要性。1962 年美国学者 Rachel Carson 向人们发出了环境退化的警告。之后，来自 54 个国家的生态学家参加的国际生物学计划将世界各类自然生态系统功能和生物生产能力作为研究重点，这不仅推动了生态学研究服务于经济发展，也为资源管理和环境建设提供了理论与政策依据。1971 年，美国著名生态学家

E. P. Odum 把“生态系统”的概念从生物界推广到人类社会，他认为生态学应该是研究人和环境整体的科学，要着重研究生态系统的结构和功能，他将生态系统定义为：包括特定地段中全部生物和物理环境相互作用的任何统一体。20 世纪 70 年代初，联合国科教文组织发起的《人与生物圈计划》围绕人类经济社会活动与生态的关系，强调提高生态意识的重要性，第一次把人与自然及其资源作为一个系统加以研究，由此，生态系统管理理念在实践中开始得到应用。例如，1978 年美国的《五大湖水质协议》中应用了“生态系统方法”术语，着眼于恢复和维持五大湖流域生态系统水体的物理、化学及生物的完整性，将其视为一个由水、气、土和生物（包括人）这些相互影响的要素构成的生态系统，且强调人是生态系统的组成部分，生态系统跨学科研究得到了进一步的加强和系统化。

（2）生态系统管理理论形成和发展阶段（20 世纪 80～90 年代）

20 世纪 80 年代以来，由于环境恶化、资源枯竭、污染加剧，生态系统可持续性问题日渐成为关注的焦点，人们逐渐认识到可持续发展的问题归根结底是生态系统管理的问题，用生态系统的理论和方法管理土地的思想得到了许多科学家、经营者的支持，生态学研究从以往注重短期产出和经济效益转而开始强调长期定位、大空间尺度研究。Agee 和 Johnson（1988）分析了生态系统管理的适当边界、明确的目标、管理机构间的合作、管理效果的监测和政府的参与等要素的相互关系，构建了生态系统管理的理论框架。随后，在美国兴起了研究生态系统管理的热潮，并得到政府和非政府机构的积极响应，1991 年美国科学发展协会年会上，美国生态学会提出了“可持续生物圈建议”，美国农业部森林局提出了“关于自然森林系统管理的新设想”。随后，美国林务局官方首次宣布采用“生态系统方法”管理国家森林。美国机构间生态系统管理课题组（1993）直接将生态系统方法定义为：“一种维持或恢复自然生态系统及其功能和价值的方法。”其基本内涵包括：生态系统方法以一种综合社会和经济目标的自然资源管理方式来恢复与维持生态系统的健康、生产力、生物多样性以及生命的总体质量。生态系统管理承认生态系统是不断变化的，提倡保护后代人的需求，保留他们对我们现在还无法想像的生态系统产品、服务和状态的选择权，这与管理单个物种的战略或方案完全不同，它是通过“关联生态系统中所有生命体来管理生态系统的一种策略或计划”。Grumbine 等（1994）进一步指出生态系统管理是以“长期地保护自然生态系统的整体性为目标，将复杂的社会、政治以及价值观念与生态科学融合的一种生态管理方式”。Wood（1994）联系可持续发展目标，认为生态系统管理旨在“通过生态的、社会的和经济学原理，经营管理生物和物理系统，以保证生态系统可持续性、自然界多样性和景观生产力”。《生物多样性公约》认为“生态系统管理是操纵将生物同其非生物环境联系起来的物理、化学和生物工程以及管制人类行动，以产生理想的生态系统状态”。

20 世纪 90 年代，生态系统管理的理念传入我国。我国学者赵士洞、汪业勖（1997）论述了生态系统管理的基本问题。任海等（2000）认为生态系统管理是“基于对生态系统组成、结构和功能过程的最佳理解，在一定的时空尺度范围内将人类价值和社会经济条件整合到生态系统经营中，以恢复或维持生态系统整体性和可持续性”。于贵瑞（2001）论述了生态系统管理学理论框架，阐述了在维持生态系统产品和服务功能的可持续性总体目标下，各类生态系统管理的具体目标。生态系统管理的目标是恢复和维持生态系统的健康、高产与生物多样性以及生命的总体质量。这些都通过一种完全融合了社会和经济需求的自然资源管理方法来实现。

生态系统管理的理念是在生态科学研究不断进入和实践的推动下逐渐形成与发展的，与传统的自然资源管理不同的是，生态系统管理着眼于系统的整体性，是具有明确且可持续目标驱动的管理活动。生态系统管理理论的提出构建了一体化管理的新框架，即基于自然生态系统与经济和社会系统间的相互关系，通过生态、经济和社会因素综合控制以达到管理整个系统的目的。总体来看，生态系统管理理论和实践主要还是基于以自然属性为主的自然生态系统。随着科学技术、经济社会和文化的发展，生态系统管理除了具有自然、社会、经济基本构成要素外，还具有复杂的层次结构和整体功能，迫切需要一种更加综合的途径，管理人与自然的关系。由此，复合生态系统管理理念呼之欲出。

（3）复合生态系统管理理论形成与发展（20 世纪 90 年代末至今）

复合生态系统概念是我国生态学家马世骏于 20 世纪 80 年代初率先提出的。早在 20 世纪 70 年代，我国生态学家马世骏先生就根据他多年研究生态学的实践，以及关于人类社会所面临的人口、粮食、资源、能源、环境等生态和经济问题的深入思考，提出了将自然系统、经济系统和社会系统复合到一起的构思。80 年代初，马世骏、王如松进一步提出复合生态系统是人与自然相互依存、共生的复合体系，是以人为主体的社会系统、经济系统和自然生态系统在特定区域内通过协同作用形成的复合系统，并从复合生态系统的角度提出了可持续发展的思想，而生态工程是实现复合生态系统可持续发展的途径。

蔡庆华等多位学者将流域作为一个“社会—经济—自然”复合生态系统进行研究，探讨了河流生态学中生态系统管理问题。刘青、胡振鹏分析研究了江河源区复合生态系统的内涵、特征、结构，在此基础上提出了江河源区复合生态系统具有三大服务功能，即生态功能、经济功能和社会功能。吴钢等（2002）在对区域复合生态系统的物质流、能量流、价值流等系统研究的基础上，对三峡库区的农林复合生态系统从经济、生态、社会及综合效益方面进行评价。王如松（2003）最早明确提出复合生态管理概念，并论述了其要义。王如松认为：“复合生态管理旨在倡导一种将决策方式从线性思维转向系统思维，生产方式从链式产业转向生态产业，生活方式从物质文明转向生态文明，思维方式从个体人转向生态人的方法论转型。通过复合生态管理将单一的生物环节、物理环节、经济环节和社会环节组装成一个有强生命力的生态系统，从技术革新、体制改革和行为诱导入手，调节系统的主导性与多样性、开放性与自主性、灵活性与稳定性，使生态学的竞争、共生、再生和自生原理得到充分的体现，资源得以高效利用，人与自然高度和谐。”石建平博士（2005）认为复合生态系统各子系统和各要素之间相互依存、相互作用地耦合在一起，以物质流、能量流、信息流的循环利用为基本特征，系统输出端和输入端有机连接，以废物减量化、资源再利用和废弃物再循环为基本原则，使物质和能量以最低投入达到最高效率的使用与最大限度的循环利用，同时信息在系统中传递通畅，功能最大。

复合生态系统管理源于自然资源管理。从自然资源管理到生态系统管理再到复合生态系统管理，是人类经济社会发展和环境不断演进的历史必然。自然资源管理着重于对资源的短期调控和对经济价值的有效利用，在这个过程中人类起到的仅是调控作用；生态系统管理是以系统整体可持续发展为目标，注重的是保护生态系统本身的自然状态，保护生态系统的完整性。而在生态文明建设背景下孕育而生的复合生态系统管理，注重的是人类活动对这些过程和生态系统结构、功能结果的影响，其本质特征是系统性。

12.1.2　生态系统管理的基本原则

管理的重要原则就是人在生态系统中的双重性原则。加强规范人行为的法规、政策和制度的建设，提高环境保护意识，树立可持续发展观，真正实现可持续的生态系统管理。

（1）整体性原则

任何一条河流、一个湖泊、一个地区都与生态系统周围环境以及人类社会经济活动有密切关系，需要分析自然条件、人口变动、经济发展、现时利益与长远利益、局部与整体等多种因素。管理中要遵循系统的整体性原则，切忌人为切割。

（2）动态性原则

划分生态系统管理边界时必须综合考虑，合理划分自然管理区有助于实现生态系统的功能监测和管理目标。

（3）再生性原则

重视生态系统的生产能力和再造性，保证生态系统提供充足的资源和良好的服务。初级生产和次级生产为人类提供了几乎全部的食品、工农业生产的原料以及医药等。生态系统的这种生产能力和再造性，在管理中必须得到高度的重视。

（4）循环利用性原则

管理时要遵循经济、生态规律。

（5）平衡性原则

分析和计算生态系统各项功能指标（功能极限、环境容量等），合理管理，减缓外界压力，保持系统的健康和平衡。

（6）多样性原则

生态多样性是生态系统发展和生产力的核心，其重要作用包括 3 个方面：

① 生物多样性在复杂的时空梯度上维持生态系统过程的运行；

② 生物多样性是生态系统抗干扰能力和恢复能力的物质基础；

③ 生物多样性是生态系统适应环境变化的物质基础。

生物多样性并不是简单地增加物种数目的问题，维护生物多样性是生态系统管理中不可缺少的组成部分。

12.2 生态系统管理的策略

12.2.1 清洁生产

清洁生产是指将综合预防的环境保护策略持续应用于生产过程和产品中，以期降低其危害人类健康和环境安全的风险。清洁生产是在较长的污染预防进程中逐步形成的，也是国内外几十年来污染预防工作基本经验的结晶，是一种新的创造性思想。

清洁生产的核心是：在产品整个生产周期的各个环节都采取“预防”措施，将生产的技术和生产的过程、经营管理等方面与物流、能量、信息各种要素有机结合，并优化运行方式，从而实现对环境最小的影响、最少地使用资源和能源、最佳的经营管理模式以及最优化的经济增长水平。

12.2.1.1 清洁生产现状

我国 20 世纪 90 年代初，就开始引进“清洁生产”，随后逐年深入，至今国内围绕清洁生产开展的工作主要体现在以下 4 个方面。

（1）清洁生产已纳入我国相关法律法规和条例之中

国家先后颁布和修订《中华人民共和国大气污染防治法》《中华人民共和国水污染防治法》《中华人民共和国固体废物污染防治法》，并将实施清洁生产作为了重要内容。2003 年《清洁生产促进法》的颁布与实施更预示着我国的清洁生产工作已走上法制化的轨道。

（2）建立了相应的清洁生产组织机构

目前，国家从中央到各省级政府都相应地成立了清洁生产中心，石化、化学、冶金、飞机制造等工业也成立了行业的清洁生产中心，经济贸易部门和环保部门都有相应的机构负责清洁生产相关的工作，清洁生产的中介服务机构在我国大部分地区也大量涌现，为企业的清洁生产工作提供了技术支持，对推进生产发挥了积极的作用。

（3）制定促进清洁生产的鼓励政策，并进行了清洁生产示范试点工作

目前，清洁生产得到各级政府的高度重视，国家经贸委会同国家税务总局发布了《当前国家鼓励发展的环保产业设备（产品）目录》，对清洁生产设备（产品）给予税收减免等方面的优惠，公布了《国家重点行业清洁生产技术导向目录》。原国家环保总局组织制定了有关清洁生产的技术指导政策和技术规范，建立引导清洁生产的有关制度，为开展清洁生产提供全方位服务。一些地方政府也出台了相应的鼓励政策，进一步增加了当地企业进行清洁生产工作的自觉性。

（4）积极开展清洁生产宣传培训

我国积极开展了清洁生产宣传培训工作，提高各级领导和公众对清洁生产的认识，促进工业污染防治观念的转变，形成有利于推行清洁生产的良好社会氛围。初步统计，全国共有 16000 多人次接受了清洁生产培训，清洁生产的思想已逐渐被我国企业界、经济界所接受。

12.2.1.2　清洁生产技术在工业生产中的应用价值

当前国内的工业水平与国外的发达国家相比依然有较大差距，主要表现就是现下的发展模式属于粗放型大量消耗能源型的生产模式，为导致国内工业污染的关键性因素之一。当前开采能源以及资源，包括应用的期间，通常还没有对环境污染问题产生较高的重视度，最终导致当前所产生的各种环境问题。而且往往人们存在先污染、后治理的不良习惯，进行开发的期间，展开粗放型开采以及应用，使得应用资源和能源出现较大程度的浪费，甚至让所生产的产品是有毒害的，对人类健康构成威胁。所以，以往传统的工业生产方式具有较多弊端问题，是阻碍可持续发展的。但是，在工业生产中应用清洁生产技术，就能对以上的诸多问题进行有效处理。通过实施清洁生产技术，可以科学合理地规划资源开采以及能源使用的方式，提升应用能源的效率，让开采资源工作落实得更加科学。例如，以往进行开采煤炭工作，主要是实施粗放型开采模式，所以往往会降低煤炭资源应用效率。但是实施清洁生产方式后，会将煤炭燃烧不充分问题有效避免，同时防止产生随意地丢弃煤炭矿坑情况。实施清洁生产技术以后，能够再次加工所残留矿石以及残渣，进而达到再次利用的目标。

清洁生产技术应用到工业生产中的价值不言而喻，其作为先进的发展战略技术，属于当今社会发展所需的关键性内容，将被动落后污染控制举措摒弃，通过相应的革新，可以在产生污染环境问题之前，就进行科学削减，甚至可以扼杀在摇篮之中。这种情况下，一方面能够降低环境污染治理经费，另一方面切实地控制住环境污染问题的蔓延，降低社会负担。另外，清洁生产工作进行了更新原有设备、回收利用废弃物等策略，实现企业效益的提升，帮助企业有效管理人员，增强企业人员责任意识，积极地加入环境保护工作中，使得这项工作

成为全民的关注焦点。

12.2.1.3　清洁生产中存在的问题

① 清洁生产技术信息流通不畅，高校和科研院所找不到用户，导致清洁生产技术成果大量闲置，转化率极低。咨询机构和企业不能及时获取国内外行业清洁生产技术的最新信息，针对审核中的新问题找不到合适的解决方案。清洁生产技术投资方对行业企业清洁技术的需求、应用以及研发动态不够了解，难以找到合适的投资项目，无法为清洁技术研发和产业化应用提供资金支持。各方已拥有大量的清洁生产技术成果却难以共享，影响了清洁生产技术的有效推广。

② 清洁生产科研立项不足。清洁生产在政策机制层面的科研立项不足，制约了清洁生产前瞻性、战略性工作的深入开展。主要表现在：国家设立了中央财政清洁生产专项资金，但这些资金主要用于地方和企业工程项目，并不支持科研项目；国家重大科研项目按要素分类（如大气、水等），但清洁生产涉及面广，缺乏专项，制约了清洁生产工作的前瞻性、战略性研究。

③ 清洁生产审核效果仍需提高。咨询机构层面上，咨询服务市场管理机制尚不完善，咨询机构准入门槛低，咨询业务监管松弛，咨询机构之间存在不良竞争。咨询机构业务水平良莠不齐，缺乏高素质的专业技术人员，审核人员专业技能更新缓慢，无法为企业提供可靠的技术指导。地方保护主义限制使本地的咨询机构缺少技术交流和竞争，形成内部低水平发展，限制了咨询机构服务水平的提升。企业层面上，企业领导对清洁生产缺乏了解，对其作用认识严重不足，不愿对清洁生产审核耗费时间和努力。企业员工缺乏认识，对清洁生产审核普遍存在抵触和不配合。企业缺乏开展审核的动力与压力。大部分企业缺乏清洁生产中、高费方案实施资金，导致企业审核方案难以落实。

12.2.2　生命周期评价

生命周期评价（life cycle assessment，LCA）是一种评价产品、生产过程或某一活动从原料开采、加工、包装、销售、使用、回收、循环利用到最终处理等包括整个生命活动周期内有关环境负荷的过程。LCA 作为一种环境管理工具，不仅对当前的环境冲突进行有效的定量化分析和评价，而且对产品及其“从摇篮到坟墓”全过程所涉及的环境问题进行评价，因而是“面向产品环境管理”的重要支持工具。1990 年环境毒理学与化学学会（Society of Environmental Toxicology and Chemistry，SETAC）将 LCA 定义为一种对产品、生产工艺以及活动对环境的压力进行评价的客观过程，它是通过对能量和物质利用以及由此造成的环境废物排放进行辨识与量化来进行的，其目的在于评估能量和物质利用，以及废物排放对环境的影响，寻求改善环境影响的机会及如何利用这种机会。这种评价贯穿于产品、工艺和活动的整个生命周期，包括原材料提取与加工，产品制造、运输及销售，产品的作用、再利用和维护，废物循环和最终废物弃置。

12.2.2.1　生命周期评价的发展历程和国内进展

（1）萌芽阶段（20 世纪 60 年代末到 70 年代初）

LCA 最早出现在 20 世纪 60 年代末到 70 年代初的美国。LCA 研究开始的标志是 1969 年由美国中西部资源研究所（Midwest Research Institute，MRI）所展开的针对可口可乐公司的饮料包装瓶进行评价的研究。该研究试图从最初的原材料采掘到最终的废弃物处理，进行全过程的跟踪与定量分析（从摇篮到坟墓）。这项研究使可口可乐公司抛弃了它过去长期使用的玻璃瓶，转而采用塑料瓶包装。当时把这一分析方法称为资源与环境状况分析（resource and environmental profile analysis，REPA）。自此，欧美一些国家的研究机构和私人咨询公司相继展开了类似的研究。这一时期的 LCA 研究工作主要由工业企业发起，秘密进行，研究结果作为企业内部产品开发与管理的决策支持工具，并且大多数研究的对象是产品包装品。从 1970 年到 1974 年，整个 REPA 的研究焦点是包装品和废弃物问题，由于很多与产品有关的污染物排放与能源利用有关，这些研究工作普遍采用能源分析方法。

（2）探索阶段（20 世纪 70 年代中期到 80 年代末）

20 世纪 70 年代中期，各国政府开始积极支持并参与 LCA 的研究。由于全球能源危机的出现，REPA 有关能源分析的工作倍受关注。一方面人们认识到化石燃料将会用尽，必须进行有效的资源保护；另一方面认识到能源生产也是污染物的主要排放源。因此，很多研究工作又从污染物排放转向能源分析与规划，采用的方法更多为能源分析法。进入 20 世纪 80 年代，案例发展缓慢，方法论研究兴起。后来一系列的 REPA 工作未能取得很好的研究结果，对此感兴趣的研究人员和研究项目逐渐减少，公众的兴趣也逐渐淡漠了。直到全球性的固体废弃物问题又一次成为公众瞩目的焦点，REPA 又重新开始着重于计算固体废弃物产生量和原材料消耗量的研究。

（3）迅速发展阶段（20 世纪 80 年代末以后）

20 世纪 80 年代末开始，是 LCA 研究快速增长时期。随着区域性与全球性环境问题的日益严重以及全球环境保护意识的加强，可持续发展思想的普及以及可持续行动计划的兴起，大量的 REPA 研究重新开始，公众和社会也开始日益关注这种研究结果。REPA 研究涉及研究机构、管理部门、工业企业、产品消费者等，但其使用 REPA 的目的和侧重点各不相同，而且所分析的产品和系统也变得越来越复杂，急需对 REPA 的方法进行研究和统一。1989 年荷兰国家居住、规划与环境部针对传统的“末端控制”环境政策，首次提出了制定面向产品的环境政策。该政策提出要对产品整个生命周期内的所有环境影响进行评价，同时也提出要对 LCA 的基本方法和数据进行标准化。1991 年由国际环境毒理学与化学学会（SETAC）首次主持召开了有关 LCA 的国际研讨会。该会议首次提出了“生命周期评价”的概念。在以后的几年里，该组织对 LCA 从理论到方法上进行了广泛研究。1993 年国际标准化组织开始起草 ISO 14000 国际标准，正式将 LCA 纳入该体系。

目前我国 LCA 有了较快进展，主要体现在本地化数据库建设方面。中国科学院杨建新团队先后对我国钢材、化石能源、省级火电的生命周期清单进行了分析，并在 2012 年建立了中国科学院的 LCA 数据库。四川大学王洪涛团队总结提出了建立中国 LCA 数据库的基本方法并开展实际的数据收集、建模和计算工作，联合亿科环境科技公司共同建立了包含煤炭、电力、运输等基础工业系统的中国生命周期参考数据库。北京工业大学的聂祚仁团队建立了中国材料环境负荷数据库，该数据库包括 12 万余条基础数据，内容涵盖电力产品清单、化石能源产品清单、交通运输清单、钢铁材料清单、建筑材料清单等 68 类材料及过程清单。虽然我国 LCA 数据库建设取得了一定成果，但是由于没有统一的技术指南，目前还尚未建立起广泛适用、行业全覆盖、动态调整的 LCA 数据库。在现阶段我国愈发重视对产品环境影响的分析，建立起适用于我国国情的生命周期影响评价方法对 LCA 在我国的发展十分重要。

12.2.2.2 生命周期评价的基本原则和技术框架

（1）基本原则

① 系统、充分地考虑产品系统从原材料获取直至最终处置全部过程中的环境因素；

② 研究的时间跨度和深度主要取决于所确定的目标和范围；

③ 研究的范围、假定、数据质量描述、方法、结果应具有透明性；

④ LCA 研究应讨论并记载数据来源，并予以准确、适当的交流；

⑤ LCA 的研究意图规定了保密和保护产权的要求；

⑥ 方法学上要保证其开放性，以便能兼容新的科学方法和最新技术发现；

⑦ 对于向外公布比对论断的 LCA 研究要考虑一些具体要求；

⑧ 由于被分析系统生命周期各个阶段存在着折中的因素和具体处理的复杂性，因此尚不具备将 LCA 的结果转化成单一的综合得分或数字的科学依据；

⑨ LCA 评价不存在统一的模式，应保持其灵活性。

（2）技术框架

1993 年 SETAC 在《生命周期评价纲要：实用指南》中，把 LCA 的基本结构描述成 4 个有机联系的组分组成的三角形模型，它们分别是定义目标和确定范围、清单分析、影响评价和改进评价（见图 12-1）。

1993 年 SETAC 在《生命周期评价纲要：实用指南》中将生命周期评价的基本结构归纳为 4 个有机联系的部分（见图 12-2），分别是定义目标与确定范围、清单分析、影响评价和结果解析。

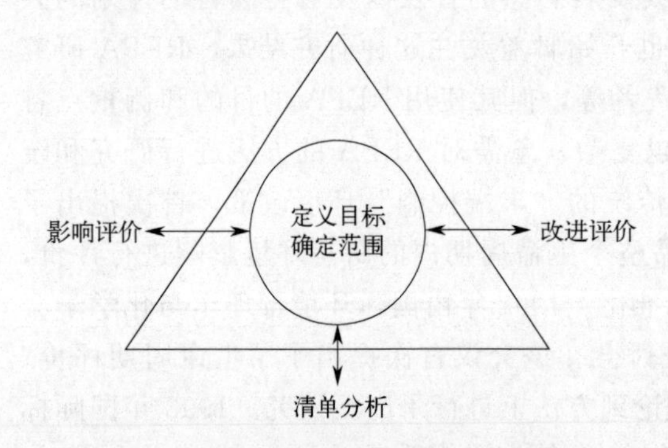

图 12-1 LCA 基本结构的三角形模型

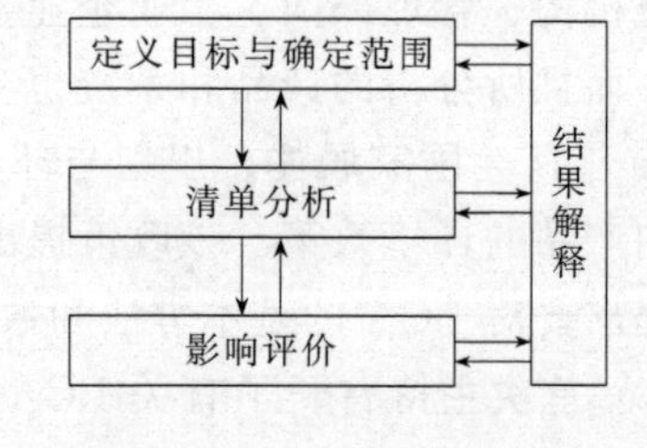

图 12-2 LCA 基本结构的有机联系

1）定义目标与确定范围

定义目标与确定范围是 LCA 研究中的第一步，包括确定研究对象的系统边界和功能单位。定义目标需要说明进行 LCA 的原因和应用意图，其中研究目的的评价对象可以是单个产品或系统，当系统中有多个执行者时，需设定明确的合作目的。确定范围则包括确定研究对象系统的系统边界、功能单位、数据要求、数据分配方式等。根据研究目的的不同，范围的选择和清单分析的深度也不同，但总的来说，所选择的研究界限应与研究目的相一致。

2）清单分析

对所研究系统中输入和输出数据建立一份定性或定量的清单并进行计算，对生命周期中资源和能源的消耗进行量化，建立生命周期模型，从而汇总得到生命周期结果的过程称为清单分析。应注意，在获得原始数据后应先进行敏感度分析，避免范围的确定不符合研究要求；在建立清单的过程中，为了实现 LCA 数据的标准化原则，应首先将输入、输出数据换算成功能单位，分析结论需满足有效性与可相互沟通的要求。

3）影响评价

影响评价的目的是根据清单分析阶段的消耗与排放数据对产品生命周期各环节的外部环境影响的贡献程度类型及大小进行评价，归纳出各类影响因素对于环境作用的优劣排序。这一过程分为定性分类、数据的特征化、量化三个步骤，将清单数据转化为功能单位统一的指标参数。目前，LCA 影响评价尚处于发展阶段，还没有达成一个统一的方法。在评价过程中，数据结果的特性化缺乏统一的标准和多种环境影响因素在环境中的相互作用对研究造成的数据干扰问题尚待解决。

4）结果解释

结果解释也称改进评价，可在 LCA 的不同阶段进行。根据 ISO 14043 的要求，LCA 的结果解释包括识别、评估和报告三个步骤，综合清单分析和影响评价的结果，从经济效益和环境保护的角度识别出产品生命周期中的重大问题，并对结果的完整性、敏感性和一致性进行评估与检查，探讨潜在的定性或定量的改进机会，最后总结结论，得出合理的完善建议。

12.2.2.3　生命周期评价应用前景

LCA 是清洁生产诊断、评价的有效工具。根据我国清洁生产的现状和趋势，LCA 将会在以下几个方面发挥较大作用。

（1）清洁生产审核

清洁生产审核是对企业的生产和服务实行预防污染的分析与评估。LCA 可以保证更全面地分析企业生产过程及其上游（原料供给方）和下游（产品及废物的接受方）产品全过程的资源消耗与环境状况，找出存在的问题，提出解决方案。

（2）产品和工艺的清洁生产技术规范制定

生命周期理论是判断产品和工艺是否真正属于清洁生产范畴的基础，LCA 可作为最有效的支持技术之一。

（3）清洁产品设计和再设计

LCA 在产品开发和革新中充分考虑产品整个生命周期的环境因素，从源头预防污染物的产生，是 LCA 最重要的应用之一。

（4）废物回收和再循环管理

在 LCA 基础上给出废物处置的最佳方案，制定废物管理的政策措施（如押金偿还计划、再循环含量要求等），即所谓的生命周期管理。

（5）区域清洁生产的实现——生态工业园的园区分析和入园项目的筛选

生态工业园的主要特征是园区中各单元间相互利用废物，作为生产原料，最终实现园区内资源利用的最大化和环境污染的最小化。

在环保型社会背景下，LCA 作为一种环境管理工具，不仅对当前的环境冲突进行有效的定量化分析和评价，而且对产品生产的全过程所涉及的环境问题进行评价。LCA 随着实践经验的不断积累而日趋完善，它的应用领域也将进一步扩大，重要性也会进一步加强。相信生命周期评价将逐步成熟起来，成为一种具有生命力的科学的环境管理工具。

12.2.3　推广应用“3S”技术

资源和环境是人类赖以生存及发展的物质基础。近年来，由于生物资源的过度开发，环境污染日益严重，资源的保护与可持续利用面临严峻的挑战。随着国民经济的迅速发展，人类对资源环境的需求越来越高，人们正努力寻求一条人口、资源、经济、社会和环境相互协调，既能满足当代要求，又不对后代需求构成危害的可持续发展战略，将经济发展和环境建设紧密联系起来。因此，及时、准确、动态地获取资源现状及其变化信息对资源、环境的保护及其可持续发展具有重要意义。“3S”技术即遥感、地理信息系统、全球定位系统及其相关技术是近年来正在蓬勃发展的一门综合性的高新技术。随着计算机技术、信息技术、空间技术的发展与完善，利用“3S”技术所进行的生态学研究与应用已深入生态学的许多领域。

12.2.3.1 “3S”技术简介

（1）遥感

遥感（remote sensing，RS），它的含义是遥远的感知，也就是不直接接触物体，从远处通过探测仪器接收来自目标物体的电磁波信息（一般是电磁波的反射、辐射），通过对信息的处理，从而识别目标物体。探测物体电磁波的传感器一般选用卫星或飞机作为传感器的遥感平台，按照承载传感器的平台不同可分为航天遥感和航空遥感。RS技术的主要特点是探测范围广、信息量大，获取信息的手段多、速度快、周期短、受地面条件限制少。实践证明，在宏观、快速、准确、动态性等方面遥感具有许多其他技术不能替代的优越性。随着RS技术的不断进步、图像分辨率的不断提高，可用信息源增多，信息可分性增强，RS已成为生态学领域不可缺少的信息源。

（2）地理信息系统

地理信息系统（geographic information system，GIS），是在计算机软件和硬件的支持下，对各类空间数据进行输入、存储、检索、显示和综合分析的应用技术系统。简单地说，就是综合处理与分析空间数据的一种技术系统。GIS是集地球科学、信息科学、计算机科学、环境科学、管理科学于一体的边缘科学。GIS强调空间与实体关系，注重空间分析与模拟操作，它具有空间数据处理能力和空间信息分析能力强、属性数据和图形数据并存的特点，可根据用户的要求迅速地获取满足需要的各种信息，并能以地图、图形或数据的形式表示处理的结果。计算机技术、网络技术、空间技术的发展，加速了GIS的应用进程，在城市规划管理、交通运输、环保、制图等领域已发挥了重要的作用，取得了良好的经济效益。

（3）全球定位系统

全球定位系统（navigation by satellite timing global position system，GPS）是1973年12月美国国防部批准海陆空三军联合研制的一种新的军用卫星导航系统，它是在子午卫星系统基础上发展起来的新一代导航定位系统，是继美国阿波罗登月飞船和航天飞船之后的第三大航天工程。整个GPS系统由三部分组成，即由GPS卫星组成的空间部分、由若干地面站组成的地面监控系统和以GPS接收机为主体的用户设备。空间部分由24颗工作卫星和3颗备用卫星组成，工作卫星均匀分布在6个倾角为55°的近似圆形轨道上，距地面约20200km，保证用户在任何时候、任何地方都能接收到4颗以上的卫星信号，无需地面上任何参照物便可随时随地测出地面上任一点的三维坐标。美国政府已在2000年5月1日宣布从2000年5月2日零时起取消选择可用性政策，从而结束了多年人为降低GPS精度的歧视政策，这意味着GPS水平距离单机定位精度将从±100m提高到±15m，采用载波测距和事后处理定位精度可达到厘米级。GPS具有全球性、全天候、功能多、抗干扰性强的特点，它可以解决传统方法定位精度低、复位难、工作量大的问题，是迄今为止人们认为最理想的空间对地、空间对空间、地对空间定位系统。GPS 的应用已遍布各行各业。有专家预言：21 世纪，GPS 势将触及人们生活的方方面面。

12.2.3.2　“3S”技术的应用

付日勤基于多源遥感数据和“3S”模型模拟，从生态工程实施前后期的土地利用、植被覆盖和土壤风蚀状况等方面开展晋北地区生态工程建设的生态效益评价。研究结果表明，生态工程实施后，退耕还林措施在研究区效果显著，林地面积增加了 1562.41km^2，退耕面积为 1261.87km^2，高植被覆盖率面积增加了 694.96km^2，土壤风蚀强度下降了 30.21%，表明生态工程的生态效益初见成效。

郭未旭以研究区的遥感数据、气象数据、土壤数据等为基础信息，集成土壤风蚀模型，设计开发了晋北沙漠化区土壤风蚀可视化系统，形成了基于“3S”技术的典型区域土壤风蚀可视化系统的设计思路和方法。该系统可为防治晋北地区土地沙漠化、减轻风沙危害、改善和减缓沙区生态环境日趋恶化的局面提供科技支撑。

陈征宇通过建立遥感地理信息模型，监测植被的覆盖率以及水土流失情况。在此基础上，对生态林业生态系统信息进行描述，采用当前最新的 SPOT-5 遥感技术，并结合其他林业调查资料，对水土流失量进行计算。以公别拉河流域的水土流失现象为例，对重点区域实施合理、科学的规划，达到涵养水源、保持林地水土的目的。并针对该地的森林结构问题，实施了景观功能空间配置与功能区分。

12.2.3.3　“3S”技术应用前景

（1）生态管理信息系统建设

目前“3S”技术已经进入生态管理中，因此有必要加快采用先进的技术手段，特别是在地理信息系统技术的支持下，开发生态管理系统，利用 RS、GIS、GPS 动态地更新数据库，从而提高生态系统的管理水平。可以建立国家、省、市、县不同级别的生态管理系统，这样可以很方便地完成对某一区域生态环境的查询，使得对生态系统的监测与管理效率大大提高。虽然短期投入较大，但是从长远来看，对生态系统的保护具有重要的意义。

（2）“3S”技术的集成及其发展

随着“3S”技术研究和应用的不断深入以及现代通信技术和专家系统技术的发展，生态研究者和应用部门逐渐认识到单独地运用其中一种技术往往不能满足应用的需要，只有综合地利用这些技术的特长，才可以形成和提供所需的对地观测、信息处理、分析模拟的能力（见图 12-3）。“3S”的集成已是现代科技发展的趋势，在技术集成的同时不断完善和加强“3S”技术自身的功能：不断提高 RS 技术的空间分辨率、光谱分辨率和时间分辨率，提高对遥感影像的处理能力和遥感影像解释的精度与速度；不断扩展 GIS 软件的功能，加强 GIS 软件的数据处理和分析能力；不断提高 GPS 的定位精度和速度。与此同时，还要在“3S”技术集成的基础上不断扩展功能，发展功能更加强大的由 GIS、GPS、DPS（数字摄影测量系统）和 ES（专家系统）组成的“5S”系统，并将其应用于生态建设与管理中。

（3）生态自动识别系统

随着遥感技术空间分辨率、光谱分辨率和时间分辨率的不断突破，生态信息源更新速度不断加快，数据量不断增加，传统的人工处理方式很难满足日益增长的数据处理。因此，可以研制生态系统自动化识别系统、增强影像处理技术、建立智能化专家系统，从而在计算机

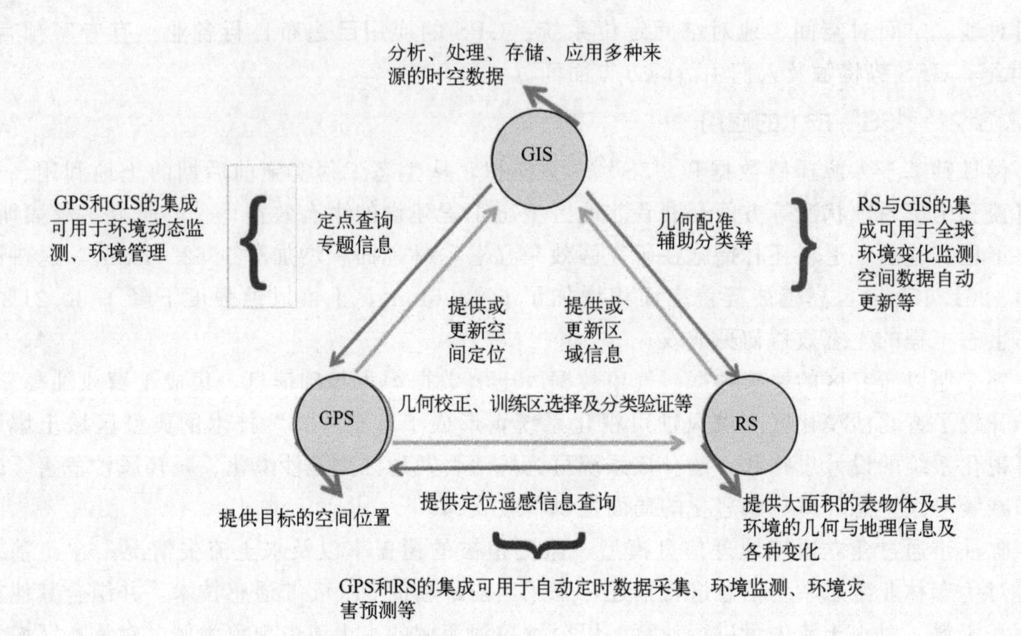

图 12-3 "3S" 技术的集成在环境生态中的作用

中可以高精度地实现生态信息自动提取和更新，减少繁重的工作量，并且提高生态信息判别的正确性和可靠性。

12.3 可持续发展

可持续发展观首先以经济增长为核心转变为以社会的全面发展即人类的共同进步为宗旨。其哲学特征是强调发展的整体性、长远性、主体性和综合性，要求将人、社会、自然、经济、文化当作一个复杂的有机体看待，同时指出发展的最终目标不是物质生活的提高，而是人的全面发展，整个人类向着真善美统一境界的趋近。可持续发展观与传统的发展观不同，这种新发展观所理解的发展具有丰富的文化内涵，因为这种新发展观的出发点是人。这种新的发展观必然是一种可持续发展的发展观。可持续发展观的最初含义是指人与资源、人与环境的关系，强调当代人对后代人应当赋有自觉的意识，即如江泽民同志所说：必须切实保护环境和资源，不仅要安排好当前的发展，还要为子孙后代着想，决不能吃祖宗饭，断子孙路，走浪费资源和先污染、后治理的路子。

12.3.1 可持续发展观的形成与发展

（1）早期的反思——《寂静的春天》

20 世纪中叶，随着环境污染的日趋严重，特别是西方国家公害事件的不断发生，环境问题日益成为困扰人类生存和发展的一个突出问题。20 世纪 50 年代末，美国海洋生物学家蕾切尔·卡逊（Rachel Karson）在潜心研究美国使用杀虫剂所产生的种种危害之后，于 1962 年发表了环境保护科普著作《寂静的春天》。她向世人呼吁：我们长期以来一直行驶的这条发展道路，容易使人错认为是一条舒适、平坦的超级公路，而实际上，在这条道路的终点却有灾难在等待着，这条路的另一个岔路——一条"很少有人走过的"岔路，为我们提供了最后唯一的机会以保住我们的地球。但这"另一个岔路"究竟是什么样的道路，卡逊没有确切地提出，但作为环境保护的先行者，卡逊的思想在世界范围内引发了人类对自身行为和观念的深入反思。

（2）一服清醒剂——《增长的极限》

1968 年，来自世界各国的几十位科学家、教育家和经济学家等聚集在罗马，成立了一个非正式的国际协会——罗马俱乐部。它的工作目标是：研究和探讨人类面临的共同问题，使国际社会对人类面临的社会、经济、环境等诸多问题有更深入的理解，并在现有全部知识的基础上推动采取能扭转不利局面的新态度、新政策和新制度。受俱乐部的委托，以麻省理工学院 D. 梅多斯（Dennis. L. Meadows）为首的研究小组，针对长期流行于西方的高增长理论进行了深入的研究，并于 1972 年提交了俱乐部成立后的第一份研究报告——《增长的极限》。报告深刻阐明了环境的重要性以及资源与人口之间的基本关系。报告认为：由于世界人口增长、粮食生产、工业发展、资源消耗和环境污染这五项基本因素的运行方式是指数增长而非线性增长，如果目前人口和资本的快速增长模式继续下去，世界将会面临一场“灾难性的崩溃”。也就是说，地球的支撑力将会达到极限，经济增长将发生不可控制的衰退。因此，要避免因超越地球资源极限而导致世界崩溃的最好方法是限制增长，即“零增长”。《增长的极限》一发表，在国际社会特别是在学术界引起了强烈的反响。该报告在促使人们密切关注人口、资源和环境问题的同时，因其反增长的观点而遭受到尖锐的批评和责难，从而引发了一场激烈的、旷日持久的学术之争。一般认为，由于种种因素的局限，《增长的极限》的结论和观点存在十分明显的缺陷。但是，报告指出的地球潜伏着危机、发展面临着困境的警告无疑给人类开出了一服清醒剂，其积极意义毋庸置疑。《增长的极限》曾一度成为当时环境运动的理论基础，有力地促进了全球的环境运动，其中所阐述的“合理的、持久的均衡发展”，为可持续发展思想的产生奠定了基础。

（3）全球的觉醒——联合国人类环境会议

1972 年，在斯德哥尔摩召开了联合国人类环境会议，共同讨论环境对人类的影响问题。这是人类第一次将环境问题纳入世界各国政府和国际政治的事务议程。大会通过的《人类环境宣言》宣布了 37 个共同观点和 26 项共同原则。作为探讨保护全球环境战略的第一次国际会议，联合国人类环境大会的意义在于唤起了各国政府对环境污染问题的觉醒和关注。它向全球呼吁：现在，我们在决定世界各地的行动时，必须更加审慎地考虑它们对环境产生的后果，由于无知或不关心，我们可能会给地球环境造成巨大且无法挽回的损失，因此，保护和改善人类环境是关系到全世界各国人民的幸福与经济发展的重要问题，是世界人民的迫切希望和各国政府的艰巨责任，也是人类的紧迫目标，各国政府和人民必须为全体人民及其后代的利益而做出共同的努力。尽管大会对环境问题的认识还比较粗浅，也尚未确定解决环境问题的具体途径，尤其是没能找出问题的根源和责任，但它正式吹响了人类共同向环境问题挑战的进军号，使各国政府和公众的环境意识，无论是在广度上还是在深度上都向前大大地迈进了一步。

（4）可持续发展的提出——《我们共同的未来》

20 世纪 80 年代伊始，联合国成立了以挪威首相布伦特兰夫人（G. H. Brundland）为主席的世界环境与发展委员会，以制订长期的环境对策，帮助国际社会确立更加有效地解决环境问题的途径和方法。经过 3 年多的深入研究和充分论证，该委员会于 1987 年向联合国大会提交了经过充分论证的研究报告——《我们共同的未来》。报告将注意力集中于人口、粮食、物种和遗传资源、能源、工业及人类居住等方面，在系统探讨了人类面临的一系列重大经济、社会和环境问题之后，正式提出了“可持续发展”的模式。报告深刻地指出，在过去，我们关心的是经济发展对生态环境带来的影响，而现在，我们正迫切地感到生态压力对经济发展所带来的重大制约。因此，我们需要有一条崭新的发展道路，这条道路不是一条只能在若干年内、在若干地方支持人类进步的道路，而是一条直到遥远的未来都能支持全人类共同进步的道路——“可持续发展道路”，这实际上就是卡逊在《寂静的春天》里没能提供答案的“另一条岔路”。布伦特兰鲜明、创新的科学观点，把人们从单纯考虑环境保护的角度引导到环境保护与人类发展相结合，体现了人类在可持续发展思想认识上的重要飞跃。

(5) 重要的里程碑——联合国环境与发展大会

1992 年 6 月，联合国环境与发展大会在巴西里约热内卢召开，共有 183 个国家的代表团和 70 个国际组织的代表出席了会议，102 位国家元首或政府首脑到会讲话。此次会议上，可持续发展得到了世界最广泛和最高级别的政治承诺。会议通过了《里约环境与发展宣言》和《21 世纪议程》两个纲领性文件，正式确认了可持续发展战略，为全世界可持续发展指明了大方向。其核心内容是：要以公平的原则，通过全球伙伴合作关系促进全球可持续发展，以解决全球生态环境的危机。会议期间，对《联合国气候变化框架公约》和《联合国生物多样性公约》进行了开放签字，有 153 个国家和欧共体正式签署。这些会议文件和公约有利于保护全球环境与资源，要求发达国家承担更多的义务，同时也照顾到发展中国家的特殊情况和利益。这次会议的成果具有积极意义，在人类环境保护与持续发展进程上迈出了重要的一步。

(6) 全球可持续发展合作的契机——里约＋20 峰会

2012 年 6 月 20～22 日，联合国可持续发展大会在巴西里约热内卢举行，大会是自 1992 年联合国环境与发展大会和 2002 年可持续发展世界首脑会议后，在国际可持续发展领域举行的又一次重要会议。国际社会高度关注，近 130 位国家元首和政府首脑出席会议，来自各国政府、国际组织、新闻机构及主要群体等共 5 万多名代表与会。此次大会把“可持续发展和消除贫困背景下的绿色经济”“促进可持续发展的机制框架”作为两大主题，并将“评估可持续发展取得的进展、存在的差距”“积极应对新问题、新挑战”“做出新的政治承诺”作为大会的三大目标。在 3 天的会议中，各与会国围绕着此次会议的两大主题展开讨论，并对 20 年来国际可持续发展各领域取得的进展和存在的差距进行深入讨论，经过各方积极努力，大会最终达成了题为《我们憧憬的未来》的成果文件。重申了“共同但有区别的责任”原则，使国际发展合作指导原则免受侵蚀，维护了国际发展合作的基础和框架；决定发起可持续发展目标讨论进程，就加强可持续发展国家合作发出重要和积极信号，为制定 2015 年国际发展议程提供重要指导；肯定绿色经济是实现可持续发展的重要手段之一，鼓励各国根据不同国情和发展阶段实施绿色经济政策；决定建立高级别政治论坛，加强联合国环境规划署职能，有助于提升可持续发展机制在联合国系统中的地位和重要性；敦促发达国家履行官方发展援助承诺，要求发达国家以优惠条件向发展中国家转让环境友好型技术，帮助发展中国家加强能力建设。这在世界经济危机持续发酵、一些发达国家以此为由推脱责任的今天，具有重要的积极意义。

可持续发展不仅是 20 世纪末，也是 21 世纪，不仅是发达国家，也是发展中国家的共同发展战略，是整个人类求得生存与发展的唯一可供选择的道路。

12.3.2　可持续发展观的作用

（1）可持续发展鼓励经济增长

可持续发展强调经济增长的必要性，必须通过经济增长提高当代人福利水平，增强国家实力和社会财富。但可持续发展不仅要重视经济增长的数量，更要追求经济增长的质量。这也就是说经济发展包括数量增长和质量提高两部分。数量的增长是有限的，而依靠科学技术进步，提高经济活动中的效益和质量，采取科学的经济增长方式才是可持续的。因此，可持续发展要求重新审视如何实现经济增长。要达到具有可持续意义的经济增长，必须审计使用能源和原料的方式，改变传统的以“高投入、高消耗、高污染”为特征的生产模式和消费模式，实施清洁生产和文明消费，从而减少每单位经济活动造成的环境压力。环境退化的原因产生于经济活动，其解决的办法也必须依靠于经济过程。

（2）可持续发展的标志是资源的永续利用和良好的生态环境

经济和社会发展不能超越资源和环境的承载能力。可持续发展以自然资源为基础，同生态环境相协调。它要求在严格控制人口增长、提高人口素质和保护环境、资源永续利用的条件下，进行经济建设，保证以可持续的方式使用自然资源和环境成本，使人类的发展控制在地球的承载力之内。可持续发展强调发展是有限制条件的，没有限制就没有可持续发展。要实现可持续发展，必须使自然资源的耗竭速率低于资源的再生速率，必须通过转变发展模式，从根本上解决环境问题。如果经济决策中能够将环境影响全面系统地考虑进去，这一目的是能够达到的。但如果处理不当，环境退化和资源破坏的成本就非常巨大，甚至会抵消经济增长的成果而适得其反。

（3）可持续发展的目标是谋求社会的全面进步

发展不仅仅是经济问题，单纯追求产值的经济增长不能体现发展的内涵。可持续发展的观念认为，世界各国的发展阶段和发展目标可以不同，但发展的本质应当包括改善人类生活质量，提高人类健康水平，创造一个保障人们平等、自由、教育和免受暴力的社会环境。在人类可持续发展系统中，经济发展是基础，自然生态保护是条件，社会进步才是目的。而这三者又是一个相互影响的综合体，只要社会在每一个时间段内都能保持与经济、资源和环境的协调，这个社会就符合可持续发展的要求。显然，在 21 世纪，人类共同追求的目标，是以人为本的自然—经济—社会复合系统的持续、稳定、健康发展。

12.3.3　可持续发展的三大原则

（1）公平性原则

公平包括本代人之间的公平、代际间的公平和资源分配与利用的公平。可持续发展是一种机会、利益均等的发展。它既包括同代内区际间的均衡发展，即一个地区的发展不应以损害其他地区的发展为代价；也包括代际间的均衡发展，即既满足当代人的需要，又不损害后代的发展能力。该原则认为人类各代都处在同一生存空间，他们对这一空间中的自然资源和社会财富拥有同等享用权，他们应该拥有同等的生存权。因此，可持续发展把消除贫困作为重要问题提了出来，要予以优先解决，要给各国、各地区的人和世世代代的人以平等的发展权。

（2）持续性原则

人类经济和社会的发展不能超越资源与环境的承载能力，即在满足需要的同时必须有限制因素，即发展的概念中包含着制约的因素。主要限制因素有人口数量、环境、资源，以及技术状况和社会组织对环境满足眼前与将来的需要的能力施加的限制。最主要的限制因素是人类赖以生存的物质基础——自然资源与环境。因此，持续性原则的核心是人类的经济和社会发展不能超越资源与环境的承载能力，从而真正将人类的当前利益与长远利益有机结合。

（3）共同性原则

各国可持续发展的模式虽然不同，但公平性和持续性原则是共同的。地球的整体性和相互依存性决定全球必须联合起来，认知我们的家园。可持续发展是超越文化与历史的障碍来看待全球问题的。它所讨论的问题是关系到全人类的问题，所要达到的目标是全人类的共同目标。虽然国情不同，实现可持续发展的具体模式不可能是唯一的，但是无论是富国还是贫国，公平性原则、协调性原则、持续性原则是共同的，各个国家要实现可持续发展都需要适当调整其国内和国际政策。只有全人类共同努力，才能实现可持续发展的总目标，从而将人类的局部利益与整体利益结合起来。

12.4 可持续发展的指标判定

12.4.1 SCOPE可持续发展指标体系

为了克服由联合国可持续发展委员会提出的可持续发展指标体系中指标数目过多的缺陷，环境问题科学委员会（Scientific Committee on Problems of the Environment，SCOPE）和联合国环境规划署（United Nations Environment Programme，UNEP）合作，提出了一套高度合并的可持续发展指标体系的构造方法（见表12-1）。包括：环境、自然资源、自然系统、空气和水污架四个层面。从构成子系统看，该指标体系可划分为经济、社会、环境等子系统。其中经济子系统包括经济增长、存款率、收支平衡、国家债务等指标；社会子系统包括失业指数、贫困指数、居住指数、人力资本投资等指标；环境子系统包括资源净消耗、混合污染、生态系统风险/生命支持、对人类福利影响等指标。对于环境指标，SCOPE认为必须和人类的活动相联系，所以提出了人类活动和环境相互作用的概念模型，即人类活动和环境存在着以下4个基本的相互作用。

① 环境为人类社会的经济活动提供如矿物、食品、木材等资源，在这一过程中人们消耗着人类继续生产所依赖的资源和生物系统（如土壤）。

② 自然资源被用来转化成产品和能量的服务，这些产品和能量使用后将被散逸和抛弃，产生污染和废弃物，并最终被返回到自然环境，这里环境起着“纳污处”的作用。

③ 自然生态系统提供了必需的生命支持系统的服务功能，如分解有机废弃物、营养物质的循环、氧气的产生和支持着各种各样的生命。

④ 空气和水的污染所造成的环境条件直接影响着人类的福利。

表12-1 联合国环境问题科学委员会提出的可持续发展指标体系的结构

经济	社会	环境
经济增长	失业指数	资源净消耗
存款率	贫困指数	混合污染
收支平衡	居住指数	生态系统风险/生命支持
国家债务	人力资本投资	对人类福利影响

SCOPE对这4个方面提出了一套包含25个指标的指标体系。例如对于第2个方面，包

括气候变化、臭氧层消耗、酸雨化、富营养化、有毒废物的扩散和需处置固体废物 6 个指标。对于每一个指标再按照艾伯特·阿德里安斯所提出的计算方法由其下一层次的数据计算而得。在分别计算出以上 6 个指标的数值之后，下一步再对这 6 个指标进行合并。方法是根据这 6 个指标的当前值和今后可持续发展政策所希望达到的目标值之间的差距给予各自的权重，即对于那些当前值和可持续目标值差距较大的指标给予较大的权重。这就需要以人们对可持续发展目标意见为前提，显然不同的国家和地区的意见存在着差异。

12.4.2　PSR 模型的可持续发展指标体系

20 世纪 70 年代，加拿大政府首次提出压力-状态-响应模型（pressure-state-response，PSR），建立经济与环境问题的指标体系，随后被广泛使用。PSR 模型由压力、状态、响应三方面要素构成：

① 压力反映了人类活动对环境产生的压力，如物质索取、资源消耗；

② 状态指的是特定的时间段内由压力导致的环境条件或环境状态的变化情况，如能源短缺、水污染、大气污染等；

③ 响应是为应对上述变化而做出的反应，如各种环保政策、措施等。

有关学者也给出了压力-状态-响应模型的概念，陈佳稳、李山梅指出："压力指标描述了人类对环境及自然资源施加的压力，回答了系统为什么会发生如此变化的问题；状态指标反映了自然界的物理状态以及因此而造成的生态发展状态，回答了系统发生了什么样的变化的问题；响应指标描述对各种问题做了什么和应该做什么的问题，回答了人类的反应和行动。"在 PSR 模型中，三个要素相互作用、互为因果，形成有机的反馈循环关系，其中压力系统是整个环境变化的开始，而状态和响应系统是评价环保措施能否成功的基础。基于 PSR 模型的环境审计遵循"压力-状态-反映"的逻辑，阐释经济发展和人类活动对生态环境产生压力，改变了资源和环境的状态，社会各界在压力下采取相应的措施来响应，以促进生态系统的良性循环。

图 12-4 为 PSR 模型的模式。

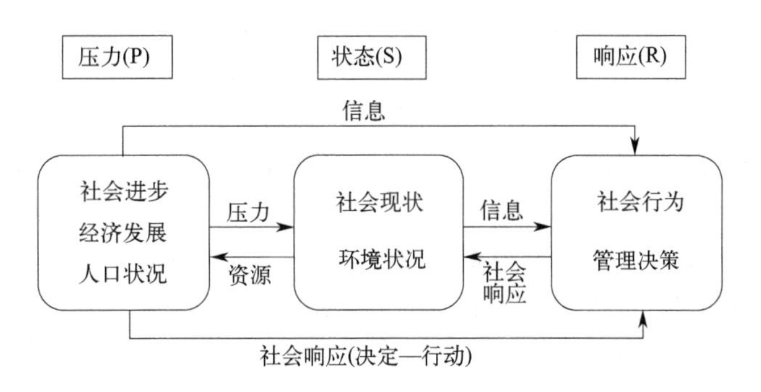

图 12-4　PSR 模型模式

12.4.3　人文发展指数

联合国开发计划署（The United Nations Development Programme，UNDP）从 1990 年开始出版年度《人类发展报告》，并在《人类发展报告 1990》中提出了"人文发展指数"（human development index，HDI）用于衡量联合国各成员国经济社会发展水平，HDI 是由

3 项基础指标组成的综合整数：a. 出生时的人均预期寿命；b. 教育水平，包括成人识字率（15 岁及其以上人口）和综合入学率；c. 人均 GDP。这三项指标加权合成测算国家的人类发展状况的综合指数——HDI。HDI 计算所需的数据容易获得，模型和计算方法都较简单。

依据 HDI 的高低，可将各国分为极高人文发展国家（和地区）（HDI＞0.8）、高人文发展国家（0.8＞HDI＞0.7）、中等人文发展国家（0.7＞HDI＞0.55）、低人文发展国家（0.55＞HDI）。联合国开发计划署发布的《2014 年人文发展指数报告》中显示，我国首次从“中等人文发展指数”国家，迈入“高人文发展指数”国家的行列。2020 年的数据统计得出，我国人类发展指数大幅提高至 0.761，在 189 个国家中排名第 85 位。

除了计算 HDI 外，《人类发展报告》还计算下列几种反映人类发展的指数：a. 发展中国家人类贫困指数；b. 部分经济合作与发展组织（Organization for Economic Co-operation and Development，OECD）中的国家人类贫困指数；c. 性别相关发展指数；d. 性别权利衡量。

UNDP 提出的“人类发展”比单纯的经济发展的内涵广泛，据此构造的 HDI 提供了一个简明但多维的、比较性评价各国人类发展的方法，已经成为对发展的传统一维测量（即 GDP）的一种重要替代方法，扩展了关于发展的评价的讨论。但由于未能将那些可能对国家收入并进而对 HDI 有贡献的活动对自然系统的影响（即人类发展的代价）予以考虑，因而 HDI 忽略了其与可持续性的联系。一些国家的 HDI 虽然取得了明显增长，但其发展不一定是可持续的。再则，HDI 几乎是过分强调国家的行为和排名，而没有从全球观点看待发展问题。另外，如果说人类健康、教育水平、生活质量是人类发展追求的 3 个基本目标，那么用算术平均法计算的 HDI 则忽视了这 3 个目标的基础性和不可替代性。考虑到 HDI 的合成计算方法方面的弊端以及这些问题，Sagar 和 Najam 对 HDI 提出了 3 点修正建议。

虽然从理论上来讲在 HDI 中应当考虑自然资源开发和环境退化，但 Neumayer 指出，存在着以下 4 个主要原因表明在 HDI 的计算中不宜将资源和环境问题结合进来：

① 资源开发和环境退化与人文发展水平之间没有直接联系（具有高的 HDI 的国家可以有高的资源开发强度如加拿大，也可以有低的资源开发强度如瑞士；具有低的 HDI 的国家也是如此）；

② HDI 中包含的变量在反映将要取得的进步方面（人们更加长寿；获得更好的教育；得到更多的收入）是非常清楚的，但这种好的变化对环境变量来说情况就不是这样（如水资源的零开采就不是一个合理的目标）；

③ HDI 中包含的变量被认为是很难用同一标准来衡量的；

④ HDI 的任何结构变化将使该指数的历史比较成为不可能。

在考虑到这些因素的基础上，Neumayer 提出了将 HDI 与可持续性联系的建设性建议。

12.4.4 “可持续发展度”模型

可持续发展度（the degree of sustainable development，DSD）指标体系是由我国的牛文元、美国的约纳森和阿拉伯的杜拉提出的，它以区域可持续发展为目标，从时间尺度和空间尺度对生态环境的变化作出预测，从自然、社会和经济三个方面选取有关要素作为评价生态环境质量的指标因子，用资源承载力、发展稳定性、经济生产力、环境缓冲力和管理调控力来测度区域可持续发展的能力。

12.4.4.1　DSD 指标体系的功能

作为测度可持续发展程度的载体和基本的信息单元，DSD 指标体系具有特定的功能，其共性方面：

① 反映功能，叶文虎等指出它首先应能描述和表征任一时刻区域发展的各个方面（包括社会、经济、环境、资源等）的现状，赵玉川等将其表述为描述功能；

② 监测功能，它应能描述和表征任一时刻区域发展的各个方面的变化趋势及变化率；

③ 比较功能，要能在同一时间点上对不同考察对象进行比较，同时也能对同一考察对象在不同时间点的发展状况进行比较；

④ 评价功能，应能体现区域发展各方面的协调程度。

除此之外，DSD 指标体系还具有解释功能、预警功能、预测功能、计划功能等。

12.4.4.2　DSD 指标体系的构建原则

构建指标体系的实质就在于寻求一组具有典型代表意义同时又能全面反映可持续发展各方面要求的特征指标，这些指标体系及其组合要能最便于人们对可持续发展目标的定量判断。在 Liverman 原则和 Bellagio 原则的基础上，人们对指标体系构建和指标筛选原则已经达成许多共识。这些具有共性的原则包括科学性、系统性、整体性、代表性、动态性、稳定性、层次性、可操作性等。

但由于时空尺度的差异以及学科门类的差异，并不存在统一、规范地构建可持续发展评价指标体系所应遵循的原则。在构建 DSD 指标体系时除应遵循上述基本原则外，还应根据测度对象的不同遵循特定的原则。

12.4.4.3　DSD 指标体系的构建方法

在构建 DSD 指标体系时，要客观合理地反映各个研究对象的实际情况，就须针对不同的研究对象，采取不同的方法。其方法可以总结为以下几类。

（1）系统法

系统法就是先按研究对象可持续发展的系统学方向分类，然后逐类定出指标。中国科学院可持续发展战略组设计的“五级叠加、逐层收敛、规范权重、统一排序”的中国可持续发展战略指标体系，是此类方法的典型代表。

（2）目标法

目标法又叫分层法，是指将测度对象和测度目标划分成若干部分或子系统，并逐步细分（即形成各级子系统及功能模块），直到每一部分和侧面都可以用具体的统计指标来描述、实现。所构建的指标体系可分为目标层、类目标层（准则层）、领域层（项目指标层）、指标层等。在应用目标法时，研究者通常将系统的综合效益作为目标，把生态效益、经济效益、社会效益作为准则，选取有关要素作为评价系统是否具有可持续发展能力的指标因子。秦安臣等（2005）以生态旅游地可持续经营为总目标，以生态效益、社会效益和经济效益为目标层，分别选取 8 个、9 个和 6 个指标加以定量表达。

（3）综合法

综合法又称归类法，是指对已存在的一些指标群按一定的标准进行聚类，使之体系化的一种构造指标体系的方法。罗明灿等（1999）用这一方法，结合新疆天西局林区各国有林场的自然经济条件，尤其是森林资源的现有统计数据，建立了新疆天西局林区森林资源发展综合评价的指标变量集。

(4) DSD指标体系的层级结构

不同领域所涉及的DSD指标体系不尽相同，但层级结构基本一致，一般为3层或4层：3层结构分为目标层、准则层、指标层；4层结构是在准则层和指标层之间加上领域层。其中目标层为研究对象的DSD，准则层由目标层分解成的几个子系统组成，指标层则为具体的指标变量，领域层统领几个具体指标变量。陈海等（2003）构建的生态示范区可持续发展指标体系分为3个层次：最高层（第1层）为生态示范区复合系统的DSD；第2层为关联层的协调度，包括社会经济系统和生产系统协调度、资源环境系统与生产系统协调度、消费系统与生产系统协调度；第3层为指标层，主要是反映各个子系统结构与功能状态质量的25个综合评价指标。程淑兰等（2004）将岳西县生态示范区量化评价指标体系分为4级：目标层为DSD；准则层包括自然类指标、经济类指标、社会类指标；领域层将准则层的每类指标分解成两个子集；指标层为20个具体指标。

12.4.5 可持续经济福利指数

可持续经济福利指数（index of sustainable economic welfare，ISEW）是于1989年美国经济学家戴利与科布共同提出的。这套指数从个人消费开始，增加非防护性支出和资产构成，扣除防护支出、环境损害费用和自然资产折旧，并反映社会分配的不公平。

12.4.5.1 ISEW核算框架

国际上利用可持续经济福利ISEW进行研究时，通常只是将所有影响经济福利的项目笼统地分为有益和有害两类，为了更清晰地反映各方行为对经济福利的影响，本书将核算项目分为家庭、政府、社会、环境四大类系统。我国可持续发展维度下经济福利指标ISEW核算框架见表12-2。

表12-2 我国ISEW核算框架

项目	增加经济福利项目	减少经济福利项目
核算基础	加权居民消费支出总额	
家庭系统净收益	家庭耐用消费品净收益、家庭劳动服务价值	家庭防护性支出、家庭通勤成本
政府系统净收益	公共医疗、教育支出，其他公共福利支出收益，政府基础建设支出收益	
环境系统成本		耕地、湿地、森林损失，可耗竭能源的耗费，环境污染损失，长期环境损害
社会系统净收益	国内外净投资变化、净资本变化	

ISEW＝加权居民消费支出总额＋家庭系统净收益＋政府系统净收益＋社会系统净收益－环境系统成本

12.4.5.2 我国经济福利ISEW的核算方法

(1) 经济福利核算基础——加权居民消费支出总额

ISEW的核算以居民消费支出总额为起点，社会生产总量不能直接代表人们的福利大小，人们只会在消费商品或者劳务的过程中得到满足，产生对福利的评价，因此人们实际的消费支出才真正与经济福利相关。但单纯的消费支出总额也不能真实反映社会福利水平，不同收入阶层的人边际消费倾向与效用是不同的。因此，在核算时要将居民消费支出总额进行调整，剔除收入分配不平等给福利造成的损失。

目前，我国学者一般都利用建立在基尼（Gini）系数基础上的分配不公平指数（ui）剔除收入差距对福利的负面影响。加权居民消费支出总额（WEC）的具体计算方法见式(12-1)。

$$WEC = ec/ui = ec \times \frac{Gini_{1978}}{Gini_i} \tag{12-1}$$

式中，ec 为居民消费支出总额；Gini 数据根据历年国家统计局发布的数据整理得到。

（2）家庭系统净收益

1）家庭劳动服务价值

GDP 只能衡量在市场上进行交易商品与劳务的价值，很多没有在市场上交易活动的价值却没有包含在内，其中如收拾屋子、做饭、照顾老人与小孩等。这类家庭劳动一般由家庭成员自觉完成但却没有获得直接的金钱报酬。各个家庭的家务活动没有在市场上以明确的价格进行交易，但是毫无疑问这类活动关系到家庭和睦，同时也会对每个家庭成员的福利产生影响，因此 ISEW 将此部分活动的价值包含在经济福利范围内。国内学者一般采用替代成本法即以在市场上雇佣人去完成家务劳动需要花费的支出作为家庭劳动服务价值的替代。在衡量服务价值时以家庭为基础进行估算，具体核算方法见式(12-2)。

$$VH = ht \times hw \times fn \tag{12-2}$$

式中　VH——家庭劳动服务价值；

ht——每户花费在家庭劳动上的时间；

hw——人均每小时的工资；

fn——全国家庭总户数。

fn 是根据我国历年统计年鉴中的人口总数除以每户人口数来估算，每户人口数可根据我国人口普查数据中家庭每户人数估算（见表 12-3）。我国在居民家庭劳动时间这块缺乏完善的统计资料，因此对家庭劳动时间的数据可采用张伟研究中的估计数据，具体数据见表 12-4。

表 12-3　每户家庭人口数

时间段/年	每户家庭人口数/个
1978～1989	4.41
1990～1999	3.96
2000～2010	3.44
2010～2015	3.1

表 12-4　每个家庭家务劳动时间

时间段/年	家庭家务劳动时间/h
1978～1989	9
1990～1999	7
2000～2010	5
2010～2015	3

2）家庭耐用消费品净收益

家庭耐用消费品是指家庭中使用的冰箱、空调、洗衣机、小汽车等这类家用设备、器具。其最主要的特征是预计使用寿命较长（一般超过 1 年），能够在使用期限内持续地为人们提供服务。一般而言，耐用消费品磨损得越快，居民购买支出将会明显增加而福利却不会。假如一台冰箱可以使用 50 年而非 10 年，则每年购买冰箱的人会相对比能用 10 年的少一些，购买冰箱的支出也不会快速增加，但人们使用冰箱得到的福利却没有太大的改变。综上所述，购买这类消费品的支出并不能真实地反映出它提供的服务价值，需要分别计算耐用消费品的服务价值与购买成本，二者之差才是使用耐用消费品的净收益。

我国统计年鉴中有关于每百户拥有耐用消费品实际数量的统计，但是实物数量统计不利于转换成货币单位进行服务收益核算。目前，国际上学者对各国经济福利进行经验研究时，一般认为消费耐用消费品带来的净效用大约占其购买成本的 0.1。具体核算见式(12-3)。

$$\mathrm{DNP}=\mathrm{dc}\times 10\% \tag{12-3}$$

式中 DNP——家庭耐用消费品净收益；

dc——人们购买耐用消费品的总支出。

3）家庭防护性支出

人们花费在医疗上的支出一方面能改善当前身体状况，增加人们当期的福利；另一方面也具有防护性。在我国的福利研究中，学者们在研究中发现对家庭医疗与教育只有 1/2 对福利有贡献，因此采用 50%进行核算。具体核算方法见式(12-4)。

$$\mathrm{HPE}=(\mathrm{me}+\mathrm{ee})\times 50\% \tag{12-4}$$

式中 HPE——家庭防护性支出；

me、ee——居民医疗、教育方面的支出。

4）家庭通勤成本

随着时代的进步，家庭购买电动车、家用汽车等交通工具的现象也越来越常见，人们上下班使用家用汽车的频率也越来越高，这是造成交通拥堵的重要原因之一。国际上的学者一般认为人们平时对玩乐、访友、旅游花费的交通成本可以增加人们的效用，但上下班的交通花费却带有一定无奈性。通勤成本对福利的负面影响体现在拥堵给人们造成额外的交通成本与额外时间带来的潜在损失。不考虑交通拥堵造成的额外时间浪费的机会成本，只计算通勤给人们造成的直接金钱损失。依照目前国内学者的研究方法，将个人上下班交通费的 50%作为家庭通勤成本。具体计算方法见式(12-5)。

$$\mathrm{FCC}=\mathrm{tc}\times 50\% \tag{12-5}$$

式中 FCC——家庭通勤成本；

tc——人们交通花费。

（3）政府系统净收益

1）政府基础建设支出收益

政府用于基础建设方面的绝大部分支出不会对居民的经济福利产生直接的影响，但其中有部分支出带有一定的公共性，如国家进行供电、供水等基本公共设施建设，这些支出能增加社会总福利，有助于社会民生建设。对于政府基础建设支出收益的核算，本书采用的计算方法具体见式(12-6)。

$$\mathrm{GII}=\mathrm{ge}\times 5\% \tag{12-6}$$

式中 GII——政府基础建设支出收益；

ge——国家财政中基础建设支出。

2）公共医疗、教育支出

目前学者一般认为私人医疗、教育支出同时具备消费性（影响当期收益）、投资性（影响未来收益），而政府的教育、医疗投入都具有很强的外部性。公共教育投入有助于提高社会成员的思想素质，有助于社会进步，缩小社会贫富差距。公共医疗方面的支出为民众提供公共的医疗服务，有助于提高人民身体素质。因此，在分析教育与医疗卫生公共投入时，研究者一般认为这类支出中很大一部分是直接作用于民众，能够减少家庭在教育、医疗方面的支出，能增加人们当期福利。公共医疗、教育支出也具有一定的防护性，是国家、政府为了维持社会稳定、保障社会最基本的医疗和教育水平而发生的无奈支出。在核算时只考虑公共医疗、教育对人民当期福利产生的影响。

近年来，我国加大对医疗的投入，但与发达国家相比，我国财政中医疗投入占 GDP 的比率依旧偏低，居民承担的医疗支出比率较高。我国学者研究公共医疗、教育支出对福利的贡献程度时将比重设为 0.75。具体核算见式(12-7)。

$$PHE=(pm+pe)\times 75\% \tag{12-7}$$

式中　PHE——公共医疗、教育支出；

pm、pe——政府医疗、教育支出。

3）其他公共福利支出收益

政府作为社会公共福利的主要提供者，国家的社会保障与就业支出、文体传媒支出属于公共福利的重要组成部分。文体传媒支出能使社会提供更多文化产品，如新建公共图书馆、科技馆等不仅有助于社会文明建设，而且人们在消费这类产品的过程中，其思想会受到深刻的影响，素质水平也会相应地得到提高，从而间接作用于国家经济发展，促进社会福利水平提高。国家的社会保障支出能为民众提供最基本的生存保证，有助于社会稳定。此外，社会保障通过收入再分配，能在一定程度上缓解收入差距过大，促使社会福利水平提升。

政府支出中除了公共福利支出与基础建设支出外，其他的支出都具有工具性特征，是为了维持社会正常的运转而发生，防止社会福利恶化的必要、遗憾支出。边防、公共安全这类支出属于工具性支出，它是为了维持国家公共安全、防止人民生活受到侵害而发生的，其不直接影响居民福利水平。目前我国常见的做法是将社会保障与就业支出、文体传媒支出的 25%计入福利。其他公共福利支出收益核算见式(12-8)。

$$OPB=(se+cz)\times 25\% \tag{12-8}$$

式中　OPB——其他公共福利支出收益；

se、cz——国家财政中用于社会保障与就业支出、文体传媒支出。

（4）环境系统成本

1）环境污染损失

环境污染给人们的生活、工作、社会生产等各方面带来不利的影响，治理污染花费的时间长、见效性慢，因此污染的不利影响会在很长的一段时间内影响当代人的利益，甚至还会造成下一代人利益损失。

目前我国水污染严重，给人们健康带来极大的损害，由水污染引起的癌症死亡人数也不断增加，社会也越来越重视这个问题。我国生态环境部发布的最新数据显示，2015 年，在对我国 338 个地级以上城市进行空气质量监测中发现全国 265 个城市的空气质量超标，仅有 21.6%的城市空气质量达标。2017 年我国城市交通噪声平均值达到 67 等级声效。噪声污染给人们身体健康、工作、生活造成的负面影响已逐渐引起社会的重视。由于目前缺乏我国水、空气、噪声污染给人们造成的损失数据，因此本书直接采用国家治理这三方面污染的总投入数据来估算这些污染对社会总体经济福利的损害。

2）可耗竭能源的耗费

煤炭、石油、天然气这类可耗竭资源的消耗能给当代社会带来福利的增加。但如果考虑到这种资源的可耗竭性，当代人消耗这类资源相当于提前就透支了后代子孙的福利。因此，出于可持续的角度考虑，应当将这部分能源的消耗带来的福利损失扣除，具体核算见公式(12-9)。

$$DER=sc\times sp \tag{12-9}$$

式中 sc——我国历年煤炭、石油、天然气这三种可耗竭资源消耗数量折算为标准煤的数量；

sp——标准煤的价格；

DER——可耗竭能源的耗费。

3）耕地、湿地、森林损失

湿地的减少、侵占、破坏对气候、物种以及水资源等都会产生不利的影响。由于人们无节制开发利用、水污染、土壤污染等原因，我国湿地的面积与质量都遭到极大的破坏，这对我国社会、生态、福利的可持续发展极为不利。

毫无疑问森林对可持续发展是不可或缺的，也关系到人类福利的可持续。自然资源的价值很难测量、评估，森林的效益并没有反映在经济账户中。根据联合国粮食及农业组织历年发布的森林资源数据显示，从1990年到现在我国森林资源一直保持增长的趋势。目前国际上缺乏每公顷森林的价值数据，因此本书不核算森林增加带来的收益。国际上已经开展这3项资源的单位经济价值的研究，但不同的研究测算出的数据差别很大，此外也缺乏统一、连续的数据。综上考虑，对耕地、湿地损失的估算采用目前国内通用做法即以GDP的1%估计。

4）长期环境损害

生态环境的破坏能在很长时间内直接或间接对人类活动产生不利影响。Daly和Cobb（1989）在进行美国ISEW核算时，通过温室气体排放对全球气候变化、臭氧减少产生的影响评估长期环境损害。联合国政府间气候变化专门委员会是主要负责国际气候变化评估的国际机构。IPCC估算氯氟烃能在大气中存在5～100年，二氧化碳在大气中的寿命有5～200年。由此可见，人类活动中排放的温室气体对生态影响有长期性。1985年以来，臭氧层破坏问题就备受各国的关注，联合国也制定了一系列的公约呼吁各国减少氯氟烃等气体的排放。在许多国家的共同努力下，氯氟烃的排放已大量减少，且根据最新的观察发现，破坏的臭氧层也开始出现自行修复的现象。由于国外和国内都缺乏关于我国氯氟烃排放量的数据，因此不考虑氯氟烃对环境的长期影响，只核算二氧化碳排放对我国产生的持续的负面影响。以二氧化碳的虚拟治理成本表述其对环境产生的长期损害（LED)，具体核算见式(12-10)。

$$LED=ce\times vc \tag{12-10}$$

式中 ce——我国历年二氧化碳排放量；

vc——二氧化碳的单位虚拟治理成本。

（5）社会系统净收益

1）净资本变化

社会经济福利的增长，需要有持续不断的资本供应保障社会的生产能力。此外，净资本增长也是对未来消费的积累。当其他条件不变时，只有当社会中新增的资本存量大于每年新增人力对资本的需求量，社会福利才会持续地增加。因此，净资本变化能显示出社会福利增长的可持续性。具体核算见式(12-11)。

$$NCC=\Delta K-\frac{\Delta L}{L}\times K_{t-1}\ (\Delta K=K_t-K_{t-1};\ \Delta L=L_t-L_{t-1}) \tag{12-11}$$

式中 NCC——净资本变化；

ΔK——社会总资本存量变化；

ΔL——人力资本变化。

2）国内外净投资变化

通过核算一个国家对外投资与外国对本国的投资净变化衡量一国在世界经济中所处的地位或依赖程度（净出借国还是净借入国），判断福利在以后能否持续。如果一个国家的经济要依靠国外流入的资本，除了每年支付相应的投资收益或利息外，也可能发生投资资金撤回事件，正是由于这些不确定因素，长远来看不利于经济、福利增长的可持续性。具体核算见式(12-12)。

$$\mathrm{CNI}=\mathrm{oi}-\mathrm{fi} \tag{12-12}$$

式中　CNI——国家净投资变化；

oi——我国对外投资金额；

fi——外国对我国投资金额。

12.4.6 生态足迹

12.4.6.1 生态足迹的概念

由于任何人都要消费自然资产，因此对地球生态系统造成了影响。只要人类对自然系统的压力处于地球生态系统的承载力范围内，地球生态系统就是安全的，人类经济社会的发展就处于可持续的范围内。但如何判定人类是否生存于地球生态系统承载力的范围内呢？Wackemagel 提出了生态足迹的概念，其定义是：任何已知人口（某个个人、一个城市或一个国家）的生态足迹是生产这些人口所消费的所有资源和吸纳这些人口所产生的所有废弃物所需要的生物生产土地的总面积与水资源量。将一个地区或国家的资源、能源消费同自己所拥有的生态能力进行比较，能判断一个国家或地区的发展是否处于生态承载力的范围内，是否具有安全性。

因此，测量人类对自然生态服务的需求与自然所能提供的生态服务之间的差距具有重要的意义，其研究呈现了管理国家和区域自然资产账户的一个简单框架。通过跟踪国家或区域的能源和资源消费，将它们转化为提供这种物质流所必需的生物生产土地面积，并同国家和区域范围所能提供的这种生物生产土地面积进行比较，能判断一个国家或区域的生产消费活动是否处于当地生态系统承载力范围内。通过生态足迹的计算和分析，也能在全球和区域范围内比较自然资产的产出及人类的消费情况。

12.4.6.2 生态足迹模型

生态足迹的账户模型框架主要用来计算在一定的人口和经济规模条件下，维持资源消费和废弃物吸收所必需的生物生产土地面积。生态足迹测量了人类生存所必需的真实土地面积（一种整合参数）。同许多类似的资源流量平衡一样，生态足迹仅考虑了资源利用过程中经济决策对环境的影响。生态足迹的计算是基于以下两个基本事实：一是人类可以确定自身消费的绝大多数资源及其所产生废弃物的数量；二是这些资源和废弃物流能转换成相应的生物生产土地面积，它假设所有类型的物质消费、能源消费和废水处理需要一定数量的土地面积和水域面积。

生态足迹的计算公式如下：

$$\mathrm{EF}=N\times \mathrm{ef} \tag{12-13}$$

$$ef = \sum(aa_i) = \sum(c_i/p_i) \tag{12-14}$$

式中　i——交换商品和投入的类型；

p_i——i 种交易商品的平均生产能力；

c_i——i 种商品的人均消费量；

aa_i——人均 i 种交易商品折算的生产土地面积；

N——人口数；

ef——人均生态足迹；

EF——总的生态足迹。

由上式可知生态足迹是人口数和人均物质消费的一个函数。个人的生态足迹是生产个人所消费的各种商品所需的生物生产土地面积的总和；总的生态足迹是由人均生态足迹乘以人口总数得到。同时应注意的是由于人类利用资源的能力是动态变化的，因而生态足迹也是一个动态变化的指标。

在生态足迹账户核算中，各种物质消费、能源消费等均应按相应的换算比例折算成相应的土地面积。生物生产土地面积主要考虑可耕地、林地、草地、化石燃料土地、建筑用地和水域 6 种类型。由于可耕地、林地、草地、化石燃料土地、建筑用地和水域等单位面积的生物生产能力差异很大，因此在计算生态足迹的需求时，为了使这几类不同的土地面积和计算结果可以比较与加总，要在这几类不同的土地面积计算结果前分别乘以一个相应的均衡因子，以转化为可比较的生物的生产土地均衡面积。而在计算生态足迹的供给时，由于不同国家或地区的各种生物生产面积的产出差异很大，为了使这几类不同的土地面积的计算结果可以比较和加总，要在这几类不同的土地面积前分别乘以一个相应的产出因子，以转化成生物生产均衡面积。在具体计算一个国家或地区的生态足迹时，各种商品的贸易量也要换算成相应的生物生产土地面积。

12.4.6.3　生态足迹的应用

我国在创新性应用等方面的研究整体上比国外滞后了几年，当前该理论主要应用于宏观尺度上的生态足迹核算和生态环境较为脆弱地区的可持续状况的度量。目前，它的应用领域包括了模型与运算方法的改进、基于生态足迹对不同研究尺度和研究对象的可持续性评价等多个方面。

当前，生态足迹模型在耕地可持续利用评价中的应用主要有两种。第一种是对均衡因子和产量因子进行调整，主要用全球公顷法和地方公顷法来调整参数因子。张寅玲等分别采用两种生态足迹对 2000～2008 年的兰州市耕地生态足迹进行计算，认为改进的生态足迹模型更能够反映兰州市耕地可持续利用情况。白茹冰基于国家公顷和省公顷对河南省及其 18 个地市 2008～2017 年的耕地生态足迹和生态承载力进行动态分析。赵兴国等用地方公顷法对云南省的耕地生态足迹进行测算，评估当地的耕地利用可持续情况。第二种是将其他理论与方法应用到传统的生态足迹模型之中。王燕鹏等结合能值分析河南省 1978～2007 年的耕地生态足迹，认为河南省生态足迹持续增长，而生态承载力整体呈下降趋势，河南省的耕地可持续性也在变弱。刘钦普等使用能值-生态足迹模型对江苏省的耕地资源进行计算。李坤刚等基于资源产出法和碳循环模型改进传统生态足迹模型。

秦海旭等采用生态足迹法对南京市的环境承载能力进行研究，计算出 2010～2014 年间南京市的人均生态足迹均＞$4.8hm^2$，远高于 2010 年全国人均生态足迹 $2.43hm^2$，从生态足迹的产生来源得出，能源资源消费产生的生态足迹要远大于生物消费产生的生态足迹，说明南京市的经济发展对于能源的依赖较高，而且这种依赖在这 5 年间呈上升的趋势。

12.4.6.4　生态足迹模型的优缺点

（1）生态足迹模型的优点

① 生态足迹模型紧扣可持续发展理论，是涉及系统性、公平性和发展的一个综合指标。

② 将生态足迹的计算结果与自然资产提供生态服务的能力进行比较，能反映在一定的社会发展阶段和一定的技术条件下，人们的社会经济活动与当时生态承载力之间的差距。

③ 测算指标采用生产土地的面积，使人容易理解，而且容易进行尝试性测算。

（2）生态足迹模型的缺点

① 该模型的计算结果只反映经济决策对环境的影响，而忽略了土地利用中其他的重要影响因素，因此该模型目前的计算结果有高估区域生态状况的可能。

② 生态足迹模型只是对人类的生态足迹需求与自然生态系统能提供的生态服务的一种生物物理量的测量，不能对人类可持续发展所涉及的其他众多方面作出全面衡量。

12.4.7　绿色国民账户

12.4.7.1　绿色国民账户体系建立的思路

现行国民收入账户中最主要的经济指标是 GDP。GDP 往往用来衡量一国的产量和综合国力，而且也常常作为衡量一国福利和生活水平高低的近似指标。但是由于 GDP 的缺陷，其作为一个衡量一国经济实力的指标是可以的，一旦用它来衡量福利等问题时，就有些勉强。因为 GDP 最大的缺陷之一就是环境污染恶化和环境资源的消耗不计入其中，这就使得一国可以以环境为代价换取 GDP 的高数值，但是该国的福利或生活水平不增反减。

现存国民账户的缺陷是显然的，而实际上各国政府和一些世界性组织如联合国、世界银行等也正在尝试着建立新的国民账户体系。绿色国民账户是综合环境经济核算体系中的核心指标，在现在的 GDP 基础上融入资源和环境的因素（见图 12-5）。

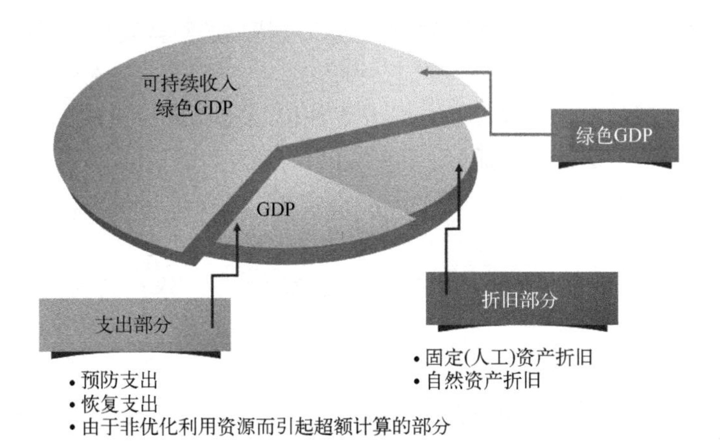

图 12-5　绿色国民账户核算方法

绿色国民账户的建立大致有以下 3 种类型的思路。

① 以环境的价值变化对 GDP 进行调整，形成 GDP 以及现存国民账户的改良性指标，其基本出发点是将传统的灰色的国民账户体系变为绿色。经过环境调整后将形成一系列的净值，如国内生产净值、国民收入、净国民福利以及绿色 GNP（国民生产总值），经济福利测

度等。对绿色国民账户的研究是近10年来的事情，联合国和世界银行等国际组织及一些发达国家在这一方面取得了进展。这些研究尽可能地维持了现有指标体系的概念和原则，在此基础上将环境损益的因素加入GDP这样的指标之中。

② 为环境资源单独建立账户。为环境资源单独建立账户，这种思路是在不改变现有的指标体系的情况下，辅以环境资源相关数据。作为传统国民账户统计的附录，环境资源账户能帮助决策者和计划者了解现行经济运行条件下自然资源的变动趋势。对于可再生环境资源，以森林价值为例，其统计步骤包括计算森林的初始树木蓄积量，加上由原有林木的生长和造林形成的年度增长量，扣除因收获、树木枯死和其他原因引起的耗减量，得到终期的存量。对于不可再生的环境资源，如矿产资源，在年初探明储量的基础上，加上新探明储量，减去耗减量，形成年底的储量存量，这样的账户是实物型的。如果建立价值型账户，还需要将实物存量转化为价值存量。单独的环境资源账户已经在一些国家建立起来，有的是实物型的，有的则是采用价值型的。

③ 世界银行于1995年9月在题为《监督环境进展——关于工作进展的报告》的报告中，推出了一套新的计算国民财富的指标体系。在该体系中，一国的总财富由创造的财富、人力资源、自然资产和社会资产四部分构成。该体系与前面两种思路的共同点在于发展过程中的环境资源损耗要从总财富中扣除。这样，如果一个国家的经济增长是通过掠夺或开发环境资源或以环境为代价而取得的话，则无论其发展速度有多快，其总财富的增加将非常缓慢，甚至出现负值。在这一体系中，经济增长和环境的变化被并置于同一框架内进行核算，使分析者更能够准确地评估经济发展和环境保护之间的和谐度，更容易使决策者和计划者掌握未来发展的可持续性。建立绿色国民账户的思路面临着同样的困难，即环境定价方法的不成熟和相关数据的缺乏。由于存在着这些困难，绿色国民账户还难以很快地被引入。目前大多数国家政府的可行性的方案是逐步建立重要环境因子的单独账户。

12.4.7.2 绿色国民账户下的经济运行建立

绿色国民账户的目的是保护环境，更好地进行可持续的经济发展。可持续发展要求环境资源总量的稳定和发展，要求在未来人们至少拥有与现在同样的资源基础以获得至少是同样的福利产出。环境资源的稳定和发展就意味着要补偿环境资源的损耗。例如对于环境污染，就需要通过治理来保持一定的环境质量；对于退化的森林，就要通过重建使其恢复；对于能源，就需要研究和开发替代能源。只有这样，经济发展才是可持续的。在绿色国民账户下，传统经济核算中被称作“利润”的那部分产出，有一部分应视为“资源转移”或者是“资源折旧”，这部分只应用于环境资源的维持和替代资源的开发。绿色的国民账户将会给经济带来以下变化。

(1) 对市场价格体系的影响

一旦绿色的国民账户开始正式运行，与环境有关的定价体系也开始发挥作用。那么毫无疑问，与环境有关的市场价格体系也会发生很大的变化。这种变化是系统性的，是通过一般的平衡过程形成的新的价格体系，也就是绿色的价格体系。在绿色的价格体系下，人们的生活将发生极大的改变。较依赖资源的服务和产品的价格会显著上升，资源也将会得到高效的利用。这种给市场价格体系带来的变化将深深地影响市场体系和人们的生活方式。市场经济作为一种经济运行的方式，如果价格体系是歧视环境的，那么在市场机制的运行下生产和消费活动就会向不利于环境的方面倾斜；反之，如果成功地建立了绿色价格体系，市场力量也会自发地朝着有利于环境保护的方向运作。在绿色国民账户和绿色价格体系下，利润最大化行为与环境保护是一致的。

（2）对科技因素的影响

在绿色国民账户的影响下，科技因素也将朝着环境保护的方向发展。技术因素在经济中具有一种不对称性，即技术资源的流向偏重于某一方面而歧视另一方面。具体到传统经济中的环境保护领域，就表现为技术资源流向环境的开发领域而歧视环境保护的领域。这种技术不对称性的实质是资本流动方向的不对称，其动力来源于有缺陷的市场力量。虽然政府可以在一定程度上纠正这种不对称性，但是根本的途径还是建立绿色的经济体系。

（3）对生产和消费的影响

在绿色国民账户的影响下，人们的消费将会在结构上向第三产业倾斜，服务消费将代替部分环境消耗量大的和环境副作用大的物品消费。绿色经济体系的建立，无疑会给第三产业带来广阔的发展空间，对产业结构的调整也有很大益处。在生产方面，如果企业继续进行大量环境资源消耗的行为，将会使企业付出相当的代价，因此企业不得不改变过去依靠环境降低成本的做法，尽可能地在生产中节约环境资源和减少环境污染。

此外，在绿色国民账户下产业结构也会发生改变，而且会形成强大的环境产业，环境产业在国民经济中的地位将会越来越重要。应当指出的是，现行的经济体系与绿色国民账户下的经济体系不存在不可逾越的鸿沟，因此在演进中不会出现明显的跨越。绿色经济体系的建立是循序渐进的。

12.5 可持续发展的实践与策略

可持续发展是指既满足当前需要又不削弱子孙后代满足其需要之能力的发展。可持续发展还意味着维护、合理使用并且提高自然资源基础，这种基础支撑着生态抗压力及经济的增长。可持续的发展还意味着在发展计划和政策中纳入对环境的关注与考虑，而不代表在援助或发展资助方面的一种新形式的附加条件。可持续发展的核心思想是经济发展、保护资源和保护生态环境协调一致，让子孙后代能够享受充分的资源和良好的资源环境，同时包括：健康的经济发展应建立在生态可持续能力、社会公正和人民积极参与自身发展决策的基础上；它所追求的目标是既要使人类的各种需要得到满足，个人得到充分发展，又要保护资源和生态环境，不对后代人的生存和发展构成威胁；它特别关注的是各种经济活动的生态合理性，强调对资源、环境有利的经济活动应给予鼓励，反之则应予以摈弃。

我国人口基数大，耕地、水和矿产等重要资源的人均占有量都比较低。随着人口增加和经济发展，对资源总量的需求更多，环境保护的难度更大。必须切实保护资源和环境，统筹规划国土资源的开发和整治，严格执行土地、水、森林、矿产和海洋等资源管理与保护的法律，实施资源有偿使用制度。同时要根据我国国情，选择有利于节约资源和保护环境的产业结构与消费方式，坚持资源开发和节约并举，把节约放在首位，克服各种浪费现象，提高资源利用效率，综合利用资源，加强污染治理，植树种草，搞好水土保持，防治荒漠化，改善生态环境。总之，不仅要安排好当前的发展，还要为子孙后代着想，决不能吃祖宗饭，决不能走浪费资源和先污染、后治理的路子，这就是可持续发展的中心思想。

12.5.1 可持续发展策略

（1）加强环境污染治理，防范和化解各类环境风险

新的历史时期，推进我国可持续发展战略的一项核心任务，就是加强环境治理，加大环境污染控制力度和广度。首先，要重点解决损害群众健康的比较突出的环境问题。随着人民群众不断提高的环保意识和对环境问题的关注度，也日益凸显了历史遗留下来的生态环境问题。基于此，必须加强环境污染问题的综合治理，并重点防治土壤、大气和臭氧的污染。其次，还要严格控制重点行业和重点地区的污染。加大社会责任追究力度，对环境执法监管进行强化，对各类环境违法行为进行严格查处。最后，还要对各类环境风险进行有效化解和切实防范。利用政策支持和科技支撑，通过环境应急预案和环境风险监测预警研判机制的构建，促进环境应急响应处置能力的进一步提升。

（2）构建标准体系和污染防治制度，合理修复和保护生态环境

为了实现可持续发展策略，需要对环境保护和生态文明建设制度体系进行完善，通过构建严格的制度，对生态破坏行为进行约束。遵循生态环境保护和可持续发展理念，建立健全资源环境管理制度和综合治理机制，进一步细化水、大气、土壤等污染防治标准。同时，科学开展生态保护和修复。生态环境保护既要合理控制和治理当前的生态环境，也要大力保护和修复过去被破坏的生态环境。遵循“两屏三带”生态安全战略格局，积极推进生物多样性生态功能区的建设。将整体目标设定为综合治理、系统修复和整体保护，通过我国森林保护和建设成效的逐步提高，以科学合理地修复我国的生态环境，实现对我国草原生态环境的逐步改善。

（3）加大宣传力度，构建全社会共同参与的生态环境保护局面

治理和保护生态环境，需要政府、企业和公众共同参与，营造生态环境保护社会共治的大格局。例如，建立健全环境治理全民行动体系，并实施环境污染问题有奖举报办法。在污染防治过程中，普通民众是主力军，政府发挥着重要的引导作用，通过逐步构建多元化的生态环境治理体系，真正实现民众的良性互动、多元参与、政府的科学决策和明确导向。另外，还要对公民的环保意识进行强化，大力倡导绿色低碳出行、绿色消费、勤俭节约，使公民在思想层面上能充分意识到生态环境保护工作的重要性，为构建人类良好的生存环境做出贡献。

12.5.2 可持续发展的实践

发展理念引领发展实践，在可持续发展理念的指导下，在高质量发展的要求下，我国在综合治理、生态修复、绿色产业以及节约资源等方面取得了明显成效。

（1）加强了生态保护修复

1）国际治沙的“中国名片”

内蒙古库布其（也称库布齐）沙漠治理模式。“一刮风风卷黄沙，满天满地到处都是沙，导致无水无电，衣食住行医教均受影响”是该地区风沙之害的真实写照。在沙漠的围困之下，只好开始治沙、种树，其具体做法包括 3 个方面：

①“输血”变“造血”，即可持续的治沙模式。通过政府出台政策，引导企业和个人参与治沙，充分发挥其产业化投资和市场化参与的作用，探索形成库布其模式。

② 产业“点石成金”，构建立体复合循环产业链。通过整合利用沙漠里的光伏电池板、

禽畜的粪便、沙旱生植物资源等资源，发展生态光能和生态工业，打造沙漠绿色经济。

③ 库布其模式有望开国内国际“连锁店”。

2015 年 12 月，巴黎气候变化大会把库布其模式作为案例来分享。2017 年 9 月，库布其沙漠治理的成功经验在《联合国防治荒漠化公约》第十三次缔约方大会中被郑重推荐给世界，也成为国际沙漠治理的“中国名片”。

2）“生命禁区”的绿色奇迹

西藏噶尔县“绿色革命”探索之路。噶尔县位于西藏自治区阿里地区，在这个被称为“生命禁区”的不毛之地，无穷的风沙、无尽的戈壁、无边的沙漠、无际的炙烤，是噶尔县乃至整个阿里地区的真实写照。为改变这一状况，噶尔县掀起一场史无前例的“绿色革命”，才在“生命禁区”探索出一条高海拔地区的绿色之路。具体做法包括 3 个方面：

① 重科技、强管理，经验在试栽试种中积累。在极度缺氧的气候条件下，噶尔县及时制定了适合当地花草树木成长的科学保护措施，提高其成活率，消除各种质疑干扰，积累工作经验。

② 大栽树、栽大树，绿色在齐抓共管中增多。2018 年春季，噶尔县再次确立绿色目标，开展大规模绿色行动。

③ 菜成业、草富民，效益在统筹结合中产生。面对阿里地区吃菜难的现实问题，噶尔县领导干部认真调研，反复思考，最终确定了“人进城、畜入棚、菜成业、草富民”的绿色产业思路，充分发挥“绿色革命”的生态效益。从而化解草畜矛盾，优化生态环境，增加就业岗位，转变生产生活方式，提高农牧民劳动技能，增加群众收入，提高产业层次，探索出一条具有高原特色的农牧业发展之路。

（2）强化了环境综合治理

1）天然图画新宜昌

湖北宜昌打造长江经济带城市绿色发展样本。宜昌是中国水能资源最富集的地区之一，然而在发展过程中，生态环境受到一定程度的污染。近几年，宜昌市坚持理念带动、实干推动、创新驱动，承担了国家生态文明建设先行示范区等多项国家改革创新试点示范项目，初步走出了一条具有宜昌特色的绿色发展之路。具体做法包括 3 个方面：

① 打破行政边界，全域联动促发展。宜昌市牢牢把握长江这根主轴，以点带线、以线带面，全域推动宜昌绿色发展。

② 关停落后产能，发展绿色产业。宜昌果断关停高污染企业，通过科技手段对传统产业进行改造，发展低碳循环的新兴产业，大力发展第三产业。

③ 创新考核体制。通过将绿色 GDP 纳入考评体系，建立监测评价机制，将落实绿色发展的成效纳入领导干部的考核范畴。

2）再现江南清丽地

浙江湖州市守护绿水青山。湖州市位于浙江北部、太湖南岸，多年来，湖州市举生态旗、打生态牌、走生态路，生态文明建设走在全国前列。具体做法包括 3 个方面：

① 守护绿水青山，坚持铁腕治理“南太湖明珠”绽放新姿。为治理太湖，湖州启动了水环境综合治理工程，严格落实“河长制”，整治垃圾河，实现镇级污水处理厂全覆盖。

② 激活绿水青山，大做生态文章实现“绿”“富”共赢。湖州通过推行“生态＋信息经济”“生态＋高端装备”“生态＋清洁能源”等模式，大力推进“绿色产业化、产业绿色化”，培育形成相应的产业集群。

③ 永葆绿水青山，深化改革创新，以制度筑牢绿色屏障。作为全国首个地市级生态文明先行示范区，湖州通过探索推进地方立法、制定示范标准、进行制度创新，率先使用“绿色GDP”核算体系，以立法、标准、体制“三位一体”制度体系领跑全国，为生态文明实践提供了“湖州方案”。

（3）发展了绿色环保产业

1）山地立体农业“风向标”

贵州长顺绿色发展之路。作为典型的喀斯特山区、石漠化重灾区，土壤贫瘠，耕地破碎，长顺县干部群众克难攻坚、勇于探索，走出了绿色发展之路——山地立体生态高效农业。具体做法包括3个方面：

① 结构调整，变“传统农业”为“特色农业”。长顺县整合各种涉农项目资金、资源及人力，依托生态特色资源，瞄准绿色鸡蛋、白色蘑菇、金色烤烟等，全力打造“七彩农业”特色产业体系，形成集聚效应，带动全县农业产业化发展，走出传统农业的瓶颈。

② 产业升级，探索形成“长顺做法”。长顺县因地制宜探索出“一业为主、多品共生、种养结合、以短养长”的“长顺做法”，提高土地产出率，既改善了生态环境，又增加了农民收入，实现长顺农业的“换代升级”。

③ 打造品牌，奠定绿色发展的致富之路。近年来，长顺县按照“工业化、城镇化、产业化同步发展，带动农民致富、农村发展、农业提升”的思路，着力加快山地农业转型升级，逐步形成了一批具有主导性和辅助性作用的“4＋N”山地特色产业发展模式。

2）生态立区，绿色崛起

广西荔浦市的生态“明星镇”。广西桂林市荔浦市荔城镇，坐落在桂东北蜿蜒美丽的荔江边，被国家发改委列为全国首批小城镇建设示范乡镇。近年来，荔浦市一手抓经济发展，一手抓生态建设，探索出环境效益与经济效益协同进步的发展之路。具体做法包括3个方面：

① 因地制宜建设“生态乡村”示范镇。主要通过摸查筛选好生态乡村绿化示范点，组建生态队伍，建成生态乡村村屯组织网络，利用农村天然绿色屏障，完成生态绿化建设来打造“生态乡村”示范镇。

② 优化生态工业发展布局。荔城镇坚持“一河两岸”原则，合理定位和布局不同工业园区，规划好乡镇发展布局。

③ 彰显特色生态农业发展。通过调整优化农业结构，发展农业产业化龙头企业，通过“企业＋农户＋合作社”的形式，形成一体化的利益共同体，建设农业特色产业基地。

（4）实现了资源集约利用

1）盐碱荒滩创奇迹

中新天津生态城建设国家绿色发展示范区的探索实践。天津生态城是中国和新加坡两国政府的战略合作项目，致力于在盐碱荒滩上建设一座生态城市。具体做法包括4个方面：

① 建立绿色经济培育发展体系。通过培育以“互联网＋高科技”为主导的绿色产业体系，打造创新创业孵化链条，初步形成绿色产业聚集发展态势和推进创新创业环境建设。

② 建立可持续的生态修复和环境治理体系。通过实施绿化排盐等工艺，彻底治理积存多年的污水库，推行大气污染网格化管理，以实施盐碱地改良和绿化建设、水环境建设与大气环境建设。

③ 建立绿色化、智能化的城市建设管理体系。通过强制推行绿色建筑、引进高校优质

教育资源、规划绿色交通体系、开发利用可再生资源、借鉴新加坡“智慧国”经验，以实施百分百绿色建筑和完善社会公共服务体系，建设绿色交通体系、绿色能源体系和智慧城市。

④ 建立体制机制创新保障体系。建立中新两国高层协调机制和政企分开、市场化运作的中新合作开发模式，以及授权充分、运行高效的行政管理体制。

2）绿色理念重塑发展方式

河南长葛探索循环经济发展新模式。位于河南省长葛市的大周产业集聚区是我国长江以北重要的废旧金属集散地。长期以来自发无序的发展模式，导致小、散、乱、脏问题严重。为改变这一现状，河南长葛不断创新完善循环经济发展新模式，努力推动产业与城镇建设融合发展，初步探索出了一条发展循环经济成功之路。具体做法包括 3 个方面：

① 坚守本色，将“绿色、生态”基因融入“全产业链”。近年来，大周产业集聚区对园区及周边的产业进行逐户排查、停业整改和拆除关闭。在硬件设施上，形成“五纵七横”的环形路网体系。在软件设施上，大周产业集聚区制定落实土地、税收、招商引资等各项优惠政策，提供“一站式”服务。

② 持续创新，增强产业聚变和内生动力。大周产业集聚区创立了“互联网＋城市矿产”交易模式，充分利用线上线下相结合的方式，与国内知名高校开展合作，依靠科技创新、技术进步不断颠覆传统生产、加工模式，催生新业态。

③ 开放共享，“近聚远合”打造中部再生金属新高地。近 5 年来，大周产业集聚区先后从国内外引进多个项目和多家企业，通过“一带一路”倡议的实施主动与国际深度接轨。

参考文献

[1] 袁莉，申靖．从生态系统管理到复合生态系统管理的演进 [J]．湖南工业大学学报（社会科学版），2012，17（6）：5.

[2] 于丹，赵永志，邢凤兰．浅谈我国清洁生产发展现状、存在问题与对策 [J]．黑龙江科技信息，2011（14）：34..

[3] 王勤锋．清洁生产技术在工业生产中的应用与发展前景 [J]．节能，2019，38（7）：3.

[4] 周长波，李梓，刘菁钧，等．我国清洁生产发展现状、问题及对策 [J]．环境保护，2016，44（10）：27-32.

[5] 陈舒婷，龚卓炫．生命周期评价研究方法与展望 [J]．广东化工，2018，45（22）：2.

[6] 刘惠明，尹爱国，苏志尧．3S 技术及其在生态学研究中的应用 [J]．生态科学，2002（1）：82-85.

[7] 付日勤．基于 3S 的晋北风沙源治理工程生态效益评价 [J]．山西大学学报（自然科学版），2019，42（3）：7.

[8] 郭未旭．基于“3S”技术的区域土壤风蚀研究及系统设计 [D]．太原：山西大学，2017.

[9] 陈征宇．基于“3S”技术的区域林业生态工程空间配置的研究 [J]．黑龙江科技信息，2016（16）：1.

[10] 刘现印，周荣福，谷双喜，等．3S 技术在生态建设中的应用研究 [J]．安徽农业科学，2007（29）：9453-9454.

[11] 彭惜君．联合国可持续发展指标体系的发展 [J]．四川省情，2004（12）：32-33.

[12] 孙亚宁．浅析 PSR 模型在环境审计中的应用 [J]．审计月刊，2016（5）：4.

[13] 张志强，程国栋，徐中民．可持续发展评估指标、方法及应用研究 [J]．冰川冻土，2002，24（4）：344-360.

[14] 赵志江，秦安臣，张红霞，等．可持续发展度研究综述 [C]．软科学国际研讨会．中国软科学研究会；中国科学技术信息研究所，2008.

[15] 唐蕾．可持续发展视角下我国经济福利研究 [D]．广州：华南理工大学，2017.

[16] 何春燕．生态足迹模型在我国耕地可持续利用评价中的应用研究 [J]．现代农机，2021（6）：64-65.

[17] 秦海旭，姚利鹏，于忠华，等．基于物质流和生态足迹的环境承载力评价研究——以南京市为例 [J]．环境与发展，2021，33（2）：6.

[18] 张志强，徐中民，程国栋．生态足迹的概念及计算模型 [J]．生态经济，2000（10）：3.

[19] 黎明．环境资源与绿色国民账户的核算原理 [J]．现代经济（现代物业中旬刊），2009，8（3）：114-115.

[20] 曲东芳．环境保护与可持续发展策略探讨 [J]．皮革制作与环保科技，2021，2（19）：44-45.

[21] 郭正秋．绿色发展理念的时代意蕴及实践路径研究 [D]．南昌：江西农业大学，2021.